화학분석
기능사 필기+실기

시대에듀

합격에 윙크[Win-Q]하다

Win-Q

[화학분석기능사] 필기+실기

Always with you

사람이 길에서 우연하게 만나거나 함께 살아가는 것만이 인연은 아니라고 생각합니다.

책을 펴내는 출판사와 그 책을 읽는 독자의 만남도 소중한 인연입니다.

시대에듀는 항상 독자의 마음을 헤아리기 위해 노력하고 있습니다.

늘 독자와 함께하겠습니다.

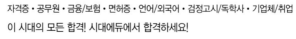
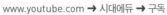

화학분석 분야의 전문가를 향한 첫 발걸음!

화학분석기능사 자격을 위해 오늘도 여념이 없이 열심히 공부하는 수험생 여러분, 기능사 자격증 취득은 산업기사, 기사, 기능장, 기술사 자격 취득으로의 시작을 알리는 중요한 단계라 볼 수 있습니다. 또한 기능사는 가장 기본이 되는 자격시험임에도 불구하고 매우 어려운 문제와 광범위한 시험범위로, 타 자격증 취득보다 높은 난이도를 자랑하는 악명 높은 시험이라 생각합니다.

그러나 화학분석기능사의 주요 시험영역인 일반화학, 유기화학, 무기화학, 분석화학 중 많은 부분이 국가직(화공직 3과목, 환경직 1과목) 공무원 시험범위와 일치하며, 화학분석기사와 비교하여도 난이도 차이가 크지 않아 화학분석기능사 공부만으로 공무원 시험 준비, 상위자격증 취득 공부 등 1석 3조의 효과를 얻을 수 있는 매우 효과적인 시험이라고 할 수 있습니다.

또한 시험의 영역이 모두 일반화학에서 파생되는 만큼 화학의 기초를 단단히 한다면 그리 어렵지 않은 준비가 될 것이라 생각합니다. 화학은 처음 접하기에 너무나 어렵고 힘들지만 인문학과와 다르게 명확한 정답이 있어 시간을 두고 논리적 접근을 통해 차근차근 준비한다면, 누구나 합격의 기쁨을 누릴 수 있을 것이라 생각합니다.

때로는 단순히 암기하는 내용이 지겨울 수도 있고, 도저히 이해가 안 되는 문제들이 여러분을 힘들게 할 수도 있지만, 부지런히 공부하여 자신만의 첫 자격증의 성공적인 취득을 기원하겠습니다. 꼭 합격하시길 바랍니다.

편저자 김 민

시험안내

개요

화학반응, 유기화합물, 원자구조 등 화학물질의 성분을 분석하기 위해 필요한 화학적 소양을 갖추고 안전하게 화학물질을 취급할 수 있는 숙련 기능인력을 양성하고자 자격제도를 제정하였다.

진로 및 전망

석유, 시멘트, 도료, 비누, 화학섬유원사, 고무 등 화학제품을 제조·취급하는 전 산업 분야에 진출할 수 있다. 또한 대기환경보전법에 따라 산업체의 대기오염물질을 채취하여 대기오염공정시험기준에 의해 측정분석업무를 수행하는 데 자격을 취득한 측정대행기술자를 고용하도록 되어 있어 자격증 취득 시 취업이 유리하다. 그리고 자격취득 후 2년 이상 실무경력이 있으면 오수처리시설업체 등에서 기술관리인으로 고용될 수 있다.

시험일정

구분	필기원서접수 (인터넷)	필기시험	필기합격 (예정자)발표	실기원서접수	실기시험	최종 합격자 발표일
제1회	1월 초순	1월 하순	1월 하순	2월 초순	3월 중순	4월 중순
제2회	3월 중순	3월 하순	4월 중순	4월 하순	6월 초순	7월 초순
제3회	5월 하순	6월 중순	6월 하순	7월 중순	8월 중순	9월 하순

※ 상기 시험일정은 시행처의 사정에 따라 변경될 수 있으니, www.q-net.or.kr에서 확인하시기 바랍니다.

시험요강

❶ 시행처 : 한국산업인력공단
❷ 시험과목
   ㉠ 필기 : 화학분석 및 실험실 안전관리
   ㉡ 실기 : 화학분석 실무
❸ 검정방법
   ㉠ 필기 : 전 과목 혼합, 객관식 60문항(60분)
   ㉡ 실기 : 복합형(2시간)
❹ 합격기준(필기·실기) : 100점을 만점으로 하여 60점 이상

검정현황

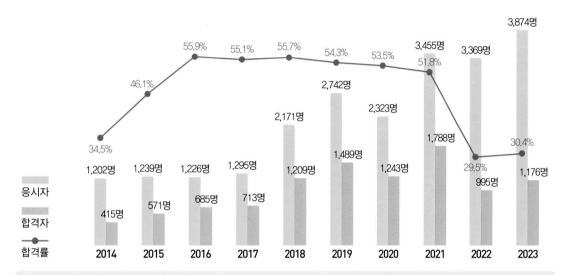

응시자
합격자
합격률

필기시험

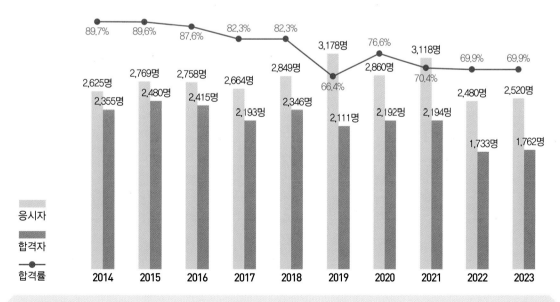

응시자
합격자
합격률

실기시험

시험안내

출제기준(필기)

필기과목명	주요항목	세부항목
화학분석 및 실험실 안전관리	일반화학	• 물질의 종류 및 성질 • 원자의 구조와 주기율 • 화학결합 및 분자 간의 힘
	무기화학	• 금속 및 비금속원소와 그 화합물
	유기화학	• 유기화합물 및 고분자 화합물
	화학반응	• 화학반응
	분석일반	• 분석화학이론
	이화학분석	• 정량 · 정성분석
	기기분석 일반	• 분광광도법 • 크로마토그래피 • 전기분석법
	분석실험 준비	• 분석장비 준비 • 실험기구 준비 • 시약 준비
	분석시료 준비	• 고체시료 준비 • 액체시료 준비 • 기체시료 준비
	기초 화학분석	• 기초 이화학분석 • 기초 분광분석 • 기초 크로마토그래피분석
	실험실 환경 · 안전점검	• 안전수칙 파악 • 위해요소 확인 • 폐수 · 폐기물 처리
	화학물질 유형 파악	• 화학물질 정보 확인
	화학물질 취급 시 안전작업 준수	• 개인 보호구 착용 • 작업별 안전수칙 준수
	실험실 문서관리	• 시험 분석결과 정리 • 실험실 관리일지 · 시험기록서 작성 • 시약 · 소모품 대장 기록

출제기준(실기)

실기과목명	주요항목	세부항목
화학분석실무	분석실험 준비	• 분석장비 준비하기 • 실험기구 준비하기 • 시약 준비하기
	분석시료 준비	• 고체시료 준비하기 • 액체시료 준비하기 • 기체시료 준비하기
	기초 화학분석	• 기초 이화학분석하기 • 기초 분광분석하기 • 기초 크로마토그래피분석하기
	실험실 환경 · 안전점검	• 안전수칙 파악하기 • 위해요소 확인하기 • 폐수 · 폐기물 처리하기
	실험실 문서관리	• 실험실 관리일지 · 시험기록서 작성하기 • 시약 · 소모품 대장 기록하기 • 실험결과 정리하기
	화학물질 유형 파악	• 화학물질안전관리규정 검색하기 • 화학물질 종류 확인하기 • 화학물질 정보 확인하기
	화학물질 취급 시 안전작업 준수	• 개인 보호구 착용하기 • 작업별 안전수칙 준수하기
	시험결과보고서 작성	• 시험 분석결과 정리하기 • 시험 측정결과 분석하기 • 시험결과보고서 작성하기

출제비율

일반화학	분석화학	기기분석	분석 및 실험안전
25%	33%	33%	9%

CBT 응시 요령

기능사 종목 전면 CBT 시행에 따른

CBT 완전 정복!

"CBT 가상 체험 서비스 제공"

한국산업인력공단
(http://www.q-net.or.kr) 참고

01 수험자 정보 확인

시험장 감독위원이 컴퓨터에 나온 수험자 정보와 신분증이 일치하는지를 확인하는 단계입니다. 수험번호, 성명, 생년월일, 응시종목, 좌석번호를 확인합니다.

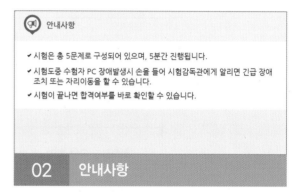

02 안내사항

시험에 관한 안내사항을 확인합니다.

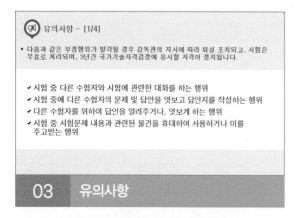

03 유의사항

부정행위에 관한 유의사항이므로 꼼꼼히 확인합니다.

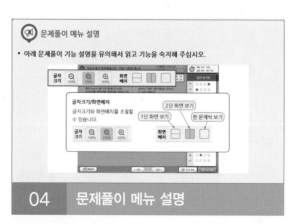

04 문제풀이 메뉴 설명

문제풀이 메뉴의 기능에 관한 설명을 유의해서 읽고 기능을 숙지해 주세요.

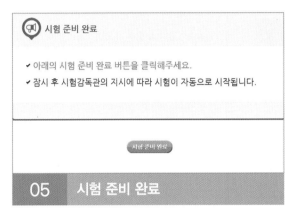

05 시험 준비 완료

시험 안내사항 및 문제풀이 연습까지 모두 마친 수험자는 시험 준비 완료 버튼을 클릭한 후 잠시 대기합니다.

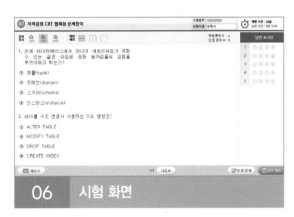

06 시험 화면

시험 화면이 뜨면 수험번호와 수험자명을 확인하고, 글자크기 및 화면배치를 조절한 후 시험을 시작합니다.

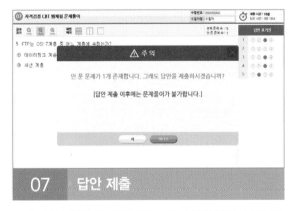

07 답안 제출

[답안 제출] 버튼을 클릭하면 답안 제출 승인 알림창이 나옵니다. 시험을 마치려면 [예] 버튼을 클릭하고 시험을 계속 진행하려면 [아니오] 버튼을 클릭하면 됩니다. 답안 제출은 실수 방지를 위해 두 번의 확인 과정을 거칩니다. [예] 버튼을 누르면 답안 제출이 완료되며 득점 및 합격여부 등을 확인할 수 있습니다.

CBT 완전 정복 Tip

내 시험에만 집중할 것
CBT 시험은 같은 고사장이라도 각기 다른 시험이 진행되고 있으니 자신의 시험에만 집중하면 됩니다.

이상이 있을 경우 조용히 손을 들 것
컴퓨터로 진행되는 시험이기 때문에 프로그램상의 문제가 있을 수 있습니다. 이때 조용히 손을 들어 감독관에게 문제점을 알리며, 큰 소리를 내는 등 다른 사람에게 피해를 주는 일이 없도록 합니다.

연습 용지를 요청할 것
응시자의 요청에 한해 연습 용지를 제공하고 있습니다. 필요시 연습 용지를 요청하며 미리 시험에 관련된 내용을 적어놓지 않도록 합니다. 연습 용지는 시험이 종료되면 회수되므로 들고 나가지 않도록 유의합니다.

답안 제출은 신중하게 할 것
답안은 제한 시간 내에 언제든 제출할 수 있지만 한 번 제출하게 되면 더 이상의 문제풀이가 불가합니다. 안 푼 문제가 있는지 또는 맞게 표기하였는지 다시 한 번 확인합니다.

구성 및 특징

---

01 화학분석 및 실험실 안전관리

제1절 일반화학

1-1. 물질과 에너지

핵심이론 01 │ 물질의 종류 및 성질

(1) 물질과 물체의 정의
① 물질(Substance) : 물체를 이루는 본 바탕을 의미한다.
  예 물질 - 물, 나무, 알루미늄 등
② 물체(Body) : 물질로 구성된 구체적 형태를 가지고 존재하는 물건을 말한다.
  예 물체 - 선풍기, 의자, 가방 등

(2) 물질의 성질과 변화
① 물질의 성질
  ㉠ 화학적 성질 : 물질이 지니는 고유의 반응성을 의미한다.
  ㉡ 물리적 성질 : 물질이 지니는 고유의 성질을 의미한다.
② 물질의 변화
  ㉠ 물리적 변화 : 물질 본질의 변화 없는 상태변화만을 의미한다.

[상태변화의 종류와 특징]

상태변화	특징
용해	고체 → 액체
승화	고체 → 기체
응고	액체 → 고체
기화	액체 → 기체
액화	기체 → 액체

예 얼음 → 얼음물(상태변화)

㉡ 화학적 변화 : 물질이 특정 반응으로 인해 성질이 전혀 다른 물질로 변하는 현상이다.
  • 화합(Combination) : 두 가지 이상의 물질이 결합하여 새로운 한 가지 물질로 변하는 것이다.
    예 A + B → AB, Cu + S → CuS, C + O₂ → CO₂
  • 분해(Decomposition) : 하나의 물질이 분해되어 두 가지 이상의 물질로 나뉘는 것이다.
    예 AB + 반응 → A + B, 2H₂O → 2H₂ + O₂
  • 치환(Substitution) : 화합물을 구성하는 성분 중 일부가 다른 성분으로 바뀌어 새로운 물질이 생성되는 것이다.
    예 NaCl + AgNO₃ → NaNO₃ + AgCl
  • 복분해(

핵심이론

필수적으로 학습해야 하는 중요한 이론들을 각 과목별로 분류하여 수록하였습니다.
시험과 관계없는 두꺼운 기본서의 복잡한 이론은 이제 그만! 시험에 꼭 나오는 이론을 중심으로 효과적으로 공부하십시오.

10년간 자주 출제된 문제

7-1. K₂CrO₄에서 Cr의 산화상태(원자가)는?
① +3   ② +4
③ +5   ④ +6

7-2. NH₄⁺의 원자가전자는 총 몇 개인가?
① 7   ② 8
③ 9   ④ 10

7-3. 과망간산이온(MnO₄⁻)은 진한 보라색을 가지는 대표적인 산화제이며, 센 산성용액(pH≤1)에서는 환원제와 반응하여 무색의 Mn²⁺으로 환원된다. 1몰(mol)의 과망간산이온이 반응하였을 때 몇 당량에 해당하는 산화가 일어나는가?
① 1   ② 3
③ 5   ④ 7

7-4. 어떤 원소(M)의 1당량과 원자량이 같을 때 이 원소의 산화물의 일반적인 표현을 바르게 나타낸 것은?
① M₂O   ② MO
③ MO₂   ④ M₂O₃

7-5. 황산(H₂SO₄)의 1당량은 얼마인가?(단, 황산의 분자량은 98g/mol이다)
① 4.9g   ② 49g
③ 9.8g   ④ 98g

|해설|
7-1

원자가	양성원자가	음성원자가
I족	+1	
II족	+2	
III족	+3	
IV족	+4 +2	-4
V족	+5 +3	-3
VI족	+6 +4	-2
VII족	+7 +5	-1

K는 1이므로 1 × 2 = 2, O는 -2이므로 -2 × 4 = -8이다.
전체적으로 중성이므로 2 + x + (-8) = 0
∴ x = +6

7-2
원자가전자는 원자의 가장 바깥부분에 있는 최외각전자로 반응에 참여할 가능성이 있는 전자의 수이다. N은 5, H는 1이므로 5 + (1 × 4) = 9이나 암모늄 이온이 전자를 하나 잃은 상태이므로 9 - 1 = 8이다.

7-3
MnO₄⁻ → Mn³⁺
산소의 산화수는 -2이므로 (-2 × 4) + Mn의 산화수 = -1, Mn의 산화수 = +7이므로 전자 5개를 얻어서 +2가 되었으므로 7 + 5e⁻ = +2가 성립하여 5당량이 된다.

7-4
1당 원소 : 1g당량과 원자량이 같다.
1당 원소는 최외각 전자가 1개이어서 하나를 잃어버린 M⁺의 형태를 주로 유지하므로 2M⁺ + O²⁻ → M₂O이다.

7-5
황산의 분자량은 98g/mol이고, H₂SO₄ → 2H⁺ + SO₄²⁻로 해리되므로 전자의 이동은 2개이다. 즉, 황산은 2가이므로 전자 1개당 할당된 무게(1당량)는 98g/2 = 49g이다.

정답 7-1 ④   7-2 ②   7-3 ③   7-4 ①   7-5 ②

10년간 자주 출제된 문제

출제기준을 중심으로 출제 빈도가 높은 기출문제와 필수적으로 풀어보아야 할 문제를 핵심이론당 1~2문제씩 선정했습니다. 각 문제마다 핵심을 찌르는 명쾌한 해설이 수록되어 있습니다.

과년도 + 최근 기출복원문제

지금까지 출제된 과년도 기출문제와 최근 기출복원문제를 수록하였습니다. 각 문제에는 자세한 해설이 추가되어 핵심이론만으로는 아쉬운 내용을 보충학습하고 출제경향의 변화를 확인할 수 있습니다.

2024년 제1회 최근 기출복원문제

01 다음 중 식물 세포벽의 기본구조 성분은?

① 셀룰로스   ② 나프탈렌
③ 아닐린   ④ 에틸에테르

해설
세포벽
식물 세포벽의 기본구조는 셀룰로스(섬유질)로 구성되어 있으며, 1차 세포벽과 2차 세포벽으로 구분할 수 있다.

02 0℃의 얼음 1g을 100℃의 수증기로 변화시키는 데 필요한 열량은?

① 539cal   ② 639cal
③ 719cal   ④ 839cal

해설
다음의 과정을 거치며 변화시켜야 한다.
• 상태변화(얼음 → 물)
$Q_1 = 80cal/g($얼음 융해열$) \times 1g = 80cal$
• 온도변화(0℃ → 100℃)
$Q_2 = 1g \times 1cal/g \cdot$℃$($물의 비열$) \times (100℃ - 0℃) = 100cal$
• 상태변화(물 → 수증기)
$Q_3 = 539cal/g($물 기화열$) \times 1g = 539cal$
∴ $Q = Q_1 + Q_2 + Q_3$이므로,
$Q = 80 + 100 + 539 = 719cal$

03 유효 숫자 규칙에 맞게 계산한 결과는?

$$2.1 + 123.21 + 20.126$$

① 145.136   ② 145.43
③ 145.44   ④ 145.4

해설
유효숫자의 덧셈에서는 끝자리가 가장 큰값(반올림 고려)을 따른다.
2.1 + 123.21 + 20.126 = 145.436 ≒ 145.4

04 다음 중 이온화 경향이 가장 큰 것은?

① Ca   ② Al
③ Si   ④ Cu

해설
이온화 경향의 크기는 Li > K > Ca > Na > Mg > Al > Zn > Fe > Ni > Sn > Pb > H > Cu > Ag > Pt > Au 등의 순서이며 주기율표에서는 왼쪽 아래로 갈수록 커지는 경향이 있다.

05 이온결합
① 극성용
② 연성
③ 결정일
④ 결정력
이 높은

해설
이온결합은
극성결합이어
며 용매의 양
결합해 쉽게

정답 1 ① 2 ③ 3 ④ 4 ① 5 ①

---

01 실기 필답형

필답형 출제경향

화학분석기능사 필답형은 크게 다음과 같은 범주로 출제된다. 기본적으로 화학분석에 대한 전반적인 기초지식을 묻는 문제가 출제되며, 최근 문제은행식 출제구조를 벗어나 화학 전반에 대해 묻는 문제도 많아지고 있다. 총 10문제(각 4점) 가운데 50%는 보통 난이도, 30%는 조금 높은 난이도, 20%(1~2문항) 정도는 매우 높은 난이도를 보이고 있다.

1 화학분석 기초

(1) 농도, 단위 등의 환산

(2) 기초 이화학분석기구명 및 사용법

(3) 산업안전 관련 문제

---

02 실기 작업형

1 일반적인 분광광도계의 모습

| 일반적인 분광광도계의 모습 | 액정의 모습 |

실기(필답형 + 작업형)

시험에 꼭 나오는 필답형 출제예상문제를 수록하였으며, 작업형 과제와 답안지 작성방법을 예시와 함께 제시하여(올컬러) 실기시험에 대비할 수 있도록 하였습니다.

최신 기출문제 출제경향

- 이온화 경향, 물질의 농도 변환, 원자번호 표기법, 화학평형의 조건
- 기체의 특성, 알칼리 금속의 특징, 양쪽성 원소의 종류, 방사선 표시의 이해, 화학반응의 종류
- 산화-환원 반응의 종류, 3가지 전해질의 정의와 특징, 물질별 이온화도 특징, 가수분해 반응의 정의, 빛의 특징과 이해, 기체크로마토그래피의 원리, 전위차 측정법의 정의
- 실험실 안전수칙, 사고의 원인과 요소, 폭발사고의 유형 구분

- 물질의 결합력, 이온화 에너지의 비교, %농도 계산법, 원자번호와 질량수, 양성자수
- 지방족 탄화수소의 명칭, 방사선 표현 방법의 비교, 특정 물질의 시성식, 양이온 정성분석과 분족시약, 표준전위 계산, 몰농도 및 노말농도 계산
- 캐리어 가스의 종류와 특성, 비어의 법칙 활용 및 계산, 얇은 막 크로마토그래피 작동법, 분광광도계의 구조, 전자전이, 불꽃이온화 검출기의 정의
- 실험실 안전수칙, 사고의 원인과 요소, MSDS 그림 문자 비교

| 2021년 2회 | 2021년 3회 | 2022년 1회 | 2022년 2회 |

- 용해도의 정의, 아보가드로수와 몰의 정의, 전기음성도의 경향성, 끓는점 오름의 특징, 극성과 비극성 물질의 구분
- 원자번호에 따른 금속의 성질, 이온결합·공유결합의 차이, 방사성 물질의 반감기 계산법, 유기화합물의 특징, 고분자 화합물의 종류와 특징, 양이온 정량분석 방법
- 실험기구의 종류와 특징, 평형상수값의 계산, 화학물질의 반응, 브뢴스테드-로우리의 산, 염기 정의, 산과 알칼리의 성질, 산화수 비교를 통한 산화제의 특징 비교, 전자전이의 종류, 기체크로마토그래피의 이해
- 약품 보관방법의 이해, 인화성 물질 적정 시 유의사항, 금속물질의 보관방법, 유리기구 취급 시 유의사항

- 균일혼합물의 개념, 탄수화물의 종류와 특징, 산화수 계산, 원자번호와 질량수, 양성자수, 기초 시험기구 정리, 용해도 계산
- 폴라로그래피 기준전극과 작업전극, 화합물의 명명법, 중화적정식에 따른 계산방법, 양이온 분족시약 구분, 반도체 첨가원소 구분, 용액의 전도도와 저항
- 분광광도계의 초기설정, GC의 구성요소, 크로마토그래피의 정의, 공실험의 목적, 여기에너지의 정의, 검정곡선의 개념과 그래프
- 금속칼륨과 금속나트륨의 저장방법, 독성가스의 구분, 수은처리방법과 유의점

- 유기화합물의 동소체, 원자의 결합, 알칼리금속의 특징, 물질의 상에 따른 용해도 차이
- 화학 반응의 평형과 방향 및 원리, 산화와 환원, 산과 염기의 3가지 정의
- 농도표시방법과 계산(몰농도, 노말농도), 용해도곱의 계산
- 양이온 정성분석, 유기화합물의 명명법, 산화환원적정법
- 분광광도계의 구조 및 구성 장치별 특징, 빛의 기본 원리, HPLC 사용법 중 유의사항
- 전위차 적정식(Nernst 식), pH미터의 사용법
- 기기분석실험 시료제조 방법, 유리기구 취급방법
- 분석실험의 유의사항, 폭발사고의 유형과 대처방법

- 유효숫자의 기본계산, 물질 결합의 종류와 특성, 분자 결합력의 특징, 산과 염기의 결합 및 농도계산
- 분석기구의 이해, 용해도곱의 계산, pH, pOH의 계산, 양이온 정성분석과 분족시약, 중화적정, 볼타전지의 분극현상
- 분광광도계 분석장치 구성, 기구사용의 유의점, 검정과 교정의 이해, 기체·액체 시료의 보관조건, 흡광도의 계산, pH 미터 사용 및 관리법
- 실험실 안전수칙, 사고의 원인과 요소, GHS 그림문자 비교

2023년 1회

2023년 2회

2024년 1회

2024년 2회

- 화학물질의 결합의 종류, 원소의 기본적 특성, 표준상태의 개념
- 유기화합물의 명칭과 법칙, 화학물질의 반응의 종류와 특징, 유기화합물의 기본 화학식
- 화학반응의 기본 원리와 법칙, 중화적정의 원리, 평형상수와 농도의 계산, 화학물질의 산화수 계산
- 양이온 계통분리와 분족시약, 음이온 정성분석방법, 페놀프탈레인 지시약의 사용
- 빛의 기본 원리, 전자기파의 종류와 특징
- 정량분석과 정성분석의 준비, 기본화학실험의 실험기구, 원자흡수분광법의 원리
- 기체크로마토그래피의 개념과 원리, 원자흡광광도계 활용과 실험기구의 이용
- 실험실 사고의 종류와 원인, 약품의 종류에 따른 보관방법

- 물질의 기본 물리적 특성, 주기율표에 따른 원소의 특성, 분자의 산화수 계산, 포화탄화수소 결합에 따른 결합구조 이해
- 중화반응, 이온화상수에 따른 산의 비교, 이상기체방정식의 계산, 양이온 정성분석의 조건, 물질의 반응과 조건에 따른 계산, 빛의 기본적 성질
- 기기분석방법의 종류별 특징, HPLC 기기의 분석 원리, 유리기구의 기본적 사용방법, 용액의 종류별 특징, 고체 시료의 물리·화학적 특성, 고체·액체 시약의 취급방법
- 실험실 안전수칙, 사고의 원인과 요소, 실험실 폐액의 보관 방법

D-20 스터디 플래너

20일 완성!

D-20
시험안내 및
빨간키 훑어보기

D-19
✤ CHAPTER 01
화학분석 및 실험실 안전관리
1. 일반화학

D-18
✤ CHAPTER 01
화학분석 및 실험실 안전관리
2. 무기화학

D-17
✤ CHAPTER 01
화학분석 및 실험실 안전관리
3. 유기화학

D-16
✤ CHAPTER 01
화학분석 및 실험실 안전관리
4. 화학반응

D-15
✤ CHAPTER 01
화학분석 및 실험실 안전관리
5. 분석일반

D-14
✤ CHAPTER 01
화학분석 및 실험실 안전관리
6. 이화학분석

D-13
✤ CHAPTER 01
화학분석 및 실험실 안전관리
7. 기기분석

D-12
✤ CHAPTER 01
화학분석 및 실험실 안전관리
8. 분석실험 준비

D-11
✤ CHAPTER 01
화학분석 및 실험실 안전관리
9. 분석시료 준비

D-10
✤ CHAPTER 01
화학분석 및 실험실 안전관리
10. 기초 화학분석

D-9
✤ CHAPTER 01
화학분석 및 실험실 안전관리
11. 실험실 환경 · 안전점검

D-8
✤ CHAPTER 01
화학분석 및 실험실 안전관리
12. 화학물질 유형 파악 ~
14. 실험실 문서관리

D-7
2009~2011년
과년도 기출문제 풀이

D-6
2012~2014년
과년도 기출문제 풀이

D-5
2015~2016년
과년도 기출문제 풀이

D-4
2017~2020년
과년도 기출복원문제 풀이

D-3
2021~2023년
과년도 기출복원문제 풀이

D-2
2024년
최근 기출복원문제 풀이

D-1
기출문제
오답정리 및 복습

표 준 주 기 율 표
Periodic Table of the Elements

표기법:
원자 번호
기호
원소명(국문)
원소명(영문)
일반 원자량
표준 원자량

1	2	3	4	5	6	7	8	9	10	11	12	13	14	15	16	17	18
1 **H** 수소 hydrogen 1.008 [1.0078, 1.0082]																	2 **He** 헬륨 helium 4.0026
3 **Li** 리튬 lithium 6.94 [6.938, 6.997]	4 **Be** 베릴륨 beryllium 9.0122											5 **B** 붕소 boron 10.81 [10.806, 10.821]	6 **C** 탄소 carbon 12.011 [12.009, 12.012]	7 **N** 질소 nitrogen 14.007 [14.006, 14.008]	8 **O** 산소 oxygen 15.999 [15.999, 16.000]	9 **F** 플루오린 fluorine 18.998	10 **Ne** 네온 neon 20.180
11 **Na** 소듐 sodium 22.990	12 **Mg** 마그네슘 magnesium 24.305 [24.304, 24.307]											13 **Al** 알루미늄 aluminium 26.982	14 **Si** 규소 silicon 28.085 [28.084, 28.086]	15 **P** 인 phosphorus 30.974	16 **S** 황 sulfur 32.06 [32.059, 32.076]	17 **Cl** 염소 chlorine 35.45 [35.446, 35.457]	18 **Ar** 아르곤 argon 39.95 [39.792, 39.963]
19 **K** 포타슘 potassium 39.098	20 **Ca** 칼슘 calcium 40.078(4)	21 **Sc** 스칸듐 scandium 44.956	22 **Ti** 타이타늄 titanium 47.867	23 **V** 바나듐 vanadium 50.942	24 **Cr** 크로뮴 chromium 51.996	25 **Mn** 망가니즈 manganese 54.938	26 **Fe** 철 iron 55.845(2)	27 **Co** 코발트 cobalt 58.933	28 **Ni** 니켈 nickel 58.693	29 **Cu** 구리 copper 63.546(3)	30 **Zn** 아연 zinc 65.38(2)	31 **Ga** 갈륨 gallium 69.723	32 **Ge** 저마늄 germanium 72.630(8)	33 **As** 비소 arsenic 74.922	34 **Se** 셀레늄 selenium 78.971(8)	35 **Br** 브로민 bromine 79.904 [79.901, 79.907]	36 **Kr** 크립톤 krypton 83.798(2)
37 **Rb** 루비듐 rubidium 85.468	38 **Sr** 스트론튬 strontium 87.62	39 **Y** 이트륨 yttrium 88.906	40 **Zr** 지르코늄 zirconium 91.224(2)	41 **Nb** 나이오븀 niobium 92.906	42 **Mo** 몰리브데넘 molybdenum 95.95	43 **Tc** 테크네튬 technetium	44 **Ru** 루테늄 ruthenium 101.07(2)	45 **Rh** 로듐 rhodium 102.91	46 **Pd** 팔라듐 palladium 106.42	47 **Ag** 은 silver 107.87	48 **Cd** 카드뮴 cadmium 112.41	49 **In** 인듐 indium 114.82	50 **Sn** 주석 tin 118.71	51 **Sb** 안티모니 antimony 121.76	52 **Te** 텔루륨 tellurium 127.60(3)	53 **I** 아이오딘 iodine 126.90	54 **Xe** 제논 xenon 131.29
55 **Cs** 세슘 caesium 132.91	56 **Ba** 바륨 barium 137.33	57-71 란타넘족 lanthanoids	72 **Hf** 하프늄 hafnium 178.49(2)	73 **Ta** 탄탈럼 tantalum 180.95	74 **W** 텅스텐 tungsten 183.84	75 **Re** 레늄 rhenium 186.21	76 **Os** 오스뮴 osmium 190.23(3)	77 **Ir** 이리듐 iridium 192.22	78 **Pt** 백금 platinum 195.08	79 **Au** 금 gold 196.97	80 **Hg** 수은 mercury 200.59	81 **Tl** 탈륨 thallium 204.38 [204.38, 204.39]	82 **Pb** 납 lead 207.2	83 **Bi** 비스무트 bismuth 208.98	84 **Po** 폴로늄 polonium	85 **At** 아스타틴 astatine	86 **Rn** 라돈 radon
87 **Fr** 프랑슘 francium	88 **Ra** 라듐 radium	89-103 악티늄족 actinoids	104 **Rf** 러더포듐 rutherfordium	105 **Db** 두브늄 dubnium	106 **Sg** 시보귬 seaborgium	107 **Bh** 보륨 bohrium	108 **Hs** 하슘 hassium	109 **Mt** 마이트너륨 meitnerium	110 **Ds** 다름슈타튬 darmstadtium	111 **Rg** 뢴트게늄 roentgenium	112 **Cn** 코페르니슘 copernicium	113 **Nh** 니호늄 nihonium	114 **Fl** 플레로븀 flerovium	115 **Mc** 모스코븀 moscovium	116 **Lv** 리버모륨 livermorium	117 **Ts** 테네신 tennessine	118 **Og** 오가네손 oganesson

57 **La** 란타넘 lanthanum 138.91	58 **Ce** 세륨 cerium 140.12	59 **Pr** 프라세오디뮴 praseodymium 140.91	60 **Nd** 네오디뮴 neodymium 144.24	61 **Pm** 프로메튬 promethium	62 **Sm** 사마륨 samarium 150.36(2)	63 **Eu** 유로퓸 europium 151.96	64 **Gd** 가돌리늄 gadolinium 157.25(3)	65 **Tb** 터븀 terbium 158.93	66 **Dy** 디스프로슘 dysprosium 162.50	67 **Ho** 홀뮴 holmium 164.93	68 **Er** 어븀 erbium 167.26	69 **Tm** 툴륨 thulium 168.93	70 **Yb** 이터븀 ytterbium 173.05	71 **Lu** 루테튬 lutetium 174.97
89 **Ac** 악티늄 actinium	90 **Th** 토륨 thorium 232.04	91 **Pa** 프로탁티늄 protactinium 231.04	92 **U** 우라늄 uranium 238.03	93 **Np** 넵투늄 neptunium	94 **Pu** 플루토늄 plutonium	95 **Am** 아메리슘 americium	96 **Cm** 퀴륨 curium	97 **Bk** 버클륨 berkelium	98 **Cf** 캘리포늄 californium	99 **Es** 아인슈타이늄 einsteinium	100 **Fm** 페르뮴 fermium	101 **Md** 멘델레븀 mendelevium	102 **No** 노벨륨 nobelium	103 **Lr** 로렌슘 lawrencium

참조: 표준 원자량은 2011년 IUPAC에서 결정한 새로운 형식을 따른 것으로 [ ] 안에 표시된 숫자는 2 종류 이상의 안정한 동위원소가 존재하는 경우 지각 시료에서 발견되는 자연 존재비의 분포를 고려한 표준 원자량의 범위를 나타낸 것임. 자세한 내용은 https://iupac.org/what-we-do/periodic-table-of-elements/을 참조하기 바람.

이 책의 목차

빨리보는 간단한 키워드 ——————

빨간키

#합격비법 핵심 요약집   #최다 빈출키워드   #시험장 필수 아이템

❚ 원자번호와 질량수

- 질량수 = 양성자수 + 중성자수
- 원자번호 = 전자수 = 양성자수

❚ 원자량

6번 탄소 무게를 기준으로 각 물질의 무게를 표시한 질량

❚ 분자량

각 원자량의 합

❚ 보일의 법칙

$PV = k(k$는 상수$)$

여기서, P : 압력, V : 부피

❚ 샤를의 법칙

$$\frac{V}{T} = k(\text{단, } k\text{는 상수})$$

여기서, V : 부피, T : 절대온도

❚ 보일-샤를의 법칙

$$\frac{P_1 V_1}{T_1} = \frac{P_2 V_2}{T_2} = k(\text{일정한 상수})$$

여기서, P : 압력, V : 부피, T : 절대온도

❚ 그레이엄의 기체확산속도 법칙

$$\frac{v_1}{v_2} = \sqrt{\frac{M_2}{M_1}} = \sqrt{\frac{d_2}{d_1}}$$

여기서, v : 각 기체의 확산속도, M : 각 물질의 분자량, d : 밀도

■ 헨리의 법칙

$P = H \times C$

여기서, P : 압력, H : 헨리상수, C : 농도

■ 이상기체방정식

$PV = nRT$

여기서, P : 압력, V : 부피, n : 몰수, R : 기체상수, T : 절대온도

■ 용해도 : $\dfrac{\text{용질의 g수}}{\text{용매의 g수}} \times 100$

■ 중량백분율농도(퍼센트농도, W/W%농도)

$\dfrac{\text{용질의 질량(g)}}{\text{용액의 질량(g)}} \times 100$

■ 몰농도(M, mol/L) $= \dfrac{\text{용질의 몰수(mol)}}{\text{용액의 부피(L)}}$

■ 몰랄농도(m농도) $= \dfrac{\text{용질의 몰수(mol)}}{\text{용매의 무게(kg)}}$

■ 노말농도(N농도) $= \dfrac{\text{용질의 무게(g)}}{\text{용질의 g당량수}} \times \dfrac{1,000}{\text{용액의 부피(mL)}}$

■ ppm(parts per million)농도

ppm = mg/L(1% = 10,000ppm)

▌ 반감기

$$M = M_0 \left(\frac{1}{2}\right)^{\frac{t}{T}}$$

여기서, M : t시간 이후의 질량

M_0 : 초기질량

T : 반감기

t : 경과된 시간

▌ 평형상수(K)

$$aA + bB \rightleftarrows cC + dD, \quad K = \frac{[C]^c[D]^d}{[A]^a[B]^b}$$

▌ 중화적정법

$$N_1 V_1 = N_2 V_2$$

여기서, N : 각 물질의 농도

V : 각 물질의 부피

▌ 수소이온지수 : $\text{pH} = -\log[\text{H}^+] = 14 - \text{pOH}$

▌ 전하량(C) = 전류의 세기(A) × 시간(s)

▌ 패러데이의 법칙

$$q = n \times F$$

여기서, q : 전기전하

n : 몰수

F : 패러데이 상수(96,500C/mol)

▌ 비중 $= \dfrac{\text{물질의 밀도(g/mL)}}{4\text{℃ 물의 밀도(g/mL)}}$, 밀도 $= \dfrac{\text{질량(g)}}{\text{부피(mL)}}$

▌ 압 력

$1atm = 760mmHg = 101,325N/m^2 = 101.325kPa = 1.013bar = 14.696psi$

▌ 점 도

$1P = 1g/cm \cdot s$

▌ 상대습도(Relative Humidity)

$$H_r(\%) = \frac{\overline{P}}{P_s} \times 100$$

여기서, H_r : 상대습도(%)

$\overline{P}$: 특정온도에서 공기 중 수증기 분압(mmHg)

P_s : 일정온도에서의 포화 수증기압(mmHg)

▌ 절대습도(Absolute Humidity)

$$H_a = \frac{m_w}{m_a} = \frac{m_w}{m - m_w} (kg\ H_2O/kg\ 건조공기)$$

여기서, H_a : 절대습도

m : 습한 공기질량(kg)

m_w : 습한 공기 속의 수증기량(kg)

m_a : 건조 공기질량(kg)

▌ 온 도

• 화씨온도(°F) = 1.8 × 섭씨온도(℃) + 32

• 절대온도(K) = 섭씨온도(℃) + 273

▌ 이온화도 = $\dfrac{\text{이온화된 몰수}}{\text{전해질 총몰수}}$

■ 이온화상수(전리상수, 해리상수)

• 산 기준 : $HA \rightleftharpoons H^+ + A^-$, $K_a = \dfrac{[H^+][A^-]}{[HA]}$

• 염기 기준 : $BOH \rightleftharpoons B^+ + OH^-$, $K_b = \dfrac{[B^+][OH^-]}{[BOH]}$

■ $pK_a = -\log K_a$

■ 헨더슨-하셀바흐식

$pH = pK_a + \log \dfrac{[A^-]}{[HA]}$ (pH 4~10 범위의 약전해질에서만)

■ 전리도$(\alpha) = \dfrac{\text{이온화된 분자수}}{\text{전분자수(해리되기 전)}} = \dfrac{\text{이온화된 몰농도}}{\text{전체 몰농도}}$

■ 용해도곱

$K_{sp} = [A^+][B^-] = K[AB](aq) = 상수$

■ 물의 이온곱 상수 $= [H^+][OH^-] = 1.0 \times 10^{-14}$ (25℃ 기준 $[H^+] = 10^{-7}$, $[OH^-] = 10^{-7}$)

■ 파장$(\lambda) = \dfrac{c}{f}$ (단위 1 Å = 10^{-10}m)

■ 주파수$(f) = \dfrac{c}{\lambda} = \dfrac{1}{T}$

■ 주기$(T) = \dfrac{1}{f}$

▌투광도(T, Transmittance)

$$T = \frac{I}{I_0}$$

여기서, T : 투광도

I : 매질 통과 후 빛의 세기

I_0 : 매질 통과 전 빛의 세기

▌흡광도(A, Absorbance)

$$A = -\log T = \log \frac{I_0}{I}$$

여기서, A : 흡광도

T : 투광도

I_0 : 매질 통과 전 빛의 세기

I : 매질 통과 후 빛의 세기

▌비어의 법칙

$$A = abC$$

여기서, A : 흡광도

a : 흡광계수

b : 매질의 두께(길이)

C : 흡수종의 농도

▌람베르트의 법칙

$$A = \log \frac{I_0}{I} = kb$$

여기서, A : 흡광도

I_0 : 입사빛의 세기

I : 투과빛의 세기

b : 용액층의 두께

▌비어-람베르트의 법칙

$$A = -\log T = \varepsilon b C$$

여기서, A : 흡광도

T : 투광도

ε : 몰흡광계수(L/mol · cm)

b : 용액층의 두께(cm)

C : 농도(mol/L)

▌이동도

$$R_f = \frac{C}{K}$$

여기서, C : 기본선과 이온이 나타난 사이의 거리(cm)

K : 기본선과 전개용매가 전개한 곳까지의 거리(cm)

▌네른스트(Nernst) 식

$$E = E^0 - \frac{RT}{nF}\ln Q = E^0 - \frac{0.0592}{n}\log Q \left(25℃에서 \ \frac{RT}{F}\ln 10은 \ 약 \ 0.0592이므로\right)$$

여기서, E : 전지전위

E^0 : 표준전극전위

R : 기체상수

T : 절대온도

F : 패러데이 상수

Q : 반응지수

n : 이동한 전자의 몰수(원자가)

• 표준전극전위(E^0, Standard Electrode Potential) = $E^0_{환원(+극)} - E^0_{산화(-극)}$

• 표준전지전위($E^0_{전지}$, 기전력, Standard Cell Potential) = $E^0_{환원(+극)} - E^0_{산화(-극)}$

• 표준전지전위($E^0_{전지}$)와 자유에너지 변화(ΔG)

$$\Delta G = -nFE^0 = -nFE^0_{전지}$$

여기서, n : 이동하는 전자의 몰수

F : 패러데이 상수(96,500C/mol)

IUPAC 명명법

(1) 알케인(알칸)의 명명법

접두사	+	어미명	+	접미사
(치환기 위치)		(탄소 원자 개수)		(작용기의 계열)

① 포화탄화수소 기준(단일결합) 어미는 '-ane'를 붙인다.

탄소개수	영문명	한글명	분자식 (C_nH_{2n+2})	축소 구조식	구조 이성질체수	알킬기	알킬기명
1	methane	메테인/메탄	CH_4	CH_4	0	CH_3-	methyl
2	ethane	에테인/에탄	C_2H_6	CH_3CH_3	0	C_2H_5-	ethyl
3	propane	프로페인/프로판	C_3H_8	$CH_3CH_2CH_3$	0	C_3H_7-	propyl
4	butane	뷰테인/부탄	C_4H_{10}	$CH_3(CH_2)_2CH_3$	2	C_4H_9-	n-butyl
5	pentane	펜테인/펜탄	C_5H_{12}	$CH_3(CH_2)_3CH_3$	3	$C_5H_{11}-$	n-pentyl
6	hexane	헥세인/헥산	C_6H_{14}	$CH_3(CH_2)_4CH_3$	5	$C_6H_{13}-$	n-hextyl
7	heptane	헵테인/헵탄	C_7H_{16}	$CH_3(CH_2)_5CH_3$	9	$C_7H_{15}-$	n-hepyl
8	octane	옥테인/옥탄	C_8H_{18}	$CH_3(CH_2)_6CH_3$	18	$C_8H_{17}-$	n-octyl
9	nonane	노네인	C_9H_{20}	$CH_3(CH_2)_7CH_3$	35	$C_9H_{19}-$	n-nonyl
10	decane	데케인	$C_{10}H_{22}$	$CH_3(CH_2)_8CH_3$	75	$C_{10}H_{21}-$	n-decyl

② 가지로 구성된 화합물은 가장 긴 사슬을 기본명으로 하며, 가지의 위치가 가능한 한 작은 번호가 되도록 탄소 원자에 아라비아 숫자를 붙여서 '결합위치 - 수 - 명칭'을 기본명 앞에 붙인다.

③ 사슬의 길이가 동일한 경우 곁가지수가 많은 가지 쪽을 선택하여 모체 사슬로 선택한다.

④ 이때 주사슬에 붙은 집단을 '치환기(Substituents)'라고 하며, 포화탄화수소의 치환기는 '알킬기(Alkyl group)'라고 한다.

⑤ 알킬기는 알케인에서 수소 원자 하나를 떼어낸 원자단이며, 알케인의 이름에서 어미 'ane' 대신 'yl'을 붙이며, 'R'로 표시한다(메틸, 에틸, 프로필, 뷰틸, 펜틸…).

⑥ 치환기의 표현은 알파벳 순서에 따라 차례대로 명명한다(di, tri, tetra, sec와 같은 접두사는 알파벳 순서를 고려하지 않는다).

⑦ 만약 동일 탄소에 2개의 치환기가 붙어 있는 경우 동일번호를 두 번 부여한다.

⑧ 치환기의 숫자에 따라 di-(2개), tri-(3개), tetra-(4개) 등을 붙인다.

예시 1 다음과 같은 구조식을 지닌 화학물질을 IUPAC의 명명 기준으로 이름 지어라.

CH₃-CH-CH-CH₂-CH₃
     CH₃ CH₃

① 주사슬을 찾는다.

CH₃-CH-CH-CH₂-CH₃
     CH₃ CH₃

② 주사슬을 기준으로 번호를 매긴다. 번호는 치환기가 가까운 쪽부터 넘버링한다.

1   2   3   4   5
CH₃-CH-CH-CH₂-CH₃
     CH₃ CH₃

methyl 2개이므로 dimethyl

③ 2번째, 3번째 치환기가 붙어 있으므로 다음과 같이 이름 짓는다.

2,3-dimethylpentane

(2, 3번째) (치환기명) (주사슬 탄소 5개 영문명)

예시 2 다음과 같은 구조식을 지닌 화학물질을 IUPAC의 명명 기준으로 이름 지어라.

CH₃-CH-CH₂-CH-CH₃
     CH₃   C₂H₅

① 주사슬을 찾는다.

CH₃-CH-CH₂-CH-CH₃
     CH₃   C₂H₅

② 주사슬을 기준으로 번호를 매긴다. 번호는 치환기가 가까운 쪽부터 넘버링한다.

5   4   3   2   1
CH₃-CH-CH₂-CH-CH₃
     CH₃   C₂H₅
      methyl   ethyl

③ 2번째, 4번째 치환기가 붙어 있으므로 다음과 같이 이름 짓는다.

2-ethyl-4-methylpentane

(2번째 에틸) (4번째 메틸) (주사슬 탄소 5개 영문명) → 알파벳 e가 m보다 먼저이므로 순서대로 작성함

예시 3 다음과 같은 구조식을 지닌 화학물질을 IUPAC의 명명 기준으로 이름 지어라.

$$CH_3CH_2CH_2\overset{\displaystyle CH_3}{\underset{\displaystyle \overset{\displaystyle |}{CH_2CH_3}}{\overset{\displaystyle |}{C}}}CH_2CH_3$$
$$\underset{\displaystyle CH_3}{|}$$

① 주사슬을 찾는다.

② 주사슬을 기준으로 번호를 매긴다. 번호는 치환기가 가까운 쪽부터 넘버링한다.

$$\underset{6}{CH_3}\underset{5}{CH_2}\underset{4}{CH_2}\overset{\displaystyle \overset{CH_3}{|}}{\underset{3}{C}}\underset{}{CH_2CH_3}$$
$$\underset{2}{|}CH_2CH_3$$
$$\underset{1}{|}CH_3$$

③ 2번째, 3번째 치환기가 붙어 있으므로 다음과 같이 이름 짓는다.

　3-ethyl-2,3-dimethylhexane

(3번째 에틸) (2, 3번째 메틸 2개) (주사슬 탄소 6개 영문명) → 알파벳 e가 m보다 먼저이므로 순서대로 작성함

(2) 할로겐화 알킬

① 할로겐 치환기명 : 할로겐 치환기는 어미 'ine'를 'O'로 바꾸어 명명하며, 탄화수소의 탄소는 할로겐 원소 치환기에서 가장 가까운 곳을 기준으로 번호를 부여한다.

[할로겐 치환기명]

원소명	영어명	한글명
F	fluoro-	플루오로
Cl	chloro-	클로로
Br	bromo-	브로모
I	iodo-	아이오도

예시 1 CH_3Cl의 이름은?

클로로메테인(염소가 1개이므로)

예시 2 CH_2Cl_2의 이름은?

다이클로로메테인(염소가 2개이므로)

(3) 사이클로알케인

① 알케인 명에 접두어로 '사이클로'를 붙여서 명명한다.

② 치환기가 있는 경우 기본 알케인의 명명 방법을 기준으로 동일하게 한다.

예시 다음과 같은 구조식을 지닌 화학물질은?

→ 1번, 2번에 메틸기가 붙어 있으므로 [1,2-dimethylcyclopentane] 이다.

(1, 2번째 메틸 2개) (탄소 총 5개인 고리형)

(4) 알켄(alkene)과 알카인(alkyne)의 명명법

① 기본적으로 알케인 명명법과 거의 동일하며, 알켄은 접미어로 -ene(엔), 알카인은 -yne(아인)로 바꾸어 명명한다.

	알켄	알카인
접미어	-ene(엔)	-yne(아인)
둘 이상의 이중결합 시	-diene, -triene 등으로 명명	-
둘 이상의 삼중결합 시	-	-diyne, -triyne 등으로 명명
이중, 삼중결합 모두 있는 경우	-ene-yne으로 명명	

② 탄소사슬은 다중결합을 포함하도록 하며, 다중결합의 원자의 번호가 작도록 기본사슬을 정한다.

③ 가지 달린 탄소의 번호가 최소가 되도록 한다.

④ 화합물 내에서 이중, 삼중결합이 동시에 있을 경우 이중결합을 지닌 탄소가 작은 번호가 되도록 번호를 부여한다.

⑤ 고리 탄화수소에서는 다중결합을 지닌 탄소부터 번호를 부여한다.

교육은 우리 자신의 무지를 점차 발견해 가는 과정이다.

– 윌 듀란트 –

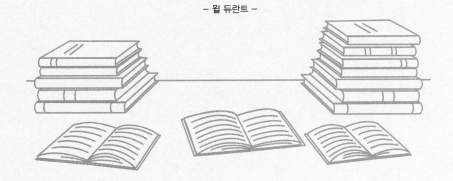

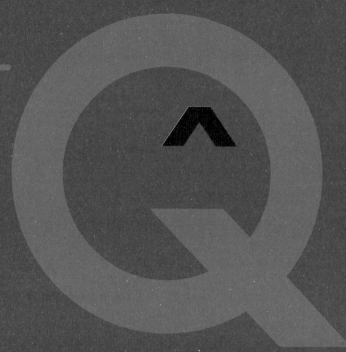

PART 01

핵심이론

#출제 포인트 분석   #자주 출제된 문제   #합격 보장 필수이론

CHAPTER 01 화학분석 및 실험실 안전관리

제1절 일반화학

1-1. 물질과 에너지

핵심이론 01 | 물질의 종류 및 성질

(1) 물질과 물체의 정의

① 물질(Substance) : 물체를 이루는 본 바탕을 의미한다.

예 물질 – 물, 나무, 알루미늄 등

② 물체(Body) : 물질로 구성된 구체적 형태를 가지고 존재하는 물건을 말한다.

예 물체 – 선풍기, 의자, 가방 등

(2) 물질의 성질과 변화

① 물질의 성질

  ㉠ 화학적 성질 : 물질이 지니는 고유의 반응성을 의미한다.

  ㉡ 물리적 성질 : 물질이 지니는 고유의 성질을 의미한다.

② 물질의 변화

  ㉠ 물리적 변화 : 물질 본질의 변화 없는 상태변화만을 의미한다.

[상태변화의 종류와 특징]

상태변화	특 징
융 해	고체 → 액체
승 화	고체 → 기체
응 고	액체 → 고체
기 화	액체 → 기체
액 화	기체 → 액체

예 얼음 → 얼음물(상태변화)

  ㉡ 화학적 변화 : 물질이 특정 반응으로 인해 성질이 전혀 다른 물질로 변하는 현상이다.

  • 화합(Combination) : 두 가지 이상의 물질이 결합하여 새로운 한 가지 물질로 변하는 것이다.

    예 $A + B \rightarrow AB$, $Cu + S \rightarrow CuS$, $C + O_2 \rightarrow CO_2$

  • 분해(Decomposition) : 하나의 물질이 분해되어 두 가지 이상의 물질로 나뉘는 것이다.

    예 $AB + 반응 \rightarrow A + B$, $2H_2O \rightarrow 2H_2 + O_2$

  • 치환(Substitution) : 화합물을 구성하는 성분 중 일부가 다른 성분으로 바뀌어 새로운 물질이 생성되는 것이다.

    예 $NaCl + AgNO_3 \rightarrow NaNO_3 + AgCl \downarrow$

  • 복분해(Double Decomposition) : 두 종류의 물질이 결합할 때 서로 성분을 교환하여 두 종류의 화합물을 만드는 반응이다.

    예 $AB + CD \rightarrow AD + BC$

    $Ag_2S + 4NH_4OH \rightleftharpoons (Ag(NH_3)_2)_2S + 4H_2O$

1-1. 물질의 상태변화 가운데 액체가 고체로 변하는 것을 무엇이라 하는가?

① 융 해   ② 승 화
③ 응 고   ④ 기 화

1-2. 두 종류의 물질이 서로 성분을 교환하여 두 종류의 화합물을 만드는 반응은?

① 화 합   ② 분 해
③ 치 환   ④ 복분해

|해설|

1-1
액체가 고체로 변하는 상태변화를 응고라 한다.

1-2
복분해(Double Decomposition) : 두 종류의 물질이 결합할 때 서로 성분을 교환하여 두 종류의 화합물을 만드는 반응이다.

정답 1-1 ③   1-2 ④

핵심이론 02 │ 순물질과 혼합물

(1) 순물질과 혼합물

① 순물질 : 단일 물질로 구성되어 있으며 단체와 화합물로 나뉜다.

  ㉠ 단체 : 단일 원소로 구성되어 있어 다른 물질로 분해될 수 없다.

   예 비금속 : 질소(N_2), 산소(O_2), 인(P), 황(S) 등
      금속 : 철(Fe) 등

   ※ 단체는 원소와 다른 의미이며, 원소가 기본이 되어 단체를 구성한다. 그러나 철, 황 등은 원소 자체가 물질을 이루고 있으므로 같은 의미로 사용된다.

  ㉡ 화합물 : 두 종류 이상의 원소가 결합하여 만들어진 물질이다.

   예 염산(HCl), 황산(H_2SO_4), 물(H_2O), 수산화나트륨(NaOH) 등

② 혼합물 : 두 가지 이상의 순물질이 혼합되어 있으며, 균일 혼합물과 불균일 혼합물로 나뉜다.

  ㉠ 균일 혼합물 : 성분이 골고루 분포되어 있다.

   예 설탕물, 소금물, 식초 등

  ㉡ 불균일 혼합물 : 성분 물질이 고르게 섞이지 않은 혼합물이다.

   예 과일주스, 바닷물, 우유, 흙탕물, 암석, 간장 등

  ※ 일반적으로 콜로이드 상태의 물질은 균일 혼합물이다. 우유의 경우 콜로이드 상태이므로 균일 혼합물(Homogeneous)이라고도 할 수 있으나 대부분의 교재에서 불균일 혼합물(Heterogeneous)로 다루고 있어 논쟁거리가 있는 구분이므로 기억해 두자.

[물질의 구성]

순물질		혼합물	
단체 (산소, 탄소 등)	화합물 (물, 염산 등)	균일 혼합물 (소금물, 설탕물 등)	불균일 혼합물 (흙탕물, 암석 등)

(2) 순물질과 혼합물의 구별법

① 녹는점과 끓는점의 조사 : 물질을 가열하여 녹는점
(융점)과 끓는점(비등점)을 확인하면 쉽게 구별할 수
있다.

　⊙ 순물질 : 하나의 물질로 구성되어 있어 일정한 녹
　　는점, 끓는점을 지닌다.

　⊙ 혼합물 : 2개 이상으로 결합되어 있어 각각의 녹는
　　점, 끓는점을 지니고 있으며, 온도에 따라 녹는점
　　과 끓는점이 다른 원리를 이용하여 물질을 분석,
　　분리할 수 있다.

　　예 크로마토그래피(분석), 분별증류(분리)

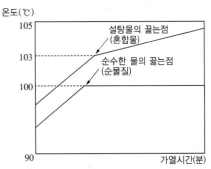

[순물질과 혼합물의 끓는점 비교]

② 성분비 조사 : 순물질은 성분의 비율이 일정하고 변화가
없으나, 혼합물은 구성비율이 일정하지 않다.

③ 분리 조사 : 순물질은 화학적 분리를 통해서만 분리가
가능하나, 혼합물은 침강, 여과 등의 물리적 분리를
통해 분리가 가능하다.

2-1. 다음 물질과 그 분류가 바르게 연결된 것은?

① 물 – 홑원소 물질　　　② 소금물 – 균일 혼합물

③ 산소 – 화합물　　　　④ 염화수소 – 불균일 혼합물

2-2. 다음 중 혼합물인 것은?

① 염화수소　　　　　　② 암모니아

③ 공 기　　　　　　　④ 이산화탄소

**2-3. 하나의 물질로만 구성되어 있는 것으로 물, 소금, 산소 등
이 그 예이고, 끓는점, 어는점, 밀도, 용해도 등의 물리적 성질
이 일정한 것을 가리키는 용어는?**

① 단 체　　　　　　　② 순물질

③ 화합물　　　　　　　④ 균일 혼합물

2-4. 순물질에 대한 설명으로 틀린 것은?

① 순수한 하나의 물질로만 구성되어 있는 물질

② 산소, 칼륨, 염화나트륨 등과 같은 물질

③ 물리적 조작을 통하여 두 가지 이상의 물질로 나누어지는
물질

④ 끓는점, 어는점 등 물리적 성질이 일정한 물질

|해설|

2-1

혼합물의 조성이 용액 전체에 걸쳐 일정하게 되는 것을 균일 혼합물
이라 하며 대표적으로 설탕물, 소금물 등이 있다.

① 물 – 화합물(두 가지 이상의 일정한 성분으로 구성된 물질)

③ 산소 – 단체(하나의 더 이상 분해될 수 없는 성분으로 구성된
물질)

④ 염화수소 – 화합물(두 가지 이상의 일정한 성분으로 구성된
물질)

2-2

• 혼합물 : 두 종류 이상의 단체, 화합물이 섞여 이루어진 물질

• 화합물 : 두 종류 이상의 원소로 이루어진 순물질

2-3

단체는 단일원소로 구성된 물질이고, 화합물은 두 종류 이상의
원소로 구성된 물질이며 순물질은 이 두 가지를 포함한다(순물질
= 단체 + 화합물).

2-4

순물질은 하나의 물질로 구성되어 있으며, 물리적 조작을 통해
나누어지지 않는다.

정답 2-1 ②　2-2 ③　2-3 ②　2-4 ③

핵심이론 03 │ 혼합물의 분리방법

(1) 기체 혼합물 분리법

① 액화 분류법 : 액체의 끓는점 차이를 이용해 분리한다.

② 흡수법 : 혼합기체를 흡수제로 통과시키면서 분리한다.

　예 헴펠법, 오르자트법, 게겔법 등

(2) 액체 혼합물 분리법

① 여과법 : 혼합물을 스크린과 같은 장치로 여과하여 분리한다.

　예 스크린 분리법 등

② 분액깔때기법 : 물질의 비중 차이를 이용해 분리한다.

　※ 비중 : 어떤 물질의 밀도와 표준물질(주로 물)의 밀도의 비이다.

[분액깔때기]

③ 증류법 : 끓는점의 차이를 이용해서 분리한다.

　예 원유의 분별증류법

(3) 고체 혼합물 분리법

① 재결정법 : 용해도의 차이를 이용해 분리한다.

　※ 조해성 : 공기 중의 수분을 쉽게 흡수해 스스로 녹는 성질이다(예 수산화나트륨).

② 추출법 : 특정 용매에 용해되는 성질을 이용해 분리한다.

③ 승화법 : 물질 고유의 승화성을 이용해 분리한다.

　예 나프탈렌, 드라이아이스, 알칼로이드 등

핵심이론 04 | 단체와 동소체

(1) 원소

물질을 구성하는 가장 기본적인 성분으로, 더 이상 작게 쪼갤 수 없다.

예 수소(H), 산소(O), 염소(Cl) 등

(2) 단체(홑원소 물질)

한 종류의 순물질로만 구성되어 고유의 화학적 성질을 띠는 물질을 말한다.

예 비금속 : 질소(N_2), 산소(O_2), 인(P), 황(S) 등
  금속 : 철(Fe) 등

(3) 동소체

동일한 원소로 구성되어 있으나 형태가 다른 경우를 말한다.

예 석탄과 다이아몬드(탄소 동소체), 산소와 오존(산소 동소체), 황린과 적린(인 동소체) 등

※ 동소체는 연소의 생성물이 동일한가를 비교하여 증명한다.

4-1. 황린과 적린이 동소체라는 사실을 증명하는 데 가장 효과적인 실험 방법은?

① 녹는점 비교
② 연소 생성물 비교
③ 전기 전도성 비교
④ 물에 대한 용해도 비교

4-2. 다이아몬드, 흑연은 같은 원소로 되어 있다. 이러한 단체를 무엇이라 하는가?

① 동소체
② 전이체
③ 혼합물
④ 동위화합물

4-3. 탄소는 4족 원소로 모든 생명체의 가장 기본이 되는 물질이다. 다음 중 탄소의 동소체로 볼 수 없는 것은?

① 원 유
② 흑 연
③ 활성탄
④ 다이아몬드

4-4. 다음 중 동소체끼리 짝지어진 것이 아닌 것은?

① 흰인 – 붉은 인
② 일산화질소 – 이산화질소
③ 사방황 – 단사황
④ 산소 – 오존

| 해설 |

4-1
황린과 적린은 같은 원소로 구성되어 있으나 형태가 다르므로, 연소시켰을 때 생성물이 동일하면 동소체라는 것을 증명할 수 있다.

4-2
동소체 : 흑연, 다이아몬드와 같이 동일한 원소로 구성되어 있으나 형태가 다른 경우를 말한다.

4-3
탄소는 다이아몬드, 흑연, 활성탄, 풀러렌(Fullerene), 탄소 나노 튜브 등의 동소체가 있으나 원유는 탄소 이외의 다양한 성분이 포함되어 있어 동소체로 볼 수 없다.

4-4
일산화질소(NO)와 이산화질소(NO_2)는 원소의 구성 자체가 다른 화합물질이다.

정답 4-1 ② 4-2 ① 4-3 ① 4-4 ②

(1) 원 자

① **원자의 구성** : 양성자(+), 전자(−), 중성자로 구성되어 있다.

② **원자의 구조** : 원자핵(양성자 + 중성자), 전자로 구성되어 있으며 원자핵의 전하와 전자의 양이 같아 전기적으로 중성을 띤다.

③ **돌턴의 원자설**

　㉠ 모든 물질은 더 이상 쪼갤 수 없는 원자로 구성된다.

　㉡ 같은 원소의 원자들은 동일한 크기, 모양, 질량을 지닌다.

　㉢ 화학변화 시 생성되거나 소멸하지 않는다.

　㉣ 화합물은 원자 간의 정수비로 결합한다.

④ **원자번호와 질량수**

　㉠ 질량수 = 양성자수 + 중성자수

　㉡ 원자번호 = 전자수 = 양성자수

⑤ **원자량** : 원자번호 6번 탄소의 무게를 12로 정한 후 이것을 기준으로 각 물질의 무게를 표시한 질량이다.

⑥ **g원자량(1mol의 원자무게)** : 원자량에 g을 붙여 나타낸다.

⑦ **원자량 계산법**

　㉠ 뒬롱−프티의 법칙 : 원자량 × 비열 ≒ 6.4(원자열용량)

　㉡ 당량과 원자가로 계산 : 당량 × 원자가 = 원자량

(2) 관련 법칙

① **질량보존의 법칙** : 화학반응에서 반응물 전체의 질량은 생성물 전체의 질량과 같다.

　예 $2H_2(4g) + O_2(32g) \rightarrow 2H_2O(36g)$

② **일정성분비의 법칙** : 한 화합물을 구성하는 구성 성분 원소들은 동일한 질량비를 지닌다.

　예 $2H_2(4g) + O_2(32g) \rightarrow 2H_2O(36g)$로 물은 항상 수소와 산소의 1 : 8의 질량비를 지니게 된다.

③ **배수비례의 법칙** : 2종류의 원소가 결합하여 두 가지 이상의 화합물을 만들 때, 한 원소의 일정량과 결합하는 다른 원소의 질량 사이에 일정한 정수비가 성립한다.

　예 $2SO_2 + O_2 \rightarrow 2SO_3$, S와 결합한 산소의 비 = 2 : 3

※ 일정성분비의 법칙은 한 분자 내에서의 성질이고, 배수비례의 법칙은 여러 개의 분자들 간의 성질이며 반드시 생성물 기준이 아닐 수 있다(반응물 : 생성물).

5-1. 정상적인 조건에서 더 간단한 물질로 쪼개질 수 없는 것으로 물질의 가장 기본적인 단위는?

① 원 자　　　　　　　② 원 소
③ 화합물　　　　　　④ 원자핵

5-2. 질량수가 23인 나트륨의 원자번호가 11이라면 양성자수는 얼마인가?

① 11　　　　　　　　② 12
③ 23　　　　　　　　④ 34

5-3. 칼륨(K) 원자는 19개의 양성자와 20개의 중성자를 가지고 있다. 원자번호와 질량수는 각각 얼마인가?

① 9, 19　　　　　　　② 9, 39
③ 19, 20　　　　　　④ 19, 39

5-4. '어떠한 화학반응이라도 반응물 전체의 질량과 생성물 전체의 질량은 서로 차이가 없고 완전히 같다.'라고 설명할 수 있는 법칙은?

① 일정성분비의 법칙
② 배수비례의 법칙
③ 질량보존의 법칙
④ 기체반응의 법칙

|해설|

5-1
돌턴의 원자설에 의하면 원자는 정상적인 조건에서 더 이상 간단한 물질로 쪼개질 수 없다.

5-2
원자번호 = 전자수 = 양성자수 = 11

5-3
• 원자번호 = 전자수 = 양성자수 = 19
• 질량수 = 양성자수 + 중성자수 = 19 + 20 = 39

5-4
반응물의 질량에 관한 법칙을 질량보존의 법칙이라고 한다.

정답 **5-1** ①　**5-2** ①　**5-3** ④　**5-4** ③

핵심이론 06 | 원자, 분자 및 이온 – (2) 분자·이온

(1) 분 자

① 1개 또는 그 이상의 원자가 모여 형성된 순물질이다.
② 분자의 종류
　㉠ 단원자 분자 : 1개의 원자로 구성된 분자이다.
　　예 He, Ne, Ar, Kr 등 주로 비활성 기체
　㉡ 이원자 분자 : 2개의 원자로 구성된 분자이다.
　　예 N_2, O_2, Cl_2, F_2 등
　㉢ 삼원자 분자 : 3개의 원자로 구성된 분자이다.
　　예 H_2O, O_3, CO_2 등
　㉣ 고분자 물질 : 다수의 원자로 구성된 분자이다.
　　예 단백질, 녹말, 수지 등
③ 분자량 : 분자를 구성하는 원자량의 합이다.
　예 물(H_2O)의 분자량
　　→ 1(수소의 원자량) × 2 + 16(산소의 원자량) = 18
④ g분자량(1mol의 분자무게)
⑤ 관련 법칙
　㉠ 아보가드로의 법칙 : 모든 기체는 같은 온도, 같은 압력에서 같은 부피 속에 같은 개수의 입자를 포함한다.
　㉡ 기체반응의 법칙 : 반응물질과 생성물질의 부피 사이에는 간단한 정수비가 성립한다.
　　예 $2H_2 + O_2 \rightarrow 2H_2O$에서 수소, 산소, 물은 각각 2 : 1 : 2의 부피비를 갖는다.

(2) 이 온

① 전자를 잃거나 얻어서 전기적 성질을 지닌 상태를 말한다.
② 양이온 : 전자를 잃고 (+)전하를 띠는 원자나 (+)전하를 가진 원자단을 말한다.
　예 $H \rightarrow H^+$, $Ca \rightarrow Ca^{2+}$
③ 음이온 : 전자를 얻어 (−)전하를 띠는 원자나 (−)전하를 가진 원자단을 말한다.
　예 $F \rightarrow F^-$, $Cl \rightarrow Cl^-$

④ 라디칼(Radical) : 원자단이 전하를 띠는 것이다.
  예 NH_4^+, OH^- 등

  ※ 라디칼은 보통 매우 불안정하며, 반응성이 커 짧은
  시간에만 존재하지만 안정적인 라디칼도 있다.

10년간 자주 출제된 문제

6-1. 다음 중 삼원자 분자가 아닌 것은?

① 아르곤   ② 오 존
③ 물   ④ 이산화탄소

6-2. 질산(HNO_3)의 분자량은 얼마인가?(단, 원자량 H = 1, N = 14, O = 16이다)

① 63   ② 65
③ 67   ④ 69

6-3. 과망간산칼륨 표준용액을 조제하려고 한다. 과망간산칼륨의 분자량은 얼마인가?(단, 원자량은 각각 K = 39, Mn = 55, O = 16이다)

① 126   ② 142
③ 158   ④ 197

6-4. 0℃, 1기압에서 수소 22.4L 속의 수소 분자의 수는 얼마인가?

① 5.38×10^{22} ② 3.01×10^{23}
③ 6.02×10^{23} ④ 1.20×10^{24}

6-5. $MgCl_2$ 2몰에 포함된 염소 분자는 몇 개인가?

① 6.02×10^{23}개   ② 12.04×10^{23}개
③ 18.06×10^{23}개   ④ 24.08×10^{23}개

6-6. 수소 분자 6.02×10^{23}개의 질량은 몇 g인가?

① 2   ② 16
③ 18   ④ 20

6-7. 요소 비료 중에 포함된 질소의 함량은 몇 %인가?(단, C = 12, N = 14, O = 16, H = 1)

① 44.7   ② 45.7
③ 46.7   ④ 47.7

|해설|

6-1
삼원자 분자란 3개의 원자로 구성된 분자이며, 아르곤은 비활성 기체로 대표적인 단원자 분자이다.

6-2
분자량은 분자를 구성하는 원자량의 합이다.
$1 + 14 + (16 \times 3) = 63$

6-3
과망간산칼륨($KMnO_4$)의 분자량 = $39 + 55 + (16 \times 4) = 158$

6-4
아보가드로의 법칙에 의하면 표준상태(0℃, 1기압)에서 모든 기체는 22.4L 속에 6.02×10^{23}개의 분자를 포함하고 있으며 이것을 1몰이라 말한다.

6-5
염소 분자(Cl_2)는 전자 2개를 공유하는 공유결합 형태로 존재한다. 따라서 $MgCl_2$ 2몰은 각각 2개의 Mg, Cl_2를 가지며 아보가드로수는 1몰당 6.02×10^{23}개이므로, 염소 분자는 $2 \times (6.02 \times 10^{23}$개$) = 12.04 \times 10^{23}$개이다.
※ 산소 분자도 O_2를 기본으로 유지해 안정적으로 존재하려는 원리 때문이다(수소 분자도 동일).

6-6
6.02×10^{23}개를 아보가드로수라고 하며, 표준상태에서 1mol의 기체가 가지는 수이다. 수소는 2개가 한 쌍(H_2)으로 존재하므로, 수소 분자(H_2) 1몰은 $2 \times 1g = 2g$이다.

6-7
요소의 화학식이 $(NH_2)_2CO$이므로
전체 분자량 = $\{(14 + 2) \times 2\} + (12 + 16) = 60$이다.

∴ 요소 비료 중에 포함된 질소의 함량 = $\dfrac{14 \times 2}{60} \times 100 ≒ 46.7\%$

정답 6-1 ① 6-2 ① 6-3 ③ 6-4 ③ 6-5 ② 6-6 ① 6-7 ③

(1) 원자가

어떤 원소 1개가 특정 원자 몇 개와 결합하는가를 보이는 수이다.

원자가	양성원자가	음성원자가
Ⅰ족	+1	
Ⅱ족	+2	
Ⅲ족	+3	
Ⅳ족	+4 +2	−4
Ⅴ족	+5 +3	−3
Ⅵ족	+6 +4	−2
Ⅶ족	+7 +5	−1

화합물 전체는 중성이므로 원자가를 알면 다음과 같이 계산할 수 있다.

예 Al^{3+}가와 O^{2-}가

$2Al^{3+} + 3O^{2-} \rightarrow Al_2O_3$

(+)원자가 × 원자수 = (−)원자가 × 원자수

(2) 당량(eq)

화학반응에서 기본이 되는 반응에 관여하는 반응물질의 일정량이다.

① 원자 및 이온의 당량 $= \dfrac{원자량}{원자가}$

예 $Na^+ = \dfrac{23}{1} = 23g$, $Mg^{2+} = \dfrac{24}{2} = 12g$

② 분자화합물의 당량 $= \dfrac{분자량}{양이온의 가수}$

예 $CaSO_4 = \dfrac{136}{2}(Ca^{2+} + SO_4^{2-}) = 68g$

$NaCl = \dfrac{58.5}{1}(Na^+ + Cl^-) = 58.5g$

③ 산·염기의 당량 $= \dfrac{분자량}{H^+(산)\ 또는\ OH^-(염기)}$

예 $H_2SO_4 = \dfrac{98}{2} = 49g$, $NaOH = \dfrac{40}{1} = 40g$

④ 산화·환원의 당량 $= \dfrac{분자량}{주고받은\ 전자수}$

예 과망간산칼륨($KMnO_4$)의 주고받은 전자수

= 칼륨당량(1) + 망간당량(2)

+ 산소당량(4 × −2 = −8)

= −5, 즉 5개의 전자를 주고받음

과망간산칼륨 1당량 $= \dfrac{158}{5} = 31.6g$

※ 주요물질 당량

• 다이크롬산칼륨($K_2Cr_2O_7$) 1당량 $= \dfrac{294}{6} = 49g$

• 티오황산나트륨($Na_2S_2O_3$) 1당량 $= \dfrac{158}{1} = 158g$

• 아이오딘산칼륨(KIO_3) 1당량 $= \dfrac{214}{6} = 35.7g$

※ 1당량 값은 자주 출제되니 아예 외우도록 한다.

7-1. K_2CrO_4에서 Cr의 산화상태(원자가)는?

① +3   ② +4

③ +5   ④ +6

7-2. NH_4^+의 원자가전자는 총 몇 개인가?

① 7   ② 8

③ 9   ④ 10

7-3. 과망간산이온(MnO_4^-)은 진한 보라색을 가지는 대표적인 산화제이며, 센 산성용액(pH≤1)에서는 환원제와 반응하여 무색의 Mn^{2+}으로 환원된다. 1몰(mol)의 과망간산이온이 반응하였을 때 몇 당량에 해당하는 산화가 일어나는가?

① 1   ② 3

③ 5   ④ 7

7-4. 어떤 원소(M)의 1g당량과 원자량이 같을 때 이 원소의 산화물의 일반적인 표현을 바르게 나타낸 것은?

① M_2O ② MO

③ MO_2 ④ M_2O_2

7-5. 황산(H_2SO_4)의 1당량은 얼마인가?(단, 황산의 분자량은 98g/mol이다)

① 4.9g   ② 49g

③ 9.8g   ④ 98g

|해설|

7-1

원자가	양성원자가	음성원자가
Ⅰ족	+1	
Ⅱ족	+2	
Ⅲ족	+3	
Ⅳ족	+4 +2	-4
Ⅴ족	+5 +3	-3
Ⅵ족	+6 +4	-2
Ⅶ족	+7 +5	-1

K는 1이므로 $1 \times 2 = 2$, O는 -2이므로 $-2 \times 4 = -8$이다.
전체적으로 중성이므로 $2 + x + (-8) = 0$
∴ $x = +6$

7-2

원자가전자는 원자의 가장 바깥부분에 있는 최외각전자로 반응에 참여할 가능성이 있는 전자의 수이다. N는 5, H는 1이므로 5 + (1×4) = 9이나 암모늄 이온이 전자를 하나 잃은 상태이므로 9 − 1 = 8이다.

7-3

$MnO_4^- \rightarrow Mn^{2+}$

산소의 산화수는 -2이므로 (-2×4) + Mn의 산화수 = -1, Mn의 산화수 = +7이므로 전자 5개를 얻어서 +2가 되었으므로 $7 + 5e^-$ = +2가 성립하여 5당량이 된다.

7-4

1족 원소 : 1g당량과 원자량이 같다.
1족 원소는 최외각 전자가 1개이어서 하나를 잃어버린 M^+의 형태를 주로 유지하므로 $2M^+ + O^{2-} \rightarrow M_2O$이다.

7-5

황산의 분자량은 98g/mol이고, $H_2SO_4 \rightarrow 2H^+ + SO_4^{2-}$로 해리되므로 전자의 이동은 총 2개이다. 즉, 황산은 2가이므로 전자 1개당 할당된 무게(1당량)는 98g/2 = 49g이다.

정답 **7-1** ④ **7-2** ② **7-3** ③ **7-4** ① **7-5** ②

(1) 화학식

① **실험식** : 각 원소의 가장 간단한 조성을 비로 표시한 것으로 조성식이라고 한다.

　예 물(H_2O), 옥텐($C_8H_{16} \rightarrow CH_2$), NaOH 등

② **분자식** : 분자를 이루는 원자의 종류와 수를 나타낸 식이다.

　예 물(H_2O), 옥텐(C_8H_{16}), NaOH, CH_4 등

　※ 물질에 따라 실험식 = 분자식이 성립하는 경우도 있고 아닌 경우도 있다.

③ **시성식** : 작용기를 눈으로 확인할 수 있도록 하여 물질의 성질을 구별할 수 있게 나타낸 식이다.

　예 CH_3COOH, CH_3OH 등

　※ 작용기 : 분자가 특정 성질을 지니게 하는 구조이다.

　　예 $-OH$, $-COOH$ 등

④ **구조식** : 분자의 실제 결합모양을 선을 이용해 표시한 것이다.

　예 물 :

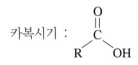

　카복시기 :

　벤젠 :

(2) 화학반응식

① **화학반응식** : 화학반응의 변화를 나타내는 식이다.

　예 $2Na(s) + Cl_2(g) \rightarrow 2NaCl(s)$

　　$2Mg(s) + O_2(g) \rightarrow 2MgO(s)$

② **미정계수법** : 화학반응식의 계수를 계산하는 방법이다.

　예 프로판의 연소 : $a\,C_3H_8 + b\,O_2 \rightarrow c\,H_2O + d\,CO_2$

　　• 반응물 : 프로판 + 산소

　　• 생성물 : 물 + 이산화탄소

반응물과 생성물의 탄소, 수소, 산소의 원자수가 같아지도록 관계식을 세우면 탄소 : $3a = d$, 수소 : $8a = 2c$, 산소 : $2b = c + 2d$이 된다.

a를 1로 가정하면 모든 계수를 정할 수 있으며, $a = 1$, $b = 5$, $c = 4$, $d = 3$이므로 화학반응식은 $C_3H_8 + 5O_2 \rightarrow 4H_2O + 3CO_2$이다.

(1) 기체분자운동론

기체분자의 운동을 설명하기 위한 가설이다.

① 기체는 계속적인 직선운동을 한다.

② 기체의 운동에너지는 온도에 의해서만 변화한다.

③ 기체분자의 부피는 무시할 수 있으며 온도, 압력에 의해 결정된다.

④ 기체분자는 완전한 탄성체로 구성되어 있다.

(2) 기체상태의 법칙

① **보일의 법칙** : 일정 온도에서 일정량의 기체의 압력은 부피에 반비례한다.

$$PV = k$$

여기서, P : 압력, V : 부피, k : 상수

② **샤를의 법칙** : 압력이 일정할 때 일정한 양의 기체가 차지하는 부피는 절대온도에 비례한다(온도가 1℃ 올라갈 때마다 부피는 $\dfrac{1}{273.16}$ 만큼 증가).

$$\frac{V}{T} = k$$

여기서, V : 부피, T : 절대온도, k : 상수

③ **보일-샤를의 법칙** : 일정량의 기체의 체적은 압력에 반비례하고, 절대온도에 정비례한다.

$$\frac{P_1 V_1}{T_1} = \frac{P_2 V_2}{T_2} = k$$

여기서, P : 압력, V : 부피

T : 절대온도, k : 상수

④ **이상기체방정식** : 압력, 부피, 온도변화에 따른 기체의 상태를 가장 이상적으로 설명할 수 있는 방정식이다.

$$PV = nRT$$

여기서, P : 압력, V : 부피, n : 몰수

R : 기체상수(0.082atm · L/mol · K)

T : 절대온도

⑤ **돌턴의 분압법칙** : 일정 용기 내에서 혼합기체의 전체 압력(전압 = P)은 각 성분기체의 분압의 합과 같다.

㉠ 혼합기체의 전압 : $P = P_a + P_b + \cdots\cdots + P_n$

㉡ 각 성분의 분압 = 전압 × 몰분율(부피분율)

$$P_a = P\frac{n_a}{n_a + n_b + \cdots + n_n}$$

$$= P\frac{V_a}{V_a + V_b + \cdots + V_n}$$

㉢ 압력과 부피가 주어진 혼합기체의 전압

$$P_{전체} = \frac{P_1 V_1 + P_2 V_2 + P_3 V_3 + \cdots + P_n V_n}{V_{전체}}$$

⑥ **그레이엄의 기체확산속도 법칙** : 일정 온도와 압력에서 기체의 확산속도는 그 기체 분자량의 제곱근에 반비례한다.

$$\frac{v_1}{v_2} = \sqrt{\frac{M_2}{M_1}} = \sqrt{\frac{d_2}{d_1}}$$

여기서, v : 기체확산속도, M : 분자량, d : 밀도

⑦ **헨리의 법칙** : 일정 온도에서 일정량의 용매에 녹는 기체의 질량은 압력(P)에 비례하지만, 부피는 압력에 관계없이 일정하다는 법칙이다.

$$P = H \times C$$

여기서, P : 압력, H : 헨리상수, C : 농도

※ 헨리의 법칙은 물에 대한 용해도가 작을수록 적용이 잘 되는데, 그 이유는 용해도가 높을수록 법칙이 적용되기도 전에 녹아버리기 때문이다.

• 물에 대한 용해도가 작은 기체 : CH_4, H_2, O_2, N_2 등

• 물에 대한 용해도가 큰 기체 : HF, HCl, H_2S 등

⑧ **기체포집법**

㉠ 상방치환 : 수용성 기체 중 공기보다 가벼운 기체를 포집하는 방법이다.

예 NH_3

ⓒ 하방치환 : 수용성 기체 중 공기보다 무거운 기체를 포집하는 방법이다.

　예 CO_2, HCl 등

ⓒ 수상치환 : 산소, 수소, 질소 등 물에 잘 녹지 않는 기체를 포집하는 방법이다.

　예 O_2, H_2 등

10년간 자주 출제된 문제

9-1. 101.325kPa에서 부피가 22.4L인 어떤 기체가 있다. 이 기체를 같은 온도에서 압력을 202.650kPa으로 하면 부피는 얼마가 되는가?

① 5.6L ② 11.2L
③ 22.4L ④ 44.8L

9-2. 일정한 온도에서 일정한 몰수를 가지는 기체의 부피는 압력에 반비례한다는 것(보일의 법칙)을 바르게 표현한 식은? (단, P : 압력, V : 부피, k : 비례상수이다)

① $PV = k$ ② $P = kV$
③ $V = kP$ ④ $P = \dfrac{1}{k}V^2$

9-3. 20℃, 0.5atm에서 10L인 기체가 있다. 표준상태에서 이 기체의 부피는?

① 2.54L ② 4.65L
③ 5L ④ 10L

9-4. 어떤 비전해질 3g을 물에 녹여 1L로 만든 용액의 삼투압을 측정하였더니, 27℃에서 1기압이었다. 이 물질의 분자량은 약 얼마인가?

① 33.8 ② 53.8
③ 73.8 ④ 93.8

9-5. 산소분자의 확산속도는 수소분자의 확산속도의 얼마 정도인가?

① 4배 ② $\dfrac{1}{4}$
③ 16배 ④ $\dfrac{1}{16}$ 배

9-6. 다음 중 헨리의 법칙에 적용이 잘되지 않는 것은?

① O_2 ② H_2
③ CO_2 ④ $NaCl$

9-7. 기체를 포집하는 방법으로써 상방치환으로 포집해야 하는 기체는?

① NH_3 ② CO_2
③ SO_2 ④ NO_2

| 해설 |

9-1

보일의 법칙을 적용한다.

$PV = P'V'$

$101.325\text{kPa} \times 22.4\text{L} = 202.650\text{kPa} \times V'$

∴ $V' = 11.2\text{L}$

9-2

보일의 법칙 : $PV = k$

여기서, P : 압력, V : 부피, k : 비례상수

9-3

표준상태는 0℃, 1atm이며, 보일-샤를의 법칙을 적용한다.

$\dfrac{P_1 V_1}{T_1} = \dfrac{P_2 V_2}{T_2}$

$\dfrac{0.5\text{atm} \times 10\text{L}}{293\text{K}} = \dfrac{1\text{atm} \times V_2}{273\text{K}}$

∴ $V_2 = 4.65\text{L}$

9-4

이상기체방정식을 활용한다.

$PV = nRT$

$n = \dfrac{PV}{RT} = \dfrac{1\text{atm} \times 1\text{L}}{0.082\text{atm} \cdot \text{L/mol} \cdot \text{K} \times 300\text{K}} = 0.04065\text{mol}$

$n(몰수) = \dfrac{질량}{분자량}$ 이므로 $\dfrac{3\text{g}}{x} = 0.04065\text{mol}$

∴ $x = 73.8\text{g/mol}$

9-5

그레이엄의 기체확산속도 법칙 : 일정한 온도, 압력에서 기체의 확산속도는 그 기체 분자량의 제곱근에 반비례한다.

$\sqrt{1} : \sqrt{16} = V_{산소} : V_{수소}$

$4 V_{산소} = V_{수소}$

∴ 산소분자의 확산속도는 수소분자의 확산속도의 1/4이다.

9-6

물에 대한 용해도가 높을 경우 헨리의 법칙이 적용되기 전에 녹아버린다.

- 물에 대한 용해도가 작은 기체 : H_2, N_2, CO_2, O_2 등
- 물에 대한 용해도가 큰 기체 : $NaCl$, HCl, NH_3, SO_2, H_2S 등

9-7

- 상방치환 : 수용성 기체 중 공기보다 가벼운 기체를 포집하는 방법이다. 예 NH_3
- 하방치환 : 수용성 기체 중 공기보다 무거운 기체를 포집하는 방법이다. 예 CO_2, HCl 등
- 수상치환 : 산소, 수소, 질소 등 물에 잘 녹지 않는 기체를 포집하는 방법이다. 예 O_2, H_2 등

※ 공기의 무게(분자량) = 질소의 무게 + 산소의 무게
$$= (0.79 \times 28) + (0.21 \times 32)$$
$$= 28.84 g/mol(부피비)$$

정답 9-1 ② 9-2 ① 9-3 ② 9-4 ① 9-5 ② 9-6 ④ 9-7 ①

| 핵심이론 10 | 액체와 고체의 성질과 변화

(1) 액체(Liquid)

① 액체의 상태

  ㉠ 모양이 일정하지 않다.

  ㉡ 느린 병진운동과 회전, 진동운동을 반복한다.

   ※ 병진운동 : 모든 질점이 평행하게 동일한 거리를 움직이는 운동, 즉 모양의 변화 없이 덩어리째 같이 움직이는 운동을 뜻한다. 점성이 큰 액체가 흔들릴 때 옆의 액상상태의 끈적한 덩어리들과 함께 움직이는 것을 말한다.

   ※ 질점 : 질량만 가지고 있으며 공간적 퍼짐이 없는 점을 말한다.

② 증발과 증기압

  ㉠ 증발 : 액체 표면의 분자들이 열에 의해 가열되어 기체상태가 되어 공기 중으로 날아가는 것이다.

  ㉡ 증기압 : 물질이 액체, 고체상태에서 기체상태로 변화할 때 2상 또는 3상이 함께 존재할 때 발생하는 압력으로, 액체 표면에서의 증기압과 대기압이 같아지는 온도를 액체의 비등점(끓는점)이라고 한다.

   ※ 휘발성이 강할수록 물질의 증기압이 크고, 비등점은 낮아진다.

(2) 고체(Solid)

① 고체의 상태 : 진동운동을 하며 일정한 모양과 부피를 가진다.

② 고체 1g을 액체 1g으로 변화시킬 때 필요한 열량을 융해열이라 한다.

(3) 물질의 열의 특성

① 열용량 : 물질 1℃를 올리는 데 필요한 열량이다
(kcal/℃).

② 비열 : 물질 1kg을 1℃ 올리는 데 필요한 열량이다
(kcal/kg · ℃).

※ 열용량과 비열의 차이점 : 열용량은 크기, 질량에 상관
없이 1℃ 올리는 것이고, 비열은 정해진 질량(1kg)을
1℃ 올리는 것이다.

③ 현열 : 물질의 상태변화에 상관없이 온도변화를 이끄는
열이다.

④ 잠열 : 물질의 온도변화에 상관없이 상태변화를 이끄는
열이다(고체 → 액체, 액체 → 기체, 기체 → 액체 등).

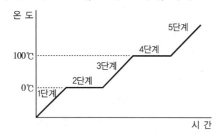

[물의 시간에 따른 온도변화]

※ 그림을 참조하여 정리하면 다음 표와 같다.

단 계	1단계	2단계	3단계	4단계	5단계
상 태	얼 음	얼음+물	물	물+수증기	수증기
온도변화	○	×	○	×	○
상태변화	×	○	×	○	×
열의 종류	현 열	융해열 (잠열)	현 열	기화열 (잠열)	현 열
열 량	−	80 kcal/kg	100 kcal/kg	539 kcal/kg	−

10-1. 0℃의 얼음 1g을 100℃의 수증기로 변화시키는 데 필요한 열량은?

① 539cal　　　　　② 639cal
③ 719cal　　　　　④ 839cal

10-2. 7.40g의 물을 29.0℃에서 46.0℃로 온도를 높이려고 할 때 필요한 에너지(열)는 약 몇 J인가?(단, 물(l)의 비열은 4.184 J/g · ℃이다)

① 305　　　　　② 416
③ 526　　　　　④ 627

10-3. 500mL의 물을 증발시키는 데 필요한 열은 얼마인가? (단, 물의 증발열은 40.6kJ/mol이다)

① 222kJ　　　　　② 1,128kJ
③ 2,256kJ　　　　　④ 20,300kJ

|해설|

10-1

다음의 과정을 거치며 변화시켜야 한다.
- 얼음 → 물(상태변화)

  Q_1 = 80cal/g(얼음 융해열)×1g = 80cal
- 0℃ → 100℃(온도변화)

  Q_2 = 1g×1cal/g · ℃(물의 비열)×(100℃ − 0℃) = 100cal
- 물 → 수증기(상태변화)

  Q_3 = 539cal/g(물 기화열)×1g = 539cal

∴ $Q = Q_1 + Q_2 + Q_3$ 이므로, Q = 80 + 100 + 539 = 719cal

10-2

7.4g × (46 − 29)℃ × 4.184J/g · ℃ ≒ 526J

10-3

물의 밀도가 1이므로(= 1g/mL) 물 500mL는 500g이며,

물 500g은 $\dfrac{500g}{18g/mol}$ ≒ 27.8mol이다.

∴ 27.8mol × 40.6kJ/mol ≒ 1,128kJ

정답 **10-1** ③　**10-2** ③　**10-3** ②

핵심이론 11 | 용액과 용해도

(1) 용 액

① 두 가지 이상의 순물질이 섞여 균일 혼합물을 이루고 있는 것이다(용액 = 용매 + 용질).

② 종 류

    ㉠ 용매 : 녹이는 물질(주로 물)

    ㉡ 용질 : 녹는 물질(녹는 대상물질, 소금, 설탕 등)

        예 소금물 → 물(용매) + 소금(용질)

               소주 → 물(용매) + 에탄올(용질)

        ※ 액체 + 액체 혼합물인 경우 성분이 많은 쪽을 용매, 적은 쪽을 용질로 규정한다.

③ 분 류

    ㉠ 포화용액 : 용질이 특정 온도에서 일정량의 용매에 최대로 녹아 더 이상 녹을 수 없는 상태의 용액이다.

    ㉡ 불포화용액 : 용질이 특정 온도에서 일정량의 용매에 적게 녹아 용질을 더 녹일 수 있는 상태의 용액이다.

    ㉢ 과포화용액 : 용질이 특정 온도에서 일정량의 용매에 최대 이상 녹아 용질이 석출되고 있는 상태의 용액이다.

(2) 용해도와 용해도 곡선

① 용해도 : 특정 온도에서 용매 100g에 용해될 수 있는 최대 용질의 g수이다.

$$\frac{용질의\ g수}{용매의\ g수} \times 100$$

② 용해도 곡선 : 온도변화에 따른 용해도의 변화를 나타낸 곡선이다.

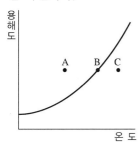

A 지점 : 과포화상태
B 지점 : 포화상태
C 지점 : 불포화상태

[온도변화에 따른 용해도 변화곡선]

11-1. 일정한 온도 및 압력하에서 용질이 용매에 용해도 이하로 용해된 용액을 무엇이라고 하는가?

① 포화용액
② 불포화용액
③ 과포화용액
④ 일반용액

11-2. 용해도의 정의를 가장 바르게 나타낸 것은?

① 용액 100g 중에 녹아 있는 용질의 질량
② 용액 1L 중에 녹아 있는 용질의 몰수
③ 용매 1kg 중에 녹아 있는 용질의 몰수
④ 용매 100g에 녹아서 포화용액이 되는 데 필요한 용질의 g수

11-3. 어떤 물질의 포화용액 120g 속에 40g의 용질이 녹아 있다. 이 물질의 용해도는?

① 40
② 50
③ 60
④ 70

11-4. 20℃에서 포화 소금물 60g 속에 소금 10g이 녹아 있다면 이 용액의 용해도는?

① 10
② 14
③ 17
④ 20

| 해설 |

11-1

용액의 종류

불포화용액	용질이 용매에 용해도 이하로 녹아 있는 상태
포화용액	용질이 용매에 용해도에 맞게 녹아 있는 상태
과포화용액	용질이 용매에 용해도 이상으로 녹아 있는 상태

11-2

용해도 : 일정한 온도에서 용매 100g에 최대로 녹을 수 있는 용질의 g수이다.

11-3

용해도 : 용매 100g에 최대한 녹을 수 있는 용질의 g수이다.

용액 = 용질 + 용매이므로, 용매 = 용액 - 용질 = 120 - 40 = 80g

용매 : 용질 = 80g : 40g = 100g : xg

∴ $x = 50$

11-4

$$용해도 = \frac{용질(g)}{용매(g)} \times 100 = \frac{10}{60-10} \times 100 = 20$$

정답 11-1 ②   11-2 ④   11-3 ②   11-4 ④

핵심이론 12 | 고체, 액체, 기체의 용해도

(1) 고체의 용해도

온도 상승에 따라 증가하며, 압력과는 대부분 무관하다. 단, $Ca(OH)_2$, Li_2SO_4, $CaSO_4$ 등은 온도 상승 시 용해도가 감소하는 발열반응을 한다.

(2) 액체의 용해도

극성과 비극성의 유무에 따라 용해도가 갈린다. 극성물질은 극성용매에, 비극성물질은 비극성용매에 잘 녹는다.

구 분	종 류
극성물질	H_2O, HF, HCl, H_2S, CH_3COOH 등
비극성물질	C_6H_6, CCl_4, CH_4, CO_2, O_2 등

(3) 기체의 용해도

온도가 낮을수록, 압력이 높을수록 기체의 용해도는 증가한다.

$$용해도 \propto \frac{1}{온도}, \ 용해도 \propto 압력$$

핵심이론 13 | 묽은 용액과 콜로이드 용액의 성질

(1) 묽은 용액

순수한 용매가 아닌 용질이 첨가된 용액으로, 다음과 같은 특징이 있다.

① **증기압 내림현상** : 용질입자가 용액 표면에서 용매의 증발을 방해하기 때문에 증기압력이 순수용매보다 낮아진다.

※ 증기압 : 일정 온도의 액체가 기화, 액화하려는 힘이 평형이 되어 더 이상 변화가 없는 것 같은 상태에서의 증기압력이다.

② **어는점 내림과 끓는점 오름** : 용질이 포함된 묽은 용액은 용질의 몰랄농도만큼 어는점과 끓는점의 변화가 발생한다(라울의 법칙).

㉠ 끓는점 상승도(ΔT_b)

$= T_b{}'$(용액의 끓는점) $- T_b$(용매의 끓는점)

$= m$(몰랄농도) $\times K_b$(분자상승)

(물 기준 $K_b = 0.52℃/m$)

㉡ 어는점 강하도(ΔT_f)

$= T_f$(용매의 어는점) $- T_f{}'$(용액의 어는점)

$= m$(몰랄농도) $\times K_f$(분자강하)

(물 기준 $K_f = 1.86℃/m$)

③ **삼투압과 반트호프법칙**

㉠ 삼투압 : 물과 같은 용매가 용질이 통과하지 못하는 반투막을 통해 스스로 확산하는 현상이 발생할 때 생기는 압력이다.

㉡ 반트호프법칙 : 묽은 용액의 삼투압은 절대온도(T)와 용질의 몰수(n)에 비례한다는 법칙이다. 이상기체방정식과 동일한 법칙을 이용하며, 이는 기체가 빈 공간에서 운동하는 것과 용액 속의 용질입자가 운동하는 것이 같다는 가정하에 세운 법칙이다.

$PV = nRT$

여기서, P : 삼투압

V : 용액의 부피

n : 용질의 몰수

R : 기체상수

T : 절대온도

(2) 콜로이드

물질의 입자들(분산상)이 다른 물질 또는 용액(연속상) 전체에 $10^{-7} \sim 10^{-5}$cm의 크기로 분산되어 있는 상태를 말한다.

① **형 태**

㉠ 친수성 콜로이드 : 물과 친화력이 강하며, 물분자를 주위로 끌어와 수화층을 만든다.

예 녹말, 젤라틴 등

㉡ 소수성 콜로이드 : 물과 친화력이 약하며, 전해질과 결합하여 쉽게 엉기거나 침전한다.

예 $Fe(OH)_3$, $Al(OH)_3$

㉢ 보호 콜로이드 : 소수성 콜로이드와 친수성 콜로이드가 결합된 콜로이드로, 침전이 잘 일어나지 않는다.

예 먹물 속의 아교 등

② **특 징**

㉠ 틴들효과 : 콜로이드의 입자에 의한 빛의 산란효과이다.

㉡ 브라운운동 : 열운동을 하는 분산매 분자들이 불규칙하게 콜로이드 입자들과 충돌하여 발생한다.

13-1. 물 500g에 비전해질 물질이 12g이 녹아 있다. 이 용액의 어는점이 −0.93℃일 때 녹아 있는 비전해질의 분자량은 얼마인가?(단, 물의 어는점 내림상수(K_f)는 1.86이다)

① 6
② 12
③ 24
④ 48

13-2. 용액의 끓는점 오름은 어느 농도에 비례하는가?

① 백분율농도
② 몰농도
③ 몰랄농도
④ 노말농도

13-3. 증기압에 대한 설명으로 틀린 것은?

① 증기압이 크면 증발이 어렵다.
② 증기압이 크면 끓는점이 낮아진다.
③ 증기압은 온도가 높아짐에 따라 커진다.
④ 증기압이 크면 분자 간 인력이 작아진다.

13-4. 분자량이 큰(100,000 정도) 화합물 100g을 물 1,000g에 용해시켰을 때 이것의 분자량 측정에 가장 적당한 방법은?

① 증기압 내림
② 끓는점 오름
③ 어는점 내림
④ 삼투압

13-5. 다음 중 콜로이드 용액이 아닌 것은?

① 녹말 용액
② 점토 용액
③ 설탕 용액
④ 수산화알루미늄 용액

|해설|
13-1

$\Delta T_f = K_f \times m$

여기서, ΔT_f : 어는점 내림

　　　　K_f : 몰랄내림상수(어는점 내림상수)

　　　　m : 몰랄농도

$0.93 = 1.86 \times m$, $m = 0.5\,\mathrm{mol/kg}$

즉, 1kg에 0.5mol이 있으므로 0.5kg(= 500g)에는 0.25mol이 있으며, 비전해질 물질이 12g 녹아 있으므로

$0.25\,\mathrm{mol} : 12\mathrm{g} = 1\mathrm{mol} : x$

∴ $x = 48\mathrm{g}$

13-2

끓는점 오름은 몰랄농도에 비례한다. 그 이유는 몰랄농도가 높다는 것은 결국 고농도를 의미하며, 농도가 높아질수록 다른 분자들이 물에 많이 용해되고 물분자가 끊어져 끓어오르는 것을 방해하기 때문이다.

끓는점 오름 : 비휘발성 물질이 녹아 있는 경우 순수한 용매보다 끓는점이 올라가는 현상이다.

예 소금물, 설탕물의 끓는점 상승

13-3

증기압이란 증기가 고체, 액체와 동적평형상태에 있을 때의 증기 압력을 말하며, 증기압이 클수록 증발이 쉬워 휘발성 물질이라 표현하기도 한다.

13-4

고분자 화합물의 분자량 측정에는 삼투압법이 적당하다.

13-5

설탕 용액은 콜로이드 상태라기보다는 혼합물이다.

※ 콜로이드성 물질 : 녹말 용액, 점토 용액, 수산화알루미늄 용액 등

정답 13-1 ④　13-2 ③　13-3 ①　13-4 ④　13-5 ③

핵심이론 14 | 오차와 유효숫자

(1) 오차의 원인

측정법에 의한 것, 측정장치의 불완전함 등이 있으며 다음과 같이 크게 네 가지로 분류할 수 있다.

① 측정원리의 불완전 : 기체방정식 도입 시 실제 기체가 이상기체가 아니어서 발생한다.

② 계측기의 불완전 : 계기차에 의해 발생한다.

③ 측정조건의 이상 : 계측조건이 외부 영향에 의해 변동되어 발생한다.

④ 측정자 : 측정자의 숙련도, 판단, 습관 등의 차이에 의해 발생한다(개인오차).

(2) 오차의 종류

① 실수에 의한 오차 : 측정값을 읽을 때 발생하는 착오, 측정자의 실수로 발생하는 오차를 말하며, 이를 최소화하는 것이 중요하다.

② 우연오차 : 원인불명으로 발생하는 오차이며, 통계적 성질을 지니고 있어 반복측정을 통해 평균값을 내어 추정한다.

③ 계통오차 : 일정한 원인에 의해 발생하는 오차이며, 그 크기, 부호를 추정할 수 있고 실험자의 집중을 통해 보정이 가능한 오차로 계통오차의 종류는 다음과 같다.

종 류	정 의	해결법
외계오차	온도, 습도와 같은 외부의 영향으로 발생하는 오차	표준조건을 조성하여 실험한다.
기계오차	기계의 부정확성으로 발생하는 오차	소프트웨어적인 보정으로 해결한다.
개인오차	측정자의 판단, 습관 등으로 발생하는 오차	측정 기준을 세워 제거한다.

(3) 유효숫자

제14절 14-1의 핵심이론 02 참조

1-2. 원자의 구조와 주기율

| 핵심이론 01 | 원자의 구조

(1) 원자의 구성

원자핵(양성자 + 중성자)과 전자로 구성된다.

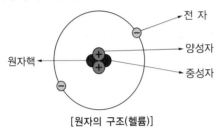

[원자의 구조(헬륨)]

(2) 질량수와 원자번호

① 질량수 = 양성자수 + 중성자수 → $^{4}_{2}\text{He}$
② 원자번호 = 양성자수 = 전자수 →

(3) 동위원소와 동소체

① 동위원소 : 양성자수는 동일하지만, 중성자수가 달라 질량수가 다른 원소이다.
　　예 수소, 중수소, 삼중수소
② 동소체 : 같은 원소이지만 원자배열이 다른 원소를 말한다.
　　예 탄소와 다이아몬드, 흑연, 활성탄
　　　산소와 오존
　　　인과 백린, 황린
※ 동중원소 : 원자번호는 다르지만 질량수가 같은 원소로, 원자량은 동일하나 성질은 전혀 다르다.

핵심이론 02 | 원소의 주기적 성질 – (1) 분류

(1) 원소의 주기적 분류

주기율표는 멘델레예프와 모즐리의 주기율표가 대표적이며, 현대의 주기율표는 멘델레예프의 것과 유사하다.

① 족 : 주기율표의 세로줄을 족(Group)이라고 하며, 모두 18족으로 구성되어 있다. 원자가전자의 수가 동일하여 같은 족 원소들은 유사한 화학적 성질을 지닌다.

② 주기 : 주기율표의 가로줄을 주기(Period)라고 한다.

③ 주족원소 : 주기율표에서 원소번호 1~20번에 해당하며, 해당 족의 성질을 뚜렷하게 하는 원소이다.

④ 전이원소 : 주기율표에서 3~12족 금속원소에 해당하며, 족은 다르지만 원자가전자의 수가 거의 같아 성질이 비슷하다.

⑤ 알칼리금속(수소 제외) : 1족 원소

⑥ 알칼리토금속 : 2족 원소

⑦ 할로겐원소 : 주기율표상에서 17족(플루오린, 염소, 브롬 등)에 속하며, 최외각전자가 모두 7개라 다른 물질과의 반응성이 가장 크다. 주로 화합물의 상태로 존재한다.

⑧ 비활성기체 : 주기율표상 18족(헬륨, 네온, 아르곤 등)에 속하며, 이미 화학적으로 안정하여 다른 물질과 반응을 잘 하지 않는다. 이상기체에 가장 가까운 성질을 지닌다.

[주기율표와 성질]

2-1. 전이원소의 특성에 대한 설명으로 옳지 않은 것은?

① 모두 금속이며, 대부분 중금속이다.
② 녹는점이 매우 높은 편이고, 열과 전기전도성이 좋다.
③ 색깔을 띤 화합물이나 이온이 대부분이다.
④ 반응성이 아주 강하며, 모두 환원제로 작용한다.

2-2. 주기율표에서 전형원소에 대한 설명으로 틀린 것은?

① 전형원소는 1족, 2족, 12~18족이다.
② 전형원소는 대부분 밀도가 큰 금속이다.
③ 전형원소에는 금속원소와 비금속원소가 있다.
④ 전형원소는 원자가전자수가 족의 끝 번호와 일치한다.

2-3. 주기율표상 V족 원소에 해당되지 않는 것은?

① P
② As
③ Si
④ Bi

2-4. 주기율표상에서 원자번호 7의 원소와 비슷한 성질을 가진 원소의 원자번호는?

① 2
② 11
③ 15
④ 17

|해설|

2-1
전이원소는 대부분 금속으로 금속성 특징을 지니고, 공기 중에서 큰 변화를 보이지 않으며(낮은 화학적 활성), 주로 촉매제로 이용된다.

2-2
전형원소는 밀도가 작은 금속원소와 비금속원소가 있으며, 원자번호 1~20, 31~38, 49~56, 81~88 구간에 위치한 원소들이다.

2-3
V족 원소 : N, P, As, Sb, Bi

2-4
질소족 원소(V족) : 질소(7), 인(15), 비소(33)
※ 같은 족 원소는 유사한 성질을 지닌다.

정답 2-1 ④ 2-2 ② 2-3 ③ 2-4 ③

핵심이론 03 | 원소의 주기적 성질 – (2) 주기성

(1) 원소의 주기성

① 옥텟규칙 : 원자의 가장 바깥쪽 전자껍질이 전자를 8개 채우려는 성질을 의미하며, 부족할 경우에는 전자를 더 받아들이려 하고(−), 남는 경우에는 전자를 제공하여(+) 원소마다 특유의 전기적 특성을 지니게 된다. 이는 최외각전자가 8개가 되었을 때 가장 안정한 상태를 이루기 때문이다(단, 수소는 2개).

② 이온화 에너지 : 원자 1몰에서 전자 1몰을 떼어낼 때 필요로 하는 에너지의 양(kJ/mol)으로, 주기율표상 오른쪽으로 이동할수록 옥텟규칙으로 인해 이온화 에너지가 증가한다.

※ 금속의 이온화 경향 : Li > K > Ca > Na > Mg > Al > Zn > Fe > Ni > Sn > Pb > H > Cu > Hg > Ag > Pt > Au

③ 전자친화도(Electron Affinity) : 기체상태의 원자가 1몰의 전자를 얻을 때 방출하는 에너지의 양(kJ/mol)으로, 동일 족은 원자번호가 증가할수록 전자친화도가 감소하며, 동일 주기는 원자번호가 증가할수록 전자친화도도 증가하는 특징이 있다.

④ 최외각전자 : 전자껍질의 가장 마지막에 위치한 전자이며, 전자껍질의 수에 따라 각각 2, 8, 8개의 순으로 채워지고 1족을 제외하면 8개를 유지하려고 한다.

⑤ 전기음성도(Electron Negativity) : 한 원자가 다른 원자로부터 전자를 얼마나 잘 끌어당기는지의 척도이다.
※ 전기음성도의 크기 : F > O > N > Cl > Br > C > S > I > H > P

⑥ 원자반지름(Atomic Radius)

[족과 주기에 따른 원자반지름의 크기 변화]

구 분	동일 족		동일 주기	
	원자번호 증가	원 인	원자번호 증가	원 인
원자반지름	커 짐	전자껍질 증가	작아짐	유효핵전하 증가

3-1. 다음 중 이온화 에너지가 가장 작은 것은?

① Li
② Na
③ K
④ Rb

3-2. 다음 중 이온화 경향이 큰 것부터 순서대로 바르게 나열된 것은?

① Li > K > Na > Al > Cu
② Al > K > Li > Cu > Na
③ Na > K > Li > Cu > Al
④ Cu > Li > K > Al > Na

3-3. 같은 주기에서 원자번호가 증가할 때 나타나는 전형원소의 일반적 특성에 대한 설명으로 틀린 것은?

① 이온화 에너지는 증가하지만 전자친화도는 감소한다.
② 전기음성도와 전자친화도 모두 증가한다.
③ 금속성과 원자의 크기가 모두 감소한다.
④ 금속성은 감소하고 전자친화도는 증가한다.

3-4. 한 원소의 화학적 성질을 주로 결정하는 것은?

① 원자번호
② 원자량
③ 전자의 수
④ 제일 바깥 전자껍질의 전자수

3-5. 다음 중 이온화 경향이 가장 큰 금속은?

① Na
② Mg
③ Ca
④ K

3-6. 전기음성도의 크기 순서로 옳은 것은?

① Cl > Br > N > F
② Br > Cl > O > F
③ Br > F > Cl > N
④ F > O > Cl > Br

3-7. 다음 중 원자의 반지름이 가장 큰 것은?

① Na
② K
③ Rb
④ Li

3-8. 다음 등전자이온 중 이온반지름이 가장 큰 것은?

① $_{12}Mg^{2+}$
② $_{11}Na^{+}$
③ $_{10}Ne$
④ $_9F^{-}$

3-1

이온화 에너지는 원자 1몰에서 전자 1몰을 떼어낼 때 필요로 하는 에너지의 양(kJ/mol)이다.

• 동일 주기 : 원자번호가 커질수록 유효핵전하가 증가하여 원자핵과 전자 사이의 인력이 증가하므로 이온화 에너지가 증가한다.
• 동일 족 : 원자번호가 커질수록 전자껍질이 증가하여 원자핵과 전자 사이의 거리가 멀어지므로 이온화 에너지가 감소한다.

3-2, 3-5

금속의 이온화 경향 ★ 그냥 외우도록 하자

Li > K > Ca > Na > Mg > Al > Zn > Fe > Ni > Sn > Pb > H > Cu > Ag > Pt > Au

3-3

같은 주기에서 원자번호가 증가하면 최외각전자의 수가 늘어나 이온화 에너지, 전자친화도가 모두 증가한다.

3-4

최외각전자의 수에 의해 한 원소의 화학적 성질이 주로 결정된다.

3-6

전기음성도는 원자들이 공유결합할 때 공유전자쌍을 당기는 힘을 말한다. 동일 주기에서 원자번호가 커질수록 증가하며, 동일 족에서는 원자번호가 작아질수록 증가한다.

3-7

• 동일 족 : 원자번호가 커질수록 전자껍질이 증가하여 반지름이 커진다.
• 동일 주기 : 원자번호가 커질수록 유효핵전하가 증가하여 반지름이 작아진다.

3-8

이온반지름의 주기적 성질

• 금속 : 원자반지름 > 이온반지름(전자껍질수의 감소)
• 비금속 : 원자반지름 < 이온반지름(전자 간 반발력)
• 등전자이온 : 원자번호가 클수록 이온반지름이 작아진다(핵전하량이 증가하여 유효핵전하 증가).

정답 3-1 ④ 3-2 ① 3-3 ① 3-4 ④ 3-5 ④ 3-6 ④ 3-7 ③ 3-8 ④

핵심이론 04 │ 전자껍질과 전자배열

(1) 전자껍질과 주양자수

① 전자껍질 : 원자핵을 중심으로 전자들이 구성하는 여러 층을 말하며 K, L, M, N, O 등이 있다.

② 주양자수 : 원자 내에 오비탈을 결정하고, 에너지값을 대략적으로 결정하는 양자의 수이다.

(2) 오비탈과 최대수용 전자수

① 오비탈 : 원자핵 주위를 운동하는 전자의 확률적 궤도함수(Orbital)를 의미한다. 총 4개로 나뉘어지며, 원자의 전자배열 순서는 다음과 같다.

㉠ 종류 : s오비탈, p오비탈, d오비탈, f오비탈

㉡ 원자의 전자배열 순서 : $1s \rightarrow 2s \rightarrow 2p \rightarrow 3s \rightarrow 3p \rightarrow 4s \rightarrow 3d \rightarrow 4p \rightarrow 5s \rightarrow 4d \rightarrow 5p \cdots$

② 최대수용 전자수 : 각 오비탈은 전자 2개씩을 차례로 수용할 수 있으며, 전자껍질당 오비탈의 총합의 2배가 최대수용 전자수가 된다. 이를 정리하면 다음과 같다.

[전자껍질과 오비탈의 관계]

전자껍질	K	L		M			N			
주양자수(n)	1	2		3			4			
오비탈의 종류 (부껍질)	s	s	p	s	p	d	s	p	d	f
오비탈수	1	1	3	1	3	5	1	3	5	7
오비탈의 총수	$1(s)$	$4(s+p)$		$9(s+p+d)$			$16(s+p+d+f)$			
최대수용 전자수	2	8		18			32			
부전자껍질	$1s^2$	$2s^2 2p^6$		$3s^2 3p^6 3d^{10}$			$4s^2 4p^6 4d^{10} 4f^{14}$			

※ 오비탈은 양자역학과 슈뢰딩거 방정식을 기반으로 만들어졌다. 오비탈은 원자핵 주변을 도는 전자들이 확률적으로 어디에 얼마만큼 위치하고 있을지를 가정하는 함수라고 생각하면 이해가 빠르다. 또한 전자껍질에 따라 다른 주양자수를 지니게 되며 s, p, d, f 등의 오비탈(부껍질)은 각각 1, 3, 5, 7(홀수)개의 궤도함수를 지니며, 각 궤도에는 2개의 전자가 순서대로 채워진다고 생각할 수 있다. 보통 최대수용 전자수를 기준으로 전자가 어떻게 채워지는지에 대한 문제가 자주 출제되므로 참고한다.

10년간 자주 출제된 문제

4-1. 전자궤도의 d오비탈에 들어갈 수 있는 전자의 총수는?

① 2

② 6

③ 10

④ 14

4-2. 원자번호가 26인 Fe의 전자 배치도에서 채워지지 않는 전자의 개수는?

① 1개

② 3개

③ 4개

④ 5개

4-3. 원자의 K껍질에 들어 있는 오비탈은?

① s

② p

③ d

④ f

4-4. 다음 중 Na$^+$이온의 전자배열에 해당하는 것은?

① $1s^2 2s^2 2p^6$

② $1s^2 2s^2 3s^2 2p^4$

③ $1s^2 2s^2 3s^2 2p^5$

④ $1s^2 2s^2 2p^6 3s^1$

| 해설 |

4-1

전자껍질(K, L, M, N 등)에 따라 $1s \rightarrow 2s \rightarrow 2p \rightarrow 3s \rightarrow 3p \rightarrow 4s \rightarrow 3d$의 순서로 전자가 각각 2개씩 배치되며, 오비탈의 종류(s, p, d, f)에 따라 1, 3, 5, 7의 공간을 지닌다.

1s	2s	2p			3s	3p			4s	3d				
··	··	··	··	··										

4-2

전자껍질(K, L, M, N 등)에 따라 $1s \rightarrow 2s \rightarrow 2p \rightarrow 3s \rightarrow 3p \rightarrow 4s \rightarrow 3d$의 순서로 전자가 각각 2개씩 배치되며, 오비탈의 종류(s, p, d, f)에 따라 1, 3, 5, 7의 공간을 지닌다.
원자번호가 26인 경우 다음과 같이 채워지며 마지막 $3d$에서 4개의 전자가 채워지지 않게 된다.

1s	2s	2p			3s	3p			4s	3d				
··	··	··	··	··	··	·	·	·	··	·	·	·	·	·

4-3

전자껍질	오비탈			
K	$1s$			
L	$2s$	$2p$		
M	$3s$	$3p$	$3d$	
N	$4s$	$4p$	$4d$	$4f$

4-4

Na의 전자는 11개이며, Na$^+$이온의 경우 전자를 하나 잃어버려 총 10개의 전자를 보유하고 있다.

오비탈	1s	2s	2p		
전자수	··	··	··	··	··

∴ $1s$, $2s$, $2p$의 오비탈에 총 10개의 전자를 지닌다.

정답 4-1 ③　4-2 ③　4-3 ①　4-4 ①

1-3. 화학결합

핵심이론 01 | 이온결합

(1) 루이스기호

원소기호 둘레에 원자가전자를 차례대로 점으로 표시한 것이다.

[주족원소와 루이스기호]

구 분 \ 족	1	2	13	14	15	16	17	18
루이스기호	A·	·A·	·A·	·A·	·A·	:A·	:A·	:A:

예 ·B·, ·N· 등

(2) 이온결합

양이온과 음이온이 정전기적 인력에 의해 화학적으로 결합되어 있는 상태를 말하며, 다음과 같은 특징을 지닌다.

① 고체상태는 전기전도도가 낮으나, 수용액상태에서는 전기가 잘 통한다.

② 강한 결합을 지니며, 녹는점이 높다.

③ 결정이 매우 단단하지만, 외부의 힘에 의해 쉽게 부서진다.

예 $NaCl \rightarrow Na^+$(양이온) $+ Cl^-$(음이온)

(3) 이온반지름

구 분	동일 족		동일 주기	
	원자번호 증가	원 인	원자번호 증가	원 인
이온반지름	커 짐	전자껍질 증가	작아짐	유효핵전하 증가

※ 양이온(+)은 전자를 잃으면 전자껍질의 개수가 줄어 이온반지름이 원자반지름보다 작고, 음이온(−)은 전자를 얻으면 반발력이 형성되어 이온반지름이 원자반지름보다 크다.

1-1. 이온결합물질의 특성에 관한 설명으로 맞는 것은?

① 극성용매에 녹는다.

② 연성, 전성이 있으며 광택이 있다.

③ 결정일 때는 전기전도성이 없다.

④ 결정격자로 이루어져 있으며, 녹는점과 끓는점이 높은 액체이다.

1-2. 다음 중 녹는점이 가장 높은 이온결합물질은?

① NaF

② KF

③ RbF

④ CsF

1-3. 다음 중 이온결합인 것은?

① 염화나트륨(Na−Cl)

② 암모니아(N−H₃)

③ 염화수소(H−Cl)

④ 에틸렌(CH₂−CH₂)

1-4. 이온결합에 대한 설명으로 틀린 것은?

① 이온결정은 극성용매인 물에 잘 녹지 않는 것이 많다.

② 전자를 잃은 원자는 양이온이 되고, 전자를 얻은 원자는 음이온이 된다.

③ 이온결정은 고체상태에서 양이온과 음이온이 강하게 결합되어 있기 때문에 전류가 흐르지 않는다.

④ 전자를 잃기 쉬운 금속원자로부터 전자를 얻기 쉬운 비금속원자로 하나 이상의 전자가 이동할 때 형성된다.

|해설|

1-1

이온결합은 결합력이 강해 용해가 잘 안되지만 이온결합 자체도 극성결합이어서 극성용질에 넣을 경우 분자 간의 결합력이 끊어지며 용매의 양성부분과 용질의 음성부분 간에 인력이 발생하여 결합해 쉽게 용해된다.

1-2

이온결합력의 세기에 따라 녹는점이 결정되며, 결합력의 세기는 이온의 전하량과 원자반지름에 의해 달라진다. 제시된 보기에서 F의 원자반지름은 동일하며 Na, K, Rb, Cs은 모두 1족 원소로 원자번호가 가장 작은 Na이 원자껍질의 수가 적어 원자반지름이 가장 작으므로 결합력이 가장 크다. 따라서 NaF가 녹는점이 가장 높다.

핵심이론 02 | 공유결합

(1) 공유결합의 종류

공유결합은 2개의 안정된 상태의 원자가 서로 전자를 방출하여 전자쌍을 형성하고 공유하는 것이다.

① 극성 공유결합 : 전기음성도가 다른 두 원자 사이의 공유결합이다.

예 HCl, CH_4

② 비극성 공유결합 : 동일한 종류의 원자가 공유결합할 때 전하가 한쪽으로 치우치지 않는 결합이다.

예 H_2, O_2 등

종류	비극성 분자			극성 분자	
화학식	CO_2	BF_3	CH_4	NH_3	H_2O
분자모형	직선형	평면삼각형	정사면체	삼각뿔	굽은형

(2) 쌍극자 모멘트와 분자의 극성

① 쌍극자 모멘트 : 극성 분자에서 두 원자의 전하와 거리를 곱한 값으로, 그 값이 클수록 극성이 강해진다.

② 극성 분자(쌍극자 모멘트 ≠ 0) : 극성 공유결합을 하는 분자이다.

예 NH_3, H_2O

③ 비극성 분자(쌍극자 모멘트 = 0) : 비극성 공유결합을 하거나 극성 공유결합이지만 분자모양이 대칭인 경우이다.

예 H_2, O_2, CO_2, CH_4 등

(3) 공유결합의 특징

① 전기전도성이 낮다.

② 분자 간의 결합으로 결합력이 약해 이온결합에 비해 녹는점, 끓는점이 낮다.

③ 반응속도가 느리다.

2-1. 결합 전자쌍이 전기음성도가 큰 원자 쪽으로 치우치는 공유결합을 무엇이라 하는가?

① 극성 공유결합
② 다중 공유결합
③ 이온 공유결합
④ 배위 공유결합

2-2. CO_2와 H_2O는 모두 공유결합으로 된 삼원자 분자인데 CO_2는 비극성이고 H_2O는 극성을 띤다. 그 이유로 옳은 것은?

① C가 H보다 비금속성이 크다.
② 결합구조가 H_2O는 굽은형이고, CO_2는 직선형이다.
③ H_2O의 분자량이 CO_2의 분자량보다 적다.
④ 상온에서 H_2O는 액체이고, CO_2는 기체이다.

2-3. 두 원자 사이에서 극성 공유결합한 것으로 구조가 대칭이 되므로 비극성 분자인 것은?

① CCl_4
② $CHCl_3$
③ CH_2Cl_2
④ CH_3Cl

2-4. 이산화탄소가 쌍극자 모멘트를 가지지 않는 주된 이유는?

① C=O 결합이 무극성이기 때문
② C=O 결합이 공유결합이기 때문
③ 분자가 선형이고 대칭이기 때문
④ C와 O의 전기음성도가 비슷하기 때문

|해설|

2-1
극성 공유결합은 전기음성도가 다른 두 원자 사이의 공유결합으로, 결합하는 두 원자들의 전기음성도 차이가 커질수록 결합의 극성은 강해진다.
㉠ HBr의 경우
 • H의 전기음성도 : 2.2
 • Br의 전기음성도 : 2.96
 → 전기음성도 차이가 0.76이며, Br이 0.76만큼 더 세게 잡아당겨 미약한 극성 공유결합을 한다.
※ 전기음성도의 차이가 매우 커 강한 극성 공유결합을 하는 경우 전자가 완전히 이동하는 이온결합을 한다.
㉠ NaF의 경우
 • Na의 전기음성도 : 0.93
 • F의 전기음성도 : 3.98
 → 전기음성도 차이가 3.05이며, 이온결합을 한다.

2-2
극성분자는 반드시 대칭성을 피하는 결합구조를 지녀야 하는데 이산화탄소의 경우 직선형의 대칭성을 지니고 있어 원자 간의 인력이 0으로 상쇄되어 극성을 띠어야 함에도 불구하고 비극성의 성격을 지닌다.

2-3
보통 극성결합을 가진 분자는 극성을 띠지만, 쌍극자 모멘트는 크기와 방향을 가진 벡터량이므로 극성결합을 가져도 결합의 쌍극자 모멘트가 서로 상쇄되는 구조를 지녀 비극성 분자가 될 수 있다.
이산화탄소(CO_2)와 사염화탄소(CCl_4)의 경우가 이에 해당된다.

2-4
이산화탄소는 선형의 대칭구조로, 전하가 골고루 분포하여 무극성을 띠고 있어 부분적인 전하량이 없기 때문에 쌍극자 모멘트를 갖지 않는다.

쌍극자 모멘트
• 두 원자가 결합했을 때 발생하는 부분적인 전하량의 크기를 말한다.
• 쌍극자 모멘트 $= q \times r$
 여기서, q : 부분전하의 크기
  r : 원자핵 사이의 거리

정답 2-1 ① 2-2 ② 2-3 ① 2-4 ③

핵심이론 03 | 배위 · 금속 · 수소결합

(1) 배위결합

① 공유전자쌍을 하나의 원소에서만 제공하여 공유결합과 유사한 형태의 결합을 유지하는 것이다.

② 특징 : 결합이 형성되면 전자쌍을 공유하기 때문에 공유결합과 같은 성격을 지니게 된다.

예 H_3O^+, SO_4^{2-}, NH_4^+, NO_3^- 등

(2) 금속결합

① 금속의 자유전자에 의해 양이온화된 원자들이 상호작용하는 응집력으로 금속결정을 이룬 것이다.

② 특 징

　㉠ 전기전도도가 높다.

　㉡ 녹는점과 끓는점이 높다.

　㉢ 금속 특유의 광택이 있고 전성과 연성은 크나 방향성을 지니지는 않는다.

(3) 수소결합

① 전기음성도가 큰 원자(F, O, N 등)에 수소가 직접 결합한 분자에서 수소와 이웃한 분자의 전기음성도가 큰 원자 사이에 작용하는 분자 간의 인력(2차 결합)이다.

② 특징 : 전기음성도의 차이가 클수록 극성이 크며, 결합력도 강해진다.

(4) 반데르발스 결합(Van der Waals)

① 반데르발스의 힘에 의해 액체, 고체를 이루는 분자 간의 결합(2차 결합)이다.

② 특징 : 단순한 정전기적 인력에 의한 결합이므로, 녹는점과 끓는점이 낮다.

　※ 수소결합도 반데르발스의 힘의 원리에 의해 형성되는 결합이지만, 결합력의 세기에서 차이가 많이 나 분리해서 구분한다.

(5) 결합력의 비교

이온결합 > 공유결합 > 금속결합 > 수소결합 ≫ 반데르발스 결합

※ 단, 물질에 따라 공유결합 > 이온결합인 경우도 존재한다.

10년간 자주 출제된 문제

3-1. 다음 중 분자 안에 배위결합이 존재하는 화합물은?

① 벤 젠
② 에틸알코올
③ 염소이온
④ 암모늄이온

3-2. 금속결합의 특징에 대한 설명으로 틀린 것은?

① 양이온과 자유전자 사이의 결합이다.
② 열과 전기의 부도체이다.
③ 연성과 전성이 크다.
④ 광택을 가진다.

3-3. 다음 중 수소결합에 대한 설명으로 틀린 것은?

① 원자와 원자 사이의 결합이다.
② 전기음성도가 큰 F, O, N의 수소 화합물에 나타난다.
③ 수소결합을 하는 물질은 수소결합을 하지 않는 물질에 비해 녹는점과 끓는점이 높다.
④ 대표적인 수소결합 물질로는 HF, H_2O, NH_3 등이 있다.

3-4. 다음 중 수소결합을 할 수 없는 화합물은?

① H_2O
② CH_4
③ HF
④ CH_3OH

3-5. 다음 중 분산력(반데르발스 힘)이 가장 큰 물질은?

① CH_4
② SiH_4
③ CF_4
④ CCl_4

3-6. 다음 중 결합력이 가장 약한 것은?

① 공유결합
② 이온결합
③ 금속결합
④ 반데르발스 결합

|해설|

3-1

배위결합이란 공유전자쌍을 한쪽 원소에서 일방적으로 제공하는 형태로, 암모늄이온(NH_4^+)이 대표적이다.

3-2

금속결합은 금속원자 간 결합으로, 자유전자와 양이온의 인력에 의해 형성되어 전기가 잘 통하는 도체의 성격을 지닌다.

3-3

수소결합은 수소가 지니는 비공유전자쌍에 의해 발생하는 인력으로, 원자 사이에서는 발생하지 않는다.

3-4

수소결합은 비공유전자쌍이 존재해야 하며, H와 F, O, N이 있으면 가능하다. 메테인(메탄, CH_4)은 비공유전자쌍이 존재하지 않는 무극성 분자의 형태로 수소가 전기적으로 중성이어서 인력이 발생하지 않는다.

3-5

분산력은 무극성 물질을 기준으로 분자량에 비례한다.

3-6

- 반데르발스 결합은 분자 간의 결합으로, 상대적으로 결합력이 약하다.
- 결합력의 비교 : 이온결합 > 공유결합 > 금속결합 > 수소결합 ≫ 반데르발스 결합
  ※ 단, 물질에 따라 공유결합 > 이온결합인 경우도 존재한다.

정답 3-1 ④　3-2 ②　3-3 ①　3-4 ②　3-5 ④　3-6 ④

제2절　**무기화학**

2-1. 금속원소와 그 화합물

| 핵심이론 01 |　**금속원소의 일반적 성질**

(1) 일반적 성질

① 상온에서 고체이며, 일정한 결정구조를 지닌다(Hg 제외).
② 열, 빛, 전기의 양도체이다.
③ 수소와 반응하지 않으며 원자반지름이 크다.
④ 광선을 투과시키지 못한다.
⑤ 특유의 광택을 지닌다.
⑥ 이온화하면 양이온이 된다.

(2) 물리적 특징

① 전성과 연성이 좋으며, 보통 주조할 수 있는 것이 많다.
② 경도가 크며 내마멸성이 높다.
③ 녹는점이 높고, 일반적으로 비중이 1보다 크다(단, K, Na, Li 제외).

종 류	정 의	크기 비교
연 성	가느다란 선으로 늘어나는 성질	Au > Ag > Pt > Fe > Cu > Al > Sn > Pb
전 성	타격에 의해 얇게 펴지는 성질	Au > Ag > Cu > Al > Sn > Pt > Pb > Fe
융 점	금속이 녹는 온도 (고체 → 액체)	W > Pt > Au > Na > K > Hg
비 중	대상 물질의 무게와 순수한 물 4℃와 같은 체적물의 비율	Os > Pt > Au > Pb > Cu > Fe > Al > Mg > Ca > K > Na

금속원소의 일반적 특징에 해당하지 않는 것은?

① 광선을 투과시킨다.
② 열, 빛, 전기의 양도체이다.
③ 수소와 반응하지 않으며 원자반지름이 크다.
④ 상온에서 고체이며, 일정한 결정구조를 지닌다(Hg 제외).

|해설|

금속원소는 일반적으로 광선을 투과시키지 못한다.

정답 ①

핵심이론 02 | 알칼리금속(1A족)과 그 화합물

(1) 알칼리금속의 특성

① Li(리튬), Na(나트륨), K(칼륨), Rb(루비듐), Cs(세슘), Fr(프랑슘)의 6개 원소이다.

② 연백색의 무르고 연하며 가볍다.

③ 녹는점이 낮고 특유의 불꽃반응을 한다.

원 소	Li	Na	K	Rb	Cs
불꽃 반응색	빨 강	노 랑	보 라	빨 강	파 랑

④ 최외각전자가 모두 1개이기 때문에 전자 1개를 잃고 +1가 양이온이 되기 쉽다.

예 $M \rightarrow M^+ + e^-$

⑤ 공기 중에서 쉽게 산화하여 산화물을 형성한다.

⑥ 상온에서 물과 격렬히 반응하며, 기체 생성물을 발생시키기 때문에 반드시 석유, 벤젠, 파라핀 속에 보관해야 한다.

⑦ 원자번호가 증가할수록 원자반지름이 커져 녹는점과 끓는점이 낮아진다.

(2) 알칼리금속 화합물

① 수산화나트륨(NaOH)

ㄱ 성 질
- 부식성이 강하다.
- 조해성이 높으며 알칼리성의 수용액을 형성한다.
- 대기 중의 이산화탄소와 반응하여 하얀색 고체인 탄산나트륨(Na_2CO_3)이 된다.
- 건조제를 넣은 플라스틱병에 보관한다(유리 부식).

ㄴ 제조법 : 전기분해법을 이용한다.
$2NaCl + 2H_2O \rightarrow 2NaOH + H_2 \uparrow (-) + Cl_2 \uparrow (+)$

② 탄산나트륨(Na_2CO_3)

　㉠ 성 질

　　• 하얀색 분말성분으로 먼지와 같은 형태로 비산
　　　하기 쉽다.

　　• Na^+이온이 포함되어 있어 조해성이 높다.

　㉡ 제조법 : 솔베이법(암모니아 소다법)으로 제조
　　한다.

　　• $2NaCl + CaCO_3 \rightarrow Na_2CO_3 + CaCl_2$

　　• $NH_3 + CO_2 + H_2O + NaCl \rightarrow NH_4Cl + NaHCO_3$

　　• $2NaHCO_3 \rightarrow \underline{Na_2CO_3} + CO_2\uparrow + H_2O$

10년간 자주 출제된 문제

2-1. 다음 중 이온화 에너지가 가장 작은 알칼리금속은?

① Li　　　　　　　② Na

③ K　　　　　　　④ Rb

2-2. 같은 주기에서 이온화 에너지가 가장 작은 것은?

① 알칼리금속　　　② 알칼리토금속

③ 할로겐족　　　　④ 비활성 기체

2-3. 알칼리금속에 대한 설명으로 틀린 것은?

① 공기 중에서 쉽게 산화되어 금속 광택을 잃는다.

② 원자가전자가 1개이므로 +1가의 양이온이 되기 쉽다.

③ 할로겐원소와 직접 반응하여 할로겐화합물을 만든다.

④ 염소와 1 : 2 화합물을 형성한다.

2-4. 시약의 취급방법에 대한 설명으로 틀린 것은?

① 나트륨과 칼륨 등 알칼리금속은 물속에 보관한다.

② 브롬산, 플루오린화수소산은 피부에 닿지 않게 한다.

③ 알코올, 아세톤, 에테르 등은 가연성이므로 취급에 주의한다.

④ 농축 및 가열 등의 조작 시 끓임쪽을 넣는다.

|해설|

2-1

동일 족 원소는 원자번호가 증가할수록 이온화 에너지가 작아
진다.

※ 동일 주기 원소는 원자번호가 증가할수록 이온화 에너지가
　　커진다.

2-2

알칼리금속은 최외각전자의 수가 1개이기 때문에 이온화 에너지가
가장 작다.

2-3

알칼리금속은 염소와 1 : 1로 반응해 화합물을 형성한다.

$2M(s) + Cl_2(g) \rightarrow 2MCl(s)$

2-4

알칼리금속은 반응성이 커서 대기 중의 산소와 반응할 수 있으므로
석유(등유)에 넣어 보관한다.

정답 2-1 ④　2-2 ①　2-3 ④　2-4 ①

(1) 알칼리토금속의 특성

① 베릴륨(Be), 마그네슘(Mg), 칼슘(Ca), 스트론튬(Sr), 바륨(Ba), 라듐(Ra)의 6개 원소이다.

② 대부분 회백색을 띠며, 무르고 밀도가 낮다.

③ 물과 결합하여 강한 염기성 수산화물을 만든다.

④ 특유의 불꽃반응을 한다(Be, Mg 제외).

원 소	Ca	Sr	Ba	Ra
불꽃반응색	등 색	적 색	황록색	적 색

(2) 알칼리토금속 화합물

① 염화마그네슘($MgCl_2 \cdot 6H_2O$) : 단백질을 응고시키며, 조해성이 있다.

② 산화칼슘(CaO) : 산성을 중화시키는 역할로 사용된다.

③ 탄화칼슘(CaC_2)

 ㉠ 생석회와 탄소를 혼합하여 생성한다.

  $CaO + 3C \rightarrow \underline{CaC_2} + CO$

 ㉡ 물과 반응하여 아세틸렌 기체를 생성한다.

  $CaC_2 + 2H_2O \rightarrow Ca(OH)_2 + \underline{C_2H_2}$

(3) 센물과 단물

① 센물(Hard Water) : 2가 금속 양이온(Ca^{2+}, Mg^{2+})이 많이 함유되어 있는 물로, 경수라고 한다.

② 단물(Soft Water) : 2가 금속 양이온이 적게 포함된 물로, 연수라고 한다.

③ 센물을 단물로 바꾸는 방법(Softening) : 센물은 비누의 사용량 증가, 보일러 관망의 폐쇄, 음용 시 복통을 유발하기 때문에 연수화하는 것이 필요하다.

 ㉠ 탄산나트륨법 : 탄산염 형태의 칼슘경도 제거에 사용한다.

 ㉡ 퍼뮤티드법(경수의 연화제) : 이온교환을 통해 경수를 연수로 만드는 방법으로, 최근에는 거의 사용하지 않는다.

 ㉢ 이온교환수지법 : 음이온성을 띤 수지로 처리하여 대량으로 연수화하는 방법으로, 가장 많이 사용된다.

 ※ 경도(Hardness) : 용수 속에 Ca^{2+}, Mg^{2+} 등 2가 금속 양이온의 함량을 탄산칼슘($CaCO_3$)으로 환산한 값이다.

10년간 자주 출제된 문제

3-1. 0℃, 1기압에서 $1m^3$의 아세틸렌을 얻으려면 순도 85%의 탄화칼슘 몇 kg이 필요한가?(단, 탄화칼슘 분자량은 64이다)

① 1.4kg
② 3.36k
③ 5.29kg
④ 11.2kg

3-2. 다음 중 알칼리금속에 속하지 않는 것은?

① Li
② Na
③ K
④ Ca

|해설|

3-1

탄화칼슘의 아세틸렌 제조식 : $CaC_2 + 2H_2O \rightarrow Ca(OH)_2 + C_2H_2$

표준상태에서 아세틸렌 $1m^3$는 $1m^3 \times \dfrac{1kmol}{22.4m^3} ≒ 0.0446kmol$이며, 탄화칼슘과 아세틸렌이 1 : 1 비율이므로 동일한 몰수(0.0446kmol)의 탄화칼슘이 필요하다.

$0.0446kmol \times \dfrac{64kg}{1kmol} ≒ 2.8544kg$

순도 85%이므로 $2.8544kg \times \dfrac{1}{0.85} ≒ 3.36kg$이다.

3-2

Ca는 알칼리토금속이다.

정답 3-1 ② 3-2 ④

핵심이론 04 | 붕소족(3B족) 원소와 그 화합물

(1) 붕소족의 특성

① 붕소(B), 알루미늄(Al), 갈륨(Ga), 인듐(In), 탈륨(Tl)의 5개 원소이다.

② 최외각에 3개의 전자를 가지고 있으며, 주로 3가의 양전하를 띤 이온을 형성한다.

   예 $M \rightarrow M^{3+} + 3e^-$

③ 붕소와 알루미늄은 P형 반도체 제조에 사용된다.

(2) 붕소족 원소화합물

① 붕소(B)

   ㉠ 홑원소 물질로는 자연에 존재하지 않는다(붕산, 붕산석, 붕산염 광물로 존재).

   ㉡ 식물 성장에 반드시 필요한 물질이다.

② 알루미늄(Al)

   ㉠ 연성과 전성이 크며, 연한 재질을 지니고 있어 소성가공이 용이하다.

   ㉡ 열과 전기의 양도체이다.

   ㉢ 강한 환원력이 있어 금속화합물을 환원시킨다(테르밋법, 골드슈미트법).

   ㉣ 양쪽성 원소로, 산과 염기 양쪽과 모두 반응해 수소를 발생시킨다.

   ㉤ 대기 중의 산소와 반응해 얇은 산화피막을 형성한다.

   ㉥ 비타민을 보호하는 특성이 있어 식품 및 의약품 포장재료로도 사용한다.

   ㉦ 알루미늄의 화합물

   • 칼륨백반($KAl(SO_4)_2 \cdot 12H_2O$)

   • 산화알루미늄(Al_2O_3)

   • 황산알루미늄($Al_2(SO_4)_3$)

10년간 자주 출제된 문제

4-1. 다음 중 P형 반도체 제조에 소량 첨가하는 원소는?

① 인

② 비 소

③ 붕 소

④ 안티모니

4-2. 알루미늄의 일반적인 성질에 해당하지 않는 것은?

① 열과 전기의 양도체이다.

② 강한 산화력이 있어 금속화합물을 산화시킨다.

③ 양쪽성 원소이다.

④ 대기 중의 산소와 반응해 얇은 산화피막을 형성한다.

|해설|

4-1

P형 반도체는 P-type의 순수한 반도체에 특정 불순물(붕소, 알루미늄) 등을 첨가하여 만든다.

4-2

알루미늄은 강한 환원력이 있어 금속화합물을 환원시킨다.

정답 4-1 ③ 4-2 ②

핵심이론 05 | 철족(8족) 원소와 기타 화합물

(1) 철족의 특성

① 8족의 4주기 전이원소로 철(Fe), 코발트(Co), 니켈 (Ni)의 3개 원소이다.

② 착염과 착이온의 촉매로 사용된다.

③ 단단하고 강인해 융점과 비등점이 높다.

④ 전기, 열의 양도체이다.

⑤ 철이온 검출

　　㉠ Fe^{2+} : $K_3Fe(CN)_6$ 첨가 시 푸른색 침전

　　㉡ Fe^{3+} : $K_4Fe(CN)_6$ 첨가 시 푸른색 침전

⑥ 착염 생성

　　㉠ 페로사이안화칼륨 : $K_4Fe(CN)_6$

　　㉡ 페리사이안화칼륨 : $K_3Fe(CN)_6$

(2) 기타 화합물

① 염화제일수은(Hg_2Cl_2) : 단맛으로 인해 감홍이라고 하며, 물, 알코올 등에 녹지 않고 묽은 염산에는 용해되며 독성은 낮다.

② 염화제이수은($HgCl_2$) : 승홍이라고 하며, 물에는 약간 용해되며 맹독성이 있다.

5-1. $K_4Fe(CN)_6$ 1몰을 물에 완전히 녹일 때 생성되는 이온의 종류와 몰수를 옳게 나타낸 것은?

① 2종류, 5몰

② 2종류, 6몰

③ 3종류, 7몰

④ 3종류, 11몰

5-2. 철광석 중의 철의 정량실험에서 자철광과 같은 시료는 염산으로 분해하기 어렵다. 이때 분해되기 쉽도록 하기 위해서 넣는 것은?

① 염화제일주석

② 염화제이주석

③ 염화나트륨

④ 염화암모늄

| 해설 |

5-1

$$K_4Fe(CN)_6 \rightarrow 4K^+ + Fe(CN)_6^{4-}$$
$$\qquad\qquad\quad 4몰 \qquad 1몰$$

∴ 2종류, 5몰

5-2

철광석을 산성(염산) 용액에 녹여 모든 철을 Fe^{2+}이온으로 환원시킨 후 과망간산칼륨 용액으로 적정해 광석 안에 포함된 철의 양을 알 수 있다. Fe^{3+}와 Fe^{2+}가 혼합된 형태의 철 가운데 Fe^{3+}를 2가 이온으로 환원시켜 주는 물질은 염화제일주석($SnCl_2$)이다.

$$2FeCl_3 + SnCl_2 \rightarrow 2FeCl_2 + SnCl_4$$
$$\;\; (Fe^{3+}) \qquad\qquad\quad (Fe^{2+})$$

정답 5-1 ① 5-2 ①

2-2. 비금속과 그 화합물

핵심이론 01 | 비금속과 그 화합물

(1) 일반적 성질

① 금속 성질이 없는 탄소, 질소, 인, 황, 비활성 기체 등이 포함된다.

② 원자들의 크기가 작고, 상대적으로 최외각전자의 수가 많다.

③ 전자껍질이 거의 채워져 있어 음이온이 되려고 하며, 소수의 전자만 보충되면 안정한 상태를 유지한다.

④ 비중이 1보다 작으며 상온에서 고체, 기체이다.

⑤ 전성과 연성이 없으며, 충격에 부서지는 성질을 지닌다.

⑥ 주로 공유결합을 한다.

(2) 비활성 기체(0족)와 수소(1A족)

① 비활성 기체(0족)

㉠ 헬륨(He), 네온(Ne), 아르곤(Ar), 크립톤(Kr), 제논(크세논, Xe), 라돈(Rn)의 6개 원소이다.

㉡ 상온에서 무색, 무미, 무취의 기체로 존재한다.

㉢ 다른 원소와 화합물을 형성하지 않고 분자가 아닌 단원자 물질로 존재한다.

㉣ 화학적으로 안정적이어서 모든 원소 중 이온화 에너지가 가장 크다.

㉤ 모든 원소 중 이상기체에 가장 근접한 성질을 지니고 있다.

② 수소와 그 화합물

㉠ 성 질

• 양성자 1개와 전자 1개로 이루어진 가장 가벼운 기체이다.

• 산소와 반응하여 에너지(열, 전기)를 생성하고 물을 만든다(무공해 연료).

• 저장과 운반이 매우 어렵다(폭발의 위험성).

• 주로 수소분자(H_2)로 이루어진다.

㉡ 제조법

• 아연과 묽은 황산으로부터 수소의 제조
$$Zn + H_2SO_4 \rightarrow ZnSO_4 + H_2$$

• 수성가스 · 코크스 가스에서 분리
$$C + H_2O \rightarrow CO + H_2$$

• 물로부터 수소 제조(전기분해, 저온열분해 등)

• 수소정제법

(3) 과산화수소(H_2O_2)

① 성 질

㉠ 물, 에탄올, 에테르에 잘 녹는다.

㉡ 수용액상태에서는 수소이온이 일부 해리되어 약산성을 보인다.

㉢ 농도가 진할 경우 독성과 자극성이 있다.

㉣ 실온에서 상당히 불안정하며 살균, 소독, 표백 작용을 한다.

㉤ 알칼리금속, 중금속, 이산화망간 같은 무기물에 의해 쉽게 분해된다.

② 제조법

㉠ 기본적으로 수소와 산소를 반응시켜 제조한다.
$$H_2 + O_2 \rightarrow H_2O_2$$

㉡ 공업적으로 전해법(황산, 암모니아), 산화바륨반응법 등을 이용해 제조한다.

10년간 자주 출제된 문제

1-1. 비활성 기체에 대한 설명으로 틀린 것은?

① 다른 원소와 화합하지 않고 전자배열이 안정하다.

② 가볍고 불연소성이므로 기구, 비행기 타이어 등에 사용된다.

③ 방전할 때 특유한 색상을 나타내므로 야간광고용으로 사용된다.

④ 특유의 색깔, 맛, 냄새가 있다.

1-2. 원소는 색깔이 없는 일원자 분자기체이며, 반응성이 거의 없어 비활성 기체라고도 하는 것은?

① Li, Na
② Mg, Al
③ F, Cl
④ Ne, Ar

1-3. 다음 중 이상기체의 성질과 가장 가까운 기체는?

① 헬 륨
② 산 소
③ 질 소
④ 메테인

1-4. 다음 중 제1차 이온화 에너지가 가장 큰 원소는?

① 나트륨
② 헬 륨
③ 마그네슘
④ 타이타늄

1-5. 과산화수소의 공업적 제조방법에 해당하지 않는 것은?

① 황산법
② 암모니아법
③ 산화바륨반응법
④ 수소촉매법

|해설|

1-1
비활성 기체의 특징
• 타 원소와 결합 없이 안정적이다.
• 상온에서 무색, 무미, 무취의 기체로 존재한다.

1-2
비활성 기체(0족 원소)
He(헬륨), Ne(네온), Ar(아르곤), Kr(크립톤), Xe(제논), Rn(라돈) 등 총 6개로 활성도가 낮아 비활성 기체라 하며 이상기체에 가장 근접한 성질을 지닌다.

1-3
헬륨(He)은 비활성 기체로 이상기체와 가장 유사한 성질을 지니며, 그 다음은 수소분자(H_2)이다.

1-4
헬륨은 비활성 기체로, 전자 하나를 떼어내는 데(이온화 에너지) 막대한 에너지가 소요된다.

1-5
과산화수소는 전해법(황산, 암모니아)이나 산화바륨반응법 등으로 제조한다.

정답 1-1 ④ 1-2 ④ 1-3 ① 1-4 ② 1-5 ④

핵심이론 02 | 할로겐족(7A족) 원소와 그 화합물

(1) 할로겐족 원소의 일반적인 성질

플루오린(F), 염소(Cl), 브롬(Br), 아이오딘(I), 아스타틴(At)의 5개 원소이다.

① 성 질
  ㉠ 최외각전자가 총 7개이며, 전자를 1개 받아 −1가의 음이온을 만든다.
    예 $A + e^- \rightarrow A^-$
  ㉡ 알칼리금속과 결합하여 물에 잘 녹는다.
  ㉢ 각 주기의 원소 중에 비금속성으로 반응성이 가장 크며 이온화 경향이 크다.
  ㉣ 녹는점과 끓는점은 원자번호 증가에 따라 높아진다.
  ㉤ 상온에서 플루오린과 염소는 기체상태, 브롬은 액체상태, 아이오딘은 고체상태를 유지한다.

② 종 류
  ㉠ 플루오린(F_2) : 상온에서 기체상태를 유지하며, 강한 산화력을 가지고 있다.
  ㉡ 염소(Cl_2) : 황록색의 유독성 기체로, 강한 산화력을 가지고 있어 살균공정(Disinfection)에 많이 이용되며, 정수처리공정의 마지막 단계인 병원성 미생물 제거에 이용된다.
  ㉢ 브롬(Br_2) : 적갈색을 띠고 있으며 상온에서 액체를 유지하지만, 끓는점이 낮아(약 58℃) 다른 원소에 비해 빨리 기화한다.
  ㉣ 아이오딘(I_2) : 흑자색의 고체상태 물질로 금속과 유사한 광택을 가지고 있으며, 녹말과 반응하여 진한 청색을 발색시키는 반응을 한다.

(2) 할로겐족 원소의 화합물

① 정의 : 플루오린, 염소, 브롬, 아이오딘, 아스타틴 등의 할로겐족 원소와 수소의 공유결합성 화합물로 상온에서 기체이며, 수용성 산성 용액을 띤다.

   예 할로겐화수소의 산 세기 : HF(약산성) ≪ HCl < HBr < HI

② 종 류

   ㉠ 염산(HCl) : 대표적인 강산으로, 희석하여 주로 묽은 염산 용액으로 이용한다.

   ㉡ 플루오린화수소(HF) : 수소와 플루오린과의 결합이 강해 이온화가 잘 일어나지 않는다(약산).

   ㉢ 브롬화수소(HBr) : 수소와 브롬이 공유결합을 형성하고 있으며, 물에 대한 용해도가 높고 이온화도가 크다.

   ㉣ 아이오딘화수소(HI) : 화학적으로 염산, 브롬화수소와 비슷한 성질을 지니지만 이들에 비해 가장 산화되기 쉬운 강한 환원제이다.

   ㉤ 할론(Halon) : 브롬 원소를 포함하여 소화제용 가스로 사용된다.

(1) 산소족 원소의 일반적인 성질

산소(O), 황(S), 셀레늄(Se), 텔루륨(Te), 폴로늄(Po)의 5개 원소이다.

① 성질 : 최외각전자가 총 6개이며, 전자를 2개 받아 -2가의 음이온을 만든다.

  예 $A + 2e^- \rightarrow A^{2-}$

② 종 류

  ⊙ 산소(O_2) : 공기보다 약간 무거우며, 물에 대한 용해도가 낮고, 다른 물질의 연소를 돕는 성질이 있다.

  ⓛ 황(S_2) : 연소 시 푸른빛을 내는 노란색 고체로 열, 전기에 부도체이다.

  ⓒ 셀레늄(Se) : 금속과 비금속의 중간성질을 지니고 있으며 물리, 화학적으로 황과 유사하다. 또한 수은의 독성을 중화시켜 주는 특성을 지녔다.

(2) 산소족 원소의 화합물

① 오존(O_3)

  ⊙ 공기보다 약 1.5배 무거우며, 강력한 산화력을 지니고 있어 살균제로 사용된다.

  ⓛ 제조비용이 비싼 단점이 있다.

② 황화수소(H_2S)

  ⊙ 가연성 가스로 발화점이 낮고, 눈과 점막을 자극해 피해를 준다.

  ⓛ 물, 에탄올, 가솔린, 등유에 잘 녹는다.

  ⓒ 계란 썩은 냄새를 유발한다.

  ⓔ 황화철에 묽은 황산 또는 묽은 염산을 가해 제조한다.

   • 묽은 황산 : $FeS + H_2SO_4 \rightarrow FeSO_4 + \underline{H_2S}$

   • 묽은 염산 : $FeS + 2HCl \rightarrow FeCl + \underline{H_2S}$

③ 황산(H_2SO_4)

  ⊙ 무색의 강한 부식성을 지닌 액체이다.

  ⓛ 물에 대해 강한 친화력이 있어 강력한 탈수제로 사용한다.

  ⓒ 진한 황산은 탄소, 황 등의 비금속을 산화하고 자신은 환원되어 이산화황이 된다.

  ⓔ 이염기산으로 2개의 수소원자를 배출하여 2단계를 통해 이온으로 해리된다.

   • 1단계 : $H_2SO_4 \rightarrow H^+ + HSO_4^-$

   • 2단계 : $HSO_4^- \rightarrow H^+ + \underline{SO_4^{2-}}$(최종 부산물)

  ※ 황산을 D-H_2SO_4, C-H_2SO_4로 구분하기도 하는데 D는 Dillusion(묽은)의 약어이며, C는 Concentrated(진한)의 약어이다.

④ 이산화황(SO_2)

  ⊙ 공기보다 약 2.5배 무거우며 연탄, 석탄류 연소 시 발생하는 산성비의 원인 물질이다.

  ⓛ 무색의 불연가스로, 자극성의 독한 냄새가 나는 유독성 기체이다.

   ※ 이산화황은 유독성 물질로 포집 시 주의해야 하며, 공기보다 무거우므로 반드시 하방치환으로 포집한다.

  ⓒ 구리조각과 진한 황산을 반응시키거나 아황산수소나트륨과 진한 황산을 반응시켜 이산화황을 제조한다.

   • 구리 + 진한 황산 : $Cu + 2H_2SO_4 \rightarrow CuSO_4 + \underline{SO_2} + 2H_2O$

   • 아황산수소나트륨 + 진한 황산 : $2NaHSO_3 + H_2SO_4 \rightarrow Na_2SO_4 + \underline{2SO_2} + 2H_2O$

10년간 자주 출제된 문제

황화수소(H_2S)의 일반적인 성질 중 틀린 것은?

① 특유한 냄새를 가진 유독한 기체이다.

② 환원제이다.

③ 물에 불용이다.

④ 알칼리와 반응하여 염을 생성한다.

|해설|

황화수소는 물에 대한 용해성이 높다.

정답 ③

핵심이론 04 │ 질소족(5A족) 원소와 그 화합물 – (1) 질소족의 종류

(1) 질소족 원소의 일반적인 성질

① 질소(N), 인(P), 비소(As), 안티모니(Sb), 비스무트(Bi)의 5개 원소이다.

② 성질 : 최외각전자가 총 5개이며, p오비탈은 전자가 1개씩 있어 반씩 채워진 나머지 3개의 전자를 다른 원소의 원자와 공유하여 공유결합을 형성한다.

(2) 질소족(5A족)의 종류

① 질소(N_2)

　㉠ 3무(무색, 무미, 무취)의 기체로 대기에 가장 많이 포함되어 있다(약 79%).

　㉡ 단백질을 형성하는 기본 원소이다.

　㉢ 상온에서는 화학적으로 비활성을 띤다.

　㉣ 끓는점이 낮아(-198℃) 액체상태의 질소는 식품의 냉동 및 건조에 적합하다.

　㉤ 공업적으로는 공기의 분별액화(分別液化)로 얻을 수 있다.

　㉥ 화학적으로는 염화암모늄과 아질산나트륨의 혼합액을 70℃로 가열하여 분별증류로 얻는다.

② 인(P) : 인은 황린, 적린, 흑린 세 가지의 동소체를 지닌다.

종 류	특 징
황린(백린)	무색의 무른 고체(녹는점 44.1℃)로 강한 독성을 지닌다.
적 린	무산소상태에서 백린늘 약 260℃로 가열하여 얻을 수 있으며, 반응성이 높지 않아 자연발화하지 않는다.
흑 린	백린을 고압상태에서 가열하여 얻을 수 있으며, 전기를 통하는 성질이 있어 반도체 분야에 사용된다.

③ 비소(As) : 흰색과 황색의 결정상태로 존재하며, 강한 열과 반응할 경우 고체에서 바로 기체가 된다.

④ 검출법

　㉠ 구차이트시험(Gutzeit Test) : 구차이트에 의해 고안된 비소검출법이다(소량의 비소 검출에 이용).

　㉡ 마시시험(Marsh Test) : 수소화비소를 연소시켜 이 불꽃을 증발접시의 바닥에 접속시켜 비소거울을 통해 비소를 검출하는 방법이다.

10년간 자주 출제된 문제

4-1. 다음 중 인화성 물질이 아닌 것은?

① 질 소　　　　　　② 벤 젠
③ 메탄올　　　　　④ 에틸에테르

4-2. 공기는 많은 종류의 기체로 이루어져 있다. 이 중 가장 많이 포함되어 있는 기체는?

① 산 소　　　　　　② 네 온
③ 질 소　　　　　　④ 이산화탄소

4-3. 수소발생장치를 이용하여 비소를 검출하는 방법은?

① 구차이트시험
② 추가에프시험
③ 마시시험
④ 베텐도르프시험

│해설│

4-1
인화성 물질은 보통 탄소를 포함하고 있는 경우가 많으며, 질소는 인화성 물질이 아니다.

4-2
공기의 구성
질소(78%) > 산소(20.9%) > 기타(아르곤(0.93%), 이산화탄소, 네온, 헬륨 등)

4-3
제임스 마시의 비소검출방법은 아연과 황산을 반응시켜 생성된 수소를 As_2O_3와 결합시켜 수소화비소(AsH_3)를 생성시킨 후 가열하여 비소(As)를 검출한다.

정답 4-1 ①　4-2 ③　4-3 ③

(1) 질소족 원소의 화합물

① 암모니아(NH_3)

　㉠ 무색의 자극성 기체로, 수용성이 커 액화하기 쉬우
며 냉매로 이용된다.

　㉡ 구리 사용 시 부식을 일으킨다.

　㉢ 염화수소와 반응하여 흰 연기를 발생시킨다.

　㉣ 가장 대표적인 합성비료의 재료로 사용된다.

　㉤ 하버보슈법과 석회질소법 등을 이용하며 대부분
고온, 고압상태에서 Fe_3O_4를 주촉매로 하여 반응
시킨다.

　　• 하버보슈법 : $3H_2(g) + N_2(g) \rightarrow 2NH_3(g)$

　　• 석회질소법 : $CaCN_2 + 3H_2O \rightarrow CaCO_3 + 2NH_3$

② 질산(HNO_3)

　㉠ 무색의 강한 부식성을 지닌 대표적인 강산이다.

　㉡ 햇빛에 노출될 경우 황갈색으로 변하므로 반드시
갈색병에 보관한다.

　　$2HNO_3 + h\nu \rightarrow 2NO_2(g) + H_2O + \dfrac{1}{2}O_2$

　㉢ 금속과 반응하면 질산염이 형성된다.

　　$M(금속) + HNO_3 \rightarrow MNO_3 + \dfrac{1}{2}H_2(g)$

　㉣ 암모니아산화법(오스트발트법)이 가장 많이 사용
되고 그리스하임법(칠레초석법)은 원료의 부족으
로 현재 잘 사용되지 않는다.

　　• 암모니아산화법(오스트발트법)

　　　$4NH_3 + 5O_2 \rightarrow 4NO + 6H_2O$

　　　$2NO + O_2 \rightarrow 2NO_2$

　　　$3NO_2 + H_2O \rightarrow 2HNO_3 + NO$

　　• 그리스하임법(칠레초석법)

　　　$2NaNO_3 + H_2SO_4 \rightarrow 2HNO_3 + Na_2SO_4$

③ 인산(H_3PO_4) : 1, 2 또는 3개의 수소원자가 다른 원소
로 치환됨에 따라 3종류로 나뉜다.

종 류	특 징
인산이수소나트륨 (NaH_2PO_4)	수소이온 농도 조절에 사용(산성)
인산수소나트륨 (Na_2HPO_4)	물속의 다가(多價) 금속의 침전제로 사용(산성)
인산나트륨 (Na_3PO_4)	비누와 세제로 사용(염기성)

(2) 기타 질소화합물(NO_x)

① 일산화질소(NO)

　㉠ 상온에서 무색의 기체로 존재하며, 화학적으로 반
응성이 매우 큰 물질이다.

　㉡ 공기 중의 산소와 반응하여 2차 오염물질인 이산
화질소를 생성한다.

　　$2NO + O_2 \rightarrow 2NO_2$

　㉢ 광화학 스모그의 원인물질로 자동차 배기가스가
주배출원이다.

② 이산화질소(NO_2)

　㉠ 자극성 냄새가 나고, 인체에 유해한 기체이다.

　㉡ 상온에서 적갈색이지만, 온도가 올라갈수록 황색
으로 변한다.

　㉢ 극성물질이라 물에 잘 용해되며, 물과 반응하면
질산을 생성한다.

　　$3NO_2 + H_2O \rightarrow 2HNO_3 + NO$

　㉣ 대표적인 2차 오염물질로 옥시던트(PAN)의 주원
인물질이다.

　　※ PAN(PeroxyAcetyl Nitrate) : n-butylene과
질소산화물이 광산화 반응에 의해 생성된 물질
이며, LA형 스모그를 발생시키는 대표적인 오
염물질(옥시던트)로 주로 식물 성장에 피해를
준다.

5-1. 다음 내용 중 올바르게 설명한 것은?

① 질산이 피부에 묻으면 화상을 입는다.
② 진한 황산은 공기 중의 수분을 흡수하지 않는다.
③ 진한 황산은 데시케이터의 흡수제로 사용할 수 없다.
④ 황산은 기체를 발생하지 않으므로 보안경을 쓸 필요가 없다.

5-2. 다음 중 금(Au), 백금(Pt)을 녹일 수 있는 용액은?

① 질 산   ② 황 산
③ 염 산   ④ 왕 수

|해설|

5-1

질산으로 인해 심각한 화상을 입을 수 있다.

5-2

왕수란 금과 백금 등을 녹일 수 있는 강산성 용액으로, 광산에서 주로 사용했으며 진한 질산과 진한 염산을 혼합한 용액이다.

정답 5-1 ①   5-2 ④

핵심이론 06 | 탄소족(4B족) 원소와 그 화합물

(1) 탄소족 원소의 일반적인 성질

① 탄소(C), 규소(Si), 게르마늄(Ge), 주석(Sn), 납(Pb)의 5개 원소이다.

탄소족 원소	구 분	특 징
탄소(C), 규소(Si)	비금속	–
게르마늄(Ge)	준금속	전형적인 금속과 비금속의 중간 성질의 원소
주석(Sn), 납(Pb)	양쪽성 원소	금속과 비금속의 성질을 모두 지닌 원소

② 성질 : 원자번호가 증가함에 따라 최외각전자를 잡아당기는 힘이 약해져 금속의 성질이 증가한다.

(2) 탄소족 원소의 종류

① 탄 소
  ㉠ 흑연, 숯, 다이아몬드의 세 가지 동소체를 지닌다.
  ㉡ 환원력이 강하며, 다양한 원소와 결합해 많은 화합물을 생성한다.
  ㉢ 주요화합물
    • 일산화탄소(CO) : 물질의 불완전연소로 발생하며 무색, 무취이고 헤모글로빈과의 친화력이 산소보다 약 200배 이상 강해 취급에 주의가 필요하다.
    • 이산화탄소(CO_2)
      – 기체상태일 때 무색, 무취, 무미(3무)이며 대기 중에 약 300ppm(0.03%)이 존재한다.
      – 빗물이 자연적으로 pH 5.6을 유지하는 원인으로, 탄산(H_2CO_3)을 생성하는 물질이다.
    • 메테인(CH_4) : 메탄이라고도 하며 무색, 무취의 가연성 기체로, 유기물의 혐기성 소화 시 발생되며 연료로 사용된다.

② 규소(Si)

　㉠ 지각에 산소 다음인 두 번째로 풍부하게 존재한다.

　㉡ 다른 원소들과 결합해 규산염 형태로 암석에서 산출된다.

　㉢ 녹는점과 끓는점이 높다.

③ 게르마늄(Ge)

　㉠ 반도체 산업의 핵심 재료로 사용된다.

　㉡ 최근 친환경 농업에도 활용된다.

10년간 자주 출제된 문제

탄소족 원소로서 반도체 산업의 핵심 재료로 사용되며 최근 친환경 농업에도 활용되고 있는 원소는?

① C

② Ge

③ Se

④ Sn

|해설|

Ge(게르마늄) : 탄소족 원소로 반도체 산업의 핵심 재료로 사용되며, 토질을 개량하는 친환경 농업에도 활용한다.

정답 ②

핵심이론 07 | 방사성 원소

(1) 방사성 원소

① 원자핵이 붕괴하며 다른 원자핵(안정된)으로 바뀔 때 방사선을 방출하는 원소를 말한다.

② 종류 : 아이오딘(I-131), 코발트(Co-60), 크립톤(Kr-85) 등 수없이 많으며 각각 다른 반감기를 지닌다.

(2) 방사선

① 원자핵이 붕괴될 때 방출되는 선이다.

② 종류 : α선, β선, γ선, X선, 중성자선이 있다.

[방사선의 종류와 성질]

종 류	본 질	투과력	전리작용	질량(양성자)
α선	헬륨의 원자핵	약 함	강 함	4배
β선	전 자	중 간	중 간	약 0.0006배
γ선	전자기파	강 함	약 함	0
X선	전자기파	β와 γ선의 중간	β와 γ선의 중간	0
중성자선	중성자	강 함	약 함	1배

③ 반감기

　㉠ 방사성 원소가 붕괴될 때 그 질량이 처음의 절반으로 줄어드는 데 걸리는 시간이다.

$$M = M_0 \left(\frac{1}{2}\right)^{\frac{t}{T}}$$

　여기서, M : t시간 이후의 질량

　　　　　M_0 : 초기 질량

　　　　　t : 경과된 시간

　　　　　T : 반감기

　㉡ 물질의 연대측정법에 활용되기도 한다.

7-1. 1g의 라듐으로부터 1m 떨어진 거리에서 1시간 동안 받는 방사선의 영향을 무엇이라 하는가?

① 1뢴트겐
② 1큐리
③ 1렘
④ 1베크렐

7-2. 반감기가 5년인 방사성 원소가 있다. 이 동위원소 2g이 10년이 경과하였을 때 몇 g이 남는가?

① 0.125
② 0.25
③ 0.5
④ 1

|해설|

7-1

① 1뢴트겐 : 표준상태의 1cm³의 공기에서 1정전단위와 같은 양의 양이온, 음이온을 만들 수 있는 X선의 양이다.
② 1큐리 : 매초 370억 개의 원자붕괴가 되고 있는 방사성 물질의 양이다.
④ 1베크렐 : 1초당 자연방사성붕괴수가 1개일 때의 방사선의 양이다.

7-2

반감기

$$M = M_0 \left(\frac{1}{2}\right)^{\frac{t}{T}} = 2g \times \left(\frac{1}{2}\right)^2 = 0.5g$$

여기서, M : t시간 이후의 질량, M_0 : 초기 질량
t : 경과된 시간, T : 반감기

정답 7-1 ③ 7-2 ③

3-1. 유기화합물의 특성

핵심이론 01 유기화합물 – (1) 정의와 특성

(1) 정 의

① 탄소 원자를 반드시 포함하는 화합물(탄소화합물)이다.
예 메테인(CH_4), 페놀(C_6H_5OH), 아세톤(CH_3COCH_3) 등
② 독일의 화학자인 뵐러(Wöhler)가 실험실에서 사이안화암모늄(NH_4CN)으로부터 요소($(NH_2)_2CO$)를 합성한 것이 최초이다.

(2) 특 성

① 구성원소는 주로 C, H, O, N, S, P, 할로겐 등이며, 2만종 이상의 탄소화합물이 있다(이성질체가 많다).
② 탄소를 중심으로 공유결합을 형성하여 비전해질인 경우가 많다(폼산, 아세트산, 옥살산 제외 – 전해질).
③ 분자성 물질을 만들며, 그 성질은 Van der Waals의 힘에 따라 결정된다.
④ 물속에 용해되어도 이온화가 잘 일어나지 않는다.
⑤ 원자 사이의 강한 공유결합으로 결합을 끊기 어렵다.
⑥ 화학적으로 안정하여 반응성이 약하고 반응속도가 느리다.
⑦ 산소와 반응하여 연소할 경우 CO_2와 H_2O를 생성한다(산소없이 가열할 경우 C가 유리된다).
⑧ 분자 간 결합은 수소결합을 이루어 결합이 약해 녹는점, 끓는점이 낮고 열에 약하다.

(3) 탄소화합물의 분류(결합방식에 의한 분류)

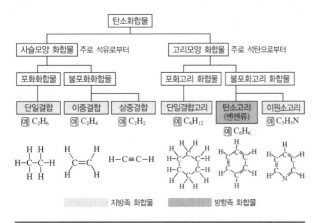

1-1. 탄소화합물(유기물)의 특성에 대한 설명으로 틀린 것은?

① 유기용매에 녹는 것이 많다.
② 공유결합을 하며 녹는점이 매우 높다.
③ 유기물은 연소하여 CO_2와 H_2O가 생성된다.
④ 구성원소는 대부분 C, H, O로 되어 있으며 약간의 N, P, S 등의 원소로 구성되어 있다.

1-2. 탄소화합물의 특징에 대한 설명으로 옳은 것은?

① CO_2, $CaCO_3$는 유기화합물로 분류된다.
② CH_4, C_2H_6, C_3H_8은 포화탄화수소이다.
③ CH_4에서 결합각은 90°이다.
④ 탄소의 수가 많아도 이성질체수는 변하지 않는다.

|해설|

1-1
탄소화합물은 기본적으로 원자결합이 강한 공유결합을 유지하고 있으나, 다중결합(이중, 삼중)이 존재할 경우 결합력이 약해 녹는점, 끓는점이 낮아진다.

1-2
① CO_2, $CaCO_3$는 대표적인 무기화합물이다.
③ CH_4에서 결합각은 109°28′이다.
④ 탄소수가 증가하면 이성질체수도 많아진다.

정답 1-1 ② 1-2 ②

---

(1) 화합물의 작용기(원자단, 관능기)에 따른 분류

[작용기의 명칭과 특성]

작용기(원자단)		일반명칭	특 성	예
하이드록시기(수산기)	–OH	알코올	지방족 –OH (중성)	C_2H_5OH (에탄올)
		페 놀	방향족 –OH (산성)	C_6H_5OH (페놀)
포밀기 (포르밀기, 알데하이드기)	–CHO	알데하이드	환원성(은거울 반응, 펠링 용액을 환원)	HCHO (폼알데하이드) CH_3CHO(아세트알데하이드)
카복시기	–COOH	카복실산	산성, 알코올과 에스테르반응	CH_3COOH (아세트산)
카보닐기	–CO–	케 톤	저급은 용매로 사용	CH_3COCH_3 (아세톤)
에스테르기	–COO–	에스테르	저급은 방향성, 가수분해됨	CH_3COOCH_3 (아세트산메틸)
에테르기	–O–	에테르	저급은 마취성, 휘발성, 인화성, 가수분해 안 됨	CH_3OCH_3 (메틸에테르)
비닐기	CH_2 $=CH–$	비 닐	첨가반응과 중합반응	$CH_2=CHCl$ (염화비닐)
나이트로기	$–NO_2$	나이트로 화합물	폭발성, 환원 시 아민	$C_6H_5NO_2$ (나이트로벤젠)
아미노기	$–NH_2$	아 민	염기성	$C_6H_5NH_2$ (아닐린)
설폰산기	$–SO_3H$	설폰산	강산성	$C_6H_5SO_3H$ (벤젠설폰산)

(2) 반응의 종류

① **첨가반응(Addition)** : 이중결합이나 삼중결합이 있는 화합물에 다른 분자가 결합하여 하나의 화합물을 이루는 반응이다.

② **중합반응(Polymerization)** : 분자량이 작은 분자가 연속으로 동일결합하여 고분자 물질을 만드는 반응이다.

③ **첨가중합(Addition Polymerization)** : 다중결합(이중, 삼중)을 가지는 단위체가 동일 종의 분자와 첨가반응을 반복하여 중합체를 생성하는 반응이다.

④ 축합반응(Condensation) : 2분자가 결합할 때 물, 알코올 등 간단한 분자를 분리하여 결합해 고분자 물질을 만드는 반응이다.

⑤ 치환반응(Substitution) : 화합물 속의 원자·이온 등이 다른 원자·이온 등과 바뀌는 반응이다.

(3) 결합의 종류

① 시그마결합(σ결합) : 결합하는 두 원자가 그 핵을 중심으로 이어지는 결합축을 가지며, 오비탈을 중첩시켜 결합을 형성하는 경우를 말한다(결합력이 강하다).

② 파이결합(π결합) : 시그마결합 형성 후 남아 있는 전자끼리 형성되는 결합이며, 분자축에 대해 직각을 이룬다.

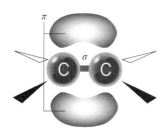

[탄소 간의 시그마결합(σ결합)과 파이결합(π결합)의 예]

10년간 자주 출제된 문제

2-1. 다음 반응식 중 첨가반응에 해당하는 것은?

① $3C_2H_2 \rightarrow C_6H_6$
② $C_2H_4 + Br_2 \rightarrow C_2H_4Br_2$
③ $C_2H_5OH \rightarrow C_2H_4 + H_2O$
④ $CH_4 + Cl_2 \rightarrow CH_3Cl + HCl$

2-2. 헥사메틸렌다이아민($H_2N(CH_2)_6NH_2$)과 아디프산(HOOC$(CH_2)_4$COOH)이 반응하여 고분자가 생성되는 반응은?

① Addition
② Synthetic Resin
③ Reduction
④ Condensation

2-3. 다음의 반응을 무엇이라고 하는가?

$$3C_2H_2 \rightleftharpoons C_6H_6$$

① 치환반응
② 부가반응
③ 중합반응
④ 축합반응

2-4. C_2H_2(아세틸렌)는 σ결합을 몇 개 가지고 있는가?

① 1개
② 2개
③ 3개
④ 4개

|해설|

2-1

첨가반응

이중결합이나 삼중결합을 포함한 탄소화합물이 이중결합이나 삼중결합 중 약한 결합이 끊어져, 원자 또는 원자단이 첨가되어 단일결합물로 변하는 것이다. 에틸렌과 브롬의 반응이 가장 대표적인 첨가반응 중의 하나이다.

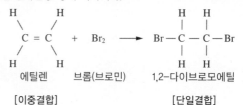

에틸렌   브롬(브로민)   1,2-다이브로모에틸
[이중결합]   [단일결합]

2-2

축합반응(Condensation) : 유기화학반응의 한 종류로, 2개 이상의 분자 또는 동일한 분자 내에 2개 이상의 관능기가 원자 또는 원자단을 간단한 화합물의 형태로 분리하여 결합하는 반응이다.

① Addition : 첨가반응
② Synthetic Resin : 합성수지
③ Reduction : 환원

2-3

하나의 화합물이 연속으로 동일결합하여 고분자 물질을 이루는 것을 중합반응이라 한다.

2-4

시그마결합이란 화학결합에서 결합에 참여하는 원자의 오비탈이 겹쳐 형성되는 것을 말하며, 아세틸렌의 경우 3개의 시그마결합과 2개의 파이결합을 이룬다.

※ 시그마결합의 예

오비탈이 겹치는 영역

수소의 $1s$ 오비탈   수소분자에서의 시그마 공유결합

정답 2-1 ② 2-2 ④ 2-3 ③ 2-4 ③

(1) 정 의

이성질체는 같은 원소로 분자를 구성하고 있으나 그 배열(구조식)이 달라 물리, 화학적 성질이 다른 물질, 즉 같은 분자식을 갖지만 구조식은 다른 화합물을 말한다.

(2) 분 류

이성질체는 크게 구조이성질체, 입체이성질체의 두 가지 형태를 나타낸다.

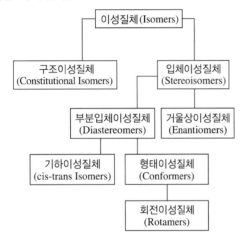

(3) 구조이성질체와 입체이성질체

① 구조이성질체 : 분자식은 같으나 분자 내에 있는 구성원의 연결방식, 공간배열이 다른 화합물이다.

　㉠ 사슬이성질체(골격이성질체) : 주로 탄소사슬에서 나타나며, 원자 간 결합순서가 다를 때 생긴다.

분자식	C_4H_{10}	C_5H_{12}	C_6H_{14}	C_7H_{16}	C_8H_{18}	C_9H_{20}
이성질체수	2개	3개	5개	9개	18개	36개

　㉡ 위치이성질체 : 벤젠고리에서 치환기가 2개 존재할 때 이 치환기의 위치에 따라 나타난다. 치환기의 위치에 따라 오쏘(ortho), 메타(meta), 파라(para)로 나뉜다.

[다이클로로벤젠($C_6H_4Cl_2$)의 세 가지 구조식]

② 입체이성질체 : 같은 분자식, 구조식을 지니지만 원자의 공간배열이 달라 광학적, 기하학적으로 다른 성질을 지닌 분자이다.

　㉠ 기하이성질체(cis-trans Isomers) : 분자 내 동일한 원자 또는 원자단의 상대적 위치에 따라 생기는 이성질체로, 이중결합을 형성하는 탄소화합물에서 시스형(cis)과 트랜스형(trans) 두 가지로 나뉜다.

　　• cis형 : 치환기가 같은 방향에 위치한다.

뷰테인(부탄, 시스형)

　　• trans형 : 치환기가 대각선 방향으로 위치한다.

뷰테인(부탄, 트랜스형)

　㉡ 거울상이성질체(광학이성질체, Enantiomer) : 광학 활성을 지닌 두 분자가 거울대칭 관계를 이루는 경우 생긴다.

거울(대칭축)

펜테인(펜탄, C_5H_{12})의 구조이성질체수는 몇 개인가?

① 2   ② 3
③ 4   ④ 5

|해설|

펜테인의 구조
분자식은 같으나 서로 연결모양이 상이한 화합물을 구조이성질체라고 하며, 펜테인(C_5H_{12})의 경우 3개의 이성질체(노말펜테인, 아이소펜테인, 네오펜테인)가 있다.

정답 ②

핵심이론 04 │ 지방족 탄화수소의 특징

(1) 지방족 탄화수소

① 유기화학에서 지방족화합물에 속하는 탄화수소의 총칭이다.

② 탄소와 수소로 이루어진 화합물을 말한다.

③ 분류에 따른 명명법

탄소수	접두어	알케인족 (Alkane)		알켄족 (Alkene)		알카인족 (Alkyne)	
		일반식	접미어	일반식	접미어	일반식	접미어
		C_nH_{2n+2}	~ane	C_nH_{2n}	~ene	C_nH_{2n-2}	~yne
1	metha	CH_4	메테인				
2	etha	C_2H_6	에테인	C_2H_4	에 텐	C_2H_2	에타인
3	propa	C_3H_8	프로페인	C_3H_6	프로펜	C_3H_4	프로파인
4	buta	C_4H_{10}	뷰테인	C_4H_8	뷰 텐	C_4H_6	뷰타인
5	penta	C_5H_{12}	펜테인	C_5H_{10}	펜 텐	C_5H_8	펜타인
6	hexa	C_6H_{14}	헥세인	C_6H_{12}	헥 센	C_6H_{10}	헥사디엔

예 • 탄소의 개수가 2개이고 단일결합인 경우 : etha + ane = ethane(에테인, 에탄)

• 탄소의 개수가 3개이고 모두 단일결합인 경우 : propa + ane = propane(프로페인, 프로판)

• 탄소의 개수가 4개이고 이중결합을 하나 포함한 경우 : buta + ene = butene(뷰텐)

• 탄소의 개수가 5개이고 삼중결합을 하나 포함한 경우 : penta + yne = pentyne(펜타인, 펜틴)

(2) 분 류

① 분자 내에 모든 탄소원자가 일렬로 늘어선 노말 사슬 탄화수소와 탄소 사슬에 고리가 있는 이성질체가 있다.

② 가장 간단한 지방족 탄화수소는 메테인이다.

㉠ 탄소 사슬 결합모양에 따른 분류

• 사슬모양의 탄화수소 : 탄소와 탄소가 사슬모양으로 결합된 탄화수소이다.

• 고리모양의 탄화수소 : 탄소와 탄소가 고리모양으로 결합된 탄화수소이다.

ⓛ 탄소 사이 결합 종류에 따른 분류
- 포화탄화수소 : 탄소 사이가 단일결합으로 이루어진 탄화수소이다.
- 불포화탄화수소 : 탄소 사이에 이중결합, 삼중결합이 있는 탄화수소이다.

ⓒ 벤젠고리 유무에 따른 분류
- 지방족 탄화수소 : 벤젠고리를 포함하지 않는 탄화수소이다.
- 방향족 탄화수소 : 벤젠고리를 포함하는 탄화수소이다.

분류		일반명	구 조	특징 및 종류
사슬모양 탄화수소	포화 탄화수소	알케인 (Alkane)	R-H	탄소-탄소 단일결합만을 포함(Methane, Ethane 등)
	불포화 탄화수소 (지방족 탄화수소)	알켄 (Alkene)	$RR'C= CR''R'''$	탄소-탄소 이중결합을 포함(Pentene, Hexene 등)
		알카인 (Alkyne)	$RC\equiv CR'$	탄소-탄소 삼중결합을 포함(Propyne, Heptyne 등)
고리 모양 탄화수소	포화 탄화수소	사이클로 알케인 (Cyclo-alkane)		고리모양 포화탄화수소 (Cyclohexane 등)
	불포화 탄화수소 (방향족 탄화수소)	아렌 (Arene)	Ar-H	벤젠고리를 가지고 있는 탄화수소(Benzene, Toluene 등)

※ 탄화수소의 명칭

　 Alkane, Alkene, Alkyne은 발음대로 알케인, 알켄, 알카인이고, 문제에서 Alkane을 알칸과 알케인이라고 혼용 표기되어 헷갈리므로 아예 영문까지 표기하여 문제가 출제된다. 영어단어까지 외워야 틀리지 않는다.

4-1. 다음 유기화합물의 IUPAC명이 맞는 것은?

① $CHCl_3$, 트라이클로로메테인
② $CH_3CH_2CH_2OH$, 2-프로판올
③ $CH\equiv C-CH_3$, 2-프로핀
④ $Cl-CH_2-CH_2-Cl$, 1,2-트라이클로로메테인

4-2. 다음 화합물 중 반응성이 가장 큰 것은?

① $CH_3-CH=CH_2$
② $CH_3-CH=CH-CH_3$
③ $CH\equiv C-CH_3$
④ C_4H_8

4-3. 지방족 탄화수소가 아닌 것은?

① 아릴(Aryl)
② 알켄(Alkene)
③ 알카인(Alkyne, 알킨)
④ 알케인(Alkane, 알칸)

4-4. 분자식이 $C_{18}H_{30}$인 탄화수소 1분자 속에는 이중결합이 몇 개 존재할 수 있는가?(단, 삼중결합은 없음)

① 2　　　　　　　　　② 3
③ 4　　　　　　　　　④ 5

|해설|

4-1
- IUPAC 명명법은 국제순수 및 응용화학연합에서 규정한 것으로 오늘날의 화합물 명명법의 기준을 이루고 있다.
- $CHCl_3$을 트라이클로로메테인(구 트리클로로메탄)이라고 한다.

4-2
결합의 개수가 많을수록 결합의 고리가 깨질 수 있어 결합력이 약하며 다른 물질과의 반응성이 커진다.
- 단일결합 : 시그마결합이 1개라서 결합이 강하다.
  예 C_3H_8
- 이중결합 : 시그마 + 파이 결합으로, 오히려 결합이 약하다.
  예 $CH_3-CH=CH_2$, $CH_3-CH=CH-CH_3$, C_4H_8
- 삼중결합 : 시그마 + 파이 + 파이 결합으로, 결합이 가장 약해 반응성이 크다.
  예 $CH\equiv C-CH_3$

4-3

지방족 탄화수소는 지방족 화합물에 속하는 탄화수소로 알케인, 알켄, 알카인, 사이클로알케인이 포함되며 벤젠고리를 포함하고 있지 않다. 아릴은 방향족 탄화수소에서 수소원자 1개를 제외한 나머지 원자단을 말한다.

4-4

탄소는 다리(전자)가 4개이며 수소는 1개이다. 이로써 단일결합만을 고려한 탄화수소의 일반식은 C_nH_{2n+2}이 되고 탄소가 18개일 때 수소는 총 $(2 \times 18) + 2 = 38$개의 단일결합을 유지하게 된다. 문제에서는 탄소가 18개일 때 수소가 30개이므로 $38 - 30 = 8$ 즉, 총 8개의 전자는 단일결합이 아닌 이중결합을 하고 있다고 볼 수 있다.

∴ $8 \div 2 = 4$, 총 4개의 이중결합 가능

정답 4-1 ① 4-2 ③ 4-3 ① 4-4 ③

핵심이론 05 | 지방족 탄화수소 – (1) 사슬모양 포화탄화수소

(1) 사슬모양 포화탄화수소

① 알케인족(Alkane, C_nH_{2n+2})

 ㉠ 알케인족의 특징

 • 파라핀계, 메테인계 탄화수소와 동일한 용어이다.

 • 반응성이 매우 작아 다른 물질과 반응을 거의 하지 않는다.

 • 특정조건에서는 산소, 질소, 할로겐 등과 반응한다.

 • 무극성으로 분자량이 클수록 녹는점, 끓는점이 증가한다.

 ※ 무극성 물질은 분자 사이의 분산력이 유일하게 인력으로 작용하며, 분산력은 분자량이 늘어날수록 커진다. 그러므로 분자량 증가로 인해 mp와 bp가 증가한다.

 ㉡ 메테인(CH_4)

 • 무색, 무미, 무취(3무)이며 무극성인 가연성 기체이다.

 • 파라핀계, 메테인계 탄화수소로 도시가스(LNG)의 주성분이다.

 • 중심원자인 탄소원자가 정사면체의 중심에 있고 각 꼭짓점에 4개의 수소원자가 있는 3차원 구조이다.

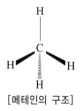

[메테인의 구조]

 • 결합이 매우 강해 화학적으로 안정적이나 연소 및 치환반응은 잘 일어난다.

 – 연소반응 : $CH_4(g) + 2O_2(g) \rightarrow CO_2(g) + 2H_2O(g)$

– 치환반응

ⓐ $CH_4(g) + Cl_2(g) \rightarrow CH_3Cl(g) + HCl(g)$

ⓑ $CH_3Cl(g) + Cl_2(g) \rightarrow CH_2Cl_2(g) + HCl(g)$

ⓒ $CH_2Cl_2(g) + Cl_2(g) \rightarrow CHCl_3(g) + HCl(g)$

ⓓ $CHCl_3(g) + Cl_2(g) \rightarrow CCl_4(g) + HCl(g)$

10년간 자주 출제된 문제

5-1. 지방족 탄화수소 중 알케인(Alkane)류에 해당하며 탄소가 5개로 이루어진 유기화합물의 구조적 이성질체수는 모두 몇 개인가?

① 2
② 3
③ 4
④ 5

5-2. 포화탄화수소 중 알케인(알칸, Alkane) 계열의 일반식은?

① C_nH_{2n}
② C_nH_{2n+2}
③ C_nH_{2n-2}
④ C_nH_{2n-1}

|해설|

5-1

알케인류 이성질체수

탄소수	이성질체수
5(Pentane)	3
6(Hexane)	5
7(Heptane)	9
8(Octane)	18

5-2

알케인 계열의 일반식 : C_nH_{2n+2}

• 특징 : 사슬모양
• 종류 : 메테인, 에테인, 프로페인, 뷰테인, 펜테인 등

정답 5-1 ② 5-2 ②

핵심이론 06 | 지방족 탄화수소 – (2) 사슬모양 불포화 탄화수소

(1) 사슬모양 불포화탄화수소

① 알켄족(Alkene, C_nH_{2n}, 이중결합)

　㉠ 알켄족의 특징

　　• 에틸렌계(올레핀계) 탄화수소이다.
　　• 탄소와 탄소 사이에 하나의 이중결합을 가지고 있다.
　　• 녹는점, 끓는점은 분자 내 탄소수와 비례한다.
　　• 물리적 특성이 제각각이다.
　　• 대부분 가연성이다.

　㉡ 에틸렌(에텐, Ethylene, $CH_2=CH_2$)

　　• 구조가 가장 간단한 알켄계 탄화수소이다.
　　• 주로 다른 화합물 합성의 원료로 이용된다.
　　• 상온에서 무색, 인화성, 특유의 냄새가 있는 마취 성분을 지닌 기체이다.
　　• 물과 첨가반응을 하여 에탄올을 생성한다.
　　　$CH_2=CH_2 + H_2O \rightarrow CH_3CH_2OH$(에탄올)
　　• 할로겐과 첨가반응을 하여 할로겐화합물을 형성한다.

② 알카인족(알킨, Alkyne, C_nH_{2n-2}, 삼중결합)

　㉠ 알카인족의 특징 : 삼중결합을 하고 있으며, 아세틸렌(에타인)이 가장 대표적인 알카인화합물이다.

　㉡ 아세틸렌(에타인, C_2H_2, Acetylene, Ethyne)

　　• 구조가 가장 간단한 알카인계 탄화수소이다.
　　• 상온에서 무색, 무취의 기체이다.
　　• 물, 알코올, 아세톤에 잘 녹는다.
　　• 삼중결합으로 인해 반응성이 매우 풍부하다.
　　• 할로겐과 첨가반응을 하여 할로겐화합물을 형성한다.
　　• 가연성이 매우 크며 공기, 산소와 반응하여 폭발한다.

- 제법은 탄화칼슘법과 탄화수소법으로 나뉜다.
  - 탄화칼슘법 : $CaC_2 + 2H_2O \rightarrow C_2H_2 + Ca(OH)_2$
  - 탄화수소법 : $2CH_4 \rightarrow C_2H_2 + 3H_2$

10년간 자주 출제된 문제

6-1. 다음 탄화수소 중 알켄족화합물에 속하는 것은?

① 벤 젠
② 사이클로헥세인(헥산)
③ 아세틸렌
④ 프로필렌

6-2. 에탄올에 진한 황산을 촉매로 사용하여 160~170℃의 온도를 가해 반응시켰을 때 만들어지는 물질은?

① 에틸렌
② 메테인
③ 황 산
④ 아세트산

6-3. 다음 화학식의 올바른 명명법은?

$CH_3CH_2C \equiv CH$

① 2-에틸-3뷰텐
② 2,3-메틸에틸프로페인
③ 1-뷰틴
④ 2-메틸-3에틸뷰텐

|해설|

6-1
알켄족화합물은 탄소원자의 수에 따라 에틸렌, 프로필렌, 뷰틸렌 등으로 나뉜다.

6-2
에틸렌의 제법은 에탄올의 탈수반응(탈수축합)을 이용하며, 탈수제로 진한 황산을 사용한다.

6-3
뷰틴 : 하나의 삼중결합을 지닌 4개의 탄소사슬로 된 탄화수소이다.

정답 6-1 ④ 6-2 ① 6-3 ③

핵심이론 07 | 지방족 탄화수소 - (3) 고리모양 포화 탄화수소

(1) 사이클로알케인(Cycloalkane, C_nH_{2n}, 단, n은 3 이상)

① 여러 개의 탄소원자가 고리를 형성하고 있고, 각각의 탄소에 수소가 결합한 형태이다.
② 첨가반응이 아닌 치환반응을 한다.
③ 탄소의 수에 따라 사이클로프로페인, 사이클로뷰테인, 사이클로펜테인, 사이클로헥세인이 있다.
④ 화학적으로 불안정하다.
⑤ 알켄족과 탄소와 수소의 비율이 같아 분자식으로는 구별하기 어렵다.

(2) 석 유

석유의 주성분은 지방족 탄화수소(80~90%)와 방향족 탄화수소(5~15%)이며, 비탄화수소(5% 이하)성분이 포함되어 있다.

① 정류(분별증류)

유 분	온도(℃)	탄소수	용 도
가스상 탄화수소	30↓	1~4	LPG, 석유화학원료
나프타 (가솔린)	40~200	5~12	휘발유, 제트유 등의 원료
등 유	150~250	9~18	전열기, 난로 등의 연료, 살충제 용제
경 유	200~350	14~23	차량, 소형 선박, 보일러 연료
중 유	300↑	17↑	차량연료, 윤활유의 원료
피 치	잔류물	유리탄소	아스팔트 원료

② 옥테인가(옥탄가, Octane Number) : 내연기관 실린더에서 공기와 혼합하여 연소할 때 노킹의 억제 정도를 측정한 값으로, 이 값이 클수록 노크가 발생하지 않는다.

㉠ 옥테인가 $= \dfrac{\text{아이소옥테인}}{\text{아이소옥테인} + \text{정헵테인(헵탄)}} \times 100$

ⓛ 사에틸납(TEL : $Pb(C_2H_5)_4$)으로 노킹을 제어한다.

※ 노킹(Knocking) : 운전 중 내연기관 내 미연소 가스가 순간적으로 착화온도에 도달하여 격렬한 연소를 일으키게 되는데, 이때 발생한 화염파가 연소실 벽을 때리는 현상이다.

10년간 자주 출제된 문제

7-1. 다음 중 포화탄화수소 화합물은?

① 아이오딘값이 큰 것
② 건성유
③ 사이클로헥세인
④ 생선 기름

7-2. 다음은 혼합물과 이를 분리하는 방법 및 원리를 연결한 것이다. 잘못된 것은?

① 혼합물 : NaCl, KNO_3
  적용원리 : 용해도차
  분리방법 : 분별결정
② 혼합물 : H_2O, C_2H_5OH
  적용원리 : 끓는점의 차
  분리방법 : 분별증류
③ 혼합물 : 모래, 아이오딘
  적용원리 : 승화성
  분리방법 : 승화
④ 혼합물 : 석유, 벤젠
  적용원리 : 용해성
  분리방법 : 분액깔때기

|해설|

7-1
사이클로헥세인은 대표적인 사이클로알케인족이며, 탄소원자 사이에 고리를 형성하고 있고 모두 단일결합으로 되어 있다.

7-2
원유 속에 포함된 석유, 벤젠은 끓는점이 다르므로 분별증류를 통해 분리할 수 있다.

정답 **7-1** ③ **7-2** ④

핵심이론 08 | **지방족 탄화수소 유도체 – (1) 알코올류**

지방족 탄화수소 유도체는 지방족 탄화수소에 다른 치환기가 붙은 형태를 말한다.

[물질의 작용기별 구조]

물질명	작용기	일반식	작용기	구 조
알코올	–OH	ROH	하이드록시기	R—OH
에테르	–O–	ROR′	에테르기	R—O—R′
알데하이드	–CHO	RCHO	포밀기	R—C(=O)—H
케 톤	–CO–	RCOR′	카보닐기	R, R′ C=O
카복실산	–COOH	RCOOH	카복시기	R—C(=O)—O—H
에스테르	–COO–	RCOOR′	에스테르기	R—C(=O)—O—R′

(1) 알코올류(R–OH)

① 탄화수소의 수소원자가 하이드록시기(–OH)로 치환한 화합물 전체를 말한다.

※ 하이드록시 : 수소와 산소 각각 한 원자가 결합한 1가 원자단(–OH)을 표시한다.

② 알코올류의 특징

ⓖ 무색의 휘발성 액체이며 특유의 향이 있다.

ⓛ 친유성기(알킬기, R–)와 친수성기(하이드록시기, –OH)로 구성되어 있다.

$$CH_3 — CH_2 — CH_2 — CH_2 — OH$$
친유성기 ◄——————————┘   └——► 친수성기

ⓒ 탄소수가 적을수록 수용성을 띠며, 탄소수가 많을수록 용해도가 낮아진다.

ⓓ 수소결합을 하고 있어 탄소수가 비슷한 타 화합물에 비해 끓는점이 높다.

ⓜ 1차 알코올(에탄올, 메탄올)이 산화되면 알데하이드를 거쳐 카복실산이 된다.

$$C_2H_5OH \rightarrow CH_3CHO \rightarrow CH_3COOH$$

ⓗ 2차 알코올이 산화되면 케톤이 된다.

$$RCH(OH)R' \rightarrow RCOR'$$

ⓢ 카복실산과 반응해 에스테르 + 물을 생성한다.

(2) 분류법

OH수에 의한 분류와 하이드록시기가 결합하고 있는 탄소원자의 종류에 의한 분류 그리고 분자 내 이중결합, 삼중결합의 유무에 따른 분류로 나뉜다.

① OH수에 의한 분류

분 류	1가 알코올	2가 알코올	3가 알코올
OH기 수	1	2	3
예	CH_3OH (메틸알코올)	$C_2H_4(OH)_2$ (글리콜)	$C_3H_5(OH)_3$ (글리세린)

② 탄소원자의 종류에 의한 분류

분 류	1차 알코올	2차 알코올	3차 알코올
탄소원자의 종류	1	2	3
예	$R_1{-}\overset{H}{\underset{H}{C}}{-}OH$	$R_1{-}\overset{R_2}{\underset{H}{C}}{-}OH$	$R_1{-}\overset{R_2}{\underset{R_3}{C}}{-}OH$

③ 알코올류의 종류

ⓐ 에탄올(C_2H_5OH)

• 술의 주성분으로 보리, 쌀 등에서 생긴 포도당이 효소에 의해 발효되어 생성된다.
• 무색의 휘발성 액체이며, 특유의 향이 있다(향수로 사용된다).
• 살균작용이 있다.
• 물에 대한 용해도가 매우 높고 극성이 작아 유기용매, 계면활성제로 이용된다.
• 금속 Na과 반응하여 수소기체를 발생시킨다.

$$2C_2H_5OH + 2Na \rightarrow 2C_2H_5ONa + H_2\uparrow$$

• 연소 시 연한 불꽃을 내며 탄다.

ⓑ 메탄올(CH_3OH)

• 무색의 휘발성, 가연성, 유독성 액체이다.
• 극성분자이고 수소결합을 한다.
• 목재를 건류하거나 일산화탄소를 고온, 고압상태에서 촉매와 함께 반응시켜 얻는다.

$$CO + 2H_2 \rightarrow CH_3OH$$

• 인체 흡수 시 폼알데하이드(HCHO)로 변환되어 치명적이다.
• 연소 시 연한 푸른 불꽃을 내며 탄다.

(1) 에테르류(R–O–R′)

① 산소원자 하나와 2개의 알킬기가 연결된 화합물이다.

② 실온에서 상쾌한 냄새가 나는 무색의 액체이다.

③ 밀도가 작고 물에 잘 녹지 않으며 끓는점이 낮다.

④ 지방, 왁스, 수지, 고무 등의 용매로 쓰인다.

⑤ 의학적으로는 마취제로 이용된다.

⑥ 대표적으로 에틸에테르($C_2H_5OC_2H_5$)가 있다.

(2) 알데하이드류(R–CHO)

① 포밀기(–CHO)를 포함하고 있는 탄소화합물이다.

② 알데하이드류의 특징

　㉠ 자극적인 냄새가 나는 액체이다.

　㉡ 은거울반응이나 펠링반응을 일으킨다.

　　• 은거울반응

　　　$R–CHO + 2Ag(NH_3)_2OH$

　　　　$\rightarrow R–COOH + 2Ag + 4NH_3 + H_2O$

　　• 펠링반응

　　　$R–CHO + 2Cu^{2+} + 4OH^-$

　　　　$\rightarrow R–COOH + Cu_2O(\downarrow) + 2H_2O$

　㉢ 1차 알코올이 불충분하게 산화되면 알데하이드가
　　되고, 계속 산화시키면 카복실산이 된다.

　　$C_2H_5OH \rightarrow CH_3CHO \rightarrow CH_3COOH$

③ 알데하이드류의 종류

　㉠ 폼알데하이드(HCHO)

　　• 자극적 냄새를 가지는 무색의 기체로 수용성이다.

　　• 탄소가 포함된 물질의 불완전연소에서 생성된다.

　　• 산화력이 강하며, 산화 시 폼산이 된다.

　　• 메탄올의 대사과정에서 생성되며 실명, 사망의
　　　원인물질이다.

　㉡ 아세트알데하이드(CH_3CHO)

　　• 상온에서 무색의 액체이며 물, 에탄올, 에테르에
　　　잘 녹는다.

　　• 술의 주요 성분인 에탄올의 대사과정에서 생성
　　　된다.

　　• 은거울반응과 펠링반응을 일으킨다.

　　• 암모니아성 질산은 용액, 로자닐린, 페닐하이드
　　　라진 반응을 통해 검출한다.

　　• 에틸렌을 산화시켜 공업적으로 생산한다.

　　　$CH_2{=}CH_2 + \dfrac{1}{2}O_2 \rightarrow CH_3CHO$

　　• 합성수지, 환원제, 방부제의 원료로 사용된다.

(3) 케톤류(R–CO–R′)

① 카보닐기가 2개의 탄화수소와 결합하고 있는 화합물
　이다.

② 케톤류의 특징

　㉠ 화학적으로 안정하며 반응성이 큰 이상적인 화학
　　중간물질이다.

　㉡ 다양한 물질과 반응하여 공업적으로 많이 사용
　　된다.

　㉢ 제조가 용이하며, 용매로 가장 널리 이용된다.

　㉣ 폭약, 래커, 옷감 등의 제조에 많이 사용된다.

③ 케톤류의 종류(아세톤(CH_3COCH_3))

　㉠ 아세톤은 가장 간단하며 중요한 형태의 케톤이다.

　㉡ 상온에서 무색인 액체이다.

　㉢ 물, 알코올 등 대부분의 용매에 잘 녹는다.

　㉣ 휘발성, 인화성이 크다.

　㉤ 체내의 일반적인 대사과정에서 생성된다.

　㉥ 공업적으로 아세트산칼슘을 반응시키거나, 녹말
　　을 발효시켜 생성한다.

9-1. 알데하이드(R-CHO)의 검출반응에 이용되는 은거울반응에서 사용되는 암모니아성 질산은 용액은?

① 톨렌스 시약
② 펠링 용액
③ 에테르 용액
④ 알돌 용액

9-2. 다음 중 Na와 반응하여 H_2를 생성시키고, 은거울반응을 하는 것은?

① CH_3COOH
② CH_3CH_3
③ $HCHO$
④ $HCOOH$

9-3. 다음 중 알데하이드 검출에 주로 쓰이는 시약은?

① 밀론 용액
② 비토 용액
③ 펠링 용액
④ 리베르만 용액

9-4. 다음 중 펠링 용액(Fehling's Solution)을 환원시킬 수 있는 물질은?

① CH_3COOH
② CH_3OH
③ C_2H_5OH
④ $HCHO$

9-5. 산화시키면 카복실산이 되고, 환원시키면 알코올이 되는 것은?

① C_2H_5OH
② $C_2H_5OC_2H_5$
③ CH_3CHO
④ CH_3COCH_3

9-6. 알데하이드는 공기와 접촉하였을 때 무엇이 생성되는가?

① 알코올
② 카복실산
③ 글리세린
④ 케 톤

9-7. 물질의 일반식과 그 명칭이 옳지 않은 것은?

① R_2CO : 케톤
② R-O-R : 알코올
③ RCHO : 알데하이드
④ $R-CO_2-R$: 에스테르

|해설|

9-1
은거울반응은 금속이온이 환원되어 금속으로 변하는 반응을 말하며, 암모니아성 질산은 용액(톨렌스 시약)을 알데하이드와 함께 넣어 가열해 은이온을 환원시키는 반응이다.

9-2
은거울반응은 알데하이드의 환원성을 확인하기 위해 사용하며, 폼알데하이드(HCHO)는 알데하이드기(-CHO)를 가지고 있으므로 은거울반응을 한다.

9-3
펠링 용액 : 알데하이드와 펠링 용액을 혼합하여 가열하면 펠링 용액이 환원하여 붉은색 침전(Cu_2O)을 만들고 은거울반응을 한다.

9-4
펠링반응은 환원당(글루코스)이나 알데하이드기(-CHO)와 같은 환원력이 강한 물질의 검출에 사용된다.

9-5

알코올 ←─── 아세트알데하이드 ───→ 카복실산
(C_2H_5OH)　환원　(CH_3CHO)　산화　(CH_3COOH)

9-6
알데하이드는 산화하여 카복실산을 형성한다.
R-CHO(알데하이드류) + O_2 + H_2O → R-COOH(카복실산) + H_2O_2

9-7
R-O-R 형태의 물질은 에테르이며, R-OH 형태의 물질이 알코올이다.

정답 9-1 ① 9-2 ③ 9-3 ③ 9-4 ④ 9-5 ③ 9-6 ② 9-7 ②

(1) 카복실산류(R–COOH)

① 카복시기(–COOH)를 포함하고 있는 유기화합물이다.

② 카복시기의 특징

  ㉠ 유기산(산성의 유기화합물)이라고도 하며, 개미산(폼산, HCOOH)이라고도 한다.

  ㉡ 수용성이 강하며, 물에 용해되면 약산성을 띤다.

  ㉢ 천연에서 합성할 수 있으며 다양한 용매, 화합물 제조에 사용된다.

  ㉣ 활발하며 자극적인 특성을 지니며, 간혹 독성이 있는 경우도 있다.

③ 카복시기의 종류

  ㉠ 아세트산(CH₃COOH) : 가장 대표적인 카복실산이다.

    • 식초의 주성분(3~5%)으로 신맛이 있어 초산이라고도 한다.

    • 무색의 자극성 액체로 어는점이 높아(16.7℃) 쉽게 고체상태로 변해 빙초산이라고도 한다.

    • 물, 알코올, 에테르 등 다양한 물질에 잘 녹는다.

    • 황, 인 등의 유기화합물을 잘 녹여 용매로도 사용된다.

    • 연소 시 푸른 불꽃이 발생하며 생성물로 이산화탄소와 물을 배출한다.

    • 염기, 산화물 등과 반응해 아세트산염을 생성한다.

  ㉡ 폼산(HCOOH) : 가장 단순한 형태의 카복실산이다.

    • 개미, 벌의 독침 안에 있는 것으로 잘 알려져 있다.

    • 산도가 강하며 피부에 닿으면 통증을 유발할 수 있다.

    • 환원력이 강해 알데하이드의 특징인 은거울반응을 한다.

    • 진한 황산 등의 탈수제로 탈수시키면 일산화탄소를 생성한다.

      HCOOH → H₂O + CO

  ㉢ 아크릴산(C₃H₄O₂)

    • 비닐폼산이라고도 하며, 아세트산과 유사한 냄새를 지니는 액체이다.

    • 중합이 쉬우며 래커, 니스, 인쇄 등의 원료로 사용된다.

      ※ 중합 : 하나의 화합물이 2개 이상의 분자가 결합해 고분자 물질을 이루는 것이다.

    • 공업적으로 아세틸렌의 카보닐화반응으로 생성된다.

(2) 에스테르류(R–COO–R′)

① 에스테르라고도 하며, 산과 알코올이 작용해 생긴 화합물이다.

② 에스테르류의 특징

  ㉠ 산과 알코올이 반응해 물이 빠져나가며 생성된 화합물이다.

  ㉡ 휘발성 에스테르는 특유의 향이 있다.

  ㉢ 물에 잘 녹지 않는다.

  ㉣ 카복실산에스테르, 인산에스테르, 황산에스테르, 아세트산에틸(메틸에스테르) 등이 있다.

10년간 자주 출제된 문제

10-1. 다음 중 카복시기는?

① -O-

② -OH

③ -CHO

④ -COOH

10-2. 다음 중 에탄올과 아세트산에 소량의 진한 황산을 넣고 반응시켰을 때 주생성물은?

① HCOONa

② $(CH_3)_2CHOH$

③ $CH_3COOC_2H_5$

④ HCHO

10-3. 다음 중 성격이 다른 화학식은?

① CH_3COOH

② C_2H_5OH

③ C_2H_5CHO

④ $C_2H_3O_2$

|해설|

10-1

① -O- : 에테르기

② -OH : 하이드록시기

③ -CHO : 알데하이드기

10-2

에스테르화반응

$C_2H_5OH + CH_3COOH \rightarrow CH_3COOC_2H_5$(아세트산에틸) $+ H_2O$

10-3

① CH_3COOH(아세트산) → -COOH(카복시기)

② C_2H_5OH(에탄올) → -OH(하이드록시기)

③ C_2H_5CHO → -CHO(포밀기)

④ $C_2H_3O_2$ → OH기가 없다.

정답 10-1 ④ 10-2 ③ 10-3 ④

핵심이론 11 | 방향족 탄화수소 - (1) 탄화수소 유도체

(1) 방향족 탄화수소

① 고리모양의 벤젠고리를 포함한 탄화수소를 말한다.

② 방향족 탄화수소의 특징

  ㉠ 모두 벤젠고리를 가지고 있다.

  ㉡ 특유의 향이 있어 방향족이란 이름이 붙었다.

  ㉢ 벤젠, 페놀, 톨루엔, 자일렌, 나프탈렌, 안트라센 등이 있다.

(2) 벤젠(C_6H_6)

① 6개의 탄소원자가 6각형의 고리로 연결되어 있는 가장 기본적인 방향족 탄화수소이다.

② 벤젠의 특징

  ㉠ 무색, 무극성의 가연성 유기물질로 강한 독성을 지니고 있다.

  ㉡ 공명구조를 이루고 있어 화학적으로 매우 안정하다.

  ㉢ 120°의 결합각을 지닌다.

  ㉣ 탄소원자와 수소원자는 한 평면에 존재한다.

  ㉤ 탄소원자들 사이의 결합길이는 모두 같다.

    ※ 탄소원자 사이의 결합길이는 단일결합 > 벤젠결합 > 이중결합 > 삼중결합 순이다.

  ㉥ 끓는점이 높은 편이며 약품, 플라스틱, 인조고무 등의 제조에 사용된다.

③ 벤젠의 구조 : 6개의 탄소원자가 동일 평면에 평면 육각형 구조로 120°의 결합각을 지닌다.

④ 벤젠고리의 의미

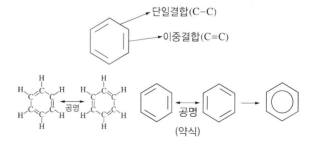

CHAPTER 01 화학분석 및 실험실 안전관리 ■ 59

ㄱ 벤젠은 위의 그림처럼 C-C와 C=C가 함께 존재하며 왼쪽, 오른쪽의 양 구조를 빠르게 오가며 형태를 유지한다.

ㄴ 결과적으로 탄소와 탄소가 단일결합과 이중결합을 번갈아가며 유지하는데, 이러한 특이한 구조를 화학적으로 공명구조(Conjugation, 1.5중결합)라고 한다.

ㄷ 공명구조는 전자를 나눠서 공유하게 되어 단일결합이나, 이중결합 한쪽으로 전자가 분리되지 않고 동일하게 분배되어 안정적인 상태를 나타낸다.

ㄹ 이 구조는 탄소 간의 결합을 깨지 않는 범위에서 화학반응이 일어나 첨가반응보다 치환반응에 더 적합한 구조를 지니고 있다.

⑤ **친전자성 치환반응** : 벤젠의 공명구조의 안정성으로 인해 친 전자체가 방향족 고리와 반응해 한 개의 수소와 치환하는 것이다.

ㄱ 할로겐화반응

$C_6H_6 + Cl_2 \rightarrow C_6H_5Cl$(클로로벤젠) $+ HCl$

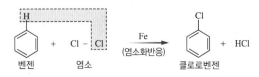

ㄴ 나이트로화반응

$C_6H_6 + HNO_3 \rightarrow C_6H_5NO_2$(나이트로벤젠) $+ H_2O$

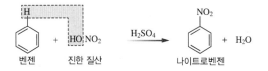

ㄷ 설폰화반응

$C_6H_6 + H_2SO_4 \rightarrow C_6H_5SO_3H$(벤젠설폰산) $+ H_2O$

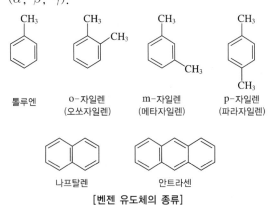

(3) 벤젠의 유도체(벤젠기반 화합물)

① 톨루엔(C_6H_5-CH_3) : 방향족 화합물의 가장 간단한 형태인 벤젠에 수소원자 1개를 떼어 메틸기(-CH_3)를 치환한 화합물이다.

② 자일렌(C_6H_4-(CH_3)$_2$) : 콜타르의 분별증류를 통해 얻을 수 있고, 방향성 무색 액체로 3종류의 이성질체가 있다(ortho, meta, para).

③ 나프탈렌($C_{10}H_8$) : 승화성이 있는 하얀색 고체로 방충 작용이 있다.

④ 안트라센($C_{14}H_{10}$) : 승화성이 있는 얇은 푸른색 판상 결정을 유지하고 있으며, 3종류의 이성질체가 있다 (α, β, γ).

[벤젠 유도체의 종류]

11-4. 벤젠고리 구조를 포함하고 있지 않은 것은?

① 톨루엔　　　　　　② 페 놀
③ 자일렌　　　　　　④ 사이클로헥세인

11-5. 나프탈렌의 분자식은?

① C_6H_6　　　　　　② $C_{10}H_8$
③ $C_{14}H_{10}$　　　　　④ $C_{20}H_{22}$

|해설|

11-1
방향족 탄화수소는 반드시 벤젠고리를 포함하고 있으며, 벤젠고리는 기본적으로 탄소 6개의 단일결합과 이중결합을 교대로 이루고 있다. 따라서 탄소가 6개 이상인 ④(벤젠)만 방향족 화합물에 해당된다.

11-2
자일렌은 오쏘(ortho)자일렌, 메타(meta)자일렌, 파라(para)자일렌 3종의 이성질체가 있다.

11-3
π결합은 파이전자에 의해 형성되는 공유결합으로 이중결합, 삼중결합을 의미하며 벤젠고리를 지닌 물질은 모두 π결합을 형성하고 있다. 아이소뷰테인은 모두 단일결합으로 구성된다.

11-4
벤젠고리는 정확한 의미에서 1.5중결합(이중결합과 단일결합을 빠르게 번갈아가며 유지한다)이며, 사이클로헥세인은 단일결합의 모양을 지니고 있다.

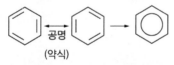

(약식)

정답 11-1 ④　11-2 ③　11-3 ④　11-4 ④　11-5 ②

핵심이론 12 | 방향족 탄화수소 - (2) 페놀 유도체

(1) 페놀(C_6H_5OH)

① 수소원자 1개가 하이드록시기(-OH)로 치환된 화합물이다.

② 페놀의 특징
　㉠ 석탄산이라고 부르며 특유의 향긋한 향이 있다.
　㉡ 무색의 결정으로 휘발성이며, 화학적인 화상을 일으킨다.
　㉢ 알코올과 비슷한 성질을 지니며, 석유에서 대량생산이 가능하다.
　㉣ 피부와 접촉했을 경우 빠르게 체내로 흡수되며 중독현상이 생긴다.
　㉤ 아스피린, 제초제 등의 제조에 사용된다.
　㉥ 염화철(Ⅲ) 수용액과 보라색 특유의 색을 띠는 정색반응을 한다.

③ 페놀의 제법(쿠멘법) : 페놀과 아세톤을 동시에 만드는 방법이다.

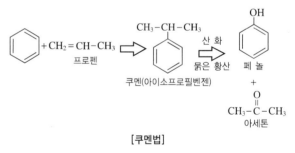

[쿠멘법]

(2) 페놀의 유도체

① 크레졸($C_6H_4(CH_3)OH$, Cresol) : 콜타르 또는 석유분해 분별증류로 얻을 수 있으며, 세 가지 이성질체가 있다.

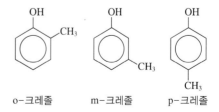

o-크레졸　　　m-크레졸　　　p-크레졸

② 나프톨($C_{10}H_7OH$, Naphtol) : 나프탈렌에서 유도해 낸 무색 결정의 유기화합물로, 염료의 원료로 사용되며 두 가지 이성질체가 있다.

α-나프톨　　　　β-나프톨

12-1. 페놀(C_6H_5OH)에 대한 설명 중 옳은 것은?

① 산(-COOH)과 반응하여 에테르를 만들어 낸다.
② $FeCl_3$과 반응하여 수소기체를 발생시킨다.
③ 수용액은 염기성이다.
④ 금속나트륨과 반응하여 수소기체를 발생시킨다.

12-2. 페놀류의 정색반응에 사용되는 약품은?

① CS_2
② KI
③ $FeCl_3$
④ $(NH_4)_2Ce(NO_3)_6$

|해설|

12-1
페놀은 금속나트륨과 작용하여 수소기체를 발생시키고, 나트륨염을 생성한다.

12-2
정색반응은 두 종류 이상의 화학물질이 반응할 때 물질에서 보이지 않던 색을 나타내는 반응으로 이온, 분자와 같은 물질의 정성분석에 사용한다. 페놀류는 염화철(Ⅲ) 수용액과 보라색 특유의 색을 띠는 정색반응을 한다.

정답 12-1 ④ **12-2** ③

핵심이론 13 │ 방향족 탄화수소 - (3) 카복실산, 아민

(1) 방향족 카복실산

① 벤젠고리의 수소원자가 카복시기(-COOH)로 치환된 화합물로, 알코올과 에스테르화반응을 한다.
② 방향족 카복실산의 종류
　㉠ 벤조산(C_6H_5COOH, 안식향산) : 흰색 결정의 방향계 카복실산으로, 식품첨가제(보존료)의 원료로 사용된다.
　㉡ 프탈산($C_6H_4(COOH)_2$) : 방향족 다이카복실산으로, 유도체를 이용해 다양한 물질을 얻는다.
　㉢ 살리실산($C_6H_4(OH)COOH$) : 벤조산의 유도체로, 산성이 강하며 유기합성물질로 많이 사용된다.

(2) 방향족 아민과 염료

① 아닐린($C_6H_4NH_2$)
　㉠ 상온에서 특유한 냄새가 나는 무색 투명한 액체이다.
　㉡ 공기 중에 서서히 변해 불투명한 흑색이 된다.
　㉢ 다양한 물질의 용매, 구두약, 향료의 제조원료로 사용된다.
　㉣ 물에 조금 녹지만 용해도는 높지 않으며 에탄올, 에테르 등의 유기용매에 잘 녹는다.
　㉤ 강한 독성이 있으며 피부 노출 시 피해를 줄 수 있다.
② **염료** : 천, 옷감 등에 물들이는 색소로, 발색단과 조색단의 두 가지 원자단을 동시에 가지고 있다.
　㉠ 발색단 : 방향족 화합물이 색을 나타내는 특성을 보이는 원자단이다.
　㉡ 조색단 : 섬유에 색이 달라 붙게 만들어 주는 원자단으로, 염색이 진하게 된다.

다음 중 방향족 탄화수소가 아닌 것은?

① 벤 젠
② 자일렌
③ 톨루엔
④ 아닐린

|해설|

아닐린은 방향족 아민에 속한다.

방향족 탄화수소
• 벤젠고리를 포함하는 탄화수소이다.
• 벤젠, 페놀, 톨루엔, 자일렌, 나프탈렌, 안트라센 등이 있다.

정답 ④

3-2. 고분자화합물

핵심이론 01 고분자화합물 – (1) 탄수화물

(1) 탄수화물

① 2개 이상의 하이드록시기(–OH), 알데하이드기(–CHO), 케톤기(–CO)가 포함된 극성물질로 친수성이다.

② 탄수화물의 특징

　㉠ C, H, O로 구성되어 있으며, 일반식은 $C_nH_{2n}O_n$ 이다.

　㉡ 생물의 주에너지원으로 이용된다.

　㉢ 식물체의 구성성분이다(셀룰로스, 펙틴).

(2) 분 류

① 단당류($C_6H_{12}O_6$) : 탄수화물의 최소 단위로, 가수분해 되지 않는다.

　㉠ 포도당(Glucose) : 뇌와 신경세포의 유일한 에너지원으로 식물, 과즙에 함유되어 있다. 특히 포도에 많다.

　㉡ 과당(Fructose) : 단당류 중 단맛이 가장 강하고 과일, 꿀 등에 포함되어 있다.

　㉢ 갈락토스

② 이당류($C_{12}H_{22}O_{11}$) : 단당류 2개가 결합한 형태의 탄수화물로, 가수분해 시 포도당, 과당 등을 생성한다.

　㉠ 수크로스(설탕) : 사탕수수나 사탕무에서 원당을 추출하여 정제해서 만든다.

　㉡ 락토스(젖당) : 포유류의 젖 속에 들어 있는 이당류로, 형태에 따라 α, β형의 2종류가 있다.

　㉢ 말토스(엿당, 맥아당) : 2개의 포도당이 결합한 구조로, 가수분해 시 포도당 2개로 분해된다.

③ 다당류($C_6H_{10}O_5)_n$: 여러 개의 단당류가 결합한 형태로, 가수분해 시 많은 단당류를 생성한다.

　㉠ 단순다당류 : 한 종류의 당으로만 구성되어 있는 당이다.

　　예 셀룰로스, 이눌린, 덱스트린, 펙틴, 카로틴황산

ⓒ 복합다당류 : 두 종류 이상의 당으로 구성되어 있는 당이다.

예 헤미셀룰로스, 당단백질 등

[탄수화물 종류에 따른 구분]

탄수화물 종류		분자식	가수분해 생성물	수용성
단당류	포도당	$C_6H_{12}O_6$	가수분해 X	O
	과 당			
	갈락토스			
이당류	설 탕	$C_{12}H_{22}O_{11}$	포도당 + 과당	O
	맥아당(엿당)		포도당 + 포도당	
	젖 당		포도당 + 갈락토스	
다당류 (천연 고분자)	녹 말	$(C_6H_{10}O_5)_n$	포도당	X
	셀룰로스			
	글리코겐			

10년간 자주 출제된 문제

1-1. 포도당의 분자식은?

① $C_6H_{12}O_6$ ② $C_{12}H_{22}O_{11}$

③ $(C_6H_{10}O_5)_n$ ④ $C_{12}H_{20}O_{10}$

1-2. 가수분해 생성물이 포도당과 과당인 것은?

① 맥아당   ② 설 탕

③ 젖 당   ④ 글리코겐

1-3. 다음 탄수화물 중 단당류인 것은?

① 녹 말   ② 포도당

③ 글리코겐   ④ 셀룰로스

|해설|

1-2
설탕은 이당류로 수용성이며, 가수분해 생성물은 단당류인 포도당과 과당이다.

1-3
• 단당류 : 포도당, 과당, 갈락토스 등
• 다당류 : 녹말, 글리코겐, 셀룰로스 등

정답 1-1 ① 1-2 ② 1-3 ②

핵심이론 02 | 고분자화합물 – (2) 아미노산, 단백질

(1) 아미노산(NH_2CHR_nCOOH, 단, n은 1~20)

① 아미노기($-NH_2$)와 카복시기($-COOH$)를 모두 포함하고 있는 양쪽성 물질이다.

② 생물의 몸을 구성하는 단백질의 기본 구성단위이다.

③ 단백질을 가수분해하면 암모니아(NH_3)와 아미노산이 생성된다.

④ 3종류의 이성질체(α, β, γ아미노산)가 존재하며, 일반적으로 α아미노산을 아미노산이라 한다.

⑤ 대부분 무색 결정을 지니며, 물에 대한 용해도가 높다.

⑥ 인체가 단백질을 흡수하면 아미노산으로 분해되고, 분해된 아미노산은 유전자정보에 의해 일정 순서로 재배열되어 단백질로 합성되어 사용된다.

⑦ 닌하이드린반응(Ninhydrin Reaction)은 아미노기와의 반응을 통해 적자색의 발색반응을 보인다.

(2) 단백질[$(NH_2CHR_nCOOH)_n$]

① 단백질은 아미노산의 연결로 형성된 복잡한 구조의 분자이다.

② 분자량이 매우 크다.

③ 20종류 이상의 이종 아미노산이 펩타이드 결합을 형성하며 길게 연결되어 폴리펩타이드를 구성한다. 폴리펩타이드 사슬이 4차 구조를 이루어 고유의 기능을 지니게 되면 단백질이라 한다.

④ 유기산에 의해 침전한다(단백질 제거제).

⑤ 물리(열, 압력, 교반), 화학(산, 알칼리, 요소), 생물(효소)적 요인에 따라 변성한다.

예 계란을 열로 가열(물리적 요인)하면 60℃ 전후에서 열변성이 일어나 응고된다.

⑥ 단백질은 특유의 정색반응(변색 또는 발색을 일으키는 화학적 반응)을 한다.

  ㉠ 뷰렛(Biuret)반응
  - 단백질 용액 + 알칼리성(2N-NaOH) + 1% $CuSO_4$ → 적색~적자색, 청자색~적갈색
  - 2개 이상의 Peptide 결합(-CO-NH-, Cu^{2+} 착화합물 형성)

  ㉡ 잔토프로테인(Xanthoprotein)반응
  - 단백질 용액 + 진한 HNO_3 → (백색 침전) → 가열 → 황색
  - 방향족 아미노산(Benzenoid 화합물)의 존재 확인 : Tyr, Trp, Phe

  ㉢ 밀론(Millon)반응
  단백질 용액 + Millon시약 → (백색 침전) → 가열 → 적색

  ㉣ 사카구치(Sakaguchi)반응
  단백질 용액 + NaOH → 0.1% α-naphthol(70%) in Alcohol 용액 → 5% NaClO → 적색

2-1. 다음 중 아미노산의 검출반응은?

① 닌하이드린반응
② 리베르만반응
③ 아이오딘폼반응
④ 은거울반응

2-2. 단백질의 검출에 이용되는 정색반응이 아닌 것은?

① 뷰렛반응
② 잔토프로테인반응
③ 닌하이드린반응
④ 은거울반응

2-3. 잔토프로테인(Xanthoprotein)반응은 단백질과 질산이 작용되는 반응인데 이때 단백질은 무슨 색으로 변화하는가?

① 초록색   ② 파란색
③ 검은색   ④ 노란색

|해설|

2-1
닌하이드린반응은 아미노기와의 반응을 통해 적자색의 발색반응을 보인다.

2-2
은거울반응은 암모니아성 질산은 용액과 환원성 유기화합물의 반응을 통해 알데하이드류(R-CHO)와 같은 물질의 검출에 사용한다.

2-3
잔토프로테인반응은 단백질의 발색반응으로, 시료에 질산을 가하며 가열한 후 알칼리를 가하면 노란색으로 나타난다.

정답 2-1 ① 2-2 ④ 2-3 ④

(1) 합성수지(플라스틱)

합성수지는 분자량이 적은 물질을 화학적으로 결합시켜 만든 고분자화합물이다.

① **열가소성 수지** : 첨가중합반응으로 만들어진다. 열을 가하면 조직이 부드러워지고, 온도를 충분히 낮추면 고체상태로 돌아가는 고분자이다.

　㉠ 열가소성 수지의 특징
　　• 열에 의한 재활용이 가능하다.
　　• 사슬구조를 이루고 있어 분자 간의 결합이 약해 열과 충격에 약하다.

　㉡ 열가소성 수지의 종류
　　• 폴리에틸렌(PE) : 1만 개 이상의 에틸렌(C_2H_4) 분자를 중합하여 만들며 저밀도 PE, 고밀도 PE로 구분된다.
　　• 폴리프로필렌(PP) : 에틸렌 분자구조 중 수소원자 자리에 $-CH_3$가 결합되어 중합한 형태의 원료로 외부 충격, 물, 화학약품에 강해 각종 용기, 포장재로 사용된다.
　　• 폴리스타이렌(PS) : 에틸벤젠에서 수소를 빼고 중합하여 만들며, 가볍고 투명한 성질이 있어 식품용기로 사용된다.
　　※ 폴리스타이로폼(스타이로폼) : 폴리스타이렌에 거품을 넣어 제조한다.
　　• 폴리염화비닐 : 에틸렌 분자구조 중 수소원자 자리에 염소가 결합되어 중합한 형태로 부서짐이 없고, 물과 화학약품에 강해 호스, 전선피복용으로 사용된다.
　　• 폴리에틸렌 테레프탈레이트(PET) : 축합중합반응을 통해 제조되지만 사슬구조를 이루고 있어 열과 충격에 약하다. 투명도가 높고 가벼우며, 냄새가 없고 다양한 곳에 사용된다. 보통 페트병이라 부른다.

② **열경화성 수지** : 축합중합반응으로 만들어지며, 그물구조를 지니고 있어 열에 의해 녹지 않고, 타거나 가루가 된다. 한번 굳어지면 재사용이 불가능하다.

　㉠ 열경화성 수지의 특징
　　• 상대적으로 열에 강하다.
　　• 기계적 성질, 전기절연성이 좋다.
　　• 고강도 섬유강화플라스틱의 제조에 사용된다.

　㉡ 열경화성 수지의 종류
　　• 페놀수지 : 페놀과 폼알데하이드의 중합체로 전기절연성, 내수성 등이 좋아 전지, 반도체, 자동차 부품 등으로 사용된다.
　　• 요소수지 : 요소와 폼알데하이드의 중합체로 신장강도가 높고 열에 강해 성형품, 화장품, 목재접착제 등으로 사용된다.
　　• 멜라민수지 : 멜라민과 폼알데하이드의 중합체로 내부식성, 전기적 성질이 뛰어나 식기, 전기기기 등으로 사용된다.
　　• 열경화성 폴리에스테르 : 에스테르결합을 기본으로 한 중합체로, 열에 강해 강화플라스틱의 원료로 사용된다.

반 응	열가소성 수지	열경화성 수지	특 징
첨가중합 반응	O (PET 제외)		탄소결합(C-C) 시 분자의 소실이 없이 고분자를 형성한다.
축합중합 반응		O	탄소결합(C-C) 시 물, 염화수소 등이 유실되며 고분자를 형성한다.

(2) 합성섬유

① 인공적으로 저분자화합물을 중합, 축합반응을 하여 만든 고분자화합섬유이다.

② 합성섬유의 특징
　㉠ 기능성 물질로 가격이 저렴하여 여러 곳에 사용된다.
　㉡ 수용성 오염에 강하며 손빨래에 적합하다.
　㉢ 환경오염 및 인체에 유해한 문제를 일으킬 수 있다.

③ 합성섬유의 종류
  ㉠ 나일론 : 폴리아미드라고 하며 아미드기에 CONH
    이 연결된 고분자 물질로 다양한 종류가 있다.
  ㉡ 폴리에스테르 : 테레프탈산과 에틸렌글리콜을 축
    합중합하여 만들며, 가장 많이 생산되는 합성섬유
    이다.
  ㉢ 아크릴로나이트릴 : 아크릴과 모다크릴 섬유로 나
    뉘어진다.
  ㉣ 폴리비닐알코올 : 폴리비닐알코올을 반 이상 아
    세틸화해서 제조하며, 무명과 비슷한 흡수성을
    지닌다.

(3) 천연고무, 합성고무

① 천연고무 : 식물에서 생산되는 원료를 사용한 고무로
  천연고무의 양이 80% 이상이면 천연라텍스, 80% 미
  만일 경우 합성라텍스로 구분한다.
② 합성고무 : 하나의 단위체의 중합반응과 혼합을 통해
  만들어진다. 스타이렌-뷰타다이엔, 아크릴로나이트
  릴-뷰타다이엔, 네오프렌 등의 종류가 있다.
  ㉠ 스타이렌-뷰타다이엔(SBR) : 대표적인 합성고무
    로 대부분의 합성고무에 해당한다.
  ㉡ 아크릴로나이트릴-뷰타다이엔(NBR) : 내유성,
    내노화성, 내마찰강도가 우수하여 기계 부속에 활
    용된다.
  ㉢ 네오프렌(폴리클로로프렌) : 클로로프렌의 중합
    체로 미국의 뒤퐁사에서 개발한 합성고무이다.

핵심이론 **04** │ 유지와 비누

(1) 유 지

① 동식물, 광물에서 채취한 물과 혼합되지 않는 가연성 물질이다.

② 유지의 종류

　㉠ 동물성 : 버터, 돼지기름, 소기름, 계란노른자기름, 밍크기름, 돌고래기름 등이다.

　㉡ 식물성 : 콩기름, 마가린, 참기름, 해바라기씨유, 팜유, 야자유, 포도씨유 등으로, 가장 종류가 많다.

　㉢ 광물성 : 석유, 호박기름, 광물왁스, 석유왁스, 실리콘기름 등이다.

③ 유지의 특징

　㉠ 황색, 갈색, 녹색 등 특유의 색과 냄새를 지닌다.

　㉡ 에테르, 석유 에테르, 벤젠, 클로로폼 등에 잘 녹는다(피마자유, 포도씨유 제외).

　㉢ 알코올과 물에 대한 용해도가 낮다.

　㉣ 글리세라이드 및 지방산의 화학적 성질에 기초한다.

　㉤ 산화될 경우 유지의 가치가 떨어지므로 식용유지의 이용 시 산화를 막는 것이 중요하다.

(2) 비 누

① 때를 제거할 때 사용하는 세정제로, 고급지방산의 수용성 알칼리금속염 물질이다.

② 비누의 종류 : 중성, 산성, 약용비누, 알칼리성 등 다양한 종류가 있다.

③ 비누의 특징

　㉠ 친수기와 소수기를 동시에 가지고 있어 계면활성의 효과가 커 세정작용을 지닌다.

　㉡ 우지, 야자유, 팜유 등 다양한 원료유지를 사용한다.

　㉢ 지방산으로 비누를 만드는 비누소지공정과 소지를 각종 제품으로 만드는 소지가공공정으로 만들어진다.

(3) 합성세제

① 석유계 탄화수소 등을 화학적으로 합성하여 만든 중성세제이다.

② 합성세제의 종류 : 대부분 알킬벤젠설폰산나트륨이 해당되며, 대부분 중성을 띠고 있어 중성세제라고 한다.

10년간 자주 출제된 문제

유지의 특징으로 옳지 않은 것은?

① 특유의 색이 있으나 무취로 향이 없다.
② 에테르, 석유 등의 성분에 잘 용해된다.
③ 글리세라이드 및 지방산의 화학적 성질에 기초한다.
④ 산소와 결합하면 가치가 떨어질 수 있으므로 주의한다.

│해설│

유지는 특유의 색과 냄새가 있다.

정답 ①

핵심이론 01 │ 화학반응과 에너지

(1) 반응속도

단위시간당 생성된 생성물의 양 또는 소모된 반응물의
양이다.

① **반응물의 농도** : 반응물의 농도가 증가하면 반응속도
가 빨라진다.

② **촉매의 유무** : 촉매는 반응속도를 빠르게 한다(반응열
과는 무관).

③ **온도** : 온도가 높아질수록 반응속도가 빨라진다(매
$10^\circ C$마다 2^n배씩).

④ **고체반응물의 표면적** : 표면적이 넓어질수록 반응속도
가 빨라진다.

(2) 열화학반응식

반응열(화학반응에 따르는 열의 출입량)을 화학반응식과
함께 표시한 것이다.

① **화학반응의 종류**

  ㉠ 발열반응 : 반응물질의 에너지 양이 생성물질의
    에너지 양보다 더 큰 경우이다.

    예 $H_2(g) + \frac{1}{2}O_2(g) \rightarrow H_2O(l) + 68.3kcal$

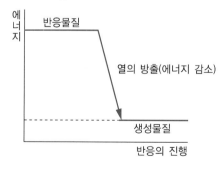

  ㉡ 흡열반응 : 생성물질의 에너지 양이 반응물질의
    에너지 양보다 더 큰 경우이다.

    예 $2Cl_2(g) + O_2(g) \rightarrow 2Cl_2O(g) - 30.2kcal$

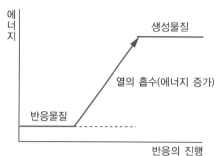

  ※ 반응열과 안정성 : 발열반응은 생성물질이 더 안정
    하며, 흡열반응은 반응물질이 더 안정하다.

② **반응열의 종류**

  ㉠ 연소열 : 물질 1몰(1g)을 완전 연소시킬 때 발생하
    는 열량이다(발열).

  ㉡ 생성열 : 물질 1몰(1g)이 그 성분원소 단체로부터
    생성될 때 발생하는 열량이다(발열, 흡열).

  ㉢ 분해열 : 물질 1몰(1g)을 그 성분원소로 분해하는
    데 발생하는 열량이다(발열, 흡열).

  ㉣ 융해열 : 물질 1몰(1g)이 물에 녹을 때 발생하는
    열량이다.

  ㉤ 중화열 : 산 1g당량과 염기 1g당량을 중화시킬 때
    발생하는 열량이다.

(3) 엔탈피(*H*)

물질이 특징 기입하에서 생성되는 동안 물질 안에 저장되
는 열에너지의 변화로, 발열반응과 흡열반응이 있다.

$$\Delta H = 생성물질의\ 총H - 반응물질의\ 총H$$

① **엔탈피의 변화** : 물질의 엔탈피 값은 온도와 압력에
  의해결정되며, 특히 상태변화보다 화학변화 시 크게
  변화한다.

② 엔탈피와 물질의 안정성 : 엔탈피 $\propto \dfrac{1}{\text{안정성}}$

즉, 엔탈피가 작은 물질일수록 안정하다.

※ 물질은 특정 수준의 에너지(활성화에너지)를 지니고 있어야 화학반응이 일어나는데, 엔탈피의 감소로 인해 물질의 에너지가 줄어들어 활성화에너지에 도달하기 위해 필요한 에너지가 커지게 되어 반응이 더욱 어려워진다. 또한 반응이 어려워진다는 것은 화학물질이 안정한 상태라는 뜻이다.

[열의 용어 정리]

정 의		단 위
반응열(Q)	화학반응에 따른 열의 출입량	
엔탈피(H)	화학반응이 일어날 때 계가 흡수하거나 방출하는 에너지	
표준엔탈피	표준상태의 물질변화가 일어날 때 관여하는 엔탈피 변화(25℃, 1기압)	cal
반응엔탈피 (ΔH)	화학반응이 일어날 때 관여하는 엔탈피 (생성물질 H – 반응물질 H) 흡열반응 : $\Delta H > 0$, 발열반응 : $\Delta H < 0$	

③ 헤스의 법칙(Hess's Law, 총열량보존의 법칙)
  ㉠ 화학반응에서의 반응열은 시작과 끝 상태에 의해 결정되며, 도중의 경로에는 관계가 없다는 이론이다.
  ㉡ 엔탈피는 상태함수로, 반응엔탈피의 변화는 많은 반응에 대한 열량 측정으로 결정될 수 있다.

1-1. 다음 중 촉매에 의하여 변화되지 않는 것은?

① 정반응의 활성화에너지
② 역반응의 활성화에너지
③ 반응열
④ 반응속도

1-2. 화학반응 시 촉매 역할을 옳게 설명한 것은?

① 정반응의 속도는 증가시키나 역반응의 속도는 감소시킨다.
② 활성화에너지를 증가시켜 반응속도를 빠르게 한다.
③ 정반응의 속도는 감소시키나 역반응의 속도는 증가시킨다.
④ 활성화에너지를 감소시켜 반응속도를 빠르게 한다.

1-3. 온도가 10℃ 올라감에 따라 반응속도는 2배 빨라진다. 20℃ 때보다 60℃에서는 반응속도가 몇 배 더 빨라지겠는가?

① 8배
② 16배
③ 60배
④ 64배

1-4. 반응속도에 영향을 주는 인자로서 가장 거리가 먼 것은?

① 반응온도
② 반응식
③ 반응물의 농도
④ 촉 매

1-5. 다음의 반응식을 기준으로 할 때 수소의 연소열은 몇 kcal/mol인가?

$$2H_2 + O_2 \rightleftarrows 2H_2O + 136kcal$$

① 136
② 68
③ 34
④ 17

1-6. 다음 수성가스 반응의 표준반응열은?(단, 표준생성열(290K)은 $\Delta H_f(H_2O) = -68,317cal$, $\Delta H_f(CO) = -26,416cal$이다)

$$C + H_2O(l) \rightleftarrows CO + H_2$$

① 68,317cal
② 26,416cal
③ 41,901cal
④ 94,733cal

|해설|

1-1
촉매는 반응메커니즘에 영향을 주며, 반응열과는 무관하다.

1-2
촉매는 농도, 온도의 변화 없이 반응속도에만 관여하고 정반응속도를 증가시키며, 역반응속도를 감소시킨다.

1-3

통상적으로 반응온도가 $10℃$ 상승할 때마다 2^n 배씩 반응속도가 빨라진다.

1-4

일반적으로 반응속도는 반응농도, 압력, 표면적(고체인 경우), 온도가 커질수록 빨라지며, 반응식은 반응속도와 아무런 관계가 없다.

1-5

물이 수증기가 아닌 액상상태일 때 $136kcal/mol$의 열량이 나오며, 수소의 반응은 2몰이다. 문제에서 제시된 수소의 연소열은 1mol당 $kcal(=kcal/mol)$이므로, 반응열을 절반으로 나누면 된다.

$$\therefore \text{수소의 연소열} = \frac{136kcal/mol}{2} = 68kcal/mol$$

1-6

수성가스 반응에서 H_2O는 소모되었고 CO는 생성되었으므로 $\Delta H_f(CO) + (-\Delta H_f(H_2O))$로 표준반응열을 계산하면 된다.

$$\therefore -26,416cal + 68,317cal = 41,901cal$$

※ 수성가스 : 고온으로 가열된 코크스에 수증기를 작용시킬 때 발생하는 가스

정답 1-1 ③ 1-2 ① 1-3 ② 1-4 ② 1-5 ② 1-6 ③

핵심이론 02 | 화학평형

(1) 화학평형

① 물질이 생성되는 정반응과 원래대로 돌아가는 역반응의 속도가 같아 반응물과 생성물의 농도가 변하지 않게 되는 상태이다.

예 일산화탄소와 수소의 반응 : $CO(g) + 3H_2(g) \rightleftarrows CH_4(g) + H_2O(g)$

② 화학평형의 특징 : 가역반응(정반응과 역반응, $\rightleftarrows$)과 비가역반응(정반응만, $\rightarrow$)이 있으며 온도, 압력, 열의 이동에 따라 변화한다.

(2) 평형상수(K)

① 가역적 화학반응이 일정 온도하에 평형을 이루고 있을 때, 반응물과 생성물의 농도관계를 나타낸 일정한 상수(Constant)이다.

$$aA + bB \rightleftarrows cC + dD, \quad K = \frac{[C]^c[D]^d}{[A]^a[B]^b} = \text{일정}$$

② 평형상수는 반응의 종류와 온도에 의해서만 결정된다.

(3) 르샤틀리에의 법칙(평형의 이동)

① 반응이 평형상태일 때 압력, 온도, 농도 등의 조건이 바뀌면 그 조건의 변화를 없애는 방향으로 평형이 이동하여 새로운 평형상태가 되는 것이다.

② 평형상태에 있는 물질계의 온도 또는 압력을 바꾸었을 때, 그 평형상태가 어떻게 이동하는가를 보여 주는 원리이다.

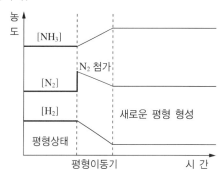

2-1. 화학평형에 대한 설명으로 틀린 것은?

① 화학반응에서 반응물질(왼쪽)로부터 생성물질(오른쪽)로 가는 반응을 정반응이라고 한다.
② 화학반응에서 생성물질(오른쪽)로부터 반응물질(왼쪽)로 가는 반응을 비가역반응이라고 한다.
③ 온도, 압력, 농도 등 반응 조건에 따라 정반응과 역반응이 모두 일어날 수 있는 반응을 가역반응이라고 한다.
④ 가역반응에서 정반응속도와 역반응속도가 같아져서 겉보기에는 반응이 정지된 것처럼 보이는 상태를 화학평형상태라고 한다.

2-2. 다음과 같은 반응에 대해 평형상수(K)를 옳게 나타낸 것은?

$$aA + bB \rightleftharpoons cC + dD$$

① $K = \dfrac{[C]^c[D]^d}{[A]^a[B]^b}$ ② $K = \dfrac{[A]^a[B]^b}{[C]^c[D]^d}$

③ $K = \dfrac{[C]^c}{[A]^a[B]^b}$ ④ $K = \dfrac{1}{[A]^a[B]^b}$

2-3. $A(g) + B(g) \rightleftharpoons C(g) + D(g)$ 의 반응에서 A와 B가 각각 2mol씩 주입된 후 고온에서 평형을 이루었다. 평형상수값이 1.5이면 평형에서의 C의 농도는 몇 mol인가?

① 0.799 ② 0.899
③ 1.101 ④ 1.202

2-4. 다음 반응에서 반응계에 압력을 증가시켰을 때 평형이 이동하는 방향은?

$$2SO_2 + O_2 \rightleftharpoons 2SO_3$$

① SO_3가 많이 생성되는 방향
② SO_3가 감소되는 방향
③ SO_2가 많이 생성되는 방향
④ 이동이 없다.

2-5. 다음 반응에서 정반응이 일어날 수 있는 경우는?

$$N_2 + 3H_2 \rightleftharpoons 2NH_3 + 22kcal$$

① 반응온도를 높인다.
② 질소의 농도를 감소시킨다.
③ 수소의 농도를 감소시킨다.
④ 암모니아의 농도를 감소시킨다.

|해설|

2-1
화학반응에서 생성물질(오른쪽)로부터 반응물질(왼쪽)로 가는 반응을 가역반응(역반응)이라고 한다.

2-2
$$평형상수(K) = \frac{[생성물]}{[반응물]} = \frac{[C]^c[D]^d}{[A]^a[B]^b}$$

2-3
$$A(g) + B(g) \rightleftharpoons C(g) + D(g)$$

초기몰수	2	2	0	0
반응몰수	$-x$	$-x$	x	x
최종몰수	$2-x$	$2-x$	x	x

$$평형상수 = 1.5 = \frac{x^2}{(2-x)^2}$$

$$0.5x^2 - 6x + 6 = 0$$

$x = 10.899$ 또는 1.101

A, B의 초기몰수가 2이므로 x가 10.899이면 반응이 성립하지 않는다($2 - 10.899 < 0$, 역반응).

$\therefore x = 1.101$

2-4
압력이 증가할 때 몰수가 작은 방향으로 평형이 이동한다.
$$2SO_2 + O_2 \rightleftharpoons 2SO_3$$
3몰(2몰+1몰) 2몰

2-5
르샤틀리에의 법칙에 따라 반응식의 몰수비를 비교해 보면, 반응식의 왼쪽(1 + 3)보다 오른쪽(2)이 작으므로 암모니아가 생성될수록 압력이 감소한다. 즉, 정반응(오른쪽 → 왼쪽)은 압력을 높이고 온도를 낮추면 진행되고, 역반응(왼쪽 → 오른쪽)은 압력을 낮추고 온도를 높이면 진행된다.
※ 압력과 온도는 반비례한다.

정답 2-1 ② 2-2 ① 2-3 ③ 2-4 ① 2-5 ④

핵심이론 03 | 산과 염기

(1) 산(Acid)

① 물속에 수소이온(H^+)을 배출하여 pH가 낮아지는 물질이다(pH 7 이하).

② 산의 종류 : 황산(H_2SO_4), 염산(HCl), 질산(HNO_3), 아세트산(CH_3COOH) 등

③ 산의 특징

　㉠ 전해질이며, 신맛이 난다.

　㉡ 염기와 중화반응을 하여 염을 생성한다.

　㉢ 이온화 경향이 높은 금속과 반응해 수소기체(H_2)를 생성한다.

　㉣ 푸른색 리트머스 종이를 붉게 변화시킨다.

　㉤ 산 HA가 물에 녹으면 다음과 같이 이온화한다.
$$HA + H_2O \rightleftharpoons A^- + H_3O^+$$

(2) 염기(Base)

① 물속에 수산화이온(OH^-)을 배출하여 pH가 높아지는 물질이다(pH 7 이상).

② 염기의 종류 : 수산화나트륨(NaOH), 수산화칼륨(KOH), 수산화칼슘($Ca(OH)_2$), 암모니아수(NH_4OH)

③ 염기의 특징

　㉠ 전해질이며, 보통 쓴맛이 난다.

　㉡ 알칼리라고 부르며, 수소이온을 흡수한다.

　㉢ 산과 중화반응을 하여 염을 생성한다.

　㉣ 손에 닿으면 단백질을 녹이는 성질로 인해 미끄럽다.

　㉤ 붉은색 리트머스를 푸르게, 페놀프탈레인 용액을 붉게 변화시킨다.

(3) 학설에 따른 산과 염기의 구분

학 설	산(Acid)	염기(Base)	예 시
아레니우스 정의	수중에서 H^+을 내놓는 물질	수중에서 OH^-를 내놓는 물질	• $HCl \rightleftharpoons H^+ + Cl^-$ • $NaOH \rightleftharpoons$ $Na^+ + OH^-$
브뢴스테드-로우리의 정의	양성자(H^+)를 내 놓는 물질	양성자(H^+)를 받는 물질	$HCl + H_2O \rightleftharpoons$ $Cl^- + H_3O^+$
루이스 정의	비공유전자쌍을 받는 물질	비공유전자쌍을 주는 물질	$BF_3 + NH_3 \rightarrow$ BF_3NH_3

① 아레니우스의 정의는 수중에 수소이온, 수산화이온을 발생시키지 않는 물질을 포함시킬 수 없는 한계가 있다.

② 브뢴스테드-로우리의 정의는 이온화될 수 있는 수소원자를 포함하지 않는 물질을 설명할 수 없다.

예 $HCl(g) + NH_3(g) \rightarrow NH_4Cl(s)$: 아레니우스의 정의와 브뢴스테드-로우리 정의로는 산과 염기의 설명이 불가능하다.

3-1. 다음 반응식에서 브뢴스테드–로우리가 정의한 산으로만 짝지어진 것은?

HCl + NH₃ ⇌ NH₄⁺ + Cl⁻

① HCl, NH₄⁺
② HCl, Cl⁻
③ NH₃, NH₄⁺
④ NH₃, Cl⁻

3-2. 다음 중 산의 성질이 아닌 것은?

① 신맛이 있다.
② 붉은 리트머스 종이를 푸르게 변색시킨다.
③ 금속과 반응하여 수소를 발생한다.
④ 염기와 중화반응한다.

3-3. 다음 중 Arrhenius의 산, 염기 이론에 대하여 설명한 것은?

① 산은 물에서 이온화될 때 수소이온을 내는 물질이다.
② 산은 전자쌍을 받을 수 있는 물질이고, 염기는 전자쌍을 줄 수 있는 물질이다.
③ 산은 진공에서 양성자를 줄 수 있는 물질이고, 염기는 진공에서 양성자를 받을 수 있는 물질이다.
④ 산은 용매에 양이온을 방출하는 용질이고, 염기는 용질에 음이온을 방출하는 용매이다.

| 해설 |

3-1
브뢴스테드–로우리의 산, 염기의 정의
• 산 : 양성자(H^+)를 내놓는 분자 또는 이온이다.
  예 HCl → $\underline{H}^+$ + Cl⁻
  　　NH₄⁺ → NH₃ + $\underline{H}^+$
• 염기 : 양성자(H^+)를 받는 분자 또는 이온이다.

3-2
산은 푸른 리트머스 종이를 붉게 만든다.

3-3
Arrhenius는 수중에서 산은 수소이온을, 염기는 수산화이온을 낸다고 가정했다.

정답 3-1 ①　3-2 ②　3-3 ①

핵심이론 04 | 산과 염기 화합물

(1) 산화물

① 물에 용해되어 산, 염기가 될 수 있는 산소화합물이다.
② 산화물의 종류

　㉠ 산성 산화물(무수산) : 물과 반응해 산을 생성하거나, 염기와 반응해 염을 만드는 산화물이다. 비금속 또는 산화수가 +3 이상으로 큰 금속의 산화물을 말한다.
　　예 이산화탄소(CO_2), 이산화황(SO_2), 이산화규소(SiO_2) 등

　㉡ 염기성 산화물(무수염기) : 물과 반응해 염기를 생성하거나, 산과 반응해 염을 만드는 산화물을 말한다.
　　예 산화나트륨(Na_2O), 산화마그네슘(MgO), 산화구리(Ⅱ)(CuO) 등

　㉢ 양쪽성 산화물 : 화학적으로 산, 염기의 구분 없이 반응하는 산화물을 말한다.
　　예 아미노산, 단백질, 물, 아연, 주석, 알루미늄 등

(2) 염(Salt)

① 산과 염기의 화합물로 산의 수소원자가 금속이나 NH_4^+기로 치환된 것을 말한다.
② 염(Salt)의 종류

　㉠ 산성염 : 수소(H)를 포함하고 있는 염이다.
　　예 황산수소나트륨($NaHSO_4$), 탄산수소나트륨($NaHCO_3$), 인산수소이나트륨(Na_2HPO_4) 등

　㉡ 염기성염 : 염기성(OH)을 포함하고 있는 염으로 대부분 불용성이다.
　　예 염기성 탄산염($2PbCO_3 \cdot Pb(OH)_2$), 옥시염화비스무트($BiOCl$) 등

　㉢ 중성염(정염) : 수소와 염기성을 모두 포함하지 않는 염이다.
　　예 염화나트륨($NaCl$), 황산칼륨(K_2SO_4) 등

ⓔ 복염 : 2종 이상의 염이 결합하여 만든 염으로 화합물 중에 각각의 성분이온이 그대로 존재하는 것이다.

　　예 $KCl + MgCl_2 \rightarrow KCl \cdot MgCl_2$

ⓜ 착염 : 착이온이 포함된 염이다.

　　예 암민구리착염($[Cu(NH_3)_4]SO_4$),
　　　　루테오염($[CO(NH_3)_6]Cl_3$) 등

(3) 중화반응

① 산과 염기가 반응하여 물과 염을 생성하는 반응이다.

　　예 $H^+(aq) + OH^-(aq) \rightarrow H_2O(l)$

　　　$HCl(aq) + NaOH(aq) \rightarrow H_2O(l) + NaCl(aq)$

② 중화적정법 : $N_1 V_1 = N_2 V_2$

(4) 수소이온지수(pH)

① 물속의 수소이온농도를 log값으로 나타낸 것이다.

② $pH = -\log[H^+]$, $pH + pOH = 14$

　　※ pOH는 pH의 반대 개념으로 수산화이온지수라고 하며, OH^-가 포함된 값을 log값으로 나타낸 것이다.

4-1. 양쪽성 산화물에 해당하는 것은?

① Na_2O　　　　　　② Al_2O_3
③ MgO　　　　　　④ CO_2

4-2. 다음 중 금속과 비금속의 경계에 위치하는 원소로 금속성과 비금속성을 동시에 지니고 있는 양쪽성 원소에 해당되지 않는 것은?

① Al　　　　　　② Zn
③ Sn　　　　　　④ Cu

4-3. 다음 중 산성 산화물은?

① P_2O_5　　　　　② Na_2O
③ MgO　　　　　④ CaO

4-4. 다음 중 산성염에 해당하는 것은?

① NH_4Cl　　　　② $CaSO_4$
③ $NaHSO_4$　　　④ $Mg(OH)Cl$

4-5. 염이 수용액에서 전리할 때 생기는 이온의 일부가 물과 반응하여 수산이온이나 수소이온을 냄으로써, 수용액이 산성이나 염기성을 나타내는 것을 가수분해라 한다. 다음 중 가수분해하여 산성을 나타내는 것은?

① K_2SO_4　　　　② NH_4Cl
③ NH_4NO_3　　　④ CH_3COONa

4-6. 미지의 황산용액 40mL가 있다. 이것을 중화시키려면 0.2N NaOH 10mL가 필요하다. 황산의 몰농도(M)는 얼마인가?

① 0.025M　　　　② 0.050M
③ 0.075M　　　　④ 0.100M

4-7. 1N 황산용액으로 물 1L에 수산화나트륨이 8g 녹아 있는 용액을 중화시키려 한다. 1N 황산용액이 몇 mL가 필요한가?

① 100mL　　　　② 200mL
③ 300mL　　　　④ 400mL

4-8. 25℃에서 0.01M의 NaOH 수용액에서 pH값은?(단, 이온화도는 1이다)

① 0.01　　　　　② 2
③ 10　　　　　　④ 12

4-9. pH 2와 pH 4를 나타내는 용액 속에 포함된 수소이온의 차이는 얼마인가?

① 2배   ② 10배
③ 100배   ④ 1,000배

4-10. 다음 중 염기성이 가장 강한 것은?

① 0.1M HCl   ② $[H^+] = 10^{-3}$
③ pH = 4   ④ $[OH^-] = 10^{-1}$

4-11. pH가 10인 NaOH 용액 1L에는 Na^+ 이온이 몇 개 포함되어 있는가?(단, 아보가드로수는 6×10^{23}이다)

① 6×10^{16} ② 6×10^{19}
③ 6×10^{21} ④ 6×10^{25}

|해설|

4-1

양쪽성 산화물
• 산에는 염기로 반응하고, 염기에는 산으로 반응하는 산화물이다.
• Al_2O_3, ZnO 등이 있다.

4-2

양쪽성 원소
• 조건에 따라 산이나 알칼리에 반응하여 수소를 발생시킨다.
• Al, Zn, Ga, Pb, As, Sn 등이 있다.

4-3

산성 산화물 : 산성을 나타내는 산화물을 말하며, 슬래그나 내화물 속에 존재할 경우 고온에서 염기성 산화물과 결합을 잘한다.
예 SiO_2, P_2O_5, SO_3

4-4

산성염 : 산성인 수소이온을 함유한 염이다.
황산수소나트륨($NaHSO_4(aq)$) $\rightleftarrows Na^+(aq) + \underline{H^+(aq)} + SO_4^{2-}(aq)$

4-5

NH_4Cl은 강산인 HCl과 약염기인 NH_3가 반응하여 생성된 염이다. 물에서 100% 이온화되고 산성을 나타낸다.
$NH_4Cl(aq) \rightarrow NH_4^+(aq) + Cl^-(aq)$
이후 $NH_4^+(aq)$는 가수분해 반응을 한다.
$NH_4^+(aq) + H_2O(l) \rightleftarrows NH_3(aq) + H_3O^+(aq)$
옥소늄이온
(산성, 수소와 물의 반응물)

4-6

$N_1V_1 = N_2V_2$을 이용하면
$N_1 \times 40mL = 0.2N \times 10mL$, $N_1 = 0.05N$ H_2SO_4
황산은 2당량이므로 몰농도 $\times 2 =$ 노말농도
$\therefore$ 몰농도 $= \dfrac{0.05}{2} = 0.025M$

4-7

황산은 2가이므로 1N = 0.5M이다.
NaOH(몰질량 = 40g/mol) 8g의 몰수는 $\dfrac{8}{40} = 0.2mol$이며
몰농도로 환산하면 0.2mol/L = 0.2M이다.
$H_2SO_4(aq) + 2NaOH(aq) \rightarrow Na_2SO_4(aq) + 2H_2O(l)$
　　　1　　:　　　2
$1 : 2 = x : 0.2$, $x = 0.1mol$
0.5M 용액의 부피를 계산하면,
$\therefore \dfrac{0.1mol}{0.5mol/L} = 0.2L = 200mL$

4-8

$pH = 14 - pOH = 14 - (-\log10^{-2}) = 14 - 2 = 12$

4-9

pH는 로그값으로, 각 구간당 10^n 배씩 차이가 난다.

4-10

④ $[OH^-] = 10^{-1} \rightarrow pH = 14 - pOH = 14 - (-\log10^{-1}) = 14 - 1 = 13$으로 염기성이 가장 강하다.
① 0.1M HCl $\rightarrow$ pH 1
② $[H^+] = 10^{-3} \rightarrow$ pH 3
③ pH = 4

4-11

$pOH = 14 - pH = 14 - 10 = 4$, $-\log[OH^-] = 4$, $[OH^-] = 10^{-4}mol/L$
NaOH는 물속에서 Na^+, OH^- 각각 동일한 양으로 해리되므로 Na^+의 양도 $10^{-4}mol/L$가 된다.
$10^{-4}mol/L \times 6 \times 10^{23}$개$/mol = 6 \times 10^{19}$개$/L$

정답 4-1 ②   4-2 ④   4-3 ①   4-4 ③   4-5 ②   4-6 ①
4-7 ②   4-8 ④   4-9 ③   4-10 ④   4-11 ②

핵심이론 05 | 산화와 환원 (1)

(1) 산화와 환원

산화와 환원은 단순히 산소를 얻거나 잃는 개념을 포함해 다양하게 표현할 수 있다.

기 준	산 화	환 원
산소(O)	산소를 얻음	산소를 잃음
	$2Mg + O_2 \rightarrow 2MgO$ 산화(Mg) 환원(O)	
수소(H)	수소를 잃음	수소를 얻음
	$CH_4 + 2O_2 \rightarrow CO_2 + 2H_2O$ 산화(C) 환원(O)	
전자(e^-)	전자를 잃음	전자를 얻음
	$Fe \rightarrow Fe^{2+} + 2e^-$ (철이 산화됨)	$H^+ + Cl^- \rightarrow HCl$ (수소가 환원됨)
산화수	산화수가 증가함	산화수가 감소함
	$2FeCl_3 + SnCl_2 \rightarrow 2FeCl_2 + SnCl_4$ 산화수 +3 +2 +2 +4 산화됨(Sn) 환원됨(Fe)	

5-1. 다음의 화학변화에서 밑줄 친 반응물이 산화한 것은?

① $\underline{CuO} + H_2 \rightarrow Cu + H_2O$

② $\underline{2PbO_2} \rightarrow 2PbO + O_2$

③ $\underline{2Mg} + CO_2 \rightarrow 2MgO + C$

④ $\underline{CO} + 2H_2 \rightarrow CH_3OH$

5-2. 다음의 산화-환원반응에서 $Cr_2O_7^{2-}$ 1mol은 몇 mol의 Fe^{2+}과 반응하는가?

$$Fe^{2+} + Cr_2O_7^{2-} + 14H^+ \rightarrow Fe^{3+} + 2Cr^{3+} + 7H_2O$$

① 2mol ② 4mol
③ 6mol ④ 12mol

5-3. 1.64g의 산화구리(CuO)를 수소로 환원하였더니 1.31g의 구리가 생겼다. 구리의 당량은 얼마인가?

① 11.76 ② 21.76
③ 31.76 ④ 41.76

5-4. 다음 중 환원의 정의를 나타낸 것은?

① 어떤 물질이 산소와 화합하는 것

② 어떤 물질이 수소를 잃는 것

③ 어떤 물질에서 전자를 방출하는 것

④ 어떤 물질에서 산화수가 감소하는 것

|해설|

5-1

③ 산소를 얻음 → 산화

①, ② 산소를 잃음 → 환원

④ 수소를 얻음 → 환원

5-2

• 산화반응 : $Fe^{2+} \rightarrow Fe^{3+} + e^-$

• 환원반응 : $Cr_2O_7^{2-} + 14H^+ + 6e^- \rightarrow 2Cr^{3+} + 7H_2O$

산화와 환원반응에서 주고받은 총전자의 수는 같으므로 $Cr_2O_7^{2-}$ 1mol당 6mol의 Fe^{2+}가 반응한다.

5-3

1.64g의 산화구리 속 산소의 양은 1.64 − 1.31 = 0.33g이며

산소의 당량은 8이므로$\left(당량 = \dfrac{원자량}{원자가} = \dfrac{16}{2}\right)$

1.31 : 0.33 = x : 8

$x ≒ 31.76$

정답 5-1 ③ 5-2 ③ 5-3 ③ 5-4 ④

핵심이론 06 | 산화와 환원 (2) - 산화수 결정

(1) 산화수 결정규칙

두 물질이 결합할 때 전기음성도의 차이에 의해 결정한다.

※ 전기음성도의 크기 : F > O > N > Cl > Br > C > S > I > H > P

① 홀원소 물질에서 원자의 산화수는 0이다.

　　예 Cu, Fe, O_2 등

② 단원자이온의 산화수는 전하와 같다.

　　예 $Cl^-(-1)$, $Na^+(+1)$ 등

③ 다원자이온의 경우 각 원자의 총합이 다원자이온의 전하와 같다.

　　예 $NO_3^- \rightarrow +5(N) + -6(O_3) = -1$

④ 화합물에서 모든 원자의 산화수 총합은 항상 0이다.

　　예 $HF \rightarrow +1(H) + -1(F)$

⑤ 플루오린은 전기음성도가 가장 크므로 항상 -1의 산화수를 지닌다.

⑥ 산소는 일반적으로 -2의 산화수를 지닌다.

⑦ 수소는 비금속과 결합 시 +1, 금속과 결합 시 -1을 가진다(대부분 +1).

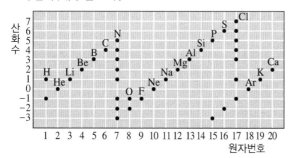

[원자들의 산화수 주기성]

10년간 자주 출제된 문제

6-1. $N_2 + 3H_2 \rightarrow 2NH_3$의 식에서 질소의 산화수는?

① $0 \rightarrow -1$ 　　　② $0 \rightarrow -2$
③ $0 \rightarrow -3$ 　　　④ $0 \rightarrow -4$

6-2. OF_2에서의 산소의 산화수는?

① +1 　　　② +2
③ +3 　　　④ +4

6-3. $Pb(OH)_3^-$에서 납의 산화수는?

① +2 　　　② +4
③ +6 　　　④ +8

6-4. 다음 중 가장 강한 산화제는?

① $KMnO_4$ 　　　② MnO_2
③ Mn_2O_3 　　　④ $MnCl_2$

| 해설 |

6-1

단원자의 산화수는 0이므로 반응물의 N, H는 0이며, 화합물의 구성원자 산화수의 합은 0이고 수소가 비금속과 결합할 때는 +1의 산화수를 가지므로

$2x + (3 \times 2) = 0$, $x = -3$

∴ $0 \rightarrow -3$

6-2

플루오린은 전기음성도가 가장 커 항상 -1이며, 화합물의 산화수 총합은 0이므로

$x + (2 \times -1) = 0$

∴ $x = 2$

6-3

H의 산화수는 +1, O의 산화수는 -2이므로 OH의 산화수는 -1이 된다.

$x + (3 \times -1) = -1$

∴ $x = +2$

6-4

각 물질에서 망간(Mn)의 산화수를 비교하면 다음과 같다.

① $KMnO_4$: +7
② MnO_2 : +4
③ Mn_2O_3 : +3
④ $MnCl_2$: +2

∴ 산화수가 가장 큰 $KMnO_4$가 가장 강력한 산화제이다.

정답 6-1 ③　6-2 ②　6-3 ①　6-4 ①

핵심이론 07 │ 산화와 환원 (3) – 산화제와 환원제

(1) 산화제
① 다른 물질을 산화시키며 자신은 환원되는 물질이다.
② 종류 : F_2, Cl_2, O_2, O_3, HNO_3, $KMnO_4$, H_2O_2 등
　※ H_2O_2는 자신보다 산화력이 센 물질과 만나면 환원
　　제가 된다.

(2) 환원제
① 다른 물질을 환원시키며 자신은 산화되는 물질이다.
② 종류 : HI, H_2S, H, SO_2, Na, K 등
　※ SO_2는 자신보다 환원력이 센 물질과 만나면 산화제
　　가 된다.

7-1. 다음 중 산화제가 아닌 것은?

① H
② F_2
③ Cl_2
④ O_3

7-2. 다음 물질의 성질에 대한 설명으로 틀린 것은?

① $CuSO_4$는 푸른색 결정이다.
② $KMnO_4$은 환원제이며 용액은 보라색이다.
③ CrO_3에서 크롬은 +6가이다.
④ $AgNO_3$ 용액은 염소이온과 반응하여 흰색 침전을 생성한다.

7-3. 다음 반응 중 이산화황이 산화제로 작용한 것은?

① $SO_2 + NaOH \rightleftarrows NaHSO_3$
② $SO_2 + Cl_2 + 2H_2O \rightleftarrows H_2SO_4 + 2HCl$
③ $SO_2 + H_2O \rightleftarrows H_2SO_3$
④ $SO_2 + 2H_2S \rightleftarrows 3S + 2H_2O$

|해설|

7-1
수소는 대표적인 환원제이다.

7-2
$KMnO_4$는 보라색을 띠는 대표적인 산화제이다.

7-3
$SO_2 + 2H_2S \rightleftarrows 3S + 2H_2O$
+4　　　　　　0
전자 4개를 얻었으므로 자신은 환원되고 상대 물질을 산화시킨
산화제이다.

정답 7-1 ①　7-2 ②　7-3 ④

핵심이론 08 | 패러데이의 법칙

(1) 제1법칙
동일한 물질에 대해 전기분해로 전극에서 석출되는 물질의 양은 전기량에 비례한다.

(2) 제2법칙
전기분해에서 일정량의 전기량에 대해 석출되는 물질의 양은 당량에 비례한다.

(3) 전하량(C)
전하량(C) = 전류의 세기(A) × 시간(s)

(4) $1F$(패럿)
전자 1몰의 전하량(전자 1개의 전하량)으로 96,500C(쿨롱)에 해당한다.

$q = n \times F$

여기서, q : 전기전하

n : 몰수

F : 패러데이 상수(= 96,500C/mol)

10년간 자주 출제된 문제

8-1. 다음 중 1g당량에 해당하는 전기량은?

① 1.6×10^{-19}C

② 1.0C

③ 96.5C

④ 96,500C

8-2. 전기전하를 나타내는 Faraday의 식 $q = nF$에서 F의 값은 얼마인가?

① 96,500coulomb

② 9,650coulomb

③ 6,023coulomb

④ 6.023×10^{23}coulomb

8-3. 다음 중 1패러데이(F)의 전기량은?

① 1mol의 물질이 갖는 전기량

② 1개의 전자가 갖는 전기량

③ 96,500개의 전자가 갖는 전기량

④ 1g당량 물질이 생성될 때 필요한 전기량

8-4. Fe^{3+} 용액 1L가 있다. Fe^{3+}를 Fe^{2+}로 환원시키기 위해 48.246C의 전기량을 가했다. Fe^{2+}의 몰농도(M)는?

① 0.0005M

② 0.001M

③ 0.05M

④ 1.0M

|해설|

8-1
물질 1g당량을 전기분해로 얻는 데 필요한 전하량을 패러데이 상수(F)라고 하며, 이 값의 크기는 96,500C이다.

8-2
패러데이의 식 : $q = nF$
여기서, F : 패러데이 상수(96,500coulomb)

8-4
$q = nF$
여기서, q : 전기전하
n : 몰수
F : 패러데이 상수(= 96,500C/mol)

$n = \dfrac{q}{F} = \dfrac{48.246\text{C}}{96,500\text{C/mol}} ≒ 0.0005\text{mol}$

0.0005mol이 1L에 녹아 있으므로,

∴ 몰농도(M) ≒ 0.0005mol/L ≒ 0.0005M

정답 8-1 ④ 8-2 ① 8-3 ④ 8-4 ①

핵심이론 01 | 기본적인 물리, 화학적 특성 측정 – (1) 무게

(1) 무게(Weight)의 정의

지구의 중력가속도가 작용하여 나타나는 힘이다(kg, lb 등).

※ 질량은 중력에 영향을 받지 않는 물질의 고유 성질이며, 무게는 행성의 중력 차이에 따라 다르게 측정된다.

(2) 무게의 측정

① 전자저울 : 정밀한 분석을 위해 사용하며 0.1~0.0001g 까지 측정이 가능하고 조작이 간편하다.

② 전자저울 취급요령

　㉠ 직사광선을 피하고, 냉난방에 의한 온도의 영향을 최소로 줄인다.

　㉡ 항상 청결한 상태를 유지하고, 방습을 위해 실리카겔, 무수염화칼슘 등과 함께 보관한다.

　㉢ 항상 핀셋을 이용해 물체를 측정하며, 저울접시는 반드시 고정하여 사용한다.

　㉣ 저울의 측정범위 이내의 물질만 칭량한다.

　㉤ 칭량병, 약포지를 이용해 무게를 측정한다.

　㉥ 반드시 수평을 맞추어 칭량하며, 가급적 이동시키지 않는다.

　㉦ 외부 바람의 영향을 최소화하기 위해 문이 달려있는 경우 사용 후 붓 등을 이용해 항상 내부를 깨끗이 청소하고 전원을 OFF하여 덮개를 씌워 보관한다.

(3) 교정법

① 외부교정법 : 미리 정해진 분동을 사용해 수동으로 교정하는 과정으로, 공인 인증된 업체를 통해 수행하기도 한다.

② 내부교정법 : 자체 교정을 위한 내부 메커니즘을 사용해 교정하는 방법으로, 분동을 사용하지 않고 내부교정기능을 갖춘 저울에서 수행한다.

10년간 자주 출제된 문제

1-1. 전자저울의 사용법으로 옳지 않은 것은?

① 저울의 측정범위 이내의 물질만 칭량한다.
② 칭량병, 약포지를 이용해 무게를 측정한다.
③ 반드시 수평을 맞추어 칭량하며, 필요시 이동시켜 측정한다.
④ 직사광선을 피하고, 냉난방에 의한 온도의 영향을 최소로 줄인다.

1-2. 전자저울의 취급요령으로 옳지 않은 것은?

① 직사광선은 피하고, 가급적 시원한 환경에서 측정한다.
② 항상 청결하게 유지하며, 방습을 위해 실리카겔, 무수염화칼슘 등과 함께 보관한다.
③ 측정범위 이내의 무게를 측정한다.
④ 칭량병, 약포지를 이용해 측정한다.

| 해설 |

1-1
전자저울은 가급적 이동시키지 않는다.

1-2
냉난방에 의한 온도의 영향을 최소로 줄여 측정한다.

정답 1-1 ③　1-2 ①

핵심이론 02 | 기본적인 물리, 화학적 특성 측정 – (2) 부피

(1) 부피(Volume)의 정의

물체가 차지하고 있는 공간 부분의 크기이다(cm^3, m^3, mL, L 등).

(2) 부피의 측정

① 메스실린더 : 액체의 양을 측정할 때 사용하며, 메니스커스의 읽는 법에 따라 부피를 측정한다.

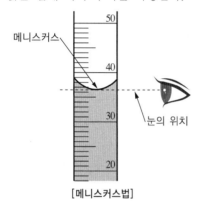

[메니스커스법]

※ 오목하게 형성된 메니스커스의 가장 아랫부분과 눈의 위치를 맞춰서 읽는다.

② 메스(부피, 용량)플라스크 : 가늘고 긴 목을 가진 플라스크이며, 정확한 농도의 용액 제조에 주로 사용한다.

③ 피펫 : 필러를 이용해 취하고자 하는 양의 액체를 옮기는 데 사용하는 기구이며, 메스피펫과 홀피펫으로 나뉜다.

　㉠ 메스피펫 : 일정한 눈금이 있어 취하고자 하는 용액의 양을 결정해 옮기는 기구이다.

　㉡ 홀피펫 : 눈금이 없으며, 피펫 규격 전량의 일정한 부피의 액체를 취할 때 사용하는 기구이다.

④ 뷰렛 : 용액의 적정에 사용하는 기구로, 콕을 조절해 떨어지는 양을 조율할 수 있다.

[부피 측정기구]

메스실린더	메스플라스크	피 펫	뷰 렛

10년간 자주 출제된 문제

2-1. 부피를 측정하는 기구가 아닌 것은?

① 메스실린더　　　　② 피 펫
③ 메스플라스크　　　④ 스포이트

2-2. 용액을 적정할 때 주로 사용하며, 콕을 이용해 떨어지는 양을 조절할 수 있는 기구는?

① 뷰 렛　　　　　　② 비 커
③ 스포이트　　　　④ 메스플라스크

|해설|

2-1
스포이트는 반응을 확인하기 위해 시료를 이동하는 도구로, 부피를 측정하는 기구가 아니다.

정답 2-1 ④　2-2 ①

기본적인 물리, 화학적 특성 측정 –
(3) 비중 및 압력

(1) 비 중

① 어떤 물질의 밀도와 기준물질(주로 4℃ 물)의 밀도와의 비이다.

$$비중 = \frac{물질의\ 밀도(g/mL)}{4℃\ 물의\ 밀도(g/mL)}, \quad 밀도 = \frac{질량(g)}{부피(mL)}$$

② 비중의 측정

　㉠ 비중병 : 액체의 비중이나 밀도를 측정하기 위해 사용한다. 비중병의 질량을 측정한 후 대상 액체를 가득 채워 질량을 측정하고, 이후 물을 채워 질량을 측정하여 비중값을 구한다.

$$비중 = \frac{시료의\ 질량(g)}{물의\ 질량(g)}$$

　㉡ 비중계 : 물질의 비중을 측정하는 장치로 고체는 아르키메데스의 원리를 이용해 비중을 측정하고, 기체와 액체는 부력을 이용하여 비중을 측정한다.

[비중 측정기구]

비중병	비중계

(2) 압 력

① 단위면적에 수직으로 작용하는 힘(Pressure)이다.

② 압력의 단위

　㉠ $1N/m^2 = 1Pa$(파스칼)

　㉡ $1atm = 760mmHg = 101,325N/m^2 = 101.325kPa$
　　　$= 1.013bar = 14.696psi$

　　※ $1.013bar = 10,332mmH_2O = 1.0332kgf/cm^2$
　　　($≒ 1kgf/cm^2$) $= 0.1013MPa(≒ 0.1MPa)$

③ 압력의 측정

　㉠ 크기를 알고 있는 무게와 평형시켜 측정한다.

　㉡ 탄력성과 평형시켜 스프링의 변위로 측정한다.

　㉢ 물리적 현상을 이용한다.

3-1. 어떤 기체의 공기에 대한 비중이 1.10일 때 이 기체에 해당하는 것은?(단, 공기의 평균 분자량은 29이다)

① H_2
② O_2
③ N_2
④ CO_2

3-2. 다음 중 표준대기압(1atm)이 아닌 것은?

① $760mmHg$
② $14.7psi$
③ $10.33mH_2O$
④ $1,013N/m^2$

|해설|

3-1

비중이 1.10이므로 공기보다 무거워야 한다.

$$공기에\ 대한\ 비중 = \frac{대상물질의\ 분자량}{공기의\ 평균\ 분자량}$$

$$1.10 = \frac{x}{29}$$

$x = 1.10 \times 29 = 31.9 ≒ 32$

∴ 제시된 보기 중 분자량이 32인 것은
　$O_2(= 2 \times 16g/mol = 32g/mol)$이다.

3-2

$1atm = 760mmHg = 14.7psi = 10.33mH_2O = 1.013 \times 10^5 N/m^2$

정답 3-1 ② **3-2** ④

(1) 점 도

① 유체가 흐름에 저항하는 성질로, 단위는 푸아즈(P, poise)를 사용한다.

$$1P = 1g/cm \cdot s$$

② 점도계의 종류와 사용법

　㉠ 오스트발트 점도계 : 모세관에 일정 부피의 유체를 흐르게 하며 소요된 시간을 측정해 점도를 계산한다.

　㉡ 낙체 점도계 : 대상 유체를 유리관 속에 넣고 고체 구슬을 떨어뜨리며 소요된 시간을 측정하여 점도를 계산한다.

　㉢ 회전식 점도계 : 대상 유체 속에 회전식 점도계를 넣고, 일정 회전수만큼 회전시키며 소요시간을 측정하여 점도를 계산한다.

※ 동점도 : 유체의 점성계수를 밀도로 나눈 값으로, (m^2/s)의 단위를 사용한다.

(2) 표면장력

① 액체분자 상호 간의 서로 끄는 힘으로, 온도가 올라갈수록 감소한다.

② 측정법 : 기포압력법, 액체방울시험법, 모세관상승법, 원환법 등이 있다.

(3) 습 도

① 습한 공기 중의 수증기 양을 나타낸 값이다(장소, 높이, 시각 등의 영향이 있다).

② 종 류

　㉠ 상대습도(Relative Humidity) : 일상생활에서 공기의 건습 정도를 나타내는 값이다.

$$H_r(\%) = \frac{\overline{P}}{P_s} \times 100$$

여기서, H_r : 상대습도(%)

　　$\overline{P}$: 특정 온도에서 공기 중 수증기 분압 (mmHg)

　　P_s : 일정 온도에서의 포화수증기압 (mmHg)

　㉡ 절대습도(Absolute Humidity) : 1kg의 건조공기 속에 공존하는 수증기량이다.

$$H_a = \frac{m_w}{m_a} = \frac{m_w}{m - m_w} (kg \ H_2O/kg \ 건조공기)$$

여기서, m : 습한 공기질량(kg)

　　m_w : 습한 공기 속의 수증기량(kg)

　　m_a : 건조공기질량(kg)

(4) 온 도

① 물질의 뜨거움, 차가움을 나타내는 기초적인 물리량으로 분자들에 의한 내부 에너지의 척도로 사용된다.

② 종류 : 에너지의 측정원리에 따라 수은, 열전쌍, 전기저항, 바이메탈, 광고온도계 등으로 나뉜다.

③ 표시방법

　㉠ 섭씨온도(℃) : 물의 어는점을 0℃, 끓는점을 100℃ 기준으로 한 온도의 척도이다.

　㉡ 화씨온도(℉) : 물의 어는점을 32℉, 끓는점을 212℉로 하여 그 사이를 180등분한 온도체계이다.

　㉢ 절대온도(K) : 분자운동의 활발함을 기준으로 정한 온도로, 0K에서는 분자의 움직임이 없어 물질이 존재하지 않는다.

　㉣ 상관관계

　　• 화씨온도(℉) = 1.8 × 섭씨온도(℃) + 32

　　• 절대온도(K) = 섭씨온도(℃) + 273

4-1. 다음 ( ) 안에 들어갈 용어는?

점성유체의 흐르는 모양 또는 유체역학적인 문제에 있어서는 점도를 그 상태의 유체 ( )(으)로 나눈 양에 지배되므로 이 양을 동점도라 한다.

① 밀 도   ② 부 피
③ 압 력   ④ 온 도

4-2. 온도 25℃, 전압 1atm에서 수증기 분압이 11.9mmHg였다. 상대습도는 몇 %인가?(단, 동일온도에서 물의 포화증기압은 23.8mmHg이다)

① 50   ② 60
③ 70   ④ 80

4-3. 현재온도가 섭씨 50도이다. 이것을 화씨온도와 절대온도로 변환하면 얼마인가?

① 화씨온도 : 122°F, 절대온도 : 323K
② 화씨온도 : 132°F, 절대온도 : 333K
③ 화씨온도 : 142°F, 절대온도 : 343K
④ 화씨온도 : 152°F, 절대온도 : 353K

|해설|

4-1

$$동점도 = \frac{절대점도}{유체의\ 밀도}$$

※ 절대점도는 유체 안의 물체의 이동이 어렵다는 의미이며, 동점도는 유체 자체의 이동이 어렵다는 의미이다.

4-2

$$상대습도 = \frac{\overline{P}}{P_s} \times 100 = \frac{11.9}{23.8} \times 100 = 50\%$$

4-3
• 화씨온도 = $1.8 \times 50 + 32 = 122°F$
• 절대온도 = $273 + 50 = 323K$

정답 4-1 ①   4-2 ①   4-3 ①

핵심이론 05 | 기본적인 물리, 화학적 특성 측정 – (5) 시약과 표준물질 및 분석기구의 재질

(1) 시약과 표준물질

① 시약(Reagent) : 화학반응을 생성하기 위해 사용되는 약품 전체를 말하며, 일반용 시약과 용량분석용 시약, 특수시약으로 구분된다.

② 1차 표준물질(Primary Standard Substance)
 ㉠ 순도가 높은 용액의 제조 시 무게오차가 작아 예상한 농도와 동일한 값의 용액을 만들 수 있는 물질이다.
 ㉡ 종류 : 프탈산수소칼륨, 아이오딘산수소칼륨, 설포살리실산(Sulfosalicylic Acid)겹염, 설파민산, 산화수은 등
 ㉢ 특 징
  • 정제가 쉬워야 한다.
  • 흡수, 풍화, 공기 산화 등의 성질이 없고 오랫동안 변질이 없다.
  • 반응은 정량적으로 진행된다.
  • 분자량이 커서 측량오차를 최소화할 수 있다.

③ 2차 표준물질 : 순도는 낮으나 1차 표준물질에 의해 정확한 함량이 알려진 물질로, 가격이 저렴하나 측정의 정확도가 떨어진다.

④ 정제수 : 분석화학에 사용되는 모든 물은 가장 중요한 용매이며, 결과값에 많은 영향을 미치므로 반드시 정제수(증류수)를 사용해야 한다.

(2) 분석기구의 재질

① 유리 : 저렴하고 세공이 쉬워 가장 널리 사용되나 충격에 약하고 알칼리에 침식되는 단점이 있다.

② 석영유리(Silica) : 유리의 단점인 부식성을 극복한 소재로, 부식성에 강하며 자외선을 투과시킬 수 있어 분광광도계(GC, UV용) 시료용기로 많이 사용된다.

③ 자기 : 고온, 내식성에 강한 소재로 증발접시로 많이 사용되나 알칼리, 탄산알칼리 용융 시 침식된다.

④ 백금 : 고온, 내식성에 강한 소재이나 가격이 비싸며, 반응성을 지닌 물질이 있어 사용 시 주의해야 한다.

⑤ 플라스틱 : 가격이 가장 저렴하고 파손의 우려도 없어 가장 많이 사용되나 열에 약하다.

5-1. 1차 표준물질이 갖추어야 할 조건 중 틀린 것은?

① 조성이 순수하고 일정해야 한다.
② 분자량이 작아야 한다.
③ 건조 중 조성이 변하지 않아야 한다.
④ 습기, CO_2 등의 흡수가 없어야 한다.

5-2. 분광광도법에서 자외선 영역에는 어떤 셀을 주로 이용하는가?

① 플라스틱 셀
② 유리 셀
③ 석영 셀
④ 반투명 유리 셀

|해설|

5-1

1차 표준물질의 특징
• 조성이 순수하고 일정하다.
• 정제가 쉬워야 한다.
• 흡수, 풍화, 공기 산화 등의 성질이 없고 오랫동안 변질이 없다.
• 반응은 정량적으로 진행된다.
• 분자량이 커서 측량오차를 최소화할 수 있다.

5-2

시료용기의 종류

셀의 종류	영 역
유 리	가시광선, 근적외선
석 영	자외선, 가시광선, 근적외선
플라스틱	근적외선

정답 5-1 ② 5-2 ③

핵심이론 06 │ 화학농도와 이온화도 – (1) 화학농도

(1) 화학농도

① 퍼센트농도(wt(%)) : 용액의 농도를 표시하는 가장 보편적인 방법으로, 용질의 질량이 용액 전체에 몇 퍼센트를 차지하는가를 나타내는 방법이다.

$$퍼센트농도(\%) = \frac{용질의\ 질량}{용액의\ 질량} \times 100$$

$$= \frac{용질의\ 질량}{(용매 + 용질)의\ 질량} \times 100$$

② 몰농도(M) : 용액 1L 속에 포함된 용질의 몰수(체적)로, 온도에 따라 변화한다.

$$몰농도(M) = \frac{용질의\ 몰수(mol)}{용액의\ 부피(L)}$$

③ 몰분율 : 혼합물에서 한 성분의 농도를 몰비로 나타내는 방법이다.

$$몰분율 = \frac{대상물질의\ 몰수}{용액\ 전체의\ 몰수}$$

④ 노말농도(N) : 용액 1L에 포함되어 있는 용질의 g당량수

$$노말농도(N) = \frac{용질의\ g당량수}{용액의\ 부피(L)}$$

(2) 당량(Equivalent, eq)

당량은 다음과 같이 규정할 수 있다.

① 수소원자 1g, 산소원자 16g, 염소원자 35.5g과 반응하는 양이다.

　예 Na^+의 당량수 = 1eq/mol

　　　Ca^{2+}의 당량수 = 2eq/mol

② 산-염기 반응에서 수소이온(H^+) 1몰과 반응하는 양이다.

　예 HCl의 당량수 = 1eq/mol

　　NaOH의 당량수 = 1eq/mol

　　H_2SO_4의 당량수 = 2eq/mol

③ 산화-환원 반응에서 전자(e^-) 1몰과 반응하는 양을 각각 1당량이라고 한다.

예 $K_2Cr_2O_7$의 당량수 = 6

$$Cr_2O_7^{2-} + 14H^+ + \underline{6e^-} \rightarrow 2Cr^{3+} + 7H_2O$$

※ 당량(eq)과 당량수(eq/mol)는 같은 값을 사용하며 단위만 다르다.

(3) g당량

당량을 g단위로 표시한 것이다.

※ g당량(g)은 g당량수(g/eq)와 같은 값을 사용하며 단위만 다르다.

(4) 몰농도(M)와 노말농도(N)의 관계

몰농도 × 당량수 = 노말농도

10년간 자주 출제된 문제

6-1. 농도를 모르는 황산 25mL를 완전히 중화하는 데 0.2몰 수산화나트륨 용액 50mL가 필요하였다. 이 황산의 농도는 몇 몰농도인가?

① 0.1 ② 0.2
③ 0.3 ④ 0.4

6-2. 30% 수산화나트륨 용액 200g에 물 20g을 가하면 약 몇 %의 수산화나트륨 용액이 되는가?

① 27.3% ② 25.3%
③ 23.3% ④ 20.3%

6-3. 염화나트륨 10g을 물 100mL에 용해한 액의 중량농도는?

① 9.09% ② 10%
③ 11% ④ 12%

6-4. 다음 용액에 대한 설명으로 옳은 것은?

① 물에 대한 고체의 용해도는 일반적으로 물 1,000g에 녹아 있는 용질의 최대 질량을 말한다.
② 몰분율은 용액 중 어느 한 성분의 몰수를 용액 전체의 몰수로 나눈 값이다.
③ 질량 백분율은 용질의 질량을 용액의 부피로 나눈 값을 말한다.
④ 몰농도는 용액 1L 중에 들어 있는 용질의 질량을 말한다.

6-5. 중성 용액에서 $KMnO_4$ 1g 당량은 몇 g인가?(단, $KMnO_4$의 분자량은 158.03이다)

① 52.68 ② 79.02
③ 105.35 ④ 158.03

6-6. 용액 1L 중에 녹아 있는 용질의 g당량수로 나타낸 것을 그 물질의 무엇이라고 하는가?

① 몰농도 ② 몰랄농도
③ 노말농도 ④ 포말농도

|해설|

6-1

NaOH는 1당량이므로 0.2M = 0.2N이다.

$NV = N'V'$를 이용하면

$x \times 25 = 0.2 \times 50$, $x = 0.4$

H_2SO_4는 2당량이므로 0.4N = 0.2M이다.

※ 황산은 2당량(전자를 2개씩 주고받음 : $2H^+ + SO_4^{2-}$)이므로, 분자량이 98일 때 전자 1개당 할당된(당량) 무게가 98/2 = 49g이며 노말농도는 1g당량이 1L에 녹아있을 때를 말한다(1N = 1g당량/L).

6-2

%농도 = $\dfrac{용질의\ 질량}{용액의\ 질량} \times 100 = \dfrac{200g \times 0.3}{200g + 20g} \times 100 ≒ 27.3\%$

6-3

중량농도 = $\dfrac{용질의\ 질량}{(용매 + 용질)의\ 질량} = \dfrac{10g}{10g + 100g} \times 100 ≒ 9.09\%$

6-4

① 물에 대한 고체의 용해도는 일반적으로 물 100g에 녹아 있는 용질의 최대 질량을 말한다.
③ 질량 백분율은 용질의 질량을 용액의 질량으로 나눈 값을 말한다.
④ 몰농도는 용액 1L 중에 들어 있는 용질의 몰수를 말한다.

6-5

중성 용액과 염기성 용액에서 과망간산은 $3e^-$만큼 환원되어 Mn이 +4의 산화수를 가지는 MnO_2가 된다.

$MnO_4^- + 2H_2O + 3e^- \rightarrow MnO_2 + 4OH^-$
　+7　　　　　　 -　　　　　+4　= +3($3e^-$)

∴ $\dfrac{158.03g}{3} ≒ 56.68g$

※ 산성 용액에서는 5당량이다.

정답 6-1 ② 6-2 ① 6-3 ① 6-4 ② 6-5 ① 6-6 ③

핵심이론 07 | 화학농도와 이온화도 – (2) 몰랄농도 및 용액의 희석

(1) 몰랄농도(m)

용매 1kg 속에 녹아 있는 용질의 몰수로, 온도변화와 상관없이 일정하다.

$$\text{몰랄농도}(m) = \frac{\text{용질의 몰수(mol)}}{\text{용매의 질량(kg)}}$$

(2) 백만분율(ppm, parts per million)

① 농도를 표시하는 단위로, 10^{-6}을 의미한다.

※ 1%를 환산하면 10,000ppm에 해당한다.

② 임의로 mg/L(액상), mL/m^3(기상)의 단위로 사용하나 원칙적으로 무단위이다.

(3) 일억분율(ppb, parts per billion)

농도를 표시하는 단위로, 10^{-9}을 의미한다.

(4) 용액의 희석

진한 농도와 진한 농도용액부피의 곱은 묽은 농도와 묽은 농도용액부피의 곱과 같다.

$$M_1 \times V_1 = M_2 \times V_2$$

7-1. 용매 1,000g 중에 포함된 용질의 몰수로서 나타내는 농도는?

① 몰농도 ② 몰랄농도
③ g농도 ④ 노말농도

7-2. 분자량이 100인 어떤 비전해질을 물에 녹였더니 5M 수용액이 되었다. 이 수용액의 밀도가 1.3g/mL이면 몇 몰랄농도(Molality)인가?

① 6.25 ② 7.13
③ 8.15 ④ 9.84

7-3. 다이크롬산칼륨 표준용액 1,000ppm으로 10ppm의 시료용액 100mL를 제조하고자 한다. 필요한 표준용액의 양은 몇 mL인가?

① 1 ② 10
③ 100 ④ 1,000

7-4. 과망간산칼륨($KMnO_4$) 표준용액 1,000ppm을 이용하여 30ppm의 시료 용액을 제조하고자 한다. 그 방법으로 옳은 것은?

① 3mL를 취하여 메스플라스크에 넣고 증류수로 채워 10mL가 되게 한다.
② 3mL를 취하여 메스플라스크에 넣고 증류수로 채워 100mL가 되게 한다.
③ 3mL를 취하여 메스플라스크에 넣고 증류수로 채워 1,000mL가 되게 한다.
④ 30mL를 취하여 메스플라스크에 넣고 증류수로 채워 10,000 mL가 되게 한다.

7-5. 1ppm은 몇 %인가?

① 10^{-2} ② 10^{-3}
③ 10^{-4} ④ 10^{-5}

|해설|

7-1
일정 질량의 용매(1kg 기준)에 포함된 용질의 몰수를 몰랄농도라고 한다.

7-2
- 용액의 질량 = 1,000mL × 1.3g/mL = 1,300g
- 용질의 질량 = 5mol × 100g/mol = 500g
- 용매의 질량 = 1,300g − 500g = 800g

800g의 물에 5mol의 물질이 녹아 있는 것이므로

∴ 5mol/0.8kg = 6.25mol/kg(= 몰랄농도, m)

7-3

$1,000ppm × x = 10ppm × 100mL$

$x = 1mL$

7-4

$NV = N'V'$를 이용한다.

$1,000ppm × 3mL = 30ppm × x$

$x = 100mL$

7-5

$1ppm = 1 × 10^{-6}$

$1 × 10^{-6} × 100\% = 10^{-4}\%$

정답 7-1 ② 7-2 ① 7-3 ① 7-4 ② 7-5 ③

핵심이론 **08** | 화학농도와 이온화도 – (3) 이온화도

(1) 이온화도

① 산이나 염기가 물속에서(수용액) 이온화하는 정도이다.

$$이온화도 = \frac{이온화된\ 몰수}{전해질\ 총몰수}$$

② 특 징

　㉠ 강산은 대부분 이온화되므로 높은 이온화도를 가지며, 약산은 상대적으로 이온화도가 작다.

　㉡ 이온화도는 농도가 묽을수록, 온도가 높을수록 커진다.

(2) 이온화상수(전리상수, 해리상수)

① 산과 염기의 반응과 같은 이온화반응에서 산, 염기를 이온화하는 식의 상수이다(물 제외).

② 평형상수이며, 온도가 같을 경우 일정하다.

③ 이온화상수식

　㉠ 산 기준

$$HA \rightleftharpoons H^+ + A^-, \quad K_a = \frac{[H^+][A^-]}{[HA]}$$

　㉡ 염기 기준

$$BOH \rightleftharpoons B^+ + OH^-, \quad K_b = \frac{[B^+][OH^-]}{[BOH]}$$

(3) pK_a

① 산에서 수소이온(H^+)이 얼마나 잘 해리되는지를 나타내는 평형상수이다.

　㉠ 산의 평형상수 : $HA \rightleftharpoons H^+ + A^-$,

$$K_a = \frac{[H^+][A^-]}{[HA]}$$

　㉡ 단위를 줄이기 위해 $pK_a = -\log K_a$로 바꾸어 사용한다(pH와 같이 음수이므로 낮은 값이 강산이 된다).

② 헨더슨-하셀바흐식 : 완충용액으로의 산을 설명하기 위한 공식으로, pH와 pK_a를 변환할 수 있다(단, pH 4~10 범위의 약전해질에서만 사용 가능).

$$pH = pK_a + \log \frac{[A^-]}{[HA]}$$

※ pH와 pK_a는 짝염기와 산의 비율에 따라 동일하거나 클 수도, 작을 수도 있다.

8-1. 다음 중 약염기 BOH의 이온화상수(K_b)는?

$$BOH \rightleftharpoons B^+ + OH^-$$

① $\dfrac{[BOH]}{[B^+][OH^-]}$ ② $\dfrac{[BOH][B^+]}{[OH^-]}$

③ $\dfrac{[B^+][OH^-]}{[BOH]}$ ④ $\dfrac{[B^+]}{[BOH][OH^-]}$

8-2. 어느 산 HA의 0.1M 수용액을 만든 다음, pH를 측정하였더니 25℃에서 3.0이었다. 이 온도에서 산 HA의 이온화상수 K_a는?

① 1.01×10^{-3} ② 1.01×10^{-4}
③ 1.01×10^{-5} ④ 1.01×10^{-6}

8-3. 농도가 0.2M인 어떤 산 HA가 3.2% 해리된다. 이 산의 pK_a값은 얼마인가?

① 2.54   ② 3.67
③ 4.51   ④ 5.32

|해설|

8-1

$$이온화상수 = \frac{[생성물]}{[반응물]}$$

8-2

$$pH = -\log[H^+] = 3, \quad [H^+] = 10^{-3}$$
$$HA \rightleftharpoons H^+ + A^-$$
$$\therefore K_a = \frac{[H^+][A^-]}{[HA]} = \frac{(10^{-3})^2}{0.1 - 0.001} ≒ 1.01 \times 10^{-5}$$

8-3

약산 $HA \rightleftharpoons H^+ + A^-$
$$K_a = \frac{[H^+][A^-]}{[HA]}$$

3.2%가 해리되므로
$[H^+][A^-]$는 각각 $0.2M \times 0.032 = 0.0064M$이 존재하며,
$[HA] = 0.2M \times (1 - 0.032) = 0.1936M$이다.
$$K_a = \frac{0.0064 \times 0.0064}{0.1936} ≒ 2.12 \times 10^{-4}$$
$$\therefore pK_a = -\log K_a ≒ 3.6737$$

정답 8-1 ③   8-2 ③   8-3 ②

(1) 전해질과 비전해질

① 전해질 : 물에 용해되어 전기를 잘 통하게 하는 물질이다.

    예 HCl, NaOH, NaCl 등

② 비전해질 : 이온화하는 정도가 낮아 전기를 잘 안 통하게 하는 물질이다.

    예 설탕, 에탄올(C_2H_5OH), 포도당 등

(2) 전리도(이온화도)

① 수용액상태에서 양이온과 음이온으로 해리되었을 때, 이온으로 해리된 분자수와 원래의 전분자수와의 비이다.

$$전리도(\alpha) = \frac{이온화된\ 분자수}{전분자수(해리되기\ 전)}$$

$$= \frac{이온화된\ 몰농도}{전체\ 몰농도}$$

② 전리도의 상태에 따라 강전해질, 약전해질, 비전해질로 구분한다.

    ㉠ 강전해질 : 전리도가 높은 물질을 말하며(이온화도 높음), 주로 강산, 강염기에 해당한다.

    ㉡ 약전해질 : 전리도가 작은 물질을 말하며(이온화도 낮음), 주로 약산, 약염기에 해당한다.

    ㉢ 비전해질 : 물에 대한 용해성은 있으나 이온화하지 않는 물질을 말한다.

        예 설탕, 에탄올, 포도당, 자동차 부동액, 녹말, 아세톤, 석유 등

③ 대표적인 산과 염기의 전리도

물질의 종류		전리도
산	염산(HCl)	0.78
	황산(H_2SO_4)	0.51
	아세트산(CH_3COOH)	0.004
알칼리	수산화나트륨(NaOH)	0.79
	수산화칼륨(KOH)	0.77
	수산화암모늄(NH_4OH)	0.004

10년간 자주 출제된 문제

9-1. 다음 중 수용액에서 이온화도가 5% 이하인 산은?

① HNO_3 ② H_2CO_3

③ H_2SO_4 ④ HCl

9-2. 다음 중 비전해질은?

① NaOH   ② HNO_3

③ CH_3COOH ④ C_2H_5OH

9-3. 산의 전리상수값이 다음과 같을 때 가장 강한 산은?

① 5.8×10^{-2} ② 2.4×10^{-4}

③ 8.9×10^{-2} ④ 9.3×10^{-5}

9-4. 용액의 전리도(α)를 옳게 나타낸 것은?

① 전리된 몰농도/분자량

② 분자량/전리된 몰농도

③ 전체 몰농도/전리된 몰농도

④ 전리된 몰농도/전체 몰농도

9-5. 다음 0.1mol 용액 중 전리도가 가장 작은 것은?

① NaOH   ② H_2SO_4

③ NH_4OH ④ HCl

|해설|

9-1

탄산은 대표적인 약산으로, 이온화도가 상당히 낮다.

9-2

비전해질 물질은 물에 용해되어도 이온화하지 않는 물질로 설탕, 에탄올(C_2H_5OH), 포도당 등이 있다.

※ 전해질 물질 : 염화나트륨, 염화수소, 염화구리, 수산화나트륨 등

9-3

산의 전리상수(이온화상수, 해리상수)는 산이 해리되는 반응의 평형상수로, 그 값이 클수록 해리도가 높은 강산을 의미한다.

$K_a = \dfrac{[\text{H}^+][\text{A}^-]}{[\text{HA}]}$, 산의 전리 : $\text{HA} \rightleftharpoons \text{H}^+ + \text{A}^-$

9-4

전리도 $\left(= \dfrac{\text{이온화된 몰농도}}{\text{전체 몰농도}} \right)$

물속에 해리되어 있는 분자수와 원래의 전분자수와의 비로 해리도가 높을수록 강산, 강염기이다.

9-5

암모니아수는 약염기로 전리도가 낮다.

정답 9-1 ② 9-2 ④ 9-3 ③ 9-4 ④ 9-5 ③

핵심이론 10 │ 용해도와 극성물질 – (1) 용해도

(1) 용해도(Solubility)

일정한 온도에서 용매 100g에 최대로 녹을 수 있는 용질의 g수이다(물질, 온도에 따라 다르다).

$$\text{용해도} = \frac{\text{용질의 g수}}{\text{용매의 g수}} \times 100$$

① **고체의 용해도** : 온도 상승에 따라 증가하며, 압력과는 대부분 무관하다. 단, $Ca(OH)_2$, Li_2SO_4, $CaSO_4$ 등은 온도 상승 시 용해도가 감소하는 발열반응을 한다.

② **액체의 용해도** : 극성과 비극성의 유무에 따라 용해도가 갈린다. 극성물질은 극성용매에, 비극성 물질은 비극성 용매에 잘 녹는다.

③ **기체의 용해도** : 온도가 낮을수록, 압력이 커질수록 용해도가 증가한다.

$$\text{용해도} \propto \frac{1}{\text{온도}}, \quad \text{용해도} \propto \text{압력}$$

예 • 탄산음료의 뚜껑을 열면 하얀 거품이 발생한다.
   → 압력 하강으로 탄산음료 내의 CO_2가 과포화되어 날아간다.
 • 여름철에 물고기가 수면 위로 입을 내밀어 숨을 쉰다. → 온도가 상승해 산소의 용해도가 낮아진다.

(2) 화학평형과 평형상수

① **화학평형**

 ㉠ 가역반응에서 정반응, 역반응의 속도가 동일한 상태이다.

 ㉡ 반응물, 생성물의 겉보기 농도변화 = 0

 ㉢ 화학평형은 동적평형이며, 가역적이다(온도, 압력 등에 따라 언제든지 깨질 수 있다).

  ※ 동적평형상태 : 끊임없이 반응이 일어나며(정반응과 역반응) 평형상태가 유지되는 것이다.

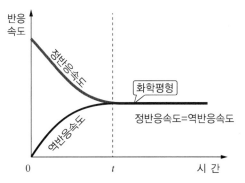

② **물리평형** : 반응 전, 반응 후의 물질이 동일하다(상
　－phase만 다르다).

　예 물을 일정 온도 이상 가열하면 물과 수증기가 공존
　　하는 평형상태를 이룰 수 있다.

$$H_2O(l) \rightleftarrows H_2O(g)$$

③ **평형상수(Equilibrium Constant, K)**

　㉠ 평형상수 > 1 : 생성물의 농도가 높다.

　㉡ 평형상수 < 1 : 반응물의 농도가 높다.

　㉢ 평형상수 = 1 : 반응물과 생성물의 농도가 동일
　　하다.

　㉣ $aA + bB \rightleftarrows cC + dD$에서

　　평형상수$(K) = \dfrac{[C]^c[D]^d}{[A]^a[B]^b}$

　㉤ 평형상수는 온도에 의해서만 변화한다(농도, 압
　　력, 촉매의 영향이 없다).

10년간 자주 출제된 문제

10-1. 기체는 다음 어느 경우에 가장 잘 용해하는가?

① 온도가 높고 압력이 낮을 때
② 온도가 높고 압력이 높을 때
③ 온도가 낮고 압력이 높을 때
④ 온도가 낮고 압력이 낮을 때

10-2. 기체의 용해도에 관한 설명 중 옳은 것은?

① 이산화탄소는 물에 잘 녹는다.
② 무극성인 기체는 물에 녹기 더욱 쉽다.
③ 기체는 온도가 올라가면 물에 녹기 쉽다.
④ 무극성인 기체는 용해하는 질량이 압력에 비례한다.

10-3. $N_2 + 3H_2 \rightleftarrows 2NH_3$의 평형상수는?

① $K = \dfrac{[NH_3]^2}{[N_2][H_2]^3}$　　② $K = \dfrac{[N_2]^2}{[NH_3][H_2]^3}$

③ $K = \dfrac{[N_2]^2}{[NH_3]^2[H_2]^3}$　　④ $K = \dfrac{[NH_3]^2[H_2]^3}{[N_2]}$

10-4. 다음 중 화학평형 상수에 영향을 주는 인자는?

① 표면적의 크고 작음　　② 촉매나 부촉매의 유무
③ 반응열의 발생 및 흡수　　④ 화합물의 부피

|해설|

10-1

기체의 용해도 ∝ 압력, $\dfrac{1}{\text{온도}}$

10-2

① 이산화탄소는 물에 잘 안 녹는다(물은 극성, 이산화탄소는
　무극성).
② 무극성인 기체는 물에 녹기 어렵다(물은 극성 물질이므로 무극
　성 물질은 물에 안 녹는다).
③ 기체는 온도가 올라가면 물에 녹기 어렵다(기체의 온도가 상승
　할수록 물에 잘 용해되지 않는다).

10-3

$aA + bB \rightleftarrows cC + dD$에서 평형상수$(K) = \dfrac{[C]^c[D]^d}{[A]^a[B]^b}$이다.

10-4

평형상수(K)는 반응의 종류와 온도에 의해서 결정된다.

정답 10-1 ③　10-2 ④　10-3 ①　10-4 ③

① 가역반응은 정반응과 역반응이 동시에 진행되고 반응이 끝나면 동적평형상태에 이르게 된다.

② 평형의 위치는 농도, 압력, 온도, 촉매 등의 반응조건에 따라 달라진다.

　㉠ 농도 : 농도가 진할수록 농도가 감소되는 방향(정반응)으로, 농도가 연할수록 농도가 증가되는 방향(역반응)으로 진행한다.

　㉡ 압력 : 압력이 증가할수록 기체 몰수가 작은 쪽으로, 압력이 감소할수록 기체 몰수가 증가하는 쪽으로 진행하지만, 반응물과 생성물의 분자수가 같을 경우 압력의 영향은 없다.

　㉢ 온도 : 온도가 올라가면 온도가 내려가는 방향(흡열), 온도가 내려가면 온도가 올라가는 방향(발열)으로 진행한다.

　※ 평형상수(K)는 온도에 의해서만 변한다.

　예 흡열반응과 발열반응

　　• 흡열반응 : $A + B \rightarrow C - 50cal$

　　• 발열반응 : $A + B \rightarrow C + 50cal$

11-1. 화학반응에서 정반응과 역반응의 속도가 같아지는 상태를 화학평형(Chemical Equilibrium)이라 한다. 화학평형에 영향을 끼치는 인자는 온도, 압력 및 농도인데 평형상태에 놓여 있는 반응계의 온도, 압력, 농도를 변화시키면 그 변화에 대하여 영향을 적게 받는 쪽으로 반응이 진행된다. 이것을 무슨 법칙이라 하는가?

① 보 일　　　　　　② 샤 를
③ 아레니우스　　　　④ 르샤틀리에

11-2. 다음 화학평형에서 평형을 오른쪽으로 진행시키기 위한 조건은?

$$C + CO_2 \rightarrow 2CO - 40kcal$$

① 온도를 높이고 압력을 가한다.
② 온도를 내리고 압력을 가한다.
③ 온도를 내리고 압력을 내린다.
④ 온도를 높이고 압력을 내린다.

11-3. 화학평형의 이동에 영향을 주지 않는 것은?

① 온 도　　　　　　② 농 도
③ 압 력　　　　　　④ 촉 매

|해설|

11-1
르샤틀리에의 법칙은 화학평형에 관한 법칙으로 온도, 압력, 농도에 따른 반응의 변화를 나타내고 있다.

11-2
40kcal이 감소되는 발열반응이므로 르샤틀리에의 원리를 적용하여 온도를 높이고, 반응계의 몰수는 1몰(CO_2) → 2몰(2CO)이므로 압력은 내린다.

11-3
촉매는 화학평형에 더 빨리 도달하게 하며, 평형이동에는 영향을 끼치지 않는다.
화학평형 이동의 3대 결정인자 : 온도, 농도, 압력

정답 11-1 ④　11-2 ④　11-3 ④

핵심이론 12 | 용해도와 극성 물질 – (3) 극성 물질과 무극성 물질

(1) 극성 물질과 무극성 물질

물질의 전기음성도에 따라 강한 전기음성도를 지닌 원자쪽은 전자를 자기쪽으로 끌어당겨 약한 음전하, 전기음성도가 약한 원자쪽은 약한 양전하를 지닌다. 이럴 때 분자 내의 구조가 양쪽이 비대칭일 경우, 전기음성도가 강한 쪽이 음전하, 그 반대쪽은 양전하를 지니게 되는데 이런 물질을 극성 물질이라 하고, 분자구조가 대칭이어서 전기적으로 중성을 띠는 물질을 무극성 물질이라 한다.

※ 전기음성도의 크기 : $F > O > N > Cl > Br > C > S > I > H > P$

① 극성 물질의 특징

  ㉠ 전기장 안에서 반대 극성쪽으로 배열되지만 분자가 한쪽으로 끌려가지 않는다.

  ㉡ 극성 분자는 (+)전하 또는 (−)전하로 대전된 막대쪽으로 끌려간다.

  ㉢ 극성 용질은 극성 용매에 잘 녹는다.

  ㉣ 분자의 구조는 비대칭인 경우가 많다.

② 무극성 물질의 특징

  ㉠ 전자가 전체적으로 고르게 분포되어 있어 자기장, 전기장의 영향을 받지 않는다.

  ㉡ 대부분 분자의 구조가 대칭으로 극성이 서로 상쇄되어 중성분자를 지닌다.

  예 $CO_2 → O = C = O$(대칭이므로 무극성)

[극성 물질과 무극성 물질의 예]

구 분	종 류
극성 물질	H_2O, HF, HCl, H_2S, CH_3COOH 등
무극성 물질	C_6H_6, CCl_4, CH_4, CO_2, O_2 등

10년간 자주 출제된 문제

12-1. 다음 중 물에 대한 용해도가 가장 작은 것은?

① HCl
② NH_3
③ CO_2
④ HF

12-2. 다음 물질 중 무극성 분자에 해당되는 것은?

① HF
② H_2O
③ CH_4
④ NH_3

12-3. 다음 중 극성 분자인 것은?

① H_2O
② O_2
③ CH_4
④ CO_2

|해설|

12-1

물은 극성 물질이므로 극성인 HCl, NH_3, HF 등은 잘 녹는다.
※ 비극성 물질들 사이의 용해도는 물질의 분산력을 기준으로 낮은 분산력을 지닌 물질(분산력 ∝ 몰질량)이 용해도가 낮다.

12-2

• 극성 물질 : NH_3, HCl, HF, H_2S 등
• 무극성 물질 : CH_4, CO_2, H_2, O_2, N_2 등

12-3

극성 분자는 분자구조가 비대칭을 이루며, 쌍극자 모멘트를 갖는다. 대표적인 극성 분자는 물이며, 같은 극성 분자끼리 잘 녹는다.

정답 12-1 ③ 12-2 ③ 12-3 ①

(1) 용해도곱(K_{sp})

① 포화상태의 용액에서 염(난용성)을 구성하는 양이온과 음이온의 농도곱이다.

② 특 징

ㄱ 일정 온도에서 일정한 값을 보인다.

ㄴ 침전 적정에서 중요한 값이다.

ㄷ $AB(aq) \rightleftharpoons A^+ + B^-$

위 반응의 평형상수(K)는 다음과 같다.

$$K = \frac{[A^+][B^-]}{[AB](aq)}$$

포화용액 $AB(aq)$의 농도는 일정하므로

$$[A^+][B^-] = K[AB](aq) = 상수 = K_{sp}$$

(단, 각 이온의 농도는 mol/L)

ㄹ 반응물의 몰수에 비례하여 커진다.

(2) 용해도값에 따른 침전의 형성

$AB(aq) \rightleftharpoons A^+ + B^-$를 기준으로

① $K_{sp} = [A^+][B^-]$: 포화(평형)

② $K_{sp} > [A^+][B^-]$: 불포화

③ $K_{sp} < [A^+][B^-]$: 과포화(침전 형성)

(3) 몰용해도

1L당 용해되는 물질의 몰수이다.

※ 용해도의 기준은 용질의 무게, 몰용해도의 기준은 용질의 몰수이다.

13-1. AgCl의 용해도가 0.0016g/L일 때 AgCl의 용해도곱은 얼마인가?(단, Ag의 원자량은 108, Cl의 원자량은 35.5이다)

① 1.12×10^{-5} 　　② 1.12×10^{-3}

③ 1.2×10^{-5} 　　④ 1.2×10^{-10}

13-2. Hg_2Cl_2는 물 1L에 3.8×10^{-4}g이 녹는다. Hg_2Cl_2의 용해도곱은 얼마인가?(단, Hg_2Cl_2의 분자량은 472이다)

① 8.05×10^{-7} 　　② 8.05×10^{-8}

③ 6.48×10^{-13} 　　④ 5.21×10^{-19}

13-3. 양이온 1족에 속하는 Ag^+, Hg^{2+}, Pb^{2+}의 염화물에 따라 용해도곱 상수(K_{sp})가 큰 순서대로 바르게 나타낸 것은?

① $AgCl > PbCl_2 > Hg_2Cl_2$

② $PbCl_2 > AgCl > Hg_2Cl_2$

③ $Hg_2Cl_2 > AgCl > PbCl_2$

④ $PbCl_2 > Hg_2Cl_2 > AgCl$

13-4. 다음 이온곱과 용해도곱 상수(K_{sp})의 관계 중에서 침전을 생성시킬 수 있는 관계는?

① 이온곱 > K_{sp} 　　② 이온곱 = K_{sp}

③ 이온곱 < K_{sp} 　　④ 이온곱 = K_{sp} × 해리상수

13-5. 25℃의 물에서 $BaSO_4$의 용해도는 0.0091g/L이다. 몰용해도는 얼마인가?(단, $BaSO_4$의 분자량 = 233g)

① 3.9×10^{-2} 　　② 3.9×10^{-3}

③ 3.9×10^{-4} 　　④ 3.9×10^{-5}

13-6. 0.1M 황산나트륨(Na_2SO_4)수용액에서 황산바륨($BaSO_4$)의 몰용해도는 얼마인가?(단, $BaSO_4$의 $K_{sp} = 10^{-10}$)

① 10^{-7} 　　② 10^{-8}

③ 10^{-9} 　　④ 10^{-10}

13-7. 초산은의 포화수용액은 1L 속에 0.059몰을 함유하고 있다. 전리도가 50%라 하면 이 물질의 용해도곱은 얼마인가?

① 2.95×10^{-2} 　　② 5.9×10^{-2}

③ 5.9×10^{-4} 　　④ 8.7×10^{-4}

13-1

용해도곱이란 AgCl이 물에 용해되면서 이온화되었을 때, 각 이온의 몰농도를 평형상수로 표현한 값이다. 즉, Ag^+와 Cl^-가 동일한 농도로 물에 용해되었을 때 몰농도이며, AgCl의 분자량이 143.5g/mol일 때 AgCl의 용해도가 0.0016g/L이므로

$1mol : 143.5g = x : 0.0016g/L$

$$x = \frac{(0.0016g/L) \times 1mol}{143.5g} = 1.11 \times 10^{-5}M(mol/L)$$

$\therefore$ 용해도곱(평형상수) $= [Ag^+][Cl^-]$
$$= (1.11 \times 10^{-5})(1.11 \times 10^{-5})$$
$$\fallingdotseq 1.2 \times 10^{-10}$$

13-2

$Hg_2Cl_2 \rightarrow Hg_2^{2+} + 2Cl^-$

$\therefore$ 용해도곱(평형상수)

$= [Hg_2^{2+}][Cl^-]^2$

$= \dfrac{3.8 \times 10^{-4}g/L}{472g/mol} \times \left(\dfrac{3.8 \times 10^{-4}g/L}{472g/mol}\right)^2 \fallingdotseq 5.21 \times 10^{-19}$

13-3

용해도곱 상수(K_{sp})는 반응물의 몰수와 관계가 있다. 즉, 몰수의 비를 통해 상대적인 용해도곱 상수값을 유추할 수 있다. 몰수의 비는 생성물($PbCl_2$, AgCl, Hg_2Cl_2)이 각각 1몰이라 가정했을 때 다음과 같다.

• $PbCl_2$의 $K_{sp} = [Pb^{2+}][Cl^-]^2 \rightarrow$ 1몰과 1몰의 제곱의 곱으로, 가장 크다.

• AgCl의 $K_{sp} = [Ag^+][Cl^-] \rightarrow$ 1몰과 1몰의 곱으로, 중간 크기이다.

• Hg_2Cl_2의 $K_{sp} = [Hg_2^{2+}][Cl^-]^2 \rightarrow$ 수은은 1가 수은이 Hg_2^{2+}, 2가 수은이 Hg^{2+}로 존재하는데 Hg_2Cl_2의 경우 2가 수은의 몰수의 절반에 해당해 0.5몰이 반응하게 되므로 0.5몰과 1몰의 제곱의 곱으로 가장 작은 값을 가지게 된다.

$\therefore PbCl_2 > AgCl > Hg_2Cl_2$

※ 각 물질의 용해도곱 상수 비교
 • $PbCl_2 : 1.7 \times 10^{-5}$
 • $AgCl : 1.8 \times 10^{-10}$
 • $Hg_2Cl_2 : 1.3 \times 10^{-18}$

13-4

이온곱이 용해도곱 상수보다 큰 경우 침전이 형성된다.

13-5

$0.0091g/L \times \dfrac{1mol}{233g} = 3.9 \times 10^{-5} mol/L$

13-6

황산나트륨은 물에서 100% 이온화되므로

$Na_2SO_4 \rightleftarrows 2Na^+ + SO_4^{2-}$, $[SO_4^{2-}] = 0.1M$

$BaSO_4 \rightleftarrows Ba^{2+} + SO_4^{2-}$, $K_{sp} = [Ba^{2+}][SO_4^{2-}]$

$10^{-10} = [Ba^{2+}]0.1$, $[Ba^{2+}] = 10^{-9}$

$\therefore$ 황산바륨의 몰용해도 $= 10^{-9}$

13-7

전리도가 50%이므로 0.059mol의 절반인 0.0295mol이 이온화되며, 초산은이 이온화할 경우 초산이온 1개, 은이온 1개가 생성된다.

즉, $AgNO_3 \rightarrow Ag^+ + NO_3^-$에서 용해도곱을 구하면

$0.0295 \times 0.0295 = 8.7 \times 10^{-4}$

$\therefore$ 용해도곱 $= 8.7 \times 10^{-4}$

정답 13-1 ④ 13-2 ④ 13-3 ② 13-4 ① 13-5 ④ 13-6 ③ 13-7 ④

(1) 물의 이온화

① 일반적으로 물은 다음과 같이 해리(이온화)된다.

$$2H_2O \rightleftarrows H_3O^+ + OH^-$$

이때, 생성된 H^+이온 농도와 (H_3O^+) OH^- 이온 농도의 곱은 일정한 값을 가지게 되며 이것을 물의 이온화 상수라 한다.

$$\text{물의 이온화상수}(K_w) = K_a[H_2O] = [H^+][OH^-]$$
$$= \underline{1.0 \times 10^{-14}}$$

$$(25℃ \text{ 기준, } [H^+] = 10^{-7}, [OH^-] = 10^{-7})$$

② 특 징

  ㉠ 온도가 동일할 경우 성분에 관계없이 일정하다.

  ㉡ 일반적으로 온도 상승에 따라 값이 올라가며, 고온 (약 250℃)의 경우 값이 일시적으로 낮아진다.

  ㉢ 흡열반응이며, 르샤틀리에의 원리에 적용받는다.

  ㉣ 일반적으로 25℃를 기준으로 한다.

③ 온도에 따른 물의 이온곱 상수값 비교

온도(℃)	K_w	온도(℃)	K_w
0	1.14×10^{-15}	30	1.47×10^{-14}
10	2.92×10^{-15}	40	2.92×10^{-14}
20	6.81×10^{-15}	50	5.47×10^{-14}
25(기준)	1.01×10^{-14}	60	9.61×10^{-14}

(2) 산과 염기

① 일반적으로 산은 수소이온(H^+)을, 염기는 수산화이온(OH^-)을 배출하는 물질을 의미한다.

학 설	산(Acid)	염기(Base)	예 시
아레니우스 정의	수중에서 H^+을 내놓는 물질	수중에서 OH^-를 내놓는 물질	• $HCl \rightleftarrows$ $H^+ + Cl^-$ • $NaOH \rightleftarrows$ $Na^+ + OH^-$
브뢴스테드- 로우리의 정의	양성자(H^+)를 내놓는 물질	양성자(H^+)를 받는 물질	$HCl + H_2O \rightleftarrows$ $Cl^- + H_3O^+$
루이스 정의	비공유전자쌍 을 받는 물질	비공유전자쌍 을 주는 물질	$BF_3 + NH_3 \rightarrow$ BF_3NH_3

② 짝산과 짝염기

  ㉠ 브뢴스테드-로우리의 산과 염기 정의에 따른다.

  ㉡ 산과 염기는 수용액에서 반응할 때 반드시 그것을 받아들일 존재(산 → 염기, 염기 → 산)가 필요한데 이것을 짝산, 짝염기라 정의한다.

  ㉢ 강산의 짝염기는 약염기, 강염기의 짝산은 약산 이다.

  예) $HCl(g) + H_2O(l) \rightleftarrows H_3O^+(aq) + Cl^-(aq)$
      산1   염기2   산2   염기1
                      짝산 – 짝염기

    $NH_3 + H_2O \rightleftarrows OH^- + NH_4^+$
    염기1   산2   염기2   산1
                  짝염기 – 짝산

(3) pH, pOH

① 물속의 수소이온농도, 수산화이온농도의 값을 log값 으로 나타낸 것이다.

$$pH = -\log[H^+], \quad pOH = 14 - pH$$

② 특 징

  ㉠ 수소이온과 수산화이온의 양을 수학적으로 쉽게 표기하기 위해 사용한다.

  ㉡ 이온화상수값(K_a, K_b)이나 pK_a값을 통해서 pH, pOH값을 환산할 수 있다.

  ㉢ 0~14까지의 값이 있으며, 값이 작을수록 강산, 값 이 높을수록 강염기를 나타낸다.

  ㉣ 평형상수값이므로 온도에 따라 변하므로 측정 시 주의해야 한다(25℃ 기준).

14-1. 농도가 1.0×10^{-5}mol/L인 HCl 용액이 있다. HCl 용액이 100% 전리한다면 25℃에서 OH^-의 농도는 몇 mol/L인가?

① 1.0×10^{-14}　　　　② 1.0×10^{-10}
③ 1.0×10^{-9}　　　　　④ 1.0×10^{-7}

14-2. $[H^+][OH^-] = K_w$일 때 상온에서 K_w의 값은?

① 6.02×10^{23}　　　　② 1×10^{-7}
③ 1×10^{-14}　　　　　④ 3×10^{-8}

14-3. 산-염기의 쌍에서 산의 해리상수(K_a)와 염기의 해리상수(K_b), 물의 이온곱상수(K_w)의 관계가 바르게 짝지어진 것은?

① $K_w = K_a \cdot K_b$　　　② $K_w = K_a \div K_b$
③ $K_w = \dfrac{K_a}{K_b}$　　　　④ $K_w = \dfrac{K_b}{K_a}$

14-4. 물속에서 산은 H^+, 염기는 OH^-를 내놓는 물질로 규정한 학설은?

① 아레니우스 정의　　② 브뢴스테드 정의
③ 로우리 정의　　　　④ 루이스 정의

14-5. HSO_4^-의 짝산은?

① H^+　　　　　　② SO_4^-
③ SO_4^{2-}　　　　④ H_2SO_4

14-6. HSO_4^-의 짝염기는?

① H^+　　　　　　② SO_4^-
③ SO_4^{2-}　　　　④ H_2SO_4

14-7. 다음 중 짝산-짝염기의 쌍을 구성하지 않는 것은?

① $HNO_2 - NO_2^-$　　② $H_2CO_3 - CO_3^{2-}$
③ $HSO_4^- - SO_4^{2-}$　④ $CH_3NH_3^+ - CH_3NH_2$

14-8. pH Meter로 농도와 액성을 측정할 때 pH Meter의 온도는 일반적으로 몇 ℃로 놓고 조작하는가?

① 10℃　　　　　　② 15℃
③ 20℃　　　　　　④ 25℃

14-9. 0.400M의 암모니아 용액의 pH는?(단, 암모니아의 K_b 값은 1.8×10^{-5}이다)

① 9.25　　　　　　② 10.33
③ 11.43　　　　　④ 12.57

14-10. 다음 설명 중 틀린 것은?

① 물의 이온곱은 25℃에서 1.0×10^{-14}mol/L이다.
② 순수한 물의 수소이온농도는 1.0×10^{-7}mol/L이다.
③ 산성 용액은 H^+의 농도가 OH^-보다 더 큰 용액이다.
④ pOH 4는 산성 용액이다.

14-11. pH의 값이 5일 때 pOH의 값은 얼마인가?

① 3　　　　　　　② 5
③ 7　　　　　　　④ 9

|해설|

14-1

$$HCl \rightleftharpoons H^+ + Cl^-$$
$$1.0 \times 10^{-5} \quad 1.0 \times 10^{-5} \quad 1.0 \times 10^{-5}$$
물의 이온곱상수(K_w) $= [H^+][OH^-]$
$$1.0 \times 10^{-14} = 1.0 \times 10^{-5} \times [OH^-]$$
$$\therefore [OH^-] = 1.0 \times 10^{-9} \text{mol/L}$$

14-2

상온(25℃)에서 물의 이온곱상수는 항상 1×10^{-14}로 일정하다.

14-3

물의 이온곱상수(K_w) $= K_a[H_2O]$
$$= \frac{[H^+]}{K_a} \frac{[OH^-]}{K_b} = 1.0 \times 10^{-14}$$

14-4

아레니우스 정의에 관한 설명이며, 수중에서 수소이온, 수산화이온을 발생시킬 수 없는 물질을 설명할 수 없는 한계가 있다.

14-5

짝산은 염기가 작용하고 나온 물질로 수소분자를 받은 상태를 나타낸다.
$$HSO_4^- + H^+ \rightarrow H_2SO_4$$

14-6

짝염기는 산이 발생하고 나서 H^+를 제외한 부분을 말한다.
$$HSO_4^- \rightarrow H^+ + SO_4^{2-}$$

14-7

$$H_2CO_3 \rightarrow H^+ + HCO_3^-$$

14-8

일반적으로 pH는 기준온도를 25℃로 설정하여 측정하며, 온도에 따라 다르게 측정된다.

14-9

$$NH_3 + H_2O \rightleftarrows NH_4^+ + OH^-$$

0.4		0	0
x		x	x
$0.4-x$		x	x

암모니아는 약염기로, 이온화의 정도가 매우 낮으므로 $0.4-x$ ≒ 0.4로 변환한다.

$$K_b = 1.8 \times 10^{-5} = \frac{[NH_4^+][OH^-]}{[NH_3]} = \frac{x^2}{0.4}$$

$$x^2 = 7.2 \times 10^{-6}$$

$$x = 2.7 \times 10^{-3}$$

$$\therefore \ pH = 14 - pOH$$
$$= 14 - (-\log(2.7 \times 10^{-3}))$$
$$≒ 11.43$$

14-10

$$pOH = 14 - pH$$
$$pH = 14 - pOH = 14 - 4 = 10$$
$$\therefore \ pOH \ 4 = pH \ 10 \ \rightarrow \ 알칼리성 \ 용액$$

14-11

$$pOH = 14 - pH = 14 - 5 = 9$$

정답 14-1 ③ 14-2 ③ 14-3 ① 14-4 ① 14-5 ④ 14-6 ③
14-7 ② 14-8 ④ 14-9 ③ 14-10 ④ 14-11 ④

핵심이론 15 | 활동도

(1) 활동도(Activity)의 정의

① 열역학적으로 반응의 평형을 고려할 때 실제 용액에서 반응에 참여하는 정도를 말한다.

② 활동도 = 활동도계수 × 몰농도

※ 용액 속에 포함된 일정량의 물질이 있을 때 조건에 따라 화학적으로 반응하는 양이 달라진다. 무한이 묽은 용액의 경우 모든 물질이 반응에 참여하지만, 농도가 아주 진할 경우 반응에 참여하지 않는 물질이 생성되기 때문에 실제 반응에 참여하는 물질의 정도를 표시하는 활동도의 개념을 사용하게 되었다.

(2) 활동도계수

실제 농도와 활동도의 비율이며, 다음과 같은 경우 활동도계수는 1이다.

활동도값이 1인 경우	• 용액 중의 중성분자 • 기 체 • 순수한 용매 • 결정체(순수고체)

15-1. 활동도가 0.24M인 0.3M 용액의 활동도계수는?

① 0.3　　　　　　　　② 0.5

③ 0.8　　　　　　　　④ 1.2

15-2. 활동도값이 1이 아닌 경우는?

① 기체물질　　　　　② 순수한 용매

③ 순수한 고체　　　　④ 혼합물

|해설|

15-1

활동도 = 활동도계수 × 몰농도

$0.24 = x \times 0.3$, $x = 0.8$

∴ 활동도 계수 = 0.8

15-2

용액 중의 중성분자, 기체, 순수한 용매, 순수고체의 경우 활동도값이 1이며, 이는 용액 속에 포함된 모든 물질이 반응에 참여한다는 것(몰농도 = 활동농도)을 의미한다.

정답 15-1 ③　15-2 ④

제6절　이화학분석

핵심이론 01 | 정량, 정성분석 – (1) 양이온 정성분석

물질을 분석하는 방법은 물질의 양을 분석하는 정량분석과 물질의 성분을 분석하는 정성분석으로 나뉜다.

(1) 양이온 정성분석

① 양이온을 6족으로 분석하여 화학적 특성을 이용해 용액 속에 포함된 양이온의 종류를 알아내는 방법이다.

② 특 징

　㉠ 양이온을 구분하는 족은 주기율표에서 사용하는 족과 의미가 다르다.

　㉡ 양이온 족의 구분은 단순히 침전시약과 반응해 침전을 형성하는 특성을 구별하여 나눈 것이다.

　㉢ 각 족별 반응을 이끌어 내는 침전시약을 분족시약 (Group Reagent)이라고 한다.

　㉣ 다양한 족의 물질이 혼합되어 있는 경우 일반적으로 1 → 2 → 3 → … 족의 순서대로 분류한다.

(2) 양이온의 분류

족	양이온	분족시약	침 전
제1족	Ag^+, Pb^{2+}, Hg_2^{2+}	HCl	염화물
제2족	Bi^{3+}, Cu^{2+}, Cd^{2+}, Hg^{2+}, As^{3+}, As^{5+}, Sb^{3+}, Sn^{2+}, Sn^{4+}	H_2S $(0.3M - HCl)$	황화물 (산성 조건)
제3족	Fe^{2+}, Fe^{3+}, Cr^{3+}, Al^{3+}	$NH_4OH - NH_4Cl$	수산화물
제4족	Ni^{2+}, Co^{2+}, Mn^{2+}, Zn^{2+}	$(NH_4)_2S$	황화물 (염기성 조건)
제5족	Ba^{2+}, Sr^{2+}, Ca^{2+}	$(NH_4)_2CO_3$	탄산염
제6족	Mg^{2+}, K^+, Na^+, NH_4^+	–	–

① 양이온 I족 : 염화물 침전을 형성하는 이온이며, 염산 $(HCl \rightleftharpoons H^+ + Cl^-)$은 은, 수은, 납을 효과적으로 침전시키는 분족시약(Group Reagent)의 역할을 한다.

　㉠ $Pb^{2+} + 2Cl^- \rightarrow PbCl_2 \downarrow$ (흰색)

　㉡ $Hg_2^{2+} + 2Cl^- \rightarrow Hg_2Cl_2 \downarrow$ (흰색)

　㉢ $Ag^+ + Cl^- \rightarrow AgCl \downarrow$ (흰색)

　㉣ 주의점 : 가급적 물중탕을 해야 하며, 질산을 넣어 반응을 활성화시켜야 한다.

　　※ 질산을 넣는 이유 : $Ag(NH_3)_2^+$와 Cl^-가 녹아 있는 용액에 질산을 넣을 경우 $Ag(NH_3)_2^+$와 착이온이 파괴되고, Ag^+ 이온은 수용액 속 Cl^-와 반응해 다시 AgCl 흰색 침전이 생성되기 때문이다. 이는 염산만으로 확실한 산성상태의 조성이 어려운 경우 확실한 pH의 조정을 위해 사용하는 경우이다(마스킹제).

② 양이온 II족 : 산성 용액에서 황화물이나 수산화물의 침전을 이루는 이온이다.

　㉠ $Pb^{2+} + S^{2-} \rightarrow PbS \downarrow$ (흑색)

　㉡ $2Bi^{3+} + 3S^{2-} \rightarrow Bi_2S_3 \downarrow$ (흑갈색)

　㉢ $Cu^{2+} + S^{2-} \rightarrow CuS \downarrow$ (흑색)

　㉣ $Cd^{2+} + S^{2-} \rightarrow CdS \downarrow$ (황색)

　㉤ $2As^{3+} + 3S^{2-} \rightarrow As_2S_3 \downarrow$ (황색)

　㉥ $2Sb^{3+} + 3S^{2-} \rightarrow Sb_2S_3 \downarrow$ (오렌지색)

　㉦ $Sn^{2+} + S^{2-} \rightarrow SnS \downarrow$ (갈색)

　㉧ $Hg^{2+} + S^{2-} \rightarrow HgS \downarrow$ (흑색)

　㉨ 분족시약인 황화수소는 약산성 상태(0.3N HCl)를 유지하는 것이 중요하다.

　　※ 전처리로 잔여 황화수소를 제거해야 하는데 이는 Ni^{2+}의 황화물 침전을 방지하기 위해서이다.

③ 양이온 III족 : 2족보다 훨씬 잘 녹아 침전이 어려우며, 염기성상태를 유지하여 황화물 침전을 형성해 분리해야 하므로 암모니아 완충용액에서 수산화물 침전을 유도한다.

　㉠ $Fe^{2+} + 2OH^- \rightarrow Fe(OH)_2 \downarrow$ (흰색)

　㉡ $Cr^{3+} + 3OH^- \rightarrow Cr(OH)_3 \downarrow$ (회녹색)

　㉢ $Al^{3+} + 3OH^- \rightarrow Al(OH)_3 \downarrow$ (흰색)

④ 양이온 IV족 : 염기성 용액에서 황화물 침전을 이루는 이온이다.

　㉠ $Co^{2+} + S^{2-} \rightarrow CoS \downarrow$ (흑색)

　㉡ $Ni^{2+} + S^{2-} \rightarrow NiS \downarrow$ (흑색)

　㉢ $Mn^{2+} + S^{2-} \rightarrow MnS \downarrow$ (연주황색)

　㉣ $Zn^{2+} + S^{2-} \rightarrow ZnS \downarrow$ (흰색)

　㉤ 분족시약으로 H_2S와 NH_4OH 두 가지를 사용하며, 산성도에 따라 2족과 구분할 수 있다.

⑤ 양이온 V족 : 탄산염 침전을 형성하는 이온이다.

　㉠ $Ba^{2+} + CO_3^{2-} \rightarrow BaCO_3 \downarrow$ (흰색)

　㉡ $Sr^{2+} + CO_3^{2-} \rightarrow SrCO_3 \downarrow$ (흰색)

　㉢ $Ca^{2+} + CO_3^{2-} \rightarrow CaCO_3 \downarrow$ (흰색)

⑥ 양이온 VI족 : 침전을 형성하지 않는 이온으로, 분족시약이 없다.

(3) 양이온 정성분석(계통분석)의 순서

① 양이온이 혼합되어 있는 물질을 각 분석 단계를 거쳐 해당족의 양이온을 검출한다.

② 기본 프로세스 : 양이온 제1족 침전물 분리 → 양이온 제2족 침전물 분리 → 양이온 제3족 침전물 분리 → 양이온 제4족 침전물 분리 → 침전물을 거른 후 남은 잔여용액 : 양이온 제5족으로 분류

(4) 족별 분석방법

① 양이온 제1족

  ㉠ 분족시약 : 묽은 염산(HCl)

  ㉡ 6M HCl을 가한 후 침전물을 거른다.

  ㉢ 시료에 1족 이온(Ag^+, Pb^{2+}, Hg_2^{2+})이 없으면 침전이 발생하지 않는다.

  ㉣ 침전물을 거른 후 양이온 제2족 분석으로 진행한다.

② 양이온 제2족

  ㉠ 분족시약 : 황화수소(H_2S)

  ㉡ 1족 분석 후 남은 용액에 $H_2S + 0.3M$ HCl(묽은 염산)을 넣어 반응시킨다.

  ㉢ $0.1N$ $NH_4Cl + H_2S$로 세척 후 구리족(PbS, HgS, CuS, CdS, Bi_2S_3), 주석족(As_2S_3, Sb_2S_3, SnS)으로 구분하여 분리한다.

  ㉣ 침전물을 거른 후 양이온 제3족 분석으로 진행한다.

③ 양이온 제3족

  ㉠ 분족시약 : 염화암모늄(NH_4Cl), 암모니아수(NH_4OH)

  ㉡ 2족 분석 후 남은 용액에 pH 8인 $(NH_4)_2S$를 가한 다음, 침전물을 거른다.

  ㉢ 황화물 2족 이온보다 용해성이 높아 황화수소를 포화시켜도 침전하지 않는다.

  ㉣ 과산화수소를 첨가하고, 수산화나트륨으로 처리해 수산화착물을 형성시켜 침전을 유도한다.

  ㉤ 침전물을 거른 후 양이온 제4족 분석으로 진행한다.

④ 양이온 제4족

  ㉠ 분족시약 : 황화수소, 암모니아수(NH_4OH)

  ㉡ 3족 분석 후 남은 용액에 $(NH_4)_2HPO_4 + NH_3$를 가한 다음, 침전물을 거른다.

  ㉢ 2족과는 산성도에 따라 구분하여 분류된다.

  ㉣ 침전물을 거른 후 양이온 제5족 분석으로 진행한다.

⑤ 양이온 제5족

  ㉠ 분족시약 : 탄산암모늄($(NH_4)_2CO_3$)

  ㉡ 4족 분석 후 남은 용액에 탄산암모늄을 넣어 침전물을 거른다.

  ㉢ 탄산염의 용해도적이 작아 제4족까지 분류되지 않고, 5족으로 나누어 탄산염 침전을 생성해 분리한다.

  ㉣ 염화암모늄(NH_4Cl)과 같은 암모늄염 공존 시 침전성이 없어 제6족 양이온으로 분류해 분리한다.

⑥ 양이온 제6족

  ㉠ 분족시약이 없다(침전을 형성하지 않는다).

  ㉡ 6족만의 공통반응이 없다.

  ㉢ Mg^{2+}, K^+, Na^+, NH_4^+ 분석 시 1족부터 순서대로 계통분석을 하지 않는다.

  ㉣ 리트머스종이(NH_4^+), 불꽃반응(Na-노란색, K-보라색), $6N - (NH_4)OH$, $1N - (NH_4)_2HPO_4$와 흰색 침전(Mg) 등의 각개 반응으로 물질 분석을 확인한다.

(5) 양이온 계통 분석 정리

화학반응에 사용되는 양이온의 종류는 25종이며, 용해도를 고려해 침전성 여부로 다음과 같이 6족으로 구분한다.

① 양이온 Ⅰ족 : 염화물 침전을 형성하는 이온들이다.

② 양이온 Ⅱ족 : 산성 용액에서 황화물 침전을 이루는 이온들이다.

③ 양이온 Ⅲ족 : 암모니아 완충용액에서도 수산화물 침전을 이루는 이온들이다.

④ 양이온 Ⅳ족 : 염기성 용액에서 황화물 침전을 이루는 이온들이다.

⑤ 양이온 Ⅴ족 : 탄산염 침전을 형성하는 이온들이다.

⑥ 양이온 Ⅵ족 : 침전을 전혀 이루지 않는 이온들이다.

1-1. 양이온 제2족을 분리한 여액으로 제3족을 분리할 때 전처리로 H_2S 가스를 제거하는 이유는?

① Al^{3+}의 침전 용이
② Cr^{3+}의 분리 검출 용이
③ Ni^{2+}의 황화물 침전 방지
④ Co^{2+}의 수산화물 침전 방지

1-2. 양이온 제5족의 정성분석 이온 중 Ba^{2+}가 K_2CrO_4와 반응하여 침전을 생성시킨다. 이때 침전의 색깔은?

① 노란색
② 빨간색
③ 검은색
④ 연두색

1-3. 양이온 제1족부터 제5족까지의 혼합 연습액으로부터 양이온 제2족을 분리시키려고 한다. 이때의 액성은 어느 것인가?

① 중 성
② 알칼리성
③ 산 성
④ 액성과는 관계가 없다.

1-4. 다음 이온 중 제5족 양이온이 아닌 것은?

① Mn^{2+}
② Ba^{2+}
③ Sr^{2+}
④ Ca^{2+}

1-5. 양이온 제4족의 암모니아성 시료용액에 다이메틸글리옥심의 알코올성 용액을 1방울씩 넣으면 빨간색의 결정성 침전물을 얻는다. 이는 어느 이온을 확인하기 위한 것인가?

① Mn^{2+}
② Co^{2+}
③ Ni^{2+}
④ Zn^{2+}

1-6. Ba^{2+}, Ca^{2+}, Na^+, K^+ 네 가지 이온이 섞여 있는 혼합 용액이 있다. 양이온 정성분석 시 이들 이온을 Ba^{2+}, Ca^{2+}(제5족)와 Na^+, K^+(제6족)이온으로 분족하기 위한 시약은?

① $(NH_4)_2CO_3$
② $(NH_4)_2S$
③ H_2S
④ 6M HCl

1-7. 수산화 침전물이 생성되는 것은 몇 족의 양이온인가?

① 1
② 2
③ 3
④ 4

1-8. 양이온 제1족에 해당되는 것은?

① Ba^{2+}
② K^+
③ Na^+
④ Pb^{2+}

|해설|

1-1
양이온 제2족을 분리할 때 분족시약으로 황화수소(H_2S)를 사용하며, 여액으로 제3족 분리 시 남아 있는 황화수소가 있을 경우 Ni^{2+}의 황화물 침전이 생성되므로 전처리(가열)하여 미리 제거한다.

1-2
크롬산칼륨과 바륨이 반응하면 노란색의 침전물($BaCrO_4$)이 생성된다.

1-3
양이온 제2족은 산성 용액에서 황화물 침전을 이루므로, 혼합 연습액으로부터 산성의 액성으로 분리를 진행한다.

1-4

족	양이온	분족시약	침 전
제1족	Ag^+, Pb^{2+}, Hg_2^{2+}	HCl	염화물
제2족	Bi^{3+}, Cu^{2+}, Cd^{2+}, Hg^{2+}, As^{3+}, As^{5+}, Sb^{3+}, Sn^{2+}, Sn^{4+}	H_2S (0.3M−HCl)	황화물 (산성 조건)
제3족	Fe^{2+}, Fe^{3+}, Cr^{3+}, Al^{3+}	NH_4OH-NH_4Cl	수산화물
제4족	Ni^{2+}, Co^{2+}, Mn^{2+}, Zn^{2+}	$(NH_4)_2S$	황화물 (염기성 조건)
제5족	Ba^{2+}, Sr^{2+}, Ca^{2+}	$(NH_4)_2CO_3$	탄산염
제6족	Mg^{2+}, K^+, Na^+, NH_4^+	−	−

1-5
니켈을 확인하는 반응은 다이메틸글리옥심과의 붉은색 변색반응이다.

1-6
- 제5족 분족시약을 통해 침전성을 확인하면 제6족과 분리할 수 있다.
- $(NH_4)_2CO_3$가 제5족 분족시약이다.

1-7
양이온 제3족 이온(Cr^{3+}, Al^{3+}, Fe^{3+}, Fe^{2+})은 암모니아 완충용액에서 OH^-와 결합하여 수산화 침전물을 형성한다.

1-8
양이온 제1족 : Ag^+, Pb^{2+}, Hg_2^{2+}

정답 1-1 ③ 1-2 ① 1-3 ③ 1-4 ① 1-5 ③ 1-6 ① 1-7 ③ 1-8 ④

(1) 음이온 정성분석

음이온은 적절한 분류시약이 없어 전체 이온의 계통적 분리, 분석이 어렵다. 일부를 족 분류시약으로 분류하고, 나머지는 원시료로 각 이온의 반응을 확인하는 점적분석으로 성분의 유무를 확인한다.

※ 점적분석(Spot Test) : 점적판과 여과지상에 시료용액을 한 방울 떨어뜨리고 그곳에 발색시약을 한 방울 정도 떨어뜨려 정성반응을 하는 간이분석법으로, 음이온의 정성분석에 주로 사용된다.

① 제1족 음이온(SO_4^{2-}, SO_3^{2-}, CrO_4^{2-}, $C_2O_4^{2-}$)

　㉠ 분류시약은 $Ba(NO_3)_2$ 또는 $Ca(NO_3)_2$를 사용한다.

　㉡ 제1족의 Ba염은 난용성, 제2, 3, 4족의 Ba염은 가용성이다.

② 제2족 음이온(S^{2-}, $Fe(CN)_6^{3-}$, $Fe(CN)_6^{4-}$, CN^-)

　㉠ 분류 시약은 $ZnAc_2$이다.

　㉡ 제2족의 Zn염은 난용성이고 제3, 4족의 Zn염은 가용성이다.

　㉢ 침전을 Na_2CO_3와 같이 가열하면 ZnS는 불변이나 다른 침전들은 녹는다.

　※ $Zn_2Fe(CN)_6 + 2Na_2CO_3$
　　$\rightleftharpoons 2ZnCO_3 + Na_4Fe(CN)_6$

③ 제3족 음이온(Cl^-, Br^-, I^-, NCS^-, $S_2O_3^{2-}$)

　㉠ 분류시약은 $AgNO_3$이다.

　㉡ 제3족 이온의 Ag염은 난용성이고, 제4족의 Ag염은 가용성이다.

　㉢ 침전에 NH_4OH를 가하면 AgI 이외의 은염은 아민 착이온으로 녹는다.

　㉣ $S_2O_3^{2-}$ 이온은 각개 반응으로 확인한다.

　※ $AgCl + 2NH_4OH \rightleftharpoons Ag(NH_3)_2Cl + 2H_2O$

④ 제4족 음이온(NO_2^-, ClO^-, ClO_3^-) : 제1, 2, 3족 이온을 제거한 상징액으로부터 각개 반응으로 확인한다.

⑤ 제5족 음이온(AsO_3^{3-}, AsO_4^{3-}, PO_4^{3-}) : 중성 상태의 검액에 Mg-mixture를 가한 다음 유리봉으로 긁어 주면 AsO_4^{3-}, PO_4^{3-}는 백색으로 침전된다. 이들 이온들은 각개 반응으로 확인한다.

⑥ 제6족 음이온(NO_3^-, BO_3^{3-}, SiO_3^{2-}, CO_3^{2-}, Ac^-) : 각개 반응으로 확인한다.

10년간 자주 출제된 문제

음이온 정성분석에서 Cl^-, Br^-, I^-, NCS^- 이온의 침전을 생성하기 위하여 주로 사용하는 시약은?

① $AgNO_3$
② $NaNO_3$
③ KNO_3
④ HNO_3

|해설|

제3족 음이온(Cl^-, Br^-, I^-, NCS^-, $S_2O_3^{2-}$)의 분류시약 : $AgNO_3$

정답 ①

정량분석이란 미지의 물질 속에 포함된 대상성분의 양을 측정하는 분석방법이다.

(1) 중화적정법

산과 염기의 중화반응을 이용해서 정량분석하는 방법이다.

① 중화적정의 원리

  ⑦ $H^+ + OH^- \rightleftharpoons H_2O$

    위 식에서 H^+ 1mol을 공급하는 산의 질량을 산 1g 당량, OH^- 1mol을 공급하는 염기의 질량을 염기의 1g당량이라 하며, 산·염기의 1g당량을 다음과 같이 구할 수 있다.

    산(염기) 1g당량

$$= \frac{산(염기) \ 1mol \ 질량(g)}{산(염기) \ 1분자 \ 중 \ H^+(OH^-)수}$$

  ⑥ 산과 염기는 같은 g당량수로 완전히 중화한다. 1N 의 산용액 Vmol이 1N′의 염기용액 V'mol과 중 화할 때 다음 식이 성립한다.

$$NV = N'V'$$

② 특 징

  ⑦ 강한 산, 강한 염기의 경우 정확한 적정이 가능하다.

  ⑥ 강산 + 약염기 또는 약산 + 강염기는 가수분해에 주의하며, 적정 pH의 지시약 선택이 중요하다.

  ⑥ 약산 + 약염기의 경우 중화점 부근의 pH 변화가 미약해, 지시약 사용이 아닌 전기적정법 등을 사용한다.

  ⑧ 당량점(Equivalence Point) : 산과 염기중화의 종말 점을 의미한다.

    ※ 종말점 : 반응이 끝나는 지점

(2) 중화적정곡선

산과 염기의 세기에 따라 네 가지로 구분된다.

① 강산을 강염기로 적정할 경우 : 지시약의 변색범위 안에 pH의 변화가 있어 페놀프탈레인, 메틸오렌지 등을 사용한다.

② 약산을 강염기로 적정할 경우 : 지시약의 변색범위가 염기성 위쪽에 존재하여 페놀프탈레인 지시약이 적당하다.

③ 강산을 약염기로 적정할 경우 : 중화점이 낮아져 변색의 범위가 낮은 메틸오렌지 지시약을 사용한다.

④ 약산을 약염기로 적정할 경우 : 대부분의 pH가 중성(7)이므로 지시약으로 중화점을 찾는 것이 어려워 전위차 적정기(pH 미터)를 이용한다.

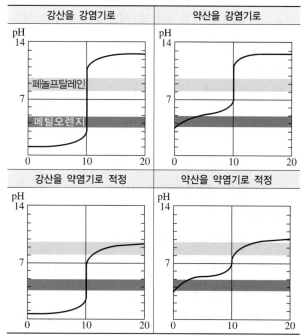

[중화적정 곡선의 비교]

(3) 표준용액

① 중화적정법에 사용하는 표준용액은 강산, 강염기
　이다.
② 분석물질과의 확실한 반응, 뚜렷한 종말점 형성이 중
　요하다.
③ 산의 표준용액 : 진한 염산, 과염소산, 묽은 황산이다.
④ 염기의 표준용액 : 나트륨, 칼륨, 바륨의 수산화물로
　조제한다.

(4) 산과 염기의 지시약

지시약은 결합된 산과 염기의 세기를 고려하여 결정하며,
다음과 같은 대표적인 지시약을 사용한다.

[대표적 산과 염기 지시약과 변색범위]

지시약	변색범위(pH) 1 2 3 4 5 6 7 8 9 10 11 12 13 14		pH값
메틸오렌지(MO)	붉은색	오렌지색	3.1~4.5
브로모크레졸그린	노란색	푸른색	3.8~5.4
메틸레드(MR)	붉은색	노란색	4.2~6.3
리트머스	붉은색	푸른색	4.5~8.3
브로모티몰블루(BTB)	노란색	푸른색	6.0~7.6
페놀프탈레인(PP)	무 색	붉은색	8.3~10.0

3-1. 0.1M NaOH 0.5L와 0.2M HCl 0.5L를 혼합한 용액의 몰
농도(M)값은?

① 0.05M
② 0.1M
③ 0.3M
④ 1M

3-2. 다음 중 지시약이 아닌 것은?

① 메틸오렌지
② 브로모크레졸그린
③ 브로모티몰블루
④ 메틸에테르

3-3. 중화적정법에서 당량점(Equivalence Point)에 대한 설명
으로 가장 거리가 먼 것은?

① 실질적으로 적정이 끝난 점을 말한다.
② 적정에서 얻고자 하는 이상적인 결과이다.
③ 분석물질과 가해 준 적정액의 화학양론적 양이 정확하게 동
　일한 점을 말한다.
④ 당량점을 정하는 데는 지시약 등을 이용한다.

3-4. 전위차 적정으로 중화적정을 할 때 반드시 필요로 하지 않
는 것은?

① pH 미터
② 자석 교반기
③ 페놀프탈레인
④ 뷰렛과 피펫

3-5. 약산과 강염기 적정 시 사용할 수 있는 지시약은?

① Bromophenol Blue
② Methyl Orange
③ Methyl Red
④ Phenolphthalein

3-6. 중화적정에 사용되는 지시약으로서 pH 8.3~10.0 정도의
변색범위를 가지며 약산과 강염기의 적정에 사용되는 것은?

① 메틸옐로
② 페놀프탈레인
③ 메틸오렌지
④ 브로모티몰블루

3-7. 약염기를 강산으로 적정할 때 당량점의 pH는?

① pH 4 이하
② pH 7 이하
③ pH 7 이상
④ pH 4 이상

3-8. 0.1N-NaOH 25.00mL를 삼각플라스크에 넣고 페놀프탈
레인 지시약을 가하여 0.1N-HCl 표준용액(F=1.000)으로 적
정하였다. 적정에 사용된 0.1N-HCl 표준용액의 양이 25.15mL
이었다. 0.1N-NaOH 표준용액의 역가(Factor)는 얼마인가?

① 0.1
② 0.1006
③ 1.006
④ 10.006

3-1

$NaOH + HCl \rightleftharpoons H_2O + NaCl$(중화반응)

부피는 동일하나 염산의 농도가 2배 높으므로 반응 후 HCl이 0.25L 남는다.

총부피 = 0.5L + 0.5L = 1L

남은 HCl의 mol = 0.2M × 0.25L = 0.05mol

0.05mol/L = 0.05M

3-2

메틸알코올과 황산을 가열해서 만드는 메틸에테르는 냉각제로 상용된다.

3-3

당량점	적정되는 물질의 성분과 적정성분 사이의 화학양론적 반응이 끝나는 지점
종말점	적정반응에서 용액의 물리적 성질이 갑자기 변화되는 점이며, 실질적정반응에서 적정의 종결을 나타내는 점
중화점	산과 염기의 반응인 중화반응이 완결된 지점

3-4

페놀프탈레인, 메틸오렌지는 수동 적정에 반드시 필요한 지시약이지만 자동화된 전위차 적정에 꼭 필요하지는 않다.

3-5

약산과 강염기의 적정 결과는 약 알칼리성(pH 8~10)을 유지하게 되며 페놀프탈레인이 적당하다(염기성인 경우 분홍색).

3-6

페놀프탈레인은 약알칼리성의 산, 염기 지시약이며, 염기성인 경우 분홍색을 띤다.

3-7

약염기 + 강산 = 약산

3-8

역가는 $NVF = N'V'F'$의 공식으로 계산한다.

$0.1N \times 25mL \times F = 0.1N \times 25.15mL \times 1$(표준용액의 역가는 1)

$F = 1.006$

정답 3-1 ① 3-2 ④ 3-3 ① 3-4 ③ 3-5 ④ 3-6 ② 3-7 ② 3-8 ③

핵심이론 04 | 정량, 정성분석 – (4) 완충용액

(1) 완충용액(Buffer Solution)

산 또는 염기를 가할 때의 pH 변화를 수소이온농도를 일정하게 유지해 억제시켜 주는 용액으로 일반적으로 산과 그 짝염기 혼합물로 이루어진다(르샤틀리에의 법칙이 적용).

① 원 리

아세트산은 물속에서 다음과 같이 소량이 이온화되며,

$CH_3COOH(aq) \rightleftharpoons CH_3COO^-(aq) + H^+(aq)$

아세트산나트륨 역시 물속에서 다음과 같이 소량 이온화된다.

$CH_3COONa(aq) \rightleftharpoons CH_3COO^-(aq) + Na^+(aq)$

위의 두 용액을 혼합할 경우 수용액 내의 아세트산염의 농도가 높아져 르샤틀리에의 법칙에 의해 역반응이 일어나 화학평형에 도달하며, 산이 유입되면 아세트산이 생성되는 역반응이 일어나 산(H^+)이 감소하고 염기가 유입되어도 용액 속의 H^+와 OH^-가 반응해 물을 생성하여 일정한 pH를 유지하게 된다.

② 특 징

㉠ 주로 생화학실험에서 사용된다.

㉡ 르샤틀리에의 원리에 적용된다.

③ 완충용액의 구성 : 약산과 짝염기(CH_3COOH, CH_3COO^-) 또는 약염기와 짝산(NH_3, NH_4^+)을 구성한다.

④ 완충용액의 pH 계산

㉠ 약산–짝염기 완충용액 : 약산 HA를 x몰, 그 짝염기 A^-를 y몰 혼합하여 평형상태에 도달하여도 HA와 A^-의 몰수는 거의 변화하지 않는다.

㉡ 약염기–짝산 완충용액 : 초기 약염기와 그 짝산의 농도는 평형 이후 거의 변화가 없다.

ⓒ 다음의 헨더슨-바헬바흐식을 통해 짝산, 짝염기의 농도비만 알면 용액의 pH를 계산할 수 있다.

$$pH = pK_a + \log \frac{[A^-]}{[HA]}$$

⑤ 완충용액은 활동도계수, 온도, 이산화탄소의 영향으로 제조 시에 오차가 발생할 수 있다.

4-1. 다음 중 pH 미터 보정에 사용하는 용액은?

① 증류수
② 식염수
③ 완충용액
④ 강산 용액

4-2. 다음 두 용액을 혼합했을 때 완충용액이 되지 않는 것은?

① NH_4Cl과 NH_4OH
② CH_3COOH와 CH_3COONa
③ $NaCl$과 HCl
④ CH_3COOH와 $Pb(CH_3COO)_2$

4-3. 완충용액이 일정한 pH를 유지할 수 있는 법칙은?

① 기체반응의 법칙
② 일정성분비의 법칙
③ 질량보존의 법칙
④ 르샤틀리에의 법칙

|해설|

4-1
완충용액은 강산, 강염기의 유입에 어느 정도 저항할 수 있게 해 주며, pH 미터 보정에 사용되기도 한다.

4-2
HCl은 강산으로 완충용액을 형성하지 않는다.
완충용액의 조건
• 약산 + 짝염기 또는 약염기 + 짝산
• 약산과 짝염기 또는 약염기와 짝산의 비율 = 1 : 1

4-3
완충용액은 르샤틀리에의 법칙에 의해 pH를 조절할 수 있다.

정답 4-1 ③ 4-2 ③ 4-3 ④

핵심이론 05 | 정량, 정성분석 - (5) 산화-환원적정법

(1) 산화-환원적정법

① 산화-환원반응 : 분자 사이에 전자가 옮겨 가는 반응을 말한다.

② 산화-환원적정법 : 부피분석법 중 가장 종류가 많은 방법으로 산화-환원반응을 이용해 분석성분을 정량하는 적정법이다.

③ 원리 : 산, 염기의 중화적정 시 산화제와 환원제는 당량 대 당량으로 반응하며 다음과 같은 식이 성립한다.

$$NV = N'V'$$

여기서, N : 산화제의 N농도
V : 산화제의 부피
N' : 환원제의 N농도
V' : 환원제의 부피

※ 산화제, 환원제의 N농도란 용액 1L 속에 1g당량의 산화제 또는 환원제가 포함된 용액을 말한다.

④ 산화-환원 지시약 : 산화-환원적정에 사용되는 지시약으로, 산화체와 환원체의 색이 뚜렷하여 산화-환원전위로 산화 또는 환원되어 색의 변화를 보이는 물질을 말한다.

산화-환원 지시약			
종 류	색 조		E_0'(V) (pH 0)
	산화형	환원형	
에틸나일블루	청	무	0.40
메틸카프릴블루	청	무	0.48
톨렌스블루	보 라	무	0.60
다이페닐아민	보 라	무	0.76
n-메틸다이페닐아민-p-설폰산	적 자	무	0.80
페닐안트라닐산	적 자	무	1.08

(2) 산화-환원적정법의 종류

아이오딘적정법과 과망간산법이 가장 많이 사용된다.

① 아이오딘법 : 아이오딘의 산화작용과 아이오딘화물이온의 환원작용을 이용한 적정으로 pH 5~8 사이의 영역에서 적정하며, 직접 아이오딘적정법과 간접 아이오딘적정법(역적정법)으로 나뉜다.

② 과망간산염법 : 일정 농도의 과망간산칼륨 수용액과 철과의 산화-환원반응을 이용해 분석하는 적정법으로, 보통 산성 용액에서 시행된다.

③ 중크롬산염법

④ 산화제와 환원제의 구분

종 류	산화제	환원제
아이오딘법	I_2	티오황산나트륨($Na_2S_2O_3$)
과망간산칼륨	$KMnO_4$	옥살산나트륨($Na_2C_2O_4$)
중크롬산칼륨	$K_2Cr_2O_7$	황산철(Ⅱ)($FeSO_4$)

10년간 자주 출제된 문제

5-1. 하이드로퀴논(Hydroquinone)을 중크롬산칼륨으로 적정하는 것과 같이 분석물질과 적정액 사이의 산화-환원반응을 이용하여 시료를 정량하는 분석법은?

① 중화적정법
② 침전적정법
③ 킬레이트적정법
④ 산화-환원적정법

5-2. 다음 중 아이오딘적정법에 가장 적합한 액성의 pH는?

① pH 3~6
② pH 5~8
③ pH 8~10
④ pH 9~13

5-3. $KMnO_4$ 표준용액으로 적정할 때 HCl 산성으로 하지 않는 이유는?

① MnO_2를 생성하므로
② Cl_2가 발생하므로
③ 높은 온도로 가열해야 하므로
④ 종말점 판정이 어렵다.

5-4. 중화적정에 사용할 표준산으로 0.1N의 옥살산을 만들려고 한다. 다음 방법 중 옳은 것은?(단, 옥살산 결정의 분자식은 $C_2H_2O_4 \cdot 2H_2O$이다)

① 이 결정 4.5g을 물에 녹여 1,000mL의 용액으로 만든다.
② 이 결정 4.5g을 물 500mL에 녹인다.
③ 이 결정 6.3g을 물에 녹여 1,000mL의 용액으로 만든다.
④ 이 결정 6.3g을 물 1,000mL에 녹인다.

5-5. 중화적정 시 물속에 함유되어 분석에 가장 큰 영향을 주는 가스는?

① N_2
② O_2
③ CH_4
④ CO_2

5-6. 황산제일철을 산성용액 중에서 $KMnO_4$ 표준용액으로 적정할 때 0.1N $KMnO_4$ 1L를 조제하는 데 필요한 순수한 $KMnO_4$의 양은?(단, $KMnO_4$의 분자량은 158.03이다)

① 1.580g
② 3.161g
③ 5.268g
④ 15.803g

5-7. 산화-환원 적정에 주로 사용되는 산화제는?

① $FeSO_4$
② $KMnO_4$
③ $Na_2C_2O_4$
④ $Na_2S_2O_3$

|해설|

5-1
산화-환원적정법에 대한 설명이며, 종말점을 찾는 방법으로는 지시약법, 전위차법, 분광학적 방법 등이 있다.

5-2
아이오딘적정법이란 아이오딘이 관여된 산화-환원적정법을 말하며, pH 5~8인 액성의 측정에 적합하다.

5-3
과망간산칼륨의 적정에서 황산을 사용하는 이유는 수소의 원활한 공급과 염산 사용 시 발생하는 염소기체로 인한 부작용 때문이다.

5-4
M × 당량수 = N에서 옥살산은 2가산이므로 $\frac{0.1N}{2} = 0.05M$

0.05M 옥살산 1,000mL에 포함된 옥살산의 몰수
= 0.05mol/L × 1L = 0.05mol
∴ 0.05mol × 126.07g/mol ≒ 6.304g

5-5
이산화탄소가 물과 반응해 탄산을 형성하므로 정확한 pH 계산을 방해한다.

5-6
$KMnO_4$는 5eq이므로, $0.1eq/L × 1L × \frac{158.03g}{5eq} ≒ 3.16g$

5-7
$KMnO_4$는 Mn의 산화수가 +7인 강력한 산화제로, 산화-환원 적정 시 산화제로 많이 사용된다.

정답 5-1 ④ 5-2 ② 5-3 ② 5-4 ③ 5-5 ④ 5-6 ② 5-7 ②

| 정량, 정성분석 – (6) 침전적정법(은법 적정)

(1) 침전적정법(은법 적정)

① 정량하고자 하는 물질을 침전시켜 적정하는 방법이다.

② 특징 : 대부분 질산은을 기초로 하며, 조작이 간단하고 신속하지만 침전반응을 형성하는 물질에 한정되어 있다.

(2) 침전적정법 종류

① 모르(Mohr)법 : 가장 널리 사용되며 $AgNO_3$ 표준용액으로 Cl^-를 정량할 때 K_2CrO_4 지시약을 사용하는 방법이다. 적정 pH의 범위는 $6.5 \sim 10.5$이며, 이를 벗어날 경우 오차가 커진다.

　㉠ $AgNO_3 + NaCl$

　　$\rightarrow AgCl \downarrow$ (백색 침전) $+ NaNO_3$ (적정반응)

　㉡ $2AgNO_3 + K_2CrO_4$

　　$\rightarrow Ag_2CrO_4 \downarrow$ (붉은색 침전) $+ 2KNO_3$ (종말점 반응)

② 파얀스(Fajans)법 : 플루오레세인 등의 흡착 지시약을 사용하며, 적정 pH의 범위는 $7 \sim 10$ 정도이다.

③ 폴하르트(Volhard)법 : 염소이온(Cl^-)의 적정에 사용된다. 과량의 Ag^+을 넣어서 AgCl을 형성한 뒤 남은 Ag^+을 SCN^-로 적정하는 방법으로, 철염(Fe^{3+})을 지시약으로 사용하며 티오사이안산 적정법이라고 한다.

④ 침전적정법 표준시약

　질산은($AgNO_3$), 염화나트륨(NaCl), 티오사이안산 암모늄(NH_4SCN), 로단(Rhodanide)칼륨(KSCN)

6-1. 다음 중 침전적정법에서 표준용액으로 KSCN 용액을 이용하고자 Fe^{3+}을 지시약으로 이용하는 방법을 무엇이라고 하는가?

① Volhard법　　　　② Fajans법
③ Mohr법　　　　　④ Gay-Lussac법

6-2. 침전적정법 중에서 모르(Mohr)법에 사용하는 지시약은?

① 질산은　　　　　② 플루오레세인
③ NH_4SCN　　　　④ K_2CrO_4

6-3. 침전적정법에서 사용하지 않는 표준시약은?

① 질산은　　　　　② 염화나트륨
③ 티오사이안산암모늄　④ 과망간산칼륨

6-4. 다음 중 침전적정법이 아닌 것은?

① 모르법　　　　　② 파얀스법
③ 폴하르트법　　　　④ 킬레이트법

|해설|

6-1

폴하르트(Volhard)법
• 은법 적정의 일종으로 티오사이안산염의 표준액을 사용하여 은이온을 적정하며, 이때 철(Ⅲ)이온을 지시약으로 사용하여 종말점을 확인하는 방법이다.
• 종말점 검출반응 : $Fe^{3+} + SCN^- \rightarrow FeSCN^{2+}$

6-2

모르법은 염소이온 또는 브롬이온을 적정할 때 사용하며, 크롬산 칼륨(K_2CrO_4)을 지시약으로 사용한다.

6-3

침전적정법 표준시약 : 질산은($AgNO_3$), 염화나트륨(NaCl), 티오사이안산암모늄(NH_4SCN), 로단칼륨(KSCN)

6-4

침전적정법 : 모르법, 파얀스법, 폴하르트법
※ 킬레이트법(EDTA)은 금속이온의 킬레이트 생성반응을 이용하는 착염적정법이다.

정답 6-1 ①　6-2 ④　6-3 ④　6-4 ④

(1) 킬레이트적정법(착염적정법)

① 킬레이트 반응을 통해 물질을 정량분석하는 방법으로, 각종 금속물질의 분석에 사용된다.

② 킬레이트 시약과 반응하여 안정한 금속킬레이트 착화합물을 형성한 물질로 정량분석하는 방법이다.

※ 킬레이트 : 1개의 분자 또는 이온이 2개 이상의 배위원자를 가지며, 그것이 금속원자에 둘러쌓듯이 배위한 고리구조를 지닌 화합물이다.

(2) 완충용액

① 킬레이트 화합물의 안정도는 pH의 영향을 받는데, 완충용액이 없을 경우 pH의 범위가 일정하지 않아 역반응이 발생할 수 있다.

② $NH_4OH + NH_4Cl$ 완충액을 써서 pH를 10 이상으로 일정하게 유지되는 것은 공통이온효과 때문이다.

※ 공통이온효과 : 르샤틀리에의 원리가 작용되는 효과로 평형에 참여하는 이온과 공통되는 이온을 외부에서 첨가하면, 그 평형은 이온농도를 감소시키는 방향으로 이동한다는 이론이다.

[EDTA 구조]

(3) 금속지시약

① 종말점의 결정에 금속이온과 반응해 변색되는 금속지시약을 사용하며, pH를 선택하여 결정한다.

② 금속지시약의 성질

　㉠ 색소 자신이 금속과 반응해 킬레이트 화합물을 형성할 수 있어야 한다.

　㉡ 생성된 킬레이트 화합물의 안정도상수는 킬레이트 시약과 금속이온으로 생성된 화합물의 안정도상수보다 작아야 한다.

　㉢ 킬레이트 화합물은 명확히 등색되어야 한다.

③ 금속지시약의 종류 : MX(Murexide), PAN(Pyridyl Azo Naphthol), EBT(Eriochrome Black T) 등이 있다.

(4) EDTA적정법

① **직접적정법** : 분석물 용액을 EDTA 표준용액으로 직접 적정한다.

※ 역반응이 일어날 경우 착화합물 형성이 저해되는데 이를 억제하기 위해 완충용액($NH_4OH + NH_4Cl$)을 이용해 pH 완충액을 써서 pH를 10 이상으로 해야 한다.

② **역적정법** : 분석물 용액에 과량의 EDTA 표준용액을 가하고 남아 있는 EDTA를 EBT 지시약으로 종말점까지 Mg^{2+} 표준용액으로 적정하는 방법이다.

※ 조건 : 분석물이 EDTA 첨가 이전 침전을 형성하거나, 반응속도가 느리거나, 시료 중 금속이온이 지시약과 반응할 때 사용한다.

③ **치환적정법** : Mg^{2+}–EDTA 착물이 포함된 용액에 분석물 용액을 넣어 더 안정한 EDTA 착물을 형성해 적정한다.

7-1. 다음 중 분석물질과 적정액 사이의 착물형성 반응을 이용한 적정법은?

① 중화적정법
② 침전적정법
③ 산화−환원적정법
④ 킬레이트적정법

7-2. 금속지시약의 설명으로 옳지 않은 것은?

① 금속염이 주성분이다.
② 킬레이트 시약이다.
③ 킬레이트 화합물을 만든다.
④ 자신의 고유색을 갖는다.

7-3. 킬레이트 적정에서 EDTA를 사용할 때 부반응이 생기지 않으려면 금속 Ion이 포함된 시료액의 pH를 어떻게 해야 하는가?

① $NH_4OH + NH_4Cl$ 완충액을 써서 pH를 10 이상으로 해야 한다.
② EBT 지시약을 써서 은폐제 KCN을 넣고 pH를 6~7로 해야 한다.
③ MX 지시약과 KCN을 넣고 pH를 12로 고정한다.
④ $MH_3 + NH_4Ac$ 완충액을 넣고 pH를 7로 고정한다.

7-4. EDTA 적정법에서 역적정을 이용하는 경우가 아닌 것은?

① 시료 중 금속이온이 지시약과 반응하는 경우
② 사용할 적당한 지시약이 없는 금속이온을 분석할 경우
③ 시료 중 금속이온이 EDTA를 가하기 전에 침전물을 형성하는 경우
④ 시료 중 금속이온이 적정조건에서 EDTA와 너무 천천히 반응하는 경우

7-5. 물의 경도, 광물 중의 각종 금속의 정량, 간수 중의 칼슘의 정량 등에 가장 적합한 분석법은?

① 중화적정법
② 산−염기적정법
③ 킬레이트적정법
④ 산화−환원적정법

7-6. 킬레이트 적정에서 EDTA 표준용액 사용 시 완충용액을 가하는 주된 이유는?

① 적정 시 알맞는 pH를 유지하기 위하여
② 금속지시약 변색을 선명하게 하기 위하여
③ 표준용액의 농도를 일정하게 하기 위하여
④ 적정에 의하여 생기는 착화합물을 억제하기 위하여

7-7. 다음 킬레이트제 중 물에 녹지 않고 에탄올에 녹는 흰색결정성의 가루로서 NH_3 염기성 용액에서 Cu^{2+}와 반응하여 초록색 침전을 만드는 것은?

① 쿠프론
② 다이페닐카바자이드
③ 디티존
④ 알루미논

|해설|

7-2
금속지시약은 EDTA나 유사한 화합물을 의미하며, 킬레이트 적정에서 당량점의 판정에 사용되는 지시약으로 금속염과는 관련이 없다.

7-3
킬레이트 적정에서 부반응(역반응)을 억제하려면 $NH_4OH + NH_4Cl$ 완충액을 써서 pH를 10 이상으로 해야 한다.

7-4
EDTA 역적정을 사용하는 경우
• 시료 중 금속이온이 지시약과 반응하는 경우
• 시료 중 금속이온이 EDTA를 가하기 전 침전물을 형성하여 적정이 어려운 경우
• 시료 중 금속이온이 적정조건에서 EDTA와 느리게 반응해 적정이 어려운 경우

7-5
킬레이트적정법은 각종 금속이온과 킬레이트제의 반응을 통해 금속이온의 정량을 대상으로 하는 방법이다(= EDTA 적정).

7-6
킬레이트 적정에서 pH가 13 이상인 경우 마그네슘과 EDTA의 결합물이 생성되지 않고 수산화마그네슘의 침전이 형성되기 때문에 pH를 13 이하로 고정한다.

7-7
쿠프론은 α−벤조인옥심이라고도 하며, 평소 백색 결정을 띠고 있고 빛과 반응해 흑색으로 변색되는 물질이다. 에탄올, 암모니아수에 잘 녹지만 물에는 잘 녹지 않는 물질로 구리, 몰리브덴 검출 및 정량시약으로 사용된다.

정답 7-1 ④ 7-2 ① 7-3 ① 7-4 ② 7-5 ③ 7-6 ① 7-7 ①

(1) 무게분석법(중량분석법)

어떤 물질을 구성하는 성분 가운데 원하는 성분을 홑원소물질, 화합물의 무게로 측정해 원하는 성분의 양을 결정하는 방법을 말한다.

(2) 무게분석법의 종류

① 침전무게법
  ㉠ 시료용액에 적당한 침전시약을 가해 목적 성분을 침전시키고, 이것을 여과, 건조 후 강열하여 칭량하는 방법이다.
  ㉡ 침전제의 조건
    • 순수해야 한다.
    • 쉽게 거를 수 있고 오염물질 제거가 쉬워야 한다.
    • 거르는 과정에서 분석물이 용해되지 않아야 한다.
    • 대기 중 산소와 반응이 없어야 한다.
    • 건조, 강열 후 조성의 확인이 용이해야 한다.
  ㉢ 침전제의 종류 : 무기침전제, 환원제, 유기침전제로 구성된다(다이메틸글리옥심, 8-하이드록시퀴놀린, 나트륨 등).
② 휘발무게법
  ㉠ 목적 성분이 휘발성일 때 끓는점의 차이를 이용해 분리하여 정량하는 방법이다.
  ㉡ 휘발물질의 종류 : 물, CO_2, H_2S, SO_2
③ 침출무게법 : 시료를 적당한 용매와 함께 중탕하여 목적성분을 추출, 용해시켜 분리하고 용매를 증류하여 제거한 잔여물을 칭량하는 방법이다.
④ 전해분석법(전해법) : 금속염류의 수용액에 전극을 넣어 일정한 조건에서 직접 전류를 통하고 전극에 석출하는 금속을 칭량하여 정량하는 방법이다.

(3) 침전물의 조건

① 침전의 용해도는 작아야 한다.
② 침전입자의 크기가 커야 여과와 세척이 용이해진다.
③ 화학량론적 계산의 용이를 위해 안정하고 일정한 화학식을 지녀야 한다.
④ 목적 성분의 효과적인 침전을 위해 침전제의 선택성이 좋아야 한다.

(4) 무게분석법의 특징

① 거의 모든 원소에 적용할 수 있다.
② 측정방법과 원리가 간단하고 정확하다.
③ 미량분석에는 적합하지 않다.

10년간 자주 출제된 문제

8-1. 중량분석에 이용되는 조작 방법이 아닌 것은?

① 침전중량법   ② 휘발중량법
③ 전해중량법   ④ 건조중량법

8-2. 목적 성분이 휘발성일 때 끓는점의 차이를 이용해 분리하는 무게분석법은?

① 침전법   ② 휘발법
③ 추출법   ④ 전해법

8-3. 무게분석법에서 침전물이 지녀야 할 조건이 아닌 것은?

① 침전의 용해도는 커야 한다.
② 침전입자의 크기가 커야 여과, 세척이 용이해진다.
③ 안정하고 일정한 화학식을 지녀야 한다.
④ 침전제의 선택성이 좋아야 한다.

|해설|

8-1
중량분석법은 어떤 물질을 구성하는 성분 가운데 원하는 성분을 홑원소물질, 화합물의 무게로 측정해 원하는 성분의 양을 결정하는 방법을 말하며, 종류로는 침전법, 휘발법, 용매추출법, 전해법 등이 있다.

8-3
침전의 용해도가 작아야 물속에 녹지 않고 침전물을 쉽게 형성해 원하는 대상물질을 선별적으로 침전시킬 수 있다.

정답 8-1 ④ 8-2 ② 8-3 ①

핵심이론 01 | 분광광도법의 개요 – (1) 빛의 성질

빛은 일종의 전자기 복사선으로, 파동성과 입자성의 특징을 모두 가지고 있다.

(1) 파동성의 성질

파장, 진폭, 진동수, 편광 등을 가진다.

① 진폭 : 진동하고 있는 물체의 정지 또는 평형 위치에서 진동의 좌우 최대 변위까지의 거리이다.

② 파장 : 음의 파동에서 마루와 마루 사이의 거리이다.

$$파장(\lambda) = \frac{c}{f} \quad (단위 : 1\,Å = 10^{-10}m)$$

③ 주파수 : 음파가 1초 동안 진동한 횟수이다.

$$주파수(f) = \frac{c}{\lambda} = \frac{1}{T}$$

④ 주기 : 1회 진동에 걸리는 시간(초)이다.

$$주기(T) = \frac{1}{f}$$

⑤ 진동수 : 1초 동안 반복해서 나타난 파동의 수이다.

⑥ 간섭 : 2개 이상의 파동이 동일한 공간을 통과하며 각 파동의 진폭이 합성되어 변화하는 것이다.

⑦ 회절 : 파동이 좁은 틈을 통과한 후, 그 뒤편까지 전달되는 현상이다.

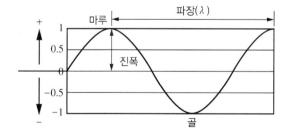

(2) 입자성의 성질

아인슈타인의 광전효과와 관련된 실험을 통해 빛이 입자성도 가지고 있다는 것을 알게 되었다.

$$E = nhv$$

여기서, E : 빛의 에너지
       n : 광자의 개수
       h : 플랑크상수
       v : 진동수

10년간 자주 출제된 문제

1-1. 파장이 10^{-3}m인 것을 주파수(cm^{-1})로 환산하면?

① 10   ② 100
③ 1,000   ④ 10,000

1-2. 파장의 길이 단위인 $1\,Å$ 과 같은 길이는?

① 1nm   ② $0.1\mu m$
③ 0.1nm   ④ 100nm

|해설|

1-1
$1m = 10^2 cm$
$1 : 100 = 10^{-3} : x, \quad x = 10^{-1}cm$
$$\therefore \frac{1}{10^{-1}cm} = 10cm^{-1}$$

1-2
$1\,Å = 0.1nm$

정답 1-1 ①   1-2 ③

(1) 전자의 궤도

① 원자 내의 전자는 특정한 에너지를 가진 궤도를 돌고 있다($n = 1, 2, 3$).

② 전자가 돌 수 있는 궤도와 보유할 수 있는 에너지는 양자수($n = 1, 2, 3$)에 의해 결정되고 불연속적이며 궤도와 궤도 사이에는 전자가 존재할 수 없다. 이러한 성질을 '에너지가 양자화되어 있다.'라고 한다.

③ 광전효과 : 바닥상태에 있는 원자가 빛에너지를 흡수하여 들뜬상태가 되는 현상이다.

④ 여기에너지 : 기준상태에 있는 원자, 분자가 들뜬상태로 변화할 때 흡수하는 에너지이다.

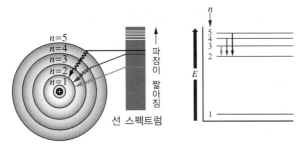

⑤ 전자의 전이

㉠ 전자가 바닥상태에서 에너지(빛)를 흡수하면 다음 그림처럼 전자가 가장 낮은 에너지 준위(궤도 $n = 1$)에서 한 단계 높은 상태의 에너지 준위($n = 2$)로 바뀌게 되는데 이를 들뜬상태라 한다. 반대로 에너지가 높은 상태에서 흡수된 에너지만큼(빛)을 방출하면 낮은 에너지 준위($n = 1$)로 바뀌게 되는데 이러한 현상을 바닥상태라고 한다.

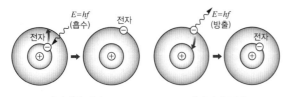

에너지의 흡수　　　　에너지의 방출

$$E_{광자} = hf(h = 6.63 \times 10^{-34} \text{J} \cdot \text{s})$$

㉡ 원자의 외부를 전자가 일정 궤도를 이루며 돌고 있고, 궤도와 궤도 사이에는 특정 공간이 있어 이 공간을 채울 만큼의 빛을 흡수하면 에너지 준위가 한 단계 올라서 들뜬상태가 되고, 반대로 이 공간을 채울 만큼의 빛을 방출하면 바닥상태가 된다.

- 라이먼계열 : 양자수(n)가 1인 경우의 빛에너지
  예 자외선영역
- 발머계열 : 양자수(n)가 2인 경우의 빛에너지
  예 가시광선
- 파센계열 : 양자수(n)가 3인 경우의 빛에너지
  예 적외선영역

[흡수영역에 따른 유기화합물의 전자전이]

종 류	흡수영역	특 징
$\sigma \rightarrow \sigma^*$	진공 자외선, <200nm	• 가장 높은 에너지 흡수 • 진공상태만 관찰 가능
$n \rightarrow \sigma^*$	원적외선, 180~250nm	• 높은 에너지 흡수 • O, S, N 등과 같은 비결합성 전자를 가진 치환기가 있는 화합물
$\pi \rightarrow \pi^*$	자외선, >180nm	• 중간 에너지 흡수 • 다중결합이 콘주게이션(Conjugation)된 폴리머를 포함한 화합물
$n \rightarrow \pi^*$	근자외선, 가시선, 280~800nm	가장 낮은 에너지 흡수

⑥ 입자를 들뜨게 하는 방법

㉠ X선 : 전자, 소립자에 의한 충격

㉡ 자외선, 가시선, 적외선 : 교류전류 스파크, 불꽃, 아크에 노출시킨다.

㉢ 형광복사선 : 전자기 복사선을 쬐어 준다.

㉣ 화학발광복사선 : 화학적 발열반응을 이용한다.

2-1. 금속에 빛을 조사하면 빛의 에너지를 흡수하여 금속 중의 자유전자가 금속 표면에서 방출되는 성질은?

① 광전효과　　　　　　　② 틴들현상
③ Raman효과　　　　　　④ 브라운운동

2-2. 다음은 원자 흡수와 원자 방출을 나타낸 것이다. A와 B가 바르게 짝지어진 것은?

$$M + E \underset{B}{\overset{A}{\rightleftharpoons}} M^+$$
중성원자　에너지　들뜬상태

① A : 방출, B : 흡수
② A : 방출, B : 방출
③ A : 흡수, B : 방출
④ A : 흡수, B : 흡수

2-3. 분자가 자외선과 가시광선 영역의 광에너지를 흡수할 때 전자가 낮은 에너지 상태에서 높은 에너지 상태로 변화하게 된다. 이때 흡수된 에너지를 무엇이라 하는가?

① 전기에너지　　　　　　② 광에너지
③ 여기에너지　　　　　　④ 파 장

|해설|

2-1
광전효과 : 금속 등의 물질에 일정 진동수 이상의 빛을 조사하면 광자와 전자가 충돌하게 되고, 이때 충돌한 전자가 금속으로부터 방출되는 것이다.

2-2
• 들뜬상태 : 높은 에너지 상태(에너지 흡수)
• 바닥상태 : 낮은 에너지 상태(에너지 방출)

2-3
여기에너지 : 기준상태에 있는 원자, 분자가 들뜬상태로 변화할 때 흡수하는 에너지이다.

정답 2-1 ①　2-2 ③　2-3 ③

핵심이론 03 │ 분광광도법의 원리

(1) 투광도와 흡광도의 측정

복사선이 시료를 통과할 때 시료용기의 반사, 시료 용액 내의 큰 분자에 의한 산란, 용기 벽에 의한 흡수 등으로 복사선의 세기가 작아져 오차가 생기므로, 용매만 포함된 셀을 통과한 빛의 세기와 비교해서 얻어야 한다.

① 투광도(Transmittance, T) : 빛이 물질을 얼마나 통과하는 지를 나타낸 정도이다.

$$T = \frac{I}{I_0}$$

여기서, T : 투광도
　　　　I_0 : 매질 통과 전 빛의 세기
　　　　I : 매질 통과 후 빛의 세기

② 흡광도(Absorbance, A) : 물질이 빛을 얼마나 흡수하는지를 나타낸 정도이다.

$$A = -\log T = \log \frac{I_0}{I}$$

여기서, A : 흡광도
　　　　T : 투광도
　　　　I_0 : 매질 통과 전 빛의 세기
　　　　I : 매질 통과 후 빛의 세기

(2) 비어(Beer)의 법칙

흡광도는 용질의 농도와 단위길이당 흡수도, 매질 길이의 곱에 비례한다.

$$A = abC$$

여기서, A : 흡광도
　　　　a : 흡광계수
　　　　b : 매질의 두께(길이)
　　　　C : 흡수종의 농도

※ 비어의 법칙은 낮은 농도의 분석물에만 적용이 되고, 화학적 편차가 심하다는 단점이 있다.

(3) 람베르트(Lambert)의 법칙

빛의 흡수에서 흡수층에 입사하는 빛의 세기 I_0와 투과광의 세기 I와의 비의 로그값은 흡수층의 두께에 비례한다.

$$A = \log \frac{I_0}{I} = kb$$

여기서, A : 흡광도

I_0 : 입사빛의 세기

I : 투과빛의 세기

b : 용액층의 두께

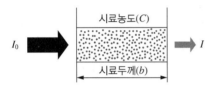

(4) 비어-람베르트의 법칙

용액의 흡광도는 액층의 두께, 용액의 농도에 비례하며, 용액의 투광도는 액층의 두께, 용액의 농도에 반비례한다.

$$A = -\log T = \varepsilon bC$$

여기서, A : 흡광도

T : 투광도

ε : 몰흡광계수(L/mol·cm)

b : 용액층의 두께(cm)

C : 농도(mol/L)

10년간 자주 출제된 문제

3-1. 1.0×10^{-4}mol 용액의 어떤 시료를 1.5cm 용기에 넣었을 때 $\lambda_{max} = 250$nm에서 투과도는 40%이다. 250nm에서 ε_{max}(최대 몰흡광도)는?

① 1.5×10^3　　　　② 2.5×10^3
③ 3.5×10^3　　　　④ 4.5×10^3

3-2. 비어-람베르트(Beer-Lambert)의 법칙에 대한 설명으로 틀린 것은?

① 흡광도는 액층의 두께에 비례한다.
② 투광도는 용액의 농도에 반비례한다.
③ 흡광도는 용액의 농도에 비례한다.
④ 투광도는 액층의 두께에 비례한다.

3-3. 분광광도법에서 정량분석의 검정곡선 그래프에는 X축은 농도를 나타내고 Y축에는 무엇을 나타내는가?

① 흡광도　　　　　　② 투광도
③ 파 장　　　　　　④ 여기에너지

3-4. 투광도가 50%일 때 흡광도는?

① 0.25　　　　　　② 0.30
③ 0.35　　　　　　④ 0.40

3-5. 어떤 시료를 분광광도계를 이용하여 측정하였더니 투과도가 10%T이었다. 이때 흡광도는 얼마인가?

① 0.1　　　　　　② 0.8
③ 1　　　　　　　④ 1.6

|해설|

3-1

흡광도$(A) = -\log T = \varepsilon_{max} bC$

여기서, T : 투광도, ε_{max} : 최대 몰흡광도

b : 셀의 두께, C : 용액의 농도

투광도$(T) = 40$%이므로

$A = -\log 0.4 = \varepsilon_{max} \times 1.5 \times 1.0 \times 10^{-4}$

$\therefore \varepsilon_{max} = 2.5 \times 10^3$

3-2

비어-람베르트의 법칙

- 흡광도는 액층의 두께, 용액의 농도에 비례한다.
- 투광도는 액층의 두께, 용액의 농도에 반비례한다.

3-3

X축은 농도, Y축은 흡광도를 나타낸다.

3-4

흡광도$(A) = -\log T = -\log 0.5 = 0.30$

3-5

$A = -\log T$

여기서, A : 흡광도

T : 투과도

$A = -\log 0.1 = 1$

정답 3-1 ②　3-2 ④　3-3 ①　3-4 ②　3-5 ③

(1) 광원(Lamp)

복사선의 광원은 쉽게 측정이 가능할 만한 충분한 세기와 일정한 양을 방출해야 한다.

① 연속 광원 : 흡수법과 형광법에서 사용하며, 파장에 따라 복사선의 세기가 서서히 변하는 연속 복사선을 방출한다.

㉠ 자외선 영역 : 중수소, 아르곤, 제논 광원을 사용한다.

㉡ 가시광선 영역 : 텅스텐 필라멘트 광원을 사용한다.

㉢ 적외선 영역 : Nernst 백열등, 수은아크, 텅스텐 필라멘트 광원을 사용한다.

② 선 광원 : 원자흡수분광법, 원자 및 분자형광법 등에서 사용한다.

(2) 파장선택부(단색화장치)

광원에서 나오는 넓은 파장의 빛을 단색 복사선으로 바꾸어 원하는 파장의 빛만 선택적으로 사용할 수 있도록 한다.

(3) 시료부(시료 셀)

시료를 담는 용기를 통해 흡광도를 측정하는 부분으로, 시료에 따라 석영, 유리, 플라스틱 셀 등을 사용한다.

(4) 검출부(측광부)

시료용기를 통과한 빛에너지를 전기에너지로 변환해 흡광도를 표시하는 장치로 광전증배관, 광다이오드, 광다이오드 어레이 등 세 종류가 있다. 이들은 응답시간, 감도, 사용되는 파장범위 및 출력형태 등에 따라 차이가 있다.

① 이상적 복사선 변환기의 조건

㉠ 넓은 파장 영역에서 일정한 크기의 감도를 지녀야 한다.

㉡ 신호대 잡음비가 낮아야 한다.

㉢ 감도가 높아야 한다.

㉣ 감응시간이 빨라야 한다.

㉤ 복사선이 유입되지 않을 때 감응신호가 0이어야 한다.

㉥ 변환기의 전기신호는 복사선의 세기에 정비례한다.

② 복사선 검출기의 종류 : 광자검출기(자외선/가시광선, 근적외선 영역), 열검출기(적외선 영역) 등이 있다.

(5) 변환기

검출부에서 측정한 값의 크기를 조건에 따라 증폭(Amplifier)하거나 변환하여 적절한 단위로 변환한다.

10년간 자주 출제된 문제

4-1. 분광광도계에서 광전관, 광전자증배관, 광전도셀 또는 광전지 등을 사용하여 빛의 세기를 측정하여 전기신호로 바꾸는 장치 부분은?

① 광원부　　　　　　② 파장선택부
③ 시료부　　　　　　④ 측광부

4-2. 분광광도계의 광원 중 중수소램프는 어느 범위에서 사용하는가?

① 자외선　　　　　　② 가시광선
③ 적외선　　　　　　④ 감마선

4-3. 분광광도계의 시료 흡수 용기 중 자외선 영역에서 적합한 셀은?

① 석영 셀　　　　　　② 유리 셀
③ 플라스틱 셀　　　　④ KBr 셀

4-4. 분광광도계에 이용되는 빛의 성질은?

① 굴 절　　　　　　② 흡 수
③ 산 란　　　　　　④ 전 도

4-5. 분광광도계 부품 중 광원에서 파장을 선택하는 장치는?

① 단색화장치　　　　② 시료 셀
③ 입구슬릿　　　　　④ 검출부

핵심이론 05 | 원자흡수분광광도법과 원자형광분석법

(1) 원자흡수분광광도법(AAS ; Atomic Absorption Spectrometry)

① 극소량의 금속성분 분석에 이용되며, 기체상태의 원자에 특정 파장의 빛을 투과시킬 때, 바닥상태의 원자가 빛을 흡수해 들뜬상태로 전이하는 특징을 이용한다. 단일 원소의 정량에 가장 많이 사용된다.

② 특 징
  ㉠ 감도가 높다.
  ㉡ 타 원소의 영향이 작다.
  ㉢ 시료가 용액인 경우 전처리가 필요 없다.

③ 광 원
  ㉠ 속빈음극등 : 가장 많이 사용되나, 방출선의 도플러 효과 증가와 자체 흡수에 의한 방해작용이 있다.
  ㉡ 전극없는 방전등 : 원자 선스펙트럼을 내는 광원으로, 방출복사선의 세기가 속빈음극등보다 100배 정도 크다.

④ 시료 원자화부
  ㉠ 시료 중에 존재하는 이온, 분자를 열해리시켜 원자 증기를 생성하는 부분으로, 보통 불꽃원자흡수분광법에서 많이 사용된다.
  ㉡ 대상 금속원소를 원자화하여 바닥상태의 중성원자를 생성시키고, 특정 파장의 전자파를 통과시켜 흡수 정도를 측정하여 대상 금속원소의 농도를 구한다.
    • 공기/아세틸렌 불꽃 : 범용적으로 사용하며 간섭이 심하지 않아 다양하게 사용된다.
    • 고온의 아산화질소/아세틸렌 불꽃방식 : 용해가 어려운 성분원소의 분석과 고온불꽃원소(3,000℃) 분석에 이용된다.
    • 흑연로 방식 : 비불꽃원자화방법이다. 탄소막대법과 함께 가장 많이 사용되며, 단계를 세분화하여 정확한 분석이 가능하다.

⑤ 분광부(단색화장치) : 입사된 빛의 성분을 파장으로 분리해 원하는 빛을 골라내는 장치로 입구슬릿, 반사경, 분산원소, 출구슬릿 장치로 구성된다.

⑥ 측광부 : 원자화된 시료에 의해 흡수된 빛의 강도를 측정하는 장치로 검출기, 증폭기, 지시계로 구성되어 있다.
  ㉠ 검출기 : 통과한 빛의 세기를 측정하며 광전증폭관(PTM)이 가장 널리 사용된다.
  ㉡ 광전증폭관 : 빛을 측정하는 검출기의 한 종류로 포토캐소드, 다이노드, 애노드로 구성되어 있다.

⑦ 방해(Interference) 및 해결방법
  ㉠ 분광학적 방해 : 분석원소의 공명선과 다른 원소의 방출선이 겹쳐 발생하며, 방해물질을 제거하거나 숙련된 분석을 통해 제거한다.
  ㉡ 화학적 방해 : 샘플용액이 100% 해리되어 100% 원자화되지 않고, 용액 내의 타 이온과 결합해 대상물질의 감도가 낮아지는 경우에 발생하며, 해방제를 첨가하거나 고온의 불꽃을 사용해 생성된 간섭원소를 제거한다.
  ㉢ 물리적 방해 : 기준용액과 시료용액의 구성성분 차이로 발생하며, 표준물첨가법을 사용해 제거한다.
  ㉣ 기타 방해 : 이온화 방해, 불특정 방해 등이 있다.

(2) 원자형광분석법(AFS ; Atomic Fluorescence Spectrometer)

① 원자형광성질을 이용해 수은(Hg), 납(Pb), 비소(As), 주석(Sn) 등 10개 원소에 대한 미량분석에 사용한다.

② 특 징
  ㉠ 감도가 탁월하며, 간섭효과가 낮고 넓은 범위의 선형 검정곡선 범위를 지니고 있다.
  ㉡ 원자흡수분광광도법에 비해 우수한 감도를 보이며, 선형분석 범위가 더 넓고, 간섭효과가 적다는 장점이 있다.

③ 광원 : 속빈음극램프가 주로 사용된다.

④ 검출기 : 광전증폭관(PMT)을 주로 사용한다.

⑤ 방해 : 원자흡수분광광도법과 유사하다.

⑥ 응용분야 : 의학, 환경, 공공의료, 질병 제어, 낙농, 지질학적 분석 등의 납(Pb), 수은(Hg), 비소(As), 수소(H), 셀레늄(Se) 등의 분석에 이용한다.

10년간 자주 출제된 문제

5-1. AAS(원자흡수분광광도법)을 화학분석에 이용하는 특성이 아닌 것은?
① 선택성이 좋고 감도가 좋다.
② 방해물질의 영향이 비교적 작다.
③ 반복하는 유사분석을 단시간에 할 수 있다.
④ 대부분의 원소를 동시에 검출할 수 있다.

5-2. 원자흡수분광광도법의 시료 전처리에서 착화제를 가하여 착화합물을 형성한 후, 유기용매로 추출하여 분석하는 용매추출법을 이용하는 주된 이유는?
① 분석재현성이 증가하기 때문에
② 감도가 증가하기 때문에
③ pH의 영향이 작아지기 때문에
④ 조작이 간편하기 때문에

5-3. 원자흡수분광광도계에서 광원으로 속빈음극등에 사용되는 기체가 아닌 것은?
① 네온(Ne)   ② 아르곤(Ar)
③ 헬륨(He)   ④ 수소(H_2)

|해설|

5-1
원자흡수분광광도법(AAS)은 단일 원소의 정량에 가장 많이 사용된다.

5-2
방해물질의 간섭을 줄이고 감도를 증가시키기 위해 용매추출법을 활용한다.

5-3
원자흡수분광광도계는 네온, 헬륨, 아르곤을 속빈음극등의 기체로 사용한다.

정답 5-1 ④ 5-2 ② 5-3 ④

(1) 원자방출분광법

① 시료의 성분을 원자 또는 간단한 원소이온으로 변환한 후 보다 높은 전자에너지를 이용해 들뜬상태로 만들어 발생하는 자외선, 가시광선 스펙트럼을 분석하여 물질을 정량, 정성분석하는 방법이다.

② 장점 : 원자흡수분광광도법보다 원소 상호 간 방해가 적고, 한 원소의 들뜬 조건에서 대부분 원소들의 방출 스펙트럼을 얻을 수 있어 양이 적은 시료의 다성분 원소분석에 중요하게 사용된다.

③ 단점 : 플라스마, 아크 및 스파크 광원의 방출스펙트럼은 매우 복잡하여 고가의 장비가 요구된다.

(2) 측정기기의 구조

측정기기는 들뜸원, 단색화장치, 검출기로 구성된다.

① 들뜸원 : 시료를 자유원자가 존재하기 위한 기체상태로 변환한 후, 빛을 방사하기 위해 시료를 들뜨게 한다.

② 단색화장치 : 들뜬 빛을 프리즘, 회절격자(Diffracting Grating)의 방법으로 분해시킨 후 요구되는 형태로 분석한다.

③ 검출기 : 사진판 또는 광전자 검출기를 사용한다.

　　㉠ 사진판 : 전 스펙트럼의 범위에 걸쳐 파장, 강도는 동시에 측정 가능하지만, 평판분석이 번거롭다.

　　㉡ 광전자 검출기 : 범위가 넓고 속도가 빨라 최근 많이 사용된다.

10년간 자주 출제된 문제

원자방출분광법의 측정기기 중 들뜬 빛을 프리즘, 회절격자의 방법으로 분해시킨 후 분석하는 장치를 칭하는 것은?

① 들뜸원　　　　　　② 사진판
③ 단색화장치　　　　④ 광전자 검출기

정답 ③

---

(1) 원자 X선 분광법의 개요

① X선을 물질에 쪼여 튀어나온 전자들의 에너지 스펙트럼을 분석해 물질의 특성을 알아내는 방법이다.

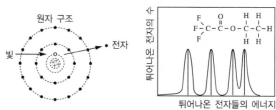

X선을 쪼여 전자를 방출시킨 후 → 튀어나온 전자의 고유 에너지 스펙트럼을 분석한다.

② 분석 목적을 위해 X선을 얻는 네 가지 방법

　　㉠ 고에너지의 전자 살을 이용해 금속 과녁에 충돌시킨다.

　　㉡ 2차 X선 형광 빛살을 얻기 위해 1차 X선 빛살을 물질에 쪼여 준다.

　　㉢ 방사성 광원을 사용하여 붕괴 과정에서 X선 방출을 유도한다.

　　㉣ 싱크로트론(Synchrotron) 방사선 광원으로부터 얻을 수 있다.

(2) 측정기기의 구조

광원, 필터, 시료집게, 검출기, 신호처리장치와 판독장치로 구성된다.

① 광원 : 텅스텐 필라멘트의 음극과 양극장치가 결합된 진공관 형태이다.

② 필터 : 단색화된 복사선을 선택적으로 얻기 위해 사용한다.

③ 검출기(변환기) : 복사선 에너지를 전기신호로 변환한다.

④ 신호처리장치 : 광자계수법을 이용하여 신호를 처리한다.

⑤ 판독장치 : 처리된 신호를 판독하여 정량, 정성분석에 이용한다.

(3) 측정기기의 구분

스펙트럼 분리법에 따라 파장 분산형과 에너지 분산형 기기로 나뉜다.

10년간 자주 출제된 문제

7-1. 다음의 전자기 복사선 중 주파수가 가장 높은 것은?

① X선
② 자외선
③ 가시광선
④ 적외선

7-2. 분광광도계의 구조 중 일반적으로 단색화장치나 필터가 사용되는 곳은?

① 광원부
② 파장선택부
③ 시료부
④ 검출부

|해설|

7-1

고주파수 순서

감마선 > X선 > 자외선 > 가시광선 > 적외선

7-2

파장선택부는 광원에서 나오는 넓은 파장의 빛을 단색 복사선으로 바꾸어 원하는 파장의 빛만 선택하여 사용하는 장치로, 단색화장치 또는 필터(예 프리즘)를 이용하는 장치이다.

정답 7-1 ① **7-2** ②

핵심이론 08 | 자외선/가시광선(UV/VIS) 흡수분광법

(1) 자외선/가시광선(UV/VIS) 흡수분광법

① 자외선, 가시광선을 흡수할 때 발생하는 전자전이를 이용해 분자 화학종의 정량, 정성분석에 이용되는 방법이다.

② 특징 : 바닥상태의 원자, 분자가 자외선 및 가시광선을 흡수하면 전자전이(Electronic Transition)가 일어나며 원자, 분자에 따라 특정한 파장의 빛을 흡수하여 전자전이를 일으키므로 흡수되는 파장의 종류를 통해 원자나 분자의 종류가 확인된다. 따라서 유기화합물과 금속 킬레이트 화합물에 국한되어 사용되며, 유기물이나 금속이온의 분석과 분자구조 규명에 사용된다.

(2) 측정범위와 구조

① 단색화 시스템을 이용해 파장이 다른 여러 종류의 빛을 연속적으로 분리, 변화가 가능하며, 여러 종류의 광원과 검출기를 사용하므로 자외선~근적외선 영역(190~1,100nm)에 이르는 광범위한 영역에서의 정확한 흡수 스펙트럼을 측정할 수 있다.

② 구조 : 일반적인 분광광도계의 구조(광원 → 단색화장치 → 시료용기 → 검출기 → 기록)를 따른다.

   ㉠ 광원 : 보통 자외선 출력이 강하고 가시광선 출력이 약한 중수소램프(190~400nm)와 가시광선 출력이 강하고 자외선 출력이 약한 텅스텐램프(350~2,500nm)를 사용한다.

   ㉡ 단색화장치 : 입사슬릿, 분산장치, 방출슬릿으로 구성되어 있고 광원에서 입사된 여러 색의 빛을 나누어 원하는 만큼의 단색광으로 만들어 주는 장치이다. 예전에는 프리즘을 사용하였으나 최근 회절격자를 많이 이용한다.

   ㉢ 시료용기 : 유리(가시광선과 근적외선), 석영(자외선, 가시광선, 근적외선), 플라스틱(근적외선)

   ㉣ 검출기 : 광전기형, 광전관형, 광전증배관형 세 종류가 있다.

(3) 분석법

자외선-가시광선 흡수분광법은 정성분석과 정량분석을 모두 할 수 있다.

① **정성분석** : 물질마다 최대 흡수파장이 다르며, 이를 확인해 분석하면 물질의 성분을 확인할 수 있으나 일반적으로 스펙트럼의 상세구조가 없어 정성분석에는 잘 이용하지 않는다.

② **정량분석** : 최대 흡수파장에서의 흡광도와 분석물의 농도는 비례하므로, 흡수파장에서의 흡광도를 알면 그 물질의 양을 측정할 수 있다.

 ㉠ 장점 : 정확도가 높고 편리하며 다양한 유기물, 무기물의 분석이 가능해 신뢰도 높은 데이터를 얻을 수 있다.

 ㉡ 단점 : 흡광도의 영역(0.1~1)이 한정되어 있으며, 흡광도를 측정하는 영역(흡수봉우리 파장)이 제한적이다.

 ㉢ 측정 가능한 화학종

  • 흡광 화학종 : 발색단이 하나 이상인 유기화합물, 전이원소, 내부 전이원소 등이다.

  • 비흡광 화학종 : 발색시약을 투입해 흡광 화학종으로 바꾸어 측정한다.

 ㉣ 실험과정

  • 파장의 선택 : 최대 흡수봉우리 파장을 선택하여 측정한다.

  • 흡광도 측정 변수 : 용매의 성질, 용액의 pH, 온도, 전해질 농도, 방해물질의 유무

  • 흡수 셀 조작 : 반드시 표면에 스크래치가 나지 않도록 주의하며, 동일한 셀로 나누어 측정하면 결과값의 신뢰도를 높일 수 있다.

  • 검정곡선 : 분석실험의 최적조건을 조성해 표준용액을 제조한 후 검정곡선을 만들어 이용한다.

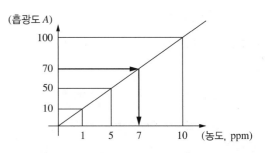

핵심이론 09 | 분자발광분광법

(1) 분자발광분광법

① 분석하고자 하는 물질의 분자들뜸현상을 이용해 방출한 특정 스펙트럼을 통해서 정성 및 정량적인 정보를 해석하여 분석하는 방법이다.

② 분자발광분광법의 3요소 : 형광, 인광, 화학발광

　㉠ 형광 : 특정 분자들은 자외선, 가시광선 등의 빛을 흡수할 경우 들뜬상태로 변하면 이때 바닥상태로 되돌아가려는 과정에서 빛이 발생하는 현상으로, 수명이 짧은 특징이 있다.

　㉡ 인광 : 빛을 쪼여 주는 것을 중지하여도 일정 시간(수초 이상) 발광하는 현상이다.

　㉢ 화학발광 : 특정 화학물질들이 일으킨 화학반응의 잔여에너지를 통해 발광하는 형태이다.

　※ 전자의 스핀 : 전자가 스스로 회전하는 고유의 성질이다(각운동량을 가지고 회전함).

③ 장점 : 감도가 좋으며 검출한계가 작아 정밀한 측정법에 사용 가능하다(검출한계 ppb).

④ 단점 : 감도가 좋아 정량분석 시 시료 매트릭스로부터 방해현상이 간헐적으로 일어나며, 이러한 현상을 방지하기 위해 크로마토그래피, 전기이동법이 함께 사용된다.

(2) 측정기기의 구조

측정기기는 광원, 등, 레이저, 필터와 단색화장치, 검출기, 시료용기와 용기설치실로 구성된다.

① 광원 : 흡수법(텅스텐등, 수소등)보다 더 센 광원이 필요하여 수은아크등, 제논아크등을 이용한다.

② 등 : 저압수은 증기등을 가장 많이 사용한다.

③ 레이저 : 값이 저렴하고 사용이 편리해 가장 많이 사용되며, 시료의 양이 적거나 원거리 측정용으로 사용된다.

④ 필터와 단색화장치 : 들뜸파장과 형광파장의 선택을 위해 사용된다.

⑤ 검출기 : 발광신호의 세기가 약해 증폭이 필요한 구조이며, 광전자증배관이 가장 많이 사용된다.

10년간 자주 출제된 문제

분자발광분광법의 주요 3요소에 해당하지 않는 것은?

① 형 광
② 인 광
③ 화학발광
④ 전자스핀

|해설|

분자발광분광법의 3요소 : 형광, 인광, 화학발광

정답 ④

핵심이론 10 | 적외선분광법(IR)

(1) 적외선분광법

① 물질의 전자전이가 아닌 분자의 운동(진동, 병진, 회전)을 통해 물질을 분석하는 방법으로, 대상 분자(작용기)에 특정 진동수의 적외선을 쬐어 흡수, 투과된 파장의 분류를 통해 얻어진 흡수스펙트럼으로 물질을 분석하는 방법이다.

② 적외선 영역의 스펙트럼

  ㉠ 근적외선(near IR) : 자외선-가시광선 분광광도계와 유사한 형태를 지니며, 주로 농산물의 정량분석에 이용된다.

  ㉡ 중적외선(mid IR) : 값이 저렴하고 간섭필터에 기초한 구조로 기체의 조성, 대기오염 측정에 사용된다.

  ㉢ 원적외선(far IR) : 잠재적으로는 상당히 유용하나 빛의 세기가 너무 약해 사용하기 어려운 단점이 있다.

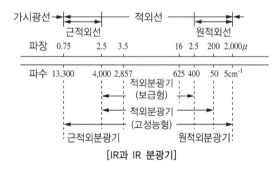

[IR과 IR 분광기]

(2) 측정기기의 구조

적외선 흡수 측정기기는 연속광원과 감도 좋은 변환기가 반드시 필요하다.

① 광원 : 1,500K과 2,200K 사이의 온도까지 전기적으로 가열되는 비활성 고체를 이용하며, Nernst 백열등과 Globar등이 많이 쓰인다.

② 단색화장치 : 프리즘을 만드는 데 널리 쓰이는 재질은 NaCl, KBr, CsBr, LiF, CaF_2 등의 할로겐화 염의 이온성 결정이며, 습도가 높을 경우 녹기 때문에 낮은 습도를 유지하는 것이 중요하다.

③ 검출기

  ㉠ 열법검출기(열전기쌍) : 광도계와 분산형 광도계에 사용되며, 복사선의 가열효과에 따라 감응하는 원리를 이용한다.

  ㉡ 볼로미터 : 야간 복사열의 검출과 측정을 위해 사용되는 고감도의 전기저항 온도계이다.

  ㉢ 파이로 전기검출기 : 특별한 열법 검출기로 분산형 광도계에 이용한다.

④ 측정기기의 종류

  ㉠ 분산형 회절격자 분광광도계 : 주로 정성분석에 이용되며 1980년대까지 많이 사용되었다.

  ㉡ 푸리에 변환 적외선분광계(FT) : 정성, 정량분석에 모두 사용하며 효과적이나, 가격이 비싸 사용이 제한적이었다. 그러나 최근 분산형 기기와 유사한 정도로 가격이 하락하여 많이 사용되고 있다.

  ㉢ 비분산형 광도계 : 흡수, 방출, 반사분광법을 이용하여 대기 중 다양한 유기물질의 정량분석에 사용한다.

⑤ 시료의 조제(전처리) 및 측정

  ㉠ 고체 : 용액법, 페이스트법, KBr정제법이 사용된다.

  ㉡ 액체 : 스포이트로 시료판(Salt Plate) 위에 1~2방울의 시료를 떨어뜨린 다음, 그 위에 다른 판을 덮는다.

  ㉢ 기체 : 직접 또는 진공펌프를 이용하여 50~760 mmHg 정도의 압력으로 시료를 용기에 넣은 다음, 이 용기를 IR 분광기의 Cell Holder에 걸어서 측정한다.

[주요 작용기별 스펙트럼]

결합형태	작용기	화합물	주파수 범위(cm^{-1})
단일 결합	C–H	알케인	2,850~3,000
	=C–H	알켄 및 방향족 화합물	3,030~3,140
	≡C–H	알카인	3,300
	O–H	알코올과 페놀	3,500~3,700 (수소결합 없음) 3,200~3,500 (수소결합 있음)
	–COOH	카복실산	2,500~3,000
	N–H	아 민	3,200~3,600
	S–H	싸이올	2,550~2,600
이중 결합	C=C	알 켄	1,600~1,680
	C=N	아민, 옥심	1,500~1,650
	C=O	알데하이드, 케톤, 에스테르, 카복실산	1,650~1,780
삼중 결합	C≡C	알카인	2,100~2,260
	C≡N	나이트릴	2,200~2,400

10-1. 다음 중 적외선스펙트럼의 원리로 맞는 것은?

① 핵자기공명
② 전하이동전이
③ 분자전이현상
④ 분자 내 원자들의 진동

10-2. 적외선분광광도계의 광원으로 많이 사용되는 것은?

① 나트륨램프　　　　② 텅스텐램프
③ 네른스트램프　　　④ 할로겐램프

10-3. 적외선분광광도계를 취급할 때 주의사항 중 옳지 않은 것은?

① 온도는 10~30℃가 적당하다.
② 습도는 크게 문제가 되지 않는다.
③ 먼지와 부식성 가스가 없어야 한다.
④ 강한 전기장, 자기장에서 떨어져 설치한다.

10-4. 적외선흡수스펙트럼에서 흡수띠가 주파수 1,690~1,760 cm^{-1} 영역에서 강하게 나타났을 때 예측되는 화합물은?

① 알케인류　　　　　② 아민류
③ 케톤류　　　　　　④ 아마이드류

10-5. 적외선흡수스펙트럼에서 1,700cm^{-1} 부근에서 강한 신축진동(Stretching Vibration) 피크를 나타내는 물질은?

① 아세틸렌　　　　　② 아세톤
③ 메 탄　　　　　　　④ 에탄올

10-6. 적외선분광법에서 액체시료는 어떤 시료판에 떨어뜨리거나 발라서 측정하는가?

① K_2CrO_4　　　　　② KBr
③ CrO_3　　　　　　④ $KMnO_4$

10-7. 적외선분광광도계에 의한 고체시료의 분석방법 중 시료의 취급방법이 아닌 것은?

① 용액법
② 페이스트(Paste)법
③ 기화법
④ KBr정제법

10-8. 정성, 정량분석에 모두 사용하며, 효과적이나 가격의 문제로 사용이 제한적이었으나 최근 타 기기와 유사한 정도로 가격이 하락하여 많이 사용하는 적외선분광광도계는?

① 광분산형 광도계
② 비분산형 광도계
③ 푸리에 변환 적외선분광계(FT)
④ 회절격자 분광광도계

|해설|

10-1
적외선은 분자의 진동이나 회전 상태에서 다른 에너지 상태로 전이되면서 발생하는 에너지의 변화로 스펙트럼을 측정할 수 있으며, 이 원리를 이용해 물질의 정량·정성분석하는 방법이 적외선분광법(IR)이다.

10-2
적외선분광광도계 전용 광원으로 네른스트램프를 사용하며, 광원을 400℃ 정도로 가열한 후 전기를 흘려 사용한다.

10-3
적외선분광광도계는 단색화장치로 이온결정성 물질(염화나트륨, 브롬화세슘 등)이 사용되는데 물에 잘 녹기 때문에 습도를 낮게 유지하는 것이 중요하다.

10-4
케톤류의 흡수띠 주파수 영역 : $1,705\sim1,725\text{cm}^{-1}$

10-5
카보닐기(−C(=O)−)를 가지는 화합물은 $1,700\text{cm}^{-1}$ 부근에서 강한 피크점을 나타내며, 대표적인 물질은 아세톤이다.

10-6
적외선분광법(IR)에서 고체시료는 전처리가 필요하며, 유리나 플라스틱을 사용할 경우 적외선을 강하게 흡수하여 적합하지 않고, NaCl이나 KBr 등의 이온성 물질로 만든 펠릿으로 만들어 측정한다.
※ KBr 펠릿 제조방법
 • 고체시료를 건조하여 KBr과 혼합한다.
 • 고압으로 박막을 형성하여 준비한다.

10-7
기화(냉각)법은 기화열을 활용하여 실내의 온도를 낮추는 방법을 말한다.

정답 10-1 ④ 10-2 ③ 10-3 ② 10-4 ③
　　　10-5 ② 10-6 ② 10-7 ③ 10-8 ③

핵심이론 11 | 핵자기공명분광법(NMR)

(1) 핵자기공명분광법

① 핵자기공명현상을 통해 시료 속 화합물의 분자구조를 얻을 수 있으며, 이것으로 물질을 분석하는 방법이다.

② 중요개념

　㉠ 스핀현상 : 일정한 전기적 성질을 지닌 원자가 특정 궤도를 지니며 회전하는 현상이다.

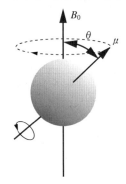

　여기서, B_0 : 외부 자장의 세기
　　　　　θ : 전기적 힘의 작용 방향
　　　　　μ : 전기적 힘의 작용

　㉡ 핵자기공명현상 : 분자에 외부자기장이 제공될 때 자성을 가진 핵의 스핀상태가 변화되면서 발생한 에너지 변화분량만큼 특정 주파수의 라디오파(RF)를 흡수 또는 방출하는 현상이다.

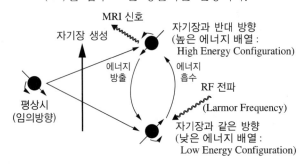

10년간 자주 출제된 문제

분자에 외부자기장이 제공될 때 자성을 가진 핵의 스핀상태가 변화되면서 발생한 에너지 변화분량만큼 특정 주파수의 라디오파(RF)를 흡수 또는 방출하는 현상은?

① 전자전이현상
② 전자스핀현상
③ 핵자기공명현상
④ 분자전이현상

정답 ③

핵심이론 12 │ 크로마토그래피의 원리

(1) 기본원리

매우 유사한 성분의 물질들이 복잡하게 구성되어 있을 때 효율적으로 분리할 수 있는 방법으로 종이크로마토그래피, 액체크로마토그래피, 기체크로마토그래피, 이온크로마토그래피 등으로 구분된다.

① 혼합물은 이동상(Mobile Phase)이라고 하는 유체에 녹아 있어 정지상(Stationary Phase)이라는 구조를 따라 움직이게 된다.

② 혼합물의 다양한 성분이 각각 다른 속도로 정지상을 이동하며 분리가 일어나고, 이때 발생된 분리를 통해 오염물질을 분리하여 측정한다.

③ 정량분석(크로마토그램의 면적), 정성분석(머무름시간) 모두 가능하다.

(2) 특 징

① 실험법이 간단하다.
② 혼합물의 양이 매우 적어도 가능하다.
③ 분리하는 데 시간이 짧고 비슷한 성질의 물질도 쉽게 분리한다.
④ 제조용과 분석용 두 가지로 나뉜다.

10년간 자주 출제된 문제

기체크로마토그래피의 정량분석에 일반적으로 많이 사용되는 방법은?

① 크로마토그램의 무게
② 크로마토그램의 면적
③ 크로마토그램의 높이
④ 크로마토그램의 머무름시간

|해설|

GC는 정량분석(크로마토그램의 면적), 정성분석(머무름시간) 모두 가능하다.

정답 ②

| 핵심이론 **13** | 기체크로마토그래피(GC) |

(1) 기체크로마토그래피(Gas Chromatography)

① 원리 : 이동상으로 기체를 사용하는 크로마토그래피로 두 가지 이상의 성분으로 된 물질을 단일물질로 분리시키는 방법이다. 대상물질의 각 성분은 이동상, 고정상과의 물리, 화학적 반응에 의해 고정상과 이동상에 서로 다르게 분배되어 분리된다.

② 특 징

ㄱ 시료요건 : 일반적으로 450℃ 이하의 온도를 유지한다.

ㄴ 분자량 : 500~600g/mol

ㄷ 내열성 : 분자의 열안정성을 고려해 열에 안정적이어야 한다.

ㄹ 분리원리 : 시료와 고정상과의 물리, 화학적 친화력 및 시료의 끓는점 차이에 의해 분리된다.

ㅁ 운반기체(Carrier Gas) : 수분 또는 고순도의 헬륨, 수소, 질소, 아르곤 등 비활성 기체를 이용한다.
※ 운반기체에 불순물이 함유될 경우 시료와 상호작용으로 데이터 오류가 발생하고, 수분이 많을 경우 검출기의 수명이 단축되는 문제가 발생한다.

(2) 기체크로마토그래피의 구성

① 운반기체부 : 비활성 기체를 이동상으로 사용하며, 개별검출기에 적합한 운반기체는 다음과 같다.

검출기	운반기체	설 명
TCD(Thermal Conductivity Detector)	He	적 합
	H₂	감도가 가장 우수
	N₂	수소 분석 시 이용
FID(Flame Ionization Detector)	N₂	적 합
	H₂, He	사용 가능
NPD(Nitrogen Phosphorus Detector)	He	우 수
	N₂	감도가 가장 우수

② **시료주입부** : 시료를 주입하는 부분으로, 시료를 기화시켜 약 200℃ 이상의 온도로 가열해 칼럼으로 보낸다.

③ 분리관(칼럼) : 시료 성분의 분리가 일어나는 주요 처리기관으로, 충전칼럼과 모세관칼럼으로 분류된다.

ㄱ 충전칼럼 : 내부에 충전물을 직접 충전해 사용할 수 있으며, 사용자의 목적에 따라 다양한 분리관을 만들 수 있고 가격이 저렴하다. 유리, 스테인리스 등의 소재가 많이 사용된다(구리는 폭발의 위험이 있어 사용 안 함).

ㄴ 모세관칼럼 : 실제 가능한 관의 길이가 충전칼럼보다 약 30배 이상 크며, 보다 효율적인 분리성능을 지니고 있어 충전칼럼보다 많이 사용된다.

④ 검출기 : 장치의 마지막 부분에 위치하며 열전도도검출기(TCD), 불꽃이온화검출기(FID) 등으로 나뉜다.

ㄱ 열전도도검출기(TCD ; Thermal Conductivity Detector) : 초기에는 많이 사용되었으나 물질분석에 따른 감도가 상대적으로 낮아 적은 양의 검출에는 부적합하다. 간단한 유기화합물 및 무기화합물의 검출에 이용된다.

ㄴ 불꽃이온화검출기(FID ; Flame Ionization Detector) : 수소와 공기의 불꽃이 연소될 때 유입된 유기물질이 양이온과 전자로 생성되는 원리를 이용하는 것으로, 석유로부터 유래하는 성분분석이 탁월하여 주로 석유 유출 등에 대한 시료분석 측정에 사용된다.

ㄷ 불꽃광도검출기(FPD ; Flame Photometric Detector) : 수소염에 의해 시료 성분을 연소시키고, 이때 발생하는 불꽃의 광도를 측정하는 방법으로 인, 황화합물의 선택적 검출에 사용된다.

ㄹ 열이온화검출기(TID ; Thermionic Detector) : 인 또는 질소화합물에 선택적으로 감응하도록 개발된 검출기이다.

ㅁ 데이터처리장치 : 초기에 적분계를 사용하였으나, 최근에는 전용 프로그램을 이용한다.

(3) 필요조건

① 검출한계가 낮아야 한다.

② 시료에 대한 검출기의 응답신호가 선형이어야 한다.

③ 모든 시료에 동일한 응답신호를 보여야 한다.

④ 응답시간이 짧아야 한다.

⑤ S/N비가 커야 한다.

⑥ 검출기 내에 시료가 머무르는 부피가 작을수록 좋다.

(4) 설치조건

① 분석에 사용하는 유해물질을 안전하게 처리할 수 있는 곳이어야 한다.

② 전원변동은 지정전압의 10% 이내로서 주파수변동이 없는 것이어야 한다.

③ 실온 5~30℃, 상대습도는 85% 이하로 직사광선이 쪼이지 않는 곳이어야 한다.

④ 접지점의 접지저항은 10Ω 이하이어야 한다.

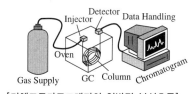

[기체크로마토그래피의 일반적 분석흐름]

10년간 자주 출제된 문제

13-1. 이동상, 고정상의 물리·화학적 반응으로 두가지 이상의 성분으로 된 물질을 단일물질로 분리시키는 분석법은?

① 종이크로마토그래피
② 액체크로마토그래피
③ 이온크로마토그래피
④ 기체크로마토그래피

13-2. 기체크로마토그래피의 충전분리관 중 아민류, 아세틸렌, 테레핀류 등의 분석 시 충전분리관의 재질로 적합하지 않은 것은?

① 알루미늄
② 스테인리스강
③ 유 리
④ 구 리

13-3. 기체크로마토그래피에서 운반기체로 사용할 수 없는 것은?

① N_2 ② He
③ O_2 ④ H_2

13-4. 다음 보기 중 GC(기체크로마토그래피)의 검출기가 갖추어야 할 조건으로 적당한 것은?

| 보기 |
1. 검출한계가 높아야 한다.
2. 가능하면 모든 시료에 같은 응답신호를 보여야 한다.
3. 검출기 내에 시료의 머무는 부피는 커야 한다.
4. 응답시간이 짧아야 한다.
5. S/N비가 커야 한다.

① 1, 2, 3   ② 1, 3, 5
③ 2, 4, 5   ④ 1, 2, 5

13-5. 기체크로마토그래피(Gas Chromatography)로 가능한 분석은?

① 정성분석만 가능
② 정량분석만 가능
③ 반응속도분석만 가능
④ 정량분석과 정성분석이 가능

13-6. 기체크로마토그래프로 정성 및 정량분석하고자 할 때 다음 중 가장 먼저 해야 할 것은?

① 본체의 준비
② 기록계의 준비
③ 표준용액의 조제
④ 기체크로마토그래프에 의한 정성 및 정량분석

13-7. 기체크로마토그래피(GC)에서 사용되는 검출기가 아닌 것은?

① 불꽃이온화검출기
② 전자포획검출기
③ 자외/가시광선검출기
④ 열전도도검출기

13-8. GC의 운반기체의 조건으로 옳지 않은 것은?

① 시료나 고정상과 반응성이 없는 비활성 기체
② 50% 이하의 저순도 가스 사용
③ 칼럼 내에서 시료분자 확산 최소화
④ 사용되는 검출기에 적합한 운반기체 사용

|해설|

13-1
기체크로마토그래피(GC)는 이동상으로 비활성 기체를 사용하며, 두 가지 성분을 단일성분으로 분리시킨다.

13-2
충전분리관으로 구리를 사용하면 아민류, 아세틸렌 등과 구리가 결합하며, 특히 아세틸렌의 경우 아세틸라이드를 형성해 열, 충격에 의해 쉽게 폭발할 위험성이 높아져 사용하지 않는다.

13-3
운반기체는 반응성이 없는 기체를 사용한다(주로 수소, 질소 또는 비활성 기체).

13-4
GC검출기의 필요조건
• 검출한계가 낮아야 한다.
• 시료에 대한 검출기의 응답신호가 선형이어야 한다.
• 모든 시료에 동일한 응답신호를 보여야 한다.
• 응답시간이 짧아야 한다.
• S/N비가 커야 한다.
• 검출기 내에 시료가 머무르는 부피가 작을수록 좋다.

13-5
GC는 그래프의 면적을 통해 정량분석, 머무름시간을 통해 정성분석을 할 수 있다.

13-6
GC 분석 순서 : 표준용액 조제 → 본체 준비 → 기록계 준비 → 정성, 정량분석 시작

13-7
기체크로마토그래피의 검출기 종류
• FID(Flame Ionization Detector, 불꽃이온화검출기) : 가장 널리 사용되며, 주로 탄화수소의 검출에 이용한다.
• ECD(Electron Capture Detector, 전자포획검출기) : 방사선 동위원소의 붕괴를 이용한 검출기로, 주로 할로겐족 분석에 사용한다.
• TCD(Thermal Conductivity Detector, 열전도도검출기) : 기체가 열을 전도하는 물리적 특성을 이용한 분석으로 벤젠 측정에 이용한다.
• TID(Thermionic Detector, 열이온화검출기) : 인, 질소화합물에 선택적으로 감응하도록 개발된 검출기이다.

13-8
GC의 운반기체(캐리어 가스)는 비활성이어야 하며, 고순도의 가스를 사용해야 한다.

정답 13-1 ④ 13-2 ④ 13-3 ③ 13-4 ③
13-5 ④ 13-6 ③ 13-7 ③ 13-8 ②

(1) 종이크로마토그래피

① 원리 : 평면크로마토그래피의 한 종류로 정지상이 평면인 종이를 이용한 방법이다. 용매가 종이를 타고 올라가다 시료를 만나 시료는 용매를 통해 종이를 타고 올라가며 분리되는 원리를 이용한다.

② 특 징

　㉠ 비용이 저렴하다.

　㉡ 소량의 물질분석에 용이하다.

　㉢ 분석이 쉽고 유기물에서 무기이온까지 분석범위가 비교적 넓다.

③ 이동도

$$R_f = \frac{C}{K}$$

여기서, R_f : 이동도

　　　　C : 기본선과 이온이 나타난 사이의 거리(cm)

　　　　K : 기본선과 전개용매가 전개한 곳까지의 거리(cm)

(2) 고성능 액체크로마토그래피(HPLC)

① 액체크로마토그래피는 이동상이 액체인 크로마토그래피를 말하며, 주로 소량입자를 고압상태에서 수행하게 되는데 이를 고성능 액체크로마토그래피(HPLC)라고 한다.

② 특 징

　㉠ 분석 가능한 분자량의 제한이 없다.

　㉡ 비휘발성인 시료를 분석할 수 있다.

　㉢ 분석한 시료의 회수가 가능하다.

　㉣ pH의 안정성이 뛰어나다.

③ 구 성

　㉠ 탈기장치(Degaser) : 이동상 중의 용존산소, 질소, 기포기를 제거하여 칼럼 내의 이동상에 대한 댐핑현상을 줄여 주는 장치이다.

　㉡ 고압펌프(Pump) : 이동상으로 사용되는 용매를 연속적으로 보내어 검출기를 통과할 수 있도록 압력을 주는 장치로, 일정한 압력과 유속을 유지할 수 있어야 하며 용매에 대한 내구성이 뛰어나야 한다.

　※ 이동상 용매의 구비조건

　　• 분석시료를 녹일 수 있어야 한다.

　　• 분리 Peak와 이동상 Peak의 겹침현상이 발생하지 않아야 한다.

　　• 낮은 점도를 유지한다.

　　• 충전물, 용질과의 화학적 반응성이 낮아야 한다.

　　• 정지상을 용해하지 말아야 한다.

④ 주입장치(Injector) : 샘플을 주입하는 방식에 따라 자동시료주입기와 수동시료주입기로 나뉜다.

⑤ 칼럼(Column) : 혼합 성분을 단일 성분으로 분리하는 장치로 실리카겔을 가장 많이 사용한다.

　※ 칼럼 선택 시 고려조건

　　• 충진제의 재질

　　• 충진제의 입자 크기

　　• 충진제의 형태

　　• 충진제의 Pore 크기 : 충진제의 입자 크기가 작을수록 분리효율과 배압은 증가한다.

⑥ 검출기(Detector) : 칼럼에서 분리되어 나오는 시료를 연속적이고 일정한 규칙에 의해 인식하여 전기신호로 바꾸어 주는 장치이다.

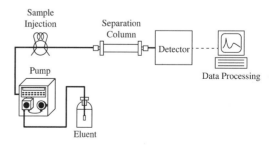

　※ Eluent : 대상 물질을 분리하는 장치(용매화장치)

⑦ 데이터 처리장치 : 전기신호를 크로마토그램으로 그려 주는 장치이다.

⑧ HPLC의 필요조건

　㉠ 펌프 내부의 상태는 용매와 화학적 상호반응이 없
　　어야 한다.

　㉡ 5,000psi의 압력에 견딜 수 있어야 한다.

　㉢ 펌프에서 배출되는 용매는 펄스가 없어야 한다.

　㉣ 기울기 용리가 가능해야 한다.

14-1. 정지상으로 작용하는 물을 흡착시켜 머무르게 하기 위한 지지체로 거름종이를 사용하는 분배크로마토그래피는?

① 관크로마토그래피
② 박막크로마토그래피
③ 기체크로마토그래피
④ 종이크로마토그래피

14-2. 종이크로마토그래피법에서 이동도(R_f)를 구하는 식은? (단, C : 기본선과 이온이 나타난 사이의 거리(cm), K : 기본선과 전개용매가 전개한 곳까지의 거리(cm))

① $R_f = \dfrac{C}{K}$

② $R_f = C \times K$

③ $R_f = \dfrac{K}{C}$

④ $R_f = K + C$

14-3. 종이크로마토그래피에 의한 분석에서 구리, 비스무트, 카드뮴 이온을 분리할 때 사용하는 전개액으로 가장 적당한 것은?

① 묽은 염산, n-부탄올
② 페놀, 암모니아수
③ 메탄올, n-부탄올
④ 메탄올, 암모니아수

14-4. 종이크로마토그래피에서 우수한 분리도에 대한 이동도의 값은?

① 0.2~0.4
② 0.4~0.8
③ 0.8~1.2
④ 1.2~1.6

14-5. 액체크로마토그래피 중 고체정지상에 흡착된 상태와 액체이동상 사이의 평형으로 용질분자를 분리하는 방법은?

① 친화크로마토그래피(Affinity Chromatography)
② 분배크로마토그래피(Partition Chromatography)
③ 흡착크로마토그래피(Adsorption Chromatography)
④ 이온교환크로마토그래피(Ion-exchange Chromatography)

14-6. 용리액으로 불리는 이동상을 고압펌프로 운반하는 크로마장치를 말하며 펌프, 주입기, 칼럼, 검출기, 데이터 처리장치 등으로 구성되어 있는 기기는?

① 분광광도계
② 원자흡광광도계
③ 기체크로마토그래프
④ 고성능 액체크로마토그래프

14-7. 비휘발성 또는 열에 불안정한 시료의 분석에 가장 적합한 크로마토그래피는?

① GC(기체크로마토그래피)
② GSC(기체-고체크로마토그래피)
③ GLC(기체-액체크로마토그래피)
④ HPLC(고성능 액체크로마토그래피)

14-8. 분석시료의 각 성분이 액체크로마토그래피 내부에서 분리되는 이유는?

① 흡 착
② 기 화
③ 건 류
④ 혼 합

|해설|

14-1
종이크로마토그래피, 칼럼크로마토그래피, 박막(얇은 막)크로마토그래피 등을 분배크로마토그래피라고 하며, 지지체로 거름종이를 사용하는 것은 종이크로마토그래피이다.

14-2, 14-4
이동도(R_f)
• 전개율이라고도 한다.
• 0.4~0.8의 값을 지니며, 반드시 1보다 작다.
• 이동도(R_f) = $\dfrac{C}{K}$

14-3
종이크로마토그래피의 전개액 : 묽은 염산이 가장 많이 사용되며, n-부탄올은 아세트산이나 물과 일정 배율로 혼합하여 사용한다.

14-5

흡착크로마토그래피는 현재 이용되고 있는 모든 크로마토그래피의 원조로, 액체-고체크로마토그래피(LSC)와 기체-고체크로마토그래피(GSC)로 구분할 수 있다.

14-6

GC와 HPLC의 차이점 : HPLC는 고체고정상과 액체이동상을 사용하므로, 액체이동상의 이동을 위해 펌프를 사용해야 한다.

14-7

고성능 액체크로마토그래피의 특징
• 분석 가능한 분자량의 제한이 없다.
• 비휘발성인 시료를 분석할 수 있다.
• 분석한 시료의 회수가 가능하다.
• pH의 안정성이 뛰어나다.

14-8

흡착을 통해 대상물질을 분리하여 분석에 이용한다.

정답 14-1 ④ 14-2 ① 14-3 ① 14-4 ②
    14-5 ③ 14-6 ④ 14-7 ④ 14-8 ①

핵심이론 15 | 이온크로마토그래피(IC)

(1) 이온크로마토그래피

① 원리 : 고성능 액체크로마토그래피의 한 분야로써 용리액(이동상)에 의해 이온칼럼으로 시료가 이동하고 이온의 친화도 차이에 따라 이온들의 이동속도에 차이가 나게 되며, 각 이온별 분리가 일어나는 것을 이용한 방법이다.

② 특 징
  ㉠ 대상물질 : 수중의 음이온(F^-, Cl^-, NO_3^-, HPO_4^{2-}), 양이온(Li^+, Na^+, NH_4^+, Mg^{2+}) 등을 분석한다.
  ㉡ 실온 $10~25℃$, 상대습도 $30~85\%$ 범위로, 급격한 온도변화가 없어야 한다.
  ㉢ 시료 성분의 용출상태를 전기전도도검출기 또는 광학검출기로 검출하여 그 농도를 정량한다.
  ㉣ 일반적으로 강수율, 대기먼지, 하천수 중의 이온성분을 칭량, 정성분석하는 데 이용한다.
  ㉤ 공급전원은 전압변동 10% 이하이고, 주파수변동은 없어야 한다.

(2) 이온크로마토그래피의 구성

① 용리액조 : 이온 성분이 용출되지 않는 재질로 용리액을 직접 공기와 접촉시키지 않는 밀폐된 것을 사용한다.
② 송액펌프 : 맥동이 적고, 필요압력($150~300kg/cm^2$)을 얻을 수 있고, 유량조절이 쉬우며, 용리액 교환이 가능한 것을 사용한다.
③ 시료주입장치 : 일정량의 시료를 밸브 조작에 의해 분리관으로 주입하는 루프주입방식이 일반적이다.
④ 분리관 : 유리, 에폭시수지로 만든 관에 이온교환체를 충전시킨 것으로, 서프레서형과 비서프레서형으로 구분된다.

⑤ 서프레서 : 분리칼럼으로부터 용리된 각 성분이 검출기에 유입되기 전 용리액 자체의 전도도를 감소시키고 목적 성분의 전도도를 증가시켜 음이온을 효과적으로 분석하기 위한 장치로, 칼럼형과 격막형이 있다.

⑥ 검출기 : 일반적으로 전기전도도검출기를 사용한다.

(3) 설치조건

① 부식성 가스 및 먼지 발생이 적고, 진동이 없으며 직사광선을 피해야 한다.

② 대형 변압기, 고주파 가열 등으로부터의 전자유도를 받지 않아야 한다.

③ 실온 10~25℃, 상대습도 30~85% 범위로 급격한 온도변화가 없어야 한다.

④ 공급전원은 지정된 전력용량 및 주파수로 전압변동은 10% 이하이고, 주파수변동은 없어야 한다.

핵심이론 16 | 전기분석법

(1) 전기분석법 기초

① 물리, 화학적 분석방법의 하나로 전기전도도, 전기량과 같은 물질의 전기 및 화학적 성질과 관련된 양을 측정하여 물질을 분석하는 방법이다.

② 종류 : 전기전도도법, 전압전류법, 전해무게분석법, 전기량분석법, 전위차법 등으로 나뉜다.

  ㉠ 전기전도도법 : 분석물이 전류를 전도시킬 수 있는 능력을 측정하는 방법으로, 모든 이온이 전도도에 영향을 미치므로 전성분석보다는 정량분석에 적절하다.

  ㉡ 전압전류법 : 다양한 분자와 이온성 물질의 정성, 정량분석에 이용된다.

  ㉢ 전해무게분석법 : 전기분해로 인해 생성된 생성물을 한 전극에 석출시켜 무게를 측정하는 방법이다.

  ㉣ 전기량분석법 : 전기량에서 물질의 양을 측정하는 전해분석법으로, 일정전위전기량분석과 전기량적정으로 나뉜다.

  ㉤ 전위차법 : 평형전극의 전위를 측정하여 용액적으로 화학적 조성, 농도를 분석하는 방법이다.

(2) pH측정법 및 원리

① 네른스트(Nernst)식 : 수소이온농도차와 전위차의 관계를 나타낸 식이다.

$$E = E^0 - \frac{RT}{nF}\ln Q = E^0 - \frac{0.0592}{n}\log Q$$

($\because$ 25℃에서 $\frac{RT}{F}\ln 10 \fallingdotseq 0.0592$)

여기서, E : 전지전위 E^0 : 표준전극전위
  R : 기체상수 T : 절대온도
  F : 패러데이상수
  Q : 반응지수
  n : 이동한 전자의 몰수(원자가)

② pH미터 적용 : 수소의 표준전극전위는 모든 원소에서 0으로 규정하고 있으므로 다음과 같이 나타낼 수 있다.

$$E = -0.0592\log[H^+] = 0.0592pH, \ pH = \frac{E}{0.0592}$$

pH 1당 0.0592V의 전압이 변한다.

③ 유리전극 pH미터의 구성

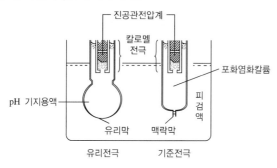

(3) 전위차 적정

① 원리 : 용액의 전위차 변화가 적정의 당량점 부근에서 발생하는 것을 이용하여 종말점을 판정하는 부피분석법 중 하나로, pH미터나 전용 전위차 적정장치로 측정한다.

② 사용 전극의 종류
　㉠ 지시전극(Indicator Electrode) : 유리, 백금을 사용한다.
　㉡ 기준전극(Reference Electrode, 보조전극) : 칼로멜전극을 사용한다.

③ 특 징
　㉠ 측정되는 전위값은 수소이온농도(H^+)에 비례한다.
　㉡ 종말점 부근에서 염기 첨가 시 전위 변화가 크다.
　㉢ pH의 단위 변화에 따른 측정전위값 변화량은 59.1mV이다.

16-1. pH미터의 측정원리에 대한 설명으로 맞는 것은?
① 탄소전극의 전기저항
② 수은전극의 전해전류
③ 유리전극과 비교전극 간의 전위차
④ 백금전극과 유리전극 간의 전위차

16-2. 다음 반반응의 Nernst식을 바르게 표현한 것은?(단, Ox = 산화형, Red = 환원형, E = 전극전위, E^0 = 표준전극전위이다)

$$aOx + ne^- \rightleftarrows bRed$$

① $E = E^0 - \dfrac{0.0591}{n}\log\dfrac{[\text{Red}]^b}{[Ox]^a}$

② $E = E^0 - \dfrac{0.0591}{n}\log\dfrac{[Ox]^a}{[\text{Red}]^b}$

③ $E = 2E^0 + \dfrac{0.0591}{n}\log\dfrac{[\text{Red}]^b}{[Ox]^a}$

④ $E = 2E^0 - \dfrac{0.0591}{n}\log\dfrac{[\text{Red}]^b}{[Ox]^a}$

16-3. 전위차 적정의 원리식(Nernst식)에서 n은 무엇을 의미하는가?

$$E = E_0 + \dfrac{0.0591}{n}\log C$$

① 표준전위차
② 단극전위차
③ 이온농도
④ 산화수 변화

16-4. 이상적인 pH전극에서 pH가 1단위 변할 때, pH전극의 전압은 약 얼마나 변하는가?
① 96.5mV
② 59.2mV
③ 96.5V
④ 59.2V

16-1

pH미터는 유리전극과 비교전극 사이에서 발생하는 전위차를 네른스트식을 활용하여 측정한다.

16-2

산화제 aOx와 bRed 간의 평형반응이 다음과 같을 때

$$aOx + ne^- \rightleftharpoons bRed$$

25℃ 상온에서의 반쪽반응(반반응)에 대한 네른스트식은 다음과 같다.

$$E = E^0 - \frac{0.0591}{n}\log\frac{[\text{Red}]^b}{[\text{Ox}]^a} = E^0 - \frac{RT}{nF}\ln\frac{[\text{Red}]^b}{[\text{Ox}]^a}$$

16-3

$$E = E_0 + \frac{0.0591}{n}\log C$$

여기서, E : 단극전위차
E_0 : 표준전위차
n : 산화수 변화
C : 이온농도

16-4

온도 변화에 따른 이상적인 pH전극의 1pH당 막 기전력은 다음과 같다.

온도(℃)	막의 기전력(mV)
0	54.19
25	59.15
60	66.10

상온(15~25℃)을 기준으로 가장 유사한 값은 59.2mV이다.

정답 16-1 ③ 16-2 ① 16-3 ④ 16-4 ②

핵심이론 17 | 물의 이온곱과 pH

(1) 물의 이온곱과 pH

물은 다음과 같이 전이한다.

$$H_2O(l) \rightleftharpoons H^+(aq) + OH^-(aq)$$

여기서, 평형상수는 다음과 같다.

$$K_c = \frac{[H^+][OH^-]}{[H_2O]}$$

물분자는 극히 일부만 이온화하고, 농도변화는 일정하다고 가정할 수 있으므로

$$K_c \times [H_2O] = [H^+][OH^-]$$

$K_c \times [H_2O]$를 K_w로 나타내고 물의 이온곱상수로 표시하면 $K_w = [H^+][OH^-]$

즉, 물의 이온곱상수는 특정온도에서 H^+이온 몰농도와 OH^-이온의 몰농도의 곱이 된다.

25℃ 기준 순수한 물에서 H^+이온 몰농도와 OH^-이온의 몰농도는 동일한 상수이며, 다음과 같이 표시할 수 있다.

$$[H^+] = [OH^-] = 1.0 \times 10^{-7}\text{mol/L}$$

$$K_w = [H^+][OH^-]$$
$$= (1.0 \times 10^{-7}\text{mol/L})(1.0 \times 10^{-7}\text{mol/L})$$
$$= 1.0 \times 10^{-14}\text{mol/L}$$

여기서, pH $= -\log[H^+]$로 표시할 수 있으므로 산성일 경우 $[H^+] > 10^{-7}$, 알칼리성일 경우 $[H^+] < 10^{-7}$로 나타낼 수 있다.

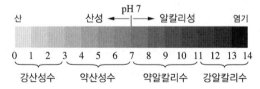

(2) pH의 측정

물속의 수소이온농도를 측정하는 방법은 다양하다.

① 지시약을 사용하는 방법 : 산성 표준용액을 제조하여 지시약을 가하여 색의 변화를 통해 pH를 결정한다.

[pH 지시약의 종류]

명 칭	약 어	pH 변색범위	색변화
티몰블루(산성용)	TB	1.2~2.8	적색−황색
브롬페놀블루	BPB	3.0~4.6	황색−청자색
메틸레드	MR	4.4~6.2	적색−황색
브롬티몰블루	BTB	5.8~7.4	황색−청색
페놀레드	PR	6.6~8.4	황색−적색
티몰블루(염기성용)	TB	8.2~9.6	황색−청색
알리자린옐로	AZY	10.2~11.2	황색−적갈색
중화지시약 다이메틸아미노아조벤젠	Töpfer	2.9~4.0	적색−황색
메틸오렌지	MO	3.1~4.4	적색−황색
뉴트럴레드	NR	6.5~8.0	적색−황색
페놀프탈레인	PP	8.3~9.8	무색−적색

② pH시험지를 사용하는 방법 : 측정대상물질을 pH시험지에 흡수시켜 변색된 색을 기준으로 정확한 pH의 농도를 구한다.

※ 리트머스종이와 pH시험지의 구별

- 리트머스종이 → 산성과 염기성의 액성 판단
- pH시험지 → pH시험지를 통한 정확한 pH의 값 결정

③ 수소전극 pH미터 : 백금 표면에 수소 Gas를 흡착시켜 이것을 피검액에 담그면 액의 수소이온농도에 관련된 전위가 발생하는 방식으로, pH 측정의 표준이나 측정 시 수소기체가 필요하여 측정이 어렵고, 폭발의 위험성이 있다.

④ 유리전극 pH미터를 사용하는 방법 : 유리전극과 비교 전극으로 구성된 pH미터를 이용하고, 수소이온농도에 따라 양쪽 전극 간에 생성되는 기전력의 차이를 이용해 측정한다. 측정이 쉬워 가장 많이 사용된다.

㉠ 사용법

- 사용 전 내부액이 가득 있는지 반드시 확인한다.
- 온도조절장치를 이용해 온도를 pH표준액과 시험용액에 맞춘다.
- 측정항목을 선택하여 pH항목과 맞춘다.
- 전극의 검침부를 증류수가 들어 있는 세척병으로 깨끗이 닦는다.
- 티슈를 이용해 전극 부분을 부드럽게 닦고 건조한다.
- 전극을 pH표준액(pH 4, 7, 10 ± 0.02)을 이용해 pH를 조절한다.
- 전극을 증류수로 다시 세척하고, 티슈로 닦아 건조시킨다.
- 다른 pH 표준액에 담그고 pH를 기준값 ±0.05 이내로 조정한다.
- 전극을 증류수로 다시 세척하고, 티슈로 닦아 건조시킨다.
- 측정대상용액에 담그고 pH를 읽는다.

㉡ 특 징

- 측정범위가 넓다.
- 측정에 필요한 시간이 짧다.
- 조작이 간단하며 연속 측정이 가능하다.
- 재현성이 좋고 개인오차가 작다.
- 유리막이 깨지기 쉽다.
- 전극의 내부저항이 높다.
- 장시간 사용하지 않을 경우 전극을 분리하여 보관한다.

17-1. 산-염기 지시약 중 변색범위가 pH 약 8.3~10 정도까지이며 무색~분홍색으로 변하는 지시약은?

① 메틸오렌지
② 페놀프탈레인
③ 콩고레드
④ 다이메틸옐로

17-2. 산과 염기의 농도분석을 전위차법으로 할 때 사용하는 전극은?

① 은전극-유리전극
② 백금전극-유리전극
③ 포화칼로멜전극-은전극
④ 포화칼로멜전극-유리전극

|해설|

17-1
페놀프탈레인은 약알칼리성의 산-염기 지시약이며, 염기성인 경우 분홍색을 띤다.

17-2
포화칼로멜전극-유리전극은 전위차법으로 산과 염기의 농도분석을 할 때 사용한다. 기준전극은 포화칼로멜전극으로, 지시전극은 유리전극으로 되어 있다.

정답 **17-1** ② **17-2** ④

핵심이론 18 | 전극의 종류

(1) 지시전극(Indicator Electrode)

① 시료용액의 전기화학적 성질을 지시하는 전극이다.
② pH미터에서는 유리전극이다.
③ 조 건
  ㉠ 가역적이고, 감응이 빨라야 한다.
  ㉡ 재현성이 높아야 한다.

(2) 기준전극(Reference Electrode)

① 일정한 전위차를 지니고 있으며, 지시전극의 발생전위를 바르게 얻기 위한 전위의 기준이 되는 전극이다.
② 참고전극, 표준전극, 비교전극이라고도 한다.
③ 조 건
  ㉠ 네른스트식에 따라야 한다.
  ㉡ 가역적이고, 일정한 전위를 유지해야 한다.
  ㉢ 본래 전위로 빠르게 복귀 가능하며, 온도의 영향이 작아야 한다.

18-1. 전위차법에 사용되는 이상적인 기준전극이 갖추어야 할 조건 중 틀린 것은?

① 시간에 대하여 일정한 전위를 나타내야 한다.
② Nernst식에 따라야 하며 가역적이지 않아야 한다.
③ 작은 전류가 흐른 후에는 본래 전위로 돌아와야 한다.
④ 온도 사이클에 대하여 히스테리시스를 나타내지 않아야 한다.

18-2. 전위차법에서 사용되는 기준전극의 구비조건이 아닌 것은?

① 반전지 전위값이 알려져 있어야 한다.
② 비가역적이고 편극전극으로 작동하여야 한다.
③ 일정한 전위를 유지하여야 한다.
④ 온도변화에 히스테리시스 현상이 없어야 한다.

18-3. 전위차 전극법에서 보조전극으로 주로 사용되는 전극은?

① 수소전극   ② 백금전극
③ 칼로멜전극   ④ 퀸하이드론전극

|해설|

18-1, 18-2
전위차법에서 사용되는 기준전극의 구비조건
• 반전지 전위값이 알려져 있어야 한다.
• 가역적이고, 이상적인 비편극전극으로 작동해야 한다.
• 일정한 전위를 유지해야 한다.
• 온도변화에 히스테리시스 현상이 없어야 한다.
  ※ 히스테리시스 현상 : 반응이 지연되는 현상

18-3
전위차 전극법은 특정 이온만 선택적으로 투과시키는 막으로 덮힌 전극에 자극을 주어 발생한 기준전극과 보조전극(칼로멜전극) 사이의 전위차를 이용해 농도를 측정하는 방법이다.

정답 18-1 ② 18-2 ② 18-3 ③

핵심이론 19 | 온도보정 및 완충용액

(1) 온도보정의 이해

pH값은 물의 온도가 25℃ 기준일 때 7이며, 온도가 상승할수록 열역학적으로 수소의 양이 많아지므로 중성 pH의 값은 감소하게 된다.

[온도변화에 따른 pH값의 변화(미국 표준 버퍼값)]

구 분	pH 4.00	pH 7.00	pH 10.00
0℃	4.005	7.13	10.34
5℃	4.003	7.10	10.26
10℃	4.001	7.07	10.19
15℃	4.002	7.05	10.12
20℃	4.003	7.02	10.06
25℃	4.008	7.00	10.00
30℃	4.010	6.99	9.94
35℃	4.020	6.98	9.90
40℃	4.03	6.97	9.85
50℃	4.061	6.97	9.78

(2) 완충용액(Buffer Solution)

pH미터 사용 시 강산, 강염기의 유입에도 일정한 수소이온농도를 유지시켜 주는 목적으로 사용되는데 정확한 전극의 표준화를 위해서 보통 2개의 버퍼를 이용한다. 이 중 1개의 버퍼는 대상샘플과 유사한 영역의 pH를 지니는 버퍼용액을 사용한다.

[주요 pH 완충용액]

완충용액	농 도	pH	조제방법
옥살산염	0.05M	1.68	사옥살산칼륨 12.71g → 1L
프탈산염	0.05M	4.00	프탈산수소칼륨 10.12g → 1L
인산염	0.025M	6.88	• 인산이수소칼륨 3.387g • 인산일수소나트륨 3.533g → 1L
붕산염	0.01M	9.22	붕산나트륨10수화물 3.81g → 1L
탄산염	0.025M	10.07	• 탄산수소나트륨 2.092g • 무수탄산나트륨 2.64g → 1L
수산화칼슘	0.02M	12.63	수산화칼슘 5g → 1L

pH미터 보정에 사용하는 완충용액의 종류가 아닌 것은?

① 붕산염 표준용액
② 프탈산염 표준용액
③ 옥살산염 표준용액
④ 구리산염 표준용액

|해설|

pH미터 보정에 사용하는 완충용액의 종류 : 붕산염, 프탈산염, 옥살산염, 인산염, 탄산염 등

정답 ④

핵심이론 20 │ 전지의 형성과 전극 – (1) 전기화학전지

(1) 전기화학전지

물질의 산화-환원반응을 이용하여 화학에너지를 전기에너지로 또는 전기에너지를 화학에너지로 변환시키는 장치이다.

(2) 전기화학전지의 종류

볼타전지(갈바니전지)와 전해전지로 구분한다.

① 볼타(Volta)전지 : 아연판과 구리판을 묽은 황산에 넣어 도선으로 연결한 전지이다.

㉠ 화학전지의 가장 기본이 되는 전지이다.

㉡ 화학에너지를 전기로 변환시키는 장치이다.

㉢ 자발적인 산화-환원반응에 의해 전기가 발생하는 전지이다.

㉣ 분극현상으로 인해 전지의 효율이 떨어지는 단점이 있다.

※ 분극현상 : (+)극에서 발생한 수소기체가 구리판에 붙어 수소의 환원반응을 방해하여 시간이 지날수록 전지의 효율이 떨어지는 현상이다.

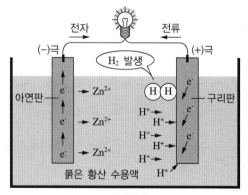

[볼타전지]

㉤ $Zn(s) \mid H_2SO_4(aq) \mid Cu(s)$, $E^0 = 0.76V$

• 산화반응(-극) : $Zn \rightarrow Zn^{2+} + 2e^-$, 질량 감소
• 환원반응(+극) : $2H^+ + 2e^- \rightarrow H_2\uparrow$, 질량 불변
• 알짜반응 : $Zn + 2H^+ \rightarrow Zn^{2+} + H_2$, 전체 양이온 수 감소, 분극현상 발생

② 다니엘전지 : 아연판과 구리판을 각각 황산아연, 황산구리(II) 수용액에 담근 후 두 수용액을 염다리로 연결해 만든 화학전지이다.

　㉠ 볼타전지의 분극현상을 극복하기 위해 고안된 전지이다.

　㉡ 이온들의 이동통로인 염다리를 사용해 전체 회로를 연결시키며 전해질의 전하 균형을 맞추어 준다.

　㉢ 염다리(Salt Bridge)

　　• 산화반응이 일어나는 반쪽전지와 환원반응이 일어나는 반쪽전지를 연결시킨 것으로, 전하의 불균형을 해소하여 분극현상을 극복하기 위한 장치이다.

　　• KCl, Na₂SO₄, KNO₃ 등을 U자형 시험관에 포화용액으로 만든 후, 한천가루를 넣어 일정 시간(약 1~2일) 응고시켜 제조한다.

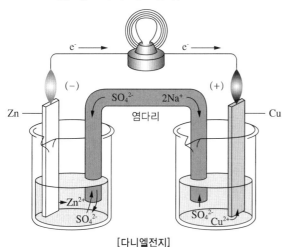

[다니엘전지]

　㉣ Zn(s) | ZnSO₄(aq) || CuSO₄(aq) | Cu(s), E^0 = 1.10V

　　• 산화반응 : Zn → Zn²⁺ + 2e⁻, 질량 감소

　　• 환원반응 : Cu²⁺ + 2e⁻ → Cu, 질량 증가

　　• 알짜반응 : Zn + Cu²⁺ → Zn²⁺ + Cu, 전체 양이온 수 일정

③ 표기방법

　㉠ 왼쪽에는 산화전극(−극), 오른쪽에는 환원전극(+극)을 표시한다.

　㉡ 서로 다른 상이 접촉하면 | 로 표시하고, 염다리는 || 로 표시한다.

　㉢ 농도, 온도 등은 괄호 안에 표시한다.

금속	전해질(농도)	||	전해질(농도)	금속
산화양극		염다리		환원음극

　예 Zn(s) | Zn²⁺(1M)　　||　　Cu²⁺(1M) | Cu(s)
　　　산화반쪽전지　　염다리　　환원반쪽전지

20-1. 화학전지에서 염다리(Salt Bridge)는 무엇으로 만드는가?

① 포화 KCl용액과 젤라틴
② 포화 염산용액과 우뭇가사리
③ 황산알루미늄과 황산칼륨
④ 포화 KCl용액과 황산알루미늄

20-2. 볼타전지의 음극에서 일어나는 반응은?

① 환 원   ② 산 화
③ 응 집   ④ 킬레이트

20-3. 볼타전지의 처음 기전력은 1V인데, 1분도 되지 않아 전압이 0.4V로 된다. 이 현상을 무엇이라고 하는가?

① 소 극   ② 감 극
③ 분 극   ④ 전압강하

|해설|

20-1
염다리는 볼타화학전지의 고정적인 문제인 전하의 불균형 상태를 해소하기 위한 장치로, 포화 KCl용액과 젤라틴을 혼합하여 제조한다.

20-2
$Zn(s) \mid H_2SO_4(aq) \mid Cus(s)$, $E^0 = 0.76V$
• 산화반응(−극) : $Zn \rightarrow Zn^{2+} + 2e^-$, 질량 감소
• 환원반응(+극) : $2H^+ + 2e^- \rightarrow H_2\uparrow$, 질량 불변
• 알짜반응 : $Zn + 2H^+ \rightarrow Zn^{2+} + H_2$, 전체 양이온수 감소, 분극현상 발생

20-3
분극현상
(+)극에서 발생한 수소기체가 구리판에 붙어 수소의 환원반응을 방해하여 시간이 지날수록 전지의 효율이 떨어지는 현상으로, 이것을 극복하기 위해서 염다리를 사용한 다니엘전지가 고안되었다.

정답 20-1 ① 20-2 ② 20-3 ③

핵심이론 21 │ 전지의 형성과 전극 – (2) 일반전지

(1) 일반전지의 종류

① 건전지 : 원통을 아연으로 만든 후 이산화망간 + 흑연가루와 염화암모늄 포화용액을 넣고 중앙에 탄소막대를 꽂은 전지이다.

> $(-)$ Zn │ NH_4Cl 포화용액(MnO_2) │ C $(+)$
>
> Zn(−극) 반반응 : $Zn \rightarrow Zn^{2+} + 2e^-$ (산화)
>
> Cu(+극) 반반응 : $2H^+ + 2e^- \rightarrow H_2$ (환원)

② 납축전지 : 음극인 납과 양극인 이산화납을 비중 1.25인 묽은 황산에 담가 도선으로 연결한 전지이다.

> $(-)$극 : $Pb(s) + SO_4^{2-}(aq) \rightarrow PbSO_4(s) + 2e^-$
> (산화)
>
> $(+)$극 : $PbO_2(s) + 4H^+ + SO_4^{2-}(aq) + 2e^-$
> $\rightarrow PbSO_4(s) + 2H_2O$ (환원)
>
> 전체반응 : $Pb + 2H_2SO_4 + PbO_2 \rightarrow 2PbSO_4 + 2H_2O$

③ 알칼리전지 : 금속카드뮴(Cd)과 수산화니켈을 20% 수산화칼륨 용액에 담근 전지이다.

> $Cd + 2Ni(OH)_3 \rightleftharpoons Cd(OH)_2 + 2Ni(OH)_2$

④ 수은전지 : 작은 원형의 모양이며 소형이고 일정한 전압을 가지므로 전자시계, 보청기, 사진기 등에 사용한다.

> $(-)$ Zn │ OH^- │ HgO $(+)$
>
> $(-)$극 : $Zn(s) + 2OH^- \rightarrow ZnO + H_2O + 2e^-$
>
> $(+)$극 : $HgO + H_2O + 2e^- \rightarrow Hg + 2OH^-$
>
> 전체반응 : $Zn + HgO \rightarrow ZnO + Hg$

⑤ 연료전지 : 연료와 산소를 전지의 산화제와 환원제로 이용해 전기적 에너지를 얻는 장치이다.

> (−)극 : $H_2 + 2OH^- \rightarrow 2H_2O + 2e^-$
>
> (+)극 : $\frac{1}{2}O_2 + H_2O + 2e^- \rightarrow 2OH^-$
>
> 전체반응 : $H_2 + \frac{1}{2}O_2 \rightarrow H_2O$

(2) 1차, 2차 전지

① 1차 전지 : 방전한 후 충전에 의해 본래의 상태로 되돌릴 수 없는 전지이다.

② 2차 전지 : 충전과 방전이 모두 가능한 전지이다.

10년간 자주 출제된 문제

다음 납축전지에 대한 설명 중 틀린 것은?

① 충전과 방전이 모두 일어난다.

② 산화전극에서 일어나는 반응식은 $Pb + SO_4^{2-} \rightleftharpoons PbSO_4 + 2e^-$ 이다.

③ 환원전극에서 일어나는 반응식은 $PbO_2 + 4H_3O^+ + SO_4^{2-} + 2e^- \rightleftharpoons PbSO_4 + 6H_2O$ 이다.

④ 축전지가 완전히 방전될 때 반응물인 황산의 농도는 증가한다.

|해설|

납축전지의 방전반응식

$Pb + PbO_2 + 2H_2SO_4 \rightarrow PbSO_4 + 2H_2O + PbSO_4$

반응이 진행될수록 황산의 농도는 감소한다.

※ 충전반응일 때 황산의 농도가 증가한다.

정답 ④

핵심이론 22 | 전지의 형성과 전극 – (3) 전지전위

(1) 전지전위

화학전지 내에서 단위전하에 대한 전기적인 위치에너지 차이(전위차)를 말하며, 전압으로 측정한다.

① 기전력 : 두 전극의 전위차를 발생시키는 힘이다.

$1V = 1J/C$

② 표준기전력 : 물질의 농도가 1M, 기체의 압력이 1atm일 때의 기전력이다.

㉠ 다니엘전지에서의 표준기전력 : 1.1V

㉡ 기전력 = 표준산화전위 − 표준환원전위

(2) 표준수소전극

① 25℃에서 H^+가 1M인 산성용액에 백금전극을 꽂고, 수소기체가 1기압으로 백금전극을 통해 발생하는 구조이다.

② 표준수소전극의 전위는 0.00V로, 모든 표준전극전위의 기준이 된다.

$2H^+(1M, 25℃) + 2e^- \rightarrow H_2(g, 1atm)$, $E^0 = 0.00V$

③ 표준전위의 기준점이 되도록 임의로 정한 값이다.

[표준수소전극]

(3) 표준전극전위(Standard Electrode Potential, E^0)

① 대부분 표준환원전위로 표시가 가능하다.

② 25℃, 1atm에서 전해질 농도가 1M인 반쪽전지를 (+)극으로, 표준수소전극을 기준으로 측정한 반쪽전지의 전위이다.

③ 특정 산화–환원반응이 표준상태에서 얼마나 잘 일어나는가에 대한 기준 척도이다.

④ $E^0 = E^0_{환원(+극)} - E^0_{산화(-극)}$

㉠ $E^0 > 0$: 환원반응(+극), 정반응

㉡ $E^0 < 0$: 산화반응(-극), 역반응

※ 표준산화전위 : 표준산화전위는 표준환원전위와 같은 값을 보이며 부호만 반대이다. 즉, 표준산화전위가 클수록 산화하기 쉽고 금속인 경우 이온화 경향이 크다.

[반쪽전지의 표준환원전위]

환원되는 경향	전극반응(반쪽반응)	표준환원 전위(V)	산화되는 경향
↑ 커짐	$F_2(g) + 2e^- \rightarrow 2F^-(aq)$	+2.87	↓ 커짐
	$Cl_2(g) + 2e^- \rightarrow 2Cl^-(aq)$	+1.36	
	$O_2(g) + 4H^+(aq) + 4e^- \rightarrow 2H_2O(l)$	+1.23	
	$Ag^+(aq) + e^- \rightarrow Ag(s)$	+0.80	
	$Cu^{2+}(aq) + 2e^- \rightarrow Cu(s)$	+0.34	
	$2H^+(aq) + 2e^- \rightarrow H_2(s)$	+0.00	
	$Pb^{2+}(aq) + 2e^- \rightarrow Pb(s)$	-0.13	
	$Ni^{2+}(aq) + 2e^- \rightarrow Ni(s)$	-0.26	
	$Fe^{2+}(aq) + 2e^- \rightarrow Fe(s)$	-0.44	
	$Zn^{2+}(aq) + 2e^- \rightarrow Zn(s)$	-0.76	
	$2H_2O(l) + 2e^- \rightarrow H_2(g) + 2OH^-(aq)$	-0.83	
	$Al^{3+}(aq) + 3e^- \rightarrow Al(s)$	-1.66	
	$Mg^{2+}(aq) + 2e^- \rightarrow Mg(s)$	-2.34	

(4) 표준전지전위(Standard Cell Potential, $E^0_{전지}$, 기전력)

① 표준상태에서 전지를 구성하는 두 전극의 전위차로, 기전력이라고도 한다.

② $E^0_{전지} = E^0_{환원(+극)} - E^0_{산화(-극)}$

㉠ $E^0_{전지} > 0$: 환원반응(+), 정반응

㉡ $E^0_{전지} < 0$: 산화반응(-), 역반응

③ 금속 이온화 경향차가 크고, 두 전극반응의 표준환원전위의 차가 클수록 표준전지전위($E^0_{전지}$)값은 커진다.

(5) 표준전지전위($E^0_{전지}$)와 자유에너지 변화(ΔG)

① $\Delta G = -nFE^0 = -nFE^0_{전지}$

여기서, n : 이동하는 전자의 몰수

F : 패러데이상수(= 96,500C/mol)

② $\Delta G < 0(E^0_{전지} > 0)$이면 자발적 반응이고, $\Delta G > 0(E^0_{전지} < 0)$이면 비자발적 반응이다.

10년간 자주 출제된 문제

22-1. 표준수소전극에 대한 설명으로 틀린 것은?

① 수소의 분압은 1기압이다.

② 수소전극의 구성은 구리로 되어 있다.

③ 용액의 이온 평균 활동도는 보통 1에 가깝다.

④ 전위차계의 마이너스단자에 연결된 왼쪽 반쪽전지를 말한다.

22-2. Fe^{2+}를 황산 산성에서 MnO_4^-로 적정할 때 $E^0 = 0.78V$이고 Fe^{2+}의 80%가 Fe^{3+}로 산화되었을 때 전위차(V)는?(단, $E = E^0 + 0.0591\log C$)

① 2.7210 ② 0.8156

③ 0.7210 ④ 2.8156

22-3. Fe^{3+}/Fe^{2+} 및 Cu^{2+}/Cu^0로 구성되어 있는 가상전지에서 얻을 수 있는 전위는?(단, 표준환원전위는 다음과 같다)

• $Fe^{3+} + e^- \rightarrow Fe^{2+}$ $E^0 = 0.771V$
• $Cu^{2+} + 2e^- \rightarrow Cu^0$ $E^0 = 0.337V$

① 0.434V ② 1.018V

③ 1.205V ④ 1.879V

22-4. Fe^{2+}의 이온이 Fe^{3+}이온으로 60%가 산화되었다. 이때의 전위차는 몇 V인가?(단, E^0는 0.78V이다)

① 0.75 ② 0.77

③ 0.79 ④ 0.81

22-5. $Cd(s) + 2AgCl(s) \rightleftharpoons Cd^{2+}(aq) + 2Ag(s) + 2Cl^-(aq)$의 전지반응에서 Cd의 ΔG는 -150kJ/mol이다. 이때 전위차계에서 측정되는 전압은?(단, $1F$는 96,500C의 전기량과 같다)

① +0.259V ② +0.389V

③ +0.777V ④ +1.554V

22-1

표준수소전극은 1몰의 수소이온 용액과 접촉하는 1기압의 수소 기체로 이루어진 반쪽전지로, 백금전극을 사용하며 상대전극에 따라 환원전극 또는 산화전극의 역할을 할 수 있다.

22-2

$$E = E^0 + 0.0591\log C = 0.78 + 0.0591 \times \log\left(\frac{80}{20}\right) ≒ 0.8156$$

22-3

식을 비교하면 철의 반응이 구리의 반응보다 표준환원전위값이 더 크므로 철은 환원반응(양극), 구리는 산화반응(음극)이 된다.

전위차 = 양극 표준환원전위 – 음극 표준환원전위

= 0.771 – 0.337 = 0.434V(> 0이므로 자발적인 반응)

22-4

$$전위차 = E^0 + \frac{0.0591}{n}\log C$$

$$= 0.78 + 0.0591\log\left(\frac{60}{40}\right) ≒ 0.79$$

여기서, n : 반쪽반응 전자수, C : 이온농도

22-5

$$\Delta G = -nFE$$

여기서, n : 이동한 전자의 몰수, F : 패러데이상수, E : 전압

$$-150,000J/mol = -(2mol \times 96,500 \times E)$$

$$\therefore E ≒ +0.777V$$

정답 22-1 ② 22-2 ② 22-3 ① 22-4 ③ 22-5 ③

핵심이론 23 | 폴라로그래피

(1) 폴라로그래피

산화성 물질이나 환원성 물질로 이루어진 대상 용액을 전기화학적으로 분석하는 정량, 정성분석방법이다.

① 원리 : 적하수은전극을 음극으로, 비분극성 전극을 양극으로 하여 전기분해로 얻어지는 전류의 변화로 측정한다.

② 전기분해 시 나타나는 전압전류곡선을 폴라로그래피라 한다.

③ 전 극

　㉠ 기준전극 : 정확한 전위가 알려져 있고 일정 전위를 유지시켜 주며, 보통 포화칼로멜전극을 사용한다.

　㉡ 작업전극 : 분석하고자 하는 물질이 실제 반응하는 전극으로, 적하수은전극을 많이 사용한다.

　㉢ 지시전극 : 화학반응에 관여하지 않으며, 전자만 전달하는 역할을 한다.

(2) 기본구조

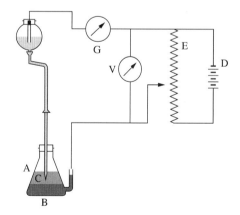

① A : 전해용기　　　　② B : 전극
③ C : 적하수은전극　　④ D : 전지(4~6V)
⑤ E : 전위차계　　　　⑥ G : 검류계
⑦ V : 전압계

(3) 폴라로그램

외부전위에 대한 대상물질의 농도에 따라 발생한 전류를 측정한 곡선이다.

① 한계전류 : 반응물질이 수은 표면에 전달되는 속도에 한계가 있어 발생한다.

② 확산전류

 ㉠ 주산화–환원반응 이외의 원인으로 미세한 전류가 발생하여 잔류전류가 생성되고 이 값을 한계전류에서 제한 측정값이다.

  확산전류 = 한계전류 - 잔류전류

 ㉡ 정량분석에 사용되며, 이온농도에 비례해 빠르게 증가한다.

③ 반파전위 : 확산전류값의 절반이 되는 전위로, 정성분석에 이용한다.

(4) 적하수은전극의 장단점

① 수은방울이 꾸준히 재생되며, 반응 초기의 조건을 유지하기 쉬워 지속적인 분석이 용이하다.

② 다른 전극에 비해 재현성이 뛰어나다.

③ 수은이 쉽게 산화되기 때문에 산화전극으로서의 사용이 어렵다.

④ 잔류전류의 방해로 정확한 측정이 쉽지 않다.

(5) 적 용

대부분 금속이온의 미량분석에 이용된다.

8-1. 분석장비 준비

핵심이론 01 분석장비 종류 및 특성

(1) 분광학적 분석법

① 종류 : 자외선/가시광선분광법, 근적외선분광법, 적외선분광법, 원자흡수분광광도법 등

② 특성 : 빛의 특성을 이용한 분석방법으로, 각 파장에 대한 흡광 정도를 분석하여 내부물질을 파악하거나(정성분석), 해당 물질의 농도를 확인할 수 있다(정량분석).

(2) 크로마토그래피

① 종류 : 기체크로마토그래피, 액체크로마토그래피, 종이크로마토그래피, 이온크로마토그래피 등

② 특성 : 다양한 시료들의 미세한 분석이 가능하며, 성분분석을 목적으로 하는 분석용 크로마토그래피와 시료의 분리를 목적으로 하는 제조용 크로마토그래피로 구분된다.

(3) 질량분석법(MS)

① 종류 : GC/MASS, LC/MASS, ICP/MASS 등

② 특성 : 시료를 진공 중에 이온화하여 고유의 질량스펙트럼을 측정하는 방법으로 기체, 액체, 고체 외에 화합물의 정성 및 정량분석이 가능하다.

(4) 표면분석법(Surface Analysis)

① 종류 : X선 광전자 분광법, 오제전자분광법(AES), 이차이온질량분석법, 주사전자현미경 X선 분석법, 투과전자현미경 X선 분석법 등

② 특성 : 고체 표면 또는 고체 표면에 흡착한 화학종에 관한 여러 현상을 해석하거나 정성, 정량분석하는 방법으로 충격 시 발생한 입자 표면의 상호작용을 이용해 측정에 활용한다.

10년간 자주 출제된 문제

분석장비 가운데 광전관을 이용해 용액의 색조 또는 빛의 농도를 측정하는 장치는?

① 자외선/가시선 분광광도계
② 적외선 분광광도계
③ 광전비색계
④ 원자 흡광도계

|해설|

광전관이나 광전지를 써서 용액의 색조나 빛의 농도를 측정하는 장치를 광전비색계라고 한다.

정답 ③

---

(1) 분광광도계

① 원리 : 광원부에서 특정 파장의 빛을 발산하면 특정 물질이 빛을 흡수하는 원리를 이용해 정량, 정성분석한다.

② 구 조

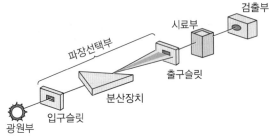

[일반적인 분광광도계의 구조]

(2) 크로마토그래피(Chromatography)

① 원리 : 혼합된 시료가 이동상에 의해 이동되어 고정상을 통과할 때 두 상에서 발생하는 시료의 친화도에 의해 이동속도 차이가 발생하게 되며, 이 원리로 정량, 정성분석한다.

② 구조 : 이동상, 고정상을 나누고 이동하는 칼럼을 지나 검출하는 검출부로 구성된다.

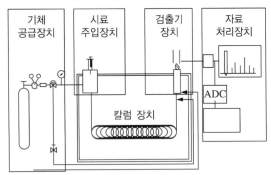

[기체크로마토그래피(GC)의 구조]

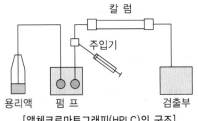

[액체크로마토그래피(HPLC)의 구조]

(3) 전기분석장치

① 원리 : 전기적, 화학적 반응을 통해 물질을 분석한다.

② 구 조

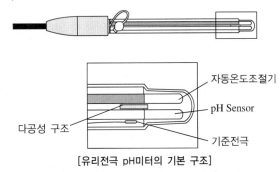

[유리전극 pH미터의 기본 구조]

10년간 자주 출제된 문제

분광광도계의 구조 가운데 파장선택부에 해당하지 않는 것은?

① 입구슬릿   ② 분산장치
③ 출구슬릿   ④ 검출부

|해설|

분광광도계의 파장선택부는 입구슬릿 → 분산장치 → 출구슬릿 순으로 구성된다.

정답 ④

(1) 검정, 교정의 기본개념

① 검정(Verification) : 분석장비에 대하여 국가의 공권력으로 검사를 강제하는 제도로, 검정결과에 합격한 분석기를 합격표시로 인증하고 별도의 검정성적서는 존재하지 않는다.

② 교정(Calibration) : 표준이 되는 기준 측정장비와 비교하여 어느 정도의 오차값을 지니고 있는지 확인하여, 오차값이 일정범위를 넘어설 경우 적정범위의 값이 되도록 장비를 수정하는 과정이다.

(2) 검·교정의 일반적인 방법

검·교정은 각 분석장비의 매뉴얼에서 제안하는 방법과 절차에 의해 진행되어야 하며, 표준교정절차서의 국제기준(ISO/IEC 17025)에서 제시하는 교정항목과 방법, 절차, 불확도 계산 등의 절차에 따라 정확한 성능평가가 가능하다.

(3) 검·교정의 절차

① 기술책임자는 고객의 요구사항을 만족시키는 규격, 시험에 적절한 샘플링 방법, 실험실의 검·교정 표준에 명시된 방법, 국제·지역·국가 규격으로 발간된 규격, 규격의 최신판 이용, 일관된 적용을 보장하기 위해 추가 세부사항 규격으로 보완 등의 사항을 고려해 적절한 방법을 선정한다.

② 고객에 의해 검·교정방법이 지정되지 않은 경우 신뢰성을 확보할 수 있는 적절한 방법(저명한 기술기관이 발행한 방법 또는 해당 장비제조업체의 지정법)으로 선택하여 진행한다.

③ 기술책임자는 고객이 제안한 방법이 부적절하거나 유효기간이 지난 것으로 판단될 경우 시험 담당자에게 이 사실을 통보하고, 기술책임자는 선정된 방법에 대해 고객에게 통보하여 협의 조정한다.

④ 기술책임자는 검·교정 전에 표준방법의 적절한 운영여부 확인 및 변경 시 확인을 반복한다.

⑤ 기술책임자는 검·교정 항목별 국내외 규격 및 유효화된 시험방법을 공용 실험실별로 수립, 검·교정 표준에 등록된 방법에 따라 업무가 수행되도록 관리한다.

(4) 검·교정 업무 관련 지침 개발

① 기술책임자는 지침이 없을 경우 관련 내용에 대한 지침, 교정방법, 절차 등을 문서화하여 승인한다.

② 관련 지침의 개발을 위한 교정표준을 개발할 때는 표준화된 규격(KASTO, 표준교정지침서)을 활용할 수 있다.

③ 국제·지역·국가 규격 또는 기타 공인된 시방서들이 작성되어 있는 경우 내부시험/교정표준은 재작성하지 않아도 된다.

④ 기술책임자는 관련 자료의 최신화를 위해 노력해야 하며, 해당 직원들 간의 효율적 의사소통이 보장되고 이용 가능하도록 유지 관리한다.

⑤ 검·교정 담당자는 검·교정 방법 내의 임의 단계에 대한 추가 문서 및 추가 세부사항과 검·교정 방법에서의 이탈이나 추가를 문서화하고, 기술적으로 적정하고, 고객이 승인하고 수용하는 경우에만 기술책임자의 승인 후 사용한다.

(5) 검·교정 사용물질

① 표준물질 : 기기의 검·교정이나 측정방법 평가에 사용되는 기준물질이다.

② 인증표준물질 : 인증서가 수반되는 교정물질이다.

③ 연속교정표준물질(CCS ; Continuing Calibration Standard) : 시료 분석 중 검정곡선의 정확성을 확인하기 위한 물질로, 감응값의 5% 이내여야 한다.

④ 교정검정표준물질(CVS ; Calibration Verification Standard) : 검정곡선이 실제 시료에 명확하게 적용될 수 있는지 검증하는 물질로, 감응값의 10% 이내여야 한다.

(6) 분석장비의 교정

분석에 사용하는 기기가 요구되는 성능의 수행에 적합한 지를 검증하는 과정으로, 초기교정과 수시교정으로 구분한다.

① 초기교정의 절차

> 교정용 표준물질과 바탕시료로 교정곡선을 그린다.
>
> ↓
>
> 계산된 결정계수를 기준으로 교정곡선 허용 혹은 불가를 결정한다.
>
> ↓
>
> 교정곡선의 검증을 위해선 연속교정표준물질(CCS)을 사용해 교정한다(검증된 값의 5% 이내에 있어야 함).
>
> ↓
>
> 교정검정표준물질(CVS)을 사용해 교정한다(교정용 표준물질과 다른 것을 사용함, 참값의 10% 이내).
>
> ↓
>
> 분석법에 시료 전처리가 포함되어 있다면 바탕시료와 실험실관리표준물질(LCS)을 분석 중에 사용한다(참값의 15% 이내).
>
> ↓
>
> 10개의 시료를 분석하고 분석 후 연속교정표준물질로 교정곡선을 점검한다(검증값의 5% 이내).

※ CCS 또는 CVS가 허용범위에 들지 못할 경우 작동을 중지하고 새로운 초기교정을 실시한다.

② 수시교정

    ㉠ 시료의 정량을 위한 것이 아니라 초기교정에 대한 점검을 위해 사용하는 방법이다.

    ㉡ 연속교정표준물질과 원래의 교정검정표준물질과의 편차가 무기물의 경우 ±5% 이내, 유기물의 경우 ±10% 이내이어야 한다.

    ㉢ 교정검정표준물질 또는 QC점검표준물질의 허용범위는 무기물의 경우 ±5% 이내, 유기물은 ±10% 이내이어야 한다.

    ※ 허용기준을 만족하지 않는다면 연속교정표준용액을 다시 분석하거나 초기교정을 재수행한다.

(7) 분석장비 검정

분석장비의 검정은 초기검정과 수시검정으로 나뉜다.

① 초기검정

    ㉠ 분석대상 표준물질의 최소 5개 농도(예 1, 5, 10, 15, 20)를 가지고 초기검정을 수행하고, 가장 낮은 농도는 최소 정량한계(LOQ ; Limit of Quantification)이어야 한다.

    ㉡ 가장 높은 농도는 정량범위의 가장 높은 농도 또는 유사한 농도이어야 한다.

    ㉢ 농도 범위는 실제 시료에 존재하는 농도를 내포해야 하고, 농도 간의 차이는 10배수 이하인 검정농도를 선택한다.

    ㉣ 검정곡선은 선형 또는 이차함수일 수도 있으며, 원점을 통과 또는 통과하지 않을 수 있다.

    ㉤ 내부표준물질 검정을 위한 감응인자, 외부표준물질 검정 또는 검정곡선을 위한 검정인자에 따라 다양한 검정곡선이 있으며, 각각의 분석물질에 대한 상대표준편차는 20% 이하여야 한다.

    ㉥ 선형회귀방법을 사용한다면 상관계수는 0.995 이상이어야 한다.

② 수시검정

    ㉠ 검정표준용액을 분석함으로써 기기의 성능이 초기검정으로부터 심각하게 변하지 않았다는 것을 주기적으로 검증하는 것이다.

    ㉡ GC 분석의 경우 매 10개의 시료마다, GC/MS 분석의 경우 매 20개의 시료마다 또는 매 12시간마다 또는 더 자주 수시검정을 수행한다.

    ㉢ 정량범위에 있는 수시검정 표준용액의 실제 농도를 변화시키면서 초기검정에서 사용되었던 분석표준용액의 1개 이상의 농도를 사용하여 수시검정을 수행한다.

② 수시검정에 대한 허용기준은 검정 표준용액의 알고 있는 값이나 기대되는 값에 비하여 ±20%(80~120% 회수율) 이내에 있어야 한다. 만일 허용기준을 만족하지 않는다면 수시검정 표준용액을 다시 분석하거나 초기검정을 다시 한다.

③ 감응인자를 사용할 때(즉, GC/MS 분석), 감응인자에 대한 최소 허용값에 대하여 분석물질에 대한 기기의 성능 또는 감도를 점검한다. 각각의 분석물질에 대한 감응인자의 허용기준에 대한 구체적인 분석방법을 언급한다.

(8) 검정곡선(Calibration Curve)

① 지시값과 이에 상응하는 측정값 사이의 관계를 나타내는 표현이다.

② 검정곡선은 일대일 관계를 나타내며, 측정불확도에 관한 정보는 포함하지 않는다.

③ 시료를 분석할 때마다 새로 작성하며, 이를 수행하지 못할 때는 해당 시험법의 설명을 따른다. 또한 1개의 시료군 분석이 하루를 넘길 경우라도 가능한 한 2일을 초과하지 않아야 하며, 3일을 넘길 경우 새로 작성한다.

④ 최소한 바탕시료와 표준물질 1개 이상을 사용하여 단계별 농도로 작성하고, 특정 유기화합물질 분석에서는 표준물질을 7개의 단계별 농도로 작성한다.

⑤ 검정곡선의 상관계수는 0.9998 이상을 권장하며, 1에 가까울수록 좋다.

(9) 검정곡선검증(CCV ; Calibration Curve Verification)

① 측정장비와 시험방법의 검정곡선 확인을 위해 시료 분석할 때마다 실시한다.

② 바탕시료와 측정항목의 표준물질 1개 농도로 최소 2개 시료로 검증을 시행한다.

③ 모든 확인은 시료의 분석 이전에 수행하여 시스템을 재검정하고, 검정결과는 시험방법에 명시되어 있는 자세한 관리 기준 이내여야 한다(일반적 관리기준 : 90~110%).

④ 초기 검정곡선 확인 이후 주기적으로 검정곡선검증을 실시한다.

⑤ 최초 검정곡선검증용 표준시료를 시료 10개 또는 20개 단위로 검증하거나 시료군별로 실시한다.

⑥ 분석시간이 긴 경우 8시간 간격으로 실시한다.

10년간 자주 출제된 문제

3-1. 표준이 되는 기준 측정장비와 비교하여 어느 정도 오차값을 지니고 있는지 확인하여 일정범위를 넘어설 경우, 적정범위의 값이 되도록 장비를 수정하는 과정은?

① 교 정   ② 분 산
③ 검 정   ④ 검 량

3-2. 검·교정 사용물질 가운데 시료 분석 중 검정곡선의 정확성을 확인하기 위한 물질은?

① 표준물질   ② 인증표준물질
③ 연속교정표준물질   ④ 교정검정표준물질

3-3. 교정검정표준물질의 감응값의 범위는 얼마 이내인가?

① 1%   ② 5%
③ 10%   ④ 15%

3-4. 측정장비와 시험방법의 검정곡선 확인을 위해 시료를 분석할 때마다 수행하는 정도관리방법은?

① 검정곡선검증   ② 수시교정
③ 수시검정   ④ 초기검정

|해설|

3-2
연속교정표준물질(CCS)에 대한 설명이며, 감응값은 5% 이내여야 한다.

3-3
교정검정표준물질(CVS)의 감응값은 10% 이내여야 한다.

정답 3-1 ①   3-2 ③   3-3 ③   3-4 ①

핵심이론 04 | 분석장비 점검

(1) 분광광도계 점검사항

① 자외선/가시광선(UV/VIS) 분광광도계

  ㉠ 수시 또는 매일 점검사항 : 시료측정부의 청결상태를 확인한다.

  ㉡ 매월 점검사항 : 램프의 사용시간, 바탕선(Baseline)의 흔들림, 석영 셀 청결상태를 확인한다.

  ㉢ 분기 또는 반년 점검사항 : 파장의 정확성을 확인한다.

② 원자흡수분광광도계(AAS)

  ㉠ 바탕시료와 정제수를 이용한 바탕선 안정도, 램프의 이상 유무, 회절격자, 광전자증배관 검출기, 190~800nm 스크리닝 등의 확인을 주기적으로 수행한다.

  ㉡ 자동시료채취장치가 부착되어 있을 경우 자동시료채취장치의 성능, 시험 항목별 정확도·정밀도 시험을 정기적으로 수행하고 청결상태를 사용 시마다 확인한다.

  ㉢ 장비의 시험 항목별 기기검출한계(IDL ; Instrument Detection Limit), 정확도·정밀도 시험을 정기적으로 수행한다.

③ 유도결합플라스마 원자발광분광기

  ㉠ 바탕시료와 정제수를 이용한 바탕선 안정도, 라디오주파수 생성기, 검출기, 피크 분리(Peak Resolution), 190~800nm 스크리닝 등의 확인을 주기적으로 수행한다.

  ㉡ 자동시료공급기가 부착되어 있을 경우 자동시료공급기의 성능, 정확도·정밀도 시험을 정기적으로 수행하고 청결상태를 사용 시마다 확인한다.

  ㉢ 장비의 시험 항목별 기기검출한계, 정확도, 정밀도 시험을 정기적으로 수행한다.

(2) 크로마토그래프 점검사항

① 기체크로마토그래프(GC)

  ㉠ 오븐 온도가 ±0.2℃ 이내로 제어가 가능한지, 오븐 온도 프로그램의 성능 유지, 운반가스의 유속 조절 프로그램 성능 유지, 분할/비분할 주입 기능을 확인한다.

  ㉡ 바탕시료, 표준물질 시료의 반복 측정을 통한 정확도와 정밀도, 바탕선 안정도, 칼럼 장애(Column Bleeding) 유무, 피크 분리와 각각의 검출기 성능을 정기적으로 확인한다.

  ㉢ 자동시료채취장치가 부착되어 있을 경우 자동시료채취장치의 성능, 정확도·정밀도 시험을 정기적으로 수행하고 청결상태를 사용 시마다 확인한다.

  ㉢ 장비의 시험 항목별 기기검출한계, 정확도·정밀도 시험을 정기적으로 수행한다.

② 고성능 액체크로마토그래프(HPLC)

  ㉠ 용매 유속 안정도, 압력 안정도, 적절한 사용 칼럼의 성능, 기울기 시스템 성능, 사용 용매 또는 정제수의 반복 측정을 통해 바탕선을 정기적으로 확인한다.

  ㉡ 바탕시료와 표준물질분석을 통해 질량의 정확한 검출, 표준물질의 스펙트럼, 피크 분리 등을 정기적으로 확인한다.

  ㉢ 표준물질 시료의 반복 측정을 통해 정확도와 정밀도, 검출기의 성능을 정기적으로 확인한다.

  ㉢ 자동시료채취장치가 부착되어 있을 경우 자동시료채취장치의 성능, 정확도·정밀도 시험을 정기적으로 수행하고 청결상태를 사용 시마다 확인한다.

  ㉤ 장비의 시험 항목별 기기검출한계, 정확도·정밀도 시험을 정기적으로 수행한다.

③ 이온크로마토그래프

　　㉠ 바탕시료와 정제수를 이용한 바탕선 안정도, 표준물질 측정 결과의 과거 자료 비교를 통한 정확도 성능 확인, 반복 측정에 의한 정밀도 성능 확인을 주기적으로 수행하며 이온 칼럼과 억제기(Suppressor)는 유효기간 이내에 교체한다.

　　㉡ 자동시료공급기(Auto-sampler)가 부착되어 있을 경우 자동시료공급기의 성능, 정확도·정밀도 시험을 정기적으로 수행하고 청결상태를 사용 시마다 확인한다.

　　㉢ 장비의 시험 항목별 기기검출한계, 정확도·정밀도 시험을 정기적으로 수행한다.

(3) 전기분석장치 점검사항

① pH 측정기

　　㉠ 일반적으로 폭넓게 설계된 pH 전극은 대부분 실험실의 규격을 만족하고 있다.

　　㉡ pH 전극으로 유리전극이나 플라스틱 전극을 채용한 측정기기는 내구성이 강하고, pH 전 영역을 측정할 수 있어 실험실에서 사용하기 적합하다.

　　㉢ 전해질 용액 타입의 전극이 아닌 고체 젤 타입의 물질을 채워 사용이 편리한 전극도 존재한다.

　　㉣ pH 측정기는 교정 후 시료를 측정하기 전에 농도값을 알고 있는 정도관리용 검사시료를 측정한다.

[pH미터의 일반적인 문제점 및 개선 방법]

일반적인 문제점	고장 원인	개선 방법
모든 측정결과가 6.2~6.8로 나타남	• 유리전극 파손 • 압력관 균열	• 전극 교체 • 제조사 문의
모든 측정결과가 7.00으로 나타남	• 연결 불량 • 내부 합선	• 연결상태 확인 • 연결부위 수리
버퍼용액 응답시간 지연 (30초 이상)	• 청소상태 불량 pH전극 또는 기준전극 • 시료 온도가 낮음	• 청소용 도구를 이용하여 전극 청소 • 단면 전극은 10℃ 이상, 둥근 전극은 0℃ 이상에서 측정
버퍼용액과 측정결과 차이	• 기준 변질 • 접지 루프	• 특별한 기준 주문 • 전극 교체
짧은 스팬 (70% 이하)	• 청소상태 불량 pH전극 또는 기준전극 • 전극 노후화	• 전극 청소 • 전극 교체
불안정한 측정결과	기준전극 오염 또는 합선	전극 청소

핵심이론 05 | 분석장비 가동 시 주의사항

(1) 분광광도계

① 전반적인 분광광도 분석장비

　㉠ 장비의 충분한 예열 : 광원에 따라 예열에 걸리는 시간은 제조사(기기)별로 차이가 있을 수 있으나 일반적으로 실험 진행 전 20분~1시간 정도의 예열을 진행한다.

　㉡ 정확한 Blank 시료의 준비 : Blank 시료에 대한 광원의 흡광도값을 Sample 시료의 흡광도값에서 빼주는 Autozero라는 기능이 있으며, Blank 시료가 제대로 준비되지 못했다면 샘플에 대한 흡광도값이 낮게 나오게 되므로 정확한 Blank 시료의 준비가 필요하다.

　㉢ 셀의 혼용 사용 또는 셀 표면의 이물감 유무 확인 : 동일한 재질이라도 제조사에 따라 결과값이 달라질 수 있으므로 동일한 셀로 측정하며, 측정 시 반드시 셀 표면의 이물감을 확인하여 측정한다.

　㉣ 분광광도계 기기 광원 램프의 수명 확인 : 분광광도계의 광원램프마다 고유의 수명이 있어 초기 구매 이후 주기적 확인을 통해 사용하기를 권장한다.

(2) 크로마토그래프

① 기체크로마토그래프(GC)

　㉠ 가스 배관, 밸브 등 가스 누출 여부 확인

　　• 가스 누출이 확인되는 경우 즉시 수리해야 한다.

　　• 수소를 운반기체로 사용하는 경우 칼럼, 오븐 등 기기 내부에 수소가 축적되지 않도록 확인 및 환기하여야 한다.

　㉡ 미사용 시 가스 공급 차단 여부 확인 : 미사용 시 가스를 차단해야 한다.

　㉢ 기기 사용 종료 후 냉각 여부 확인 : 칼럼 교체 및 유지 보수 시 기기 냉각 확인 후 취급해야 한다.

　㉣ 잔여 가스 확인 : 환기 등으로 잔여 가스를 제거한다.

② 고성능 액체크로마토그래프(HPLC)

　㉠ 사용하는 이동상을 반드시 여과, 탈기하여 사용한다.

　㉡ 주입하는 시료는 반드시 실린지 필터(Syringe Filter)를 사용하여 여과한 후 사용한다.

　㉢ 분석 전에 기기의 안정화를 위해서 30분 정도 안정화시킨 후 펌프 압력 및 검출기의 시그널이 안정화가 되었는지 확인 후에 사용한다.

　㉣ 분석 후 이동상으로 기기와 칼럼으로 충분히 흘려주어서 씻어준다.

　㉤ 장기간 미사용 시 칼럼을 제거하여 보관한다.

　㉥ 칼럼 보관 시 보관용 이동상을 채워 양쪽 끝을 Ferrule로 막은 후 보관한다.

(3) 전기분석장치

① pH 측정기

　㉠ 전해질 용액 타입의 측정기는 항상 전해질이 충분한지 확인하고 파손에 유의한다.

　㉡ pH를 측정하는 측정 부위의 청결상태에 유의한다.

　㉢ 사용 후 깨끗이 세척 후 보관한다.

10년간 자주 출제된 문제

5-1. 분광광도 분석장비 가동 시 주의사항으로 옳은 것은?

① 측정기기는 충분한 예열이 필요하다.

② 오토제로 기능이 있으나, 시간이 없을 때는 생략할 수 있다.

③ 셀은 석영 및 플라스틱 셀 등을 혼용해서 사용한다.

④ 광원램프는 영구적으로 사용할 수 있으므로 구매 이후 청결 상태만 확인한다.

5-2. 고성능 액체크로마토그래프의 가동 시 주의사항이 아닌 것은?

① 사용하는 이동상을 반드시 여과, 탈기해 사용한다.

② 주입하는 시료는 실린지 필터로 여과할 필요가 없다.

③ 장기간 미사용 시 칼럼을 제거해 보관한다.

④ 분석 전 기기의 안정화는 보통 30분 정도를 실시한다.

|해설|

5-1

분광광도계는 광원에 따라 예열에 걸리는 시간이 기기별로 차이가 있으나 보통 20~60분 정도로 충분히 예열한 후 실험을 실시한다.

5-2

주입하는 시료는 반드시 실린지 필터를 사용해 여과시켜 이물질을 최소화한 후 사용한다.

정답 5-1 ① **5-2** ②

8-2. 실험기구 준비

핵심이론 01 │ 실험기구 종류 및 기능

(1) 실험기구의 종류

① 유리기구 : KS L 2302 이화학용 유리기구의 형상 및 치수에 적합한 것 또는 이와 동등 이상의 규격에 적합한 것으로, 국가 또는 국가에서 지정하는 기관에서 검정을 필한 것을 사용하여야 한다. 유리기구는 특정한 용매에 녹을 수 있고, 온도의 변화에 따라서 부피가 변할 수도 있으므로 분석에 사용하는 용기는 용해도가 낮고, 팽창계수가 낮은 파이렉스(Pyrex™)나 이와 유사한 기구를 사용하는 것이 바람직하다.

② 유리기구 종류 : 메스플라스크, 삼각플라스크, 비커, 피펫, 뷰렛, 메스실린더 등

③ 자기기구, 백금기구, 석영기구 등

④ 기타기구 및 재료 : 여과지 등

(2) 실험기구의 기능

① 부피측정용 : 메스실린더, 메스플라스크, 피펫

② 시약, 시료 이동용 : 피펫, 스포이트

③ 적정용 : 뷰렛, 테프론뷰렛

④ 건조용 : 데시게이터

[데시게이터]

10년간 자주 출제된 문제

다음 실험기구 중 건조용으로 사용하는 것은?

① 메스실린더

② 메스플라스크

③ 피펫

④ 데시게이터

|해설|

실험기구는 부피측정용, 이동용, 적정용, 건조용 등으로 나뉘며, 데시게이터는 대표적인 건조용 실험기구이다.

정답 ④

핵심이론 02 | 유리기구 준비 및 조작

(1) 안전 및 유의사항

① 분석초자는 전용세제를 사용해 깨끗이 세척해 사용하며 손으로 직접 다루지 않는다.

② 유리기구의 파손에 주의하여 충격을 가하지 않는다.

③ 부피측정용 유리기구는 상온에서 자연건조하여 팽창 및 수축에 의한 변형에 유의한다.

(2) 준비 및 조작

① 측정용 유리기구를 준비한다(산업규격에서 용도에 적합한 기구를 선택한다).

② 피펫, 플라스크 및 뷰렛의 교정방법을 통해 교정한다 (KS M 0001).

③ 기기별 조작법

ㄱ 메스실린더

- 측정용액의 양보다 조금 큰 것을 선택하고, 눈금의 크기를 확인한다.
- 메스실린더를 기울여 용액이 벽면을 따라 흘러내리도록 하고, 측정 양보다 조금 적게 따른다.
- 메스실린더를 수평한 곳에 두고, 스포이트로 용량을 정확히 맞춘다.
- 눈금을 읽을 때는 메니스커스법에 의거해 정확히 읽는다.

ㄴ 메스플라스크

- 측정 시의 정밀도를 높이기 위해 플라스크 표면의 온도를 맞춰 읽는다.
- 메스플라스크 내부에 용액을 섞는 경우 한 손은 마개, 한 손은 플라스크 바닥을 받치고 교반한다.
- 메스실린더와 동일한 방법으로 읽는다.

ㄷ 피펫

- 사용 전 남아 있는 물을 모두 닦고 증발시킨다.
- 측정 전 원하는 액체를 소량 빨아올려, 피펫 내벽에 잔류하는 물을 씻어버린다(2~3회 반복).

- 측정 시 액체의 표면을 눈높이로 맞추고 표선을 일치시킨다.
- 피펫의 끝을 벽에 붙여 액체가 벽을 타고 흘러내리도록 한다.

ㄹ 뷰렛

- 사용 시 반드시 표준용액을 이용해 2회 정도 세척한다.
- 콕 하방의 공기방울을 제거하고 콕 아래까지 표준용액으로 채운다.
- 콕을 서서히 개방해 적정하며 발색의 변화를 지켜본다.

10년간 자주 출제된 문제

2-1. 유리기구 준비 및 조작에 대한 설명으로 옳지 않은 것은?

① 부피측정용 유리기구는 드라이기를 이용해 빨리 건조한다.
② 유리기구는 파손에 주의한다.
③ 분석용 유리기구의 경우 전용세제를 이용해 세척한다.
④ 분석용 유리기구 세척 시 손으로 직접 다루지 않는다.

2-2. 유리실험기구별 준비 및 조작에 대한 설명으로 옳은 것은?

① 메스실린더는 측정용액의 양보다 조금 작은 것을 선택한다.
② 메스플라스크 사용 시 정밀도를 높이기 위해 플라스크 표면의 온도를 맞춰 읽는다.
③ 피펫은 사용 전 남아 있는 소량의 물을 그대로 두고 사용한다.
④ 뷰렛은 사용 시 반드시 물로 2회 정도 세척한다.

|해설|

2-1
부피측정용 유리기구는 상온에서 자연건조를 원칙으로 하며, 팽창 및 수축에 의한 변형을 방지한다.

2-2
① 메스실린더는 측정용액의 양보다 조금 큰 것을 선택한다.
③ 피펫은 사용 전 남아 있는 물을 모두 닦고 증발시킨다.
④ 뷰렛은 사용 시 반드시 표준용액을 이용해 2회 정도 세척한다.

정답 2-1 ① 2-2 ②

8-3. 시약 준비

| 핵심이론 01 | 시약 관리

(1) 정 의
화학분석 관련 실험에서 특정 물질의 성분이나 양을 알아내기 위해 사용하는 순도가 정확한 화학약품이다.

(2) 시약의 기준
① 특별히 규정된 것 이외에는 KS에서 규정한 표준시약 또는 시약특급을 사용한다(시약특급이 없을 경우 가장 양호한 시약을 사용한다).
② 시험사용 정제수, 증류수, 탈이온수의 전기전도도 기준 : $2\mu m/cm$ 이하
③ 화학분석용 시약은 국가표준 KS M ISO 6353-1, 2, 3에 설정되어 있다.

(3) 시약 관리의 3대 원칙
① 분리보관의 원칙 : 화학물질관리법에서 규정한 독극물로 분류된 물질은 반드시 타 시약과 별도로 잠금장치가 있는 보관함에 보관한다. 종류가 상이한 유독물이나 화학물질을 같은 보관시설에 보관할 경우 칸막이, 구획선 등으로 명확히 구분하여 일정 간격으로 보관한다.
② 밀봉저장의 원칙 : 보관 및 저장시설 내에 유독물질로 인해 위해성이 우려되는 경우 함께 보관하지 않는다. 또한 공기 중 수분과 반응성이 강한 강산성 용액은 반드시 마개를 밀봉하여 보관한다.
③ 관리책임의 원칙 : 관리책임자 및 담당자를 지정함을 원칙으로 하며, 반드시 식별표시를 통해 관리하고 시약관리대장에 기록된 재고량과 잔여량이 일치하도록 해야 한다.

시약 관리의 3대 원칙이 아닌 것은?

① 분리보관의 원칙
② 밀봉저장의 원칙
③ 관리책임의 원칙
④ 냉장보관의 원칙

정답 ④

핵심이론 02 | 시약 취급 시 주의사항

(1) 주의사항

시약 취급 시 물리·화학·생리학적 영향과 연소·폭발성에 관한 특성으로 반드시 라벨을 붙여 표시한다. 위험의 정도는 매우 다양할 수 있으므로 명확한 정보가 없더라도 항상 위험하다는 것을 인식하고 주의해야 한다.

(2) 독극물의 분류 및 라벨의 표시방법

구 분	정 의	라벨 색표시
보통물질	취급과 보관이 용이한 물질	푸른 테, 푸른 글씨 또는 검은 글씨
독 약	체중 1kg에 대해 0.02g의 비율로 섭취 시 극렬한 독작용으로 생물이 죽는 물질	검은 테, 붉은 글씨
극 약	체중 1kg에 대하여 0.3g의 비율로 섭취 시 생물이 죽게 될 우려가 있거나 그 수용액이 피부에 닿으면 염증이 발생하는 물질	붉은 테, 붉은 글씨
발화 및 인화성 물질	• 공기 중 노출 시 자연발화하는 물질 • 불에 가까이 할 때 자발적으로 발열하는 물질	노란 테, 푸른 글씨 또는 검은 글씨
휘발 및 승화성 물질	• 휘발하기 쉬운 물질 • 승화하기 쉬운 물질 또는 자발적 반응에 의해 분해되어 기체를 발생하기 쉬운 물질	붉은색 표를 라벨 좌측에 표시
흡습 및 조해성 물질	공기 중 습기를 흡수하기 쉽거나 습기를 흡수해 변질되기 쉬운 물질	붉은색 표를 라벨 좌측에 표시
빛에 의해 변하는 물질	빛을 받을 때 변질하거나 분해되기 쉬운 물질	붉은색 표를 라벨 우측 상단에 표시해 갈색병에 보관

10년간 자주 출제된 문제

시약 중 발화 및 인화성 물질의 라벨 색표시는?

① 푸른 테, 푸른 글씨 또는 검은 글씨
② 검은 테, 붉은 글씨
③ 붉은 테, 붉은 글씨
④ 노란 테, 푸른 글씨 또는 검은 글씨

|해설|

발화 및 인화성 물질은 공기 중 노출 시 자연발화하거나 불에 가까이 할 때 자발적으로 발열하는 물질로, 라벨은 노란 테, 푸른 글씨 또는 검은 글씨로 표시한다.

정답 ④

제9절 분석시료 준비

9-1. 고체시료 준비

핵심이론 01 | 고체시료 채취

(1) 표준작업지침서

표준작업지침서를 기준으로 분석업무를 위한 표준화된 방법으로 고체시료를 채취한다.

(2) 고체시료의 채취

고체시료는 암석, 토양, 식품류 등의 천연시료와 덩어리, 입자, 분말형태인 가공 생산물 등을 포함하며, 소량씩 여러 장소에서 채취하여 잘 섞은 대표시료로 만든다(예 원추사분법).

핵심이론 02 | 고체시료의 물리 · 화학적 특성

(1) 물리적 특성

물질의 고유한 성질로 끓는점, 녹는점, 질량, 색, 압력, 경도, 굴절률, 밀도, 비중, 온도, 길이, 부피 등을 포함한다.

① **밀도** : 단위부피당 질량(g)이다.

② **비중** : 한 물질의 밀도와 표준물질의 밀도의 비이다(표준물질은 $4℃$ 물).

③ **경도** : 물체의 굳고 연함의 정도이다.

④ **결정** : 광물이 지닌 단위 구성의 고유 형태이다.

⑤ **자성** : 물질이 외부 자기장을 받아 나타내는 성질이다.

⑥ **색과 조흔색**

　㉠ 색 : 빛이 사물에 반사되어 눈에 들어올 때 느끼는 반응이다.

　㉡ 조흔색 : 조흔판에 광물을 긁어서 가루가 된 광물의 색이다.

⑦ **방사성** : 물질이 방사능을 가지고 있는 성질이다.

⑧ **광택** : 물체 표면의 물리적 성질로, 빛을 정반사하는 정도이다.

(2) 화학적 특성

물질이 화학반응을 일으킬 때 반응 도중 또는 반응 이후에 나타나는 성질로 연소열, 생성엔탈피, 독성 정도, 가연성, 산화수 등을 포함한다.

① **연소열** : 특정 물질 1몰을 산소와 반응해 완전연소시켰을 때 발생하는 열량이다.

② **표준 생성엔탈피** : 표준상태의 원소 1몰이 생성될 때의 엔탈피 변화이다.

③ **독성 정도** : 인체에 유입되었을 경우 어느 정도의 유해성을 지녔는지에 대한 정도이다.

④ **가연성** : 불꽃을 내어 불에 잘 타는 성질이다.

⑤ **산화수** : 특정 물질마다 완전한 전자교환이 발생했을 때 해당 원자가 갖게 되는 전하의 수이다.

10년간 자주 출제된 문제

고체시료의 특성 가운데 특정 물질마다 완전한 전자교환이 발생했을 때 해당 원자가 갖게 되는 전하의 수를 의미하는 것은?

① 독성 정도
② 산화수
③ 연소열
④ 자 성

|해설|

산화수는 고체시료의 화학적 특성으로, 물질마다 고유한 값을 지닌다.

정답 ②

핵심이론 03 | 분쇄기 활용 입도 조절

(1) 입도의 중요성

암석, 철광석 등과 같이 시료의 성분이 불균한 경우 분쇄기를 사용해 입도를 고르게 조절하면 보다 적절한 고체의 시료분석이 이루어질 수 있다.

(2) 분쇄에 작용하는 힘

압착, 충격, 마찰, 절단 등이 있다.

(3) 분쇄 원료의 크기 또는 분쇄 입자의 크기에 따른 분쇄기의 구분

분쇄기의 분류	분쇄기	분쇄 원료의 크기	분쇄 입자의 크기
거친 분쇄기	• 조 분쇄기(Jaw Crusher) • 선동식 분쇄기(Gyratory Crusher)	100~1,500cm	10~100mm
중간 분쇄기	• 롤 분쇄기(Roll Crusher) • 해머 밀(Hammer Mill) • 에지 러너(Edge Runner) • 쇄해기(Rotary Impact Mill)	1~10cm	3~10mm
고운 분쇄기	• 버스톤 밀(Burstone Mill) • 볼밀(Ball Mill) • 원심 롤 밀(Centrifugal Roll Mill)	3~10mm	100mesh 이하
초미분 분쇄기	• 제트 분쇄기(Jet Mill, 유체 에너지 밀) • 프리미어 콜로이드 밀(Premier Colloid Mill) • 마찰 원판 밀(Disc Attrition Mill)	0.5~5mm	200mesh 이하

10년간 자주 출제된 문제

분쇄 원료의 크기가 3~10mm 정도일 때 사용하는 분쇄기는?

① 거친 분쇄기
② 중간 분쇄기
③ 고운 분쇄기
④ 초미분 분쇄기

|해설|

분쇄기는 분쇄 원료의 크기, 분쇄 입자의 크기에 따라 거친 분쇄기, 중간 분쇄기, 고운 분쇄기, 초미분 분쇄기 등으로 구분된다.

정답 ③

9-2. 액체시료 준비

핵심이론 01 | 액체시료 채취

(1) 기초지식

① 굴절 : 빛이 성질이 다른 두면을 통과할 때 빛의 진행방향이 꺾여서 진행하게 되는 현상으로, 매질에 따라 빛의 이동속도가 달라지기 때문에 발생한다.

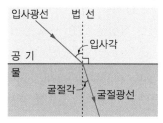

[매질에 따른 빛의 굴절현상]

② 증발 : 온도나 압력의 변화로 액체상태 물질의 표면이 기체상태로 변화하는 현상이다.

③ 증류 : 끓는점의 차이를 활용해 물질을 분리하는 조작이다.

④ 추출 : 액체혼합물과 고체혼합물이 섞여 있을 때 가용성 성분에 용매를 가해 원하는 성분만 선택적으로 분리하는 조작을 말하며, 고체-액체 추출과 액체-액체 추출로 구분할 수 있다.

⑤ 용해도 : 일정 온도에서 용매 100g에 최대로 녹을 수 있는 용질의 g수이다.

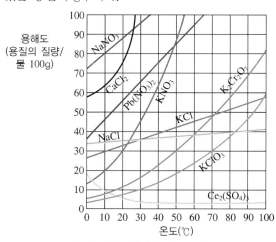

[물에 대한 고체의 용해도 곡선]

(2) 액체시료의 채취

① 채취방법

　㉠ 시료공기를 액체 중에 통과시키거나 액체의 표면과 접촉시켜 용해, 반응, 흡수, 충돌 등을 일으키게 하여 해당 액체에 측정하고자 하는 물질을 채취한다.

　㉡ 액체는 비중의 차이로 인해 분리되어 있는 경우가 많아 반드시 채취 전 용기를 잘 흔들어 용액의 성분을 균일하게 하여야 한다.

② 용기 : 시료에 의해 부식되거나 시료를 오염시키지 않아야 하며, 보통 유리병 또는 폴리에틸렌병을 사용한다.

10년간 자주 출제된 문제

액체시료의 채취에 대한 설명으로 옳지 않은 것은?

① 시료공기를 액체 중에 통과시켜 채취한다.
② 용해, 반응, 흡수, 충돌 등의 과정을 통해 채취한다.
③ 액체는 비중 차이가 없으므로 자연스럽게 채취하면 된다.
④ 유리병 또는 폴리에틸렌병을 사용한다.

|해설|

액체는 비중의 차이로 인해 분리되어 있는 경우가 많아 반드시 채취 전 용기를 잘 흔들어 용액의 성분을 균일하게 하여야 한다.

정답 ③

핵심이론 02 | 액체시료의 물리·화학적 특성

(1) 물리적 특성

① 부피 : 액체의 양은 그 부피의 단위로 측정되며, 보통 단위는 L로 나타낸다.

※ $1L = 1,000mL = 10^3 cm$

② 압력 : 수압이라고 하며, 수심이 깊어질수록 압력은 상승한다.

③ 부력 : 물체를 둘러싼 유체(물)가 물체를 위로 밀어올리는 힘을 말한다.

④ 점성 : 유체마다 가지는 고유의 저항값으로, 흐름을 방해하는 정도를 말한다.

⑤ 표면장력 : 물의 수소결합에 의해 발생하는 장력이다.

(2) 화학적 특성

① 용해도 : 특정 온도에서 일정한 양의 용매에 녹을 수 있는 용질의 최대량을 말한다.

② pH : 액체시료 속에 포함된 수소이온의 농도값이다.

(3) 액체시료의 물리·화학적 특성 확인

① 국립환경과학원의 화학물질정보시스템을 이용해 확인할 수 있다.

② 안전보건공단의 화학물질정보를 이용해 확인할 수 있다.

10년간 자주 출제된 문제

유체마다 가지는 고유의 저항값으로 흐름을 방해하는 정도를 의미하는 것은?

① 부 피   ② 압 력
③ 부 력   ④ 점 성

|해설|

점성은 유체마다 가지는 고유의 저항값으로, 흐름을 방해하거나 유체 안의 물질의 침강을 방해하는 역할을 한다.

정답 ④

핵심이론 03 | 분석용 용액 제조

(1) 원 리

① 표준용액 : 분석하기 위한 기준용액으로 정확한 농도의 표준이 되는 용액을 말한다.

② 일반적인 분석용액 제조 순서

㉠ 특정 농도의 표준용액을 제조한다.

예 1,000ppm

㉡ 검정곡선 작성을 위한 시료 용액의 농도를 결정한다.

예 5ppm, 10ppm, 15ppm, 20ppm

㉢ 표준용액을 기준으로 필요한 양만큼 채취하기 위한 농도별 희석식을 사용한다.

예 1,000ppm 표준용액으로 검정곡선용 5ppm 용액 제조 시

$NV = N'V'$,

$1,000ppm \times x\,mL = 5ppm \times 100mL$

$x = 0.5mL$

같은 방법으로 10ppm, 15ppm, 20ppm은 각각 1.0mL, 1.5mL, 2.0mL가 필요하다.

㉣ 표준용액으로부터 희석한 용액의 농도가 정확한지 검산을 통해 확인한다.

(2) 0.1M 수산화나트륨 표준용액 제조

NaOH는 1가이므로 0.1M 수산화나트륨 표준용액은 0.1M 수산화나트륨(4g NaOH) + 증류수로 1L를 만든다.

① 1,000mL 메스플라스크에 증류수를 1/3 정도 넣고, 전자저울을 사용해 수산화나트륨을 4g 넣는다.

② 메스플라스크 눈금선에 맞게 증류수를 채우고 잘 흔들어 섞는다.

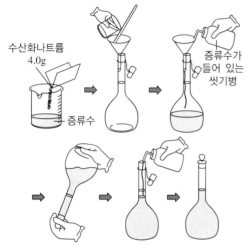

수산화나트륨 4.0g
증류수
증류수가 들어 있는 씻기병

[0.1M 수산화나트륨 수용액(표준용액) 제조 과정]

10년간 자주 출제된 문제

분석하기 위한 기준용액으로 정확한 농도의 표준이 되는 용액을 무엇이라 하는가?

① 정규용액
② 표준용액
③ 검정용액
④ 검량용액

|해설|

표준용액은 실험 및 분석에 기준이 되는 용액으로 정확한 농도값을 지녀야 한다.

정답 ②

핵심이론 04 | 액체시료 필터링 및 원심분리

(1) 액체시료 필터링

① 분석시료 중에 포함된 미세한 불용물을 걸러 깨끗하게 하는 일종의 여과처리로, 전처리 중 하나이다.

② 장비의 수명을 연장시키고, 결과값의 신뢰도를 높일 수 있다.

(2) 원심분리

① 서로 섞이지 않고 밀도가 상이한 두 가지 이상의 물질이 혼합되어 있을 경우나 현탁액 상태에 있는 용액에서 고형 성분을 분리하는 조작을 말한다. 원심분리 후 상부에 떠 있는 물질을 '부유물', 바닥에 가라앉은 고체를 '펠릿'이라 한다.

② 용도 : 액체-액체 추출법이나 액체시료를 추출 용매로부터 분리하는 조작으로, 세포에서 혈청 또는 혈장을 분리하는 조작 등에 사용된다.

③ 원심분리기 사용 시 주의사항 : 고속으로 회전하는 기기이므로 시료를 시료 로터 홀에 장착할 때 반드시 무게 대칭을 생각하여 장착하여야 한다. 또한 분리되는 시료별로 적절한 원심분리 속도를 확인하여 실시한다.

④ 원심분리기 사용법

　㉠ 분석용 시료를 준비한다.

　㉡ 원심분리기를 평평한 곳에 놓고 수평을 맞춘다.

　㉢ 기기의 전원을 연결하고, 전원 버튼을 눌러 전원을 켠다.

　㉣ 도어를 열고 장비 내부의 이물질 또는 물기를 완전히 제거한다.

　㉤ 로터에 시료 튜브를 장착한다.

　㉥ 시료 튜브를 장착한 후 도어를 완전히 잠그고, 열리지 않는지 확인한다.

　㉦ 시료에 적절한 회전수와 시간을 설정하고 작동시킨다.

◎ 작동이 끝나면 완전히 멈출 때까지 기다린 후 시료 튜브를 꺼내어 결과를 확인한다.

[원심분리기]

10년간 자주 출제된 문제

4-1. 분석시료 중에 포함된 미세한 불용물을 걸러 깨끗하게 하는 일종의 여과처리로 전처리 중 하나이며, 장비의 수명을 연장시키고, 결과값의 신뢰도를 높일 수 있는 처리는?

① 파 쇄
② 원심분리
③ 액체시료 필터링
④ 액체시료 희석

4-2. 물리적 분석방법 중 하나로 주로 세포에서 혈청, 혈장을 분리시킬 때 사용하는 방법은?

① 가열교반
② 필터링
③ 증 류
④ 원심분리

정답 4-1 ③ 4-2 ④

핵심이론 05 | pH 측정 및 pH미터 보정

(1) pH 측정 시 유의사항

① 유리전극형 pH미터는 매우 예민하고 파손되기 쉬우므로 세심하게 다룬다.
② pH 측정 후 증류수로 유리전극과 칼로멜전극 검출부의 표면에 남아 있는 시료용액을 깨끗이 세정한다.
③ 유리전극을 닦을 때 거꾸로 돌리거나 옆으로 뉘어 충전액이 새어나오지 않도록 유의한다.

[유리전극 pH미터]

(2) pH미터 보정

① 사용 전 전극을 저장용액으로부터 꺼내 증류수로 여러 번 세척한다.
② 전극을 인산염 표준용액으로 세척하고, 이 용액에 전극을 담가 pH값을 평형에 맞춘다.
③ 전극을 첫 번째 표준용액에서 꺼내어 증류수로 세척한다. 이후 두 번째 표준용액으로 세척한 후, 첫 번째 방법과 동일하게 평형을 맞춘다(실제시료와 표준용액 간의 pH 차이는 2 이하를 유지한다).
④ 두 번째 검정 후 전극을 증류수로 세척하고, 처음 pH 표준용액에 넣어 ±0.02 이내로 표준값과의 일치 여부를 확인한다.
⑤ 세 번째 표준용액으로 pH을 측정해 유리전극의 감응성이 직선성을 유지하는지 확인한다.
⑥ 검정이 끝나면 pH값을 알고 있는 표준용액으로 pH를 측정해 결과의 정확도를 확인하고, 오차 발생 시 오차 요인을 확인해 재보정한다.

pH미터 측정 시 유의사항으로 옳지 않은 것은?

① 유리전극형 pH미터는 매우 예민하며 파손되기 쉬우므로 사용 시 주의해야 한다.
② 측정 후 깨끗한 수돗물로 세정한다.
③ 유리전극을 닦을 때는 거꾸로 돌리지 않는다.
④ 세정 시 칼로멜전극 검출부에 남아 있는 해당 시료를 깨끗이 세정한다.

|해설|

유리전극 pH미터는 측정 후 반드시 증류수를 이용해 세정한다.

정답 ②

9-3. 기체시료 준비

핵심이론 01 | 기체시료 채취

(1) 기초지식

① **휘발성 유기화합물(VOCs)** : 유기화합물 중에 휘발성이 강해 공기 중으로 쉽게 퍼져 건강상 유해를 끼칠 수 있는 물질로, 각종 산화물 등을 형성해 2차 오염물질을 생성하는 물질을 통칭한다.
예 톨루엔, 자일렌, 벤젠, 폼알데하이드 등

② **흡착** : 접촉하고 있는 기체 또는 용액의 분자를 고체의 경계면에 부착시키거나 농축시키는 현상을 말하며, 물리적 흡착과 화학적 흡착으로 나뉜다.
예 활성탄, 숯, 실리카겔

조립 활성탄   입상 활성탄   분말탄
[입자의 크기에 따른 활성탄의 구분]

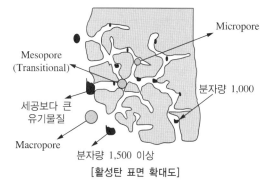

[활성탄 표면 확대도]

※ 세공직경 크기에 따른 미세공의 분류
- Micropore : 일반적인 흡착현상이 발생하는 세공이다(직경 20Å 미만).
- Mesopore : 모세관 응축현상이 발생하는 세공이다(직경 20~500Å).
- Macropore : 유효경이 매우 크다(직경 500Å 초과).

(2) 기체시료의 채취

① 시료채취 시 유해화학물질에 의한 피해를 입지 않도록 보호구(장갑, 보안경, 마스크 등)를 착용한다.

② 물질안전보건자료(MSDS)를 미리 확인하여 주의사항을 파악한다.

③ 시료채취 순서

    ㉠ 시료채취장치를 흡착관 → 유량계 → 흡인펌프 순으로 연결하여 설치한다.

    ㉡ 펌프를 작동시킨 후 안정화시킨다.

    ㉢ 유량계를 활용해 시료량을 점검한다.

    ㉣ 흡인관의 마개를 닫고 밀폐용기에 넣은 후 깨끗한 환경에서 4℃ 이하로 보관하며, 일주일 이내로 분석한다.

④ 시료채취법

    ㉠ 불활성 관을 사용한 펌프흡인에 의한 채취

    ㉡ 액체치환법

    ㉢ 용기포집법

    ㉣ 진공치환법

핵심이론 02 | 기체시료의 물리·화학적 특성

(1) 물리적 특성

① 밀도 : 기체 고유의 무거운 정도로, 질량과 부피의 비율이다.

② 전기전도도 : 전하를 얼마나 운반할 수 있는지를 의미하는 물리량이다.

③ 열팽창계수 : 압력이 일정할 때 온도 상승에 따라 기체의 부피가 얼마나 늘어나는지의 비율이다.

(2) 화학적 특성

고체 및 액체의 화학적 특성과 유사하다.

(3) 기체시료의 물리·화학적 특성 확인

① 국립환경과학원의 화학물질정보처리시스템에 접속한다.

　※ 화학물질정보처리시스템

　　(https://kreach.me.go.kr/)

② 화학물질통합검색 창을 활용해 해당물질을 조회한다.

③ 검색된 물질의 국문명을 클릭하여 대상물질의 물리·화학적 특성을 확인한다.

　※ 해당물질 정보 하단의 기타자료를 통해 유독성, 안전관리요령, 독성정보시스템, 유출량과 배출량 정보를 확인할 수 있다.

핵심이론 03 | 분석물질 기체화 및 포집

(1) 기체시료의 제조

① 분석 표준작업지침서에 의거해 시료 중 분석물질을 기체화 한다.

② 기기에 따라 다양한 기체화 방법이 있을 수 있다.

(2) 기체시료 분석기기

① 기체크로마토그래피(GC) 기체화(전처리) 장치

　㉠ 헤드 스페이스 샘플러

　　• 기체크로마토그래피로 시료를 분석하는 과정에서 기체상만 주입하여 분석하고자 할 때 사용하는 방법이다.

　　• 상평형된 휘발성 유기화합물의 분압에 따라 물질이 나뉘어진다.

　　• 시료의 특성에 영향을 잘 받지 않는 장점이 있지만, 정확도가 떨어지는 단점이 있다.

　㉡ 퍼지 앤 트랩 : 헤드 스페이스 샘플러의 단점을 보완한 장치이다.

　㉢ 다이내믹 헤드 스페이스 샘플러

② 원자흡수분광광도계(AAS) 기체화(전처리) 방법

　㉠ 시료를 가급적 많고 고른 작은 방울로 분무시킨다.

　㉡ 적당한 온도의 불꽃으로 용매를 증발, 화합물을 열분해한다.

　㉢ 증기 상태의 중성원자로 만든다.

10년간 자주 출제된 문제

기체크로마토그래피 기체화 장치 가운데 시료의 특성에 영향을 잘 받지 않지만 정확도가 떨어지는 단점을 지닌 것은?

① 헤드 스페이스 샘플러
② 퍼지 앤 트랩
③ 다이내믹 헤드 스페이스 샘플러
④ 피스톤 샘플러

|해설|

헤드 스페이스 샘플러는 대표적인 GC 샘플러 가운데 하나이다.

정답 ①

핵심이론 04 | 기체시료 보관조건

(1) 시료 보관

① 시료는 깨끗한 환경에서 4℃ 이하로 냉장 보관한다.
② 시료는 채취한 후 일주일 이내로 분석한다.

(2) 시료채취된 흡착관의 보관

① 시료를 채취한 흡착관을 불활성의 테프론 마개로 양쪽 모두 밀봉하고, 알루미늄 포일의 코팅되지 않은 면으로 흡착관을 감싼다.
② 흡착관을 깨끗한 재질의 유리병이나 금속병에 넣고 밀봉한 후, 4℃ 이하의 아이스박스에 넣어서 보관하고 운송한다.
③ 보관병 내부에는 활성탄 같은 흡착제를 둔다.
④ 시료의 취급 시에는 반드시 불활성의 글러브(Glove)를 사용한다.

10년간 자주 출제된 문제

기체시료 보관에 대한 설명으로 옳지 않은 것은?

① 시료채취 후 일주일 이내로 분석한다.
② 보관하는 동안 깨끗한 환경을 유지한다.
③ 4℃ 이상의 상온에서 보관한다.
④ 시료채취된 흡착관은 보관병 내부에 활성탄 같은 흡착제를 함께 둔다.

|해설|

기체시료는 보관 시 4℃ 이하의 냉장상태를 유지하며, 채취 후 일주일 이내에 분석한다.

정답 ③

10-1. 기초 이화학분석

핵심이론 01 | 기초 이화학분석실험

(1) 정 의

표준작업지침서에 의거해 시험에 사용되는 시약, 기기, 기구 등을 활용해 물리, 화학, 생물 등의 분석실험을 수행하여 결과를 확인하는 것을 말한다.

(2) 이화학분석기구 및 장비

① 유리 및 도기류 : 비커, 플라스크, 시계접시, 시험관, 깔때기, 뷰렛, 피펫, 메스실린더, 유리관, 막자사발 등

명 칭	용 도
비 커	시료 및 부피 용기
플라스크	시료 및 부피 용기
시계접시	시료를 건조시킬 때
깔때기	용액의 유실을 방지하며 이동할 때
뷰 렛	실험의 적정에 이용
피 펫	일정 부피의 시료를 옮길 때
막자사발과 막자	실험실에서 약을 빻거나 가루로 만들 때 (유발이라고도 함)
메스실린더	액체의 부피 측정

② 분석장비 : 전자저울, pH미터, 원심분리기, 교반기, 진공건조기, 수분측정기, 초순수 제조기 등

10년간 자주 출제된 문제

기초 이화학분석기구 중 일정 부피의 시료를 옮길 때 사용하는 것은?

① 비 커   ② 플라스크
③ 피 펫   ④ 뷰 렛

|해설|

피펫은 일정 부피의 시료를 옮길 때 사용하며, 피펫필러와 함께 사용한다.

정답 ③

핵심이론 02 | 기초 이화학분석장비 조작

(1) 이화학분석용 장비

① 전자저울(천칭) : 질량을 측정하는 용도로 많은 부분의 분석과정에 이용되며, 가장 일반적인 분석용 전자저울의 경우 보통 160~200g의 범위로 표준편차 ±0.1mg를 지닌다.

② pH미터 : 용액의 산도를 측정하는 기기로, 다양한 용도로 사용된다.

　㉠ 사용법
　　• 스위치를 켠다.
　　• 전극을 증류수로 세정하고, 흡수성이 강한 종이로 물기를 가볍게 제거한다.
　　• pH 보정버튼을 눌러 보정작업을 실행한다.
　　• pH 7인 완충용액에 전극을 담그고 첫 번째 보정을 실시한다.
　　• 증류수로 씻고 전극의 물기를 제거한다.
　　• pH 4, pH 12인 완충용액으로 각각 보정을 실시한 후, 측정한다.

　㉡ 관리법
　　• 전극계 접속부 건조에 유의한다.
　　• 항상 청결하게 사용한다.
　　• 진동에 유의한다.

③ 원심분리기 : 밀도가 다른 액체-액체 또는 고체-액체 혼합물을 분리 조작하는 장비이다.

　㉠ 종류 : 고속형(회전속도 20,000rpm), 소형(회전속도 3,000rpm)

　㉡ 사용법
　　• 원심분리기 컵을 적당한 용제로 잘 세척하여 내부에 오염물질이 없는지 확인한다.
　　• 상·하층의 정량이 필요한 경우 원심분리기 컵을 계량한다.
　　• 원심분리기 컵의 2/3 이하로 시료를 채취하고 계량한다.

- 원심분리기 컵을 원심분리기 내부 셀에 대칭으로 장착하고, 뚜껑을 닫는다.
- 원하는 rpm으로 세팅한 후 원심분리기를 가동한다.
- 원심분리기의 rpm이 0인 것을 확인하고 뚜껑을 연다.
- 원심분리기 컵을 꺼내어 상등액 또는 하층부를 취하여 계량한다.
- 원심분리기 컵을 용제로 잘 세척하여 건조시킨 후 원위치시킨다.

④ 교반기 : 다양한 크기를 지닌 마그네틱 바를 회전시켜 교반하는 장치로, 주로 가열교반기가 많이 사용된다.

　　㉠ 종류 : 생산용, 터치연속용, 자석식

　　㉡ 자석식 교반기 사용법
- 시료채취용 플라스크를 세척하여 준비한다.
- 실험의 목적에 맞도록 시료를 채취한다.
- 비커에 마그네틱 바를 넣어 전자식 교반기 위에 올려놓은 후 교반시킨다(상황에 따라 가열한다).

⑤ 진공건조기 : 건조대상물질을 밀폐용기 안에 넣고 펌프를 이용해 감압하여 진공에서 건조시키는 장치이다.

⑥ 수분측정기 : 혼합물에 포함된 미량의 수분함량 측정을 통해 원료 및 제품의 유통기한, 가격 등을 결정한다.

⑦ 순수제조장치 : 분석에 적합한 순수를 만들어 활용하는 장치이다.

10-2. 기초 분광분석

핵심이론 01 | 분광분석장비 조작

(1) 분광분석법

물질이나 용액이 빛을 흡수하는 원리를 이용해 물질의 성질과 농도(정성, 정량)를 분석하는 방법으로, 사용하는 빛의 스펙트럼에 따라 초기에는 가시광선 및 자외선을 이용하였으나 최근 적외선, X선, 마이크로파, 라디오파 등으로 분석의 영역이 확대되고 있다.

(2) 전반적인 분광분석장비의 조작

① 시료와 표준용액을 제조한다.
  ⊙ 시료를 용해, 탄화, 추출, 희석 등의 전처리를 통해 분석기기에 적합한 형태로 만든다.
  ⊙ 3개 이상의 정확한 농도로 표준용액을 제조하여 검정곡선을 만든다.

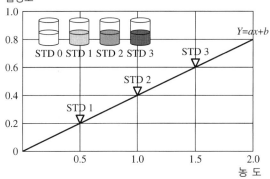

[자외선/가시광선 검정곡선의 예시]

② 기기의 실정과 조건을 확인하여 기기의 기준 매뉴얼을 참조하여 운전조건을 설정하고 측정한다.
③ 데이터의 처리 : 데이터는 그래프로 작성하여 계산 및 처리하며, 대부분의 기기들은 측정조건의 설정 및 데이터의 처리를 자동으로 수행하므로 매뉴얼을 숙지하여 처리한다.

핵심이론 02 | 분광분석 기초실험(UV, AAS)

(1) 일반적인 자외선/가시광선 분광광도 기초실험

① 흡수 셀 준비

  ㉠ 시료액의 흡수파장이 370nm 이상일 때는 석영 또는 경질유리 흡수 셀, 370nm 이하일 때는 석영 흡수 셀을 사용한다.

  ㉡ 흡수 셀의 길이가 지정되지 않은 경우 10nm 셀을 이용한다.

  ㉢ 시료 셀, 대조 셀

   • 시료 셀 및 대조 셀을 세척한다.

   • 셀의 약 8부까지 넣은 후 외면이 젖어 있을 경우 깨끗이 닦는다.

   • 시료 셀에는 시험용액을 넣는다.

   • 대조 셀에는 증류수를 넣는다.

   • 셀의 방향성을 참조하여 항상 방향을 일정하게 하여 사용한다.

② 측정 준비

  ㉠ 측정 파장에 따라 필요한 광원과 광전측량 검출기를 선정한다.

  ㉡ 전원을 넣고 잠시 방치한 후 기기를 안정시키며, 감도 및 영점조절을 한다.

  ㉢ 필터 및 단색화장치를 사용해 지정된 측정 파장을 선택한다.

③ 흡광도 측정

  ㉠ 대조 셀을 측정부에 넣고 광원으로부터 빛을 차단하고 0점을 맞춘다.

  ㉡ 광원으로부터 광속을 통하여 눈금을 100에 맞춘다.

  ㉢ 대조 셀을 꺼낸 후 준비한 시료 셀을 각각 측정부에 넣고 흡광도를 읽는다.

④ 정량분석은 검정곡선법, 표준물첨가법으로 진행하며, 정성분석은 검체의 흡수 스펙트럼의 흡수 극대파장으로 확인하거나, 검체의 흡수 스펙트럼의 흡광도비로 확인하는 방법을 사용한다.

(2) 원자흡수분광광도법(AAS)

① 검액 조제 및 측정

  ㉠ 무기물을 분석할 때는 산을 넣어 가열하거나 초음파에 가하여 유기물을 분해시킨 후 분석한다.

  ㉡ 일정 순도가 규정되어 있는 경우 질산, 염산 등을 가해 유기물을 분해하는 전처리 과정을 거친다.

  ㉢ 정량법 또는 용출시험으로 규정되어 있는 경우, 정해진 방법에 따라 전처리를 한다.

  ㉣ 검액의 측정은 화염방식, 전기가열방식, 냉증기방식 중 하나를 택해 측정한다.

② 정량시험방법

  ㉠ 검정곡선법

   • 농도가 다른 세 가지 이상의 표준액을 만들어 각 표준액의 흡광도를 측정해 검정곡선을 작성한다.

   • 측정 가능한 농도 범위에 들도록 검액을 만들어 흡광도를 측정한 후 다음 검정곡선에서 피검원소의 농도를 구한다.

  ㉡ 표준첨가법

   • 동일한 양의 검액 3개 이상을 취하여, 각각 피검원소가 단계적으로 농도가 되도록 피검원소 표준액을 첨가한다.

   • 용매를 다시 넣어 일정 용량으로 한다.

   • 각 용액의 흡광도를 측정하여 첨가한 표준피검원소의 양을 가로축으로 하고, 흡광도를 세로축으로 하여 검정곡선을 작성한다.

   • 여기서 얻는 회귀선을 연장하여 가로축과 만나는 점과 원점과의 거리에서 피검원소의 농도를 측정한다.

  ㉢ 내부표준법

   • 내부표준원소의 양을 일정하게 하고, 표준피검원소의 기지량을 각 단계적 농도가 되도록 첨가하여 표준액을 만든다.

- 각 표준액을 가지고 각 원소의 분석선 파장에서 표준피검원소에 의한 흡광도 및 내부표준원소에 의한 흡광도를 같은 조건으로 측정하여 표준피검원소에 의한 흡광도와 내부표준원소에 의한 흡광도와의 비를 구한다.
- 표준피검원소의 농도를 가로축, 흡광도의 비를 세로축으로 한 검정곡선을 작성한다.

2-1. 자외선/가시광선 분광광도 기초실험에 관한 설명으로 옳지 않은 것은?

① 시료액의 흡수파장에 따라 석영 또는 유리 셀을 선택하여 사용한다.
② 시료 셀에는 시험용액을 넣는다.
③ 대조 셀에는 증류수를 넣는다.
④ 셀은 방향성이 없으므로 편하게 사용할 수 있다.

2-2. 원자흡수분광광도법의 검액 조제 및 측정에 관한 설명으로 옳은 것은?

① 무기물의 분석에는 알칼리를 넣어 가열한다.
② 일정 순도가 규정되어 있는 경우 아세트산을 가해 유기물을 분해하는 전처리 과정을 거친다.
③ 검액의 측정은 전기가열방식 한 가지로 통일하여 측정한다.
④ 정량법 또는 용출시험으로 규정되어 있는 경우, 정해진 방법으로 전처리를 진행한다.

2-3. 원자흡수분광광도법의 정량시험방법이 아닌 것은?

① 검정곡선법
② 표준첨가법
③ 내부표준법
④ 외부표준법

|해설|

2-1
셀은 빛이 투과되는 일정한 방향성이 있으므로 항상 규칙적인 방향으로 사용한다.

2-2
① 무기물 분석 시 산을 넣어 가열한다.
② 일정 순도가 규정되어 있을 때는 질산, 염산 등의 강산을 가해 유기물을 분해한다.
③ 검액의 측정은 화염방식, 전기가열방식, 냉증기방식 중 하나를 택해 측정한다.

2-3
원자흡수분광광도법의 정량시험방법은 검정곡선법, 표준첨가법, 내부표준법 세 가지로 나뉜다.

정답 2-1 ④ 2-2 ④ 2-3 ④

(1) 자외선/가시광선 분광광도법

① 먹는물수질공정시험기준, 수질오염공정시험기준 등의 분석법 중 표준용액과 검정곡선의 작성 및 검증방법, 농도의 계산방법에 따라 결과값을 해석한다.

② 바탕시험용액을 대조액으로 하여 물질별 최대 흡수파장을 맞춘 후 시료의 흡광도를 구하고, 미리 작성해둔 검정곡선을 이용하여 대상물질의 양을 통해 농도를 구한다.

③ 정량치의 표시방법은 KS M 0001에 따른다.

④ 측정 결과의 기록(KS M 0012 흡광 광도 분석 통칙) : 측정 결과는 필요에 따라 다음 사항을 기록한다.

  ㉠ 측정 연월일 및 측정자명

  ㉡ 시료명

  ㉢ 측정 성분

  ㉣ 측정 방법

  ㉤ 장치의 명칭 및 형명

  ㉥ 교정 시기 및 방법

  ㉦ 측정 파장

  ㉧ 스펙트럼 폭

  ㉨ 흡수 셀의 재질

  ㉩ 흡수 셀의 모양

  ㉪ 흡수 셀의 광로 길이 또는 셀 안지름

  ㉫ 대조시료

  ㉬ 바탕시험값

⑤ 개별 표준에 기재해야 할 사항(KS M 0012 흡광 광도 분석 통칙)

  ㉠ 측정 대상 성분 및 정량 범위

  ㉡ 시료의 채취방법 및 보존방법

  ㉢ 시료의 전처리 및 측정시료의 조제방법

  ㉣ 측정 조건

  ㉤ 정량방법의 종류 및 분석 횟수

  ㉥ 분석 결과의 표시

(2) 원자흡수분광광도법(AAS)

① 대기오염공정시험기준, KS M 0016 원자흡수분광광도 분석방법 통칙 등에 의한 표준용액과 검정곡선의 작성 및 검증방법, 농도의 계산, 측정결과의 작성 작업을 수행한다.

② 측정 : 소정의 장치 조작 조건을 설정하고, 시료용액을 불꽃 속에 도입해 표시값(흡광도 또는 비례값)을 읽는다.

③ 측정 결과의 정리

  ㉠ 측정 연월일 및 측정자명

  ㉡ 시료명

  ㉢ 분석 대상 원소 및 정량법의 종류

  ㉣ 장치의 명칭, 제조자명 및 형식

  ㉤ 분석선의 파장

  ㉥ 분광기의 슬릿 폭

  ㉦ 광원램프의 종류 및 전류값

  ㉧ 바탕 세기를 검정했을 때는 그 검정방식

  ㉨ 원자화 방식 및 조건

  ㉩ 시료의 전처리

  ㉪ 기타 필요한 사항

④ 개별 표준에 기재해야 할 사항

  ㉠ 분석 대상 원소 및 농도 범위

  ㉡ 시료 채취방법

  ㉢ 전처리 방법

  ㉣ 장치 조작 조건

  ㉤ 정량법

  ㉥ 분석 결과의 표시

3-1. KS M 0012 흡광 광도 분석 통칙에 의한 자외선/가시광선 측정결과의 기록사항이 아닌 것은?

① 측정 연월일 및 측정자명
② 시료명
③ 측정성분
④ 시료의 색

3-2. 원자흡수분광광도법에서 개별 표준에 기재해야 할 사항은?

① 원자화 방식
② 광원램프의 종류
③ 분광기의 슬릿 폭
④ 시료 채취방법

|해설|

3-1
시료의 색은 측정결과의 기록사항이 아니다.

3-2
원자흡수분광광도법의 개별 표준 기재사항은 분석 대상 원소 및 농도 범위, 시료 채취방법, 전처리 방법, 장치 조작 조건, 정량법, 분석결과의 표시이다.

정답 3-1 ④ 3-2 ④

핵심이론 **04** | 분광학적 특성을 이용한 정성 및 정량분석

(1) 정성분석과 정량분석

① 정성분석 : 분석 대상물질의 구성 성분을 확인하는 분석법으로, 보통 가장 먼저 수행한다.
  ㉠ 방법 : 분광분석, 크로마토그래피, 불꽃광도분석 등
  ㉡ 대상 : 성분분석, 분자구조 확인, 혼합물 동정 등
② 정량분석 : 정성분석 이후 분석 대상물질의 화학적 양을 측정하는 방법으로, 정성분석에 비해 조금 복잡하다.
  ㉠ 방법 : 분광분석, 크로마토그래피, 적정법, ICP 등
  ㉡ 대상 : 대상물질의 양 측정

(2) 일반적 분석 방법

① 시료의 준비
  ㉠ 표본 샘플링을 통한 대표 시료를 채취한다(기체, 액체, 고체).
  ㉡ 채취한 시료를 분석 목적, 기종에 따라 전처리한다(분리 조작, 화학적 반응 이용).
② 적합한 분석 기종(GC, HPLC, SFC, GPC 등)을 선택하고, 검정곡선을 통해 정성분석한 후 정량분석을 수행한다.
③ 분석 자료의 정리
④ 분석 결과 정리 및 보고

10-3. 기초 크로마토그래피 분석

핵심이론 01 | 크로마토그래피 분석장비 조작

(1) 크로마토그래피 분석

혼합물인 시료를 고정상과 이동상 간의 물리·화학적인 차이를 이용해 분리한 후 정량, 정성분석하는 방법이다.

(2) 크로마토그래피의 구분

① 이동상에 따라 액상(Liquid)과 기체상(Gas)으로 구분한다.

  ※ 이동상 : 이동해 나가는 기체 또는 액체이다.

② 고정상에 따라 칼럼(Column), 종이(Paper), 실리카겔 (TLC)로 구분한다.

  ※ 고정상 : 칼럼에 충전되어 고정된 고체 또는 액체이다.

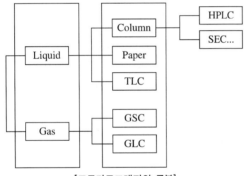

[크로마토그래피의 구분]

(3) 크로마토그래피의 원리

각 성분의 이동속도 차이가 발생하여 성분을 분리할 수 있다.

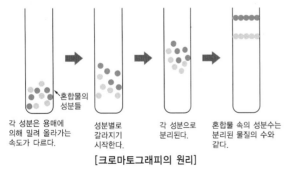

각 성분은 용매에 의해 밀려 올라가는 속도가 다르다.

성분별로 갈라지기 시작한다.

각 성분으로 분리된다.

혼합물 속의 성분수는 분리된 물질의 수와 같다.

[크로마토그래피의 원리]

칼럼에 충전되어 고정된 고체 또는 액체를 무엇이라 하는가?

① 이동상
② 고정상
③ 실리카겔
④ 샘플러

정답 ②

(1) 기체크로마토그래피(GC) 분석장비의 조작

① 시료를 준비한다.

  ㉠ 시료는 물을 제외한 휘발성 액상 시료 또는 기체상 시료를 사용하며, 실린지(주사기)를 통해 주입한다.

  ㉡ 시료는 칼럼 통과 시 고온에 의해 기화되어야 하며, 이동상인 불활성 기체와 더불어 칼럼을 통과하여 최종적으로 성분이 검출된다.

  ㉢ 시료들은 GC 칼럼 내부의 고정상과 상호작용하며, 시료의 종류에 따라 분리된다.

  ㉣ 시료가 고정상에 강하게 결합되어 있을수록 더 높은 온도로 가열시켜 용출시킨다.

② 장비의 전원 스위치를 켠다.

③ 기기별 분석프로그램을 통해 분석한다.

(2) 고성능 액체크로마토그래피(HPLC) 분석장비의 조작

① 시료를 준비한다.

  ㉠ HPLC 등급 이상의 용매를 사용하며, 진공펌프를 이용해 필터링하여 용매 안에 포함되어 있는 가스와 이물질을 제거한다.

  ㉡ 분석 대상 시료를 용매에 녹인 후 실린지로 통과시켜 거른 후 주입한다.

② 장비의 전원 스위치를 켠다.

  ㉠ 칼럼오븐

  ㉡ 검출기

  ㉢ 자동 샘플러

  ㉣ 컴퓨터

  ※ 안정화 예상소요시간은 대략 40분 정도이다.

③ 컴퓨터 프로그램을 가동시킨다.

④ 펌프를 가동시킨다.

⑤ 유체의 흐름을 정상화한다.

⑥ 시료를 측정한다.

⑦ 정량 및 정성분석을 수행한다.

10년간 자주 출제된 문제

고성능 액체크로마토그래피 분석장비의 조작에 대한 설명으로 옳지 않은 것은?

① HPLC 등급 이상의 용매를 사용한다.

② 진공펌프는 필터링을 위해 이용된다.

③ 필터링을 통해 용매 안의 가스 및 이물질을 제거한다.

④ 분석 대상 시료를 용매에 녹인 후 비커를 이용해 주입한다.

| 해설 |

고성능 액체크로마토그래피의 분석 대상 시료는 용매에 녹인 후 실린지로 통과시켜 거른 후 주입한다.

정답 ④

크로마토그래피 특성을 이용한 정성 및 정량분석

(1) 크로마토그래피

분석프로그램으로 얻은 피크(Peak) 용출시간과 면적의 값을 통해 대상물의 정성 및 정량분석을 한다.

① 정성분석 : 대상물의 피크 용출시간

　㉠ 절대 머무름 시간 : 시료가 검출되는 데 걸리는 총경과시간이다.

　㉡ 무 머무름 시간 : 운반기체만 시료주입부에서 검출기로 이동시키는 시간이다.

　㉢ 보정 머무름 시간 : 절대 머무름 시간과 무 머무름 시간 사이의 차이이다.

　㉣ 상대 머무름 시간 : 시료 중 기준 피크로 지정된 피크의 보정 머무름 시간에 대한 미지 피크의 보정 머무름 시간의 비율이다.

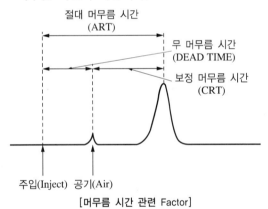

[머무름 시간 관련 Factor]

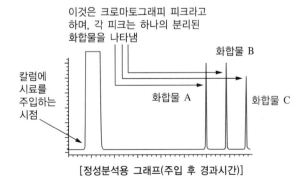

[정성분석용 그래프(주입 후 경과시간)]

② 정량분석 : 대상물의 피크 크기(면적값, 적분값)

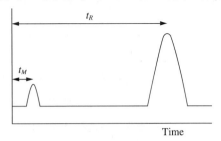

[기체크로마토그래피 Gas Chromatograph G]

시간에 따른 존재비를 그래프로 나타낸 것으로, 농도가 높을수록 면적이 커진다(t_R : 머무름 시간).

　㉠ 절대검정곡선법 : 표준물에 대한 농도-기기 감응곡선을 작성하고 준비된 시료에 대해 측정한 후, 그 기기 감응값을 앞서 작성한 검정곡선을 이용해 농도를 측정한다.

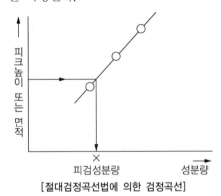

[절대검정곡선법에 의한 검정곡선]

　㉡ 내부표준물법 : 시료에 이미 알고 있는 농도의 내부표준물을 첨가해 분석하는 방법으로 분석절차, 기기 또는 시스템 변동에 의해 발생하는 오차를 보정하기 위해 사용한다.

　　• 내부표준물 : 시료 분석 전 바탕시료, 검정곡선용 표준물질, 시료 또는 시료추출물 등에 첨가되는 농도를 알고 있는 화합물이다.

　　• 대체표준물 : 분석하고자 하는 물질과 화학적 특성이 유사한 유기화합물이다.

　㉢ 표준물첨가법 : 시료와 같은 매트릭스에 일정량의 표준물질을 1회 이상 일정하게 농도를 증가시키며 첨가하고, 검정곡선을 작성하는 방법이다.

ㄹ 넓이 백분율법 : 시료의 각 성분의 피크면적을 측정하고, 그 합을 100으로 하여 이에 대한 각각의 피크면적비를 각 성분의 함유율로 환산하는 방법이다.

3-1. 운반기체만 시료주입부에서 검출기로 이동시키는 시간은?

① 절대 머무름 시간
② 무 머무름 시간
③ 보정 머무름 시간
④ 상대 머무름 시간

3-2. 시료와 같은 매트릭스에 일정량의 표준물질을 1회 이상 일정하게 농도를 증가시키며 첨가하고, 검정곡선을 작성하는 방법은?

① 표준물첨가법
② 넓이 백분율법
③ 내부표준물법
④ 절대검정곡선법

|해설|

3-1
보통 무 머무름 시간 이후 보정 머무름 시간이 진행되며, 이 둘을 합쳐 절대 머무름 시간이라고 한다.

3-2
GC를 이용한 정량분석방법에는 절대검정곡선법, 내부표준물법, 표준물첨가법, 넓이 백분율법 등이 있다.

정답 3-1 ② 3-2 ①

(1) 기체크로마토그래피(GC)

① 칼럼(분리부) : 시료의 도입부에 주입된 시료를 분리하는 부분으로, 온도를 단계적으로 상승시켜 끓는점 차이를 이용해 다양한 분석물을 분리, 분석한다. 충전칼럼과 모세관칼럼 중 분석능력이 좋은 모세관칼럼이 주로 사용된다.

② 이동상(캐리어 가스) : 분석대상물질을 이동시켜 주는 가스로, 화학반응성이 낮은 수소, 헬륨, 질소가스 등을 사용한다.

(2) 고성능 액체크로마토그래피(HPLC)

① 칼럼(분리부) : 혼합 성분들을 분리 원리에 따라 단일 성분으로 분리시키며, 원통형 관과 충진제로 구성된다.

ㄱ 원통형 관 : 튜브 형태로 화학반응이 없는 안정한 물질을 사용한다.

ㄴ 충진제 : 액상 지지가 가능하며 비활성 표면적이 넓은 실리카겔, 폴리머 등을 사용한다.

② 이동상(캐리어 가스) : 시료를 녹여서 운반하는 것으로 액상의 용액을 사용하며, 이동상은 분석하려는 물질에 따라 결정되고 고정상의 종류와도 관계가 있다. 이동상은 사용 전에 필터링하거나 사용과정에서 헬륨가스를 이용하여 기포 등을 제거하여야 한다. 일반적으로 극성 칼럼을 사용할 때 이동상은 비극성의 유기용매를 사용하며, 비극성 칼럼을 사용할 때 이동상은 극성의 완충용액이 포함된 용액을 사용한다.

10년간 자주 출제된 문제

GC의 캐리어 가스로 적절한 것은?

① 산 소
② 이산화탄소
③ 질 소
④ 메테인

|해설|

캐리어 가스는 비활성 기체를 이용하며 수소, 헬륨, 질소가스 등이
사용된다.

정답 ③

제11절 실험실 환경 · 안전점검

11-1. 안전수칙 파악

핵심이론 01 실험실 안전수칙

(1) 실험실의 환경 안전 목적

실험실에서 사용자가 기기분석을 통한 실험, 실습 등을
수행할 때 발생할 수 있는 안전사고 예방을 위하여 다음의
사항을 유의하고, 2차 사고로의 확대를 방지하는 데 그
목적을 둔다.

(2) 실험실 안전수칙

각 실험실마다 안전수칙을 작성하여 부착하여야 한다.

① 실험실 안전의 원칙
   ㉠ 안전한 실험
   ㉡ 다른 사람의 안전에 대한 고려
   ㉢ 실험과 관련된 위험성에 대한 이해
   ㉣ 사고 시 행동 요령
② 실험실 안전보건 공통 안전수칙
   ㉠ 모든 실험은 실험복 착용을 원칙으로 한다.
   ㉡ 유해 · 위험 요소가 있는 실험을 할 경우 적정한
      보호구(실험복, 호흡 보호구, 보안경 등)를 착용
      한다.
   ㉢ 실험실 출입문(또는 눈에 잘 띄는 곳)에는 비상연
      락망과 대피경로, 연구실 책임자, 연구원 등의 기
      록을 반드시 부착한다.
   ㉣ 실험실의 전반적인 구조를 숙지하고 있어야 하며,
      특히 출입구는 비상시 항상 피난이 가능한 상태로
      유지한다.
   ㉤ 모든 연구활동 종사자들이 정기적으로 표준실험
      방법, 실험규칙 및 안전수칙에 대한 교육 · 훈련을
      받도록 하여야 하고, 그 결과를 기록한다.

ⓗ 실험실 책임자는 실험 전에 실험 중 발생할 수 있는 유해·위험 요소에 대하여 사전 안전교육을 실시하는 것을 원칙으로 한다.

ⓢ 실험구역에서 식품 보관, 음식 섭취, 흡연, 화장 등의 행위를 금지한다.

ⓞ 화학물질 저장 캐비닛에 저장된 물품 중 유리상자 등과 같이 깨질 우려가 있는 것은 아래에 보관한다.

ⓩ 지정된 장소에서만 실험을 수행한다.

ⓒ 실험실 최종 퇴실자는 이상 유무를 확인하고, 일일 점검 체크리스트에 기록한다.

ⓚ 실험실 내에서나 복도에서 뛰어다니지 않는다.

ⓣ 연구활동 종사자 이외의 일반인이 실험실을 방문할 때에는 보안경 등 필요한 보호장구를 제공하여 착용한다.

ⓟ 실험실에서의 인가되지 않는 실험은 엄격히 금지한다.

ⓗ 연구활동 종사자들은 비상샤워기, 세안장치, 소화기 및 비상탈출구 등 실험실의 안전시설을 알고 있어야 한다.

㉮ 실험실 기구나 장비로 인해 보행로나 소방통로가 방해되지 않도록 한다.

㉯ 실험대, 실험부스, 안전통로 등은 항상 깨끗하게 유지한다.

㉰ 실험실을 떠나기 전에 항상 손을 씻는다.

㉱ 모든 연구활동 종사자들은 실험을 하는 동안에 발끝을 덮는 신발을 착용한다.

㉲ 긴 머리는 부상을 방지하기 위하여 뒤로 묶어야 한다.

㉳ 콘택트렌즈는 눈에 화학물질 농도를 농축시킬 수 있으므로 착용을 피해야 한다.

㉴ 눈 부상 위험(눈에 화학물질이 튐)이 있는 모든 실험실에서 보안경은 실험과정 동안 항상 착용하여야 한다.

㉵ 발암성, 생식 독성 및 태아 독성의 위험성에 노출될 수 있는 실험의 경우 실험실 책임자는 반드시 연구활동 종사자들에게 위험성을 공지하도록 한다.

㉶ 화재 또는 사고 시에 주위 사람에게 알린다.

㉷ 필요한 장소에 보호구, 구급약품, 휴대용 조명기구 등을 비치한다.

㉸ 소화기는 눈에 잘 띄는 위치에 비치하며, 소화기 사용법을 숙지하여야 한다.

㉹ 실험실의 전반적인 구조를 숙지하고 있어야 하며, 특히 출입구는 비상시 항상 피난이 가능한 상태로 유지하여야 한다.

㉺ 유해물질이 누출되었을 경우, 싱크대나 일반 쓰레기통에 버리지 말고, 폐액 수거용기에 안전하게 버린다.

㉻ 실험실의 안전점검표를 작성하여 매월 1회 이상 정기적으로 실험실 내 실험장치, 시약 보관상태, 소방설비 등을 점검하여야 한다.

Ⓐ 취급하고 있는 유해물질에 대한 물질안전보건자료(MSDS)를 게시하고, 이를 숙지한다.

Ⓑ 실험실 내에는 금지표지, 경고표지, 지시표지 및 안내표지 등 법에 규정하거나 또는 위험방지에 필요한 안전보건표지를 부착하여야 한다.

Ⓒ 실험실에서 안전사고 및 화재·폭발을 예방하기 위하여 실험실별로 특성에 맞는 안전보건관리규정을 작성하고, 이를 이행 및 실행하여야 한다.

Ⓓ 실험에 필요한 시약만 실험대에 놓아두고, 실험실 내에는 일일 사용에 필요한 최소량만 보관한다.

Ⓔ 시약병은 깨끗하게 유지하고, 라벨(Label)에는 품명, 뚜껑을 개봉한 날짜를 기록해 둔다.

(3) 실험실 일반 안전수칙

① 실험기구 및 기기는 실험 전에 점검을 한다.

② 실험 중에는 환풍기를 작동시킨다.

③ 시료채취 후 마개를 닫아 보관한다.

④ 시료나 시약병을 가지고 바닥에 얼음, 눈 또는 기름이 있는 통로를 이용하지 않는다.

⑤ 시료를 흘리지 않도록 하고, 흘렸을 경우 면걸레로 닦는다.

⑥ 액체시료는 팽창을 고려하여 용기에 충분한 공간을 고려하여 채취한다.

⑦ 시료채취 후 이름표를 부착한다.

(4) 실험실 종사자 안전보건수칙

① 유해물질, 방사성 물질 등을 취급하는 실험실에서는 실험복, 보안경을 착용하고 실험을 하여야 한다. 일반인이 실험실을 방문할 때에는 보안경 등 필요한 보호구를 착용하여야 한다.

② 유해물질 등 시약은 절대로 입에 대거나 냄새를 맡지 않는다.

③ 유해물질을 취급하는 실험은 부스(Booth)에서 실시하여야 한다.

④ 절대로 입으로 피펫(Pipet)을 빨면 안 된다.

⑤ 하절기에도 실험실 내에서 긴 바지를 착용하여야 한다.

⑥ 음식물을 실험실 내 시약 저장 냉장고에 보관하지 말고, 실험실 내에서 음식물을 먹지 않는다.

⑦ 실험실에서 나갈 때에는 비누로 손을 씻는다.

⑧ 실험장비는 사용법을 확실히 숙지한 상태에서 작동하여야 한다.

⑨ 다른 실험 종사자의 안전에 대한 고려
　㉠ 주위 사람들의 안전도 고려하여야 한다.
　㉡ 불안전한 행동을 하는 사람이 있을 경우 안전한 행동을 하도록 주지시켜야 한다.
　㉢ 실험에 참가한 모든 실험 종사자는 필요한 보호구를 착용하여야 한다.
　㉣ 화재 또는 사고 시에 주위 사람에게 알린다.

⑩ 사고 시 행동요령
　㉠ 사고에 대비하여 평상시에 비상연락, 진화, 대피 및 응급조치요령을 파악한다.

　㉡ 사고가 발생하였을 때에는 정확하고 빠르게 대응하여야 한다.

　㉢ 실험실 내 비상샤워장치, 세안장치, 피난사다리, 완강기, 소화전, 소화기, 화재경보기 등 안전장비 및 비상구에 대하여 잘 알고 있어야 하며, 항상 사용 가능한 상태로 유지한다.

　㉣ 사고가 발생하면 다음과 같이 행동하여 피해가 없도록 한다.
　　• 긴급 조치 후 신속히 큰소리로 다른 실험 종사자에게 알리고 즉시 안전관리책임자에게 보고하고, 관련 부서에 도움을 요청한다.
　　• 화재나 사고는 가능한 한 초기에 신속히 진압하고, 필요시 응급조치를 취한다.
　　• 초기 진압이 어려운 경우에는 진압을 포기하고 건물 외부로 대피한다.
　　• 소방서, 경찰서, 병원 등에 긴급전화를 하여 도움을 요청한다.
　　• 필요시 구급요원 등에게 사고 진행상황에 대하여 상세히 알리도록 한다.

⑪ 사고 시 응급조치
　㉠ 호흡 정지
　　• 환자가 의식을 잃고 호흡이 정지된 경우 즉시 인공호흡을 해야 한다.
　　• 주변의 도움을 요청하기 위하여 시간을 낭비하지 말고 환자를 소생시키면서 도움을 청해야 한다.
　㉡ 심한 출혈
　　• 출혈이 심한 상처 부위는 패드나 천으로 눌러서 지혈시킨다.
　　• 위급할 때에는 의류를 잘라 사용한다.
　　• 충격을 피하기 위해서 상처 부위를 감싸고 즉시 응급요원을 부른다.
　　• 피가 흐르는 부위는 신체의 다른 부분보다 높게 하여 계속 누른 상태로 있는다.
　　• 환자는 편안하게 눕힌다.

ⓒ 화 상
- 경미한 화상은 얼음이나 생수로 화상 부위를 식힌다.
- 물집이 생기면 터뜨리지 않는다.
- 옷에 불이 붙었을 때는 다음의 요령에 따른다.
  - 바닥에 누워 구르거나 근처에 소방담요가 있다면 화염을 덮어 싼다.
  - 불을 끈 후에는 약품에 오염된 옷을 벗고 비상샤워기에서 샤워를 한다.
  - 상처 부위를 씻고 열을 없애기 위해서 얼마동안 흐르는 수돗물에 상처 부위를 식힌다.
  - 상처 부위를 깨끗이 한 후 얼음주머니로 적시고, 충격을 받지 않도록 감싼다.

ⓓ 화학약품에 의한 화상
- 화학약품이 묻거나 화상을 입었을 경우 즉시 물로 씻는다.
- 진한 황산이 피부에 묻었을 때 15분간 대량의 물로 씻는다. 물로 충분히 씻은 후 탄산수소나트륨의 묽은 수용액으로 중화시킨다.
- 약품에 의하여 오염된 모든 의류는 제거하고, 접촉 부위는 물로 씻어 낸다.
- 약품이 눈에 들어갔을 경우 15분 이상 흐르는 물에 깨끗이 씻고 즉시 도움을 청한다. 강산이나 강알칼리가 눈에 들어갔을 때 눈꺼풀을 열어 15분간 물로 씻은 후 의사의 치료를 받는다. 중화제 등은 사용하지 않는다.
- 강한 알칼리가 피부에 묻었을 때 바로 의복을 벗고 피부가 미끈미끈하지 않을 때까지 가급적 신속하게 물로 씻은 후 물에 희석한 식초나 레몬주스 등으로 중화시킨다.
- 몸에 약품이 묻었을 경우 15분 이상 수돗물에 씻어 내고, 조금 묻은 경우에는 응급조치를 한 후 전문의 진료를 받는다.

- 위급한 경우 비상샤워, 수도 등을 이용하고, 구급차를 부른다.
- 약품이 몸에 엎질러진 경우 오염된 옷을 빨리 벗는다.
- 보안경에 약품이 묻은 경우 시약이 묻은 부분은 완전히 세척하고 사용한다.

ⓔ 외상 : 외상 쇼크의 경우 재해의 성격이 분명하지 않다면 환자를 따뜻하게 하고 편안하게 눕힌 뒤 병원으로 이송시킨다.

1-1. 실험실 안전보건 공통 안전수칙으로 옳지 않은 것은?

① 유해·위험 요소가 있을 경우 적정한 보호구를 착용한다.
② 실험실 출입문에는 비상연락망, 대피경로 등을 부착하고 연구실 책임자는 개인정보이므로 게시하지 않는다.
③ 실험실의 전반적인 구조를 숙지하고 있어야 한다.
④ 실험구역에서 식품보관, 음식물 섭취, 흡연, 화장 등의 행위를 금지한다.

1-2. 실험실 일반 안전수칙으로 옳은 것은?

① 실험기구 및 기구는 매달 첫 번째 주일에 점검한다.
② 실험 후 환풍기를 반드시 작동시킨다.
③ 시료채취 후 마개를 닫아 보관한다.
④ 시료를 흘렸을 때는 주변의 휴지를 이용해 닦는다.

1-3. 해당 사고별 응급조치 사항으로 옳지 않은 것은?

① 호흡 정지 – 환자가 의식을 잃고 호흡이 정지된 경우 인공호흡을 해야 한다.
② 심한 출혈 – 상처 부위를 패드나 천으로 눌러 지혈을 실시한다.
③ 화상 – 경미한 화상은 큰 문제가 되지 않으므로 응급조치를 하지 않고 귀가조치한다.
④ 외상 – 외상 쇼크의 경우 재해의 성격이 불분명하다면 병원 이송을 원칙으로 한다.

|해설|

1-1
실험실 출입문(또는 눈에 잘 띄는 곳)에는 비상연락망과 대피경로, 연구실 책임자, 연구원 등의 기록을 반드시 부착한다.

1-2
① 실험기구 및 기기는 실험 전에 점검한다.
② 실험 중에는 환풍기를 작동시킨다.
④ 시료를 흘리지 않도록 하고, 흘렸을 경우 면걸레로 닦는다.

1-3
경미한 화상은 얼음이나 생수로 화상 부위를 식힌다.

정답 1-1 ② 1-2 ③ 1-3 ③

핵심이론 02 | 실험장비 안전수칙

(1) 실험 전후 주의사항

실험을 할 때는 다소 위험이 따르기 때문에 결코 방심해서는 안 되며, 주의해서 행하여야 한다.

① 실험 준비 주의사항
  ㉠ 실험의 목적·내용을 확실하게 이해하여야 한다.
  ㉡ 조작 절차를 빠뜨리지 않고 충분히 파악하여야 한다.
  ㉢ 실험복을 착용하고, 필요에 따라 보안경으로 눈을 보호한다.
  ㉣ 실험대 위는 잘 정리하여 청결하게 하고, 사용하는 기구나 약품을 정돈한다.

② 실험 중 주의사항
  ㉠ 항상 재해 예방에 유의하고, 결코 무리한 실험을 하지 않는다.
  ㉡ 고농도의 산·알칼리를 취급할 때, 도가니를 강열할 때, 피펫으로 액을 빨아올릴 때 특히 세심한 주의를 기울여야 한다. 또한 사고가 일어났을 때 대처 방법도 생각해야 한다.
  ㉢ 실험 결과만 중요한 것이 아니고 그 과정을 잘 관찰하는 것이 대단히 중요하다. 그러므로 실험 중에 불필요한 행동을 삼가야 한다.
  ㉣ 기계적으로 절차를 생략해서는 안 된다. 조작의 의미, 필요성 등을 파악하여야 하며, 실험은 손으로만 하는 것이 아니라 머리도 활용해야 올바른 실험이 된다.

③ 실험 후 주의사항
  ㉠ 실험 뒤처리를 완전히 끝낸 다음을 실험의 종료시간으로 한다.
  ㉡ 뒷정리가 되지 않은 상태에서 실험이 종료되었다고 생각하면 정신 상태의 이완으로 유리기구를 파손하거나 상처 입을 우려가 있으므로 최후까지 주의해서 행하도록 한다.

ⓒ 폐액이나 폐기물의 처리는 신중하게 처리해야 한다. 서로 혼합해서는 안 될 폐액이 있으므로 주의해야 한다.

(2) 실험장비 및 실험기구 준비

실험실 내에 있는 장비와 기구는 언제나 사용할 수 있도록 준비되어 있어야 한다. 뿐만 아니라 실험실에서 사용되는 장비는 고가이고 특유의 기능을 가지고 있으므로, 그 취급에 있어서 주의해야 하며, 취급 요령은 다음과 같다.

① 실험 전에 실험장비의 사용법을 충분히 습득하여 조작이 가능해야 한다.

② 전원 및 기기의 퓨즈는 규격품을 사용하고, 정격전압이나 전류 이상에서 동작하지 않도록 해야 한다.

③ 장비는 사용 목적에 따라 바르게 선정한다.

④ 모든 기기는 사용 시 그 규격을 자세히 검토한 후 조심성 있게 다룬다.

⑤ 파손 및 고장이 발생했을 때에는 즉시 책임자에게 보고한다.

⑥ 정전 시는 일단 모든 전원을 꺼야 한다.

⑦ 실험기구는 유도장해나 오차의 원인이 되지 않도록 주의하여 배선한다.

⑧ 배선은 될 수 있는 한 짧고 간결하게 하고, 전원 스위치를 넣기 전에 반드시 오배선이 없는지를 미리 확인한다.

⑨ 실험을 중단할 때에는 전원 스위치를 차단하고, 실험 도중에 사소한 전선의 변경을 할 때에도 스위치를 반드시 차단하고 수행한다.

(3) 실험기구 및 장치의 안전 주의사항

① 실험용 기구의 안전 주의사항
  ㉠ 실험용 기구들은 사용절차, 위험성, 긴급상황 시 조치사항 등이 준비되어 있고, 모든 실험 종사자들은 이를 숙지한다.

  ㉡ 비커에 용매 등을 넣을 때는 크리프(Creep) 현상(액이 벽면을 따라 상승하여 외측으로 나오는 것) 및 증발에 의한 비산에 주의해야 한다.

  ㉢ 플라스크류는 압력 및 변형에 약하므로 직화에 의한 가열 및 감압조작에 사용해서는 안 된다.

  ㉣ 유리병은 가능한 한 손으로 운반하도록 하며, 많은 양을 운반할 경우 카트를 이용한다.

  ㉤ 유리제품은 사용하기 전에 깨어졌거나 금(크랙)이 있는지 검사한다.

  ㉥ 유리제품은 벽, 문, 기타 장애물에 부딪힐 경우 깨질 수 있으므로 주의한다.

  ㉦ 깨진 유리기구는 직접 손으로 잡지 말고 안전장갑을 착용하고 처리한다.

  ㉧ 뜨거운 유리제품을 취급할 때에는 안전장갑, 패드, 집게를 사용한다.

  ㉨ 플루오린화수소산, 뜨거운 인산 또는 강한 고온 알칼리로 작업할 때는 유리제품을 사용하지 않는다.

② 실험장치의 안전 주의사항
  ㉠ 수행하려는 화학실험은 어떠한 종류와 기계적 강도가 요구되는가를 예상한다.

  ㉡ 반복 또는 장기 사용으로 인하여 기계적 강도가 떨어지는 기구를 사용해야 할 때에는 보호, 보강, 방어 등 적절한 조치를 강구한다.

  ㉢ 유리관은 클램프로 직접 고정하지 말고 부드러운 고무 등으로 고정한다.

  ㉣ 온도가 변화하면 기계적 강도가 변화하는 것에 유의하여야 한다.

  ㉤ 사용하는 약품에 따라 기계적 강도가 변화한다는 것에 유의한다.

  ㉥ 진공장치를 설치할 때는 방호조치를 취한다.
    • 모든 진공장치는 보호덮개 뒤나 퓸 후드 내부에 위치시킨다.
    • 항상 적절한 개인보호장구를 착용한다.
    • 가능한 한 PVC 코팅 유리제품을 사용한다.

③ 부식의 점검

      ⊙ 기구의 내식성을 미리 알아 둔다.

      ⓒ 부식성 환경에 기구를 놓지 않도록 한다.

      ⓒ 부식성의 환경을 만들지 않도록 주의한다.

      ② 부식을 방지한다.

      ⑩ 부식 장소의 발견에 힘쓴다.

10년간 자주 출제된 문제

2-1. 실험장비 및 실험기구 준비에 관한 사항으로 옳지 않은 것은?

① 전원 및 기기의 퓨즈는 규격품을 사용한다.
② 장비의 사용 목적에 따라 바르게 선정한다.
③ 정전 시 실험에 필요한 전원을 제외한 다른 전원을 꺼야 한다.
④ 배선은 되도록 짧고 간결하게 한다.

2-2. 실험용 기구의 안전 주의사항으로 적절한 것은?

① 실험용 기구들에 대한 사용절차, 위험성, 긴급상황 시 조치사항 등은 실험실 책임자만 숙지하여 실험 종사자들에게 설명한다.
② 플라스크류는 가열 및 감압조작에 적절하므로 유용하게 사용한다.
③ 많은 양의 유리병을 운반할 때는 안전을 위해 반드시 손으로 이동시킨다.
④ 깨진 유리기구는 직접 손으로 잡지 말고 안전장갑을 사용해 처리한다.

|해설|

2-1
정전 시 반드시 모든 전원을 꺼야 한다.

2-2
① 실험용 기구들은 사용절차, 위험성, 긴급상황 시 조치사항 등이 준비되어 있고, 모든 실험 종사자들은 이를 숙지한다.
② 플라스크류는 압력 및 변형에 약하므로 직화에 의한 가열 및 감압조작에 사용해서는 안 된다.
③ 유리병은 가능한 한 손으로 운반하도록 하며, 많은 양을 운반할 경우 카트를 이용한다.

정답 2-1 ③   2-2 ④

핵심이론 03 | 안전보건표지

(1) 안전보건표지

유해하거나 위험한 장소·시설·물질에 대한 경고, 비상 시에 대처하기 위한 지시·안내 또는 그 밖에 근로자의 안전 및 보건 의식을 고취하기 위한 사항 등을 그림, 기호 및 글자 등으로 나타낸 표지이다.

(2) 안전보건표지의 종류와 형태

산업안전보건법 시행규칙에 의거한 안전보건표지의 종류 가운데 급성독성물질 경고에 관한 표지는?

①   ②

③   ④

|해설|

① 인화성물질 경고
② 산화성물질 경고
③ 폭발성물질 경고

정답 ④

핵심이론 04 │ 안전장비 사용법

(1) 안전장비 종류 및 사용법

① 고글 : 눈 주위나 눈을 완전히 커버하는 보호구로서 얼굴에 완전히 밀착되기 때문에 물체의 충돌, 먼지, 화학물질이 튀는 것을 잘 방지할 수 있다.

② 보호안경 : 금속이나 플라스틱으로 된 프레임으로 만들어졌고 충격에 안전한 렌즈가 장착되어 있다. 측면 보호막이 있는 것도 있다. 보안경은 착용자의 눈을 먼지나 물체, 큰 칩과 입자의 비산으로부터 보호해 준다. 물체의 비산 위험이 있는 경우에는 옆면을 보호할 수 있는 보호안경을 착용해야 한다.

③ 비상샤워시설(Safety Showers) : 모든 보호적인 조치가 실패했고 작업자의 전신에 화학물질이 튀었을 때에는 즉시 온몸을 씻기 위해 비상샤워기를 작동시켜야 한다.

ㄱ 실험실 작업자는 가장 가까운 비상샤워기의 위치를 알고 있어야 하고, 사용법도 잘 알고 있어야 한다.

ㄴ 비상샤워기는 옷에 불이 붙었을 때 혹은 화학물질이 쏟아져 몸에 묻었을 때 물이 충분히 흐를 수 있게 되어 있다.

ㄷ 부식성 화학물질이 쏟아진 경우, 접촉 가능성을 줄이기 위해 화학물질이 묻어 있는 부분의 옷을 벗어야 한다. 벗은 옷은 샤워를 하는 동안 샤워기 밑에 두어야 한다.

ㄹ 최소 15~30분 정도 샤워를 해야 한다.

ㅁ 비상샤워시설은 1년에 한 번씩 성능검사를 받아야 한다.

※ 샤워 손잡이는 사용할 때 당기고, 사용 후 손잡이를 밀어서 꼭 잠근다.

※ 화학물질 등에 오염되었을 때에만 사용한다.

④ 눈 세척 장비(Eye-washer) : 모든 보호적인 조치가 실패했고 작업자의 눈에 화학물질이 튀었을 때에는 즉시 눈을 씻기 위해 눈 세척 장비를 작동시켜야 한다.

　㉠ 실험실 작업자는 가장 가까운 눈 세척 시설의 위치 및 사용법을 잘 알고 있어야 한다.

　㉡ 실험실 작업자들은 실험실 내에서 콘택트렌즈를 착용해서는 안 된다. 만일 콘택트렌즈를 착용했다면, 즉시 렌즈를 제거해야 한다.

　㉢ 부식성 화학물질이 눈에 남아 있지 않도록 최소 15~30분간 눈을 세척한다.

　㉣ 충분한 세척 후, 실험실 책임자에게 알려야 하며 바로 의학적인 치료를 받을 수 있도록 한다.

　㉤ 박테리아의 성장을 막기 위해 눈 세척 시설은 일주일에 한 번씩 실험실에서 자체적으로 테스트한다.

　㉥ 눈 세척 시설은 1년에 한 번씩 성능검사를 받아야 한다.

⑤ 손 보호구 : 손에 관한 잠재적인 위험은 유해물질의 피부 흡수, 화학적 화상, 열화상, 찰과상, 자상 등이 있다. 손과 관련된 보호구로는 장갑, 손가락 보호장비가 있다.

　㉠ 가죽장갑 : 스파크, 중등 정도의 열, 거친 면을 가진 물체로부터 손을 보호할 수 있다.

　㉡ 나이트릴 장갑 : 코폴리머로 만들어진 것으로 염소화 유기용제(트라이클로로에틸렌, 퍼클로로에틸렌 등)를 다루는 실험에 적합하다.

　㉢ 네오프렌 고무 : 합성고무로 만들어진 장갑으로 손가락을 잘 움직일 수 있고, 유연성이 좋으며 잘 찢어지지 않는다.

⑥ 마스크(호흡기 보호구)

　㉠ 방진마스크 : 분진, 미스트 및 퓸이 호흡기를 통하여 인체에 유입되는 것을 방지하기 위하여 사용한다.

　㉡ 방독마스크 : 유해가스, 증기 등이 호흡기를 통하여 인체에 유입되는 것을 방지하기 위하여 사용한다.

⑦ 공기공급식 호흡용 보호구

　㉠ 송기마스크 : 신선한 공기 또는 공기원(공기압축기, 압축공기관, 고압공기용기 등)을 사용하여 공기를 호스를 통하여 송기함으로써 산소결핍으로 인한 위험을 방지하기 위하여 사용한다.

　㉡ 공기호흡기 : 압축공기를 충전시킨 소형 고압공기용기를 사용하여 공기를 공급함으로써 산소결핍으로 인한 위험을 방지하기 위하여 사용한다.

⑧ 퓸 후드 사용 시 유의사항

　㉠ 퓸 후드를 사용할 때에는 후드가 정상작동 상태인지, 안전 위험요소가 없는지 확인하고 사용한다.

　㉡ 유해한 화학물질, 증기, 먼지, 가스, 휘발성 물질 등을 다룰 때에는 사고의 위험성을 고려하여 퓸 후드를 사용한다.

　㉢ 퓸 후드의 창문은 실험기기·기구 등을 조작할 경우에만 실험에 방해가 되지 않는 정도까지만 열어서 사용하고, 사용하지 않을 경우에는 반드시 창을 닫아 둔다.

　㉣ 퓸 후드 작업 시 머리와 몸이 후드 안쪽으로 들어가지 않도록 한다.

　㉤ 화학물질, 실험장비 등으로 후드의 기류 흐름에 방해되지 않도록 주의를 기울인다.

　㉥ 현재 실험 중에 필요한 화학물질을 제외하고는 화학물질을 비롯한 가연성 물질을 후드 안에 보관해서는 안 된다.

　㉦ 화학물질을 취급할 때에는 적절한 안전보호구(안전장갑, 마스크, 보안경, 보호의 등)를 선택해서 착용한다.

　㉧ 후드 내의 전원 콘센트를 사용한 경우 사용 후 반드시 플러그를 뽑아 둔다.

　㉨ 후드 내부는 항상 정리 및 정돈된 상태이어야 하며, 유리창은 항상 깨끗하게 관리되어 내부를 확인하는 데 지장이 없어야 한다.

※ 퓸 후드 풍속은 0.4m/s 이상 되어야 한다.

⑨ 유해가스 제거용 완전밀폐형 시약장 : 실험실 내의 주된 오염원인 휘발성 유기화합물(VOCs), 발암물질, 산, 염기, 악취, 퓸 등을 효과적으로 정화시켜 연구원 및 연구활동 종사자들의 건강과 쾌적한 실내 환경을 유지시켜 주기 위하여 필요한 장비이다.

10년간 자주 출제된 문제

4-1. 안전장비 사용법으로 옳은 것은?

① 고글은 눈을 보호하는 장치로 안구의 건조를 피하기 위해 얼굴에 완전 밀착시키지 않는다.
② 비상샤워시설은 샤워시간을 10분 이내로 제한해야 한다.
③ 비상샤워시설은 6개월에 한 번씩 성능검사를 받는다.
④ 가죽장갑은 스파크, 중등 정도의 열, 거친 면을 가진 물체로부터 손을 보호한다.

4-2. 퓸 후드 사용 시 유의사항으로 적절하지 않은 것은?

① 유해화학물질, 증기, 먼지, 가스 등을 다룰 때 사용한다.
② 퓸 후드 작업 시 몸과 머리가 후드에 최대한 안쪽으로 들어가도록 하여 사고를 방지한다.
③ 화학물질 취급 시 적절한 안전보호구를 선택해서 착용한다.
④ 후드 내부 콘센트는 사용 후 반드시 전원을 뽑아 둔다.

4-3. 퓸 후드의 기준 풍속은?

① 0.2m/s 이상   ② 0.4m/s 이상
③ 0.6m/s 이상   ④ 0.8m/s 이상

|해설|

4-1
① 고글은 눈 주위나 눈을 완전히 커버하는 보호구로서 얼굴에 완전히 밀착되기 때문에 물체의 충돌, 먼지, 화학물질이 튀는 것을 잘 방지할 수 있다.
② 최소 15~20분 정도 샤워를 해야 한다.
③ 비상샤워시설은 1년에 한 번씩 성능검사를 받아야 한다.

4-2
후드 안쪽으로 몸과 머리가 들어가지 않도록 주의해야 한다.

4-3
퓸 후드의 풍속은 0.4m/s 이상되어야 한다.

정답 4-1 ④ 4-2 ② 4-3 ②

11-2. 위해요소 확인

핵심이론 01 | **화학물질 취급사고 예방**

(1) 화학물질 취급 시 안전점검 항목

화학물질 취급 시 가장 먼저 해야 할 일은 제조자에 의해 표시된 위험성과 주의사항을 읽어 보는 것이다. 또 화학사고 예방 핸드북, 화학물질의 특성 데이터, 물질안전보건자료(MSDS) 등을 참고하여 실험하는 동안 위험성과 필요한 안전장비 및 사고에 대비하여 응급조치법도 숙지하고 있어야 한다.

(2) 화학물질의 운반

실험실에서도 시약이나 화학물질을 손으로 운반할 경우 넘어지거나 깨지는 위험을 막기 위해 운반용 용기에 넣어 운반한다. 적은 양의 가연성 액체를 안전하게 운반하기 위한 규칙은 다음과 같다.

① 증기를 발산하지 않는 내압성 보관용기로 운반하여야 한다.
② 저장소 보관 중에는 통풍이 되어 환기가 잘되도록 한다.
③ 점화원을 제거하여야 한다.
④ 화학물질은 엎질러지거나 넘어질 수 있으므로 엘리베이터나 복도에서 용기를 개봉한 채로 운반해서는 절대 안 된다.

(3) 화학물질의 저장

① 모든 화학물질은 특별한 저장 공간이 있거나 확보하여야 한다.
② 모든 화학물질은 물질 명칭, 소유자, 구입일, 위험성, 응급절차를 나타내는 라벨을 부착하여 정보를 공유해야 한다.
③ 일반적으로 위험한 물질은 직사광선을 피하고 냉소에 저장하여야 하며, 이종물질을 혼입하지 않도록 함과 동시에 화기나 열원에서 격리시켜 저장해야 한다.

④ 다량의 위험한 물질은 법령에 의하여 소정의 저장고에 종류별로 저장하여야 하며, 독극물은 약품 선반에 잠금장치(시건)를 설치하여 보관하여야 한다.

⑤ 특히 위험한 약품의 분실, 도난 시에는 사고가 일어날 우려가 있으므로 발생 즉시 담당 책임자에게 보고해야 한다.

⑥ 위험한 물질을 사용할 때는 가능한 한 소량을 사용하고, 알 수 없는 물질은 예비시험을 할 필요가 있다.

⑦ 위험한 물질을 사용하기 전에 재해 방호 수단을 미리 생각하여 만전의 대비를 하여야 한다. 화재 폭발의 위험이 있을 때는 방호면, 내열 보호복, 소화기 등을, 중독의 염려가 있을 때는 장갑, 방독면, 방독복 등을 구비 또는 착용하여 사고에 대비하여야 한다.

⑧ 유독한 약품 및 이것을 함유하고 있는 폐기물 처리는 수질오염, 대기오염을 일으키지 않도록 주의해야 한다.

(4) 화학물질의 취급 사용 기준

① 모든 용기에는 약품의 명칭을 기재한다. 표시는 약품의 명칭, 위험성(가장 심한 것), 예방조치, 구입일, 사용자 이름이 포함되도록 한다.

② 약품의 명칭이 없는 용기의 약품은 사용하지 않는다. 표기를 하는 것은 사용자가 즉각적으로 약품을 사용할 수 있다는 것보다는 화재, 폭발 또는 용기가 넘겨졌을 때 어떠한 성분인지를 알 수 있도록 확인하기 위한 것이다. 또한 용기가 찌그러지거나 본래의 성질을 잃어버리면 실험실에 보관할 필요가 없다. 실험 후에는 폐기용 약품들을 안전하게 처분하여야 한다.

③ 모든 약품의 맛 또는 냄새 맡는 행위를 절대로 금하고, 입으로 피펫을 빨지 않는다.

④ 사용한 물질의 성상, 특히 화재·폭발·중독의 위험성을 잘 조사한 후가 아니면 위험한 물질을 취급해서는 안 된다.

⑤ 약품이 엎질러졌을 때는 즉시 청결하게 조치한다. 누출량이 많을 때에는 그 물질의 전문가가 안전하게 치우도록 한다.

⑥ 고열이 발생되는 실험기기(Furnace, Hot Plate)에는 '고열' 또는 이와 유사한 경고문을 붙여 실험실 종사자끼리 공유하여야 한다.

⑦ 화학물질과 직접적인 접촉을 피한다.

1-1. 화학물질의 운반에 관한 설명으로 적절하지 않은 것은?

① 증기를 발산하지 않는 내압성 보관용기로 운반한다.
② 저장소 보관 시 온도가 중요하며 환기는 간헐적으로 확인한다.
③ 점화원을 제거해 사고를 예방한다.
④ 엘리베이터나 복도에서 이동할 때에는 반드시 용기의 마개를 닫고 운반한다.

1-2. 화학물질의 저장에 관한 설명으로 옳지 않은 것은?

① 모든 화학물질은 특별한 저장공간이 확보되어야 한다.
② 물질 명칭, 소유자, 구입일, 위험성, 응급절차를 나타내는 라벨을 부착해 정보를 공유한다.
③ 위험한 물질은 빛이 잘 들고 통풍이 잘되는 곳에 보관해 화재의 위험을 예방한다.
④ 유독약품의 보관 시 수질오염, 대기오염이 발생하지 않도록 주의한다.

|해설|

1-1
저장소 보관 중에는 환기가 매우 중요하며, 통풍 여부를 확인해 사고 발생을 방지한다.

1-2
위험한 물질은 직사광선이 없는 서늘한 곳에서 보관한다.

정답 1-1 ② 1-2 ③

핵심이론 02 │ 화학물질 위험성(발화성, 폭발성)

(1) 산성 · 알칼리성 화학물질

대부분의 실험실에서 산, 염기는 다양하게 사용된다. 산과 염기에 관련된 중요한 위험에는 약품이 넘어져서 발생할 수 있는 화상, 해로운 증기의 흡입, 강산이 희석되면서 생겨나는 열에 의해 야기되는 화재 · 폭발 등이 있다. 주요한 산성 및 알칼리성 화학물질의 성상은 다음과 같다.

① 염산 : 염화수소는 색깔이 없고 자극성이 매우 강한 기체로서, 공기보다 무겁고 물에 잘 녹는 성질이 있다. 진한 염산(HCl)은 비중이 1.18이며, 염화수소 기체가 약 35% 정도 녹아 있는 수용액이다. 부식성이 있으므로 조심해서 다루어야 한다. 염화수소는 화학물질관리법에 의하여 유독물질, 사고대비물질로 되어 있다.

　㉠ 염산의 유해 · 위험성
　　• 염화수소 가스는 가열하면 폭발할 수 있다.
　　• 삼키면 유독하며, 피부에 심한 화상과 눈 손상을 일으킨다.
　　• 흡입하면 인체에 유독하며, 수생 생물에도 매우 유독하다.

　㉡ 저장 시 취급 방법
　　• 염화수소 가스 용기는 열이나 물을 피한다.
　　• 용기는 환기가 잘되는 곳에 밀폐시켜 저장한다.
　　• 직사광선을 피하고, 환기가 잘되는 곳에 저장한다.

② 황산 : 순수한 황산은 무색의 액체이다. 화학식은 H_2SO_4, 분자량은 98이며, 18℃에서의 비중은 1.834, 어는점은 10.49℃이다. 황산은 물에 대해 강한 친화력을 가져 강력한 탈수제로 작용한다. 황산은 화학물질관리법에 의하여 유독물질, 사고대비물질로 되어 있다.

　㉠ 황산의 유해 · 위험성
　　• 묽은 황산은 이온화 경향이 높은 금속과 반응하여 수소를 발생하며, 거의 모든 금속을 부식시킨다.

　　• 피부에 묻으면 피부의 수분을 흡수하여 심한 화상과 눈 손상을 일으킨다.
　　• 흡입하면 치명적이며, 암을 일으킬 수 있다.

　㉡ 저장 시 취급 방법
　　• 금속 부식성 물질이므로 내부식성 용기에 저장한다.
　　• 용기는 환기가 잘되는 곳에 밀폐시켜 저장한다. 밀폐시키지 않으면 대기 중의 수분을 흡수하여 황산이 묽어진다.
　　• 황산에 물을 주입하면 황산이 튀거나 심한 발열로 폭발할 우려가 있으므로 물에 진한 황산을 투입하면서 교반을 실시하여 열이 축적되지 않도록 하여야 한다.
　　• 가연성 물질(나무, 종이, 기름, 의류 등)과의 접촉을 피한다.

③ 질산 : 화학식은 HNO_3, 어는점은 -42℃이며, 끓는점은 83℃이다. 보통 실험용 시약과 비료 및 폭발물 제조에 사용되는 공업적으로 중요한 화학약품이다. 질산은 화학물질관리법에 의하여 유독물질, 사고대비물질로 되어 있다.

　㉠ 질산의 유해 · 위험성
　　• 강산화제로 화재 또는 폭발을 일으킬 수 있다.
　　• 거의 모든 금속을 부식시키거나 녹인다.
　　• 피부에 심한 화상과 눈 손상을 일으킨다.
　　• 흡입하면 유독하다. 질산가스(NO_x)도 흡입하지 않도록 한다.

　㉡ 저장 시 취급 방법
　　• 열, 스파크 등 화염이나 고열로부터 멀리한다.
　　• 용기는 환기가 잘되는 곳에 밀폐시켜 저장한다.
　　• 가연성 물질이나 금속 등과의 접촉을 피한다.

④ 수산화나트륨 : 수산화나트륨(NaOH)은 흰색의 무른 고체로, 물속에서 열을 내면서 잘 녹는다. 수산화나트륨 수용액은 강한 염기성을 나타내며, 공기 중의 수분을 흡수하여 녹는 조해성이 있을 뿐만 아니라, 공기 중의 이산화탄소를 흡수하여 탄산나트륨이 되려는 성질이 있다. 수산화나트륨은 화학물질관리법에 의하여 유독물질로 되어 있다.

    ㉠ 수산화나트륨의 유해・위험성
- 금속을 부식시킬 수 있다.
- 삼키면 유독하며, 피부와 접촉하면 유해하다.
- 피부에 심한 화상과 눈 손상을 일으킨다.

    ㉡ 저장 시 취급 방법
- 금속 부식성 물질이므로 내부식성 용기에 보관한다.
- 가연성 물질, 환원성 물질을 피하여 저장한다.

(2) 유기용제 및 가연성(인화성) 화학물질

대부분의 유기용제는 위험물안전관리법에 의한 제4류 위험물에 속하며, 해로운 증기를 발산하여 인체에 쉽게 스며들어 건강에 위험을 야기한다. 생체 영향은 말초신경 장해, 중추신경 장해가 있다. 중추신경 장해는 급성 및 만성 중독, 시신경 장해, 간 장해 등을 일으킬 수 있으므로 실험실에서도 취급 시 관련 보호구를 착용하거나 후드 내에서 취급하여야 한다.

① 일반적으로 휘발성이 매우 크며, 증발하기 쉬운 인화성 액체로, 점화원에 의해 인화, 폭발의 위험이 큰 물질이다.

② 대부분 물보다 가볍고, 물에 녹지 않는 것이 많다.

③ 증기 비중이 1보다 커서 유증기가 바닥에 체류하므로 화재 위험성이 크다.

④ 주요한 유기용제로는 아세톤, 메탄올, 벤젠, 에테르 등이 있다.

    ㉠ 아세톤 : 독성과 가연성 증기를 가지고 있으므로 취급 시 적절한 환기 시설에서 보호장갑, 보안경 등 보호구를 착용한다. 가연성 액체 저장실에 저장한다.

    ㉡ 메탄올
- 현기증, 신경조직 약화, 헐떡임의 원인이 되는 해로운 증기를 가지고 있다. 심하게 노출되면 혼수 상태에 이르게 되고, 결국에는 사망하는 경우도 있다. 약간의 노출에도 두통, 위장 장애, 시력 장애의 원인이 되므로 주의해야 한다. 메탄올은 환기 시설이 잘된 후드에서 사용하고, 손을 보호하기 위해 네오프렌(Neoprene) 장갑을 착용한다.
- 특성 : 인화성 액체, 급성 독성, 호흡기 과민성

    ㉢ 벤 젠
- 발암물질이며, 적은 양을 오랜 기간에 걸쳐 흡입할 때 만성 중독이 일어날 수 있다.
- 피부를 통해 침투되기도 하며, 휘발된 증기는 가연성이고 공기보다 무겁다. 가연성 액체와 같이 저장한다.
- 특성 : 인화성 액체, 호흡기 과민성, 수생 환경 유해성

    ㉣ 에테르
- 에틸에테르, 아이소프로필에테르, 다이옥신과 같이 수많은 에테르가 증류나 증발 시 농축되거나 폭발할 수 있는 물질과 결합했을 때 또는 고열・충격・마찰(병마개를 따는 것처럼 작은 마찰)에도 공기 중 산소와 결합하여 불안전한 과산화물을 형성하여 매우 격렬하게 폭발할 수 있다.
- 특성 : 인화성 액체

2-1. 강산성 물질인 염산에 대한 설명으로 옳지 않은 것은?
① 무색이다.
② 자극성이 매우 강한 기체이다.
③ 공기보다 가볍다.
④ 물에 잘 녹는다.

2-2. 황산의 저장 및 취급방법으로 옳은 것은?
① 황산은 환기가 잘되지 않는 제한된 공간에 보관한다.
② 부식성이 강하지 않으므로 용기는 자유롭게 선택한다.
③ 황산에 물을 주입해 묽은 황산으로 만들어 보관하기도 한다.
④ 가연성 물질 등과의 접촉을 피한다.

2-3. 강한 염기성을 띠고, 공기 중의 수분을 흡수하는 조해성이 있으며, 공기 중의 이산화탄소를 흡수해 탄산나트륨이 되려는 성질을 지닌 유독물질은?
① 아세톤
② 수산화나트륨
③ 질 산
④ 벤 젠

2-4. 유기용제 가운데 대표적 발암물질이며 만성 중독을 유발할 수 있는 물질은?
① 벤 젠
② 에탄올
③ 메탄올
④ 에테르

|해설|

2-1
염산의 화학식은 HCl로 분자량이 36.5g/mol이므로 공기보다 무겁다.

2-2
황산에 물을 주입하면 황산이 튀거나 폭발할 우려가 있으며, 최대한 가연성 물질(나무, 종이, 기름 등)과의 접촉을 피해 보관한다.

2-4
유기용제는 아세톤, 메탄올, 벤젠, 에테르 등이 있으며, 벤젠은 발암물질이다.

정답 2-1 ③ 2-2 ④ 2-3 ② 2-4 ①

핵심이론 03 | 실험실 내 위험요소

(1) 화학적 요인
화학약품 취급·사용 작업 시 기체(가스, 증기), 액체(미스트, 에어로졸), 고체(먼지, 퓸) 등의 물질 형태로 인체에 침입해 건강장해를 일으키는 요인이다.

(2) 물리적 요인
실험 작업 시 소음, 진동, 광선, 기압, 온열 등의 에너지 형태로 인체에 전달돼 건강재해를 일으키는 요인이다.

(3) 생물학적 요인
생물, 병원 등 혈액분석 시 바이러스, 세균, 곰팡이, 독소 등의 생물체 형태로 인체에 건강장해를 일으키는 요인이다.

(4) 인간공학적 요인
연구 작업 시 과도한 작업, 단순 반복, 부자연스러운 자세, 중량물 등의 요인에 의한 건강장해요인이다.

(5) 사회·심리적 요인
논문 및 보고서 작성 시 과로, 스트레스로 인해 작업과 관련된 정신적 부담으로 발생하는 요인이다.

실험실 내 위험요소 가운데 물리적 요인이라 할 수 있는 것은?
① 가스 및 증기에 의한 오염
② 소음, 진동 등에 의한 요인
③ 생물체 형태로 인체에 건강장해를 일으키는 요인
④ 과도한 스트레스로 인한 정신적 부담

|해설|

실험 작업 시 소음, 진동, 광선, 기압, 온열 등의 에너지 형태로 인체에 전달돼 건강재해를 일으키는 요인을 물리적 요인이라 한다.

정답 ②

11-3. 폐수 · 폐기물 처리

핵심이론 01 | 시약, 검액, 폐기물 분류

(1) 시 약

① 화학적 방법으로 물질의 검출, 정량분석 등에 사용되는 약품류로, 사용 시 취급자의 안전 확보를 위하여 시약병에 붙어 있는 라벨을 확인하고 다루어야 한다. 라벨에 표기된 이화학 데이터를 확인하고 취급에 대한 위험성을 파악하기 위하여 MSDS-GHS 그림 문자를 이해하고, CAS No.를 검색하여 화학물질에 대한 취급 주의사항을 숙지한다.

② MSDS-GHS 그림 문자

    ㉠ MSDS(Material Safety Data Sheet, 물질안전보건자료) : 미국 노동부 산하 노동안전 위생국(OSHA ; Occupational Safety & Health Administration)이 1983년 약 600여 종의 화학물질이 작업장에서 일하는 근로자에게 유해하다고 여겨서 이들 물질의 유해기준을 마련하고자 한 것으로부터 기인되었다. 국내에서 산업안전보건법 제110조(물질안전보건자료 작성 및 제출)에 따라 물질안전보건자료대상물질을 제조하거나 수입하려는 자는 작성한 MSDS를 제조하거나 수입하기 전에 고용노동부장관에게 제출하여야 하며, 공단이 그 업무를 위탁받았을 경우 공단에 작성한 MSDS를 제출하여야 한다.

    ㉡ GHS 그림 문자 : 1992년 리우 지구정상회의에서 화학물질 분류 · 표시 세계조화시스템(GHS ; Globally Harmonized System of Classification and Labelling of Chemicals)이 채택된 것을 계기로 화학물질에 대한 분류 · 표시 통일화 작업을 본격적으로 추진하여 화학물질의 분류 및 표시가 사용자들로 하여금 사용이나 취급 과정에 스스로 주의하여 노출을 최소화하도록 하고, 사고를 예방하며, 결국은 근로자와 소비자의 건강과 환경을 보호하는 데 그 목적이 있다.

[GHS 그림 문자]

그림 문자	의 미	그림 문자	의 미
	• 폭발성 • 자기 반응성 • 유기과산화물		• 인화성 • 자연 발화성 • 물 반응성
	산화성		고압가스
	• 금속 부식성 • 피부 부식성 • 심한 눈 손상성		급성 독성
	경 고		• 호흡기 과민성 • 발암성 • 표적 장기 독성
	수생 환경 유해성		

    ㉢ CAS No. : 미국화학회에서 화합물 및 화학 관련 논문 등 화학과 관련된 일체의 정보를 수집, 정리해 놓은 데이터베이스로, 'Chemical Abstract Service register Number'의 머리글자를 딴 것이다. 화학구조나 조성이 확정된 화학물질에 부여된 고유번호이며, 하나의 물질만 나타낸다.

    ⑩ 황산 : 7664-93-9, 질산 : 7697-37-2

(2) 검 액

검액 및 표준액은 각 시험법 또는 일반시험법의 기준이 되는 샘플을 말한다.

(3) 폐기물

① 실험실에서 발생하는 폐기물은 반응 부산물, 쓰고 남은 화학물질 등 환경오염의 주요 원인으로 적절한 관리가 필요하며, 유해물질로 간주하여 폐기물관리법에 따라 처리해야 한다. 또한 실험실 폐기물은 배출자와 수거 담당자 상호 간의 엄격한 인수인계 작업이 이루어져야 한다.

② 폐기물의 분류

10년간 자주 출제된 문제

1-1. GHS 그림 문자 가운데 수생 환경 유해성을 뜻하는 것은?

①   ②

③   ④

1-2. 급성 독성을 나타내는 그림 문자는?

①   ②

③   ④

1-3. 폐기물관리법에 의거해 의료폐기물은 어떤 종류의 폐기물에 포함되는가?

① 일반폐기물 ② 건설폐기물
③ 배출시설계 폐기물 ④ 지정폐기물

|해설|

1-1
① 인화성, 자연 발화성, 물 반응성
② 산화성
③ 폭발성, 자기 반응성, 유기과산화물

1-2
① 폭발성, 자기 반응성, 유기과산화물
② 호흡기 과민성, 발암성, 표적 장기 독성
③ 산화성

1-3
지정폐기물이란 사업장폐기물 중 폐유·폐산 등 주변 환경을 오염시킬 수 있거나 의료폐기물 등 인체에 위해를 줄 수 있는 해로운 물질로서 대통령령으로 정하는 폐기물을 말한다.

정답 1-1 ④ 1-2 ④ 1-3 ④

(1) 혼합금지폐기물

다른 폐기물과 혼합되거나 수분과의 접촉 등으로 화재, 폭발 또는 유독가스 발생의 우려가 있는 지정폐기물의 안전한 관리를 위해 취급폐기물의 유해 특성을 고려하여 혼합 보관을 금지하여야 한다. 혼합금지폐기물은 화재, 폭발 또는 유독가스 발생우려 폐기물의 종류 등에 관한 고시와 외국의 혼합금지폐기물의 예시 등을 참조한다.

① 화재, 폭발 또는 유독가스 발생 우려 폐기물의 종류 등에 관한 고시 제2조(다른 폐기물과 혼합·접촉금지 폐기물의 종류 등)

㉠ 폐기물관리법 시행령 제7조제1항제1호 각 목 외의 부분 단서 및 같은 호 가목에도 불구하고 화재, 폭발 또는 유독가스 발생 등의 우려가 있어 다른 폐기물과 혼합되어서는 아니 되는 폐기물의 종류는 사업장폐기물로서 다음과 같다.

• 폐산류(가)와 폐알칼리류(나)에 속하는 폐기물은 서로 혼합되지 않도록 하여야 하며, 동일한 종류에 속하는 폐기물 간에도 혼합되지 않도록 하여야 한다.

폐산류(가)	폐알칼리류(나)
• 폐산(수소이온농도지수가 2.0 이하인 것을 말한다) • 폐석고(폐인산석고, 폐황산석고 등을 말한다) • 무기성 공정오니(유리식각 잔재물이 포함된 경우를 말한다)	• 폐알칼리(수소이온농도지수가 12.5 이상인 것을 말하며, 수산화칼륨 및 수산화나트륨을 포함한다) • 폐석회(생석회(CaO)를 말한다) • 무기성 공정오니(보크사이트(Bauxite)가 포함된 경우를 말한다)

• 금속성 분진·분말(알루미늄, 구리화합물, 카보닐철, 마그네슘, 아연이 포함된 경우를 말한다)은 다음의 폐기물과 혼합하지 않도록 하여야 한다.

– 폐산(액체상태의 폐기물로서 수소이온농도지수가 2.0 이하인 것을 말한다)
– 폐알칼리(액체상태의 폐기물로서 수소이온농도지수가 12.5 이상인 것을 말한다)
– 수분 함량이 85%를 초과하거나 고형물 함량이 15% 미만인 액체상태 폐기물

㉡ 지하수나 빗물, 물청소로 인한 수분과의 접촉을 하지 않도록 해야 하는 폐기물의 종류는 다음의 사업장폐기물을 말한다.

• 폐석회
• 금속성 분진·분말

② 미국의 혼합금지폐기물의 예시

구 분	A	B
Group 1 열 발생 격렬한 반응	1-A 아세틸렌 슬러지, 알칼리성 액체, 알칼리 세척액, 알칼리 부식액, 알칼리성 축전지액, 알칼리성 폐수, 석회 슬러지 및 기타 부식성 알칼리, 석회 폐수, 석회와 물, 폐알칼리	1-B 산성 슬러지, 산 및 물, 축전지 산성 용액, 화학적 세척액, 산성 전해질, 폐산, 혼합된 폐산, 에칭용 산성 폐액 및 용제, 산세척 폐액, 기타 부식성 산, 폐황산
Group 2 화재, 폭발, 인화성 수소가스 발생	2-A 알루미늄, 베릴륨, 칼슘, 리튬, 마그네슘, 인, 나트륨, 아연 분말, 기타 반응성 금속 및 금속수소화물	2-B 1-A 또는 1-B에 속한 폐기물
Group 3 화재 폭발, 열발생 인화성 독성가스 발생	3-A 알코올, 물	3-B 1-A 또는 1-B에 속한 농축폐기물, 칼슘, 리튬, 금속 수소화물, 인, SO_2Cl_2, $SOCl_2$, PCl_3, CH_3SiCl_3, 기타 물과 반응하는 폐기물
Group 4 화재, 폭발, 격렬한 반응	4-A 알코올, 알데하이드, 할로겐화된 탄화수소, 질산화된 탄화수소, 불포화 탄화수소, 기타 반응성 유기화합물 및 용제	4-B 1-A 또는 1-B에 속한 농축 폐기물, 2-A 그룹 폐기물
Group 5 독성사이안화수소, 황화수소가스 발생	5-A 폐 사이안 및 황화물 용액	5-B 1-B 그룹 폐기물
Group 6 화재, 폭발, 격렬한 반응	6-A 염소산염, 염소, 아염소산염, 크롬산, 질산염, 질산, 하이포염소산염, 과염소산염, 과망간산염, 과산화물, 기타 강산화제	6-B 아세트산 및 기타 유기산, 진한 농도 무기산, 2-A 그룹 폐기물, 4-A 그룹 폐기물, 기타 인화성이나 연소성이 있는 폐기물

※ US EPA, Code of Federal Regulations, Title 40, Part 265, Appendix V, Examples of Potentially Incompatible Waste, Revised as of 2013.

(2) 혼합금지폐기물의 관리

① 산화제와 환원제는 서로 떨어져 별도로 보관한다.
② 반응의 개시제(Initiator)는 단위체와 떨어져 있어야 한다.
③ 산과 알칼리는 함께 두어서는 안 된다.

10년간 자주 출제된 문제

혼합금지폐기물에 대한 설명으로 옳지 않은 것은?

① 화재, 폭발, 유독가스 발생 우려가 있는 지정폐기물의 관리를 위해 혼합을 금지한다.
② 폐산과 폐알칼리류가 혼합되지 않도록 유의한다.
③ 폐산은 pH 1.0 이하, 폐알칼리는 pH 12.0 이상인 것을 말한다.
④ 산화제와 환원제는 서로 떨어뜨려 보관함을 원칙으로 한다.

|해설|

폐산은 pH 2.0 이하, 폐알칼리는 pH 12.5 이상인 것을 말한다.

정답 ③

핵심이론 03 | 폐수·폐기물의 처리와 보관

(1) 폐수·폐기물 처리

실험실에서 사용하고 남은 폐수와 폐시약 등은 인체에 유해한 성분이 포함되어 있으므로 반드시 관련 법에 따라 공인된 처리 업체에 위탁해서 처리해야 한다.

① 연구실 폐수 및 폐기물 처리 수칙
  ㉠ 탱크 자체의 변형 우려가 있으므로 폐시약 원액은 집수조에 버리지 않고 별도 보관하여 처리하며, 시약의 성분별로 분류하여 관리한다.
  ㉡ 폐수 보관 용기는 일반 용기와 구별되도록 도색 등의 조치를 한다.
  ㉢ 일반 하수 싱크대에 폐수를 무단 방류해서는 안 된다.
  ㉣ 폐수 집수조에 유리병 등 이물질을 투여해서는 안 된다.
  ㉤ 폐액 처리 중 유독가스의 발생, 발열, 폭발 등의 위험을 충분히 조사하고, 첨가하는 약재를 소량씩 넣는 등 주의하면서 처리해야 한다.
  ㉥ 악취가 나는 폐액, 유독가스를 발생하는 폐액 및 인화성이 강한 폐액은 누설되지 않도록 적당한 처리를 강구하여 조기에 처리한다.
  ㉦ 폭발성 물질을 함유하는 폐액은 보다 신중하게 취급하고, 조기에 처리한다.
  ㉧ 간단한 제거제로 처리가 어려운 폐액은 적당한 처리를 강구하고, 처리되지 않은 상태로 방출되는 일이 없도록 주의한다.
  ㉩ 처리 후에도 폐수가 유해한 경우에는 추가로 후처리할 필요가 있다.
  ㉨ 유해물질이 부착한 거름종이, 약봉지, 폐활성탄 등은 적절한 처리를 한 후에 보관한다.
  ㉪ 폭발성 및 인화성이 있는 시약류를 집수조에 투여해서는 안 된다.

ⓣ 시약을 취급한 기구나 용기 등을 세척한 세척수도 폐수 집수조에 버린다.

ⓟ 폐수 집수조는 저장량을 주기적으로 확인하고, 수탁 처리 업체에 위탁 처리한다.

② 폐기물 처리 요령

ⓐ 시약병은 잔액을 완전히 제거하고, 내부를 세척 및 건조한다.

ⓑ 병뚜껑과 용기를 분리하여 처리한다.

ⓒ 운반이 용이하도록 적절한 용기에 담아 지정된 장소에 보관한다.

ⓓ 재활용이 가능한 품목은 분리하여 배출하여야 한다.

ⓔ 품목별 보관 용기에 일반 쓰레기를 투여하지 않도록 한다.

ⓕ 실험이 종료되면 폐기물을 반드시 처리하여 방치되는 일이 없도록 조치한다.

(2) 폐수 · 폐기물 보관

① 폐기물 분류별 폐액 보관 용기 표지로 식별 가능하게 보관한다.

② 폐액 보관 용기의 안전관리 수칙 및 주의사항

ⓐ 폐액 처리 시 반드시 보호구를 착용한다.

ⓑ 화학 폐기물 수집 용기는 운반 및 용량 측정이 용이한 플라스틱 용기를 사용한다.

ⓒ 폐액 보관 용기를 운반할 때에는 손수레와 같은 안전한 운반구 등을 이용하여 운반하되, 반드시 2인 이상이 개인보호장구를 착용하고 운반한다.

ⓓ 원액 폐기 시 용기 변형이 우려되므로 별도로 희석 처리 후 폐기한다.

ⓔ 유해물질의 폐기물을 수집할 때에는 폐산, 폐알칼리, 폐유기용제, 폐유 등 종류별로 구분하여 수집한다.

ⓕ 분류한 폐액 외에 다른 폐액의 혼합 금지 및 기타 이물질의 투입을 금지한다.

ⓖ 폐액 유출이나 악취 차단을 위해 이중 마개로 밀폐하고, 밀폐 여부를 수시로 확인한다.

ⓗ 화기 및 열원에 안전한 지정 보관 장소를 정하고, 다른 장소로의 이동을 금지한다.

ⓘ 직사광선을 피하고 통풍이 잘되는 곳에 보관하고, 복도 및 계단 등에 방치를 금한다.

ⓙ 빈 시약병이나 시약병에 남아 있는 잔류 시약을 폐기할 때에는 시약을 다른 통에 옮겨 담지 말고 수거 시까지 원래 용기채로 보관한다.

ⓚ 폐액 보관 용기 주변은 항상 청결히 하고, 수시로 정리 정돈한다.

ⓛ 관계자 외에 손이 닿지 않는 장소를 지정하여 보관한다.

ⓜ 지정폐기물은 일반 폐수통에 저장하면 안 된다.

ⓝ 폐액 수집량은 용기의 2/3를 넘지 않고, 보관일은 폐기물관리법 시행규칙 [별표 5]의 규정에 따라 폐유 및 폐유기용제 등은 수집 시작일로부터 최대 45일을 초과하지 않는다.

ⓞ 폐액 최종 처리 시 담당자는 폐액 처리 대장을 작성하여 보관한다.

폐수 및 폐기물의 처리수칙으로 옳은 것은?

① 폐시약 원액은 일반 하수도를 통해 방류한다.
② 폐수 보관 용기와 일반 용기는 혼용해서 사용한다.
③ 폐수 집수조는 저장량을 주기적으로 확인한다.
④ 폭발성 및 인화성이 있는 시약류는 집수조에 투여해 처리한다.

|해설|

③ 폐수 집수조는 저장량을 주기적으로 확인하고, 수탁 처리 업체에 위탁 처리한다.
① 탱크 자체의 변형 우려가 있으므로 폐시약 원액은 집수조에 버리지 않고 별도 보관하여 처리하며, 일반 하수 싱크대에 폐수를 무단 방류해서는 안 된다.
② 폐수 보관 용기는 일반 용기와 구별되도록 도색 등의 조치를 한다.
④ 폭발성 및 인화성이 있는 시약류를 집수조에 투여해서는 안 된다.

정답 ③

제12절 **화학물질 유형 파악**

핵심이론 01 │ 화학물질 종류(대분류)

(1) 유해성 화학물질과 위해성 화학물질의 분류

유해화학물질이란 유독물질, 허가물질, 제한물질 또는 금지물질, 사고대비물질, 그 밖에 유해성 또는 위해성이 있거나 그러할 우려가 있는 화학물질을 말한다.

① 유독물질 : 유해성이 있는 화학물질로서 대통령령으로 정하는 기준에 따라 환경부장관이 정하여 고시한 것을 말한다.

② 허가물질 : 위해성이 있다고 우려되는 화학물질로서 환경부장관의 허가를 받아 제조, 수입, 사용하도록 환경부장관이 관계 중앙행정기관의 장과의 협의와 화학물질평가위원회의 심의를 거쳐 고시한 것을 말한다.

③ 제한물질 : 특정 용도로 사용되는 경우 위해성이 크다고 인정되는 화학물질로서 그 용도로의 제조, 수입, 판매, 보관·저장, 운반 또는 사용을 금지하기 위하여 환경부장관이 관계 중앙행정기관의 장과의 협의와 화학물질평가위원회의 심의를 거쳐 고시한 것을 말한다.

④ 금지물질 : 위해성이 크다고 인정되는 화학물질로서 모든 용도로의 제조, 수입, 판매, 보관·저장, 운반 또는 사용을 금지하기 위하여 환경부장관이 관계 중앙행정기관의 장과의 협의와 화학물질평가위원회의 심의를 거쳐 고시한 것을 말한다.

⑤ 사고대비물질 : 화학물질 중에서 급성독성·폭발성 등이 강하여 화학사고의 발생 가능성이 높거나 화학사고가 발생한 경우에 그 피해 규모가 클 것으로 우려되는 화학물질로서 화학사고 대비가 필요하다고 인정하여 환경부장관이 지정·고시한 화학물질을 말한다.

1-1. 특정 용도로 사용되는 경우 위해성이 크다고 인정되는 화학물질로서 그 용도로의 제조, 수입, 판매, 보관·저장, 운반 또는 사용을 금지하기 위하여 환경부장관이 관계 중앙행정기관의 장과의 협의와 화학물질평가위원회의 심의를 거쳐 고시한 화학물질을 말하는 것은?

① 제한물질   ② 허가물질
③ 유독물질   ④ 사고대비물질

1-2. 유해화학물질이 아닌 것은?

① 유독물질
② 허가물질
③ 제한물질
④ 보류물질

|해설|

1-2
유해화학물질이란 유독물질, 허가물질, 제한물질 또는 금지물질, 사고대비물질, 그 밖에 유해성 또는 위해성이 있거나 그러할 우려가 있는 화학물질을 말한다.

정답 **1-1** ①   **1-2** ④

핵심이론 02 | **화학물질 MSDS**

(1) MSDS(Material Safety Data Sheet, 물질안전보건자료)

산업안전보건법 제110조(물질안전보건자료의 작성 및 제출) 관련 규정에 의거하여 화학물질을 안전하게 사용하고 관리하기 위하여 필요한 정보를 기재한 자료를 말한다.

① 작성항목 및 순서(16개)

   ㄱ 화학제품과 회사에 관한 정보

   ㄴ 유해성·위험성

   ㄷ 구성성분의 명칭 및 함유량

   ㄹ 응급조치요령

   ㅁ 폭발·화재 시 대처방법

   ㅂ 누출사고 시 대처방법

   ㅅ 취급 및 저장방법

   ㅇ 노출방지 및 개인보호구

   ㅈ 물리화학적 특성

   ㅊ 안정성 및 반응성

   ㅋ 독성에 관한 정보

   ㅌ 환경에 미치는 영향

   ㅍ 폐기 시 주의사항

   ㅎ 운송에 필요한 정보

   ㉮ 법적 규제 현황

   ㉯ 그 밖의 참고사항

② 유해화학물질의 표시방법 : 유해화학물질의 취급자는 해당 물질에 관한 표시를 작성하여 부착한다.

명 칭
위험/경고

유해위험문구 인화성가스를 흡입하면 치명적임
암을 일으킬 수 있음

예방조치문구 • 용기를 단단히 밀폐하시오.
• 보호장갑, 보안경을 착용하시오.
• 호흡용 보호구를 착용하시오.
• 환기가 잘되는 곳에서 취급하시오.
• 피부에 묻으면 다량의 물로 씻으시오.
• 흡입 시 신선한 공기가 있는 곳으로 옮기시오.
• 밀폐된 용기에 보관하시오.

공급자정보 : ○○화학, 000-0000-0000

[부착물 표시 예]

MSDS 작성 시 포함되어야 할 항목에 해당하지 않는 것은?

① 화학제품과 회사에 관한 정보
② 응급조치요령
③ 생물학적 특성
④ 폐기 시 주의사항

|해설|

MSDS 작성 시 포함되어야 할 항목 및 그 순서는 다음을 따른다(화학물질의 분류·표시 및 물질안전보건자료에 관한 기준 제10조).
• 화학제품과 회사에 관한 정보
• 유해성·위험성
• 구성성분의 명칭 및 함유량
• 응급조치요령
• 폭발·화재 시 대처방법
• 누출사고 시 대처방법
• 취급 및 저장방법
• 노출방지 및 개인보호구
• 물리화학적 특성
• 안정성 및 반응성
• 독성에 관한 정보
• 환경에 미치는 영향
• 폐기 시 주의사항
• 운송에 필요한 정보
• 법적 규제 현황
• 그 밖의 참고사항

정답 ③

제13절 화학물질 취급 시 안전작업 준수

핵심이론 01 | 화학물질 취급 시 개인보호장구

(1) 개인보호장구

화학실험을 수행하는 연구활동 종사자는 취급하는 화학물질에 따라서 적절한 개인보호장구를 갖추어야 한다. 개인보호장구란 근로자의 신체 일부 또는 전체에 착용하여 외부의 유해·위험 요인을 차단하거나 그 영향을 감소시켜 산업재해를 예방하거나 피해의 정도를 줄여 주는 기구를 말한다. 유해화학물질을 다루는 실험자는 산업재해를 예방하기 위해 필요한 개인보호장구 착용이 중요하다.

(2) 화학실험실에서 사용되는 일반적인 개인보호장구

종 류	위험성	안전사항
실험복	화학물질의 신체 접촉	• 화학물질 특성에 맞는 재질의 실험복 착용 • 실험실 이외의 장소에서 착용해서는 안 됨
안전화	화학물질의 신체 접촉	• 화학물질 특성에 맞는 재질로 된 것을 착용 • 발등을 완전히 덮는 신발 착용
보안경/ 보안면	화학물질에 대한 눈 보호	• 화학물질 특성에 맞는 재질로 된 것을 착용 • 반드시 보안경(Safety Glasses or Goggles)을 착용 • 폭발 위험성이 있는 실험이나 유독한 화학물질이 튀는 등의 위험한 실험을 수행하는 경우에는 보안면(Face Shield) 착용
안전장갑	손 보호	• 장갑과 손목 사이에 틈이 생기지 않도록 충분한 길이여야 함 • 안전장갑에 사용되는 재료와 부품은 착용자에게 해로운 영향을 주지 않아야 함
귀마개	청력 손상 예방	• 소음으로 인한 연구활동 종사자의 청력 보호 • 소음 수준에 적합한 청력보호구 착용 • 착용자 귀의 이상 유무를 파악하여 귀마개 또는 귀덮개 선정
호흡 보호구	흡입 독성을 예방	• 방진 마스크, 방독 마스크, 송기 마스크, 공기공급식 호흡보호구 • 실험실 등 유해화학물질을 취급하는 경우 착용 • 흡입 독성이 있는 유해화학물질을 취급하는 경우 착용 • 방독 마스크는 산소 농도가 18% 이상인 장소에서 사용

종 류	위험성	안전사항
화학물질 보호용 작업복	화학물질의 신체 접촉	• 유해화학물질의 유출, 화재, 폭발 등으로 인 해 오염된 공기 혹은 액상 물질 등이 피부에 접촉됨으로써 발생할 수 있는 건강 영향을 예방함 • 1, 2형식 보호복은 안전장갑과 안전화를 포 함하는 일체형이어야 함

(3) 개인보호장구 사용 및 관리

① 실험복

ㄱ 실험실에서는 반드시 실험복을 착용하여야 한다.

ㄴ 나일론을 비롯한 합성섬유로 된 실험복은 열과 산 등에 약하기 때문에 사용해서는 안 된다.

ㄷ 실험복은 실험실 이외의 장소에서는 착용하여서는 안 된다.

ㄹ 실험복에 묻어 있는 화학약품이나 생물학적 인자들에 의해 다른 사람에게 전염될 수 있는 위험이 있다.

② 안전화

ㄱ 발등을 완전히 덮는 신발을 착용하여야 한다.

ㄴ 샌들, 하이힐 등과 같은 종류의 신발은 화학물질을 쏟았을 경우 발등을 방호해 주지 못한다.

③ 안전장갑

ㄱ 실험을 수행할 경우 취급물질, 실험방법 등을 고려하여 적절한 장갑을 반드시 착용한다.

ㄴ 장갑은 실험방법, 위험요소, 취급물질뿐만 아니라 개인의 상황을 고려하여 선택·착용한다. 예를 들어, 라텍스 장갑의 경우 파우더 성분이 피부 알레르기를 유발할 수 있으므로 파우더가 없는 제품으로 선택하거나 나이트릴 제품을 사용한다.

ㄷ 장갑 착용 시 실험복을 장갑 목 부분 아래로 넣어 틈이 생기지 않도록 한다. 특히, 감염성 물질 및 고위험병원체 등 인체에 해를 줄 수 있는 물질을 다룰 때에는 추가로 덧소매를 착용하여 손목이나 팔 등의 피부가 직접 노출되는 것을 방지한다.

ㄹ 장갑은 가장 나중에 착용하고, 실험 종료 후 가장 먼저 탈의한다.

ㅁ 일회용 장갑을 탈의할 때는 손목 부분을 뒤집어서 손가락 방향으로 뒤집어서 빼내 감염성 물질이 직접 닿지 않았던 부분이 보이도록 벗는다.

④ 귀마개(청력보호구)

ㄱ 직무에 따라 알맞은 것을 선택한다.

ㄴ 소음 수치가 높은 작업환경에 노출 시 착용 효과가 있고 편안한 것으로 선택한다.

ㄷ 청력보호구 대용으로 라디오 헤드폰을 착용하지 않도록 한다.

ㄹ 제조사의 사용설명서나 지시에 따른다.

ㅁ 정기적으로 손상 여부를 점검한다.

ㅂ 유연성이 없는 귀마개 및 귀덮개 완충재는 교체한다.

ㅅ 귀덮개 청소를 위하여 해체하지 않도록 한다.

ㅇ 부드러운 세제액으로 미지근한 물에 닦아 낸다. 깨끗하고 미지근한 물에 깨끗이 헹군다.

ㅈ 브러시를 사용하여 피부의 기름 성분을 제거하거나 먼지, 오염물 등으로 딱딱해진 귀덮개 완충재를 청소한다.

ㅊ 물기가 있는 귀마개나 완충제는 꼭 짜내고, 통풍이 잘되는 깨끗한 장소에서 드라이어를 사용하여 건조시킨다.

⑤ 방독면(호흡보호구)

ㄱ 유기용제, 산·알칼리성 화학물질의 가스와 증기 독성을 제거하여 호흡기를 보호하기 위해 사용한다.

ㄴ 특히 유독가스가 발생하는 실험을 퓸 후드(Fume Hood) 밖에서 수행해야 할 경우에는 반드시 착용해야 한다.

ㄷ 올바른 정화통이 부착된 방독면을 착용하여 분진, 산, 증기, 일산화탄소, 유기용매 등으로부터 안전하게 보호받아야 한다.

화학실험실에서 사용되는 개인보호장구별 안전사항에 대한 설명으로 옳지 않은 것은?

① 안전화는 화학적 특성에 맞는 재질로 된 것을 착용한다.
② 실험복은 실험실과 화장실 이외의 장소에서는 착용하지 않는다.
③ 안전장갑은 손목 사이의 틈이 생기지 않도록 충분히 길어야 한다.
④ 소음으로 인한 연구활동 종사자의 청력을 보호하기 위해 귀마개를 착용한다.

|해설|

실험복은 실험실에서만 착용한다.

정답 ②

핵심이론 02 | 화학물질 취급 작업별 안전수칙

(1) 유해화학물질 취급 주요 작업

① 보관시설 운영 시 주의사항

 ㉠ 보관물질 특성에 따른 화기 사용 금지
 ㉡ 보관창고 입고 시 지게차 운행 주의
 ㉢ 지게차 운반 시 제품의 낙하 주의
 ㉣ 보관창고 내 적재 불량으로 인한 적재물의 붕괴 및 낙하 주의
 ㉤ 포장 및 용기의 파손으로 인한 물질의 누출 주의
 ㉥ 반응성을 고려하여 칸막이나 구획선으로 구분하여 보관

② 저장시설 운영 시 주의사항

 ㉠ 운반차량 정위치 이탈로 인한 사고 주의
 ㉡ 운반차량 접지상태 확인
 ㉢ 저장탱크 주입구 혼동으로 인한 오연결 주의
 ㉣ 주입 작업절차 미준수로 인한 사고 발생 주의
 ㉤ 작업장 주변 화기 사용 금지

③ 배관·밸브 등의 변경 시 주의사항

 ㉠ 도면과 실제 현장과의 일치 여부 확인
 ㉡ 작업부위 전·후단 차단 상태 확인
 ㉢ 배관 및 밸브 내 잔류물 제거 상태 확인
 ㉣ 작업 배관 라인 공정 중지 여부 및 잠금장치 상태 확인
 ㉤ 방폭구역 내 방폭공구 사용으로 화기 노출 금지
 ㉥ 주변의 기연성 물질 및 인화성 물질 제거

유해화학물질 취급 작업별 안전수칙으로 옳은 것은?

① 유해화학물질은 취급 관계자가 아니어도 안전수칙에 의거해 취급할 수 있다.
② 저장시설 운영 시 주변 화기 사용에 유의하여 작업한다.
③ 보관시설 운영 시 물질이 누출되었을 때는 환기시키며 보관한다.
④ 저장시설 운영 시 이름에 따라 구분하기 쉬운 방법을 찾아 보관한다.

정답 ②

제14절 실험실 문서관리

14-1. 시험분석결과 정리

핵심이론 01 가공되지 않은 데이터(Raw Data) 처리

(1) Raw Data

① 수질검사, 가스분석, 의료 혈액분석 등의 측정 분석기기를 통해 얻어진 최초의 가공되지 않은 원자료이며, 표준시료, 바탕용액, 환경시료 등에 대한 측정결과의 기록물을 말한다.

② 중요성

  ㉠ 다양한 환경에 대한 객관성을 얻을 수 있다.

  ㉡ 조건의 변화에 따른 변수 확인이 가능하다.

  ㉢ 신뢰성과 재현성의 검증이 가능하다.

  ㉣ 원자료의 기록데이터는 후에 다른 사람이 같은 실험을 반복하거나 분석할 때 유용한 자료가 될 수 있다.

  ㉤ 원자료를 정직하게 제시하는 것이 중요하며, 허위로 만들거나 베끼는 행위는 연구부정행위로 규정한다.

  ※ 대표적인 연구부정행위 : 위조와 변조

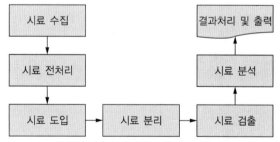

[분석장비에서 결과가 도출되는 흐름도]

③ 기기분석에서 데이터의 검출과정 : 시료인 물질과 각종 에너지와의 상호 작용에서 일어나는 현상을 정밀한 측정기기로 측정하여, 이미 알고 있는 표준물질(Standard Materials)의 결과와 비교하여 분석한다.

10년간 자주 출제된 문제

1-1. Raw Data의 중요성에 해당하지 않는 것은?

① 다양한 환경에 대한 객관성을 얻을 수 있다.
② 조건의 변화에 따른 변수 확인이 가능하다.
③ 신뢰성과 재현성의 검증이 가능하다.
④ 원자료는 실험자의 의도에 따라 조금씩 수정이 가능하다.

1-2. 연구부정행위에 대한 설명으로 옳지 않은 것은?

① 위조와 변조가 해당된다.
② 존재하지 않는 데이터를 허위로 만드는 것을 위조라고 한다.
③ 데이터를 임의로 변형, 삭제함으로써 연구결과를 왜곡하는 행위를 변조라 한다.
④ 연구부정행위는 도덕적 측면일 뿐 법적 책임을 의미하지는 않는다.

| 해설 |

1-1
원자료는 정직하게 제시해야 하며, 허위로 작성 시 연구부정행위로 규정한다.

1-2
연구부정행위는 심각한 범죄로 도덕적, 법적 책임을 의미한다.

정답 1-1 ④ 1-2 ④

핵심이론 02 | 유효숫자 처리

(1) 유효숫자

① 유효숫자의 정의 : 오차의 범위를 정확하게 표기하기 위해 사용하는 측정값이나 계산값의 의미 있는 수를 말하며, 유효숫자의 마지막 숫자는 불확실한 숫자를 뜻한다.

② 유효숫자의 과학적 표기법 : 측정값의 유효숫자 전달의 명확성을 위해 과학적 표기법(Scientific Notation)을 사용한다.

예 200cm이라는 측정값을 표시할 경우 유효숫자가 2개인 경우(2.0×10^2 cm)와 유효숫자가 3개인 경우(2.00×10^2 cm)를 다르게 표기한다.

③ 유효숫자를 정하는 규칙

㉠ 소수점 앞 정수 부분 숫자 중 영(0)이 아닌 모든 수는 유효숫자이다.

예 12.456에서 소수점 앞의 1, 2는 모두 유효숫자이다.

㉡ 영(0)이 아닌 숫자 사이에 끼어 있는 0은 유효숫자이다.

예 2034.506에서 0이 아닌 숫자 사이에 끼어 있는 0은 모두 유효숫자이다.

㉢ 영(0)이 아닌 숫자 뒤에 오는 0은 그 자체로 유효숫자인지 아닌지 구분할 수 없다.

예 2340의 0은 유효숫자인지 아닌지 구분이 불가능하다. 2.34×10^3 또는 2.340×10^3으로 표기하는 경우 명확한 구분이 가능하다.

㉣ 1보다 작은 값(0.×××)의 '소수점 앞 영(0)과 소수점 뒤 0'이 아닌 숫자 앞의 0들은 유효숫자가 아니다.

예 0.00012에서 소수점 앞 0과 소수점 뒤 1 사이의 000은 유효숫자가 아니다.

㉤ 물건의 개수를 세거나 단위 변환을 위한 단순 비례관계 시 유효숫자를 고려하지 않는다.

④ 유효숫자의 계산
- ㉠ 덧셈과 뺄셈 : 소수점상의 유효숫자가 가장 적은 쪽(덜 정확한 값)으로 맞추어 반올림한다.
  - 예 $1.097 - 0.12 = 0.977 = 0.98$: 소수점상의 유효숫자 2개를 맞추기 위해 반올림한다.
- ㉡ 곱셈과 나눗셈 : 가장 적은 유효숫자를 기준으로 반올림한다.
  - 예 $2.5 \times 1.783 = 4.4575 = 4.5$: 유효숫자 2개를 맞추기 위해 반올림한다.

10년간 자주 출제된 문제

2-1. $12.11 + 17.3 + 1.124$을 유효숫자의 계산규칙에 따라 계산하면?
① 30.537
② 30.53
③ 30.5
④ 31.0

2-2. 4.56×1.4를 유효숫자의 계산규칙에 따라 계산하면?
① 6.38
② 6.30
③ 6.4
④ 6.0

|해설|

2-1
$12.11 + 17.3 + 1.124 = 30.534 = 30.5$(반올림)

2-2
$4.56 \times 1.4 = 6.384 = 6.4$(반올림)

정답 2-1 ③ 2-2 ③

핵심이론 03 | 실험결과값 통계 처리

(1) 실험결과값의 기록

① **자료의 기록** : 실험 시 발생한 다양한 기록값을 체계적으로 정리하는 것은 자료의 해석단계에 있어 매우 중요하므로, 결과를 표 혹은 그림, 그래프 형태로 표현하며, 최대한 중복을 피해 작성한다.

(2) 실험결과값의 통계적 처리

모든 종류의 실험결과값에는 항상 오차가 수반되므로, 정확한 값을 얻기 위한 최선의 방법은 최대한 집중하여 숙련된 기술로, 많은 횟수의 실험을 통해 결과값의 신뢰성을 확보해야 한다.

① 유효숫자를 고려해 통계적으로 처리한다.
② **오차의 종류** : 제1절 1-1의 핵심이론 14 참조
- ㉠ 계통오차(Systematic Error) : 측정자의 노력, 경험을 통해 발생 원인을 알 수 있으며, 최소화가 가능한 오차이다.
  - 기기 및 시약의 오차
  - 작동오차
  - 방법오차
- ㉡ 우연오차(Random Error) : 오차의 원인분석이 어려운 경우를 말하며, 측정자의 노력으로 극복할 수 없다.

③ **정규오차분포곡선** : 충분히 많은 측정을 통해 얻은 평균값을 기준으로 그린 정규분포곡선으로, 반복 측정으로 실험 전반에 대한 신뢰도를 확보할 수 있다.

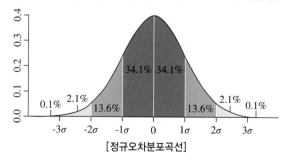

[정규오차분포곡선]

④ 신뢰구간을 벗어난 결과값의 기각 : 동일한 시료를 반복 측정하여 얻은 값 중 1개만 동떨어진 값을 나타낼 때, 개인적인 판단이 아닌 통계학적 수법으로 자료의 가부를 객관적으로 결정한다.

⑤ 최소제곱법을 이용한 검정곡선의 작성 : 정량분석으로 검정곡선을 작성할 때, 실험값에 충실한 직선방정식을 구하여 사용하며, 일련의 통계적 처리는 최소제곱법(Least Square Method)을 따른다.

  ※ 최소제곱법 : 특정 해방정식을 근사적으로 구하는 방법으로, 근사적으로 구하려는 해와 실제 해의 오차의 제곱의 합이 최소가 되는 해를 구하는 방법이다.

10년간 자주 출제된 문제

3-1. 측정자의 노력, 경험을 통해 발생 원인을 알 수 있으며, 최소화가 가능한 오차는?

① 원인오차
② 발생오차
③ 우연오차
④ 계통오차

3-2. 계통오차의 종류가 아닌 것은?

① 기기오차
② 시약오차
③ 작동오차
④ 선택오차

|해설|

3-2
계통오차는 기기 및 시약의 오차, 작동오차, 방법오차 등으로 구분된다.

정답 3-1 ④ 3-2 ④

핵심이론 04 | 측정결과 도식화(그래프, 도표)

(1) 측정결과 분석 및 정리

측정값을 분석목적에 맞게 분류하여 도식화한다.

① 그래프를 이용한 방법 : 통계값 및 실험결과를 명확하게 표현하는 방법으로, 실험결과의 변화 및 비교치를 쉽게 이해할 수 있다.

㉠ 꺾은선그래프
• X축과 Y축의 변수 변화에 따라 변화되는 선들을 통하여 변화의 폭과 양을 쉽게 시각적으로 이해할 수 있다.
• 여러 개의 꺾은선그래프가 있을 경우 변화의 폭과 양, 시간에 따른 변화 등을 서로 비교할 수 있다.

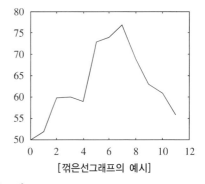

[꺾은선그래프의 예시]

㉡ 막대그래프
• 2~3개의 항목을 여러 변수에 따라 서로 비교할 때 많이 쓰인다.
• 수평으로 표현하거나 수직으로 표현하는 방법이 있으며, 여러 변수를 컬러로 변환시키면서 3차원적으로 보여 주는 표현방법도 있다.

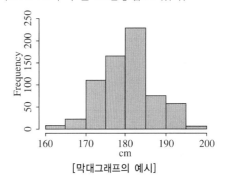

[막대그래프의 예시]

ⓒ 원그래프 : 여러 개 나열하여 시간에 따라 변화되는 내용을 쉽게 비교할 수 있도록 하는데, 특히 100%에 대한 각 항목의 비율을 효과적으로 보여줄 수 있다.

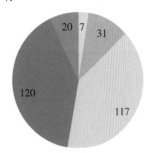

[원그래프의 예시]

② 도표를 이용한 방법 : 많은 양의 정보를 집약적으로 정리할 때 사용한다.
　ⓒ 많은 자료를 적은 공간에 표현할 수 있다.
　ⓒ 다양한 자료를 명확하고 간략하게 표현할 수 있다.

[도표를 이용한 결과값 정리의 예시]

항 목	목 표	가열조 실험값	비 고
경과시간	15분	13분	−2분
온 도	121℃	110℃	−11℃
압 력	1bar	2bar	+1bar

10년간 자주 출제된 문제

측정결과의 분석 및 정리에 대한 설명으로 옳지 않은 것은?
① 측정값을 분석목적에 따라 분류할 수 있다.
② 그래프를 이용하는 경우 많은 양의 정보를 집약적으로 정리할 수 있으나 분석하는 데 조금 전문적 지식이 필요하다.
③ 막대그래프는 여러 개의 변수에 따른 비교에 많이 사용된다.
④ 원그래프는 100%에 대한 항목별 비율을 파악하는 데 용이한 방법이다.

|해설|
그래프를 이용하는 경우 실험결과의 변화 및 비교치를 쉽게 이해할 수 있다.

정답 ②

14-2. 실험실 관리일지 · 시험기록서 작성

핵심이론 01 실험실 점검 체크리스트

(1) 실험실 체크리스트(연구실 안전환경 조성에 관한 법률 제14조, 제15조)
① 연구 주체의 장은 연구실의 안전관리를 위하여 안전점검지침에 따라 소관 연구실에 대하여 안전점검을 실시하여야 한다.
② 연구 주체의 장은 다음에 해당하는 경우에는 정밀안전진단지침에 따라 정밀안전진단을 실시하여야 한다.
　ⓒ 안전점검을 실시한 결과 연구실사고 예방을 위하여 정밀안전진단이 필요하다고 인정되는 경우
　ⓒ 중대연구실사고가 발생한 경우

(2) 실험실 안전 체크리스트의 구분(연구실 안전점검 및 정밀안전진단에 관한 지침 [별표 2])

[연구실 일상점검표의 예]

구 분	점검 내용	점검 결과		
		양 호	불 량	미해당
일반 안전	연구실(실험실) 정리정돈 및 청결 상태			
	연구실(실험실) 내 흡연 및 음식물 섭취 여부			
	안전수칙, 안전표지, 개인보호구, 구급약품 등 실험장비(퓸 후드 등) 관리 상태			
	사전유해인자위험분석 보고서 게시			
기계 기구	기계 및 공구의 조임부 또는 연결부 이상 여부			
	위험설비 부위에 방호장치(보호 덮개) 설치 상태			
	기계기구 회전반경, 작동반경 위험지역 출입금지 방호설비 설치 상태			
전기 안전	사용하지 않는 전기기구의 전원 투입 상태 확인 및 무분별한 문어발식 콘센트 사용 여부			
	접지형 콘센트를 사용, 전기배선의 절연피복 손상 및 배선 정리 상태			
	기기의 외함접지 또는 정전기 장애방지를 위한 접지 실시 상태			
	전기 분전반 주변 이물질 적재금지 상태 여부			

구 분	점검 내용	점검 결과		
		양호	불량	미해당
화공 안전	유해인자 취급 및 관리대장, MSDS의 비치			
	화학물질의 성상별 분류 및 시약장 등 안전한 장소에 보관 여부			
	소량을 덜어서 사용하는 통, 화학물질의 보관함· 보관용기에 경고표시 부착 여부			
	실험폐액 및 폐기물 관리상태(폐액분류 표시, 적정 용기 사용, 폐액용기덮개 체결 상태 등)			
	발암물질, 독성물질 등 유해화학물질의 격리보관 및 시건장치 사용 여부			
소방 안전	소화기 표지, 적정 소화기 비치 및 정기적인 소화기 점검 상태			
	비상구, 피난통로 확보 및 통로상 장애물 적재 여부			
	소화전, 소화기 주변 이물질 적재금지 상태 여부			
가스 안전	가스용기의 옥외 지정장소 보관, 전도방지 및 환기 상태			
	가스용기 외관의 부식, 변형, 노즐잠금 상태 및 가스용기 충전기한 초과 여부			
	가스누설검지경보장치, 역류/역화 방지장치, 중 화제독장치 설치 및 작동 상태 확인			
	배관 표시사항 부착, 가스사용시설 경계/경고표시 부착, 조정기 및 밸브 등 작동 상태			
	주변화기와의 이격거리 유지 등 취급 여부			
생물 안전	생물체(LMO 포함) 및 조직, 세포, 혈액 등의 보관 관리 상태(보관용기 상태, 보관기록 유지, 보관장 소의 생물재해(Biohazard) 표시 부착 여부 등)			
	손 소독기 등 세척시설 및 고압멸균기 등 살균장비 의 관리 상태			
	생물체(LMO 포함) 취급 연구시설의 관리·운영 대장 기록 작성 여부			
	생물체 취급기구(주사기, 핀셋 등), 의료폐기물 등의 별도 폐기 여부 및 폐기용기 덮개설치 상태			

※ 지시(특이)사항 :

*상기 내용을 성실히 점검하여 기록함.

실험실 점검에 관한 설명으로 부적절한 것은?

① 연구주체의 장은 연구실의 안전관리를 위해 안전점검을 실시한다.

② 비상구, 피난통로 확보 등은 일반 안전사항이다.

③ 화공안전을 위해 실험실 내부에 반드시 MSDS를 비치해야 한다.

④ 소방안전을 위해 소화전, 소화기 주변 이물질 적재금지 상태 여부를 확인한다.

|해설|

비상구, 피난통로 확보 등은 소방안전에 관한 내용이다.

정답 ②

(1) 실험실 관리일지

① 실험실은 유해화학물질을 분석하고 취급하는 공간으로 사고의 위험이 높아 실험실 안전보건에 의한 기술지침과 연구실 안전환경 조성에 관한 법률, 화학물질안전원 실험실 안전관리 규정, 연구실 안전관리 규정 등에 따라 명확한 안전관리가 필요하며, 관리일지를 기록하여 안전성을 확보해야 한다.

② 실험실 안전관리 규정에 따라 환경·안전 체크리스트를 항목별로 점검하여 실험실 관리일지를 작성한다.

③ 실험실 안전관리 규정에 따라 실험실 온·습도, 출입자 이력을 파악하여 실험실 관리일지를 작성할 수 있다.

(2) 실험실 안전관리 규정

① 안전관리 담당자는 안전수칙을 연구실에 상치하고, 안전수칙의 내용을 각 실험실의 특성에 맞게 변경할 수 있다.

② 안전관리 담당자는 화학물질의 위험성과 유해성을 연구자나 방문자가 알 수 있도록 화학물질을 취급하는 장소에 적절한 안전 표식을 부착하여야 한다.

③ 화학 안전 관련 법령은 국가법령정보센터(http://www.law.go.kr/main.html)에서 검색할 수 있다.

(3) 실험실 안전수칙

① 일반 지침

② 가스 취급 안전 지침

③ 방사능기기 취급 안전 지침

④ 독성물질 취급 안전 지침

⑤ 전기 취급 안전 지침

⑥ 화학약품 취급 안전 수칙

⑦ 실험실 기구 및 장치 취급 안전 수칙

⑧ 기계 취급 안전 수칙

(4) 실험실 안전·환경점검에 관한 문서관리 규정

① **일상점검** : 육안으로 실시하는 점검으로, 매일 1회 실시한다.

② **정기점검** : 안전점검기기를 이용하는 세부적인 점검으로, 매년 1회 이상 실시한다.

(5) 연구실 안전관리 일상점검

연구실 안전관리 규정에 의거해 다음과 같은 연구실 안전점검표를 작성한다.

연구실 안전점검표(월)					

부서명 :　　　　연구실명(방번호) :　　　　연구실 책임자 :　　　　안전관리담당자 :

점검사항			일 자	점검결과	비고
			책임자 확인		
공통	일반	실험실 정리정돈 및 실험장비(퓸후드 등) 관리 상태			
		실험실 내 흡연 및 음식물 섭취 여부			
		안전수칙, 안전표지, 개인보호구, 비상연락망, 구급약품 등 비치 여부			
		수도시설의 잠금 및 누수 확인 여부			
		사전유해인자위험분석 보고서 게시			
선택	소방	취급/보관장소 주변 가연성 물질 방치 여부			
		소화기 유무 및 관리상태 적정 여부			
		비상구, 피난통로 확보 및 통로상 장애물 적재 여부			
	전기	전기배선 피복 상태 및 파손 여부			
		전기기기, 배선기구 등의 정상가동 여부			
	가스	가스용기 외관의 부식, 변형, 노즐잠금상태 및 가스누출 여부			
		가스용기의 고정 여부			
		산소와 가연성 가스(수소/아세틸렌) 분리사용 여부			
	일반화학	통풍·환기장치 설치 및 정상가동 여부			
		초자류의 적정관리 여부			
		화학물질(유해인자) 취급 및 관리대장, MSDS 비치			
		화학물질 정리정돈(시약병 개폐 등) 여부			
		시약의 성분 및 종류별 분리보관 여부			
		화학물질 보관·사용량의 적정 여부			
		사용용기에 적정한 라벨 부착 여부			
	폐기물	수집보관/운반용기의 적정 여부			
		실험폐액 및 폐기물(일반/유해성)의 적정 분리처리 여부			
		실험폐액 및 폐기물의 방치 여부			
	생물	동물(원생/사육)의 적정보관 여부			
		실험종료 생물검체의 적정 분리처리 여부			
	세균 및 바이러스	원생동물 보관장비 적정 작동 여부			
		보관세균의 안전성 여부			
		세균보관 장치의 정상작동 여부			
		세균배양 폐액의 멸균처리 등 적정처리 여부			
		바이러스 균주 보관 안전상태			
		보관 장치 작동 여부			
		실험폐액 멸균 등 적정처리 여부			

※ 연구실 안전점검표 작성 시 유의사항
   1. '선택점검사항'은 연구실에 해당되는 분야에만 점검한다.
   2. '점검결과'란에는 안전점검 결과에 따라 다음과 같이 표기한다[○(적정), △(미흡/개선 필요), ×(부적정/긴급조치 필요)].
   3. '비고'란에는 안전점검 결과 '×(부적정/긴급조치 필요)' 해당 사항이 있을 경우 개선대책, 조치결과 등을 기재한다.
   4. 연구실 특성에 맞게 점검항목을 추가·수정할 수 있다.

실험실 안전을 위해 일상점검을 하는 방법은?

① 매월 첫째주 월요일 실시한다.
② 세부점검사항으로 매년 1회 이상 실시한다.
③ 육안으로 실시하는 점검으로 매일 1회 실시한다.
④ 안전점검기기를 사용해 점검한다.

|해설|

　일상점검은 매일 1회, 정기점검은 매년 1회 이상 실시한다.

정답 ③

핵심이론 03 | 분석장비 사용일지

(1) 시설과 분석장비 관리 기록 규정

실험실의 모든 시설과 장비, 분석기기에 대한 작업표준문서와 사용설명서를 구비하고, 이를 숙지해야 한다. 시설, 장비, 분석장비 사용 시 다음과 같은 항목을 기재하고, 문서·정보 관리 절차에 따라 등록하고 각 해당 실험실에서 관리한다.

① 기재항목명
　㉠ 기자재명, 시설명
　㉡ 모델명 및 규격
　㉢ 구입연도, 구입가격
　㉣ 사용목적
　㉤ 제작사
　㉥ 설치장비
　㉦ 사용일
　㉧ 사용시간
　㉨ 수리 후 내역(내역과 업체명), 수리 후 상태(확인자, 작업내용 등을 기록)
　㉩ 검·교정 내역(일시, 내역과 업체명, 검·교정 후 상태, 확인자, 유효기간 등을 기록)
　㉪ 분석장비 사용 내역(일시, 시간, 시료명, 시료수, 기기명, 사용자, 사용 후 기기상태 등을 기록)

② 표준 연구장비 사용일지(예시)

기관명			장비명 : 고속원심분리기			○○○ 실험실			
사용일시			사용자			사용목적		관리자 확인	
일 자	시작 시간	종료 시간	소 속	성 명	서 명	사용내용	구 분	서명	정상 확인
2. 1	09:00	18:00	답작과	홍길동		DNA 분리	내부분석		○
2. 3	13:30	14:30	답작과	홍길동		로터점검	유지보수		X
2. 4	13:00	17:00	○○대	○○○		DNA 분리	외부공동		○

분석장비 사용일지에 대한 설명으로 옳지 않은 것은?

① 실험실의 모든 장비, 분석기기에 대한 사용설명서를 구비하고, 숙지해야 한다.
② 표준장비 사용일지에는 장비명을 반드시 기입한다.
③ 사용일지에는 사용자, 관리자의 확인을 통해 정상유무를 항상 확인한다.
④ 사용일만 기록하고 사용시간은 따로 기입하지 않는다.

|해설|

사용일, 사용시간 모두 기입한다.

정답 ④

핵심이론 04 │ 시험기록서

(1) 시험기록서 작성

분석장비명, 장비번호, 적격성 평가 유효기간 등을 파악하여 시험기록서를 작성한다.

(2) 분석장비의 관리 규정

환경기술 및 환경산업 지원법, 국가교정기관 지정제도 운영요령에 의하여 측정기기에 대해서는 정도검사를 받아야 하며, 정도검사 대상이 아닌 측정 분석기기에 대해서는 자율적으로 교정대상 및 주기를 정하여 교정을 받아야 한다. 다만, 자체적으로 정할 수 없을 때는 국가기술표준원장이 고시하는 교정주기를 준용할 수 있다.

(3) 분석기기 시험과정 분석 절차 흐름도

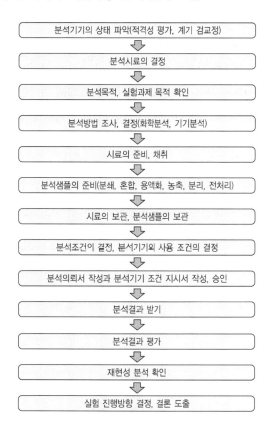

분석기기의 상태 파악(적격성 평가, 계기 검교정)
⬇
분석시료의 결정
⬇
분석목적, 실험과제 목적 확인
⬇
분석방법 조사, 결정(화학분석, 기기분석)
⬇
시료의 준비, 채취
⬇
분석샘플의 준비(분쇄, 혼합, 용액화, 농축, 분리, 전처리)
⬇
시료의 보관, 분석샘플의 보관
⬇
분석조건이 결정, 분서기기외 사용 조건의 결정
⬇
분석의뢰서 작성과 분석기기 조건 지시서 작성, 승인
⬇
분석결과 받기
⬇
분석결과 평가
⬇
재현성 분석 확인
⬇
실험 진행방향 결정, 결론 도출

14-3. 시약·소모품 대장 기록

핵심이론 01 | 시약 및 소모품 관리대장

(1) 시약 관리대장

시약은 재고 현황을 파악하여 시약 관리규정에 따라 시약의 사용내역을 시약 관리대장에 기록한다.

(2) 시약 사용일자 및 재고량 관리규정

① 보관 중인 시약은 반드시 주기적으로 화학약품의 보유현황을 조사하여 재고량을 관리하여 최신화한다.

② 시약은 시약 취급기준에 따라 최소한의 시약만 실험실에 보유하기 때문에 사용량과 재고량 파악이 중요하다.

③ 시약을 최초 개봉하는 경우 변질 여부 등을 쉽게 파악할 수 있도록 최초 개봉일자를 기재하여 관리하여야 한다.

④ 매월 개봉하지 않은 시약에 대한 재고 현황을 파악하여 연구책임자에게 보고한다.

⑤ 다양한 유해·위험성을 포함하는 화학약품은 화재, 폭발, 심각한 상해를 야기할 수 있기 때문에 화학약품을 안전하게 분류·보관하여야 한다. 그래서 위험물질은 1년 단위로 재고 조사를 수행하고, 시약 목록을 정리하는 것이 바람직하다.

⑥ 관리담당자는 약품 보관장의 유해화학약품 사용량을 정확히 파악해 재고량과 대장에 기록된 잔여량이 일치하는지 정기적으로 확인한다.

(3) 시약 구매절차

실험내용 분석 → 필요약품 조사 → 보유량 파악 → 검수 및 MSDS 자료 인수 → 약품 대장 등재 → 약품 분류 및 보관 → 구매 신청

(4) 시약 보관규정

① 시약의 개폐날짜를 시약병과 시약 재고관리장부에 기록한다.

② 사용되는 시약은 시약이 입고될 때 시약 라벨에 내용물의 종류 및 양, 제조일자, 입고일자, 사용개시일자 및 유효기간에 대한 사항을 표시하여 작성한다. 이미 표시되어 있는 내용은 제외하고 나머지 내용만 표시하는 것도 가능하다.

③ 모든 시약은 제조회사에서 제시한 지침대로 보관하고, 유효기간 내에 사용해야 한다. 유효기간이 지난 시약은 비교검사와 정도관리를 통하여 검사결과에 이상이 없음을 확인한 후 이를 기록하고 사용기한을 연장할 수 있다. 이 내용을 시약에도 표기하고 사용한다. 이때 연장된 사용기한은 3~6개월까지이며, 같은 방법을 이용하여 2회까지 사용기한을 연장할 수 있다.

④ 시약을 점검하였던 기록들은 2년간 보관하며, 시약재고관리장부에는 시약명, 공급일자, 유효기간, 사용종료일자 등이 기록되어 있어야 한다. 조제시약은 자체 로트(Lot)번호를 부여하고, 조제한 날짜를 시약병에 기입하고 유효기간을 확인한다.

⑤ 실험실의 입고, 사용, 재고의 이력은 다음 해에 적정한 시약준비에 관련된 예산을 반영할 수 있는 합리적인 자료가 된다.

(5) 소모품 관리규정

① 비치된 소모품의 사용이력을 기록함으로써 현재 보유 중인 소모품의 재고를 파악하고, 예견되지 않은 소모품 교체 또는 보충에 필요한 소모품을 확보해 둘 수 있다.

② 교체주기가 정해져 있지 않은 소모품의 경우 소모품 사용이력을 기록함으로써 교체주기를 예견할 수 있다. 분석장비 소모품의 경우에도 필요한 소모품의 종류를 목록으로 작성하여 관리하고, 소모품의 수량은 분석장비운영 소모품 사용이력을 기록하여 항상 소모품 수량을 확인해 두어야 한다.

③ 소모품인 화학물질, 시약 및 용액은 식별이 용이하여야 하고, 가능하다면 유효기한과 보관 조건이 표시되어 있어야 한다. 공급처, 조제일, 안정성에 관련된 정보도 사용자가 이용할 수 있어야 한다. 유효기한은 문서화된 평가나 분석자료에 근거하여 연장될 수 있다.

④ 분석장비에 따라서 다양한 소모품 품목이 있으며, 이러한 소모품의 목록과 사용일지를 작성해 두어야 분석장비에 필요한 소모품을 정확하고 신속하게 교체 또는 보충하여 실험과 과제 진행, 분석에 문제가 없다.

⑤ 실험실에 비치된 소모품의 사용이력은 다음 해에 적정한 소모품 예산을 반영할 수 있는 합리적인 자료가 된다.

10년간 자주 출제된 문제

시약 구매절차 가운데 필요한 약품의 용량, 순도, 규격을 파악하는 과정은?

① 실험내용 분석
② 필요약품 조사
③ 보유량 파악
④ 약품대장 등재

|해설|

필요약품의 조사를 통해 용량, 순도, 규격 등을 파악한다.

정답 ②

[시약 관리대장의 예]

관리책임자 :

관리 번호	물질정보				전 재고			입고 (관리자 기입)					사용 (사용자 기입) : 개봉된 시약부터 사용한다.								현 재고 (관리자 기입)	
	Cas No	물질명 (영어)	상 태	보관장 번호	규 격	개 수	전 재고량	입고일자	제조사	규 격	개 수	입고량	반출일자	사용자	소 속	연구 과제명	최초 개봉일자	제조일자	사용량	반납/ 사용일자 (보관장)	서 명	현 재고량
1	64–19–7	Acetic Acid	액 상	1	500mL	1	500mL	2019. 5.12	Sigma Aldrich	500mL	3	1,500mL										2,000mL
2	64–19–7	Acetic Acid	액 상	1									2019. 5.14	김○○	○○	○○○	2019. 5.14	2019.3.2	100mL	2019. 5.14		1,900mL
3	64–19–7	Acetic Acid	액 상	1									2019. 5.16	이○○	○○	○○○	2019. 5.14	2019.3.2	200mL	2019. 5.16		1,700mL

PART

02

과년도+최근
기출복원문제

#기출유형 확인   #상세한 해설   #최종점검 테스트

01 다음 물질 중 승화와 관계가 없는 것은?

① 드라이아이스

② 나프탈렌

③ 알코올

④ 아이오딘

해설

승화란 고체가 액체를 거치지 않고 바로 기체가 되는 현상이며, 승화성 물질로는 드라이아이스, 나프탈렌, 아이오딘 등이 있다.

02 다음 물질 중 물에 가장 잘 녹는 기체는?

① NO

② C_2H_2

③ NH_3

④ CH_4

해설

물은 산소의 전기음성도가 강하여 극성을 띠며, 같은 극성물질을 잘 녹인다.
극성결합
• 결합한 두 원자의 전기음성도 차이가 대략 0.5~2.0 사이에 있을 때 발생한다.
※ 이보다 더 큰 전기음성도 차이를 보이면(2.0 이상) 이온결합, 더 작은 차이를 보이면(0.5 이하) 비극성결합이 이루어진다.
예 에탄올, 암모니아, 이산화황, 황화수소, 아세트산 등

03 다음 중 주기율표상 V족 원소에 해당되지 않는 것은?

① P

② As

③ Si

④ Bi

해설

V족 원소 : N, P, As, Sb, Bi

04 금속결합의 특징에 대한 설명으로 틀린 것은?

① 양이온과 자유전자 사이의 결합이다.

② 열과 전기의 부도체이다.

③ 연성과 전성이 크다.

④ 광택을 가진다.

해설

금속결합은 금속원자 간 결합으로, 자유전자와 양이온의 인력에 의해 형성되어 전기가 잘 통하는 도체의 성격을 지닌다.

05 0℃, 2atm에서 산소분자수가 2.15×10^{21}개이다. 이때 부피는 약 몇 mL가 되겠는가?

① 40mL

② 80mL

③ 100mL

④ 120mL

해설

이상기체방정식 $PV = nRT$

$$\therefore V = \frac{nRT}{P}$$

$$= \frac{(2.15 \times 10^{21})\left(\frac{1\,mol}{6.02 \times 10^{23}}\right) \times (0.082\,atm \cdot L/mol \cdot K)(273K)}{2atm}$$

$$\fallingdotseq 0.04L = 40mL$$

1 ③ 2 ③ 3 ③ 4 ② 5 ① **정답**

06 0.001M의 HCl 용액의 pH는 얼마인가?

① 2　　　　　　　② 3

③ 4　　　　　　　④ 5

pH = $-\log[H^+] = -\log 0.001 = 3$

07 원자번호 7번인 질소(N)는 $2p$ 궤도에 몇 개의 전자를 갖는가?

① 3　　　　　　　② 5

③ 7　　　　　　　④ 14

해설

$1s$	$2s$	$2p$		
∙∙	∙∙	∙	∙	∙

s : 1, p : 3, d : 5, f : 7이며, 각각 2개씩 전자가 순서대로 배치된다.

08 HClO₄에서 할로겐원소가 갖는 산화수는?

① +1　　　　　　② +3

③ +5　　　　　　④ +7

해설
HClO₄에서 수소는 1, 산소는 −2 × 4 = −8이므로
1 + (−8) + x = 0, x = 7

09 황산(H₂SO₄) 용액 100mL에 황산이 4.9g 용해되어 있다. 이 황산 용액의 노말농도는?

① 0.5N　　　　　② 1N

③ 4.9N　　　　　④ 9.8N

해설
노말농도 = 물질의 g당량수/L
황산의 g당량을 구하면
1g당량 : 49g = xg당량 : 4.9g
4.9g 황산의 g당량수는 0.1이다.
0.1g당량수/100mL = 0.1g당량수/0.1L이므로
분자와 분모에 각각 10을 곱하면
1g당량수/L = 1N이다.

10 다음 중 포화탄화수소 화합물은?

① 아이오딘값이 큰 것

② 건성유

③ 사이클로헥산

④ 생선 기름

해설
사이클로헥산은 대표적인 사이클로알칸족이며, 탄소원자 사이에 고리를 형성하고 있고 모두 단일결합으로 되어 있다.

11 다음 중 식물 세포벽의 기본구조 성분은?

① 셀룰로스
② 나프탈렌
③ 아닐린
④ 에틸에테르

해설
식물 세포벽의 기본구조는 셀룰로스(섬유질)로 구성되어 있으며, 1차 세포벽과 2차 세포벽으로 구분할 수 있다.

12 펜탄의 구조이성질체는 몇 개인가?

① 2
② 3
③ 4
④ 5

해설
펜탄의 구조
분자식은 같으나 서로 연결모양이 상이한 화합물을 구조이성질체라고 부르며 펜탄(C_5H_{12})의 경우 3개의 이성질체(노말펜탄, 아이소펜탄, 네오펜탄)가 있다.

13 열의 일당량의 값으로 옳은 것은?

① 427kgf · m/kcal
② 539kgf · m/kcal
③ 632kgf · m/kcal
④ 778kgf · m/kcal

해설
열과 일은 모두 에너지의 단위이며, 서로 환산할 수 있다. 열의 일당량이란 열을 일의 단위로 환산했을 때의 값을 말하며, 427kgf · m/kcal의 크기를 가진다.
※ kgf : kilogram-force, N의 단위

14 다음 중 명명법이 잘못된 것은?

① $NaClO_3$: 아염소산나트륨
② Na_2SO_3 : 아황산나트륨
③ $(NH_4)_2SO_4$: 황산암모늄
④ $SiCl_4$: 사염화규소

해설
① $NaClO_3$: 염소산나트륨
※ 화합물의 명명법
　• 화학식 AB로 구성된 경우 B를 먼저 읽고 A를 읽는다.
　• B를 읽을 때 대부분 산화물질을 기준으로 명명한다.
　　– '과'가 붙을 경우 : 기준산화물질에 비해 산소가 1개 많다.
　　– '아'가 붙을 경우 : 기준산화물질에 비해 산소가 1개 적다.
　　– '차아'가 붙을 경우 : 기준산화물질에 비해 산소가 2개 적다.

과염소산 나트륨	염소산나트륨	아염소산 나트륨	차아염소산 나트륨
$NaClO_4$	$NaClO_3$	$NaClO_2$	$NaClO$

과황산나트륨	황산나트륨	아황산나트륨	차아황산 나트륨
$Na_2S_2O_8$	Na_2SO_4	Na_2SO_3	$Na_2S_2O_4$

15 다음 중 아이오딘폼반응도 일어나고 은거울반응도 일어나는 물질은?

① CH_3CHO
② CH_3CH_2OH
③ $HCHO$
④ CH_3COCH_3

해설
• 아이오딘폼반응은 아세틸기(CH_3CO-)를 가진 물질에 아이오딘과 수산화나트륨 수용액을 반응시킬 때 아이오딘폼이 생성되는 것을 이용한 반응으로 아세톤, 에틸알코올, 아세트알데하이드 등의 검출에 사용한다.
• 은거울반응은 암모니아성 질산은 용액과 환원성 유기화합물의 반응을 통해 알데하이드류(R-CHO)와 같은 물질의 검출에 사용한다.

16 에탄올에 진한 황산을 촉매로 사용하여 160~170℃의 온도를 가해 반응시켰을 때 만들어지는 물질은?

① 에틸렌　　　　② 메 탄
③ 황 산　　　　④ 아세트산

에틸렌의 제법은 에탄올의 탈수반응(탈수축합)을 이용하며, 탈수제로 진한 황산을 사용한다.

17 원자의 K껍질에 들어 있는 오비탈은?

① s　　　　　② p
③ d　　　　　④ f

전자껍질	오비탈			
K	$1s$			
L	$2s$	$2p$		
M	$3s$	$3p$	$3d$	
N	$4s$	$4p$	$4d$	$4f$

18 다음 착이온 $Fe(CN)_6^{4-}$의 중심 금속이온의 전하수는?

① +2　　　　　② -2
③ +3　　　　　④ -3

$Fe(CN)_6^{4-} \leftrightarrow \underline{Fe^{2+}} + 6CN^-$

19 결정의 구성단위가 양이온과 전자로 이루어진 결정 형태는?

① 금속결정
② 이온결정
③ 분자결정
④ 공유결합결정

금속결정(결합)은 양이온과 수많은 자유전자의 인력으로 구성되어 있다.

20 비활성 기체에 대한 설명으로 틀린 것은?

① 다른 원소와 화합하지 않고 전자배열이 안정하다.
② 가볍고 불연소성이므로 기구, 비행기 타이어 등에 사용된다.
③ 방전할 때 특유한 색상을 나타내므로 야간광고용으로 사용된다.
④ 특유의 색깔, 맛, 냄새가 있다.

비활성 기체의 특징
• 타 원소와 결합 없이 안정적이다.
• 상온에서 무색, 무미, 무취의 기체로 존재한다.

21 다음 중 비전해질은 어느 것인가?

① NaOH
② HNO_3
③ CH_3COOH
④ C_2H_5OH

해설
비전해질 물질은 물에 용해되어도 이온화하지 않는 물질로 설탕, 에탄올(C_2H_5OH), 포도당 등이 있다.
※ 전해질 물질 : 염화나트륨, 염화수소, 염화구리, 수산화나트륨 등

22 다이아몬드, 흑연은 같은 원소로 되어 있다. 이러한 단체를 무엇이라 하는가?

① 동소체
② 전이체
③ 혼합물
④ 동위화합물

해설
동소체 : 흑연, 다이아몬드와 같이 동일한 원소로 구성되어 있으나 형태가 다른 경우를 말한다.

23 아이소프렌, 뷰타다이엔, 클로로프렌은 다음 중 무엇을 제조할 때 사용되는가?

① 합성섬유
② 합성고무
③ 합성수지
④ 세라믹

해설
합성고무는 두 가지 이상의 원료물질과 촉매를 사용해 천연고무와 유사한 성질을 지니게 한 물질로 아이소프렌, 뷰타다이엔, 클로로프렌 등을 이용해 합성하며 타이어, 신발, 골프공 제조 등에 사용된다.

24 이산화탄소가 쌍극자모멘트를 가지지 않는 주된 이유는?

① C=O 결합이 무극성이기 때문
② C=O 결합이 공유결합이기 때문
③ 분자가 선형이고 대칭이기 때문
④ C와 O의 전기음성도가 비슷하기 때문

해설
이산화탄소는 선형의 대칭구조로, 전하가 골고루 분포하여 무극성을 띠고 있어 부분적인 전하량이 없기 때문에 쌍극자모멘트가 존재하지 않는다.
쌍극자모멘트
• 두 원자가 결합했을 때 발생하는 부분적인 전하량의 크기를 말한다.
• 쌍극자모멘트 $= q \times r$
  여기서, q : 부분전하의 크기
       r : 원자핵 사이의 거리

25 용액의 끓는점 오름은 어느 농도에 비례하는가?

① 백분율농도
② 몰농도
③ 몰랄농도
④ 노말농도

해설
끓는점 오름은 몰랄농도에 비례한다. 그 이유는 몰랄농도가 높다는 것은 결국 고농도를 의미하며, 농도가 높아질수록 다른 분자들이 물에 많이 용해되고 물분자가 끊어져 끓어오르는 것을 방해하기 때문이다.
끓는점 오름 : 비휘발성 물질이 녹아 있는 경우 순수한 용매보다 끓는점이 올라가는 현상이다.
예 소금물, 설탕물의 끓는점 상승

26 $KMnO_4$는 어디에 보관하는 것이 가장 적당한가?

① 에보나이트병   ② 폴리에틸렌병

③ 갈색 유리병   ④ 투명 유리병

해설
과망간산칼륨은 감광성(햇빛에 취약)을 지니고 있어 반드시 갈색 유리병에 보관한다.

27 화학반응에서 촉매의 작용에 대한 설명으로 틀린 것은?

① 평형이동에는 무관하다.
② 물리적 변화를 일으킬 수 있다.
③ 어떠한 물질이라도 반응이 일어나게 한다.
④ 반응 속도에는 소량을 가하더라도 영향이 미친다.

해설
촉매는 반응의 유무가 아닌 반응속도에 관계된 물질이다.

28 Hg_2Cl_2는 물 1L에 $3.8 \times 10^{-4}g$이 녹는다. Hg_2Cl_2의 용해도곱은 얼마인가?(단, Hg_2Cl_2의 분자량은 472 이다)

① 8.05×10^{-7}
② 8.05×10^{-8}
③ 6.48×10^{-13}
④ 5.21×10^{-19}

해설
$Hg_2Cl_2 \rightarrow Hg_2^{2+} + 2Cl^-$
∴ 용해도곱(평형상수)
$= [Hg_2^{2+}][Cl^-]^2$
$= \dfrac{3.8 \times 10^{-4}g/L}{472g/mol} \times \left(\dfrac{3.8 \times 10^{-4}g/L}{472g/mol}\right)^2$
$≒ 5.21 \times 10^{-19}$

29 다음 염소산 화합물의 세기 순서가 옳게 나열된 것은?

① $HClO > HClO_2 > HClO_3 > HClO_4$
② $HClO_4 > HClO > HClO_3 > HClO_2$
③ $HClO_4 > HClO_3 > HClO_2 > HClO$
④ $HClO > HClO_3 > HClO_2 > HClO_4$

해설
염소산 화합물의 세기 순서
$HClO_4$(과염소산) > $HClO_3$(염소산) > $HClO_2$(아염소산) > $HClO$(차아염소산)

30 양이온계통 분석에서 가장 먼저 검출하여야 하는 이온은?

① Ag^+ ② Cu^{2+}
③ Mg^{2+} ④ NH_4^+

해설

족	양이온	분족시약	침 전
제1족	Ag^+, Pb^{2+}, Hg_2^{2+}	HCl	염화물
제2족	Bi^{3+}, Cu^{2+}, Cd^{2+}, Hg^{2+}, As^{3+}, As^{5+}, Sb^{3+}, Sn^{2+}, Sn^{4+}	H_2S $(0.3M-HCl)$	황화물 (산성 조건)
제3족	Fe^{2+}, Fe^{3+}, Cr^{3+}, Al^{3+}	NH_4OH- NH_4Cl	수산화물
제4족	Ni^{2+}, Co^{2+}, Mn^{2+}, Zn^{2+}	$(NH_4)_2S$	황화물 (염기성 조건)
제5족	Ba^{2+}, Sr^{2+}, Ca^{2+}	$(NH_4)_2CO_3$	탄산염
제6족	Mg^{2+}, K^+, Na^+, NH_4^+	−	−

31 다음 반응에서 침전물의 색깔은?

$$Pb(NO_3)_2 + K_2CrO_4 \rightarrow PbCrO_4\downarrow + 2KNO_3$$

① 검은색   ② 빨간색

③ 흰 색   ④ 노란색

해설

침전물인 크롬산납($PbCrO_4$)은 노란색이다.

※ 양이온 1족의 각개반응 실험이며, 침전물을 통해 어떤 물질이 포함되어 있는지 확인하는 실험이다.

32 황산($H_2SO_4 = 98$) 1.5노말용액 3L를 1노말용액으로 만들고자 한다. 물은 몇 L가 필요한가?

① 1.5L   ② 2.5L

③ 3.5L   ④ 4.5L

해설

물질은 노말농도로 반응하므로, $NV = N'V'$를 이용한다.

$1.5N \times 3L = 1N \times x$

$x = 4.5L$

∴ 필요한 물의 양 = 4.5L − 3L = 1.5L

33 페놀류의 정색반응에 사용되는 약품은?

① CS_2

② KI

③ $FeCl_3$

④ $(NH_4)_2Ce(NO_3)_6$

해설

정색반응은 두 종류 이상의 화학물질이 반응할 때 물질에서 보이지 않던 색을 나타내는 반응으로 이온, 분자와 같은 물질의 정성분석에 사용한다. 페놀류는 염화철(Ⅲ) 수용액과 보라색 특유의 색을 띠는 정색반응을 한다.

34 미지 농도의 염산용액 100mL를 중화하는데 0.2N NaOH 용액 250mL가 소모되었다. 염산용액의 농도는?

① 0.05N   ② 0.1N

③ 0.2N   ④ 0.5N

해설

$NV = N'V'$를 이용한다.

$0.2N \times 250mL = x \times 100mL$

∴ $x = 0.5N$

35 다음 중 제3족 양이온으로 분류하는 이온은?

① Al^{3+} ② Mg^{2+}

③ Ca^{2+} ④ As^{3+}

해설

족	양이온	분족시약	침 전
제1족	Ag^+, Pb^{2+}, Hg_2^{2+}	HCl	염화물
제2족	Bi^{3+}, Cu^{2+}, Cd^{2+}, Hg^{2+}, As^{3+}, As^{5+}, Sb^{3+}, Sn^{2+}, Sn^{4+}	H_2S ($0.3M-HCl$)	황화물 (산성 조건)
제3족	Fe^{2+}, Fe^{3+}, Cr^{3+}, Al^{3+}	NH_4OH- NH_4Cl	수산화물
제4족	Ni^{2+}, Co^{2+}, Mn^{2+}, Zn^{2+}	$(NH_4)_2S$	황화물 (염기성 조건)
제5족	Ba^{2+}, Sr^{2+}, Ca^{2+}	$(NH_4)_2CO_3$	탄산염
제6족	Mg^{2+}, K^+, Na^+, NH_4^+	−	−

36 기체의 용해도에 대한 설명으로 옳은 것은?

① 질소는 물에 잘 녹는다.

② 무극성인 기체는 물에 잘 녹는다.

③ 기체는 온도가 올라가면 물에 녹기 쉽다.

④ 기체의 용해도는 압력에 비례한다.

해설
기체의 용해도는 압력에 비례하고, 온도에 반비례한다.

37 메탄올(CH_3OH, 밀도 0.8g/mL) 25mL를 클로로폼에 녹여 500mL를 만들었다. 용액 중의 메탄올의 몰농도(M)는 얼마인가?

① 0.16   ② 1.6

③ 0.13   ④ 1.25

해설
몰농도(M) = mol/L이므로

$$\frac{(0.8\text{g/mL} \times 25\text{mL}) \times \dfrac{1\text{mol}}{32\text{g}}}{500\text{mL}} \times \left(\frac{1{,}000\text{mL}}{1\text{L}}\right) = 1.25\text{mol/L}$$

38 다음 반응식에서 브뢴스테드-로우리가 정의한 산으로만 짝지어진 것은?

$$HCl + NH_3 \rightleftharpoons NH_4^+ + Cl^-$$

① HCl, NH_4^+

② HCl, Cl^-

③ NH_3, NH_4^+

④ NH_3, Cl^-

해설
브뢴스테드-로우리의 산, 염기의 정의
• 산 : 양성자(H^+)를 내놓는 분자 또는 이온이다.
  예 $HCl \rightarrow \underline{H^+} + Cl^-$
     $NH_4^+ \rightarrow NH_3 + \underline{H^+}$
• 염기 : 양성자(H^+)를 받는 분자 또는 이온이다.

39 제4족 양이온 분족 시 최종 확인 시약으로 다이메틸글리옥심을 사용하는 것은?

① 아 연   ② 철

③ 니 켈   ④ 코발트

해설
제4족 양이온 니켈 확인 반응에 관한 설명으로, 니켈은 암모니아의 약알칼리성에서 다이메틸글리옥심과 반응하여 착염을 생성한다.

40 침전적정법 중에서 모르(Mohr)법에 사용하는 지시약은?

① 질산은

② 플루오로세인

③ NH_4SCN

④ K_2CrO_4

해설
모르법은 염소이온 또는 브롬이온을 적정할 때 사용하며, 크롬산칼륨(K_2CrO_4)을 지시약으로 사용한다.

41 유리기구의 취급방법에 대한 설명으로 틀린 것은?

① 유리기구를 세척할 때에는 중크롬산칼륨과 황산의 혼합 용액을 사용한다.

② 유리기구와 철제, 스테인리스강 등 금속으로 만들어진 실험실습기구는 같이 보관한다.

③ 메스플라스크, 뷰렛, 메스실린더, 피펫 등 눈금이 표시된 유리기구는 가열하지 않는다.

④ 깨끗이 세척된 유리기구는 유리기구의 벽에 물방울이 없으며, 깨끗이 세척되지 않은 유리기구의 벽은 물방울이 남아 있다.

해설
유리기구는 파손의 우려가 있어 금속으로 만들어진 실험실습기구와 구분하여 보관한다.

42 비색계의 원리와 관계가 없는 것은?

① 두 용액의 물질의 조성이 같고 용액의 깊이가 같을 때 두 용액의 색깔의 짙기는 같다.

② 용액 층의 깊이가 같을 때 색깔의 짙기는 용액의 농도에 반비례한다.

③ 농도가 같은 용액에서는 그 색깔의 짙기는 용액 층의 깊이에 비례한다.

④ 두 용액의 색깔이 같고 색깔의 짙기가 같을 때라도 같은 물질이 아닐 수 있다.

해설
색깔이 짙을수록 용액의 농도는 올라간다.

43 pH 4인 용액 농도는 pH 6인 용액 농도의 몇 배인가?

① $\frac{1}{2}$ 배   ② $\frac{1}{200}$ 배

③ 2배   ④ 100배

해설
pH = $-\log[H^+]$이므로, pH가 n의 차이일 때 10^n 배씩 농도 차이가 나타난다. 따라서 pH 4와 pH 6의 차이는 2이므로, $10^2 = 100$배이다.

44 가스크로마토그래피(GC)에서 운반가스로 주로 사용되는 것은?

① O_2, H_2

② O_2, N_2

③ He, Ar

④ CO_2, CO

해설
운반가스는 반응성이 없어야 하므로 주로 수소, 질소, 비활성기체(헬륨, 아르곤)를 사용한다.

45 전위차법에서 사용되는 기준전극의 구비조건이 아닌 것은?

① 반전지 전위값이 알려져 있어야 한다.

② 비가역적이고 편극전극으로 작동하여야 한다.

③ 일정한 전위를 유지하여야 한다.

④ 온도변화에 히스테리시스 현상이 없어야 한다.

해설
전위차법에서 사용되는 기준전극의 구비조건
• 반전지 전위값이 알려져 있어야 한다.
• 가역적이고, 이상적인 비편극전극으로 작동해야 한다.
• 일정한 전위를 유지해야 한다.
• 온도변화에 히스테리시스 현상이 없어야 한다.
  ※ 히스테리시스 현상 : 반응이 지연되는 현상

46 다음 (   )에 들어갈 용어는?

> 점성 유체의 흐르는 모양, 또는 유체 역학적인 문제에 있어서는 점도를 그 상태의 유체 (   )(으)로 나눈 양에 지배되므로 이 양을 동점도라 한다.

① 밀 도   ② 부 피

③ 압 력   ④ 온 도

해설

$$동점도(Kinematic\ Viscosity) = \frac{절대점도}{유체의\ 밀도}$$

※ 절대점도는 유체 안의 물체의 이동이 어렵다는 의미이며, 동점도는 유체 자체의 이동이 어렵다는 의미이다.

47 원자를 증기화하여 생긴 기저상태의 원자가 그 원자층을 투과하는 특유 파장의 빛을 흡수하는 성질을 이용한 것으로 극소량의 금속성분의 분석에 많이 사용되는 분석법은?

① 가시 · 자외선 흡수분광법

② 원자흡수분광법

③ 적외선 흡수분광법

④ 기체크로마토그래피법

해설

원자흡수분광법은 주로 미량의 금속분석에 많이 활용된다.

48 적외선 흡수분광법에서 액체시료는 어떤 시료판에 떨어뜨리거나 발라서 측정하는가?

① K_2CrO_4 ② KBr

③ CrO_3 ④ $KMnO_4$

해설

적외선분광법(IR)에서 고체시료는 전처리가 필요하며, 유리나 플라스틱을 사용할 경우 적외선을 강하게 흡수하여 적합하지 않고, $NaCl$이나 KBr 등의 이온성 물질로 만든 펠릿으로 만들어 측정한다.

※ KBr 펠릿 제조방법
 • 고체시료를 건조하여 KBr과 혼합한다.
 • 고압으로 박막을 형성하여 준비한다.

49 적외선 흡수스펙트럼에서 $1,700cm^{-1}$ 부근에서 강한 신축진동(Stretching Vibration) 피크를 나타내는 물질은?

① 아세틸렌   ② 아세톤

③ 메 탄   ④ 에탄올

해설

카보닐기($-C(=O)-$)를 가지는 화합물은 $1,700cm^{-1}$ 부근에서 강한 피크점을 나타내며, 대표적인 물질은 아세톤이다.

50 이상적인 pH 전극에서 pH가 1단위 변할 때, pH 전극의 전압은 약 얼마나 변하는가?

① $96.5mV$ ② $59.2mV$

③ $96.5V$ ④ $59.2V$

해설

온도 변화에 따른 이상적인 pH 전극의 1pH당 막 기전력은 다음과 같다.

온도(℃)	막의 기전력(mV)
0	54.19
25	59.15
60	66.10

상온(15~25℃)을 기준으로 가장 유사한 값은 59.2mV이다.

51 고성능 액체 크로마토그래피는 고정상의 종류에 의해 네 가지로 분류된다. 다음 중 해당되지 않는 것은?

① 분 배　　　　② 흡 수
③ 흡 착　　　　④ 이온교환

해설
고성능 액체 크로마토그래피의 종류 : 분배, 크기별 배제, 흡착, 이온교환

52 강산이나 강알칼리 등과 같은 유독한 액체를 취할 때 실험자가 입으로 빨아올리지 않기 위하여 사용하는 기구는?

① 피펫필러
② 자동뷰렛
③ 홀피펫
④ 스포이트

해설
피펫필러는 피펫에 부착하여 대상 액체를 이동시키는 기구이다.

53 분광광도계의 광원 중 중수소램프는 어느 범위에서 사용하는 광원인가?

① 자외선
② 가시광선
③ 적외선
④ 감마선

해설
분광광도계의 램프별 흡수 파장 영역
• 중수소아크램프 : 자외선(180~380nm)
• 텅스텐램프, 할로겐램프 : 가시광선(380~800nm)

54 가스크로마토그래피의 검출기에서 황, 인을 포함한 화합물을 선택적으로 검출하는 것은?

① 열전도도 검출기(TCD)
② 불꽃광도 검출기(FPD)
③ 열이온화 검출기(TID)
④ 전자포획형 검출기(ECD)

해설
가스크로마토그래피의 검출기
• FID(Flame Ionization Detector, 불꽃이온화 검출기) : 가장 널리 사용되며, 주로 탄화수소의 검출에 이용한다.
• ECD(Electron Capture Detector, 전자포획 검출기) : 방사선 동위원소의 붕괴를 이용한 검출기로, 주로 할로겐족 분석에 사용한다.
• TCD(Thermal Conductivity Detector, 열전도도 검출기) : 기체가 열을 전도하는 물리적 특성을 이용한 분석으로 벤젠 측정에 이용한다.
• TID(Thermionic Detector, 열이온화 검출기) : 인, 질소화합물에 선택적으로 감응하도록 개발된 검출기이다.

55 옷, 종이, 고무, 플라스틱 등의 화재로 소화 방법으로는 주로 물을 뿌리는 방법이 많이 이용되는 화재는?

① A급 화재
② B급 화재
③ C급 화재
④ D급 화재

해설
화재의 종류

화 재	종 류
A급 화재	종이, 섬유, 목재 등
B급 화재	유류, 가스성분
C급 화재	전 기
D급 화재	박, 리본 금속분 등

56 어떤 시료를 분광광도계를 이용하여 측정하였더니 투과도가 10%T이었다. 이때 흡광도는 얼마인가?

① 0.1　　　　　　② 0.8

③ 1　　　　　　　④ 1.6

해설

$A = -\log T$
$\quad = -\log(0.1) = 1$

여기서, A : 흡광도
$\qquad\quad T$: 투과도

57 가스 크로마토그래피의 주요부가 아닌 것은?

① 시료 주입부

② 운반 기체부

③ 시료 원자화부

④ 데이터 처리장치

해설

가스 크로마토그래피의 주요장치 : 시료 주입부, 운반 기체부, 유량계, 전기오븐, 분리관, 데이터 처리장치

58 불꽃이온화 검출기의 특징에 대한 설명으로 옳은 것은?

① 유기 및 무기화합물을 모두 검출할 수 있다.

② 검출 후에도 시료를 회수할 수 있다.

③ 감도가 비교적 낮다.

④ 시료를 파괴한다.

해설

불꽃이온화 검출기(FID)는 시료를 연소시켜 파괴하여 대상물질의 농도를 측정한다.

59 분석하려는 시료용액에 음극과 양극을 담근 후, 음극의 금속을 전기화학적으로 도금하여 전해 전후의 음극무게 차이로부터 시료에 있는 금속의 양을 계산하는 분석법은?

① 전위차법(Potentiometry)

② 전해무게분석법(Electrogravimetry)

③ 전기량법(Coulometry)

④ 전압전류법(Voltammetry)

해설

전해무게분석법에 관한 설명으로 전기무게분석법이라고 하며, 최근에는 석영결정미세저울을 활용해 결과값을 직접 질량 변화로 측정하는 방법을 활용하고 있다.

60 중크롬산칼륨 표준용액 1,000ppm으로 10ppm의 시료용액 100mL를 제조하고자 한다. 필요한 표준용액의 양은 몇 mL인가?

① 1　　　　　　　② 10

③ 100　　　　　　④ 1,000

해설

$NV = N'V'$

1,000ppm $\times x$ = 10ppm $\times$ 100mL

$\therefore x = $ 1mL

01 다음 중 비극성인 물질은?

① H_2O　　　　　　② NH_3

③ HF　　　　　　　④ C_6H_6

해설

극성과 비극성의 구분은 비공유전자쌍의 유무와 전기음성도에 의해 결정된다. 비공유전자쌍이 있으면 극성을 띠며, 결합을 이루고 있는 원소들의 전기음성도값의 차이가 클수록 극성을 띤다.
- 비극성 : 결합원소의 구조가 대칭을 이룬다(F_2, Cl_2, Br_2. CH_4, C_6H_6 등).
- 극성 : 결합원소의 구조가 대칭을 이루지 못해 한쪽에서 다른 한쪽의 결합을 당기게 된다(HF, HCl, HBr, H_2O, NH_3 등).

예 CO_2는 비극성임 → O=C=O(대칭)
　　SO_2는 극성임 → O=S–O(비대칭)

02 같은 온도와 압력에서 한 용기 속에 수소 분자 3.3×10^{23}개가 들어 있을 때 같은 부피의 다른 용기 속에 들어 있는 산소 분자의 수는?

① 3.3×10^{23}개

② 4.5×10^{23}개

③ 6.4×10^{23}개

④ 9.6×10^{23}개

해설

이상기체 방정식을 이용하면

$PV = nRT$

여기서, P : 압력, V : 부피, n : 몰수

　　　　R : 기체상수(0.082atm·L/mol·K), T : 절대온도

P, V, R, T가 동일한 조건이므로 n도 같게 된다.

03 다음 중 이상기체의 성질과 가장 가까운 기체는?

① 헬 륨　　　　　　② 산 소

③ 질 소　　　　　　④ 메 탄

해설

헬륨(He)은 비활성 기체로 이상기체와 가장 유사한 성질을 지니며, 그 다음은 수소분자(H_2)이다.

04 20℃에서 부피 1L를 차지하는 기체가 압력의 변화 없이 부피가 3배로 팽창하였을 때 절대온도는 몇 K가 되는가?(단, 이상 기체로 가정한다)

① 859　　　　　　② 869

③ 879　　　　　　④ 889

해설

샤를의 법칙을 활용하면

$\dfrac{V_1}{T_1} = \dfrac{V_2}{T_2}$ 에서 $\dfrac{1L}{293K} = \dfrac{3L}{x}$

∴ $x = 879K$

05 A + 2B → 3C + 4D와 같은 기초 반응에서 A, B의 농도를 각각 2배로 하면 반응속도는 몇 배로 되겠는가?

① 2　　　　　　　② 4

③ 8　　　　　　　④ 16

해설

반응속도 $V = [A][B]^2$

A, B의 농도를 각각 2배로 하면

반응속도 $V = [2A][2B]^2 = 8[A][B]^2$

∴ 반응속도는 8배가 된다.

06 산화시키면 카복실산이 되고, 환원시키면 알코올이 되는 것은?

① C_2H_5OH

② $C_2H_5OC_2H_5$

③ CH_3CHO

④ CH_3COCH_3

해설

알코올 $\xleftarrow{\text{환원}}$ 아세트알데하이드 $\xrightarrow{\text{산화}}$ 카복실산
(C_2H_5OH)　　　（CH_3CHO）　　　（CH_3COOH）

07 다음 중 수소결합에 대한 설명으로 틀린 것은?

① 원자와 원자 사이의 결합이다.

② 전기음성도가 큰 F, O, N의 수소 화합물에 나타난다.

③ 수소결합을 하는 물질은 수소결합을 하지 않는 물질에 비해 녹는점과 끓는점이 높다.

④ 대표적인 수소결합 물질로는 HF, H_2O, NH_3 등이 있다.

해설

수소결합은 수소가 지니는 비공유전자쌍에 의해 발생한 인력으로 원자 사이에서는 발생하지 않는다.

08 전이금속 화합물에 대한 설명으로 옳지 않은 것은?

① 철은 활성이 매우 커서 단원자 상태로 존재한다.

② 황산제일철($FeSO_4$)은 푸른색 결정으로 철을 황산에 녹여 만든다.

③ 철(Fe)은 +2 또는 +3의 산화수를 갖으며 +3의 산화수 상태가 가장 안정하다.

④ 사산화삼철(Fe_3O_4)은 자철광의 주성분으로 부식을 방지하는 방식용으로 사용된다.

해설

철은 이온화 경향이 크므로, 대기 중에서 주로 산화철(다원자 상태, 예 이산화철, 삼산화철, 사산화철 등)의 형태로 존재한다.
※ 단원자 분자 : 원자 하나로 분자의 성질을 띠는 분자
　　예 He, Ne, Ar(비활성 기체)

09 원자 번호 20인 Ca의 원자량은 40이다. 원자핵의 중성자수는 얼마인가?

① 19　　　　　　② 20

③ 39　　　　　　④ 40

해설

• 원자번호 = 전자수 = 양성자수
• 원자량 = 양성자 + 중성자
• 중성자수 = 원자량 − 양성자수 = 40 − 20 = 20

10 원자번호 3번 Li의 화학적 성질과 비슷한 원소의 원자번호는?

① 8　　　　　　② 10

③ 11　　　　　　④ 18

해설

같은 족 원소들은 유사한 화학적 성질을 지니며, Li은 1족 원소(알칼리금속)이다.
1족 원소 : Li(3번), Na(11번), K(19번), Rb(37번) 등

11 에틸알코올의 화학 기호는?

① C_2H_5OH ② C_6H_5OH

③ $HCHO$ ④ CH_3COCH_3

해설

에틸알코올 : C_2H_5OH

12 펜탄(C_5H_{12})은 몇 개의 이성질체가 존재하는가?

① 2개 ② 3개

③ 4개 ④ 5개

해설

펜탄의 구조
분자식은 같으나 서로 연결모양이 상이한 화합물을 구조이성질체
라고 부르며 펜탄(C_5H_{12})의 경우 3개의 이성질체(노말펜탄, 아이
소펜탄, 네오펜탄)가 있다.

13 가수분해 생성물이 포도당과 과당인 것은?

① 맥아당

② 설 탕

③ 젖 당

④ 글리코겐

해설

설탕은 이당류로 수용성이며, 가수분해 생성물은 단당류인 포도당
과 과당이다.

14 다음 중 방향족 탄화수소가 아닌 것은?

① 벤 젠 ② 자일렌

③ 톨루엔 ④ 아닐린

해설

아닐린은 방향족 아민에 속한다.
방향족 탄화수소
• 벤젠고리를 포함하는 탄화수소이다.
• 벤젠, 페놀, 톨루엔, 자일렌, 나프탈렌, 안트라센 등이 있다.

15 0.1M NaOH 0.5L와 0.2M HCl 0.5L를 혼합한 용
액의 몰 농도(M)는?

① 0.05 ② 0.1

③ 0.3 ④ 1

해설

$NaOH + HCl \leftrightarrow H_2O + NaCl$
둘 다 1가이므로 1 : 1 반응을 하며 몰농도(M)를 환산하면
NaOH : 0.1mol/L × 0.5L = 0.05mol
HCl : 0.2mol/L × 0.5L = 0.1mol
혼합액 : 0.1 − 0.05 = 0.05mol(HCl)/L = 0.05M

16 LiH에 대한 설명 중 옳은 것은?

① Li_2H, Li_3H 등의 화합물이 존재한다.
② 물과 반응하여 O_2 기체를 발생시킨다.
③ 아주 안정한 물질이다.
④ 수용액의 액성은 염기성이다.

해설

$LiH + H_2O \rightarrow LiOH + H_2$
             염기성   수소가스
                     발생

17 다음 중 원자에 대한 법칙이 아닌 것은?

① 질량 불변의 법칙
② 일정 성분비의 법칙
③ 기체 반응의 법칙
④ 배수 비례의 법칙

해설

기체 반응의 법칙은 분자 간의 반응을 나타낸다.

18 요소 비료 중에 포함된 질소의 함량은 몇 %인가?
(단, C = 12, N = 14, O = 16, H = 1)

① 44.7
② 45.7
③ 46.7
④ 47.7

해설

요소의 화학식이 $(NH_2)_2CO$이므로
전체 분자량 $= (14+2) \times 2 + (12+16) = 60$이다.
∴ 요소 비료 중에 포함된 질소의 함량 $= \dfrac{14 \times 2}{60} \times 100 ≒ 46.7\%$

19 0℃의 얼음 2g을 100℃의 수증기로 변화시키는 데 필요한 열량은 약 몇 cal인가?(단, 기화잠열 = 539cal/g, 융해열 = 80cal/g)

① 1,209
② 1,438
③ 1,665
④ 1,980

해설

다음의 과정을 거치며 변화시켜야 한다.
• 얼음 → 물(상태변화)
  $Q_1 = 80cal/g($얼음 융해열$) \times 2g = 160cal$
• 0℃ → 100℃(온도변화)
  $Q_2 = 2g \times 1cal/g \cdot ℃($물의 비열$) \times (100℃ - 0℃) = 200cal$
• 물 → 수증기(상태변화)
  $Q_3 = 539cal/g($물 기화열$) \times 2g = 1,078cal$
∴ $Q = Q_1 + Q_2 + Q_3$ 이므로,
  $Q = 160 + 200 + 1,078 = 1,438cal$

20 다음 금속 중 이온화 경향이 가장 큰 것은?

① Na
② Mg
③ Ca
④ K

해설

이온화 경향
• 전자를 잃고 양이온이 되려는 경향이다.
• 주기율표에서 왼쪽 아래로 갈수록 커지는 경향이 있다.
• 금속의 이온화 경향 : Li > K > Ca > Na > Mg > Al > Zn > Fe > Ni > Sn > Pb > H > Cu > Ag > Pt > Au

21 10g의 프로판이 연소하면 몇 g의 CO_2가 발생하는가?(단, 반응식은 $C_3H_8 + 5O_2 \rightleftarrows 3CO_2 + 4H_2O$, 원자량은 $C = 12$, $O = 16$, $H = 1$이다)

① 25   ② 27

③ 30   ④ 33

해설

$C_3H_8 + 5O_2 \rightarrow 3CO_2 + 4H_2O$

44g   :   132g

10g   : x

∴ $x = 30g$

22 1N NaOH 용액 250mL를 제조하려고 한다. 이때 필요한 NaOH의 양은?(단, NaOH의 분자량 = 40)

① 0.4g   ② 4g

③ 10g   ④ 40g

해설

NaOH는 1가이므로 N = M이 된다.

1M의 NaOH = 40g/L이며 필요한 것은 250mL이므로

$40g/L \times 0.25L = 10g$

23 0.4g의 NaOH를 물에 녹여 1L의 용액을 만들었다. 이 용액의 몰농도는 얼마인가?

① 1M   ② 0.1M

③ 0.01M   ④ 0.001M

해설

NaOH의 분자량은 40g/mol이므로

1mol : 40g = x : 0.4g

$x = 0.01mol$

∴ 몰농도(M, mol/L) = 0.01mol/1L = 0.01M

24 다음 중 산성 산화물은?

① P_2O_5 ② Na_2O

③ MgO ④ CaO

해설

산성 산화물 : 산성을 나타내는 산화물을 말하며, 슬래그나 내화물 속에 존재할 경우 고온에서 염기성 산화물과 결합을 잘한다(예 SiO_2, P_2O_5, SO_3).

25 3N 황산 용액 200mL 중에는 몇 g의 H_2SO_4를 포함하고 있는가?(단, S의 원자량은 32이다)

① 29.4   ② 58.8

③ 98.0   ④ 117.6

해설

황산은 2가이므로(전자를 2개씩 주고받음),

황산의 1g당량 = $\dfrac{98g(분자량)}{2(주고받는전자수)} = 49g$

1N = 49g/L이므로 3N = 3 × 49g/L = 147g/L

기준용액이 0.2L(= 200mL)이므로

∴ 147g/L × 0.2L = 29.4g

26 고체의 용해도는 온도의 상승에 따라 증가한다. 그러나 이와 반대 현상을 나타내는 고체도 있다. 다음 중 이 고체에 해당되지 않는 것은?

① 황산리튬
② 수산화칼슘
③ 수산화나트륨
④ 황산칼슘

해설
고체의 용해도는 일반적으로 흡열반응으로, 온도의 상승에 따라 증가하며 압력과는 무관하다. 황산리튬, 수산화칼슘, 황산칼슘 등은 용해과정이 발열반응이며 역으로 온도가 낮아질수록 용해도가 증가한다. 그러나 수산화나트륨은 온도와 무관하게 물에 잘 녹으며, 이때 다량의 열이 발생하게 된다.

27 미지 물질의 분석에서 용액이 강한 산성일 때의 처리 방법으로 가장 옳은 것은?

① 암모니아수로 중화한 후 질산으로 약산성이 되게 한다.
② 질산을 넣어 분석한다.
③ 탄산나트륨으로 중화한 후 처리한다.
④ 그대로 분석한다.

해설
미지 물질 수용액이 강산성일 때는 암모니아수로 중화한 후, 질산으로 약산성이 되게 하여 처리한다.

28 침전적정에서 Ag^+에 의한 은법적정 중 지시약법이 아닌 것은?

① Mohr법
② Fajans법
③ Volhard법
④ 네펠로법(Nephelometry)

해설
네펠로법은 입자의 혼탁도에 따른 산란도를 측정하는 방법으로, 대표적인 탁도 측정방법이다.

29 사이안화칼륨을 넣으면 처음에는 흰 침전이 생기나 다시 과량으로 넣으면 흰 침전은 녹아 맑은 용액으로 된다. 이와 같은 성질을 가진 염의 양이온은 어느 것인가?

① Cu^{2+}
② Al^{3+}
③ Zn^{2+}
④ Hg^{2+}

해설
아연염 + 사이안화칼륨(KCN) → $Zn(CN)_2$↓ (이후 사이안화칼륨 추가 시 용해된다)

30 "20wt% 소금 용액 $d = 1.10g/cm^3$"로 표시된 시약이 있다. 소금의 몰(M)농도는 얼마인가?(단, d는 밀도이며 Na은 23g, Cl는 35.5g으로 계산한다)

① 1.54
② 2.47
③ 3.76
④ 4.23

해설
기본적인 단위환산 문제이다. wt%는 무게비이므로

$$\frac{20g}{100g} \times \frac{1.10g}{1cm^3 \times 1mL/1cm^3} \times \frac{1,000mL}{1L} \times \frac{1mol}{58.5g}$$
$$= 3.76M(mol/L)$$

31 양이온의 계통적인 분리검출법에서는 방해물질을 제거시켜야 한다. 다음 중 방해물질이 아닌 것은?

① 유기물
② 옥살산 이온
③ 규산 이온
④ 암모늄 이온

양이온 계통 분리검출법에 따른 방해물질
• 유기물
• 옥살산 이온
• 규산 이온

32 다음 반응에서 반응계에 압력을 증가시켰을 때 평형이 이동하는 방향은?

$$2SO_2 + O_2 \rightleftarrows 2SO_3$$

① SO_3가 많이 생성되는 방향
② SO_3가 감소되는 방향
③ SO_2가 많이 생성되는 방향
④ 이동이 없다.

압력이 증가할 때 몰수가 작은 방향으로 평형이 이동한다.
$2SO_2 + O_2 \rightleftarrows 2SO_3$
3몰(2몰 +1몰)　2몰

33 질산나트륨은 20℃ 물 50g에 44g 녹는다. 20℃에서 물에 대한 질산나트륨의 용해도는 얼마인가?

① 22.0　　　　② 44.0
③ 66.0　　　　④ 88.0

$$용해도 = \frac{용질}{용매} \times 100 = \frac{44g}{50g} \times 100 = 88$$

34 $Hg_2(NO_3)_2$ 용액에 다음과 같은 시약을 가했다. 수은을 유리시킬 수 있는 시약으로만 나열된 것은?

① NH_4OH, $SnCl_2$
② $SnCl_4$, $NaOH$
③ $SnCl_2$, $FeCl_2$
④ $HCHO$, $PbCl_2$

수은 분리 가능 시약 : 수산화암모늄(NH_4OH), 염화주석($SnCl_2$)
• 수산화암모늄 반응식 : $Hg_2(NO_3)_2 + 2NH_4OH \rightarrow Hg_2(OH)_2 + 2NH_4NO_3$
• 염화주석 반응식 : $Hg_2(NO_3)_2 + SnCl_2 \rightarrow Sn(NO_3)_2 + Hg_2Cl_2$

35 제2족 구리족 양이온과 제2족 주석족 양이온을 분리하는 시약은?

① HCl　　　　② H_2S
③ Na_2S　　　　④ $(NH_4)_2CO_3$

제2족 구리족 양이온과 제2족 주석족 양이온의 분족에는 황화수소(H_2S)가 사용된다.

36 0.01N HCl 용액 200mL를 NaOH로 적정하니 80.00mL가 소요되었다면, 이때 NaOH의 농도는?

① 0.05N ② 0.025N

③ 0.125N ④ 2.5N

> **해설**
> $NV = N'V'$를 이용하면
> 0.01N $\times$ 200mL = $x \times$ 80mL, x = 0.025N

37 0.1N $KMnO_4$ 표준용액을 적정할 때에 사용하는 시약은?

① NaOH ② $Na_2C_2O_4$

③ K_2CrO_4 ④ NaCl

> **해설**
> 주로 COD 분석법에 사용되며, 옥살산나트륨($Na_2C_2O_4$)을 이용한다. 여기서, 과망간산칼륨은 산화제, 옥살산나트륨은 환원제로 서로 반응하는 원리를 이용해 적정하며, 반응식은 다음과 같다.
> $2KMnO_4 + 5Na_2C_2O_4 + 8H_2SO_4 \leftrightarrow K_2SO_4 + 2MnSO_4 + 5Na_2SO_4 + 10CO_2 + 8H_2O$

38 수소발생장치를 이용하여 비소를 검출하는 방법은?

① 구차이트 반응
② 추가에프 반응
③ 마시의 시험 반응
④ 베텐도르프 반응

> **해설**
> 제임스 마시의 비소검출방법은 아연과 황산을 반응시켜 생성된 수소를 As_2O_3와 결합시켜 수소화비소(AsH_3)를 생성시킨 후 가열하여 비소(As)를 검출한다.

39 뮤렉사이드(MX) 금속 지시약은 다음 중 어떤 금속이온의 검출에 사용되는가?

① Ca, Ba, Mg
② Co, Cu, Ni
③ Zn, Cd, Pb
④ Ca, Ba, Sr

> **해설**
> 뮤렉사이드(Murexide) 금속 지시약
>
> | 화학식 | $C_8H_8N_6O_6 \cdot H_2O$ |
> | --- | --- |
> | 상 태 | 적자색 결정 |
> | 검출 대상 물질 | Co, Cu, Ni |

40 염화물 시료 중의 염소이온을 폴하르트(Volhard)법으로 적정하고자 할 때 주로 사용하는 지시약은?

① 철명반
② 크롬산칼륨
③ 플루오레세인
④ 녹 말

> **해설**
> 폴하르트법은 철명반($Fe_2(SO_4)_3$)을 지시약으로 사용한다.
> 3가 철이온을 활용한 알짜반응은 다음과 같다.
> $Fe^{3+} + SCN^- \rightarrow Fe(SCN)^{2+}$
> 적색

41 다음 중 적외선스펙트럼의 원리로 옳은 것은?

① 핵자기공명

② 전하이동전이

③ 분자전이현상

④ 분자의 진동이나 회전운동

해설

적외선은 분자의 진동이나 회전상태에서 다른 에너지 상태로 전이되면서 발생하는 에너지의 변화로 스펙트럼을 측정할 수 있으며, 이 원리를 이용해 물질의 정량·정성분석하는 방법이 적외선 분광법(IR)이다.

42 파장의 길이 단위인 1 Å 과 같은 길이는?

① 1nm

② 0.1μm

③ 0.1nm

④ 100nm

해설

1 Å = 0.1nm

43 pH Meter를 사용하여 산화·환원 전위차를 측정할 때 사용되는 지시 전극은?

① 백금 전극

② 유리 전극

③ 안티몬 전극

④ 수은 전극

해설

pH 미터의 지시 전극

지시 전극	적용범위
유리 전극	일반 측정
백금 전극	산화, 환원 전위차 측정

44 기체-액체 크로마토그래피(GLC)에서 정지상과 이동상을 올바르게 표현한 것은?

① 정지상 – 고체, 이동상 – 기체

② 정지상 – 고체, 이동상 – 액체

③ 정지상 – 액체, 이동상 – 기체

④ 정지상 – 액체, 이동상 – 고체

해설

GLC는 분배 크로마토그래피라고도 하며, 액체정지상과 기체이동상을 이용한다.

45 다음 반응식의 표준전위는 얼마인가?(단, 반반응의 표준환원전위는 $Ag^+ + e^- \rightleftharpoons Ag(s)$, $E^0 = +0.799V$, $Cd^{2+} + 2e^- \rightleftharpoons Cd(s)$, $E^0 = -0.402V$)

$$Cd(s) + 2Ag^+ \rightleftharpoons Cd^{2+} + 2Ag(s)$$

① +1.201V

② +0.397V

③ +2.000V

④ −1.201V

해설

$Cd(s) + 2Ag^+ \rightleftharpoons Cd^{2+} + 2Ag(s)$

$Cd \rightarrow Cd^{2+} + 2e^-$　　$E^0 = +0.402V$

$2Ag^+ + 2e^- \rightarrow 2Ag$　　$E^0 = +0.799V$

∴ 표준전위는 0.402V + 0.799V = 1.201V

※ 표준환원전위는 전자수와 무관하다.

46 pH 미터에 사용하는 유리전극에는 어떤 용액이 채워져 있는가?

① pH 7의 NaOH 불포화 용액
② pH 10의 NaOH 포화 용액
③ pH 7의 KCl 포화 용액
④ pH 10의 KCl 포화 용액

해설
유리전극은 일반적으로 3M 농도의 중성(pH 7) KCl 용액으로 포화되어 있다.

47 적외선 분광광도계의 흡수 스펙트럼으로부터 유기물질의 구조를 결정하는 방법 중 카보닐기가 강한 흡수를 일으키는 파장의 영역은?

① $1,000 \sim 1,300 cm^{-1}$
② $1,660 \sim 1,820 cm^{-1}$
③ $2,400 \sim 3,400 cm^{-1}$
④ $3,300 \sim 3,600 cm^{-1}$

해설
카보닐기의 최적 흡수파장 영역 : $1,700 \sim 1,750 cm^{-1}$

48 과망간산칼륨($KMnO_4$) 표준 용액 1,000ppm을 이용하여 30ppm의 시료 용액을 제조하고자 한다. 그 방법으로 옳은 것은?

① 3mL를 취하여 메스플라스크에 넣고 증류수로 채워 10mL가 되게 한다.
② 3mL를 취하여 메스플라스크에 넣고 증류수로 채워 100mL가 되게 한다.
③ 3mL를 취하여 메스플라스크에 넣고 증류수로 채워 1,000mL가 되게 한다.
④ 30mL를 취하여 메스플라스크에 넣고 증류수로 채워 10,000mL가 되게 한다.

해설
$NV = N'V'$를 이용한다.
$1,000ppm \times 3mL = 30ppm \times x$
$x = 100mL$

49 기체 크로마토그래피에서 시료 주입구의 온도 설정으로 옳은 것은?

① 시료 중 휘발성이 가장 높은 성분의 끓는점보다 20℃ 낮게 설정
② 시료 중 휘발성이 가장 높은 성분의 끓는점보다 50℃ 높게 설정
③ 시료 중 휘발성이 가장 낮은 성분의 끓는점보다 20℃ 낮게 설정
④ 시료 중 휘발성이 가장 낮은 성분의 끓는점보다 50℃ 높게 설정

해설
기체 크로마토그래피는 시료주입구의 온도를 시료 중 휘발성이 가장 낮은 성분의 끓는점보다 약 50℃ 높게 설정해야 분석상의 오류와 시료손상을 막을 수 있다.

50 용액의 두께가 10cm, 농도가 5mol/L이며 흡광도가 0.2이면 몰흡광도(L/mol·cm) 계수는?

① 0.001
② 0.004
③ 0.1
④ 0.2

해설
$A = \varepsilon b C$
여기서, A : 흡광도
ε : 몰흡광계수
b : 광도의 길이
C : 시료의 농도
$\varepsilon = \dfrac{A}{b \times C} = \dfrac{0.2}{10cm \times 5mol/L}$
$= 0.004 L/mol \cdot cm (M^{-1}cm^{-1})$

51 급격한 가열 · 충격 등으로 단독으로 분해 · 폭발할 수 있기 때문에 강한 충격이나 마찰을 주지 않아야 하는 산화성 고체 위험물은?

① 질산암모늄　　② 과염소산
③ 질 산　　④ 과산화벤조일

해설
질산암모늄(NH_4NO_3)은 제1류 위험물 중 위험등급 Ⅱ로 분류되면 지정수량 300kg으로 제한하고 있다. 가열 · 충격으로 분해 · 폭발할 우려가 있으며, 황 분말과 혼합하면 가열 또는 충격에 의한 폭발 위험이 높아진다. 보통 물을 사용해 폭발을 제어하는 것이 효과적이다(주수소화).

52 람베르트 법칙 $T = e^{-kb}$에서 b가 의미하는 것은?

① 농 도
② 상 수
③ 용액의 두께
④ 투과광의 세기

해설
람베르트 법칙 $T = e^{-kb}$
여기서, k : 흡수계수, b : 용액층의 두께

53 가스 크로마토그래피의 정량분석에 일반적으로 사용되는 방법은?

① 크로마토그램의 무게
② 크로마토그램의 면적
③ 크로마토그램의 높이
④ 크로마토그램의 머무름시간

해설
GC는 정량분석(크로마토그램의 면적), 정성분석(머무름시간) 모두 가능하다.

54 pH Meter의 사용방법에 대한 설명으로 틀린 것은?

① pH 전극은 사용하기 전에 항상 보정해야 한다.
② pH 측정 전에 전극 유리막은 항상 말라 있어야 한다.
③ pH 보정 표준 용액은 미지 시료의 pH를 포함하는 범위이어야 한다.
④ pH 전극 유리막은 정전기가 발생할 수 있으므로 비벼서 닦으면 안 된다.

해설
전극계로 측정할 때 절연성이 필요하기 때문에 접속부의 건조상태를 항상 모니터링 해야 한다(건조한 경우 측정 불가).

55 다음 보기에서 GC(기체크로마토그래피)의 검출기가 갖추어야 할 조건 중 옳은 것은 모두 몇 개인가?

┌─────────────────────────────┐
│ ㉠ 검출한계가 높아야 한다.
│ ㉡ 가능하면 모든 시료에 같은 응답신호를 보여야 한다.
│ ㉢ 검출기 내에 시료의 머무는 부피는 커야 한다.
│ ㉣ 응답시간이 짧아야 한다.
│ ㉤ S/N비가 커야 한다.
└─────────────────────────────┘

① 1개　　② 2개
③ 3개　　④ 4개

해설
GC검출기의 필요조건
• 검출한계가 낮아야 한다.
• 시료에 대한 검출기의 응답신호가 선형이어야 한다.
• 모든 시료에 동일한 응답신호를 보여야 한다.
• 응답시간이 짧아야 한다.
• S/N비가 커야 한다.
• 검출기 내에 시료가 머무르는 부피는 작을수록 좋다.

56 황산구리 용액을 전기 무게 분석법으로 구리의 양을 분석하려고 한다. 이때 일어나는 반응이 아닌 것은?

① $Cu^{2+} + 2e^- \rightarrow Cu$

② $2H^+ + 2e^- \rightarrow H_2$

③ $2H_2O \rightarrow O_2 + 4H^+ + 4e^-$

④ $SO_4^+ \rightarrow SO_2 + O_2 + 4e^-$

해설
$\underline{SO_4^{2-}} \rightarrow SO_2 + O_2 + 2e^-$

57 다음 중 물질의 특징에 대한 설명으로 틀린 것은?

① 염산은 공기 중에 방치하면 염화수소 가스를 발생시킨다.

② 과산화물에 열을 가하면 산소를 발생시킨다.

③ 마그네슘 가루는 공기 중의 습기와 반응하여 자연 발화한다.

④ 흰인은 공기 중의 산소와 화합하지 않는다.

해설
흰인은 상온(약 34℃)에서 자연발화한다.

58 흡광광도분석장치의 구성 순서로 옳은 것은?

① 광원부 – 시료부 – 파장 선택부 – 측광부

② 광원부 – 파장 선택부 – 시료부 – 측광부

③ 광원부 – 시료부 – 측광부 – 파장 선택부

④ 광원부 – 파장 선택부 – 측광부 – 시료부

해설
흡광분석장치 구성도
광원부 – 파장 선택부 – 시료부 – 측광부

59 가시광선의 파장 영역으로 가장 옳은 것은?

① 400nm 이하

② 400~800nm

③ 800~1,200nm

④ 1,200nm 이상

해설
가시광선의 파장 영역은 약 350~780nm 정도이다.

60 액체크로마토그래피의 검출기가 아닌 것은?

① UV 흡수 검출기

② IR 흡수 검출기

③ 전도도 검출기

④ 이온화 검출기

해설
이온화 검출기는 주로 GC(가스크로마토그래피)에 사용된다.

01 금속결합의 특징에 대한 설명으로 틀린 것은?

① 양이온과 자유전자 사이의 결합이다.

② 열과 전기의 부도체이다.

③ 연성과 전성이 크다.

④ 광택을 가진다.

해설
금속결합은 금속원자 간 결합으로, 자유전자와 양이온의 인력에 의해 형성되어 전기가 잘 통하는 도체의 성격을 지닌다.

02 다음 중 펠링 용액(Fehling's Solution)을 환원시킬 수 있는 물질은?

① CH_3COOH

② CH_3OH

③ C_2H_5OH

④ $HCHO$

해설
펠링반응은 환원당(글루코스)이나 알데하이드기(−CHO)와 같은 환원력이 강한 물질의 검출에 사용된다.

03 다음 중 화학 결합물 분자의 입체구조가 정사면체 모양이 아닌 것은?

① CH_4 ② BH_4^-

③ NH_3 ④ NH_4^+

해설
NH_3는 삼각뿔 형태의 입체구조를 지닌다.

$$H-\underset{\underset{H}{|}}{\overset{\cdot\cdot}{N}}-H$$

04 일정한 압력하에서 10℃의 기체가 2배로 팽창하였을 때의 온도는?

① 172℃   ② 293℃

③ 325℃   ④ 487℃

해설
샤를의 법칙을 이용한다.

$$\frac{V_1}{T_1} = \frac{V_2}{T_2}$$

$$\frac{V}{283K} = \frac{2V}{T_2}$$

$T_2 = 566K$

∴ $566K - 273 = 293℃$

05 pH 5인 염산과 pH 10인 수산화나트륨을 어떤 비율로 섞으면 완전 중화가 되는가?(단, 염산 : 수산화나트륨의 비)

① 1 : 2   ② 2 : 1

③ 10 : 1   ④ 1 : 10

해설
HCl pH 5 → $[H^+]=10^{-5}$
NaOH pH 10 → $[OH^-]=10^{-4}$(pH + pOH = 14)
염산의 수소이온농도가 10배 적으므로 염산 : 수산화나트륨을 10 : 1로 배합하면 된다.

06 탄소 화합물의 특성에 대한 설명 중 틀린 것은?

① 화합물의 종류가 많다.
② 대부분 무극성이나 극성이 약한 분자로 존재하므로 분자 간 인력이 약해 녹는점, 끓는점이 낮다.
③ 대부분 비전해질이다.
④ 원자 간 결합이 약해 화학 반응을 하기 쉽다.

해설
탄소 화합물은 기본적으로 원자 간 결합이 강하며, 이중, 삼중으로 결합되었을 경우만 결합력이 약하다.

07 다음 중 비전해질은 어느 것인가?

① NaOH
② HNO_3
③ CH_3COOH
④ C_2H_5OH

해설
비전해질 물질은 물에 용해되어도 이온화하지 않는 물질로 설탕, 에탄올(C_2H_5OH), 포도당 등이 있다.
※ 전해질 물질 : 염화나트륨, 염화수소, 염화구리, 수산화나트륨 등

08 다음 원소 중 원자의 반지름이 가장 큰 원소는?

① Li
② Be
③ B
④ C

해설
원자반지름의 크기
• 동일 족 : 원자번호가 커질수록 전자껍질이 증가하여 반지름이 커진다.
• 동일 주기 : 원자번호가 커질수록 유효핵전하가 증가하여 반지름이 작아진다(Li > Be > B > C).

09 다음 중 상온에서 찬물과 반응하여 심하게 수소를 발생시키는 것은?

① K
② Mg
③ Al
④ Fe

해설
알칼리금속의 특징
Na, K, Li, Cs, Rb 같은 알칼리금속은 상온에서 물과 반응할 경우 수소기체가 발생하기 때문에 석유나 벤젠 등에 넣어서 보관한다.

10 공업용 NaOH의 순도를 알고자 4.0g을 물에 용해시켜 1L로 하고 그 중 25mL를 취하여 0.1N H_2SO_4로 중화시키는 데 20mL가 소요되었다. 이 NaOH의 순도는 몇 %인가?(단, 원자량은 Na = 23, S = 32, H = 1, O = 16이다)

① 60
② 70
③ 80
④ 90

해설
NaOH 4g을 물에 용해시켜 1L로 하면 0.1M(NaOH 분자량 = 40g/mol)이 되고, NaOH는 1가로 M = N이므로 0.1N가 된다.
$NV = N'V'$를 활용하면
x(수산화나트륨의 농도) × 25mL = 0.1N(황산의 농도) × 20mL
$x = 0.08N$
NaOH 4g을 녹인 0.1N 수용액을 물과 희석해 0.08N으로 만들었을 때 순도(x')를 구하면 다음과 같다.
100% : 0.1N = x' : 0.08N
∴ $x' = 80\%$

11 물 1몰을 전기분해하여 산소를 얻을 때 필요한 전하량은 몇 F인가?(단, 물의 산화반응은 $H_2O \rightarrow \frac{1}{2}O_2 + 2H^+ + 2e^-$)

① 1

② 2

③ 40

④ 96,500

해설

$1F$: 물질 1g 당량을 석출하는 데 필요한 전기량(= 전자 1mol의 전하량 = 96,485C/mol)

$H_2O \rightarrow \frac{1}{2}O_2 + 2H^+ + 2e^-$에서 물 1mol이 분해될 때 전자 2mol($2e^-$)이 이동하였으므로, 필요한 전하량은 $2F$이다.

12 포화탄화수소에 대한 설명으로 옳은 것은?

① 이중결합으로 되어 있다.

② 치환반응을 한다.

③ 첨가반응을 잘한다.

④ 기하이성질체를 갖는다.

해설

주로 포화탄화수소는 치환반응, 불포화탄화수소는 첨가반응을 한다.

13 다음 화합물 중 염소(Cl)의 산화수가 +3인 것은?

① HClO

② HClO₂

③ HClO₃

④ HClO₄

해설

HClO₂에서 산소의 산화수는 $-2 \times 2 = -4$, 수소의 산화수는 +1이므로 염소의 산화수를 x라 할 때

$1 + x + (-4) = 0$

$\therefore x = +3$

14 다음 중 산성염에 해당하는 것은?

① NH₄Cl

② CaSO₄

③ NaHSO₄

④ Mg(OH)Cl

해설

산성염 : 산성인 수소이온을 함유한 염이다.

황산수소나트륨(NaHSO₄(aq)) $\rightleftarrows$ Na⁺(aq) + H⁺(aq) + SO₄²⁻(aq)

15 다음 반응식 중 첨가반응에 해당하는 것은?

① $3C_2H_2 \rightarrow C_6H_6$

② $C_2H_4 + Br_2 \rightarrow C_2H_4Br_2$

③ $C_2H_5OH \rightarrow C_2H_4 + H_2O$

④ $CH_4 + Cl_2 \rightarrow CH_3Cl + HCl$

해설

첨가반응

이중결합이나 삼중결합을 포함한 탄소화합물이 이중결합이나 삼중결합 중 약한 결합이 끊어져, 원자 또는 원자단이 첨가되어 단일결합물로 변하는 것이다. 에틸렌과 브롬의 반응이 가장 대표적인 첨가반응 중의 하나이다.

에틸렌   브롬(브로민)   1,2-다이브로모에틸

[이중결합]   [단일결합]

16 Fe^{3+}과 반응하여 청색 침전을 만드는 물질은?

① KSCN

② $PbCrO_4$

③ $K_3Fe(CN)_6$

④ $K_4Fe(CN)_6$

해설

$Fe^{3+}(aq) + K_4Fe(CN)_6(aq) \rightarrow 4K^+(aq) + Fe^{2+}(aq) + [Fe(CN)_6]^{3-}(aq)$
(청색)

17 물 200g에 $C_6H_{12}O_6$(포도당) 18g을 용해하였을 때 용액의 wt% 농도는?

① 7

② 8.26

③ 9

④ 10.26

해설

$$wt\% = \frac{\text{용질의 g수}}{\text{용액의 g수(용매 + 용질)}} \times 100$$

$$= \frac{18}{218} \times 100 ≒ 8.26wt\%$$

※ 두 물질이 혼합되어 있을 때 양이 많은 것이 용매, 양이 적은 것이 용질이다.

18 600K를 랭킨온도 °R로 표시하면 얼마인가?

① 327

② 600

③ 1,080

④ 1,112

해설

• °R = °F + 460

• °F = 1.8℃ + 32

• ℃ = K − 273

K에 600을 대입해 계산한다.

℃ = K − 273 = 600 − 273 = 327

°F = (1.8 × 327) + 32 = 620.6 ≒ 620

∴ °R = 620 + 460 = 1,080

19 다음 혼합물과 이를 분리하는 방법 및 원리를 연결한 것 중 잘못된 것은?

	혼합물	적용 원리	분리방법
①	NaCl, KNO_3	용해도의 차	분별결정
②	H_2O, C_2H_5OH	끓는점의 차	분별증류
③	모래, 아이오딘	승화성	승 화
④	석유, 벤젠	용해성	분액 깔때기

해설

석유, 벤젠은 용해성을 이용해 분리하기보다는 끓는점의 차이를 이용한 분별증류법을 사용하는 것이 더 적절하다.

20 다음 중 방향족 화합물은?

① CH_4

② C_2H_4

③ C_3H_8

④ C_6H_6

해설

방향족 탄화수소는 반드시 벤젠고리를 포함하고 있으며, 벤젠고리는 기본적으로 탄소 6개의 단일결합과 이중결합을 교대로 이루고 있다. 따라서 탄소가 6개 이상인 ④(벤젠)만 방향족 화합물에 해당된다.

21 다음 중 보일-샤를의 법칙이 가장 잘 적용되는 기체는?

① O_2
② CO_2
③ NH_3
④ H_2

해설
보일-샤를의 법칙을 통해 증명된 공식이 이상기체 방정식이며, 이상기체에 가장 근접한 기체는 수소와 헬륨, 아르곤 등 비활성 기체들이 해당된다.

22 다음 중 알칼리금속에 속하지 않는 것은?

① Li
② Na
③ K
④ Ca

해설
Ca는 알칼리토금속이다.

23 지방족 탄화수소 중 알케인(Alkane)류에 해당하며 탄소가 5개로 이루어진 유기 화합물의 구조적 이성질체 수는 모두 몇 개인가?

① 2
② 3
③ 4
④ 5

해설
알케인류 이성질체 수

탄소 수	이성질체 수
5(Pentane)	3
6(Hexane)	5
7(Heptane)	9
8(Octane)	18

24 용액의 끓는점 오름은 어느 농도에 비례하는가?

① 백분율농도
② 몰농도
③ 몰랄농도
④ 노말농도

해설
끓는점 오름은 몰랄농도에 비례한다. 그 이유는 몰랄농도가 높다는 것은 결국 고농도를 의미하며, 농도가 높아질수록 다른 분자들이 물에 많이 용해되고 물분자가 끊어져 끓어오르는 것을 방해하기 때문이다.
끓는점 오름 : 비휘발성 물질이 녹아 있는 경우 순수한 용매보다 끓는점이 올라가는 현상이다.
예 소금물, 설탕물의 끓는점 상승

25 염이 수용액에서 전리할 때 생기는 이온의 일부가 물과 반응하여 수산이온이나 수소이온을 냄으로써, 수용액이 산성이나 염기성을 나타내는 것을 가수분해라 한다. 다음 중 가수분해하여 산성을 나타내는 것은?

① K_2SO_4
② NH_4Cl
③ NH_4NO_3
④ CH_3COONa

해설
NH_4Cl은 강산인 HCl과 약염기인 NH_3가 반응하여 생성된 염이다. 물에서 100% 이온화되고 산성을 나타낸다.
$NH_4Cl(aq) \rightarrow NH_4^+(aq) + Cl^-(aq)$
이후 $NH_4^+(aq)$는 가수분해 반응을 한다.
$NH_4^+(aq) + H_2O(l) \rightleftarrows NH_3(aq) + H_3O^+(aq)$
옥소늄이온
(산성, 수소와 물의 반응물)

26 다음 중 금속 지시약이 아닌 것은?

① EBT(Eriochrome Black T)

② MX(Murexide)

③ 플루오레세인(Fluorescein)

④ PV(Pyrocatechol Violet)

해설
플루오레세인은 침전적정에 사용되는 지시약이다.

28 $CuSO_4 \cdot 5H_2O$ 중의 Cu를 정량하기 위해 시료 0.5012g을 칭량하여 물에 녹여 KOH를 가했을 때 $Cu(OH)_2$의 청백색 침전이 생긴다. 이때 이론상 KOH는 약 몇 g이 필요한가?(단, 원자량은 각각 Cu = 63.54, S = 32, O = 16, K = 39이다)

① 0.1125

② 0.2250

③ 0.4488

④ 1.0024

해설
• $CuSO_4 \cdot 5H_2O$의 분자량 = 249.54

• $CuSO_4 \cdot 5H_2O$ 몰수 = $\dfrac{0.5012}{249.54}$ = 2.01×10^{-3}mol

$Cu^{2+} + 2OH^- \rightarrow Cu(OH)_2$이므로

2mol × 2.01×10^{-3}의 KOH가 필요하며,

KOH의 분자량이 56g/mol이므로

2mol × 2.01×10^{-3} × 56g/mol = 0.225g의 KOH가 필요하다.

29 양이온 정성분석에서 다이메틸글리옥심을 넣었을 때 빨간색 침전이 되는 것은?

① Fe^{3+}

② Cr^{3+}

③ Ni^{2+}

④ Al^{3+}

해설
제4족 양이온 니켈 확인 반응에 관한 설명으로, 니켈은 암모니아의 약알칼리성에서 다이메틸글리옥심과 반응하여 착염을 생성한다.

27 하버-보슈법에 의하여 암모니아를 합성하고자 한다. 다음 중 어떠한 반응 조건에서 더 많은 양의 암모니아를 얻을 수 있는가?

$$N_2 + 3H_2 \xrightarrow{\text{촉매}} 2NH_3 + 열$$

① 많은 양의 촉매를 가한다.

② 압력을 낮추고 온도를 높인다.

③ 질소와 수소의 분압을 높이고 온도를 낮춘다.

④ 생성되는 암모니아를 제거하고 온도를 높인다.

해설
르샤틀리에의 법칙에 따라 몰수비로 보면 반응식의 왼쪽(1 + 3)보다 오른쪽(2)이 작으므로, 암모니아가 생성될수록 압력이 감소한다. 즉, 정반응(오른쪽 방향)은 압력을 높이고 온도를 낮추면 진행되고, 역반응(왼쪽 방향)은 압력을 낮추고 온도를 높이면 진행된다.
※ 압력과 온도는 반비례한다.

30 산화·환원 반응을 이용한 부피 분석법은?

① 산화·환원 적정법

② 침전 적정법

③ 중화 적정법

④ 중량 적정법

해설
산화·환원 적정법에 대한 설명이다.
※ 부피 분석법 : 분석하려는 물질과 화학양론적으로 반응하는 표준 용액의 부피를 재어 분석 물질의 양을 구하는 화학분석의 한 방법

31 다음 중 화학평형의 이동과 관계없는 것은?

① 입자의 운동 에너지 증감
② 입자 간 거리의 변동
③ 입자 수의 증감
④ 입자 표면적의 크고 작음

해설
입자 표면적의 크기는 화학평형과 아무 관계가 없다.

32 다음 금속이온 중 수용액 상태에서 파란색을 띠는 이온은?

① Rb^{2+}
② Co^{2+}
③ Mn^{2+}
④ Cu^{2+}

해설
구리는 붉은색을 띠지만 구리이온은 수용액 상태에서 파란색을 띤다.
※ 산화구리는 검은색이다.

33 다음 반응에서 침전물의 색깔은?

$$Pb(NO_3)_2 + K_2CrO_4 \rightarrow PbCrO_4 \downarrow + 2KNO_3$$

① 검은색
② 빨간색
③ 흰 색
④ 노란색

해설
침전물인 크롬산납($PbCrO_4$)은 노란색이다.
※ 양이온 1족의 각개반응 실험이며, 침전물을 통해 어떤 물질이 포함되어 있는지 확인하는 실험이다.

34 양이온 제2족의 구리족에 속하지 않는 것은?

① Bi_2S_3
② CuS
③ CdS
④ Na_2SnS_3

해설
제2족 구리족 : Pb^{2+}, Bi^{3+}, Cu^{2+}, Cd^{2+}

35 산화 · 환원 적정법에 해당되지 않는 것은?

① 아이오딘법
② 과망간산염법
③ 아황산염법
④ 중크롬산염법

해설
아황산염법은 산화 · 환원 적정과 아무 관계가 없다.

36 어떤 물질의 포화 용액 120g 속에 40g의 용질이 녹아 있다. 이 물질의 용해도는?

① 40
② 50
③ 60
④ 70

해설
용해도 : 용매 100g에 최대한 녹을 수 있는 용질의 g수이다.
용액 = 용질 + 용매이므로 용매 = 용액 - 용질 = 120 - 40 = 80g
용매 : 용질 = 80g : 40g = 100g : xg
∴ $x = 50$

37 다음 중 붕사구슬반응에서 산화 불꽃으로 태울 때 적자색(빨간 자주색)으로 나타나는 양이온은?

① Ni^{2+}
② Mn^{2+}
③ Co^{2+}
④ Fe^{2+}

해설
붕사를 가열해 얻은 구슬과 금속염을 반응시켜 성분을 분석하는 방법으로, Mn^{2+}은 적자색을 띤다.

38 0.5L의 수용액 중에 수산화나트륨이 40g 용해되어 있으면 몇 노말농도(N)인가?(단, 원자량은 각각 Na = 23, H = 1, O = 16이다)

① 0.5
② 1
③ 2
④ 5

해설
NaOH 분자량이 40이므로 40g 용해된 경우

$\frac{40g}{40g/mol} = 1mol$, $\frac{1mol}{0.5L} = 2N(mol/L)$

(NaOH는 1가이므로 M=N이 성립됨)

39 물의 경도, 광물 중의 각종 금속의 정량, 간수 중의 칼슘의 정량 등에 가장 적합한 분석법은?

① 중화 적정법
② 산·염기 적정법
③ 킬레이트 적정법
④ 산화·환원 적정법

해설
킬레이트 적정법은 각종 금속이온과 킬레이트제의 반응을 통해 금속이온의 정량을 대상으로 하는 방법이다(= EDTA 적정).

40 $KMnO_4$ 표준용액으로 적정할 때 HCl 산성으로 하지 않는 주된 이유는?

① MnO_2가 생성되므로
② Cl_2가 발생하므로
③ 높은 온도로 가열해야 하므로
④ 종말점 판정이 어려우므로

해설
• 황산은 $2H^+$ 이온이 발생하여 충분한 수소이온을 공급할 수 있어, MnO_2의 생성을 최소화 할 수 있어 반응을 보다 적절히 이끌어 낼 수 있다.
• 염산은 산화되어 Cl_2를 발생시키는 문제가 생겨 잘 사용하지 않는다.

41 다음 전기 회로에서 전류는 몇 암페어(A)인가?

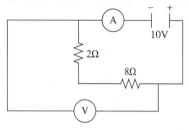

① 0.5 ② 1
③ 2.8 ④ 5

$V = IR$
여기서, V : 전압, I : 전류, R : 저항
$10 = I(2+8)$
$I = 1A$

42 광원으로부터 들어온 여러 파장의 빛을 각 파장별로 분산하여 한 가지 색에 해당하는 파장의 빛을 얻어내는 장치는?

① 검출 장치
② 빛 조절관
③ 단색화 장치
④ 색 인식 장치

단색화 장치는 원하는 파장의 빛을 이용하여 물질의 최대 흡광을 유발해 분석으로 활용하는 장치로, 프리즘이나 회절격자가 있다.

43 원자 흡수분광계에서 속빈 음극 램프의 음극 물질로 Li이나 As를 사용할 경우 충전기체로 가장 적당한 것은?

① Ne ② Ar
③ He ④ H₂

충전기체로 아르곤을 주로 사용한다.

44 불꽃 없는 원자흡수분광법 중 차가운 증기 생성법(Cold Vapor Generation Method)을 이용하는 금속 원소는?

① Na ② Hg
③ As ④ Sn

수은과 같이 휘발성이 강한 금속은 차가운 증기 생성법을 이용해 분석해야 한다.

45 다음은 원자 흡수와 원자 방출을 나타낸 것이다. A와 B가 바르게 짝지어진 것은?

$$M + E \underset{B}{\overset{A}{\rightleftarrows}} M^+$$
중성원자 에너지 들뜬상태

① A : 방출, B : 흡수
② A : 방출, B : 방출
③ A : 흡수, B : 방출
④ A : 흡수, B : 흡수

• 들뜬상태 : 높은 에너지 상태(에너지 흡수)
• 바닥상태 : 낮은 에너지 상태(에너지 방출)

46 폴라로그래피에서 사용하는 기준전극과 작업전극은 각각 무엇인가?

① 유리전극과 포화칼로멜전극
② 포화칼로멜전극과 수은적하전극
③ 포화칼로멜전극과 산소전극
④ 염화칼륨전극과 포화칼로멜전극

해설
폴라로그래피의 전극

종 류	사용 전극
기준전극	포화칼로멜
작업전극	수은적하

47 강산이 피부나 의복에 묻었을 경우 중화시키기 위한 가장 적당한 것은?

① 묽은 암모니아수 　② 묽은 아세트산
③ 묽은 황산 　④ 글리세린

해설
강산은 약염기로 중화한다.

48 전위차 적정법에서 종말점을 찾을 수 있는 가장 좋은 방법은?

① 전위차를 세로축으로, 적정 용액의 부피를 가로축으로 해서 그래프를 그린다.
② 일정 적하량당 기전력의 변화율이 최대로 되는 점부터 구한다.
③ 지시약을 사용하여 변색 범위에서 적정 용액을 넣어 종말점을 찾는다.
④ 전위차를 계산하여 필요한 적정 용액의 mL 수를 구한다.

해설
전위차 적정법은 당량점의 부근에서 용액의 전위 차이가 발생하므로 일정 적하량당 기전력의 변화가 최대인 부근부터 구하는 것이 적절하다.

49 오스트발트 점도계를 사용하여 다음의 값을 얻었다. 액체의 점도는 얼마인가?

> ㉠ 액체의 밀도 : 0.97g/cm³
> ㉡ 물의 밀도 : 1.00g/cm³
> ㉢ 액체가 흘러내리는 데 걸린 시간 : 18.6초
> ㉣ 물이 흘러내리는 데 걸린 시간 : 20초
> ㉤ 물의 점도 : 1cP

① 0.9021cP 　② 1.0430cP
③ 0.9021P 　④ 1.0430P

해설
$$액체의\ 점도 = \frac{액체의\ 밀도}{물의\ 밀도} \times \frac{액체가\ 흘러내리는\ 데\ 걸린\ 시간}{물이\ 흘러내리는\ 데\ 걸린\ 시간} \times 물의\ 점도$$
$$= 0.97 \times \frac{18.6}{20} \times 1 = 0.9021cP$$

50 두 가지 이상의 혼합물질을 단일 성분으로 분리하여 분석하는 기법은?

① 크로마토그래피
② 핵자기공명흡수법
③ 전기무게분석법
④ 분광광도법

해설
크로마토그래피는 다양한 분자들이 혼합되어 있을 때 단일 성분으로 분석하는 가장 좋은 방법이다.

51 분광광도계의 시료 흡수 용기 중 자외선 영역에서 셀이 적합한 것은?

① 석영 셀　　　　② 유리 셀
③ 플라스틱 셀　　④ KBr 셀

> **해설**
> 시료셀의 종류
> 분광광도계에서 자외선 영역에 적합한 셀은 석영, 용융실리카 등이다.

52 다음 중 pH 미터의 보정에 사용하는 용액은?

① 증류수
② 식염수
③ 완충 용액
④ 강산 용액

> **해설**
> 완충 용액은 강산, 강염기의 유입에 어느 정도 저항할 수 있게 해 주며, pH 미터의 보정에 사용되기도 한다.

53 유리기구의 취급에 대한 설명으로 틀린 것은?

① 두꺼운 유리용기를 급격히 가열하면 파손되므로 불에 서서히 가열한다.
② 유리기구는 철제, 스테인리스강 등 금속으로 만든 실험실습기구와 따로 보관한다.
③ 메스플라스크, 뷰렛, 메스실린더, 피펫 등 눈금이 표시된 유리기구는 가열하여 건조시킨다.
④ 밀봉한 관이나 마개를 개봉할 때에는 내압이 걸려 있으면 내용물이 분출한다든가 폭발하는 경우가 있으므로 주의한다.

> **해설**
> 유리기구는 녹을 위험이 있어 가열보다는 자연건조시켜 보관한다.

54 적외선 분광광도계에 의한 고체시료의 분석방법 중 시료의 취급방법이 아닌 것은?

① 용액법
② 페이스트(Paste)법
③ 기화법
④ KBr 정제법

> **해설**
> 기화(냉각)법은 기화열을 활용하여 실내의 온도를 낮추는 방법을 말한다.

55 유리 전극 pH 미터에 증폭 회로가 필요한 가장 큰 이유는?

① 유리막의 전기저항이 크기 때문이다.
② 측정 가능 범위를 넓게 하기 때문이다.
③ 측정 오차를 작게 하기 때문이다.
④ 온도의 영향을 작게 하기 때문이다.

> **해설**
> 유리막의 전기저항이 커서 미량의 수소이온만 측정되므로 이것을 증폭해야 정확한 값의 pH를 측정할 수 있다.

56 다음 중 가장 에너지가 큰 것은?

① 적외선
② 자외선
③ X선
④ 가시광선

해설
에너지 준위의 비교
X선 > 자외선(UV) > 가시광선 > 적외선(IR) > 마이크로파(MW)

57 다음 크로마토그래피 구성 중 가스크로마토그래피에는 없고 액체크로마토그래피에는 있는 것은?

① 펌 프
② 검출기
③ 주입구
④ 기록계

해설
GC와 HPLC의 차이점은 이동상의 형태이다(GC : 기체, HPLC : 액체). GC는 일정한 압력을 부여해 이동상과 주입된 시료의 이동을 유도하므로, 펌프가 필요 없다.

58 다음 중 가스크로마토그래피용 검출기가 아닌 것은?

① FID(Flame Ionization Detector)
② ECD(Electron Capture Detector)
③ DAD(Diode Array Detector)
④ TCD(Thermal Conductivity Detector)

해설
DAD는 액체크로마토그래피에서만 사용한다.

59 종이 크로마토그래피법에서 이동도(R_f)를 구하는 식은?(단, C : 기본선과 이온이 나타난 사이의 거리 (cm), K : 기본선과 전개 용매가 전개한 곳까지의 거리(cm))

① $R_f = \dfrac{C}{K}$

② $R_f = C \times K$

③ $R_f = \dfrac{K}{C}$

④ $R_f = K + C$

해설
이동도(R_f)
• 전개율이라고도 한다.
• 0.4~0.8의 값을 지니며, 반드시 1보다 작다.
• 이동도(R_f) $= \dfrac{C}{K}$

60 눈으로 감지할 수 있는 가시광선의 파장 범위는?

① 0~190nm
② 200~400nm
③ 400~700nm
④ 1~5m

해설
가시광선은 400~700nm의 파장범위를 지닌다.

01 페놀과 중화반응하여 염을 만드는 것은?

① HCl
② NaOH
③ $Cl_6H_5CO_2H$
④ $C_6H_5CH_3$

해설
페놀은 산성이므로 염기성 물질을 넣어 주면 중화반응을 하여 염을 만든다.

02 다음 중 착이온을 형성할 수 없는 이온이나 분자는?

① H_2O
② NH_4^+
③ Br^-
④ NH_3

해설
착이온은 금속이온에 비공유전자쌍을 가진 분자 또는 음이온이 배위결합하는 이온을 말하며, NH_4^+는 비공유전자쌍이 존재하지 않아 착이온을 형성할 수 없다.

03 어떤 원소(M)의 1g 당량과 원자량이 같으면 이 원소의 산화물의 일반적인 표현을 바르게 나타낸 것은?

① M_2O
② MO
③ MO_2
④ M_2O_2

해설
1족 원소 : 1g 당량과 원자량이 같다.
1족 원소는 최외각 전자가 1개이어서 하나를 잃어버린 M^+의 형태를 주로 유지하므로 $2M^+ + O^{2-} → M_2O$이다.

04 주기율표에서 전형원소에 대한 설명으로 틀린 것은?

① 전형원소는 1족, 2족, 12~18족이다.
② 전형원소는 대부분 밀도가 큰 금속이다.
③ 전형원소는 금속원소와 비금속원소가 있다.
④ 전형원소는 원자가전자수가 족의 끝 번호와 일치한다.

해설
전형원소는 밀도가 작은 금속원소와 비금속원소가 있으며, 원자번호 1~20, 31~38, 49~56, 81~88 구간에 위치한 원소들이다.

05 원자의 K껍질에 들어 있는 오비탈은?

① s
② p
③ d
④ f

해설

전자껍질	오비탈			
K	$1s$			
L	$2s$	$2p$		
M	$3s$	$3p$	$3d$	
N	$4s$	$4p$	$4d$	$4f$

06 단백질의 검출에 이용되는 정색반응이 아닌 것은?

① 뷰렛반응

② 잔토프로테인반응

③ 닌하이드린반응

④ 은거울반응

해설
은거울반응은 암모니아성 질산은 용액과 환원성 유기화합물의 반응을 통해 알데하이드류($R-CHO$)와 같은 물질의 검출에 사용한다.

07 0.205M의 $Ba(OH)_2$ 용액이 있다. 이 용액의 몰랄농도(m)는 얼마인가?(단, $Ba(OH)_2$의 분자량은 171.34 이다)

① 0.205

② 0.212

③ 0.351

④ 3.51

해설
0.205M $Ba(OH)_2$ 용액의 몰수 = 0.205mol/L × 1L = 0.205mol
$Ba(OH)_2$ 0.205mol의 질량 = 0.205mol × 171.34g/mol = 35.1247g
용액 1L 기준 용매의 질량 = 1,000g − 35.1247g
　　　　　　　　　　　　 = 964.8753g = 0.9648753kg

몰랄농도 $= \dfrac{\text{용질의 몰수}}{\text{용매의 질량}} = \dfrac{0.205\text{mol}}{0.9648753\text{kg}} = 0.212\text{m}$

08 다음 물질 중 0℃, 1기압하에서 물에 대한 용해도가 가장 큰 물질은?

① CO_2

② O_2

③ CH_3COOH

④ N_2

해설
물은 산소의 전기음성도가 강하여 극성을 띠며, 같은 극성물질을 잘 녹인다.
극성결합
• 결합한 두 원자의 전기음성도 차이가 대략 0.5~2.0 사이에 있을 때 발생한다.
　※ 이보다 더 큰 전기음성도 차이를 보이면(2.0 이상) 이온결합, 더 작은 차이를 보이면(0.5 이하) 비극성결합이 이루어진다.
　예 에탄올, 암모니아, 이산화황, 황화수소, 아세트산 등

09 pH가 3인 산성용액이 있다. 이 용액의 몰농도(M)는 얼마인가?(단, 용액은 일염기산이며 100% 이온화 한다)

① 0.0001M

② 0.001M

③ 0.01M

④ 0.1M

해설
$pH = -\log[H^+]$
$3 = -\log x$
log를 없애기 위해 10으로 지수화한다.
$10^{-3} = 10^{\log x} = x$
∴ $x = 0.001\text{M}$

10 금속결합 물질에 대한 설명 중 틀린 것은?

① 금속원자끼리의 결합이다.

② 금속결합의 특성은 이온전자 때문에 나타난다.

③ 고체상태나 액체상태에서 전기를 통한다.

④ 모든 파장의 빛을 반사하므로 고유한 금속광택을 가진다.

해설
금속결합의 특성은 원자핵에 구속되어 있지 않고 자유롭게 이동하는 전자(자유전자)에 의해 일어나며, 자유전자는 금속 고유의 특성이다.

11 반응속도에 영향을 주는 인자로서 가장 거리가 먼 것은?

① 반응온도   ② 반응식

③ 반응물의 농도   ④ 촉 매

해설
일반적으로 반응속도는 반응농도, 압력, 표면적(고체인 경우), 온도가 커질수록 빨라지며, 반응식은 반응속도와 아무런 관계가 없다.

12 나트륨(Na)원자는 11개의 양성자와 12개의 중성자를 가지고 있다. 원자번호와 질량수는 각각 얼마인가?

① 원자번호 : 11, 질량수 : 12

② 원자번호 : 12, 질량수 : 11

③ 원자번호 : 11, 질량수 : 23

④ 원자번호 : 11, 질량수 : 1

해설
• 원자번호 = 전자수 = 양성자수 = 11
• 질량수 = 양성자수 + 중성자수 = 11 + 12 = 23

13 101.325kPa에서 부피가 22.4L인 어떤 기체가 있다. 이 기체를 같은 온도에서 압력을 202.650kPa으로 하면 부피는 얼마가 되겠는가?

① 5.6L   ② 11.2L

③ 22.4L   ④ 44.8L

해설
보일의 법칙을 적용한다.
$PV = P'V'$
$101.325kPa \times 22.4L = 202.650kPa \times V'$
$\therefore V' = 11.2L$
※ 압력 $\propto \dfrac{1}{\text{부피}}$

14 한 원소의 화학적 성질을 주로 결정하는 것은?

① 원자량

② 전자의 수

③ 원자번호

④ 최외각의 전자수

해설
원소의 화학적 성질은 주로 최외각전자수에 의해 결정되며, 이것은 주로 최외각전자의 수에 따라 전기음성도가 달라져 발생하는 것이다.

15 0℃의 얼음 1g을 100℃의 수증기로 변화시키는 데 필요한 열량은?

① 539cal   ② 639cal

③ 719cal   ④ 839cal

해설
다음의 과정을 거치며 변화시켜야 한다.
• 얼음 → 물(상태변화)
   $Q_1 = 80cal/g(얼음 융해열) \times 1g = 80cal$
• 0℃ → 100℃(온도변화)
   $Q_2 = 1g \times 1cal/g \cdot ℃(물의 비열) \times (100℃ - 0℃) = 100cal$
• 물 → 수증기(상태변화)
   $Q_3 = 539cal/g(물 기화열) \times 1g = 539cal$
$\therefore Q = Q_1 + Q_2 + Q_3$ 이므로, $Q = 80 + 100 + 539 = 719cal$

16 어떤 기체의 공기에 대한 비중이 1.10이라면 이것은 어떤 기체의 분자량과 같은가?(단, 공기의 평균 분자량은 29이다)

① H_2

② O_2

③ N_2

④ CO_2

해설

비중이 1.10이므로 공기보다 무거워야 한다.

공기에 대한 비중 $= \dfrac{\text{대상물질의 분자량}}{\text{공기의 평균 분자량}}$

$1.10 = \dfrac{x}{29}$

$x = 1.10 \times 29 = 31.9 \fallingdotseq 32$

∴ 제시된 보기 중 분자량이 32인 것은 $O_2(= 2 \times 16g/mol = 32g/mol)$이다.

17 포화탄화수소 중 알케인(Alkane) 계열의 일반식은?

① $C_n H_{2n}$

② $C_n H_{2n+2}$

③ $C_n H_{2n-2}$

④ $C_n H_{2n-1}$

해설

알케인 계열의 일반식 : $C_n H_{2n+2}$

• 특징 : 사슬모양

• 종류 : 메탄, 에테인, 프로페인, 뷰테인, 펜테인 등

18 다음 중 분자 1개의 질량이 가장 작은 것은?

① H_2

② NO_2

③ HCl

④ SO_2

해설

분자량 계산

• $H_2 \rightarrow 2g/mol$

• $NO_2 \rightarrow 14 + (16 \times 2) = 46g/mol$

• $HCl \rightarrow 1 + 35.5 = 36.5g/mol$

• $SO_2 \rightarrow 32 + (2 \times 16) = 64g/mol$

19 다음 수성가스 반응의 표준반응열은?(단, 표준생성열 (290K)은 $\Delta H_f(H_2O) = -68,317cal$, $\Delta H_f(CO) = -26,416cal$이다)

$$C + H_2O(l) \rightleftharpoons CO + H_2$$

① $68,317cal$

② $26,416cal$

③ $41,901cal$

④ $94,733cal$

해설

수성가스 반응에서 H_2O는 소모되었고 CO는 생성되었으므로 $\Delta H_f(CO) + (-\Delta H_f(H_2O))$로 표준반응열을 계산하면 된다.

∴ $-26,416cal + 68,317cal = 41,901cal$

※ 수성가스 : 고온으로 가열된 코크스에 수증기를 작용시킬 때 발생하는 가스

20 전기전하를 나타내는 Faraday의 식 $q = nF$에서 F의 값은 얼마인가?

① $96,500coulomb$

② $9,650coulomb$

③ $6,023coulomb$

④ $6.023 \times 10^{23} coulomb$

해설

패러데이의 식 : $q = nF$

여기서, F : 패러데이 상수($= 96,500coulomb$)

21 다음 탄수화물 중 단당류인 것은?

① 녹 말
② 포도당
③ 글리코겐
④ 셀룰로스

해설
• 단당류 : 포도당, 과당, 갈락토스 등
• 다당류 : 녹말, 글리코겐, 셀룰로스 등

22 R-O-R의 일반식을 가지는 지방족 탄화수소의 명칭은?

① 알데하이드
② 카복실산
③ 에스테르
④ 에테르

해설
R-O-R의 일반식을 가지는 지방족 탄화수소를 에테르(Ether)라고 하며, 에틸렌을 이용해 제조한다.

23 수산화나트륨과 같이 공기 중의 수분을 흡수하여 스스로 녹는 성질을 무엇이라 하는가?

① 조해성   ② 승화성
③ 풍해성   ④ 산화성

해설
수산화나트륨은 조해성이 강해 공기 중에서 쉽게 녹아버리므로 저장에 유의해야 한다. 또한 피부에 닿았을 때 가루 형태인 경우 털어내고, 수용액 상태인 경우 아주 많은 양의 물로 씻어내듯이 오랫동안 세척해야 한다.

24 할로겐분자의 일반적인 성질에 대한 설명으로 틀린 것은?

① 특유한 색깔을 가지며, 원자번호가 증가함에 따라 색깔이 진해진다.
② 원자번호가 증가함에 따라 분자 간의 인력이 커지므로 녹는점과 끓는점이 높아진다.
③ 수소기체와 반응하여 할로겐화수소를 만든다.
④ 원자번호가 작을수록 산화력이 작아진다.

해설
할로겐족을 포함한 모든 원소는 동일 족인 경우 원자번호가 작을수록(원자껍질이 줄어들수록) 전기음성도가 커지며, 이는 타 원소를 산화시키는 힘이 크다는 것을 의미한다.
모든 원소 가운데 가장 큰 산화력을 지니는 물질은 플루오린이며, 산소마저 플루오린과 결합할 때 산화수가 +1이 되어 버린다(산소의 일반적인 산화수 = -2).

25 결합 전자쌍이 전기음성도가 큰 원자쪽으로 치우치는 공유결합을 무엇이라 하는가?

① 극성 공유결합
② 다중 공유결합
③ 이온 공유결합
④ 배위 공유결합

해설
극성 공유결합은 전기음성도가 다른 두 원자 사이의 공유결합으로, 결합하는 두 원자들의 전기음성도 차이가 커질수록 결합의 극성은 강해진다.
예 HBr의 경우
 • H의 전기음성도 : 2.2
 • Br의 전기음성도 : 2.96
 → 전기음성도 차이가 0.76이며, Br이 0.76만큼 더 세게 잡아당겨 미약한 극성 공유결합을 한다.
※ 전기음성도의 차이가 매우 커 강한 극성 공유결합을 하는 경우 전자가 완전히 이동하는 이온결합을 한다.
 예 NaF의 경우
 • Na의 전기음성도 : 0.93
 • F의 전기음성도 : 3.98
 → 전기음성도 차이가 3.05이며, 이온결합을 한다.

26 다음 중 산의 성질이 아닌 것은?

① 신맛이 있다.

② 붉은 리트머스 종이를 푸르게 변색시킨다.

③ 금속과 반응하여 수소를 발생한다.

④ 염기와 중화 반응한다.

해설
산은 푸른 리트머스 종이를 붉게 만든다.

27 SO_4^{2-} 이온을 함유하는 용액으로부터 황산바륨의 침전을 만들기 위하여 염화바륨 용액을 사용할 수 있으나 질산바륨은 사용할 수 없다. 주된 이유는?

① 침전을 생성시킬 수 없기 때문에

② 질산기가 황산바륨의 용해도를 크게 하기 때문에

③ 침전의 입자를 작게 생성하기 때문에

④ 황산기에 흡착되기 때문에

해설
질산기로 인해 황산바륨의 용해도가 상승하여 침전형성을 방해하므로 주로 염화바륨을 사용한다.

28 다음 반응에서 생성되는 침전물의 색상은?

$$Pb^{2+} + H_2SO_4 \rightarrow PbSO_4 + 2H^+$$

① 흰 색　　　　② 노란색

③ 초록색　　　　④ 검정색

해설
납염과 황산 또는 황산염을 반응시키면 흰색을 띠는 황산납(침전물)이 생성된다.

29 다음 중 Ni의 검출반응은?

① 포겔반응

② 린만그린반응

③ 추가에프반응

④ 테나르반응

해설
다이메틸글리옥심에 의한 니켈 이온과의 적색침전 생성반응을 추가에프반응이라고 한다.

30 공기 중에서 방치하면 불안정하여 검은 갈색으로 변화되는 수산화물은?

① $Cu(OH)_2$　　　　② $Pb(OH)_2$

③ $Fe(OH)_3$　　　　④ $Cd(OH)_2$

해설
수산화구리($Cu(OH)_2$)는 물에 거의 녹지 않고 푸른색을 띠며, 공기 중에 방치할 경우 검은 갈색으로 변화한다.

31 중화적정법에서 당량점(Equivalence Point)에 대한 설명으로 가장 거리가 먼 것은?

① 실질적으로 적정이 끝난 점을 말한다.
② 적정에서 얻고자 하는 이상적인 결과이다.
③ 분석물질과 가해준 적정액의 화학양론적 양이 정확하게 동일한 점을 말한다.
④ 당량점을 정하는 데는 지시약 등을 이용한다.

당량점	적정되는 물질의 성분과 적정성분 사이의 화학양론적 반응이 끝나는 지점
종말점	적정반응에서 용액의 물리적 성질이 갑자기 변화되는 점이며, 실질적정반응에서 적정의 종결을 나타내는 점
중화점	산과 염기의 반응인 중화반응이 완결된 지점

32 다음 중 용해도의 정의를 가장 바르게 나타낸 것은?

① 용액 100g 중에 녹아 있는 용질의 질량
② 용액 1L 중에 녹아 있는 용질의 몰수
③ 용매 1kg 중에 녹아 있는 용질의 몰수
④ 용매 100g에 녹아서 포화용액이 되는 데 필요한 용질의 g수

해설
용해도 : 일정한 온도에서 용매 100g에 최대한 녹을 수 있는 용질의 g수이다.

33 제3족 Al^{3+}의 양이온을 NH_4OH로 침전시킬 때 $Al(OH)_3$가 콜로이드로 되는 것을 방지하기 위하여 함께 가하는 것은?

① NaOH
② H_2O_2
③ H_2S
④ NH_4Cl

해설
염화암모늄(NH_4Cl)을 첨가하면 NH_3의 알칼리성에서 $Al(OH)_3$(= Al^{3+})가 수산화물(NH_4OH)로 침전한다.

34 산화–환원 적정법 중의 하나인 과망간산칼륨 적정은 주로 산성용액 상태에서 이루어진다. 이때 분석액을 산성화하기 위하여 주로 사용하는 산은?

① 황산(H_2SO_4)
② 질산(HNO_3)
③ 염산(HCl)
④ 아세트산(CH_3COOH)

해설
과망간산칼륨 적정법에서는 황산을 일정량 넣어 분석액의 산성상태를 유지한다.

35 다음의 반응으로 철을 분석한다면 N/10 $KMnO_4$ (f =1.000) 1mL에 대응하는 철의 양은 몇 g인가?(단, Fe의 원자량은 55.85이다)

$$10FeSO_4 + 8H_2SO_4 + 2KMnO_4$$
$$= 5Fe_2(SO_4)_3 + K_2SO_4$$

① 0.005585g Fe
② 0.05585g Fe
③ 0.5585g Fe
④ 5.585g Fe

해설
• N/10 $KMnO_4$ = 0.1N $KMnO_4$
$KMnO_4$는 산성 용액에서 5당량이므로, 몰농도로 환산하면 다음과 같다.

$$0.1N\ KMnO_4 \times \frac{1}{5} = 0.02M\ KMnO_4$$

• 1mL 속에 들어 있는 $KMnO_4$의 몰수
$0.02mol : 1L = x : 0.001L$
$x = 0.00002mol$
문제에서 주어진 식을 분석하면 다음과 같다.
$10FeSO_4 + 8H_2SO_4 + 2KMnO_4$
　10mol　　　　　　　　2mol
즉, 5mol의 $FeSO_4$와 1mol의 $KMnO_4$가 반응하는 것이며
미리 구한 $KMnO_4$의 몰수를 대입하면 다음과 같다.
$5mol : 1mol = y : 0.00002mol$
$y = 0.0001mol\ as\ FeSO_4$
$FeSO_4 \rightarrow Fe^{2+} + SO_4^{2-}$이므로 황산철과 철은 동일한 몰수비로 생각할 수 있다.

$$0.0001mol \times \frac{55.85g}{1mol} = 0.005585g\ as\ Fe$$

∴ $y = 0.005585g\ as\ Fe$

36 다음 중 융점(녹는점)이 가장 낮은 금속은?

① W
② Pt
③ Hg
④ Na

해설
수은의 녹는점은 모든 금속 중에 가장 낮아(약 −38.9℃) 상온에서 대부분 액체 상태로 존재하는 특징이 있다.

37 0.2mol/L H_2SO_4 수용액 100mL를 중화시키는 데 필요한 NaOH의 질량은?

① 0.4g
② 0.8g
③ 1.2g
④ 1.6g

해설
황산은 수소가 2개 발생되므로
0.2mol/L × 2 × 0.1L(100mL) = 0.04mol(수소이온의 양)
NaOH는 1가이므로 0.04mol의 NaOH가 필요하다.
1mol : 40g = 0.04mol : x
∴ x = 1.6g

38 다음 중 강산과 약염기의 반응으로 생성된 염은?

① NH_4Cl
② NaCl
③ K_2SO_4
④ $CaCl_2$

해설
NH_4Cl은 강산인 HCl과 약염기인 NH_3가 반응하여 생성된 염으로 가수분해하여 산성을 나타낸다.

39 양이온 정성분석에서 어떤 용액에 황화수소(H_2S) 가스를 통하였을 때 황화물로 침전되는 족은?

① 제1족
② 제2족
③ 제3족
④ 제4족

해설

족	양이온	분족시약	침 전
제1족	Ag^+, Pb^{2+}, Hg_2^{2+}	HCl	염화물
제2족	Bi^{3+}, Cu^{2+}, Cd^{2+}, Hg^{2+}, As^{3+}, As^{5+}, Sb^{3+}, Sn^{2+}, Sn^{4+}	H_2S (0.3M−HCl)	황화물 (산성 조건)
제3족	Fe^{2+}, Fe^{3+}, Cr^{3+}, Al^{3+}	$NH_4OH−$ NH_4Cl	수산화물
제4족	Ni^{2+}, Co^{2+}, Mn^{2+}, Zn^{2+}	$(NH_4)_2S$	황화물 (염기성 조건)
제5족	Ba^{2+}, Sr^{2+}, Ca^{2+}	$(NH_4)_2CO_3$	탄산염
제6족	Mg^{2+}, K^+, Na^+, NH_4^+	−	−

40 황산(H_2SO_4)의 1당량은 얼마인가?(단, 황산의 분자량은 98g/mol이다)

① 4.9g
② 49g
③ 9.8g
④ 98g

해설
황산의 분자량은 98g/mol이고, $H_2SO_4 \rightarrow 2H^+ + SO_4^{2-}$로 해리되므로 전자의 이동은 총 2개이다. 즉, 황산은 2가이므로 전자 1개당 할당된 무게(1당량)는 98g/2 = 49g이다.

41 다음 결합 중 적외선흡수분광법에서 파수가 가장 큰 것은?

① C-H 결합　　② C-N 결합
③ C-O 결합　　④ C-Cl 결합

결합종류	파 수
C-H	$2,850{\sim}3,000cm^{-1}$
C-N	$1,000{\sim}1,350cm^{-1}$
C-O	$1,720{\sim}1,740cm^{-1}$
C-Cl	$1,000cm^{-1}$ 이하

42 pH 측정기에 사용하는 유리전극의 내부에는 보통 어떤 용액이 들어 있는가?

① 0.1N-HCl의 표준용액
② pH 7의 KCl 포화용액
③ pH 9의 KCl 포화용액
④ pH 7의 NaCl 포화용액

해설
유리전극은 일반적으로 중성(pH 7)의 KCl로 포화되어 있다.

43 실험실 안전수칙에 대한 설명으로 틀린 것은?

① 시약병 마개를 실습대 바닥에 놓지 않도록 한다.
② 실험 실습실에 음식물을 가지고 올 때에는 한 쪽에서 먹는다.
③ 시약병에 꽂혀 있는 피펫을 다른 시약병에 넣지 않도록 한다.
④ 화학약품의 냄새는 직접 맡지 않도록 하며 부득이 냄새를 맡아야 할 경우에는 손으로 코가 있는 방향으로 증기를 날려서 맡는다.

해설
실험 실습실은 취식을 위한 공간이 아니다.

44 선광도 측정에 대한 설명으로 틀린 것은?

① 선광성은 관측자가 보았을 때 시계 방향으로 회전하는 것을 좌선성이라 하고 선광도에 [−]를 붙인다.
② 선광계의 기본 구성은 단색 광원, 편광을 만드는 편광 프리즘, 시료 용기, 원형 눈금을 가진 분석용 프리즘과 검출기로 되어 있다.
③ 유기 화합물에서는 액체나 용액 상태로 편광하고 그 진행 방향을 회전시키는 성질을 가진 것이 있다. 이러한 성질을 선광성이라 한다.
④ 빛은 그 진행 방향과 직각인 방향으로 진행하고 있는 횡파이지만, 니콜 프리즘을 통해 일정 방향으로 파동하는 빛이 된다. 이것을 편광이라 한다.

해설
좌선성 : 관측자 기준으로 반시계 방향으로 회전하는 것

45 이상적인 pH 전극에서 pH가 1단위 변할 때, pH 전극의 전압은 약 얼마나 변하는가?

① 96.5mV　　② 59.2mV
③ 96.5V　　④ 59.2V

해설
온도 변화에 따른 이상적인 pH 전극의 1pH당 막 기전력은 다음과 같다.

온도(℃)	막의 기전력(mV)
0	54.19
25	59.15
60	66.10

상온(15~25℃)을 기준으로 가장 유사한 값은 59.2mV이다.

46 적외선 흡수스펙트럼에서 1,700cm^{-1} 부근에서 강한 신축진동(Stretching Vibration) 피크를 나타내는 물질은?

① 아세틸렌
② 아세톤
③ 메 탄
④ 에탄올

카보닐기(–C(=O)–)를 가지는 화합물은 1,700cm^{-1} 부근에서 강한 피크점을 나타내며, 대표적인 물질은 아세톤이다.

47 눈에 산이 들어갔을 때 다음 중 가장 적절한 조치는?

① 메틸알코올로 씻는다.
② 즉시 물로 씻고, 묽은 나트륨 용액으로 씻는다.
③ 즉시 물로 씻고, 묽은 수산화나트륨 용액으로 씻는다.
④ 즉시 물로 씻고, 묽은 탄산수소나트륨 용액으로 씻는다.

산에 의한 화상 치료 : 즉시 다량의 물로 씻고, 묽은 탄산수소나트륨 용액으로 씻어낸다.

48 화학실험 시 사용하는 약품의 보관에 대한 설명으로 틀린 것은?

① 폭발성 또는 자연발화성의 약품은 화기를 멀리한다.
② 흡습성 약품은 완전히 건조시켜 건조한 곳이나 석유 속에 보관한다.
③ 모든 화합물은 될 수 있는 대로 같은 장소에 보관하고 정리정돈을 잘한다.
④ 직사광선을 피하고, 약품에 따라 유색병에 보관한다.

화학약품은 종류와 반응성에 따라 철저히 분리하여 보관한다.

49 다음 중 가스크로마토그래피의 검출기가 아닌 것은?

① 열전도도 검출기
② 불꽃이온화 검출기
③ 전자포획 검출기
④ 광전증배관 검출기

광전증배관 검출기 : UV-Vis 분광광도계의 검출기
※ UV-Vis 검출기 : 자외선(Ultra Violet)-가시광선(Visible Ray) 검출기로 대부분 흡광분석기를 말한다.

50 분광광도계 실험에서 과망간산칼륨 시료 1,000ppm을 40ppm으로 희석시키려면, 100mL 플라스크에 시료 몇 mL를 넣고 표선까지 물을 채워야 하는가?

① 2
② 4
③ 20
④ 40

1,000ppm : 40ppm = 100mL : x
∴ $x = 4$mL

51 적외선 분광기의 광원으로 사용되는 램프는?

① 텅스텐 램프

② 네른스트 램프

③ 음극방전관(측정하고자 하는 원소로 만든 것)

④ 모노크로미터

해설
적외선 분광기 전용 광원으로 네른스트 램프를 사용하며, 400℃ 정도로 가열한 후 전기를 흘려 사용한다.

52 1nm에 해당되는 값은?

① 10^{-7}m

② 1μm

③ 10^{-9}m

④ 1 Å

해설
$1m = 10^3 mm = 10^6 \mu m = 10^9 nm$

53 Poise는 무엇을 나타내는 단위인가?

① 비 열

② 무 게

③ 밀 도

④ 점 도

해설
푸아즈(Poise)는 유체의 점성도를 나타내는 단위이다.

54 기체크로마토그래피법에서 이상적인 검출기가 갖추어야 할 특성이 아닌 것은?

① 적당한 감도를 가져야 한다.

② 안정성과 재현성이 좋아야 한다.

③ 실온에서 약 600℃까지의 온도영역을 꼭 지녀야 한다.

④ 유속과 무관하게 짧은 시간에 감응을 보여야 한다.

해설
GC에는 다양한 검출기가 있으며, 반드시 고온의 영역을 지킬 필요는 없다.

55 전위차 적정에 의한 당량점 측정 실험에서 필요하지 않은 재료는?

① 0.1N-HCl

② 0.1N-NaOH

③ 증류수

④ 황산구리

해설
산과 염기 적정이므로 산과 염기수용액, 증류수가 필요하며 황산구리는 필요하지 않다.

56 원자흡수분광법의 시료 전처리에서 착화제를 가하여 착화합물을 형성 후, 유기용매로 추출하여 분석하는 용매추출법을 이용하는 주된 이유는?

① 분석재현성이 증가하기 때문에

② 감도가 증가하기 때문에

③ pH의 영향이 적어지기 때문에

④ 조작이 간편하기 때문에

해설
방해물질의 간섭을 줄이고 감도를 증가시키기 위해 용매추출법을 활용한다.

57 AAS(원자흡수분광법)를 화학분석에 이용하는 특성이 아닌 것은?

① 선택성이 좋고 감도가 좋다.

② 방해물질의 영향이 비교적 적다.

③ 반복하는 유사분석을 단시간에 할 수 있다.

④ 대부분의 원소를 동시에 검출할 수 있다.

해설
원자흡수분광법(AAS)은 단일 원소의 정량에 가장 많이 사용된다.

58 전위차 적정으로 중화적정을 할 때 반드시 필요로 하지 않는 것은?

① pH 미터

② 자석 교반기

③ 페놀프탈레인

④ 뷰렛과 피펫

해설
페놀프탈레인, 메틸오렌지는 수동적정에 반드시 필요한 지시약이지만 자동화된 전위차 적정에 꼭 필요하지는 않다.

59 수소이온농도(pH)의 정의는?

① $pH = \dfrac{1}{[H^+]}$ ② $pH = \log[H^+]$

③ $pH = -\dfrac{1}{[H^+]}$ ④ $pH = -\log[H^+]$

해설
$pH = -\log[H^+]$

60 전위차법에서 사용되는 기준전극의 구비조건이 아닌 것은?

① 반전지 전위값이 알려져 있어야 한다.

② 비가역적이고 편극전극으로 작동하여야 한다.

③ 일정한 전위를 유지하여야 한다.

④ 온도변화에 히스테리시스 현상이 없어야 한다.

해설
전위차법에서 사용되는 기준전극의 구비조건
• 반전지 전위값이 알려져 있어야 한다.
• 가역적이고, 이상적인 비편극전극으로 작동해야 한다.
• 일정한 전위를 유지해야 한다.
• 온도변화에 히스테리시스 현상이 없어야 한다.
  ※ 히스테리시스 현상 : 반응이 지연되는 현상

01 다음 중 비극성인 물질은?

① H_2O ② NH_3

③ HF ④ C_6H_6

해설

극성과 비극성의 구분은 비공유전자쌍의 유무와 전기음성도에 의해 결정된다. 비공유전자쌍이 있으면 극성을 띠며, 결합을 이루고 있는 원소들의 전기음성도값의 차이가 클수록 극성을 띤다.

• 비극성 : 결합원소의 구조가 대칭을 이룬다(F_2, Cl_2, Br_2. CH_4, C_6H_6 등).

• 극성 : 결합원소의 구조가 대칭을 이루지 못해 한쪽에서 다른 한쪽의 결합을 당기게 된다(HF, HCl, HBr, H_2O, NH_3 등).

예 CO_2는 비극성임 → O=C=O(대칭)

SO_2는 극성임 → O=S–O(비대칭)

02 어떤 석회석의 분석치는 다음과 같다. 이 석회석 5ton에서 생성되는 CaO의 양은 약 몇 kg인가? (단, Ca의 원자량은 40, Mg의 원자량은 24.80이다)

• $CaCO_3$: 92%

• $MgCO_3$: 5.1%

• 불용물 : 2.9%

① 2,576kg ② 2,776kg

③ 2,976kg ④ 3,176kg

해설

$CaCO_3$ → $CaO + CO_2$

$100kg : 56kg = 5,000kg : x$

$x = \dfrac{5,000 \times 56}{100} = 2,800kg$

$CaCO_3$가 92%이므로 $2,800kg \times 0.92 = 2,576kg$이다.

03 다음 물질의 공통된 성질을 나타낸 것은?

K_2O_2, Na_2O_2, BaO_2, MgO_2

① 과산화물이다.

② 수소를 발생시킨다.

③ 물에 잘 녹는다.

④ 양쪽성 산화물이다.

해설

단일공유결합으로 분자 내에 연결된 2개의 산소원자를 가지는 물질을 과산화물(Peroxide)이라 한다.

04 전이원소의 특성에 대한 설명으로 옳지 않은 것은?

① 모두 금속이며, 대부분 중금속이다.

② 녹는점이 매우 높은 편이고 열과 전기전도성이 좋다.

③ 색깔을 띤 화합물이나 이온이 대부분이다.

④ 반응성이 아주 강하며, 모두 환원제로 작용한다.

해설

전이원소는 대부분 금속으로 금속성 특징을 지니고, 공기 중에서 큰 변화를 보이지 않으며(낮은 화학적 활성), 주로 촉매제로 이용된다.

05 30% 수산화나트륨 용액 200g에 물 20g을 가하면 약 몇 %의 수산화나트륨 용액이 되겠는가?

① 27.3% ② 25.3%

③ 23.3% ④ 20.3%

해설

$\%농도 = \dfrac{용질의\ 질량}{용액의\ 질량} \times 100 = \dfrac{200g \times 0.3}{200g + 20g} \times 100 ≒ 27.3\%$

06 다음 중 Na^+이온의 전자배열에 해당하는 것은?

① $1s^2 2s^2 2p^6$
② $1s^2 2s^2 3s^2 2p^4$
③ $1s^2 2s^2 3s^2 2p^5$
④ $1s^2 2s^2 2p^6 3s^1$

Na의 전자는 11개이며 Na^+이온의 경우 전자를 하나 잃어버려 총 10개의 전자를 보유하고 있다.

오비탈	$1s$	$2s$		$2p$	
전자수	··	··	··	··	··

∴ $1s$, $2s$, $2p$의 오비탈에 총 10개의 전자를 지닌다.

07 다음 물질과 그 분류가 바르게 연결된 것은?

① 물 – 홑원소 물질
② 소금물 – 균일 혼합물
③ 산소 – 화합물
④ 염화수소 – 불균일 혼합물

혼합물의 조성이 용액 전체에 걸쳐 일정하게 되는 것을 균일 혼합물이라 하며 대표적으로 설탕물, 소금물 등이 있다.
① 물 – 화합물(두 가지 이상의 일정한 성분으로 구성된 물질)
③ 산소 – 단체(하나의 더 이상 분해될 수 없는 성분으로 구성된 물질)
④ 염화수소 – 화합물(두 가지 이상의 일정한 성분으로 구성된 물질)

08 다음 중 삼원자 분자가 아닌 것은?

① 아르곤
② 오 존
③ 물
④ 이산화탄소

삼원자 분자란 3개의 원자로 구성된 분자이며, 아르곤은 비활성 기체로 대표적인 단원자 분자이다.

09 탄소화합물의 특징에 대한 설명으로 옳은 것은?

① CO_2, $CaCO_3$는 유기화합물로 분류된다.
② CH_4, C_2H_6, C_3H_8은 포화탄화수소이다.
③ CH_4에서 결합각은 $90°$이다.
④ 탄소의 수가 많아도 이성질체 수는 변하지 않는다.

① CO_2, $CaCO_3$는 대표적인 무기화합물이다.
③ CH_4에서 결합각은 $109°28'$이다.
④ 탄소수가 증가하면 이성질체도 많아진다.

10 원소는 색깔이 없는 일원자 분자기체이며, 반응성이 거의 없어 비활성 기체라고도 하는 것은?

① Li, Na
② Mg, Al
③ F, Cl
④ Ne, Ar

비활성 기체(0족 원소) : He(헬륨), Ne(네온), Ar(아르곤), Kr(크립톤), Xe(제논), Rn(라돈) 등 총 6개로 활성도가 낮아 비활성 기체라 하며 이상기체에 가장 근접한 성질을 지닌다.

11 할로겐에 대한 설명으로 옳지 않은 것은?

① 자연 상태에서 이원자 분자로 존재한다.

② 전자를 얻어 음이온이 되기 쉽다.

③ 물에는 거의 녹지 않는다.

④ 원자번호가 증가할수록 녹는점이 낮아진다.

해설

원자번호가 증가할수록 전자수, 분자량이 늘어나 분산력이 커져 녹는점과 끓는점이 높아진다.

12 전자궤도의 d오비탈에 들어갈 수 있는 전자의 총 수는?

① 2   ② 6

③ 10   ④ 14

해설

전자껍질(K, L, M, N 등)에 따라 $1s \rightarrow 2s \rightarrow 2p \rightarrow 3s \rightarrow 3p \rightarrow 4s \rightarrow 3d$의 순서로 전자가 각각 2개씩 배치되며, 오비탈의 종류($s,\ p,\ d,\ f$)에 따라 1, 3, 5, 7의 공간을 지닌다.

$1s$	$2s$	$2p$			$3s$	$3p$			$4s$	$3d$				
..	..	..	..	..	..	..	..	..	..	..	..	..	..	..

13 다음 물질 중 물에 가장 잘 녹는 기체는?

① NO   ② C_2H_2

③ NH_3 ④ CH_4

해설

물은 산소의 전기음성도가 강하여 극성을 띠며, 같은 극성물질을 잘 녹인다.

극성결합

• 결합한 두 원자의 전기음성도 차이가 대략 0.5~2.0 사이에 있을 때 발생한다.

　※ 이보다 더 큰 전기음성도 차이를 보이면(2.0 이상) 이온결합, 더 작은 차이를 보이면(0.5 이하) 비극성결합이 이루어진다.

　예 에탄올, 암모니아, 이산화황, 황화수소, 아세트산 등

14 농도가 1.0×10^{-5}mol/L인 HCl 용액이 있다. HCl 용액이 100% 전리한다고 한다면 25℃에서 OH^-의 농도는 몇 mol/L인가?

① 1.0×10^{-14} ② 1.0×10^{-10}

③ 1.0×10^{-9} ④ 1.0×10^{-7}

해설

$$HCl \ \rightleftharpoons \ H^+ \ + \ Cl^-$$
$$1.0 \times 10^{-5} \quad\quad 1.0 \times 10^{-5} \quad\quad 1.0 \times 10^{-5}$$

물의 이온곱상수(K_w) $= [H^+][OH^-]$

$1.0 \times 10^{-14} = 1.0 \times 10^{-5} \times [OH^-]$

$\therefore [OH^-] = 1.0 \times 10^{-9}$mol/L

15 해수 속에 존재하며 상온에서 붉은 갈색의 액체인 할로겐 물질은?

① F_2 ② Cl_2

③ Br_2 ④ I_2

해설

① F_2 : 연한 황록색

② Cl_2 : 황록색

④ I_2 : 진한 흑색

16 화학평형의 이동에 영향을 주지 않는 것은?

① 온 도　　　　② 농 도

③ 압 력　　　　④ 촉 매

해설
촉매는 화학평형에 더 빨리 도달하게 하며, 평형이동에는 영향을
끼치지 않는다.
화학평형 이동의 3대 결정인자 : 온도, 농도, 압력

17 다음 중 동소체끼리 짝지어진 것이 아닌 것은?

① 흰인 – 붉은 인

② 일산화질소 – 이산화질소

③ 사방황 – 단사황

④ 산소 – 오존

해설
일산화질소(NO)와 이산화질소(NO_2)는 원소의 구성 자체가 다른
화합물질이다.
※ 동소체 : 동일한 원소로 구성되어 있으나 형태가 다른 경우

18 알데하이드는 공기와 접촉하였을 때 무엇이 생성되
는가?

① 알코올

② 카복실산

③ 글리세린

④ 케 톤

해설
알데하이드는 산화하여 카복실산을 형성한다.
R–CHO(알데하이드류) + O_2 + H_2O → R–COOH(카복실산) +
H_2O_2

19 0℃, 1기압에서 수소 22.4L 속의 수소 분자의 수는
얼마인가?

① 5.38×10^{22}

② 3.01×10^{23}

③ 6.02×10^{23}

④ 1.20×10^{24}

해설
아보가드로의 법칙에 의하면 표준상태(0℃, 1기압)에서 모든 기체
는 22.4L 속에 6.02×10^{23}개의 분자를 포함하고 있으며 이것을
1몰이라 말한다.

20 화학평형에 대한 설명으로 틀린 것은?

① 화학반응에서 반응물질(왼쪽)로부터 생성물질
(오른쪽)로 가는 반응을 정반응이라고 한다.

② 화학반응에서 생성물질(오른쪽)로부터 반응물
질(왼쪽)로 가는 반응을 비가역반응이라고 한다.

③ 온도, 압력, 농도 등 반응 조건에 따라 정반응과
역반응이 모두 일어날 수 있는 반응을 가역반응
이라고 한다.

④ 가역반응에서 정반응속도와 역반응속도가 같아
져서 겉보기에는 반응이 정지된 것처럼 보이는
상태를 화학평형상태라고 한다.

해설
화학반응에서 생성물질(오른쪽)로부터 반응물질(왼쪽)로 가는 반
응을 가역반응(역반응)이라고 한다.

21 다음 중 같은 족 원소로만 나열된 것은?

① F, Cl, Br

② Li, H, Mg

③ C, N, P

④ Ca, K, B

해설
족은 주기율표의 세로줄로, 같은 족 원소들은 유사한 화학적 성질을 지닌다. F, Cl, Br은 17족 원소로 할로겐족이라고 한다.
※ 주기는 주기율표의 가로줄이다.

22 다음 화합물 중 반응성이 가장 큰 것은?

① $CH_3-CH=CH_2$

② $CH_3-CH=CH-CH_3$

③ $CH≡C-CH_3$

④ C_4H_8

해설
결합의 개수가 많을수록 결합의 고리가 깨질 수 있어 결합력이 약하며 다른 물질과의 반응성이 커진다.
• 단일결합 : 시그마결합이 1개라서 결합이 강하다.
　예 C_3H_8
• 이중결합 : 시그마＋파이결합으로, 오히려 결합이 약하다.
　예 $CH_3-CH=CH_2$, $CH_3-CH=CH-CH_3$, C_4H_8
• 삼중결합 : 시그마＋파이＋파이결합으로, 결합이 가장 약해 반응성이 크다.
　예 $CH≡C-CH_3$

23 다음 유기화합물의 화학식이 틀린 것은?

① 메테인 – CH_4　　② 프로필렌 – C_3H_8

③ 펜테인 – C_5H_{12}　　④ 아세틸렌 – C_2H_2

해설
프로필렌의 화학식은 C_3H_6이며, C_3H_8은 프로페인(프로판)이다.

24 분자식이 $C_{18}H_{30}$인 탄화수소 1분자 속에는 이중결합이 최대 몇 개 존재할 수 있는가?(단, 삼중결합은 없다)

① 2　　　　　　　　② 3

③ 4　　　　　　　　④ 5

해설
탄소는 다리(전자)가 4개이며 수소는 1개이다. 이로써 단일결합만을 고려한 탄화수소의 일반식은 C_nH_{2n+2}이 되고, 탄소가 18개일 때 수소는 총 $(2×18)+2=38$개의 단일결합을 유지하게 된다. 제시된 문제에서는 탄소가 18개일 때 수소가 30개이므로 $38-30=8$, 즉 총 8개의 전자는 단일결합이 아닌 이중결합을 하고 있다고 볼 수 있다.
∴ $8÷2=4$, 총 4개의 이중결합이 가능하다.

25 다음 알칼리금속 중 이온화 에너지가 가장 작은 것은?

① Li　　　　　　　② Na

③ K　　　　　　　④ Rb

해설
동일 족 원소는 원자번호가 증가할수록 이온화 에너지가 작아진다.
※ 동일 주기 원소는 원자번호가 증가할수록 이온화 에너지가 커진다.

26 양이온 제1족부터 제5족까지의 혼합액으로부터 양이온 제2족을 분리시키려고 할 때의 액성은?

① 중 성
② 알칼리성
③ 산 성
④ 액성과는 관계가 없다.

해설
양이온 제2족은 산성 용액에서 황화물 침전을 이루므로, 혼합액으로부터 산성의 액성으로 분리를 진행한다.

27 산-염기 지시약 중 변색범위가 약 pH 8.3~10 정도까지이며 무색~분홍색으로 변하는 지시약은?

① 메틸오렌지
② 페놀프탈레인
③ 콩고레드
④ 다이메틸옐로

해설
페놀프탈레인은 약알칼리성의 산-염기 지시약이며, 염기성인 경우 분홍색을 띤다.

28 공실험(Blank Test)을 하는 가장 주된 목적은?

① 불순물 제거
② 시약의 절약
③ 시간의 단축
④ 오차를 줄이기 위함

해설
공실험
• 수용액 상태의 물질의 정량, 정성분석에 사용된다.
• 대상물질을 제외한 바탕액(주로 물)을 기준으로 영점 보정하여 오차를 줄일 목적으로 사용한다.

29 일정한 온도 및 압력하에서 용질이 용매에 용해도 이하로 용해된 용액을 무엇이라고 하는가?

① 포화용액
② 불포화용액
③ 과포화용액
④ 일반용액

해설
용액의 종류

불포화용액	용질이 용매에 용해도 이하로 녹아 있는 상태
포화용액	용질이 용매에 용해도에 맞게 녹아 있는 상태
과포화용액	용질이 용매에 용해도 이상으로 녹아 있는 상태

30 0.1038N인 중크롬산칼륨 표준용액 25mL를 취하여 0.1N 티오황산나트륨 용액으로 적정하였더니 25mL이 사용되었다. 티오황산나트륨의 역가는?

① 0.1021
② 0.1038
③ 1.021
④ 1.038

해설
$NVF = N'V'F'$의 공식으로 역가를 계산한다.
$0.1N \times 25mL \times F = 0.1038N \times 25mL \times 1$(표준용액의 역가)
$\therefore F = 1.038$

31 다음 중 양이온 제4족 원소는?

① 납   ② 바 륨

③ 철   ④ 아 연

> **해설**
> ④ 아연 : 제4족
> ① 납 : 제2족
> ② 바륨 : 제5족
> ③ 철 : 제3족

32 I^-, SCN^-, $Fe(CN)_6^{4-}$, $Fe(CN)_6^{3-}$, NO_3^- 등이 공존할 때 NO_3^-을 분리하기 위하여 필요한 시약은?

① $BaCl_2$

② CH_3COOH

③ $AgNO_3$

④ H_2SO_4

> **해설**
> 질산이온(NO_3^-)을 분리하기 위해서 질산은($AgNO_3$)을 시약으로 사용한다.

33 양이온 제2족 분석에서 진한 황산을 가하고 흰 연기가 날 때까지 증발 건고시키는 이유는 무엇을 제거하기 위함인가?

① 황 산   ② 염 산

③ 질 산   ④ 초 산

> **해설**
> 양이온 제2족 분족 시 황화물 침전으로 대상물질(구리이온, 비스무트 이온)을 우선 제거한다. 남아 있는 황화물은 HNO_3와 같은 센 산화제 상태에서만 녹으므로, 질산을 넣어 황을 단체로 유리시키며 반응을 유도한다. 이후 잔류 질산의 제거를 위해 증발 건고시키는 과정이 수반된다.
> ※ 증발 건고 : 용매를 가열해 증발시키고 남겨진 용질을 굳히는 것

34 중성 용액에서 $KMnO_4$ 1g 당량은 몇 g인가?(단, $KMnO_4$의 분자량은 158.03이다)

① 52.68   ② 79.02

③ 105.35   ④ 158.03

> **해설**
> 중성 용액과 염기성 용액에서 과망간산은 $3e^-$만큼 환원되어 Mn이 +4의 산화수를 가지는 MnO_2가 된다.
> $MnO_4^- + 2H_2O + 3e^- \rightarrow MnO_2 + 4OH^-$
>   +7   −   +4 = +3($3e^-$)
> $\therefore \dfrac{158.03g}{3} = 56.68g$
> ※ 산성 용액에서는 5당량이다.

35 다음과 같은 반응에 대해 평형상수(K)를 옳게 나타낸 것은?

$$aA + bB \leftrightarrow cC + dD$$

① $K = \dfrac{[C]^c[D]^d}{[A]^a[B]^b}$ ② $K = \dfrac{[A]^a[B]^b}{[C]^c[D]^d}$

③ $K = \dfrac{[C]^c}{[A]^a[B]^b}$ ④ $K = \dfrac{1}{[A]^a[B]^b}$

> **해설**
> 평형상수(K) $= \dfrac{[생성물]}{[반응물]}$

36 물 500g에 비전해질 물질이 12g이 녹아 있다. 이 용액의 어는점이 −0.93℃일 때 녹아 있는 비전해질의 분자량은 얼마인가?(단, 물의 어는점 내림상수(K_f)는 1.86이다)

① 6
② 12
③ 24
④ 48

해설

$\Delta T_f = K_f \times m$

여기서, ΔT_f : 어는점 내림
K_f : 몰랄내림상수(어는점 내림상수)
m : 몰랄농도

$0.93 = 1.86 \times m$, $m = 0.5$mol/kg

즉, 1kg에 0.5mol이 있으므로 0.5kg(= 500g)에는 0.25mol이 있으며, 비전해질 물질이 12g 녹아 있으므로

0.25mol : 12g = 1mol : x

∴ $x = 48$g

37 침전적정에서 Ag^+에 의한 은법적정 중 지시약법이 아닌 것은?

① Mohr법
② Fajans법
③ Volhard법
④ 네펠로법(Nephelometry)

해설

네펠로법은 입자의 혼탁도에 따른 산란도를 측정하는 방법으로, 대표적인 탁도 측정방법이다.

38 전해질이 보통 농도의 수용액 중에서도 거의 완전히 이온화되는 것을 무슨 전해질이라고 하는가?

① 약전해질
② 초전해질
③ 비전해질
④ 강전해질

해설

전해질의 종류

종 류	정 의	특 징	대표물질
약전해질	물에 녹을 경우 이온화도가 낮은 것	전류가 잘 흐르지 않는다.	암모니아, 붕산, 탄산 등
비전해질	물에 녹을 경우 이온화되지 않는 것	전류가 전혀 흐르지 않는다.	설탕, 포도당, 에탄올 등
강전해질	물에 녹을 경우 이온화도가 높은 것	전류가 강하게 흐른다.	염화나트륨, 염산 등

39 $SrCO_3$, $BaCO_3$ 및 $CaCO_3$를 모두 녹일 수 있는 시약은?

① NH_4OH
② CH_3COOH
③ H_2SO_4
④ HNO_3

해설

아세트산(CH_3COOH)은 CO_3화합물과 반응할 경우 다음과 같이 반응한다.

$4CO_3 + CH_3COOH \rightarrow 6CO_2 + 2H_2O$

따라서 문제에서 제시된 물질과의 반응을 위해 아세트산을 사용한다.

40 적정반응에서 용액의 물리적 성질이 갑자기 변화되는 점이며, 실질적정반응에서 적정의 종결을 나타내는 점은?

① 당량점
② 종말점
③ 시작점
④ 중화점

해설

당량점	적정되는 물질의 성분과 적정 성분 사이의 화학양론적 반응이 끝나는 지점
종말점	적정반응에서 용액의 물리적 성질이 갑자기 변화되는 점이며, 실질적정반응에서 적정의 종결을 나타내는 점
중화점	산과 염기의 반응인 중화반응이 완결된 지점

41 액체크로마토그래피법 중 고체정지상에 흡착된 상태와 액체이동상 사이의 평형으로 용질 분자를 분리하는 방법은?

① 친화크로마토그래피(Affinity Chromatography)
② 분배크로마토그래피(Partition Chromatography)
③ 흡착크로마토그래피(Adsorption Chromatography)
④ 이온교환크로마토그래피(Ion-exchange Chromatography)

> **해설**
> 흡착크로마토그래피는 현재 이용되고 있는 모든 크로마토그래피의 원조로, 액체-고체크로마토그래피(LSC)와 기체-고체크로마토그래피(GSC)로 구분할 수 있다.

42 분광광도계에 이용되는 빛의 성질은?

① 굴 절   ② 흡 수
③ 산 란   ④ 전 도

> **해설**
> 빛을 얼마나 흡수하는지를 이용해(흡광도) 정량, 정성분석에 사용한다.

43 분광분석에 쓰이는 분광계의 검출기 중 광자검출기(Photo Detectors)는?

① 볼로미터(Bolometers)
② 열전기쌍(Thermocouples)
③ 규소 다이오드(Silicon Diodes)
④ 초전기전지(Pyroelectric Cells)

> **해설**
> 대표적인 광자검출기로 규소 다이오드를 사용하며, 반도체에 복사선을 흡수시켜 전도도를 증가시킬 때 사용한다.

44 가스 크로마토그래피에서 운반 기체에 대한 설명으로 옳지 않은 것은?

① 화학적으로 비활성이어야 한다.
② 수증기, 산소 등이 주로 이용된다.
③ 운반 기체와 공기의 순도는 99.995% 이상이 요구된다.
④ 운반 기체의 선택은 검출기의 종류에 의해 결정된다.

> **해설**
> 캐리어 가스(운반 가스)는 측정대상물질과 반응이 일어나면 안 되므로 수소 또는 헬륨과 같은 비활성 기체를 사용한다.

45 약품을 보관하는 방법에 대한 설명으로 틀린 것은?

① 인화성 약품은 자연발화성 약품과 함께 보관한다.
② 인화성 약품은 전기의 스파크로부터 멀고 찬 곳에 보관한다.
③ 흡습성 약품은 완전히 건조시켜 건조한 곳이나 석유 속에 보관한다.
④ 폭발성 약품은 화기를 사용하는 곳에서 멀리 떨어져 있는 창고에 보관한다.

> **해설**
> 인화성 약품과 자연발화성 약품은 반드시 분리하여 보관한다.

46 다음 표준전극전위에 대한 설명 중 틀린 것은?

① 각 표준전극전위는 0.000V를 기준으로 하여 정한다.
② 수소의 환원 반쪽반응에 대한 전극전위는 0.000V이다.
③ $2H^+ + 2e^- \rightarrow H_2$은 산화반응이다.
④ $2H^+ + 2e^- \rightarrow H_2$의 반응에서 생긴 전극전위를 기준으로 하여 다른 반응의 표준전극전위를 정한다.

해설
$2H^+ + 2e^- \rightarrow H_2$의 반응은 수소가 2개의 전자를 얻으므로 환원반응이다.

47 분광광도계의 광원으로 사용되는 램프의 종류로만 짝지어진 것은?

① 형광램프, 텅스텐램프
② 형광램프, 나트륨램프
③ 나트륨램프, 중수소램프
④ 텅스텐램프, 중수소램프

해설
분광광도계의 광원 램프별 흡수 파장 영역
• 중수소아크램프 : 자외선(180~380nm)
• 텅스텐램프, 할로겐램프 : 가시광선(380~800nm)

48 분광광도계의 구조로 옳은 것은?

① 광원 → 입구슬릿 → 회절격자 → 출구슬릿 → 시료부 → 검출부
② 광원 → 회절격자 → 입구슬릿 → 출구슬릿 → 시료부 → 검출부
③ 광원 → 입구슬릿 → 회절격자 → 출구슬릿 → 검출부 → 시료부
④ 광원 → 입구슬릿 → 시료부 → 출구슬릿 → 회절격자 → 검출부

해설
분광광도계는 일반적으로 광원 → 입구슬릿 → 회절격자 → 출구슬릿 → 시료부 → 검출부의 구조를 지닌다.

49 다음의 전자기 복사선 중 주파수가 가장 높은 것은?

① X선
② 자외선
③ 가시광선
④ 적외선

해설
고주파수 순서
감마선 > X선 > 자외선 > 가시광선 > 적외선

50 다음 중 전기전류의 분석신호를 이용하여 분석하는 방법은?

① 비탁법
② 방출분광법
③ 폴라로그래피법
④ 분광광도법

해설
폴라로그래피는 대표적인 전기분석법의 일종으로 적하수은전극을 사용해 전해분석을 하고, 그 전압-전류곡선에 의해 물질을 정량, 정성 분석하는 방법이다.

51 Fe^{3+} 용액 1L가 있다. Fe^{3+}를 Fe^{2+}로 환원시키기 위해 48.246C의 전기량을 가하였다. Fe^{2+}의 몰농도(M)는?

① 0.0005M   ② 0.001M

③ 0.05M   ④ 1.0M

해설

$q = n \times F$

여기서, q : 전기전하

n : 몰수

F : 패러데이상수(= 96,500C/mol)

$n = \dfrac{q}{F} = \dfrac{48.246\text{C}}{96,500\text{C/mol}} = 0.0005\text{mol}$

0.0005mol이 1L에 녹아 있으므로,

∴ 몰농도(M) = 0.0005mol/L = 0.0005M

---

52 분광분석법에서는 파장을 nm 단위로 사용한다. 1nm는 몇 m인가?

① 10^{-3} ② 10^{-6}

③ 10^{-9} ④ 10^{-12}

해설

$1\text{m} = 10^3\text{mm} = 10^6\mu\text{m} = 10^9\text{nm}$

---

53 전기무게분석법에 사용되는 방법이 아닌 것은?

① 일정전압 전기분해

② 일정전류 전기분해

③ 조절전위 전기분해

④ 일정저항 전기분해

해설

전기무게분석법은 일정전압 전기분해, 일정전류 전기분해, 조절전위 전기분해 이렇게 세 가지로 나뉜다.

---

54 전위차법에 사용되는 이상적인 기준전극이 갖추어야 할 조건 중 틀린 것은?

① 시간에 대하여 일정한 전위를 나타내야 한다.

② 분석물 용액에 감응이 잘되고 비가역적이어야 한다.

③ 작은 전류가 흐른 후에는 본래 전위로 돌아와야 한다.

④ 온도 사이클에 대하여 히스테리시스를 나타내지 않아야 한다.

해설

전위차법에서 사용되는 기준전극의 구비조건

• 반전지 전위값이 알려져 있어야 한다.

• 가역적이고, 이상적인 비편극전극으로 작동해야 한다.

• 일정한 전위를 유지해야 한다.

• 온도변화에 히스테리시스 현상이 없어야 한다.

 ※ 히스테리시스 현상 : 반응이 지연되는 현상

---

55 가스 크로마토그래피의 설치 장소로 적당한 것은?

① 온도 변화가 심한 곳

② 진동이 없는 곳

③ 공급전원의 용량이 일정하지 않은 곳

④ 주파수 변동이 심한 곳

해설

GC(가스 크로마토그래피)의 최적 설치장소

• 온도 변화가 없는 곳

• 진동과 소음이 없는 곳

• 공급전원의 용량이 일정한 곳

• 주파수의 변동이 없는 장소

---

56 가스크로마토그래피의 기록계에 나타난 크로마토그램을 이용하여 피크의 넓이 또는 높이를 측정하여 분석할 수 있는 것은?

① 정성분석
② 정량분석
③ 이동속도분석
④ 전위차분석

해설
피크로부터 농도 계산(정량분석)방법은 피크의 넓이 또는 높이로 측정하며, 일반적으로 넓이 측정법을 많이 사용한다.

57 원자흡광광도계로 시료를 측정하기 위하여 시료를 원자상태로 환원해야 한다. 이때 적합한 방법은?

① 냉 각
② 동 결
③ 불꽃에 의한 가열
④ 급속해동

해설
원자흡광광도계는 불꽃으로 시료를 가열하여 원자상태로 환원한다.

58 기체크로마토그래피에서 충진제의 입자는 일반적으로 60~100mesh 크기로 사용되는데 이보다 더 작은 입자를 사용하지 않는 주된 이유는?

① 분리관에서 압력강하가 발생하므로
② 분리관에서 압력상승이 발생하므로
③ 분리관의 청소를 불가능하게 하므로
④ 고정상과 이동상이 화학적으로 반응하므로

해설
충진제(고정상)는 고정되어 있으며 움직이지 않는 물질이다. 기체, 액체 등의 이동상이 충진제를 이동하며 고정상과 이동상의 상호작용에 의해 분석대상물질이 분리되어 유출되는데, 분리관에서 압력강하가 발생하면 분리 자체가 원활하게 이루어지지 않기 때문에 충진제 입자의 크기를 60~100mesh로 제한하여 사용한다.

59 다음 중 실험실에서 일어나는 사고의 원인과 그 요소를 연결한 것으로 옳지 않은 것은?

① 정신적 원인 – 성격적 결함
② 신체적 결함 – 피로
③ 기술적 원인 – 기계장치의 설계 불량
④ 교육적 원인 – 지각적 결함

해설
교육적 원인은 지식의 부족, 수칙의 오해에서 비롯된다.

60 수산화이온의 농도가 5×10^{-5}일 때 이 용액의 pH는 얼마인가?

① 7.7
② 8.3
③ 9.7
④ 10.3

해설
$pH + pOH = 14$
$pOH = -\log(5 \times 10^{-5}) = -\log 5 + 5 = 4.3$
$\therefore pH = 14 - pOH = 14 - 4.3 = 9.7$

01 다음 중 물리적 상태가 엿과 같이 비결정 상태인 것은?

① 수 정

② 유 리

③ 다이아몬드

④ 소 금

해설

고체를 구성하는 구성요소(원자, 분자, 이온 등)가 불규칙적인 배열을 이루고 있는 상태를 비결정이라 하며 유리, 고무, 수지 등이 포함된다.

02 다음 금속 이온을 포함한 수용액으로부터 전기분해로 같은 무게의 금속을 각각 석출시킬 때 전기량이 가장 적게 드는 것은?

① Ag^+

② Cu^{2+}

③ Ni^{2+}

④ Fe^{3+}

해설

은이 원자량이 가장 크고 이온의 전하수도 적으므로 동일한 무게의 금속석출에는 가장 적은 전기량이 소모된다.

※ 일정 전하량에 의해 생성되는 물질의 양 $\propto \dfrac{원자량}{이온의 \ 전하수}$

03 가수분해 생성물이 포도당과 과당인 것은?

① 맥아당

② 설 탕

③ 젖 당

④ 글리코겐

해설

설탕은 이당류로 수용성이며, 가수분해 생성물은 단당류인 포도당과 과당이다.

04 수산화나트륨에 대한 설명 중 틀린 것은?

① 물에 잘 녹는다.

② 조해성 물질이다.

③ 양쪽성 원소와 반응하여 수소를 발생한다.

④ 공기 중의 이산화탄소를 흡수하여 탄산나트륨이 된다.

해설

※ 저자의견 : ①, ②, ④는 다 맞고, 경우에 따라 수산화나트륨은 양쪽성 원소와 반응해 수소를 발생시키기도 해서 ③도 맞다. 따라서 문제의 오류가 있다.

예) $2Al + 2NaOH + 2H_2O \rightarrow 2NaAlO_2 + 3H_2$

$2Al + 6NaOH \rightarrow 3H_2 + 2Na_3AlO_3(aq)$

05 염화나트륨 10g을 물 100mL에 용해한 액의 중량 농도는?

① 9.09%

② 10%

③ 11%

④ 12%

해설

$중량농도 = \dfrac{용질의 \ 질량}{(용매 + 용질)의 \ 질량} = \dfrac{10g}{10g + 100g} \times 100$

$≒ 9.09\%$

06 초산은의 포화수용액은 1L 속에 0.059몰을 함유하고 있다. 전리도는 50%라 하면 이 물질의 용해도곱은 얼마인가?

① 2.95×10^{-2}
② 5.9×10^{-2}
③ 5.9×10^{-4}
④ 8.7×10^{-4}

해설
전리도가 50%이므로 0.059mol의 절반인 0.0295mol이 이온화되며, 초산은이 이온화할 경우 초산이온 1개, 은이온 1개가 생성된다. 즉, $AgNO_3 \rightarrow Ag^+ + NO_3^-$에서 용해도곱을 구하면
$0.0295 \times 0.0295 = 8.7 \times 10^{-4}$
∴ 용해도곱 = 8.7×10^{-4}

08 다음 중 환원의 정의를 나타낸 것은?

① 어떤 물질이 산소와 화합하는 것
② 어떤 물질이 수소를 잃는 것
③ 어떤 물질에서 전자를 방출하는 것
④ 어떤 물질에서 산화수가 감소하는 것

해설

기 준	산 화	환 원
산소(O)	산소를 얻음	산소를 잃음
	$2Mg + O_2 \rightarrow 2MgO$ 산화(Mg), 환원(O)	
수소(H)	수소를 잃음	수소를 얻음
	$CH_4 + 2O_2 \rightarrow CO_2 + 2H_2O$ 산화(C), 환원(O)	
전자(e^-)	전자를 잃음 $Fe \rightarrow Fe^{2+} + 2e^-$ (철이 산화됨)	전자를 얻음 $H^+ + Cl^- \rightarrow HCl$ (수소가 환원됨)
산화수	산화수가 증가	산화수가 감소
	$2FeCl_3 + SnCl_2 \rightarrow 2FeCl_2 + SnCl_4$ 산화수 +3 +2 +2 +4 산화됨(Sn), 환원됨(Fe)	

07 하나의 물질로만 구성되어 있는 것으로 물, 소금, 산소 등이 예이고, 끓는점, 어는점, 밀도, 용해도 등의 물리적 성질이 일정한 것을 가리키는 말은?

① 단 체
② 순물질
③ 화합물
④ 균일혼합물

해설
단체는 단일원소로 구성된 물질이고, 화합물은 두 종류 이상의 원소로 구성된 물질이며, 순물질은 이 두 가지를 포함한다(순물질 = 단체 + 화합물).

09 K_2CrO_4에서 Cr의 산화상태(원자가)는?

① +3
② +4
③ +5
④ +6

해설

원자가	Ⅰ족	Ⅱ족	Ⅲ족	Ⅳ족	Ⅴ족	Ⅵ족	Ⅶ족
양성원자가	+1	+2	+3	+4 +2	+5 +3	+6 +4	+7 +5
음성원자가				-4	-3	-2	-1

K는 1이므로 $1 \times 2 = 2$, O는 -2이므로 $-2 \times 4 = -8$이다.
전체적으로 중성이므로 $2 + x + (-8) = 0$
∴ $x = +6$

10 다음 이온결합물질 중 녹는점이 가장 높은 것은?

① NaF   ② KF

③ RbF   ④ CsF

해설

이온결합력의 세기에 따라 녹는점이 결정되며, 결합력의 세기는 이온의 전하량과 원자반지름에 의해 달라진다. 제시된 보기에서 F의 원자반지름은 동일하며 Na, K, Rb, Cs은 모두 1족 원소로 원자번호가 가장 작은 Na이 원자껍질의 수가 적어 원자반지름이 가장 작으므로 결합력이 가장 크다. 따라서 NaF가 녹는점이 가장 높다.

11 탄소 섬유를 만드는 데 사용되는 원료로 가장 적당한 것은?

① 흑 연   ② 단사황

③ 실리콘   ④ 고무상황

해설

탄소섬유는 미세한 흑연 결정구조를 지니는 섬유상태의 탄소물질이다.

12 실리콘이라고도 하며, 반도체로서 트랜지스터, 다이오드 등의 원료가 되는 물질은?

① C   ② Si

③ Cu   ④ Mn

13 유기화합물은 무기화합물에 비하여 다음과 같은 특성을 가지고 있다. 이에 대한 설명 중 틀린 것은?

① 유기화합물은 일반적으로 탄소화합물이므로 가연성이 있다.

② 유기화합물은 일반적으로 물에 용해되기 어렵고 알코올, 에테르 등의 유기용매에 용해되는 것이 많다.

③ 유기화합물은 일반적으로 녹는점, 끓는점이 무기화합물보다 낮으며, 가열했을 때 열에 약하여 쉽게 분해된다.

④ 유기화합물에는 물에 용해 시 양이온과 음이온으로 해리되는 전해질이 많으나 무기화합물은 이온화되지 않는 비전해질이 많다.

해설

가수분해가 어려운 분자성 무기화합물은 전해질의 특성을 지니고 있다.

14 0.400M의 암모니아 용액의 pH는?(단, 암모니아의 K_b 값은 1.8×10^{-5}이다)

① 9.25   ② 10.33

③ 11.43   ④ 12.57

해설

$NH_3 + H_2O \rightleftarrows NH_4^+ + OH^-$

0.4	0	0
x	x	x
$0.4 - x$	x	x

암모니아는 약염기로, 이온화의 정도가 매우 낮으므로 $0.4 - x \fallingdotseq 0.4$로 변환한다.

$$K_b = 1.8 \times 10^{-5} = \frac{[NH_4^+][OH^-]}{[NH_3]} = \frac{x^2}{0.4}$$

$x^2 = 7.2 \times 10^{-6}$

$x = 2.7 \times 10^{-3}$

$$\therefore \ pH = 14 - pOH = 14 - (-\log(2.7 \times 10^{-3}))$$
$$\fallingdotseq 11.43$$

15 비활성 기체에 대한 설명으로 틀린 것은?

① 전자배열이 안정하다.

② 특유의 색깔, 맛, 냄새가 있다.

③ 방전할 때 특유한 색상을 나타내므로 야간광고용
으로 사용된다.

④ 다른 원소와 화합하여 반응을 일으키기 어렵다.

해설
비활성 기체는 무색, 무취, 무미의 불연성 기체이다.

16 같은 주기에서 이온화 에너지가 가장 작은 것은?

① 알칼리금속

② 알칼리토금속

③ 할로겐족

④ 비활성기체

해설
알칼리금속은 최외각전자의 수가 1개이기 때문에 이온화 에너지
가 가장 작다.

17 전기음성도가 비슷한 비금속 사이에서 주로 일어
나는 결합은?

① 이온결합

② 공유결합

③ 배위결합

④ 수소결합

해설

공유결합	이온결합	금속결합
비금속 + 비금속	금속 + 비금속	금속 + 금속

18 유효숫자 규칙에 맞게 계산한 결과는?

2.1 + 123.21 + 20.126

① 145.136

② 145.43

③ 145.44

④ 145.4

해설
유효숫자의 덧셈과 뺄셈에서는 소수점 아래 자릿수가 작은 것을
기준으로 한다.
2.1 + 123.21 + 20.126 = 145.436 = 145.4
기준(소수점 첫째자리)   소수점 둘째자리에서 반올림

19 분자 간에 작용하는 힘에 대한 설명으로 틀린 것은?

① 반데르발스 힘은 분자 간에 작용하는 힘으로서
분산력, 이중극자 간의 인력 등이 있다.

② 분산력은 분자들이 접근할 때 서로 영향을 주어
전하의 분포가 비대칭이 되는 편극현상에 의해
나타나는 힘이다.

③ 분산력은 일반적으로 분자의 분자량이 커질수록
강해지나, 분자의 크기와는 무관하다.

④ 헬륨이나 수소기체도 낮은 온도와 높은 압력에서
는 액체나 고체상태로 존재할 수 있는데, 이는
각각의 분자 간에 분산력이 작용하기 때문이다.

해설
분산력은 편극도에 비례하며 편극도는 전자의 수가 많을수록 크므
로, 고분자의 물질이 분산력이 크다.
※ 편극도 : 전자가 어느 순간 한쪽으로 쏠리는 현상을 말한다.
순간적으로 전자가 쏠린 쪽 양극, 다른 한쪽은 음극을 나타내
게 되며 이를 유발쌍극자라 한다. 유발쌍극자가 발생할 경우
화합물에 분포하는 다른 전자에 영향을 주고, 순간적이고 약한
힘이 생성된다.

20 다음 중 이온결합인 것은?

① 염화나트륨(Na-Cl)

② 암모니아(N-H₃)

③ 염화수소(H-Cl)

④ 에틸렌(CH₂-CH₂)

해설

염화나트륨은 Na^+이온과 Cl^-이온으로 구성되며, 서로 간 전기음성도가 매우 커 이온결합을 유지한다.

21 다음 중 물체에 해당하는 것은?

① 나 무   ② 유 리

③ 신 발   ④ 쇠

해설

물체 : 물질로 이루어진 구체적인 형태를 지니고 있는 대상

22 무색의 액체로 흡습성과 탈수 작용이 강하여 탈수제로 사용되는 것은?

① 염 산   ② 인 산

③ 진한 황산   ④ 진한 질산

해설

진한 황산은 공업적으로 산의 역할보다는 탈수제, 건조제로 많이 사용한다.

23 순황산 9.8g을 물에 녹여 250mL로 만든 용액은 몇 노말농도인가?(단, 황산의 분자량은 98이다)

① 0.2N   ② 0.4N

③ 0.6N   ④ 0.8N

해설

순황산 9.8g/L은 0.1M이며 황산은 2가이므로 0.2N이 된다. 그러나 문제에서 제시된 기준액이 250mL이며 250mL × 4 = 1,000mL이므로, 0.2N × 4 = 0.8N이 된다.

※ 순황산 49g = 1g당량이므로 49g : 1g당량 = 9.8g : x, x = 0.2g당량이며, 0.2g당량/0.25L이므로 분자와 분모에 모두 4를 곱하면 0.8g당량/L = 0.8N이다.

24 다음 중 표준상태(0℃, 101.3kPa)에서 22.4L의 무게가 가장 가벼운 기체는?

① 질 소

② 산 소

③ 아르곤

④ 이산화탄소

해설

표준상태에서 22.4L의 기체의 양은 1mol이며, 분자량이 가장 작은 것이 무게가 적게 나간다.

① 질소(N_2) : 28g/mol

② 산소(O_2) : 32g/mol

③ 아르곤(Ar) : 40g/mol

④ 이산화탄소(CO_2) : 44g/mol

25 Na의 전자 배열에 대한 설명으로 옳은 것은?

① 전자 배치는 $1s^2 2s^2 2d^6 3s^1$이다.

② 부껍질은 f 껍질까지 갖는다.

③ 최외각 껍질에 존재하는 전자는 2개이다.

④ 전자껍질은 2개를 갖는다.

해설

$1s$, $2s$, $2p$, $3s$, $3p$, $4s$, $3d$의 순서로 하나씩 넣으며 $s=1$, $p=3$, $d=5$, $f=7$개씩 들어가며 각각 2개씩의 전자를 포함할 수 있다.

$_{11}Na = 1s^2 2s^2 2p^6 3s^1$

※ $Na^+ = 1s^2 2s^2 2p^6$(전자가 하나 달아났으므로)

26 다음 중 제1차 이온화 에너지가 가장 큰 원소는?

① 나트륨   ② 헬 륨

③ 마그네슘   ④ 타이타늄

해설

헬륨은 비활성 기체로, 전자 하나를 떼어내는 데(이온화 에너지) 막대한 에너지가 소요된다.

27 다음 중 양이온 제3족이 아닌 것은?

① Fe   ② Cr

③ Al   ④ Zn

해설

아연은 제4족 원소이다.

28 린만 그린(Rinmann's Green) 반응 결과 녹색의 덩어리로 얻어지는 물질은?

① $Fe(SCN)_2$

② $CoZnO_2$

③ $Na_2B_4O_7$

④ $Co(AlO_2)_2$

해설

산화코발트(CoO)와 산화아연(ZnO)을 혼합가열하면 녹색을 띤 푸른색의 안료($CoZnO_2$)가 생성된다. 이 반응을 린만 그린 반응 또는 코발트 그린 반응이라고 한다.

29 다음 중 Arrhenius 산, 염기 이론에 대하여 설명한 것은?

① 산은 물에서 이온화될 때 수소이온을 내는 물질이다.

② 산은 전자쌍을 받을 수 있는 물질이고, 염기는 전자쌍을 줄 수 있는 물질이다.

③ 산은 진공에서 양성자를 줄 수 있는 물질이고, 염기는 진공에서 양성자를 받을 수 있는 물질이다.

④ 산은 용매에 양이온을 방출하는 용질이고, 염기는 용질에 음이온을 방출하는 용매이다.

해설

Arrhenius는 수중에서 산은 수소이온을, 염기는 수산화이온을 낸다고 가정했다.

30 다음 중 수용액에서 이온화도가 5% 이하인 산은?

① HNO_3　　② H_2CO_3

③ H_2SO_4　　④ HCl

탄산은 대표적인 약산으로, 이온화도가 상당히 낮다.

31 Ba^{2+}, Ca^{2+}, Na^+, K^+ 네 가지 이온이 섞여 있는 혼합용액이 있다. 양이온 정성분석 시 이들 이온을 Ba^{2+}, Ca^{2+}(제5족)와 Na^+, K^+(제6족)이온으로 분족하기 위한 시약은?

① $(NH_4)_2CO_3$　　② $(NH_4)_2S$

③ H_2S　　④ 6M HCl

• 제5족 분족시약을 통해 침전성을 확인하면 제6족과 분리할 수 있다.
• $(NH_4)_2CO_3$가 제5족 분족시약이다.

32 다음 황화물 중 흑색 침전이 아닌 것은?

① PbS　　② AgS

③ CuS　　④ ZnS

황화아연(ZnS)은 백색 침전이다.

33 3N−HCl 60mL에 5N−HCl 40mL를 혼합한 용액의 노말농도(N)는 얼마인가?

① 1.6N　　② 3.8N

③ 5.0N　　④ 7.2N

혼합용액의 농도 = $\dfrac{(3N \times 60mL) + (5N \times 40mL)}{100mL}$ = 3.8N

34 염기 표준액의 1차 표준물질로 사용하지 않는 것은?

① 프탈산수소칼륨($C_6H_4COOKCOOH$)

② 옥살산($H_2C_2O_4$)

③ 설파민산($HOSO_2NH_2$)

④ 석탄산(C_6H_5OH)

1차 표준물질(Primary Standard)이란 순도가 높아 용액으로 만들었을 때 질량의 오차가 적어 예상 농도와 동일한 수준의 용액을 만들 수 있는 물질을 말한다. 염기표준액의 1차 표준물질 종류로는 프탈산수소칼륨, 옥살산, 설파민산 등이 있다.

35 다음 용액에 대한 설명으로 옳은 것은?

① 물에 대한 고체의 용해도는 일반적으로 물 1,000g에 녹아 있는 용질의 최대 질량을 말한다.

② 몰분율은 용액 중 어느 한 성분의 몰수를 용액 전체의 몰수로 나눈 값이다.

③ 질량 백분율은 용질의 질량을 용액의 부피로 나눈 값을 말한다.

④ 몰농도는 용액 1L 중에 들어 있는 용질의 질량을 말한다.

해설
① 물에 대한 고체의 용해도는 일반적으로 물 100g에 녹아 있는 용질의 최대 질량을 말한다.
③ 질량 백분율은 용질의 질량을 용액의 질량으로 나눈 값을 말한다.
④ 몰농도는 용액 1L 중에 들어 있는 용질의 몰수를 말한다.

36 일반적으로 바닷물은 1,000mL당 27g의 NaCl을 함유하고 있다. 바닷물 중에서 NaCl의 몰농도는 약 얼마인가?(단, NaCl의 분자량은 58.5g/mol이다)

① 0.05 ② 0.5
③ 1 ④ 5

해설
27g NaCl = $\dfrac{27}{58.5}$ = 0.462mol

바닷물 중의 NaCl = 0.462mol/L ≒ 0.5M

37 다음 중 침전 적정법에서 주로 사용하는 시약은?

① $AgNO_3$ ② NaOH
③ $Na_2C_2O_4$ ④ $KMnO_4$

해설
은법적정 : 질산은의 표준용액을 사용하는 침전 적정법으로 용액 속의 염소이온 분석에 널리 사용된다.

38 고체가 액체에 용해되는 경우 용해속도에 영향을 주는 인자로서 가장 거리가 먼 것은?

① 고체 표면적의 크기
② 교반속도
③ 압력의 증감
④ 온도의 변화

해설
고체가 액체에 용해되는 속도는 고체 표면적이 넓을수록(입자가 작을수록), 교반속도가 빠를수록, 온도가 높을수록 빨라진다.

39 Cu^{2+}시료 용액에 깨끗한 쇠못을 담가두고 5분간 방치한 후 못 표면을 관찰하면 쇠못 표면에 붉은색 구리가 석출된다. 그 이유는?

① 철이 구리보다 이온화 경향이 크기 때문에
② 침전물이 분해하기 때문에
③ 용해도의 차이 때문에
④ Cu^{2+}시료 용액의 농도가 진하기 때문에

해설
철이 구리보다 강한 이온화 경향을 지니고 있어 쇠못 표면으로 구리 성분을 끌어와 석출시킨다.

40 약산과 강염기 적정 시 사용할 수 있는 지시약은?

① Bromophenol Blue

② Methyl Orange

③ Methyl Red

④ Phenolphthalein

해설
약산과 강염기의 적정 결과는 약알칼리성(pH 8~10)을 유지하게
되며 페놀프탈레인이 적당하다(염기성인 경우 분홍색).

42 다음 기기분석법 중 광학적 방법이 아닌 것은?

① 전위차 적정법

② 분광 분석법

③ 적외선 분광법

④ X선 분석법

해설
전위차 적정법은 빛을 이용하는 방법이 아니라 전기의 발생을
이용하여 물질을 적정하는 방법이다.

43 비어-람베르트(Beer-Lambert)의 법칙에 대한 설명으로 틀린 것은?

① 흡광도는 액층의 두께에 비례한다.

② 투광도는 용액의 농도에 반비례한다.

③ 흡광도는 용액의 농도에 비례한다.

④ 투광도는 액층의 두께에 비례한다.

해설
비어-람베르트의 법칙
• 흡광도는 액층의 두께, 용액의 농도에 비례한다.
• 투광도는 액층의 두께, 용액의 농도에 반비례한다.

41 종이 크로마토그래피에 의한 분석에서 구리, 비스무트, 카드뮴 이온을 분리할 때 사용하는 전개액으로 가장 적당한 것은?

① 묽은 염산, n-부탄올

② 페놀, 암모니아수

③ 메탄올, n-부탄올

④ 메탄올, 암모니아수

해설
종이 크로마토그래피의 전개액 : 묽은 염산이 가장 많이 사용되며,
n-부탄올은 아세트산이나 물과 일정 배율로 혼합하여 사용한다.

44 전기분석법의 분류 중 전자의 이동이 없는 분석방법은?

① 전위차적정법 ② 전기분해법

③ 전압전류법   ④ 전기전도도법

해설
전기전도도법은 전기전도도를 측정하여 물질을 분석하는 방법으로 전자의 이동과는 관계가 없다.

45 HPLC에서 Y축을 높이로 하여 파형의 축을 밑변으로 한 넓이로 알 수 있는 것은?

① 성 분
② 신호의 세기
③ 머무른 시간
④ 성분의 양

해설
파형의 축을 기준으로 넓이를 계산하여 물질의 양을 측정(정량분석)할 수 있다.

46 유기화합물의 전자전이 중에서 가장 작은 에너지의 빛을 필요로 하고, 일반적으로 약 280nm 이상에서 흡수를 일으키는 것은?

① $\sigma \rightarrow \sigma^*$ ② $n \rightarrow \sigma^*$
③ $\pi \rightarrow \pi^*$ ④ $n \rightarrow \pi^*$

해설
유기화합물의 전자전이

종 류	흡수영역	특 징
$\sigma \rightarrow \sigma^*$	진공 자외선, <200nm	• 가장 높은 에너지 흡수 • 진공상태만 관찰 가능
$n \rightarrow \sigma^*$	원적외선, 180~250nm	• 높은 에너지 흡수 • O, S, N 등과 같은 비결합성 전자를 가진 치환기가 있는 화합물
$\pi \rightarrow \pi^*$	자외선, >180nm	• 중간 에너지 흡수 • 다중결합이 콘주게이션된 폴리머를 포함한 화합물
$n \rightarrow \pi^*$	근자외선, 가시선, 280~800nm	가장 낮은 에너지 흡수

47 가스 크로마토그래프에서 시료를 흡착법에 의해 분리하는 곳은?

① 운반 기체부   ② 주입부
③ 칼 럼   ④ 검출기

해설
칼럼은 시료를 분리하여 분석하는 역할을 수행한다.

48 어떤 물질 30g을 넣어 용액 150g을 만들었더니 더 이상 녹지 않았다. 이 물질의 용해도는?(단, 온도는 변하지 않았다)

① 20   ② 25
③ 30   ④ 35

해설
용해도 : 용매 100g에 최대한 녹을 수 있는 용질의 g수이다.
용액 = 용질 + 용매이므로
용매 = 용액 − 용질 = 150g − 30g = 120g
용질 : 용매 = 30g : 120g = xg : 100g
∴ $x = 25$

49 분광광도계의 구조 중 일반적으로 단색화장치나 필터가 사용되는 곳은?

① 광원부
② 파장선택부
③ 시료부
④ 검출부

파장선택부는 광원에서 나오는 넓은 파장의 빛을 단색 복사선으로 바꾸어 원하는 파장의 빛만 선택하여 사용하는 장치로, 단색화장치 또는 필터(예 프리즘)를 이용하는 장치이다.

50 분광광도법에서 자외선 영역에는 어떤 셀을 주로 이용하는가?

① 플라스틱 셀
② 유리 셀
③ 석영 셀
④ 반투명 유리 셀

시료용기의 종류

셀의 종류	영 역
유 리	가시광선, 근적외선
석 영	자외선, 가시광선, 근적외선
플라스틱	근적외선

51 UV/VIS는 빛과 물질의 상호 작용 중에서 어느 작용을 이용한 것인가?

① 흡 수   ② 산 란
③ 형 광   ④ 인 광

자외선-가시광선 흡수분광법은 자외선, 가시광선을 흡수할 때 발생하는 전자전이로 물질을 분석하는 방법이다.

52 분자가 자외선과 가시광선 영역의 광에너지를 흡수할 때 전자가 낮은 에너지 상태에서 높은 에너지 상태로 변화하게 된다. 이때 흡수된 에너지를 무엇이라 하는가?

① 전기에너지
② 광에너지
③ 여기에너지
④ 파 장

여기에너지 : 기준상태에 있는 원자, 분자가 들뜬상태로 변화할 때 흡수하는 에너지이다.

53 가스크로마토그래피는 두 가지 이상의 성분을 단일 성분으로 분리하는데, 혼합물의 각 성분은 어떤 차이에 의해 분리되는가?

① 반응속도
② 흡수속도
③ 주입속도
④ 이동속도

해설

가스크로마토그래피는 운반기체(Carrier Gas)로 분석대상물질을 운반하여 이동속도의 차이에 따라 시료 성분의 분리가 일어나며 이것을 측정하는 대표적인 정량, 정성분석장치이다.

54 화학전지에서 염다리(Salt Bridge)는 무엇으로 만드는가?

① 포화 KCl용액과 젤라틴
② 포화 염산용액과 우뭇가사리
③ 황산알루미늄과 황산칼륨
④ 포화 KCl용액과 황산알루미늄

해설

염다리는 볼타화학전지의 고정적인 문제인 전하의 불균형 상태를 해소하기 위한 장치로 포화 KCl용액과 젤라틴을 혼합하여 제조한다.

55 pH를 측정하는 전극으로 맨 끝에 얇은 막(0.01~0.03mm)이 있고, 그 얇은 막의 양쪽에 pH가 다른 두 용액이 있으며 그 사이에서 전위차가 생기는 것을 이용한 측정법은?

① 수소전극법
② 유리전극법
③ 퀸하이드론(Quinhydrone) 전극법
④ 칼로멜(Calomel) 전극법

해설

유리전극법은 가장 대표적인 pH의 측정방법으로, 수소이온농도의 전위차에 의존하며 대상영역의 pH가 넓고, 색의 유무, 콜로이드 상태와 상관없이 측정 가능하다는 장점이 있다.

56 가스크로마토그래피의 검출기 중 기체의 전기전도도가 기체 중의 전하를 띤 입자의 농도에 직접 비례한다는 원리를 이용한 것은?

① FID
② TCD
③ ECD
④ TID

해설

불꽃이온화 검출기(FID ; Flame Ionization Detector)에 관한 설명으로 가스크로마토그래피에 가장 일반적으로 사용되며 운반기체로 질소, 수소, 헬륨을 사용한다.

57 분광광도법에서 정량분석의 검량선 그래프에는 X축은 농도를 나타내고 Y축에는 무엇을 나타내는가?

① 흡광도
② 투광도
③ 파 장
④ 여기에너지

해설
X축은 농도, Y축은 흡광도를 나타낸다.

58 Fe^{3+}/Fe^{2+} 및 Cu^{2+}/Cu로 구성되어 있는 가상전지에서 얻을 수 있는 전위는?(단, 표준환원전위는 다음과 같다)

> • $Fe^{3+} + e^- \rightarrow Fe^{2+}$ $E^0 = 0.771V$
> • $Cu^{2+} + 2e^- \rightarrow Cu$ $E^0 = 0.337V$

① 0.434V
② 1.018V
③ 1.205V
④ 1.879V

해설
식을 비교하면 철의 반응이 구리의 반응보다 표준환원전위값이 더 크므로 철은 환원반응(양극), 구리는 산화반응(음극)이 된다.
전위차 = 양극 표준환원전위 − 음극 표준환원전위
       = 0.771 − 0.337 = 0.434V(> 0이므로 자발적인 반응)

59 크로마토그래피에 관한 설명 중 옳지 않은 것은?

① 정지상으로 고체가 사용된다.
② 정지상과 이동상을 필요로 한다.
③ 이동상으로 액체나 고체가 사용된다.
④ 혼합물을 분리분석하는 방법 중의 하나이다.

해설
이동상은 기체나 액체 또는 초임계유체를 사용하며, 정지상은 고체를 사용한다.

60 용리액으로 불리는 이동상을 고압 펌프로 운반하는 크로마토장치를 말하며 펌프, 주입기, 칼럼, 검출기, 데이터 처리장치 등으로 구성되어 있는 기기는?

① 분광광도계
② 원자흡광광도계
③ 가스크로마토그래프
④ 고성능 액체크로마토그래프

해설
GC와 HPLC의 차이점 : HPLC는 고체고정상과 액체이동상을 사용하므로, 액체이동상의 이동을 위해 펌프를 사용해야 한다.

01 1ppm은 몇 %인가?

① 10^{-2} ② 10^{-3}

③ 10^{-4} ④ 10^{-5}

해설
1ppm $= 1 \times 10^{-6}$
$1 \times 10^{-6} \times 100\% = 10^{-4}\%$

02 다음 중 식물 세포벽의 기본구조 성분은?

① 셀룰로스

② 나프탈렌

③ 아닐린

④ 에틸에테르

해설
식물 세포벽의 기본구조는 셀룰로스(섬유질)로 구성되어 있으며,
1차 세포벽과 2차 세포벽으로 구분할 수 있다.

03 다음 반응은 물(H₂O)의 변화를 반응식으로 나타낸 것이다. 이 반응에 대한 설명으로 옳지 않은 것은?

$$H_2O(l) \rightleftharpoons H_2O(g)$$

① 가역반응이다.

② 반응의 속도는 온도에 따라 변한다.

③ 정반응속도는 압력의 변화와 관계없이 일정하다.

④ 반응의 평형은 정반응속도와 역반응속도가 같을 때 이루어진다.

해설
물의 상태변화는 압력이 증가할수록 빠르게 진행된다.

04 다음 원소와 이온 중 최외각전자의 개수가 다른 것은?

① Na^+ ② K^+

③ Ne   ④ F

해설
할로겐족은 최외각전자가 7개로 반응성이 가장 높다.
① Na^+ → 전자 1개를 잃어 최외각전자 8
② K^+ → 전자 1개를 잃어 최외각전자 8
③ Ne → 비활성 기체로 최외각전자 8

05 다음 중 반데르발스 결합이 가장 강한 것은?

① H_2-Ne

② Cl_2-Xe

③ O_2-Ar

④ N_2-Ar

해설
반데르발스 결합력(분산력)은 무극성 분자 간의 결합력을 의미한다. 분자량이 클수록 결합력이 증가하며, 분자량이 비슷한 경우에는 표면적이 클수록 결합력이 증가한다.

06 다음 중 1차(Primary) 알코올로 분류되는 것은?

① $(CH_3)_2CHOH$

② $(CH_3)_3COH$

③ C_2H_5OH

④ $(CH_2)_2Br_2$

해설

하이드록시기(−OH)가 연결된 탄소에 붙은 알킬기(R)의 수에 따라 1차, 2차, 3차 알코올로 구분할 수 있다.
- 1차 알코올 : 메탄올(CH_3OH), 에탄올(C_2H_5OH)
- 2차 알코올 : 프로판올($CH_3CH_2CH_2OH$)
- 3차 알코올 : 부탄올(C_4H_9OH)

07 분자량이 100인 어떤 비전해질을 물에 녹였더니 5M 수용액이 되었다. 이 수용액의 밀도가 1.3g/mL이면 몇 몰랄농도(Molality)인가?

① 6.25

② 7.13

③ 8.15

④ 9.84

해설

- 용액의 질량 = 1,000mL × 1.3g/mL = 1,300g
- 용질의 질량 = 5mol × 100g/mol = 500g
- 용매의 질량 = 1,300g − 500g = 800g

800g의 물에 5mol의 물질이 녹아 있는 것이므로
∴ 5mol/0.8kg = 6.25mol/kg(= 몰랄농도, m)

08 다음 물질의 성질에 대한 설명으로 틀린 것은?

① $CuSO_4$는 푸른색 결정이다.

② $KMnO_4$은 환원제이며 용액은 보라색이다.

③ CrO_3에서 크롬은 +6가이다.

④ $AgNO_3$ 용액은 염소이온과 반응하여 흰색 침전을 생성한다.

해설

$KMnO_4$는 보라색을 띠는 대표적인 산화제이다.

09 다음의 반응을 무엇이라고 하는가?

$$3C_2H_2 \rightleftharpoons C_6H_6$$

① 치환반응

② 부가반응

③ 중합반응

④ 축합반응

해설

하나의 화합물이 연속으로 동일결합하여 고분자 물질을 이루는 것을 중합반응이라 한다.

10 원자나 이온의 반지름은 전자껍질의 수, 핵의 전하량, 전자 수에 따라 달라진다. 핵의 전하량 변화에 따른 반지름의 변화를 살펴보기 위하여 다음 중 어떤 원자 또는 이온들을 서로 비교해 보는 것이 가장 좋겠는가?

① S^{2-}, Cl^-, K^+, Ca^{2+}

② Li, Na, K, Rb

③ F^+, F^-, Cl^+, Cl^-

④ Na, Mg, O, F

해설

핵의 전하량 변화에 따른 반지름의 변화를 확인하기 위해선 최외각 전자의 수가 전자의 이동에 의해 동일하게 된 원자, 이온을 비교하는 것이 적절하다. S^{2-}, Cl^-, K^+, Ca^{2+} 모두 전자의 이동에 의해 최외각전자의 수가 8이 된 원소들이다.

11 다음 공유결합 중 이중결합을 이루고 있는 분자는?

① H_2　　　　　　② O_2

③ HCl　　　　　　④ F_2

해설
산소는 이중결합을, 질소는 삼중결합을 이룬다.

12 다음 금속 중 환원력이 가장 큰 것은?

① 니 켈　　　　　　② 철

③ 구 리　　　　　　④ 아 연

해설
3주기까지의 원소는 단순한 최외각전자의 수로 이온화 경향을 설명할 수 있으나, 4주기 전이금속의 경우 실험적인 결과값인 표준환원전위를 측정해 이온화 경향을 비교할 수 있다. 표준환원전위가 클 경우 환원반응, 작을 경우 산화반응이 일어난다. 다니엘전지의 화학반응을 통해 확인해보면 전체 반응은 $Zn(s) + Cu^{2+}(aq) \rightarrow Zn^{2+}(aq) + Cu(s)$이며, 아연은 구리를 환원시키는 환원제의 역할을 수행한다.

13 철을 고온으로 가열한 다음 수증기를 통과시키면 표면에 피막이 생겨 녹스는 것을 방지하는 역할을 하는 자철광의 주성분은 무엇인가?

① Fe_2O_3　　　　　② Fe_3O_4

③ $FeSO_4$　　　　　④ $FeCl_2$

14 7.40g의 물을 29.0℃에서 46.0℃로 온도를 높이려고 할 때 필요한 에너지(열)는 약 몇 J인가?(단, 물(l)의 비열은 4.184J/g · ℃이다)

① 305　　　　　　② 416

③ 526　　　　　　④ 627

해설
$7.4g \times (46 - 29)℃ \times 4.184J/g \cdot ℃ ≒ 526J$

15 원자의 성질에 대한 설명으로 옳지 않은 것은?

① 원자가 양이온이 되면 크기가 작아진다.

② 0족의 기체는 최외각의 전자껍질에 전자가 채워져서 반응성이 낮다.

③ 전기음성도 차이가 큰 원자끼리의 결합은 공유결합성 비율이 커진다.

④ 염화수소(HCl) 분자에서 염소(Cl)쪽으로 공유된 전자들이 더 많이 분포한다.

해설
전기음성도 차이에 따른 화학결합의 구분
이온결합 > 극성 공유결합 > 무극성 공유결합
전기음성도의 차이가 클수록 이온결합을 형성한다.

16 다음 중 가장 강한 산화제는?

① $KMnO_4$　　　　② MnO_2

③ Mn_2O_3　　　　④ $MnCl_2$

각 물질에서 망간(Mn)의 산화수를 비교하면 다음과 같다.
① $KMnO_4$: +7
② MnO_2 : +4
③ Mn_2O_3 : +3
④ $MnCl_2$: +2
∴ 산화수가 가장 큰 $KMnO_4$이 가장 강력한 산화제이다.

17 2.5mol의 질산(HNO_3)의 질량은 얼마인가?(단, N의 원자량은 14, O의 원자량은 16이다)

① 0.4g　　　　② 25.2g

③ 60.5g　　　　④ 157.5g

$2.5mol \times (1 + 14 + (16 \times 3))g/mol = 157.5g$

18 다음 중 P형 반도체 제조에 소량 첨가하는 원소는?

① 인　　　　② 비 소

③ 붕 소　　　　④ 안티모니

P형 반도체는 P-type의 순수한 반도체에 특정 불순물(붕소, 알루미늄) 등을 첨가하여 만든다.

19 다음 중 수소결합을 할 수 없는 화합물은?

① H_2O　　　　② CH_4

③ HF　　　　④ CH_3OH

수소결합은 비공유전자쌍이 존재해야 하며 H와 F, O, N이 있으면 가능하다. 메탄(CH_4)은 비공유전자쌍이 존재하지 않는 무극성 분자의 형태로 수소가 전기적으로 중성이어서 인력이 발생하지 않는다.

20 산과 염기가 반응하여 염과 물을 생성하는 반응을 무엇이라 하는가?

① 중화반응
② 산화반응
③ 환원반응
④ 연화반응

중화반응 : 산과 염기가 반응하면 수소이온과 수산화이온이 결합해 물을 생성하고, 산의 음이온과 염기의 양이온이 결합해 염을 생성한다.

21 다음 할로겐 원소 중 다른 원소와의 반응성이 가장 강한 것은?

① I
② Br
③ Cl
④ F

해설
- 할로겐 원소의 반응성 : F > Cl > Br > I
- 반응성에 영향을 주는 인자
  - 반지름의 크기(전자껍질)
  - 핵전하
  - 최외각전자수

동일 족일 때 껍질의 수가 적을수록 이온화 경향이 크므로 반응성이 강하다.

22 공유결합(Covalent Bond)에 대한 설명으로 틀린 것은?

① 두 원자가 전자쌍을 공유함으로써 형성되는 결합이다.
② 공유되지 않고 원자에 남아 있는 전자쌍을 비결합 전자쌍 또는 고립 전자쌍이라고 한다.
③ 수소 분자나 염소 분자의 경우 분자 내 두 원자는 2개의 결합 전자쌍을 가지는 이중결합을 한다.
④ 분자 내에서 두 원자가 2개 또는 3개의 전자쌍을 공유할 수 있는데, 이것을 다중 공유결합이라고 한다.

해설
수소 분자(H_2, H–H)와 염소 분자(Cl_2, Cl–Cl)는 대표적인 단일결합 물질이다.

23 황린과 적린이 동소체라는 사실을 증명하는 데 가장 효과적인 실험 방법은?

① 녹는점 비교
② 연소 생성물 비교
③ 전기전도성 비교
④ 물에 대한 용해도 비교

해설
황린과 적린은 같은 원소로 구성되어 있으나 형태가 다르므로, 연소시켰을 때 생성물이 동일하면 동소체라는 것을 증명할 수 있다.

24 산(Acid)에 대한 설명으로 틀린 것은?

① 물에 용해되어 수소이온(H^+)을 내는 물질이다.
② 양성자(H^+)를 받아들이는 분자 또는 이온이다.
③ 푸른색 리트머스 종이를 붉게 변화시킨다.
④ 비공유전자쌍을 받는 물질이다.

해설
양성자를 받아들이는 분자 또는 이온을 염기(Base)라고 한다.

25 포도당의 분자식은?

① $C_6H_{12}O_6$
② $C_{12}H_{22}O_{11}$
③ $(C_6H_{10}O_5)_n$
④ $C_{12}H_{20}O_{10}$

해설
포도당(단당류)의 분자식 : $C_6H_{12}O_6$(실험식 : CH_2O)

26 하이드로퀴논(Hydroquinone)을 중크롬산칼륨으로 적정하는 것과 같이 분석물질과 적정액 사이의 산화-환원반응을 이용하여 시료를 정량하는 분석법은?

① 중화 적정법

② 침전 적정법

③ 킬레이트 적정법

④ 산화-환원 적정법

해설
산화-환원 적정법에 대한 설명이며, 종말점을 찾는 방법으로는 지시약법, 전위차법, 분광학적 방법 등이 있다.

27 1%의 NaOH 용액으로 0.1N NaOH 100mL를 만들고자 한다. 다음 중 어떤 방법으로 조제하여야 하는가?(단, NaOH의 분자량은 40이다)

① 원용액 40mL에 60mL의 물을 가한다.

② 원용액 40g에 물을 가하여 100mL로 한다.

③ 원용액 40g에 60g의 물을 가한다.

④ 원용액 40mL에 물을 가하여 100mL로 한다.

해설
NaOH는 1가이므로 M = N, 0.1N = 0.1M이다.
• 0.1M 안에 포함된 NaOH의 몰수 = 0.1mol/100mL = 0.01mol/L
• 0.1M 안에 포함된 NaOH의 질량 = 0.01mol/L × 40g/mol = 0.4g NaOH
즉, 0.4g NaOH를 포함하는 NaOH 1% 용액의 질량을 계산하면 된다.
$$\frac{0.4g}{x} \times 100 = 1\%, \ x = 40g$$
∴ 원용액 40g에 물을 가해 100mL로 만들면 된다.

28 양이온의 분리 검출에서 각종 금속이온의 용해도를 고려하여 제1~6족으로 구분하고 있다. 제4족에 해당하는 금속은?

① Pb^{2+}

② Ni^{2+}

③ Cr^{3+}

④ Fe^{3+}

해설

족	양이온	분족시약	침 전
제1족	Ag^+, Pb^{2+}, Hg_2^{2+}	HCl	염화물
제2족	Bi^{3+}, Cu^{2+}, Cd^{2+}, Hg^{2+}, As^{3+}, As^{5+}, Sb^{3+}, Sn^{2+}, Sn^{4+}	H_2S (0.3M−HCl)	황화물 (산성 조건)
제3족	Fe^{2+}, Fe^{3+}, Cr^{3+}, Al^{3+}	NH_4OH- NH_4Cl	수산화물
제4족	Ni^{2+}, Co^{2+}, Mn^{2+}, Zn^{2+}	$(NH_4)_2S$	황화물 (염기성 조건)
제5족	Ba^{2+}, Sr^{2+}, Ca^{2+}	$(NH_4)_2CO_3$	탄산염
제6족	Mg^{2+}, K^+, Na^+, NH_4^+	−	−

29 네슬러 시약의 조제에 사용되지 않는 약품은?

① KI

② HgI_2

③ KOH

④ I_2

해설
네슬러 시약은 아이오딘화수은(Ⅱ)과 아이오딘화칼륨을 수산화칼륨 수용액에 용해한 것으로, 암모니아 가스 또는 암모늄이온의 검출 및 정량분석에 활용된다.

30 다음 중 가장 정확하게 시료를 채취할 수 있는 실험기구는?

① 비 커

② 미터글래스

③ 피 펫

④ 플라스크

해설
피펫은 mL 단위의 눈금이 있어 정밀한 시료채취에 사용된다.

31 히파반응(Hepar Reaction)에 의해 주로 검출되는 것은?

① SiF_6^{2-}　　　　② CrO_4^{2-}

③ SO_4^{2-}　　　　④ ClO_3^-

해설
황간반응(히파반응, Hepar Reaction)은 황화은 생성으로 인한 황 이온의 검출에 사용된다.

32 제2족 양이온 분족 시 염산의 농도가 너무 묽으면 어떠한 현상이 일어나는가?

① 황이온(S^{2-})의 농도가 작아진다.
② H_2S의 용해도가 작아진다.
③ 제2족 양이온의 황화물 침전이 잘 안 된다.
④ 제4족 양이온의 황화물로 침전한다.

해설
제2족 양이온 분족 시 0.3N의 염산을 사용하며, 염산의 농도가 이보다 작으면 Fe^{2+}, Mn^{2+}, Zn^{2+}, Ni^{2+}, Co^{2+}도 황화물로 침전될 우려가 있다.

33 2M-NaCl 용액 0.5L를 만들려면 염화나트륨 몇 g 이 필요한가?(단, 각 원소의 원자량은 Na는 23이고, Cl은 35.5이다)

① 24.25　　　　② 58.5

③ 117　　　　④ 127

해설
NaCl의 분자량은 58.5이므로 2M-NaCl은 117g/L인데 기준이 0.5L이므로 117g/2 = 58.5g

34 침전 적정법에서 사용하지 않는 표준시약은?

① 질산은
② 염화나트륨
③ 티오사이안산암모늄
④ 과망간산칼륨

해설
침전 적정법 표준시약 : 질산은($AgNO_3$), 염화나트륨(NaCl), 티오사이안산암모늄(NH_4SCN), 로단칼륨(KSCN)

35 $A(g) + B(g) \rightleftarrows C(g) + D(g)$의 반응에서 A와 B가 각각 2mol씩 주입된 후 고온에서 평형을 이루었다. 평형상수값이 1.5이면 평형에서의 C의 농도는 몇 mol인가?

① 0.799　　　　② 0.899

③ 1.101　　　　④ 1.202

해설

$$A(g) + B(g) \rightleftarrows C(g) + D(g)$$

초기몰수　　2　　2　　0　　0
반응몰수　$-x$　$-x$　x　x
최종몰수　$2-x$　$2-x$　x　x

평형상수 $= 1.5 = \dfrac{x^2}{(2-x)^2}$

$0.5x^2 - 6x + 6 = 0$

$x = 10.899$ 또는 1.101

A, B의 초기몰수가 2이므로 x가 10.899이면 반응이 성립하지 않는다(2 - 10.899 < 0, 역반응).

∴ $x = 1.101$

36 Pb^{2+} 이온을 확인하는 최종 확인 시약은?

① H_2S ② K_2CrO_4

③ $NaBiO_3$ ④ $(NH_4)_2C_2O_4$

해설
크롬산칼륨(K_2CrO_4)을 투입하였을 때 노란색 침전이 생성될 경우 납(Pb^{2+})의 존재를 확인할 수 있다.

37 킬레이트 적정에서 EDTA 표준용액 사용 시 완충용액을 가하는 주된 이유는?

① 적정 시 알맞는 pH를 유지하기 위하여
② 금속지시약 변색을 선명하게 하기 위하여
③ 표준용액의 농도를 일정하게 하기 위하여
④ 적정에 의하여 생기는 착화합물을 억제하기 위하여

해설
킬레이트 적정에서 pH가 13 이상인 경우 마그네슘과 EDTA의 결합물이 생성되지 않고 수산화마그네슘의 침전이 형성되기 때문에 pH를 13 이하로 고정한다.

38 $[Ag(NH_3)_2]Cl$에서 AgCl의 침전을 얻기 위해 사용되는 물질은?

① NH_4OH ② HNO_3

③ $NaOH$ ④ KCN

해설
$[Ag(NH_3)_2]Cl(aq) + 2HNO_3(aq) \rightleftarrows 2NH_4NO_3(aq) + \underline{AgCl(s)}$

39 수산화알루미늄 $Al(OH)_3$의 침전은 어떤 pH의 범위에서 침전이 가장 잘 생성되는가?

① 4.0 이하
② 6.0~8.0
③ 10.0 이하
④ 10~14

해설
수산화알루미늄은 pH 6.0~8.0에서 가장 많은 침전을 생성한다.

40 다음 두 용액을 혼합했을 때 완충용액이 되지 않는 것은?

① NH_4Cl과 NH_4OH
② CH_3COOH와 CH_3COONa
③ $NaCl$과 HCl
④ CH_3COOH와 $Pb(CH_3COO)_2$

해설
HCl은 강산으로 완충용액을 형성하지 않는다.
완충용액의 조건
• 약산 + 짝염기 또는 약염기 + 짝산
• 약산과 짝염기 또는 약염기와 짝산의 비율 = 1 : 1

41 불꽃 없는 원자화기기의 특징이 아닌 것은?

① 감도가 매우 좋다.
② 시료를 전처리하지 않고 직접 분석이 가능하다.
③ 산화작용을 방지할 수 있어 원자화 효율이 크다.
④ 상대정밀도가 높고, 측정농도 범위가 아주 넓다.

해설
불꽃 없는 원자화기기는 계통오차가 자주 발생하는 단점이 있다.

42 $[H^+][OH^-] = K_w$일 때 상온에서 K_w의 값은?

① 6.02×10^{23}
② 1×10^{-7}
③ 1×10^{-14}
④ 3×10^{-8}

해설
상온(25℃)에서 물의 이온곱 상수는 항상 1×10^{-14}로 일정하다.

43 다음 중 자외선 파장에 해당하는 것은?

① 300nm   ② 500nm
③ 800nm   ④ 900nm

해설

44 전위차법 분석용 전지에서 용액 중의 분석물질 농도나 다른 이온 농도와 무관하게 일정 값의 전극전위를 갖는 것은?

① 기준전극
② 지시전극
③ 이온전극
④ 경계전위전극

해설
기준전극(Reference Electrode) : 일정한 전위를 지니고 있으며 지시전극의 발생전위를 바르게 얻기 위한 기준이 되는 전극으로 참고전극, 비교전극이라고도 한다.

45 제1류 위험물에 대한 설명으로 틀린 것은?

① 분해하여 산소를 방출한다.
② 다른 가연성 물질의 연소를 돕는다.
③ 모두 물에 접촉하면 격렬한 반응을 일으킨다.
④ 불연성 물질로서 환원성 물질 또는 가연성 물질에 대하여 강한 산화성을 가진다.

해설
제1류 위험물은 주수소화(물로 소화)한다.

46 얇은 막 크로마토그래피를 제조하는 과정에서 도 포용 유리의 표면이 더럽혀져 있으면 균일한 얇은 막을 만들기 어렵다. 이를 방지하기 위하여 유리를 담가두는 용액으로 가장 적당한 것은?

① 증류수   ② 크롬산 용액

③ 알코올 용액   ④ 암모니아 용액

[해설]
얇은 막 크로마토그래피를 제조할 때 균일한 얇은 막을 만들기 위해 크롬산 용액을 사용한다.

47 HCl의 표준용액 25.00mL를 채취하여 농도를 분석하기 위해 0.1M NaOH 표준용액을 이용하여 전위차 적정하였다. pH 7에서 소비량이 25.40mL라면 HCl의 농도는 약 몇 M인가?(단, 0.1M NaOH 표준용액의 역가(f)는 1.092이다)

① 0.01   ② 0.11

③ 1.11   ④ 2.11

[해설]
0.1M NaOH 표준용액의 농도 = $0.1 \times 1.092 = 0.1092$M
$MV = M'V'$를 이용하면
$M \times 25$mL $= 0.1092$M $\times 25.4$mL
∴ $M \fallingdotseq 0.11095$

48 정지상으로 작용하는 물을 흡착시켜 머무르게 하기 위한 지지체로서 거름종이를 사용하는 분배 크로마토그래피는?

① 관 크로마토그래피

② 박막 크로마토그래피

③ 기체 크로마토그래피

④ 종이 크로마토그래피

[해설]
종이 크로마토그래피, 칼럼 크로마토그래피, 박막(얇은 막) 크로마토그래피 등을 분배 크로마토그래피라고 하며, 지지체로 거름종이를 사용하는 것은 종이 크로마토그래피이다.

49 전기전도도법에 대한 설명으로 틀린 것은?

① 같은 전도도를 가진 용액은 구성 성분과 농도가 같다.

② 전류가 흐르는 정도는 이온의 수와 종류에 따라 다르다.

③ 전도도는 이온의 농도 및 이동도(Mobility)에 따라 다르다.

④ 적정을 통해 많은 물질을 정량할 수 있는 전기화학적 분석법 중의 하나이다.

[해설]
전도도가 동일하더라도 대상 물질은 다양한 성분과 농도를 지닐 수 있다.

50 가스 크로마토그래피에서 운반기체로 사용할 수 없는 것은?

① N_2 ② He

③ O_2 ④ H_2

[해설]
운반기체는 반응성이 없는 기체를 사용한다(주로 수소, 질소 또는 비활성 기체).

51 초임계 유체 크로마토그래피법에서 이동상으로 가장 널리 사용되는 기체는?

① 이산화탄소

② 일산화질소

③ 암모니아

④ 메 탄

해설

초임계 유체 크로마토그래피법에서 이동상으로 이산화탄소, 암모니아, Hexane 등의 탄화수소를 사용하며, 특히 이산화탄소는 임계온도와 임계값이 낮아 비교적 저온조작이 가능하며 안정성이 우수하여 가장 많이 사용된다.

52 분자가 자외선 광 에너지를 받으면 낮은 에너지 상태에서 높은 에너지 상태로 된다. 이때 흡수된 에너지를 무엇이라 하는가?

① 투광에너지

② 자외선에너지

③ 여기에너지

④ 복사에너지

해설

분자가 바닥상태에서 에너지를 받아 들뜬상태로 될 때, 흡수된 에너지를 여기에너지라고 부른다.

53 다음 중 인화성 물질이 아닌 것은?

① 질 소

② 벤 젠

③ 메탄올

④ 에틸에테르

해설

인화성 물질은 보통 탄소를 포함하고 있는 경우가 많으며, 질소는 인화성 물질이 아니다.

54 충분히 큰 에너지의 복사선을 금속 표면에 쪼이면 금속의 자유전자가 방출되는 현상을 무엇이라 하는가?

① 광전효과

② 굴절효과

③ 산란효과

④ 반사효과

해설

광전효과 : 금속 등의 물질에 일정 진동수 이상의 빛을 조사하면 광자와 전자가 충돌하게 되고, 이때 충돌한 전자가 금속으로부터 방출되는 것이다.

55 pH에 관한 식을 옳게 나타낸 것은?

① $pH = \log[H^+]$

② $pH = -\log[H^+]$

③ $pH = \log[OH^-]$

④ $pH = -\log[OH^-]$

해설

$pH = -\log[H^+]$, $pOH = -\log[OH^-]$, $pH + pOH = 14$

56 가스 크로마토그래피에서 정성분석은 무엇을 이용해서 하는가?

① 크로마토그램의 무게
② 크로마토그램의 면적
③ 크로마토그램의 높이
④ 크로마토그램의 머무름시간

해설
GC는 정량분석(크로마토그램의 면적), 정성분석(머무름시간) 모두 가능하다.

57 산과 염기의 농도분석을 전위차법으로 할 때 사용하는 전극은?

① 은전극-유리전극
② 백금전극-유리전극
③ 포화칼로멜전극-은전극
④ 포화칼로멜전극-유리전극

해설
포화칼로멜전극-유리전극은 전위차법으로 산과 염기의 농도분석을 할 때 사용한다. 기준전극은 포화칼로멜전극으로, 지시전극은 유리전극으로 되어 있다.

58 분광광도계를 이용하여 측정한 결과 투과도가 10%이었다. 흡광도는 얼마인가?

① 0
② 0.5
③ 1
④ 2

해설
$A = -\log T = -\log 10^{-1} = 1$
여기서, A : 흡광도, T : %투과도

59 비휘발성 또는 열에 불안정한 시료의 분석에 가장 적합한 크로마토그래피는?

① GC(기체 크로마토그래피)
② GSC(기체-고체 크로마토그래피)
③ GLC(기체-액체 크로마토그래피)
④ HPLC(고성능 액체 크로마토그래피)

해설
고성능 액체 크로마토그래피의 특징
• 분석 가능한 분자량의 제한이 없다.
• 비휘발성인 시료를 분석할 수 있다.
• 분석한 시료의 회수가 가능하다.
• pH의 안정성이 뛰어나다.

60 전해 결과 두 전극에 전지가 생성되면 이것이 외부로부터 가해지는 전압을 상쇄시키는 기전력을 내는데 이것을 무엇이라 하는가?

① 분해전압
② 과전압
③ 역기전력
④ 전극반응

해설
역기전력에 관한 설명으로, 기계장치에 손상을 줄 수 있어서 보호회로를 사용하기도 한다.

01 다음 중 아염소산의 화학식은?

① HClO 　　　② HClO₂

③ HClO₃ 　　　④ HClO₄

해설
② $HClO_2$ – 아염소산
① $HClO$ – 차아염소산
③ $HClO_3$ – 염소산
④ $HClO_4$ – 과염소산
※ 화합물의 명명법
• 화학식 AB로 구성된 경우 B를 먼저 읽고 A를 읽는다.
• B를 읽을 때 대부분 산화물질을 기준으로 명명한다.
 – '과'가 붙을 경우 : 기준산화물질에 비해 산소가 1개 많다.
 – '아'가 붙을 경우 : 기준산화물질에 비해 산소가 1개 적다.
 – '차아'가 붙을 경우 : 기준산화물질에 비해 산소가 2개 적다.

02 같은 주기에서 원자번호가 증가할 때 나타나는 전형원소의 일반적 특성에 대한 설명으로 틀린 것은?

① 이온화 에너지는 증가하지만 전자친화도는 감소한다.

② 전기음성도와 전자친화도 모두 증가한다.

③ 금속성과 원자의 크기가 모두 감소한다.

④ 금속성은 감소하고 전자친화도는 증가한다.

해설
같은 주기에서 원자번호가 증가하면 최외각전자의 수가 늘어나 이온화에너지, 전자친화도가 모두 증가한다.

03 알칼리금속에 대한 설명으로 틀린 것은?

① 공기 중에서 쉽게 산화되어 금속 광택을 잃는다.

② 원자가전자가 1개이므로 +1가의 양이온이 되기 쉽다.

③ 할로겐원소와 직접 반응하여 할로겐화합물을 만든다.

④ 염소와 1 : 2 화합물을 형성한다.

해설
알칼리금속은 염소와 1 : 1로 반응해 화합물을 형성한다.
$2M(s) + Cl_2(g) \rightarrow 2MCl(s)$

04 염화나트륨 용액을 전기분해할 때 일어나는 반응이 아닌 것은?

① 양극에서 Cl₂ 기체가 발생한다.

② 음극에서 O₂ 기체가 발생한다.

③ 양극은 산화반응을 한다.

④ 음극은 환원반응을 한다.

해설
염화나트륨 수용액의 전기분해
$2NaCl + 2H_2O \rightarrow 2NaOH(l) + H_2(g) + Cl_2(g)$
• 양극(+) : $2Cl^-(aq) \rightarrow Cl_2(g) + 2e^-$ 　　　　산화반응
• 음극(−) : $2H_2O(l) + 2e^- \rightarrow H_2(g) + 2OH^-(aq)$ 　환원반응
음극에선 수소기체가 발생한다.

05 어떤 NaOH 수용액 1,000mL를 중화하는 데 2.5N 의 HCl 80mL가 소요되었다. 중화한 것을 끓여서 물을 완전히 증발시킨 다음 얻을 수 있는 고체의 양은 약 몇 g인가?(단, 원자량은 Na : 23, O : 16, Cl : 35.45, H : 1이다)

① 1
② 2
③ 4
④ 12

해설
소요된 염산의 양이 2.5N 80mL이며, HCl은 1당량이므로 노말농도와 몰농도가 같다.
즉, 2.5N = 2.5M이 되며 두 물질은 $NaOH + HCl \rightarrow NaCl + H_2O$로 반응하여 물을 제거하였을 때 남은 것은 NaCl이 된다.
Cl^-의 양은 2.5mol/L × 0.08L(= 80mL) = 0.2mol, Na^+도 같은 양이 되며 생성되는 NaCl도 동일한 양(0.2mol)이 된다.
NaCl 분자량 = 23g/mol + 35.45g/mol = 58.45g/mol
∴ 순수 NaCl의 무게 = 58.45g/mol × 0.2mol = 11.7g ≒ 12g

06 할로겐원소의 성질 중 원자번호가 증가할수록 작아지는 것은?

① 금속성
② 반지름
③ 이온화 에너지
④ 녹는점

해설
전자기적 인력은 거리에 반비례하며, 동일한 족 원소의 원자번호 증가는 전자껍질의 증가로 거리가 늘어남을 의미한다. 결국 할로겐원소는 원자번호가 증가할수록 이온화 에너지가 작아진다.

07 다음 화합물 중 순수한 이온결합을 하고 있는 물질은?

① CO_2
② NH_3
③ KCl
④ NH_4Cl

해설
③ KCl : 이온결합(K : 금속, Cl : 비금속)
① CO_2 : 극성 공유결합
② NH_3 : 극성 공유결합
④ NH_4Cl : 이온공유배위결합

공유결합	이온결합	금속결합
비금속 + 비금속	금속 + 비금속	금속 + 금속

08 헥사메틸렌다이아민($H_2N(CH_2)_6NH_2$)과 아디프산($HOOC(CH_2)_4COOH$)이 반응하여 고분자가 생성되는 반응을 무엇이라 하는가?

① Addition
② Synthetic Resin
③ Reduction
④ Condensation

해설
축합반응(Condensation) : 유기화학반응의 한 종류로, 2개 이상의 분자 또는 동일한 분자 내에 2개 이상의 관능기가 원자 또는 원자단을 간단한 화합물의 형태로 분리하여 결합하는 반응이다.
① Addition : 첨가반응
② Synthetic Resin : 합성수지
③ Reduction : 환원

09 다음 중 원자 반지름이 가장 큰 원소는?

① Mg
② Na
③ S
④ Si

해설
동일한 주기에선 원자번호가 커질수록 반지름이 작아지므로, 원자번호가 가장 작은 Na의 반지름이 가장 크다.

10 황산 49g을 물에 녹여 용액 1L을 만들었다. 이 수용액의 몰농도는 얼마인가?(단, 황산의 분자량은 98이다)

① 0.5M   ② 1M

③ 1.5M   ④ 2M

해설
황산의 분자량은 98g/mol이므로
49g × mol/98g = 0.5mol
∴ 0.5mol/L = 0.5M

11 다음 중 산, 염기의 반응이 아닌 것은?

① $NH_3 + HCl \rightarrow NH_4^+ + Cl^-$

② $2C_2H_5OH + 2Na \rightarrow 2C_2H_5ONa + H_2$

③ $H^+ + OH^- \rightarrow H_2O$

④ $NH_3 + BF_3 \rightarrow NH_3BF_3$

해설
에탄올(C_2H_5OH)은 중성이다.

12 다음 중 포화탄화수소 화합물은?

① 아이오딘값이 큰 것
② 건성유
③ 사이클로헥산
④ 생선 기름

해설
사이클로헥산은 대표적인 사이클로알칸족이며, 탄소원자 사이에 고리를 형성하고 있고 모두 단일결합으로 되어 있다.

13 일정한 온도에서 일정한 몰수를 가지는 기체의 부피는 압력에 반비례한다는 것(보일의 법칙)을 올바르게 표현한 식은?(단, P : 압력, V : 부피, k : 비례상수이다)

① $PV = k$ ② $P = kV$

③ $V = kP$ ④ $P = \dfrac{1}{k}V^2$

해설
보일의 법칙 : $PV = k$
여기서, P : 압력, V : 부피, k : 비례상수

14 질량수가 23인 나트륨의 원자번호가 11이라면 양성자수는 얼마인가?

① 11   ② 12
③ 23   ④ 34

해설
원자번호 = 전자수 = 양성자수 = 11

15 공기는 많은 종류의 기체로 이루어져 있다. 이 중 가장 많이 포함되어 있는 기체는?

① 산 소   ② 네 온

③ 질 소   ④ 이산화탄소

해설
공기의 구성
질소(78%) > 산소(20.9%) > 기타(아르곤(0.93%), 이산화탄소, 네온, 헬륨 등)

16 다음 반응 중 이산화황이 산화제로 작용한 것은?

① $SO_2 + NaOH \rightleftharpoons NaHSO_3$

② $SO_2 + Cl_2 + 2H_2O \rightleftharpoons H_2SO_4 + 2HCl$

③ $SO_2 + H_2O \rightleftharpoons H_2SO_3$

④ $SO_2 + 2H_2S \rightleftharpoons 3S + 2H_2O$

해설
$SO_2 + 2H_2S \rightleftharpoons 3S + 2H_2O$
+4   0
전자 4개를 얻었으므로 자신은 환원되고 상대 물질을 산화시킨 산화제이다.

17 다음 중 헨리의 법칙에 적용이 잘되지 않는 것은?

① O_2 ② H_2

③ CO_2 ④ NaCl

해설
물에 대한 용해도가 큰 경우 헨리의 법칙이 적용되기 전에 녹아버린다.
• 물에 대한 용해도가 작은 기체 : H_2, N_2, CO_2, O_2 등
• 물에 대한 용해도가 큰 기체 : NaCl, HCl, NH_3, SO_2, H_2S 등

18 일정한 온도에서 1atm의 이산화탄소 1L와 2atm의 질소 2L를 밀폐된 용기에 넣었더니 전체 압력이 2atm이 되었다. 이 용기의 부피는?

① 1.5L   ② 2L

③ 2.5L   ④ 3L

해설
온도가 일정하므로 $PV = P'V'$
CO_2 : $1atm \times 1L = 2atm \times V'$, $V' = \frac{1}{2}L$
N_2 : $2atm \times 2L = 2atm \times V'$, $V' = 2L$
∴ $\frac{1}{2}L + 2L = 2.5L$

19 수은 기압계에서 수은 기둥의 높이가 380mm이었다. 이것은 약 몇 atm인가?

① 0.5   ② 0.6

③ 0.7   ④ 0.8

해설
$x = 380mmHg \times \dfrac{1atm}{760mmHg} = 0.5atm$

20 산화–환원반응에서 산화수에 대한 설명으로 틀린 것은?

① 한 원소로만 이루어진 화합물의 산화수는 0이다.

② 단원자 이온의 산화수는 전하량과 같다.

③ 산소의 산화수는 항상 −2이다.

④ 중성인 화합물에서 모든 원자와 이온들의 산화수의 합은 0이다.

해설

산소의 산화수는 일반적으로 −2이지만 과산화물에서는 −1 또는 2를 나타낼 수 있다.

21 다음 중 산성의 세기가 가장 큰 것은?

① HF

② HCl

③ HBr

④ HI

해설

할로겐화수소의 산 세기 : HF(약산성) ≪ HCl < HBr < HI

※ 두 원소의 결합길이는 원소의 주기에 따라 결정되며 결합길이가 짧을수록 결합력이 강해 수소가 이온화(H^+)되지 않기 때문에 약산이 된다.

22 질산(HNO_3)의 분자량은 얼마인가?(단, 원자량 H = 1, N = 14, O = 16이다)

① 63

② 65

③ 67

④ 69

해설

분자량은 분자를 구성하는 원자량의 합이다.

$1 + 14 + (16 \times 3) = 63$

23 산이나 알칼리에 반응하여 수소를 발생시키는 것은?

① Mg

② Si

③ Al

④ Fe

해설

양쪽성 원소

• 조건에 따라 산이나 알칼리에 반응하여 수소를 발생시킨다.

• Al, Zn, Ga, Pb, As, Sn 등이 있다.

24 다음 중 탄소와 탄소 사이에 π 결합이 없는 물질은?

① 벤 젠

② 페 놀

③ 톨루엔

④ 아이소뷰테인

해설

π 결합은 파이전자에 의해 형성되는 공유결합으로 이중결합, 삼중결합을 의미하며 벤젠고리를 지닌 물질은 모두 π 결합을 형성하고 있다. 아이소뷰테인은 모두 단일결합으로 구성된다.

25 다음 중 산성산화물은?

① P_2O_5 ② Na_2O

③ MgO ④ CaO

해설

산성산화물 : 물과 반응해 산으로 되거나, 염기와 반응해 염과 물을 형성하는 물질의 총칭

예 SiO_2, P_2O_5, SO_3, NO_2, CO_2 등

26 다음 반응에서 반응계에 압력을 증가시켰을 때 평형이 이동하는 방향은?

$$2SO_2 + O_2 \rightleftarrows 2SO_3$$

① SO_3가 많이 생성되는 방향

② SO_3가 감소되는 방향

③ SO_2가 많이 생성되는 방향

④ 이동이 없다.

해설

압력이 증가할 때 몰수가 작은 방향으로 평형이 이동한다.

$2SO_2 + O_2 \rightleftarrows 2SO_3$

3몰(2몰+1몰) 2몰

27 용액 1L 중에 녹아 있는 용질의 g 당량 수로 나타낸 것을 그 물질의 무엇이라고 하는가?

① 몰농도

② 몰랄농도

③ 노말농도

④ 포말농도

28 다음 반응에서 생성되는 침전물의 색상은?

$$Pb^{2+} + H_2SO_4 \rightarrow PbSO_4 + 2H^+$$

① 흰 색   ② 노란색

③ 초록색   ④ 검은색

해설

납염과 황산 또는 황산염을 반응시키면 흰색을 띠는 황산납(침전물)이 생성된다.

29 고체를 액체에 녹일 때 일정 온도에서 일정량의 용매에 녹을 수 있는 용질의 최대량은?

① 몰농도   ② 용해도

③ 백분율   ④ 천분율

해설

용해도 : 일정한 온도에서 용매 100g에 최대로 녹을 수 있는 용질의 g수이다.

30 산의 전리상수값이 다음과 같을 때 가장 강한 산은?

① 5.8×10^{-2}

② 2.4×10^{-4}

③ 8.9×10^{-2}

④ 9.3×10^{-5}

해설

산의 전리상수(이온화상수, 해리상수)는 산이 해리되는 반응의 평형상수로, 그 값이 클수록 강산을 의미한다.

$K_a = \dfrac{[\mathrm{H^+}][\mathrm{A^-}]}{[\mathrm{HA}]}$, 산의 전리 : $\mathrm{HA} \rightleftarrows \mathrm{H^+} + \mathrm{A^-}$

32 수산화크롬, 수산화알루미늄은 산과 만나면 염기로 작용하고, 염기와 만나면 산으로 작용한다. 이런 화합물을 무엇이라 하는가?

① 이온성 화합물

② 양쪽성 화합물

③ 혼합물

④ 착화물

해설

산에는 염기로, 염기에는 산으로 작용하는 물질을 양쪽성 화합물이라 칭한다.

31 pH가 10인 NaOH 용액 1L에는 $\mathrm{Na^+}$ 이온이 몇 개 포함되어 있는가?(단, 아보가드로수는 6×10^{23}이다)

① 6×10^{16}

② 6×10^{19}

③ 6×10^{21}

④ 6×10^{25}

해설

pOH = 14 - pH = 14 - 10 = 4

$-\log[\mathrm{OH^-}] = 4$, $[\mathrm{OH^-}] = 10^{-4}$mol/L

NaOH는 물속에서 $\mathrm{Na^+}$, $\mathrm{OH^-}$ 각각 동일한 양으로 해리되므로 $\mathrm{Na^+}$의 양도 10^{-4}mol/L가 된다.

10^{-4}mol/L $\times 6 \times 10^{23}$개/mol = 6×10^{19}개/L

33 칼륨이 불꽃반응을 하면 어떤 색깔의 불꽃으로 나타나는가?

① 백 색

② 빨간색

③ 노란색

④ 보라색

해설

불꽃반응색

리튬 (Li)	나트륨 (Na)	칼륨 (K)	구리 (Cu)	칼슘 (Ca)	스트론 튬(Sr)	바륨 (Ba)
빨간색	노란색	보라색	청록색	주황색	짙은 빨간색	황록색

34 이온곱과 용해도곱 상수(K_{sp})의 관계 중 침전을 생성시킬 수 있는 것은?

① 이온곱 > K_{sp}

② 이온곱 = K_{sp}

③ 이온곱 < K_{sp}

④ 이온곱 = $\dfrac{K_{sp}}{해리상수}$

해설

이온곱이 용해도곱 상수보다 큰 경우 침전이 형성된다.

35 아이오딘폼 반응으로 확인할 수 있는 물질은?

① 에틸알코올

② 메틸알코올

③ 아밀알코올

④ 옥틸알코올

해설

에틸알코올을 구별하는 방법 : 산화반응, 아이오딘폼 반응, 루카스 테스트

36 다음 실험기구 중 적정실험을 할 때 직접적으로 쓰이지 않는 것은?

① 분석천칭

② 뷰렛

③ 데시케이터

④ 메스플라스크

해설

데시케이터는 적정과 상관없다.
데시케이터 : 실리카겔, 염화칼슘 등의 흡습성을 이용해 물질을 건조한 상태로 보존하기 위한 장치이다.

37 AgCl의 용해도가 0.0016g/L일 때 AgCl의 용해도곱은 약 얼마인가?(단, Ag의 원자량은 108, Cl의 원자량은 35.5이다)

① 1.12×10^{-5}

② 1.12×10^{-3}

③ 1.2×10^{-5}

④ 1.2×10^{-10}

해설

용해도곱이란 AgCl이 물에 용해되면서 이온화되었을 때, 각 이온의 몰농도를 평형상수로 표현한 값이다. 즉, Ag^+와 Cl^-가 동일한 농도로 물에 용해되었을 때 몰농도이며, AgCl의 분자량이 143.5g/mol일 때 AgCl의 용해도가 0.0016g/L이므로
1mol : 143.5g = x : 0.0016g/L

$$x = \frac{(0.0016\text{g/L}) \times 1\text{mol}}{143.5\text{g}} = 1.11 \times 10^{-5}\text{M(mol/L)}$$

∴ 용해도곱(평형상수) = $[Ag^+][Cl^-]$
$= (1.11 \times 10^{-5})(1.11 \times 10^{-5})$
$≒ 1.2 \times 10^{-10}$

38 "용해도가 크지 않은 기체의 용해도는 그 기체의 압력에 비례한다"와 관련이 깊은 것은?

① 헨리의 법칙
② 보일의 법칙
③ 보일-샤를의 법칙
④ 질량보존의 법칙

해설
헨리의 법칙은 가장 대표적인 압력과 기체의 용해도 간의 관계를 나타내는 법칙이다.

39 황산(H_2SO_4)의 1당량은 얼마인가?(단, 황산의 분자량은 98g/mol이다)

① 4.9g
② 49g
③ 9.8g
④ 98g

해설
황산의 분자량은 98g/mol이고, $H_2SO_4 \rightarrow 2H^+ + SO_4^{2-}$로 해리되므로 전자의 이동은 총 2개이다. 즉, 황산은 2가이므로 전자 1개당 할당된 무게(1당량)는 98g/2 = 49g이다.

40 다음 중 침전적정법이 아닌 것은?

① 모르법
② 파얀스법
③ 폴하르트법
④ 킬레이트법

해설
침전적정법 : 모르법, 파얀스법, 폴하르트법
※ 킬레이트법(EDTA)은 금속이온의 킬레이트 생성반응을 이용하는 착염적정법이다.

41 시약의 취급방법에 대한 설명으로 틀린 것은?

① 나트륨과 칼륨 등 알칼리금속은 물속에 보관한다.
② 브롬산, 플루오린화수소산은 피부에 닿지 않게 한다.
③ 알코올, 아세톤, 에테르 등은 가연성이므로 취급에 주의한다.
④ 농축 및 가열 등의 조작 시 끓임쪽을 넣는다.

해설
알칼리금속은 반응성이 커서 대기 중의 산소와 반응할 수 있으므로 석유(등유)에 넣어 보관한다.

42 가시-자외선 분광광도계의 기본적인 구성요소의 순서로서 가장 올바른 것은?

① 광원 - 단색화 장치 - 검출기 - 흡수용기 - 기록계
② 광원 - 단색화 장치 - 흡수용기 - 검출기 - 기록계
③ 광원 - 흡수용기 - 검출기 - 단색화 장치 - 기록계
④ 광원 - 흡수용기 - 단색화 장치 - 검출기 - 기록계

해설
분광광도계의 기본 구성
광원 - 단색화 장치 - 흡수용기 - 검출기 - 기록계

43 전해로 석출되는 속도와 확산에 의해 보충되는 물질의 속도가 같아서 흐르는 전류를 무엇이라 하는가?

① 이동전류 ② 한계전류
③ 잔류전류 ④ 확산전류

해설
전극에 가해지는 욕전압이 증가할 때 일정량 이상의 전압을 가하더라도 흐르는 전류가 고정되어 변하지 않는 상태를 한계전류라고 한다.

44 pH 미터에 사용하는 포화 칼로멜 전극의 내부 관에 채워져 있는 재료로 나열된 것은?

① Hg, Hg_2Cl_2, 포화 KCl
② 포화 KOH 용액
③ Hg_2Cl_2, KCl
④ Hg, KCl

해설
염화수은을 포화시킨 포화 염화칼륨 수용액으로 채운다.

45 분광광도계에서 빛의 파장을 선택하기 위한 단색화장치로 사용되는 것만으로 짝지어진 것은?

① 프리즘, 회절격자
② 프리즘, 반사거울
③ 반사거울, 회절격자
④ 볼록거울, 오목거울

해설
단색화장치는 원하는 빛의 파장을 선택하기 위한 장치로 프리즘, 회절격자 등을 사용한다.

46 분광광도계에서 빛이 지나가는 순서로 맞는 것은?

① 입구슬릿 → 시료부 → 분산장치 → 출구슬릿 → 검출부
② 입구슬릿 → 분산장치 → 시료부 → 출구슬릿 → 검출부
③ 입구슬릿 → 분산장치 → 출구슬릿 → 시료부 → 검출부
④ 입구슬릿 → 출구슬릿 → 분산장치 → 시료부 → 검출부

해설
빛의 이동순서 : 입구슬릿 → 분산장치 → 출구슬릿 → 시료부 → 검출부

47 분석시료의 각 성분이 액체 크로마토그래피 내부에서 분리되는 이유는?

① 흡 착 ② 기 화
③ 건 류 ④ 혼 합

해설
흡착을 통해 대상물질을 분리하여 분석에 이용한다.

48 원자흡광광도계에 사용할 표준용액을 조제하려고 한다. 이때 정확히 100mL를 조제하고자 할 때 가장 적합한 실험기구는?

① 메스피펫
② 용량플라스크
③ 비 커
④ 뷰 렛

해설
원자흡광광도계에서는 용량플라스크를 이용해 표준용액을 제조한다.

49 종이크로마토그래피에서 우수한 분리도에 대한 이동도의 값은?

① 0.2~0.4
② 0.4~0.8
③ 0.8~1.2
④ 1.2~1.6

해설
이동도(전개율, R_f) : 0.4~0.8의 값을 지니며, 반드시 1보다는 작다.

50 0.01M NaOH의 pH는 얼마인가?

① 10
② 11
③ 12
④ 13

해설
pH = 14 − pOH = 14 − (−log0.01) = 14 − 2 = 12

51 황산구리($CuSO_4$) 수용액에 10A의 전류를 30분 동안 가하였을 때, (−)극에서 석출하는 구리의 양은 약 몇 g인가?(단, Cu 원자량은 64이다)

① 0.01g
② 3.98g
③ 5.97g
④ 8.45g

해설
• 10A의 전류를 30분 동안 가했을 때 전하량(C)

$= $ 전류의 세기(A) $\times$ 시간(s) $= 10A \times 30min \times \dfrac{60s}{1min}$

$= 18,000C$
• 1F = 96,500C/mol이므로

전자의 몰수 $= \dfrac{18,000C}{96,500C/mol} = 0.1865mol$

$Cu^{2+} + 2e^- \rightarrow Cu$
전자 2mol당 구리 1mol이 석출되므로,
• 전자 0.1865mol이 흐를 때 구리의 몰수

$= \dfrac{0.1865mol}{2} = 0.0933mol$

• 구리 원자량 = 64g/mol
∴ (−)극에서 석출하는 구리의 양 = 0.0933mol $\times$ 64g/mol

$\fallingdotseq 5.97g$

52 가스 크로마토그래피의 기본 원리로 보기 어려운 것은?

① 이동상이 기체이다.

② 고정상은 휘발성 액체이다.

③ 혼합물이 각 성분의 이동 속도의 차이 때문에 분리된다.

④ 분리된 각 성분들은 검출기에서 검출된다.

해설
이동상은 기체, 고정상은 비휘발성의 액체를 사용한다.

54 유지의 추출에 사용되는 용제는 대부분 어떤 물질인가?

① 발화성 물질

② 용해성 물질

③ 인화성 물질

④ 폭발성 물질

해설
유지를 추출할 때 먼저 압착해 기름을 채취하고 이후 추출용 용제로 헥산을 사용하며, 헥산은 인화성 물질이다.

53 다음 중 전위차법에서 사용하는 장치로 옳은 것은?

① 광 원

② 시료용기

③ 파장선택기

④ 기준전극

해설
광원, 시료용기, 파장선택기는 분광광도법에서 사용하는 장치이다.

55 원자흡광광도법에서 빛의 흡수와 원자 농도와의 관계는?

① 비 례

② 반비례

③ 제곱근에 비례

④ 제곱근에 반비례

해설
빛을 많이 흡수할수록 원자 농도의 값도 커지는 비례관계이다.

56 분극성의 미소전극과 비분극성의 대극과의 사이에 연속적으로 변화하는 전압을 가하여 전해에 의해 생긴 전류를 측정하여, 전압과 전류의 관계곡선(전류-전압 곡선)을 그려 이것을 해석하여 목적 성분을 분리하는 방법은?

① 전위차 분석
② 폴라로그래피
③ 전해 중량분석
④ 전기량 분석

해설
폴라로그래피 : 산화성 물질이나 환원성 물질로 이루어진 대상 용액을 전기화학적으로 분석하는 정량, 정성분석방법으로, 전압과 전류의 관계곡선을 통해 목적 성분을 분리하여 분석한다.

57 가스 크로마토그래피에서 사용되는 운반기체로서 가장 부적당한 것은?

① He   ② N_2
③ H_2 ④ C_2H_2

해설
운반기체는 반응성이 없는 기체를 사용한다(주로 수소, 질소 또는 비활성 기체).

58 1,850cm^{-1}에서 나타나는 벤젠 흡수피크의 몰흡광계수의 값은 4,950M^{-1}·cm^{-1}이다. 0.05mm 용기에서 이 피크의 흡광도가 0.01이 되는 벤젠의 몰농도는?

① 4.04×10^{-2}M
② 4.04×10^{-3}M
③ 4.04×10^{-4}M
④ 4.04×10^{-5}M

해설
$A = \varepsilon d C$
여기서, A : 흡광도, ε : 몰흡광계수,
        d : 용기의 길이, C : 몰농도
cm 단위로 통일하면,
$0.01 = 4{,}950\text{M}^{-1} \cdot \text{cm}^{-1} \times 5 \times 10^{-3}\text{cm} \times x$
$\therefore x = 4.04 \times 10^{-4}\text{M}$

59 분광광도계에 사용할 시료용기에 용액을 채울 때 어느 정도가 가장 적당한가?

① 1/2   ② 1/3
③ 2/3   ④ 1/4

해설
일반적으로 시료용기의 약 2/3를 채운다.

60 분광광도계에서 정성분석에 대한 정보를 주는 흡수 스펙트럼 파장은 어느 것인가?

① 최저 흡수파장
② 최대 흡수파장
③ 중간 흡수파장
④ 평균 흡수파장

해설
정성분석에 대한 정보는 분광광도계 파장 중 최대 흡수파장을 통해 얻을 수 있다.

01
20℃, 0.5atm에서 10L인 기체가 있다. 표준상태에서 이 기체의 부피는?

① 2.54L   ② 4.65L

③ 5L   ④ 10L

해설
표준상태는 0℃, 1atm이며 보일-샤를의 법칙을 적용한다.

$$\frac{P_1 V_1}{T_1} = \frac{P_2 V_2}{T_2}$$

$$\frac{0.5atm \times 10L}{293K} = \frac{1atm \times V_2}{273K}$$

$$\therefore \ V_2 \fallingdotseq 4.65L$$

02
에탄올에 진한 황산을 넣고 180℃에서 반응시켰을 때 알코올의 제거반응으로 생성되는 물질은?

① CH_3OH

② $CH_2=CH_2$

③ $CH_3CH_2CH_2SO_3$

④ $CH_3CH_2S^-$

해설
에틸렌의 제법은 에탄올의 탈수반응(탈수축합)을 이용하며, 탈수제로 진한 황산을 사용한다.

03
이온결합에 대한 설명으로 틀린 것은?

① 이온 결정은 극성 용매인 물에 잘 녹지 않는 것이 많다.

② 전자를 잃은 원자는 양이온이 되고, 전자를 얻은 원자는 음이온이 된다.

③ 이온 결정은 고체 상태에서는 양이온과 음이온이 강하게 결합되어 있기 때문에 전류가 흐르지 않는다.

④ 전자를 잃기 쉬운 금속 원자로부터 전자를 얻기 쉬운 비금속 원자로 하나 이상의 전자가 이동할 때 형성된다.

해설
이온결합은 극성용매에 잘 녹는다.

04
CO_2와 H_2O는 모두 공유결합으로 된 삼원자 분자인데 CO_2는 비극성이고 H_2O는 극성을 띠고 있다. 그 이유로 옳은 것은?

① C가 H보다 비금속성이 크다.

② 결합구조가 H_2O는 굽은형이고 CO_2는 직선형이다.

③ H_2O의 분자량이 CO_2의 분자량보다 적다.

④ 상온에서 H_2O는 액체이고 CO_2는 기체이다.

해설
공유결합은 반드시 분자가 대칭성을 피하는 결합구조를 지녀야 하는데 이산화탄소의 경우 직선형의 대칭성을 지니고 있어 원자 간의 인력이 0으로 상쇄되어 극성을 띠어야 함에도 불구하고 비극성의 성격을 지닌다.

05 수산화나트륨(NaOH) 80g을 물에 녹여 전체 부피가 1,000mL가 되게 하였다. 이 용액의 N농도는 얼마인가?(단, 수산화나트륨의 분자량은 40이다)

① 0.08N   ② 1N

③ 2N   ④ 4N

해설

수산화나트륨의 분자량은 40g/mol이므로

수산화나트륨 80g의 몰수 = $\frac{80}{40}$ = 2몰이며,

1당량 물질이므로 몰농도와 노말농도가 같다.

∴ 2M = 2N

06 500mL의 물을 증발시키는 데 필요한 열은 얼마인가?(단, 물의 증발열은 40.6kJ/mol이다)

① 222kJ   ② 1,128kJ

③ 2,256kJ   ④ 20,300kJ

해설

물의 밀도가 1이므로(= 1g/mL) 물 500mL는 500g이며,

물 500g은 $\frac{500g}{18g/mol}$ = 27.8mol이다.

∴ 27.8mol × 40.6kJ/mol = 1,128kJ

07 칼륨(K) 원자는 19개의 양성자와 20개의 중성자를 가지고 있다. 원자번호와 질량수는 각각 얼마인가?

① 9, 19   ② 9, 39

③ 19, 20   ④ 19, 39

해설

• 원자번호 = 전자수 = 양성자수 = 19
• 질량수 = 양성자수 + 중성자수 = 19 + 20 = 39

08 다음 중 이온화 에너지가 가장 작은 원소는?

① 나트륨(Na)

② 마그네슘(Mg)

③ 알루미늄(Al)

④ 규소(Si)

해설

이온화 에너지는 원자 1몰에서 전자 1몰을 떼어낼 때 필요로 하는 에너지의 양(kJ/mol)이다.

• 동일 주기 : 원자번호가 커질수록 유효핵전하가 증가하여 원자핵과 전자 사이의 인력이 증가하므로 이온화 에너지가 증가한다.
• 동일 족 : 원자번호가 커질수록 전자껍질이 증가하여 원자핵과 전자 사이의 거리가 멀어지므로 이온화 에너지가 감소한다.

09 벤젠의 반응에서 소량의 철의 존재하에서 벤젠과 염소가스를 반응시키면 수소원자와 염소원자의 치환이 일어나 클로로벤젠이 생기는 반응을 무엇이라 하는가?

① 나이트로화

② 설폰화

③ 할로겐화

④ 알킬화

해설

할로겐화반응 : 벤젠 + 염소분자 + 철촉매 → 클로로벤젠 + 염화수소

10 "어떠한 화학반응이라도 반응물 전체의 질량과 생성물 전체의 질량은 서로 차이가 없고 완전히 같다" 라고 설명할 수 있는 법칙은?

① 일정성분비의 법칙

② 배수비례의 법칙

③ 질량보존의 법칙

④ 기체반응의 법칙

해설
반응물의 질량에 관한 법칙을 질량보존의 법칙이라고 한다.

11 다음 중 카복시기는?

① −O−

② −OH

③ −CHO

④ −COOH

해설
① −O− : 에테르기
② −OH : 하이드록시기
③ −CHO : 알데하이드기

12 다음 유기화합물 중 파라핀계 탄화수소는?

① C_5H_{10}

② C_4H_8

③ C_3H_6

④ CH_4

해설
파라핀계 탄화수소의 일반식 : C_nH_{2n+2}

13 다음 중 성격이 다른 화학식은?

① CH_3COOH

② C_2H_5OH

③ C_2H_5CHO

④ $C_2H_3O_2$

해설
④ $C_2H_3O_2$ → OH기가 없다.
① CH_3COOH(아세트산) → −COOH(카복시기)
② C_2H_5OH(에탄올) → −OH(하이드록시기)
③ C_2H_5CHO(포밀기) → −CHO(포밀기)

14 다음 물질 중 혼합물인 것은?

① 염화수소

② 암모니아

③ 공 기

④ 이산화탄소

해설
• 혼합물 : 두 종류 이상의 단체, 화합물이 섞여 이루어진 물질
• 화합물 : 두 종류 이상의 원소로 이루어진 순물질

15 27℃인 수소 4L를 압력을 일정하게 유지하면서, 부피를 2L로 줄이려면 온도를 얼마로 하여야 하는가?

① −273℃

② −123℃

③ 157℃

④ 327℃

해설

$$\frac{V}{T} = \frac{V'}{T'}$$

$$\frac{4L}{(273+27)K} = \frac{2L}{T'}$$

$T' = 150K$

∴ 150 − 273 = −123℃

16 건조 공기 속에서 네온은 0.0018%를 차지한다. 몇 ppm인가?

① 1.8ppm

② 18ppm

③ 180ppm

④ 1,800ppm

해설

1% = 10,000ppm이므로, 1 : 10,000 = 0.0018 : x

∴ x = 18ppm

※ %와 ppm은 작은 농도를 표현하기 위한 가상의 단위이다. %는 10^{-2}, ppm은 10^{-6}이므로 %가 ppm보다 10^4(= 10,000)배 더 크다.

17 1g의 라듐으로부터 1m 떨어진 거리에서 1시간 동안 받는 방사선의 영향을 무엇이라 하는가?

① 1뢴트겐

② 1큐리

③ 1렘

④ 1베크렐

해설

① 1뢴트겐 : 표준상태의 1cm³의 공기에서 1정전단위와 같은 양의 양이온, 음이온을 만들 수 있는 X선의 양이다.

② 1큐리 : 매초 370억 개의 원자붕괴가 되고 있는 방사성 물질의 양이다.

④ 1베크렐 : 1초당 자연방사성붕괴수가 1개일 때의 방사선의 양이다.

18 다음 중 분자 안에 배위결합이 존재하는 화합물은?

① 벤 젠

② 에틸알코올

③ 염소이온

④ 암모늄이온

해설

배위결합이란 공유전자쌍을 한쪽 원소에서 일방적으로 제공하는 형태로, 암모늄이온(NH_4^+)이 대표적이다.

19 증기압에 대한 설명으로 틀린 것은?

① 증기압이 크면 증발이 어렵다.

② 증기압이 크면 끓는점이 낮아진다.

③ 증기압은 온도가 높아짐에 따라 커진다.

④ 증기압이 크면 분자 간 인력이 작아진다.

해설

증기압이란 증기가 고체, 액체와 동적평형상태에 있을 때의 증기 압력을 말하며, 증기압이 클수록 증발이 쉬워 휘발성 물질이라 표현하기도 한다.

20 볼타전지의 음극에서 일어나는 반응은?

① 환 원　　　　② 산 화

③ 응 집　　　　④ 킬레이트

해설

$Zn(s) | H_2SO_4(aq) | Cu(s)$, $E° = 0.76V$

• 산화반응(-극) : $Zn \rightarrow Zn^{2+} + 2e^-$, 질량 감소
• 환원반응(+극) : $2H^+ + 2e^- \rightarrow H_2\uparrow$, 질량 불변
• 알짜반응 : $Zn + 2H^+ \rightarrow Zn^{2+} + H_2$, 전체 양이온수 감소, 분극현상 발생

21 황산구리 용액에 아연을 넣을 경우 구리가 석출되는 것은 아연이 구리보다 무엇의 크기가 크기 때문인가?

① 이온화 경향

② 전기저항

③ 원자가전자

④ 원자번호

해설

이온화 경향의 차이로 아연은 이온화되고 구리는 석출된다.

22 NH_4^+의 원자가전자는 총 몇 개인가?

① 7　　　　② 8

③ 9　　　　④ 10

해설

원자가전자는 원자의 가장 바깥부분에 있는 최외각전자로 반응에 참여할 가능성이 있는 전자의 수이다. N는 5, H는 1이므로 5 + (1 × 4) = 9이나 암모늄 이온이 전자를 하나 잃은 상태이므로 9 - 1 = 8이다.

23 다음 중 1패러데이(F)의 전기량은?

① 1mol의 물질이 갖는 전기량

② 1개의 전자가 갖는 전기량

③ 96,500개의 전자가 갖는 전기량

④ 1g당량 물질이 생성될 때 필요한 전기량

24 반응속도에 영향을 주는 인자로서 가장 거리가 먼 것은?

① 반응온도

② 반응식

③ 반응물의 농도

④ 촉 매

해설

일반적으로 반응속도는 반응농도, 압력, 표면적(고체인 경우), 온도가 커질수록 빨라지며, 반응식은 반응속도와 아무런 관계가 없다.

25 다음 중 콜로이드 용액이 아닌 것은?

① 녹말 용액

② 점토 용액

③ 설탕 용액

④ 수산화알루미늄 용액

해설
설탕은 콜로이드 상태라기보다는 혼합물이다.

※ 콜로이드성 물질 : 녹말 용액, 점토 용액, 수산화알루미늄 용액 등

26 Ni^{2+}의 확인반응에서 다이메틸글리옥심(Dimethyl-glyoxime)을 넣으면 무슨 색으로 변하는가?

① 붉은색　　　② 푸른색

③ 검정색　　　④ 하얀색

해설
3족 양이온인 니켈을 확인하는 반응은 다이메틸글리옥심과의 붉은색 변색반응이다.

27 다음 황화물 중 흑색 침전이 아닌 것은?

① PbS　　　② CuS

③ HgS　　　④ CdS

해설
④ CdS → 황색
① PbS → 흑색
② CuS → 흑색
③ HgS → 흑색

28 양이온의 계통적인 분리검출법에서는 방해물질을 제거시켜야 한다. 다음 중 방해물질이 아닌 것은?

① 유기물

② 옥살산 이온

③ 규산 이온

④ 암모늄 이온

해설
양이온 계통 분리검출법에 따른 방해물질
• 유기물
• 옥살산 이온
• 규산 이온

29 중화 적정에 사용되는 지시약으로서 pH 8.3~10.0 정도의 변색범위를 가지며 약산과 강염기의 적정에 사용되는 것은?

① 메틸옐로

② 페놀프탈레인

③ 메틸오렌지

④ 브로모티몰블루

해설
페놀프탈레인은 약알칼리성의 산·염기 지시약이며, 염기성인 경우 분홍색을 띤다.

30 몰농도를 구하는 식을 옳게 나타낸 것은?

① 몰농도(M) = $\dfrac{\text{용질의 몰수(mol)}}{\text{용액의 부피(L)}}$

② 몰농도(M) = $\dfrac{\text{용질의 몰수(mol)}}{\text{용매의 질량(kg)}}$

③ 몰농도(M) = $\dfrac{\text{용질의 질량(g)}}{\text{용액의 질량(kg)}}$

④ 몰농도(M) = $\dfrac{\text{용질의 당량}}{\text{용액의 부피(L)}}$

31 0.01M Ca^{2+} 50.0mL와 반응하려면 0.05M EDTA 몇 mL가 필요한가?

① 10   ② 25

③ 50   ④ 100

해설

금속과 EDTA는 1 : 1 반응을 한다.
$MV = M'V'$를 이용하면,
$0.01M \times 50.0mL = 0.05M \times x$
∴ $x = 10mL$

32 다음 반응에서 정반응이 일어날 수 있는 경우는?

$$N_2 + 3H_2 \rightleftarrows 2NH_3 + 22kcal$$

① 반응온도를 높인다.
② 질소의 농도를 감소시킨다.
③ 수소의 농도를 감소시킨다.
④ 암모니아의 농도를 감소시킨다.

해설

르샤틀리에의 법칙에 따라 반응식의 몰수비를 비교해보면, 반응식의 왼쪽(1 + 3)보다 오른쪽(2)이 작으므로 암모니아가 생성될수록 압력이 감소한다. 즉, 정반응(오른쪽 → 왼쪽)은 압력을 높이고 온도를 낮추면 진행되고, 역반응(왼쪽 → 오른쪽)은 압력을 낮추고 온도를 높이면 진행된다.
※ 압력과 온도는 반비례한다.

33 다음 수용액 중 산성이 가장 강한 것은?

① pH = 5인 용액
② $[H^+] = 10^{-8}M$인 용액
③ $[OH^-] = 10^{-4}M$인 용액
④ pOH = 7인 용액

해설

$pH = -\log[H^+] = 14 - pOH$이므로
① pH = 5인 용액 → pH 5
② $[H^+] = 10^{-8}M$인 용액 → pH 8
③ $[OH^-] = 10^{-4}M$인 용액 → pH 10
④ pOH = 7인 용액 → pH 7

34 용액의 전리도(α)를 옳게 나타낸 것은?

① 전리된 몰농도/분자량

② 분자량/전리된 몰농도

③ 전체 몰농도/전리된 몰농도

④ 전리된 몰농도/전체 몰농도

해설

$$\text{전리도}\left(=\frac{\text{이온화된 몰농도}}{\text{전체 몰농도}}\right)$$

물속에 해리되어 있는 분자수와 원래의 전분자수와의 비로 해리도가 높을수록 강산, 강염기이다.

35 제2족 구리족 양이온과 제2족 주석족 양이온을 분리하는 시약은?

① HCl

② H_2S

③ Na_2S

④ $(NH_4)_2CO_3$

해설

제2족 구리족 양이온과 제2족 주석족 양이온의 분족에는 황화수소(H_2S)가 사용된다.

36 다음 중 건조용으로 사용되는 실험기구는?

① 데시케이터

② 피 펫

③ 메스실린더

④ 플라스크

해설

데시케이터 : 실리카겔, 염화칼슘 등의 흡습성을 이용해 물질을 건조한 상태로 보존하기 위한 장치이다.

37 25℃에서 용해도가 35인 염, 20g을 50℃의 물 50mL에 완전 용해시킨 다음 25℃로 냉각하면 약 몇 g의 염이 석출되는가?

① 2.0 ② 2.3

③ 2.5 ④ 2.8

해설

용해도가 25℃에서 35이므로 물 100g에 35g이 녹을 수 있다. 물의 밀도가 1g/mL이므로 50mL 기준일 때는 그 절반인 17.5g이 녹을 수 있게 된다. 즉 20g − 17.5g = 2.5g, 2.5g의 염이 녹지 않고 석출된다.

38 불꽃반응 색깔을 관찰할 때 노란색을 띠는 것은?

① K   ② As

③ Ca   ④ Na

해설

불꽃반응색

리튬 (Li)	나트륨 (Na)	칼륨 (K)	구리 (Cu)	칼슘 (Ca)	스트론 튬(Sr)	바륨 (Ba)
빨간색	노란색	보라색	청록색	주황색	짙은 빨간색	황록색

39 약염기를 강산으로 적정할 때 당량점의 pH는?

① pH 4 이하   ② pH 7 이하

③ pH 7 이상   ④ pH 4 이상

해설

약염기 + 강산 = 약산

40 97wt% H_2SO_4의 비중이 1.836이라면 이 용액의 노말농도는 약 몇 N인가?(단, H_2SO_4의 분자량은 98.08이다)

① 18   ② 36

③ 54   ④ 72

해설

비중으로 황산 1L의 무게를 환산하면 다음과 같다.

1L × 1.836kg/L = 1.836kg (여기서, kg/L : 비중의 단위)

농도가 97%이므로 1.836kg × 0.97 = 1.780kg이며,

황산은 2당량이므로 49g이 1g당량에 포함된다.

$\dfrac{1,780}{49}$ = 36.3g당량이며 1L를 기준으로 환산했으므로,

36.3g당량/L = 36N이다.

41 빛은 음파처럼 여러 가지 빛이 합쳐져 빛의 세기를 증가하거나 서로 상쇄하여 없앨 수 있다. 예를 들면 여러 개의 종이에 같은 물감을 그린 다음 한 장만 보면 연하게 보이지만 여러 장을 겹쳐 보면 진하게 보인다. 그리고 여러 가지 물감을 섞으면 본래의 색이 다르게 나타나는 이러한 현상을 무엇이라 하는가?

① 빛의 상쇄

② 빛의 간섭

③ 빛의 이중성

④ 빛의 회절

해설

빛의 간섭에 관한 설명이며, 빛은 파동, 입자의 성격을 모두 지니고 있다(빛의 이중성).

42 포화칼로멜(Calomel)전극 안에 들어 있는 용액은?

① 포화 염산

② 포화 황산알루미늄

③ 포화 염화칼슘

④ 포화 염화칼륨

해설

포화칼로멜전극은 포화 염화수은, 포화 염화칼륨, 수은을 포함하고 있다.

43 유리기구의 취급방법에 대한 설명으로 틀린 것은?

① 유리기구를 세척할 때에는 중크롬산칼륨과 황산의 혼합 용액을 사용한다.

② 유리기구와 철제, 스테인리스강 등 금속재질의 실험실습기구는 같이 보관한다.

③ 뷰렛, 메스실린더, 피펫 등 눈금이 표시된 유리기구는 가열하지 않는다.

④ 깨끗이 세척된 유리기구는 유리기구의 벽에 물방울이 없으며, 깨끗이 세척되지 않은 유리기구의 벽은 물방울이 남아 있다.

해설
유리기구는 파손의 우려가 있어 금속으로 만들어진 실험실습기구와 구분하여 보관한다.

44 기체 크로마토그래피에서 정지상에 사용하는 흡착제의 조건이 아닌 것은?

① 점성이 높아야 한다.

② 성분이 일정해야 한다.

③ 화학적으로 안정해야 한다.

④ 낮은 증기압을 가져야 한다.

해설
흡착제 조건
점성이 낮아야 한다(점성이 높을수록 처리속도가 느려지고 비용이 많이 든다).

45 과망간산칼륨 시료를 20ppm으로 1L를 만들려고 한다. 이때 과망간산칼륨을 몇 g 칭량하여야 하는가?

① 0.0002g

② 0.002g

③ 0.02g

④ 0.2g

해설
ppm = mg/L, 20ppm = 20mg/L
∴ 20mg × 1g/1,000mg = 0.02g

46 가스 크로마토그래프의 주요 구성부가 아닌 것은?

① 운반 기체부

② 주입부

③ 흡광부

④ 칼 럼

해설
흡광부는 분광광도계의 주요 구성부이다.

47 용액이 산성인지 알칼리성인지 또는 중성인지를 알려면, 용액 속에 들어 있는 공존 물질에는 관계가 없고 용액 중의 $[H^+] : [OH^-]$의 농도비로 결정되는데 $[H^+] > [OH^-]$의 용액은?

① 산 성
② 알칼리성
③ 중 성
④ 약 성

해설
$[H^+] > [OH^-]$인 경우 산성이며, 수소이온의 양이 많으면 많을수록 강산성이 된다.

48 가스크로마토그래피의 검출기 중 불꽃이온화 검출기에 사용되는 불꽃을 위해 필요한 기체는?

① 헬 륨
② 질 소
③ 수 소
④ 산 소

해설
GC에서는 대부분의 유기화합물을 수소-공기 불꽃으로 연소시켜 발생된 이온을 통해 분석한다.

49 가스크로마토그래피의 시료 혼합 성분은 운반 기체와 함께 분리관을 따라 이동하게 되는데 분리관의 성능에 영향을 주는 요인으로 가장 거리가 먼 것은?

① 분리관의 길이
② 분리관의 온도
③ 검출기의 기록계
④ 고정상의 충전 방법

해설
분리관의 성능결정 3인자
• 분리관의 길이
• 분리관의 온도
• 고정상의 충전 방법

50 분광광도계를 이용하여 시료의 투과도를 측정한 결과 투과도가 $10\%\,T$이었다. 이때 흡광도는 얼마인가?

① 0.5 ② 1
③ 1.5 ④ 2

해설
$A = 2 - \log(\%\,T)$
$\quad = 2 - \log(10) = 2 - 1 = 1$
여기서, A : 흡광도, T : 투과도

51 다음 중 발화성 위험물끼리 짝지어진 것은?

① 칼륨, 나트륨, 황, 인
② 수소, 아세톤, 에탄올, 에틸에테르
③ 등유, 아크릴산, 아세트산, 크레졸
④ 질산암모늄, 나이트로셀룰로스, 피크르산

발화성 위험물의 종류 : 칼륨, 나트륨, 황, 인

52 일반적으로 어떤 금속을 그 금속이온이 포함된 용액 중에 넣었을 때 금속이 용액에 대하여 나타내는 전위를 무엇이라 하는가?

① 전극전위
② 과전압전위
③ 산화·환원전위
④ 분극전위

53 용액 중의 물질이 빛을 흡수하는 성질을 이용하는 분석기기를 무엇이라 하는가?

① 비중계
② 용액광도계
③ 액성광도계
④ 분광광도계

빛의 흡수능력을 이용한 정량, 정성분석기기를 분광광도계라고 한다.

54 분광광도계의 부분 장치 중 다음과 관련 있는 것은?

> 광전증배관, 광다이오드, 광다이오드 어레이

① 광원부
② 파장선택부
③ 시료부
④ 검출부

분광광도계의 검출부
시료용기를 통과한 빛에너지를 전기에너지로 변환해 흡광도를 표시하는 장치를 말하며 광전증배관, 광다이오드, 광다이오드 어레이 등 3종류가 있다.

55 다음의 기호 중 적외선을 나타내는 것은?

① VIS   ② UV
③ IR   ④ X-ray

③ IR : 적외선
① VIS : 가시광선
② UV : 자외선
④ X-ray : 엑스레이

56 가스 크로마토그래피(Gas Chromatography)로 가능한 분석은?

① 정성분석만 가능
② 정량분석만 가능
③ 반응속도분석만 가능
④ 정량분석과 정성분석이 가능

해설
GC는 그래프의 면적을 통해 정량분석, 머무름시간을 통해 정성분석을 할 수 있다.

57 가시선의 광원으로 주로 사용하는 것은?

① 수소 방전등
② 중수소 방전등
③ 텅스텐등
④ 나트륨등

해설
가시선 광원의 종류 : 필라멘트등, 텅스텐등

58 가스 크로마토그래피(GC)에서 운반가스로 주로 사용되는 것은?

① O_2, H_2 ② O_2, N_2
③ He, Ar   ④ CO_2, CO

해설
운반가스는 반응성이 없어야 하므로 주로 수소, 질소, 비활성 기체(헬륨, 아르곤)를 사용한다.

59 액체-고체 크로마토그래피(LSC)의 분리 메커니즘은?

① 흡 착
② 이온교환
③ 배 제
④ 분 배

해설
액체-고체 크로마토그래피는 흡착을 이용해 물질을 분리하여 측정한다.

60 비어-람베르트 법칙에 대한 설명이 맞는 것은?

① 흡광도는 용액의 농도에 비례하고 용액의 두께에 반비례한다.
② 흡광도는 용액의 농도에 반비례하고 용액의 두께에 비례한다.
③ 흡광도는 용액의 농도와 용액의 두께에 비례한다.
④ 흡광도는 용액의 농도와 용액의 두께에 반비례한다.

해설
비어-람베르트의 법칙
• 흡광도는 액층의 두께, 용액의 농도에 비례
• 투광도는 액층의 두께, 용액의 농도에 반비례

01 벤젠고리 구조를 포함하고 있지 않은 것은?

① 톨루엔 ② 페 놀
③ 자일렌 ④ 사이클로헥산

해설
벤젠고리는 정확한 의미에서 1.5중결합(이중결합과 단일결합을 빠르게 번갈아가며 유지한다)이며, 사이클로헥산은 단일결합의 모양을 지니고 있다.

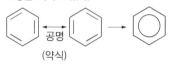

02 다음의 반응식을 기준으로 할 때 수소의 연소열은 몇 kcal/mol인가?

$$2H_2 + O_2 \rightleftarrows 2H_2O + 136kcal$$

① 136 ② 68
③ 34 ④ 17

해설
물이 수증기가 아닌 액상상태일 때 136kcal/mol의 열량이 나오며, 수소의 반응은 2몰이다. 문제에서 제시된 수소의 연소열은 1mol당 kcal(=kcal/mol)이므로, 반응열을 절반으로 나누면 된다.

$$\therefore \; 수소의 \; 연소열 = \frac{136kcal/mol}{2} = 68kcal/mol$$

03 포화탄화수소 중 알케인(Alkane) 계열의 일반식은?

① C_nH_{2n} ② C_nH_{2n+2}
③ C_nH_{2n-2} ④ C_nH_{2n-1}

해설
알케인 계열의 일반식은 C_nH_{2n+2}이다.

04 석고 붕대의 재료로 사용되는 소석고의 성분을 옳게 나타낸 것은?

① H_2SO_4 ② $CaCO_3$
③ Fe_2O_3 ④ $CaSO_4 \cdot \frac{1}{2}H_2O$

해설
석고는 칼슘의 황산염으로 백색을 띄고 있으며 석고붕대의 재료로 사용된다.

05 o-(ortho), m-(meta), p-(para)의 세 가지 이성질체를 가지는 방향족 탄화수소의 유도체는?

① 벤 젠 ② 알데하이드
③ 자일렌 ④ 톨루엔

해설
자일렌은 오쏘(ortho)자일렌, 메타(meta)자일렌, 파라(para)자일렌 3종의 이성질체가 있다.

06 25wt%의 NaOH 수용액 80g이 있다. 이 용액에 NaOH를 가하여 30wt%의 용액을 만들려고 한다. 약 몇 g의 NaOH를 가해야 하는가?

① 3.7g   ② 4.7g

③ 5.7g   ④ 6.7g

해설

25% NaOH 수용액 80g 중 NaOH의 양 = 0.25 × 80g = 20g

$0.3 = \dfrac{20+x}{80+x}$, $x = 5.7$

07 다음의 0.1mol 용액 중 전리도가 가장 작은 것은?

① NaOH   ② H_2SO_4

③ NH_4OH ④ HCl

해설

암모니아수는 약염기로 전리도가 낮다.

전리도 : 물속에 해리되어 있는 분자수와 원래의 전분자수와의 비로 해리도가 높을수록 강산, 강염기이다.

08 탄산수소나트륨 수용액의 액성은?

① 중 성   ② 염기성

③ 산 성   ④ 양쪽성

해설

$NaHCO_3 \rightarrow Na^+ + HCO_3^-$
　　　　　　　　중탄산이온

$HCO_3^- + H_2O \rightarrow H_2CO_3 + \underline{OH^-}$
　　　　　　　　　　　　　탄산

탄산수소나트륨은 최종적으로 OH⁻기를 발생시키는 염기성 물질 이다.

09 어떤 비전해질 3g을 물에 녹여 1L로 만든 용액의 삼투압을 측정하였더니, 27℃에서 1기압이었다. 이 물질의 분자량은 약 얼마인가?

① 33.8   ② 53.8

③ 73.8   ④ 93.8

해설

이상기체방정식을 활용한다.

$PV = nRT$

$n = \dfrac{PV}{RT} = \dfrac{1\text{atm} \times 1\text{L}}{0.082\text{atm} \cdot \text{L/mol} \cdot \text{K} \times 300\text{K}} \fallingdotseq 0.04065\,\text{mol}$

$n(\text{몰수}) = \dfrac{질량}{분자량}$이므로 $\dfrac{3\text{g}}{x} = 0.04065\,\text{mol}$

$\therefore x \fallingdotseq 73.8\text{g/mol}$

10 전기음성도의 크기 순서로 옳은 것은?

① Cl > Br > N > F

② Br > Cl > O > F

③ Br > F > Cl > N

④ F > O > Cl > Br

해설

전기음성도는 원자들이 공유결합할 때 공유전자쌍을 잡아당기는 힘을 말한다. 동일 주기에서 원자번호가 커질수록 증가하며, 동일 족에서는 원자번호가 작아질수록 증가한다.

6 ③　7 ③　8 ②　9 ③　10 ④　**정답**

11 건조 공기 속에 헬륨은 0.00052%를 차지한다. 이는 몇 ppm인가?

① 0.052

② 0.52

③ 5.2

④ 52

해설
$1\% : 10{,}000\text{ppm} = 0.00052\% : x$

$\therefore x = 5.2\text{ppm}$

※ %와 ppm은 작은 농도를 표현하기 위한 가상의 단위이다. %는 10^{-2}, ppm은 10^{-6}이므로 %가 ppm보다 $10^4 (= 10{,}000)$배 더 크다.

12 탄산음료수의 병마개를 열었을 때 거품(기포)이 솟아오르는 이유는?

① 수증기가 생기기 때문이다.

② 이산화탄소가 분해하기 때문이다.

③ 온도가 올라가게 되어 용해도가 증가하기 때문이다.

④ 병 속의 압력이 줄어들어 용해도가 줄어들기 때문이다.

해설
고압상태에서 높은 용해도로 병 속에 들어 있던 이산화탄소가 병마개를 열었을 때 낮아진 용해도만큼 기화되어 용액 밖으로 나오는 것이다.

13 다음 중 원소주기율표상 족이 다른 하나는?

① 리튬(Li)

② 나트륨(Na)

③ 마그네슘(Mg)

④ 칼륨(K)

해설
마그네슘은 2족이다.

14 지방족 탄화수소가 아닌 것은?

① 아릴(Aryl)

② 알켄(Alkene)

③ 알카인(Alkyne)

④ 알케인(Alkane)

해설
지방족 탄화수소는 지방족 화합물에 속하는 탄화수소로 알케인, 알켄, 알카인, 사이클로알케인이 포함되며 벤젠고리를 포함하고 있지 않다.
아릴은 방향족 탄화수소에서 수소원자 1개를 제외한 나머지 원자단을 말한다.

15 산소분자의 확산속도는 수소분자의 확산속도의 얼마 정도인가?

① 4배

② $\dfrac{1}{4}$ 배

③ 16배

④ $\dfrac{1}{16}$ 배

해설
그레이엄의 기체확산속도 법칙 : 일정한 온도, 압력에서 기체의 확산속도는 그 기체 분자량의 제곱근에 반비례한다.

$\sqrt{1} : \sqrt{16} = V_{산소} : V_{수소}$

$4V_{산소} = V_{수소}$

∴ 산소분자의 확산속도는 수소분자의 확산속도의 1/4이다.

16 펜탄(C_5H_{12})은 몇 개의 이성질체가 존재하는가?

① 2개　　　　② 3개

③ 4개　　　　④ 5개

펜탄의 구조
분자식은 같으나 서로 연결모양이 상이한 화합물을 구조이성질체라고 부르며 펜탄(C_5H_{12})의 경우 3개의 이성질체(노말펜탄, 아이소펜탄, 네오펜탄)가 있다.

17 Na^+이온의 전자배열에 해당하는 것은?

① $1s^2 2s^2 2p^6$

② $1s^2 2s^2 3s^2 2p^4$

③ $1s^2 2s^2 3s^2 2p^5$

④ $1s^2 2s^2 2p^6 3s^1$

Na의 전자는 11개이며, Na^+이온의 경우 전자를 하나 잃어버려 총 10개의 전자를 보유하고 있다.

오비탈	$1s$	$2s$		$2p$	
전자수	‥	‥	‥	‥	‥

∴ $1s$, $2s$, $2p$의 오비탈에 총 10개의 전자를 지닌다.

18 10g의 프로판이 완전연소하면 몇 g의 CO_2가 발생하는가?

① 25g　　　　② 27g

③ 30g　　　　④ 33g

$C_3H_8 + 5O_2 \rightarrow 3CO_2 + 4H_2O$이므로

44g　　　　　　3×44g

10g　　　　　　x

$44 : 132 = 10 : x$

∴ $x = 30$g

19 반감기가 5년인 방사성 원소가 있다. 이 동위원소 2g이 10년이 경과하였을 때 몇 g이 남겠는가?

① 0.125　　　　② 0.25

③ 0.5　　　　④ 1.5

반감기

$$M = M_0\left(\frac{1}{2}\right)^{\frac{t}{T}} = 2\text{g} \times \left(\frac{1}{2}\right)^2 = 0.5\text{g}$$

여기서, M : t시간 이후의 질량

　　　　M_0 : 초기 질량

　　　　t : 경과된 시간

　　　　T : 반감기

20 다음 중 원자의 반지름이 가장 큰 것은?

① Na　　　　② K

③ Rb　　　　④ Li

원자반지름의 크기
• 동일 족 : 원자번호가 커질수록 전자껍질이 증가하여 반지름이 커진다(Li < Na < K < Rb).
• 동일 주기 : 원자번호가 커질수록 유효핵전하가 증가하여 반지름이 작아진다.

21 어떤 용기에 20℃, 2기압의 산소 8g이 들어있을 때 부피는 약 몇 L인가?(단, 산소는 이상기체로 가정하고, 이상기체상수 R의 값은 0.082atm·L/mol·K이다)

① 3   ② 6
③ 9   ④ 12

해설

이상기체방정식을 이용하여 부피를 구한다.

$PV = nRT$

여기서, 산소 8g의 몰수$(n) = \dfrac{8g}{32g/mol} = 0.25mol$이다.

$$\therefore V = \dfrac{nRT}{P} = \dfrac{0.25mol \times 0.082atm \cdot L/mol \cdot K \times 293K}{2atm}$$

$$\fallingdotseq 3L$$

22 다음 중 극성 분자인 것은?

① H_2O ② O_2
③ CH_4 ④ CO_2

해설

극성 분자는 분자구조가 비대칭을 이루며, 쌍극자 모멘트를 갖는다. 대표적인 극성 분자는 물이며, 같은 극성 분자끼리 잘 녹는다.

23 다음 중 비활성 기체가 아닌 것은?

① He   ② Ne
③ Ar   ④ Cl

해설

비활성 기체는 안정적이며, 다른 기체와 반응하지 않는다. Cl은 할로겐족 원소로, 전자 하나를 받아 음이온이 되기 쉬운 성질을 지니고 있다.

24 물질의 일반식과 그 명칭이 옳지 않은 것은?

① R_2CO : 케톤
② R-O-R : 알코올
③ RCHO : 알데하이드
④ $R-CO_2-R$: 에스테르

해설

R-O-R 형태의 물질은 에테르이며, R-OH 형태의 물질이 알코올이다.

25 물 100g에 NaCl 25g을 녹여서 만든 수용액의 질량백분율 농도는?

① 18%   ② 20%
③ 22.5%   ④ 25%

해설

$$질량백분율 = \dfrac{용질무게}{전체 용액무게} = \dfrac{25}{100+25} \times 100 = 20\%$$

26 아세톤이나 에탄올 검출에 이용되는 반응은?

① 은거울반응
② 아이오딘폼반응
③ 비누화반응
④ 설폰화반응

해설
아이오딘폼반응(아이오도폼반응, Iodoform Reaction) : 아세틸 기(CH_3CO-) 또는 산화하여 아세틸기가 되는 화합물에 아이오딘 (요오드)과 수산화나트륨 수용액을 반응시킬 때 아이오도폼이 생성되는 것을 이용한 반응으로 특유의 냄새가 있어 에탄올, 아세톤의 검출반응에 주로 이용된다.

27 1차 표준물질이 갖추어야 할 조건 중 틀린 것은?

① 분자량이 작아야 한다.
② 조성이 순수하고 일정해야 한다.
③ 습기, CO_2 등의 흡수가 없어야 한다.
④ 건조 중 조성이 변하지 않아야 한다.

해설
1차 표준물질
• 순도가 높은 용액의 제조 시 무게오차가 작아 예상한 농도와 동일한 값의 용액을 만들 수 있는 물질이다.
• 종류 : 프탈산수소칼륨, 아이오딘산수소칼륨, 설파민산, 산화수은 등
• 특징
  – 조성이 순수하고 일정하다.
  – 정제가 쉬워야 한다.
  – 흡수, 풍화, 공기 산화 등의 성질이 없고 오랫동안 변질이 없다.
  – 반응은 정량적으로 진행된다.
  – 분자량이 커서 측량오차를 최소화할 수 있다.

28 다음 중 알데하이드 검출에 주로 쓰이는 시약은?

① 밀론 용액
② 비토 용액
③ 펠링 용액
④ 리베르만 용액

해설
펠링 용액 : 알데하이드와 펠링 용액을 혼합하여 가열하면 펠링 용액이 환원하여 붉은색 침전(Cu_2O)을 만들고 은거울 반응을 한다.

29 산화–환원 적정에 주로 사용되는 산화제는?

① $FeSO_4$
② $KMnO_4$
③ $Na_2C_2O_4$
④ $Na_2S_2O_3$

해설
$KMnO_4$는 Mn의 산화수가 +7인 강력한 산화제로, 산화–환원 적정 시 산화제로 많이 사용된다.

30 황산바륨의 침전물에 흡착하기 쉽기 때문에 황산바륨의 침전물을 생성시키기 전에 제거해 주어야 할 이온은?

① Zn^{2+}
② Cu^{2+}
③ Fe^{2+}
④ Fe^{3+}

해설
Fe^{3+}, Cr^{3+}, Al^{3+} 등의 물질은 황산염을 공침시키는 성질이 있어 미리 제거해야 한다.
※ 공침 : 화학적으로 유사한 용질이 공존할 때, 대상물질 이외의 물질까지 함께 침전시키는 현상

26 ② 27 ① 28 ③ 29 ② 30 ④ **정답**

31 양이온 제1족에 해당되는 것은?

① Ba^{2+}
② K^+
③ Na^+
④ Pb^{2+}

족	양이온	분족시약	침 전
제1족	Ag^+, Pb^{2+}, Hg_2^{2+}	HCl	염화물
제2족	Bi^{3+}, Cu^{2+}, Cd^{2+}, Hg^{2+}, As^{3+}, As^{5+}, Sb^{3+}, Sn^{2+}, Sn^{4+}	H_2S (0.3M−HCl)	황화물 (산성 조건)
제3족	Fe^{2+}, Fe^{3+}, Cr^{3+}, Al^{3+}	NH_4OH−NH_4Cl	수산화물
제4족	Ni^{2+}, Co^{2+}, Mn^{2+}, Zn^{2+}	$(NH_4)_2S$	황화물 (염기성 조건)
제5족	Ba^{2+}, Sr^{2+}, Ca^{2+}	$(NH_4)_2CO_3$	탄산염
제6족	Mg^{2+}, K^+, Na^+, NH_4^+	−	−

32 다음 염소산 화합물의 세기 순서가 옳게 나열된 것은?

① $HClO$ > $HClO_2$ > $HClO_3$ > $HClO_4$
② $HClO_4$ > $HClO$ > $HClO_3$ > $HClO_2$
③ $HClO_4$ > $HClO_3$ > $HClO_2$ > $HClO$
④ $HClO$ > $HClO_3$ > $HClO_2$ > $HClO_4$

염소산 화합물의 세기 순서
$HClO_4$(과염소산) > $HClO_3$(염소산) > $HClO_2$(아염소산) > $HClO$(차아염소산)

33 10℃에서 염화칼륨의 용해도는 43.1이다. 10℃, 염화칼륨 포화용액의 %농도는?

① 30.1
② 43.1
③ 76.2
④ 86.2

용해도 $= \dfrac{용질(g)}{용매(g)} \times 100$, 퍼센트농도 $= \dfrac{용질(g)}{용액(g)} \times 100$이며,

전체 용매를 100g으로 가정하면

$43.1 = \dfrac{x}{100} \times 100$, 용질은 43.1g, 용액은 100g + 43.1g = 143.1g

퍼센트농도 $= \dfrac{43.1}{143.1} \times 100 = 30.1\%$

34 양이온 제1족의 분족시약은?

① HCl
② H_2S
③ NH_4OH
④ $(NH_4)_2CO_3$

35 양이온 계통 분리 시 분족시약이 없는 족은?

① 제3족
② 제4족
③ 제5족
④ 제6족

양이온 제6족은 음이온과 반응할 때 침전을 만들지 않기 때문에 분족시약이 없다.

36 20℃에서 포화 소금물 60g 속에 소금 10g이 녹아 있다면 이 용액의 용해도는?

① 10
② 14
③ 17
④ 20

해설

$$\text{용해도} = \frac{\text{용질(g)}}{\text{용매(g)}} \times 100 = \frac{10}{60-10} \times 100 = 20$$

37 철광석 중의 철의 정량실험에서 자철광과 같은 시료는 염산에 분해하기 어렵다. 이때 분해되기 쉽도록 하기 위해서 넣어주는 것은?

① 염화제일주석
② 염화제이주석
③ 염화나트륨
④ 염화암모늄

해설

철광석을 산성(염산) 용액에 녹여 모든 철을 Fe^{2+}이온으로 환원시킨 후 과망간산칼륨 용액으로 적정해 광석 안에 포함된 철의 양을 알 수 있다. Fe^{3+}와 Fe^{2+}가 혼합된 형태의 철 가운데 Fe^{3+}를 2가이온으로 환원시켜주는 물질은 염화제일주석($SnCl_2$)이다.

$$2FeCl_3 + SnCl_2 \rightarrow 2FeCl_2 + SnCl_4$$
$$(Fe^{3+}) \qquad\qquad (Fe^{2+})$$

38 기체의 용해도에 대한 설명으로 옳은 것은?

① 질소는 물에 잘 녹는다.
② 무극성인 기체는 물에 잘 녹는다.
③ 기체의 용해도는 압력에 비례한다.
④ 기체는 온도가 올라가면 물에 녹기 쉽다.

해설

기체의 용해도는 압력에 비례하고, 온도에 반비례한다.

39 제4족 양이온 분족 시 최종 확인 시약으로 다이메틸글리옥심을 사용하는 것은?

① 아 연
② 철
③ 니 켈
④ 코발트

해설

제4족 양이온 니켈 확인 반응에 관한 설명으로, 니켈은 암모니아의 약알칼리성에서 다이메틸글리옥심과 반응하여 착염을 생성한다.

40 0.1N-NaOH 표준용액 1mL에 대응하는 염산의 양 (g)은?(단, HCl의 분자량은 36.47g/mol이다)

① 0.0003647g
② 0.003647g
③ 0.03647g
④ 0.3647g

해설

$$NaOH + HCl \rightleftharpoons NaCl + H_2O$$

NaOH 1당량(40g)은 HCl 1당량(36.47g)과 반응한다.
1N NaOH 1,000mL에 NaOH 1당량(40g)이 들어 있으므로
1N NaOH 1,000mL = 36.47g HCl이다.

$$\therefore \text{0.1N NaOH 1mL} = 36.47g \times 0.1 \times \frac{1}{1,000} = 0.003647g \text{ HCl}$$

41 탄화수소화합물의 검출에 가장 적합한 가스크로마토그래피 검출기는?

① TID   ② TCD

③ ECD   ④ FID

해설

④ FID(Flame Ionization Detector, 불꽃이온화 검출기) : 가장 널리 사용되며, 주로 탄화수소의 검출에 이용한다.

① TID(Thermionic Detector, 열이온화 검출기) : 인, 질소화합물에 선택적으로 감응하도록 개발된 검출기이다.

② TCD(Thermal Conductivity Detector, 열전도도 검출기) : 기체가 열을 전도하는 물리적 특성을 이용한 분석으로 벤젠 측정에 이용한다.

③ ECD(Electron Capture Detector, 전자포획 검출기) : 방사선 동위원소의 붕괴를 이용한 검출기로, 주로 할로겐족 분석에 사용한다.

42 전기분해반응 $Pb^{2+} + 2H_2O \rightleftharpoons PbO_2(s) + H_2(g) + 2H^+$ 에서 0.1A의 전류가 20분 동안 흐른다면, 약 몇 g의 PbO_2가 석출되겠는가?(단, PbO_2의 분자량은 239로 한다)

① 0.10g   ② 0.15g

③ 0.20g   ④ 0.30g

해설

전기석출량

$$W = \frac{I \times t \times M}{Z \times F}$$

여기서, I : 전류, t : 시간, M : 원자량

Z : 전자수, F : 1Faraday = 96,500C(A × s)

$$\therefore W = \frac{0.1A \times 20min \times 60s/min \times 239g}{2 \times 96,500C} ≒ 0.15g$$

43 금속이온의 수용액에 음극과 양극 2개의 전극을 담그고 직류전압을 통하여 주면 금속이온이 환원되어 석출된다. 이때, 석출된 금속 또는 금속산화물을 칭량하여 금속시료를 분석하는 방법은?

① 비색분석   ② 전해분석

③ 중량분석   ④ 분광분석

44 가스크로마토그래프로 정성 및 정량분석하고자 할 때 다음 중 가장 먼저 해야 할 것은?

① 본체의 준비

② 기록계의 준비

③ 표준용액의 조제

④ 가스크로마토그래프에 의한 정성 및 정량분석

해설

GC 분석 순서 : 표준용액 조제 → 본체 준비 → 기록계 준비 → 정성, 정량분석 시작

45 액체크로마토그래피에서 이동상으로 사용하는 용매의 구비조건이 아닌 것은?

① 점도가 커야 한다.

② 적당한 가격으로 쉽게 구입할 수 있어야 한다.

③ 관 온도보다 20~50℃ 정도 끓는점이 높아야 한다.

④ 분석물의 봉우리와 겹치지 않는 고순도이어야 한다.

해설

점도가 클 경우 분석물질의 이동에 보다 많은 에너지가 소요되므로 경제적이지 못하다.

이동상 용매의 구비조건

• 분석시료를 녹일 수 있어야 한다.

• 분리 Peak와 이동상 Peak의 겹침현상이 발생하지 않아야 한다.

• 낮은 점도를 유지한다.

• 충전물, 용질과의 화학적 반응성이 낮아야 한다.

• 정지상을 용해하지 않는다.

46 두 가지 이상의 혼합물질을 단일 성분으로 분리하여 분석하는 기법은?

① 분광광도법
② 전기무게분석법
③ 크로마토그래피
④ 핵자기공명흡수법

해설
크로마토그래피는 다양한 분자들이 혼합되어 있을 때 단일 성분으로 분석하는 가장 좋은 방법이다.

48 전해분석방법 중 폴라로그래피(Polarography)에서 작업전극으로 주로 사용하는 전극은?

① 포화칼로멜전극
② 적하수은전극
③ 백금전극
④ 유리막전극

해설
폴라로그래피에서 기준전극은 포화칼로멜전극, 작업전극은 적하수은전극을 사용한다.

49 투광도가 50%일 때 흡광도는?

① 0.25
② 0.30
③ 0.35
④ 0.40

해설
흡광도$(A) = -\log T = -\log 0.5 ≒ 0.30$

47 비어-람베르트의 법칙은 $\log(I_0/I) = \varepsilon bC$로 나타낼 수 있다. 여기서 C를 mol/L, b를 액층의 두께(cm)로 표시할 때, 비례상수 ε인 몰흡광계수의 단위는?

① L/cm · mol
② kg/cm · mol
③ L/cm
④ L/mol

해설
몰흡광계수의 단위 : L/cm · mol = $M^{-1}cm^{-1}$

50 원자흡광광도계에서 시료원자부가 하는 역할은?

① 시료를 검출한다.
② 시료를 원자상태로 환원시킨다.
③ 빛의 파장을 원하는 값으로 조절한다.
④ 스펙트럼을 원하는 파장으로 분리한다.

해설
시료원자화부에서는 대상 금속원소를 원자화하여 바닥상태의 중성원자를 생성시킨다.

51 다음 크로마토그래피 구성 중 가스크로마토그래피에는 없고 액체크로마토그래피에는 있는 것은?

① 펌프
② 검출기
③ 주입구
④ 기록계

해설
GC와 HPLC의 차이점은 이동상의 형태이다(GC : 기체, HPLC : 액체). GC는 일정한 압력을 부여해 이동상과 주입된 시료의 이동을 유도하므로, 펌프가 필요 없다.

52 pH 미터 보정에 사용하는 완충용액의 종류가 아닌 것은?

① 붕산염 표준용액
② 프탈산염 표준용액
③ 옥살산염 표준용액
④ 구리산염 표준용액

해설
pH 미터 보정에 사용하는 완충용액의 종류 : 붕산염, 프탈산염, 옥살산염, 인산염, 탄산염 등

53 종이 크로마토그래피법에서 이동도(R_f)를 구하는 식은?(단, C : 기본선과 이온이 나타난 사이의 거리 (cm), K : 기본선과 전개 용매가 전개한 곳까지의 거리(cm)이다)

① $R_f = \dfrac{C}{K}$
② $R_f = C \times K$
③ $R_f = \dfrac{K}{C}$
④ $R_f = K + C$

해설
이동도(R_f)
• 전개율이라고도 한다.
• 0.4~0.8의 값을 지니며, 반드시 1보다 작다.
• 이동도(R_f) = $\dfrac{C}{K}$

54 기체를 이동상으로 주로 사용하는 크로마토그래피는?

① 겔 크로마토그래피
② 분배 크로마토그래피
③ 기체-액체 크로마토그래피
④ 이온교환 크로마토그래피

해설
기체-액체 크로마토그래피에서는 이동상으로 비활성 기체를, 정지상으로 흡착성 물질을 사용한다.

55 다음 반반응의 Nernst식을 바르게 표현한 것은? (단, Ox = 산화형, Red = 환원형, E = 전극전위, E^0 = 표준전극전위이다)

$$aOx + ne^- \leftrightarrow bRed$$

① $E = E^0 - \dfrac{0.0591}{n}\log\dfrac{[\mathrm{Red}]^b}{[\mathrm{Ox}]^a}$

② $E = E^0 - \dfrac{0.0591}{n}\log\dfrac{[\mathrm{Ox}]^a}{[\mathrm{Red}]^b}$

③ $E = 2E^0 + \dfrac{0.0591}{n}\log\dfrac{[\mathrm{Red}]^b}{[\mathrm{Ox}]^a}$

④ $E = 2E^0 - \dfrac{0.0591}{n}\log\dfrac{[\mathrm{Red}]^b}{[\mathrm{Ox}]^a}$

해설
산화제 aOx와 $bRed$ 간의 평형반응이 다음과 같을 때

$$aOx + ne^- \rightleftharpoons bRed$$

25℃ 상온에서의 반쪽반응(반반응)에 대한 네른스트식은 다음과 같다.

$$E = E^0 - \frac{0.0591}{n}\log\frac{[\mathrm{Red}]^b}{[\mathrm{Ox}]^a} = E^0 - \frac{RT}{nF}\ln\frac{[\mathrm{Red}]^b}{[\mathrm{Ox}]^a}$$

56 전위차 적정의 원리식(Nernst식)에서 n은 무엇을 의미하는가?

$$E = E^0 + \frac{0.0591}{n} \log C$$

① 표준전위차
② 단극전위차
③ 이온농도
④ 산화수 변화

해설
$E = E^0 + \frac{0.0591}{n} \log C$

여기서, E : 단극전위차
E^0 : 표준전위차
n : 산화수 변화
C : 이온농도

57 분광광도계의 검출기 종류가 아닌 것은?

① 광전증배관
② 광다이오드
③ 음극진공관
④ 광다이오드 어레이

해설
분광광도계의 검출기 : 광전증배관, 광다이오드, 전자결합장치, 자외선-가시광선 검출기, 광다이오드 어레이

58 원자흡광광도계의 특징으로 가장 거리가 먼 것은?

① 공해물질의 측정에 사용된다.
② 금속의 미량 분석에 편리하다.
③ 조작이나 전처리가 비교적 용이하다.
④ 유기재료의 불순물 측정에 널리 사용된다.

해설
원자흡광광도계는 유기물의 분석이 아닌 미량의 금속 성분 분석에 사용된다.

59 분광광도계로 미지시료의 농도를 측정할 때 시료를 담아 측정하는 기구의 명칭은?

① 흡수셀
② 광다이오드
③ 프리즘
④ 회절격자

해설
시료용기를 흡수셀이라고 하며, 석영, 유리 성분이 많이 사용된다.

60 가스크로마토그래프에서 운반 기체로 이용되지 않는 것은?

① 헬 륨
② 질 소
③ 수 소
④ 산 소

해설
반응성이 없는 질소, 수소나 비활성 기체를 많이 사용한다.

56 ④ 57 ③ 58 ④ 59 ① 60 ④ 정답

01

2M NaOH 용액 100mL 속에 있는 수산화나트륨의 무게는?(단, 원자량은 Na = 23, O = 16, H = 1이다)

① 80g   ② 40g

③ 8g   ④ 4g

해설

몰농도(M) = mol/L이므로 2M = 2mol/L이며,
NaOH의 분자량은 40g/mol이므로
2M NaOH = 2mol/L × 40g/mol = 80g/L이다.

∴ 2M NaOH 용액 100mL 속에 있는 NaOH의 무게

$$= \frac{80\text{g} \times 0.1}{1{,}000\text{mL} \times 0.1} = 8\text{g}/100\text{mL}$$

02

다음 중 이온화 경향이 가장 큰 것은?

① Ca   ② Al

③ Si   ④ Cu

해설

이온화 경향
• 전자를 잃고 양이온이 되려는 경향이다.
• 주기율표에서 왼쪽 아래로 갈수록 커지는 경향이 있다.
• 금속의 이온화 경향 : Li > K > Ca > Na > Mg > Al > Zn > Fe > Ni > Sn > Pb > H > Cu > Ag > Pt > Au

03

수소 분자 6.02×10^{23}개의 질량은 몇 g인가?

① 2   ② 16

③ 18   ④ 20

해설

6.02×10^{23}개를 아보가드로수라고 하며, 표준상태에서 1mol의 기체가 가지는 수이다. 수소는 2개가 한 쌍(H_2)으로 존재하므로, 수소 분자(H_2) 1몰은 2 × 1g = 2g이다.

04

다음 중 알칼리금속에 속하지 않는 것은?

① Li   ② Na

③ K   ④ Si

해설

알칼리금속은 주기율표 1족에 속하는 금속원소를 말하며, Si(규소)는 탄소족 원소이다.

05

묽은 염산에 넣을 때 많은 수소 기체를 발생하며 반응하는 금속은?

① Au   ② Hg

③ Ag   ④ Na

해설

나트륨은 이온화 경향이 커 염산과 반응할 때 수소 기체를 발생시키며 격렬하게 반응한다.

06 다음 중 유리를 부식시킬 수 있는 것은?

① HF
② HNO_3
③ NaOH
④ HCl

해설

유리(SiO_2)는 강산, 강염기에 강한 화학적 성질을 지녔으나, 플루오린화수소에 의해 부식된다.

07 소금 200g을 물 600g에 녹였을 때 소금 용액의 wt%농도는?

① 25%
② 33.3%
③ 50%
④ 60%

해설

$$퍼센트농도 = \frac{용질}{용액(= 용질 + 용매)} \times 100$$
$$= \frac{200}{200 + 600} \times 100 = 25\%$$

08 다음 반응식에서 평형이 왼쪽으로 이동하는 경우는?

$$N_2 + 3H_2 \rightleftharpoons 2NH_3 + 92kJ$$

① 온도를 높이고 압력을 낮춘다.
② 온도를 낮추고 압력을 올린다.
③ 온도와 압력을 높인다.
④ 온도와 압력을 낮춘다.

해설

르샤틀리에의 법칙에 따라 몰수비로 보면 반응식의 왼쪽(1 + 3)보다 오른쪽(2)이 작으므로, 암모니아가 생성될수록 압력이 감소한다. 즉, 정반응(오른쪽 방향)은 압력을 높이고 온도를 낮추면 진행되고, 역반응(왼쪽 방향)은 압력을 낮추고 온도를 높이면 진행된다.
※ 압력과 온도는 반비례한다.

09 어떤 기체의 공기에 대한 비중이 1.10일 때 이 기체에 해당하는 것은?(단, 공기의 평균 분자량은 29이다)

① H_2
② O_2
③ N_2
④ CO_2

해설

비중이 1.10이므로 공기보다 무거워야 한다.

$$공기에 대한 비중 = \frac{대상물질의 분자량}{공기의 평균 분자량}$$

$$1.10 = \frac{x}{29}$$

$x = 1.10 \times 29 = 31.9 ≒ 32$

∴ 제시된 보기 중 분자량이 32인 것은 $O_2(= 2 \times 16g/mol = 32g/mol)$이다.

10 불순물을 10% 포함한 코크스가 있다. 이 코크스 1kg을 완전연소시키면 몇 kg의 CO_2가 발생하는가?

① 3.0
② 3.3
③ 12
④ 44

해설

코크스에 포함된 탄소와 산소의 연소반응식은 다음과 같다.

$C + O_2 \rightarrow CO_2$

12g : 44g

$0.9 \times 1kg$: x

$12g : 44g = 0.9 \times 1kg : x$

∴ $x = 3.3kg$

11 주기율표상에서 원자번호 7의 원소와 비슷한 성질을 가진 원소의 원자번호는?

① 2
② 11
③ 15
④ 17

해설

질소족 원소(V족) : 질소(7), 인(15), 비소(33)
※ 같은 족 원소는 유사한 성질을 지닌다.

12 다음 중 이온화 에너지가 가장 작은 것은?

① Li
② Na
③ K
④ Rb

해설

이온화 에너지는 원자 1몰에서 전자 1몰을 떼어낼 때 필요로 하는 에너지의 양(kJ/mol)이다.
• 동일 주기 : 원자번호가 커질수록 유효핵전하가 증가하여 원자핵과 전자 사이의 인력이 증가하므로 이온화 에너지가 증가한다.
• 동일 족 : 원자번호가 커질수록 전자껍질이 증가하여 원자핵과 전자 사이의 거리가 멀어지므로 이온화 에너지가 감소한다.

13 다음 물질 중에서 유기화합물이 아닌 것은?

① 프로판
② 녹 말
③ 염화코발트
④ 아세톤

해설

유기화합물과 무기화합물은 탄소의 포함 여부로 구분하며, 염화코발트($CoCl_2$)는 탄소를 포함하고 있지 않으므로 무기화합물이다.

14 $MgCl_2$ 2몰에 포함된 염소 분자는 몇 개인가?

① 6.02×10^{23}개
② 12.04×10^{23}개
③ 18.06×10^{23}개
④ 24.08×10^{23}개

해설

염소 분자(Cl_2)는 전자 2개를 공유하는 공유결합 형태로 존재한다. 따라서 $MgCl_2$ 2몰은 각각 2개의 Mg, Cl_2를 가지며 아보가드로수는 1몰당 6.02×10^{23}개이므로, 염소 분자는 $2 \times (6.02 \times 10^{23}$개$) = 12.04 \times 10^{23}$개이다.
※ 산소 분자도 O_2를 기본으로 유지해 안정적으로 존재하려는 원리 때문이다(수소 분자도 동일).

15 다음 중 방향족 탄화수소가 아닌 것은?

① 벤 젠
② 자일렌
③ 톨루엔
④ 아닐린

해설

아닐린은 방향족 아민에 속한다.
방향족 탄화수소
• 벤젠고리를 포함하는 탄화수소이다.
• 벤젠, 페놀, 톨루엔, 자일렌, 나프탈렌, 안트라센 등이 있다.

16 다음 화학식의 올바른 명명법은?

$$CH_3CH_2C \equiv CH$$

① 2-에틸-3뷰텐
② 2,3-메틸에틸프로페인
③ 1-뷰틴
④ 2-메틸-3에틸뷰텐

해설
뷰틴 : 하나의 삼중결합을 지닌 4개의 탄소사슬로 된 탄화수소이다.

17 아이소프렌, 뷰타다이엔, 클로로프렌은 다음 중 무엇을 제조할 때 사용되는가?

① 유 리　　　　② 합성고무
③ 비 료　　　　④ 설 탕

해설
합성고무는 두 가지 이상의 원료물질과 촉매를 사용해 천연고무와 유사한 성질을 지니게 한 물질로 아이소프렌, 뷰타다이엔, 클로로프렌 등을 이용해 합성하며 타이어, 신발, 골프공 제조 등에 사용된다.

18 에틸알코올의 화학식으로 옳은 것은?

① C_2H_5OH　　　　② C_2H_4OH
③ CH_3OH　　　　④ CH_2OH

해설
에탄올(에틸알코올) : C_2H_5OH

19 혼합물의 분리방법이 아닌 것은?

① 여 과
② 대 류
③ 증 류
④ 크로마토그래피

해설
대류는 열의 이동현상 중 하나로, 혼합물의 분리와는 관계가 없다.
※ 열의 이동현상 : 대류, 전도, 복사

20 47℃, 4기압에서 8L의 부피를 가진 산소를 27℃, 2기압으로 낮추었다. 이때 산소의 부피는 얼마가 되겠는가?

① 7.5L　　　　② 15L
③ 30L　　　　④ 60L

해설
이상기체방정식을 이용하여 부피를 구한다.
$$PV = nRT, \quad V = \frac{nRT}{P}$$
여기서, n(몰수), R(기체상수)이 동일하므로
$$V = \frac{T}{P}$$
$$8L : \frac{273+47}{4} = x : \frac{273+27}{2}$$
$$\therefore \ x = 15L$$

21 다음 물질 중 승화와 가장 거리가 먼 것은?

① 드라이아이스

② 나프탈렌

③ 알코올

④ 아이오딘

해설

승화란 고체가 액체를 거치지 않고 바로 기체가 되는 현상이며, 승화성 물질로는 드라이아이스, 나프탈렌, 아이오딘 등이 있다.

22 순물질에 대한 설명으로 틀린 것은?

① 순수한 하나의 물질로만 구성되어 있는 물질

② 산소, 칼륨, 염화나트륨 등과 같은 물질

③ 물리적 조작을 통하여 두 가지 이상의 물질로 나누어지는 물질

④ 끓는점, 어는점 등 물리적 성질이 일정한 물질

해설

순물질은 하나의 물질로 구성되어 있으며, 물리적 조작을 통해 나누어지지 않는다.

23 나트륨(Na)원자는 11개의 양성자와 12개의 중성자를 가지고 있다. 원자번호와 질량수는 각각 얼마인가?

① 원자번호 : 11, 질량수 : 12

② 원자번호 : 12, 질량수 : 11

③ 원자번호 : 11, 질량수 : 23

④ 원자번호 : 11, 질량수 : 1

해설

• 원자번호 = 전자수 = 양성자수 = 11

• 질량수 = 양성자수 + 중성자수 = 11 + 12 = 23

24 유리의 원료이며 조미료, 비누, 의약품 등 화학공업의 원료로 사용되는 무기화합물로 분자량이 약 106인 것은?

① 탄산칼슘   ② 황산칼슘

③ 탄산나트륨   ④ 염화칼륨

해설

탄산나트륨의 화학식은 Na_2CO_3로,
분자량은 $(2 \times 23g/mol) + (1 \times 12g/mol) + (3 \times 16g/mol) = 106g/mol$이다.

25 중크롬산칼륨($K_2Cr_2O_7$)에서 크롬의 산화수는?

① 2   ② 4

③ 6   ④ 8

해설

K의 산화수 = +1, O의 산화수 = −2이므로 크롬의 산화수를 x라 할 때
$2 + 2x + (-14) = 0$
$2x = 12$
∴ 크롬의 산화수(x) = 6

26 EDTA 1mol에 대한 금속이온 결합의 비는?

① 1 : 1   ② 1 : 2

③ 1 : 4   ④ 1 : 6

해설
EDTA는 금속이온과 동일한 결합의 비(1 : 1)를 갖는다.

27 양이온 1족에 속하는 Ag^+, Hg_2^{2+}, Pb^{2+}의 염화물에 따라 용해도곱 상수(K_{sp})를 큰 순서로 바르게 나타낸 것은?

① $AgCl > PbCl_2 > Hg_2Cl_2$

② $PbCl_2 > AgCl > Hg_2Cl_2$

③ $Hg_2Cl_2 > AgCl > PbCl_2$

④ $PbCl_2 > Hg_2Cl_2 > AgCl$

해설
용해도곱 상수(K_{sp})는 반응물의 몰수와 관계가 있다. 즉, 몰수의 비를 통해 상대적인 용해도곱 상수값을 유추할 수 있다. 몰수의 비는 생성물($PbCl_2$, $AgCl$, Hg_2Cl_2)이 각각 1몰이라 가정했을 때 다음과 같다.
- $PbCl_2$의 $K_{sp} = [Pb^{2+}][Cl^-]^2$ → 1몰과 1몰의 제곱의 곱으로 가장 크다.
- $AgCl$의 $K_{sp} = [Ag^+][Cl^-]$ → 1몰과 1몰의 곱으로 중간 크기이다.
- Hg_2Cl_2의 $K_{sp} = [Hg_2^{2+}][Cl^-]^2$ → 수은은 1가 수은이 Hg_2^{2+}, 2가 수은이 Hg^{2+}로 존재하는데 Hg_2Cl_2의 경우 2가 수은의 몰수의 절반에 해당해 0.5몰이 반응하게 되므로 0.5몰과 1몰의 제곱의 곱으로 가장 작은 값을 가지게 된다.
∴ $PbCl_2 > AgCl > Hg_2Cl_2$
※ 각 물질의 용해도곱 상수 비교
- $PbCl_2 : 1.7 \times 10^{-5}$
- $AgCl : 1.8 \times 10^{-10}$
- $Hg_2Cl_2 : 1.3 \times 10^{-18}$

28 양이온 정성분석에서 제3족에 해당하는 이온이 아닌 것은?

① Fe^{3+} ② Ni^{2+}

③ Cr^{3+} ④ Al^{3+}

해설

족	양이온	분족시약	침 전
제1족	Ag^+, Pb^{2+}, Hg_2^{2+}	HCl	염화물
제2족	Bi^{3+}, Cu^{2+}, Cd^{2+}, Hg^{2+}, As^{3+}, As^{5+}, Sb^{3+}, Sn^{2+}, Sn^{4+}	H_2S (0.3M − HCl)	황화물 (산성 조건)
제3족	Fe^{2+}, Fe^{3+}, Cr^{3+}, Al^{3+}	NH_4OH- NH_4Cl	수산화물
제4족	Ni^{2+}, Co^{2+}, Mn^{2+}, Zn^{2+}	$(NH_4)_2S$	황화물 (염기성 조건)
제5족	Ba^{2+}, Sr^{2+}, Ca^{2+}	$(NH_4)_2CO_3$	탄산염
제6족	Mg^{2+}, K^+, Na^+, NH_4^+	−	−

29 수소화비소를 연소시켜 이 불꽃을 증발접시의 밑바닥에 접속시키면 비소거울이 된다. 이 반응의 명칭은?

① 구차이트시험

② 베텐도르프시험

③ 마시시험

④ 린만그린시험

해설
③ 마시시험 : 비소거울법에 의한 비소검출방법
① 구차이트시험 : 구차이트에 의해 고안된 비소검출법으로 미량의 비소를 검출하는 데 사용된다.
② 베텐도르프시험 : 소량의 아비산염 또는 비산염 용액에 진한 염산을 가한 후 염화주석의 진한 염산용액을 가해 유리된 비소를 검출하는 방법
④ 린만그린시험 : 아연이온을 확인하는 시험법

30 0.1N−NaOH 25.00mL를 삼각플라스크에 넣고 페놀프탈레인 지시약을 가하여 0.1N−HCl 표준용액(f = 1.000)으로 적정하였다. 적정에 사용된 0.1N−HCl 표준용액의 양이 25.15mL이었다. 0.1N−NaOH 표준용액의 역가(Factor)는 얼마인가?

① 0.1

② 0.1006

③ 1.006

④ 10.006

해설
역가는 $NVF = N'V'F'$ 의 공식으로 계산한다.
$0.1N \times 25mL \times F = 0.1N \times 25.15mL \times 1$(표준용액의 역가는 1)
$F = 1.006$

31 은법 적정 중 하나인 모르(Mohr) 적정법은 염소이온(Cl^-)을 질산은($AgNO_3$) 용액으로 적정하면 은이온과 반응하여 적색 침전을 형성하는 반응이다. 이때 사용하는 지시약은?

① K_2CrO_4

② Cr_2O_7

③ $KMnO_4$

④ $Na_2C_2O_4$

해설
모르법은 염소이온 또는 브롬이온을 적정할 때 사용하며, 크롬산칼륨(K_2CrO_4)을 지시약으로 사용한다.
※ 종말점 반응 : $2Ag^+ + CrO_4^{2-} \rightarrow Ag_2CrO_4(s)$, 붉은색

32 다음 설명 중 틀린 것은?

① 물의 이온곱은 25℃에서 $1.0 \times 10^{-14}(mol/L)^2$ 이다.

② 순수한 물의 수소이온농도는 $1.0 \times 10^{-7}mol/L$ 이다.

③ 산성 용액은 H^+의 농도가 OH^-보다 더 큰 용액이다.

④ pOH 4는 산성 용액이다.

해설
pOH = 14 − pH
pH = 14 − pOH = 14 − 4 = 10
∴ pOH 4 = pH 10 → 알칼리성 용액

33 다음 중 양이온 분족시약이 아닌 것은?

① 제1족 – 묽은 염산

② 제2족 – 황화수소

③ 제3족 – 암모니아수

④ 제5족 – 염화암모늄

해설
제5족은 탄산암모늄이다.

족	양이온	분족시약	침 전
제1족	Ag^+, Pb^{2+}, Hg_2^{2+}	HCl	염화물
제2족	Bi^{3+}, Cu^{2+}, Cd^{2+}, Hg^{2+}, As^{3+}, As^{5+}, Sb^{3+}, Sn^{2+}, Sn^{4+}	H_2S ($0.3M - HCl$)	황화물 (산성 조건)
제3족	Fe^{2+}, Fe^{3+}, Cr^{3+}, Al^{3+}	$NH_4OH - NH_4Cl$	수산화물
제4족	Ni^{2+}, Co^{2+}, Mn^{2+}, Zn^{2+}	$(NH_4)_2S$	황화물 (염기성 조건)
제5족	Ba^{2+}, Sr^{2+}, Ca^{2+}	$(NH_4)_2CO_3$	탄산염
제6족	Mg^{2+}, K^+, Na^+, NH_4^+	−	−

34 중량분석에 이용되는 조작방법이 아닌 것은?

① 침전중량법

② 휘발중량법

③ 전해중량법

④ 건조중량법

해설
중량분석법은 어떤 물질을 구성하는 성분 가운데 원하는 성분을 홑원소물질, 화합물의 무게로 측정해 원하는 성분의 양을 결정하는 방법을 말하며, 종류로는 침전법, 휘발법, 용매추출법, 전해법 등이 있다.

35 $aA + bB \rightleftarrows cC$ 식의 정반응의 평형상수는?

① $\dfrac{[A][B]}{[C]}$

② $\dfrac{[A]^a[B]^b}{[C]^c}$

③ $\dfrac{[C]^c}{[A]^a[B]^b}$

④ $\dfrac{c[C]}{a[A]b[B]}$

해설

평형상수 $= \dfrac{[생성물]}{[반응물]} = \dfrac{[C]^c}{[A]^a[B]^b}$

36 10g의 어떤 산을 물에 녹여 200mL의 용액을 만들었을 때 그 농도가 0.5M이었다면, 이 산 1몰은 몇 g인가?

① 40g

② 80g

③ 100g

④ 160g

해설

몰농도 = mol/L이므로 0.5M은 0.5mol/L이며
10g($x$mol)을 물에 녹여 200mL로 만들었으므로
$x$mol/200mL($= 0.5$mol/L)이다.

$\dfrac{x \times 5}{0.2L(= 200\text{mL}) \times 5} = 5x\text{g/L} = 0.5\text{mol/L}$이므로

$5x$g $= 0.5$mol, xg $= 0.1$mol
즉, 10g이 0.1mol이 된다.
10g : 0.1mol $= x$: 1mol
∴ $x = 100$g

37 강산과 강염기의 작용에 의하여 생성되는 화합물의 액성은?

① 산 성

② 중 성

③ 양 성

④ 염기성

해설

• 강산 + 강염기 = 중성
• 강산 + 약염기 = 약산성
• 약산 + 약염기 = 중성
• 약산 + 강염기 = 약염기

38 다음 킬레이트제 중 물에 녹지 않고 에탄올에 녹는 흰색 결정성의 가루로서 NH_3 염기성 용액에서 Cu^{2+}와 반응하여 초록색 침전을 만드는 것은?

① 쿠프론

② 다이페닐카바자이드

③ 디티존

④ 알루미논

해설

쿠프론은 α-벤조인옥심이라고도 하며, 평소 백색 결정을 띠고 있고 빛과 반응해 흑색으로 변색되는 물질이다. 에탄올, 암모니아수에 잘 녹지만 물에는 잘 녹지 않는 물질로 구리, 몰리브덴 검출 및 정량시약으로 사용된다.

39 교반이 결정성장에 미치는 영향이 아닌 것은?

① 확산속도의 증진

② 1차 입자의 용해 촉진

③ 2차 입자의 용해 촉진

④ 불순물의 공침현상을 방지

해설

결정성장은 용액 속 분자들이 무질서하게 부딪쳐 작은 응집체를 형성하는 과정이다. 원활한 교반은 확산속도를 증진시키고, 1차 입자들의 용해를 촉진시켜 2차 입자의 성장을 촉진시킨다. 또한 이물질의 공침현상을 방지해 원하는 물질로 결정을 성장시킬 수 있다.

40 As_2O_3 중의 As의 1g 당량은 얼마인가?(단, As의 원자량은 74.92이다)

① 18.73 ② 24.97

③ 37.46 ④ 74.92

해설

As_2O_3 중의 As 당량 $= 2x + (-2 \times 3) = 0$, $x = +3$

As는 3당량이므로(산소 3개와 반응),

∴ As의 1g 당량 $= \dfrac{74.92}{3} = 24.97$

41 혼합물로부터 각 성분들을 순수하게 분리하거나 확인, 정량하는 데 사용하는 편리한 방법으로 물질의 분리는 혼합물이 정지상이나 이동상에 대한 친화성이 서로 다른 점을 이용하는 분석법은?

① 분광 광도법
② 크로마토그래피법
③ 적외선흡수분광법
④ 자외선흡수분광법

해설

크로마토그래피는 혼합 성분을 각각의 개별 성분으로 분리하여 확인, 정량하는 대표적인 방법이다.

42 기기분석법의 장점으로 볼 수 없는 것은?

① 원소들의 선택성이 높다.
② 전처리가 비교적 간단하다.
③ 낮은 오차범위를 나타낸다.
④ 보수, 유지관리가 비교적 간단하다.

해설

기기분석법의 단점
• 기기 구입비가 비싸다.
• 보수, 유지관리가 어렵다.

43 용매만 있으면 모든 물질을 분리할 수 있고, 비휘발성이거나 고온에 약한 물질 분리에 적합하여 용매 및 칼럼, 검출기의 조합을 선택하여 넓은 범위의 물질을 분석 대상으로 할 수 있는 장점이 있는 분석기기는?

① 기체 크로마토그래피(Gas Chromatography)
② 액체 크로마토그래피(Liquid Chromatography)
③ 종이 크로마토그래피(Paper Chromatography)
④ 분광 광도계(Photoelectric Spectrophotometer)

44 pH의 값이 5일 때 pOH의 값은 얼마인가?

① 3　　　　　　　② 5

③ 7　　　　　　　④ 9

> **해설**
> pOH = 14 − pH = 14 − 5 = 9

45 과망간산칼륨 표준용액을 조제하려고 한다. 과망간산칼륨의 분자량은 얼마인가?(단, 원자량은 각각 K = 39, Mn = 55, O = 16이다)

① 126　　　　　　② 142

③ 158　　　　　　④ 197

> **해설**
> 과망간산칼륨($KMnO_4$)의 분자량 = 39 + 55 + (16 × 4) = 158

46 어느 시료의 평균 분자들이 칼럼의 이동상에 머무르는 시간의 분율을 무엇이라 하는가?

① 분배계수　　　　② 머무름비

③ 용량인자　　　　④ 머무름 부피

> **해설**
> ② 머무름비 : 칼럼의 이동상에 시료가 머무르는 시간의 분율
> ① 분배계수 : 2개의 서로 섞이지 않는 액체 A, B가 특정 온도, 압력하에서 평형을 이룰 때 각 용액 중의 농도(C_A, C_B)를 비율로 나타낸 값 $\left(K = \dfrac{C_A}{C_B}\right)$
> ③ 용량인자 : 머무름 인자라고도 하며, 고정상에 분석물을 얼마나 더 머무르게 할 수 있는지를 나타내는 척도
> ④ 머무름 부피 : 머무름 시간 × 운반기체의 유량으로, 특정 용질을 관에서 나오게 하는 데 요구되는 이동상의 부피

47 금속에 빛을 조사하면 빛의 에너지를 흡수하여 금속 중의 자유전자가 금속 표면에 방출되는 성질을 무엇이라 하는가?

① 광전효과

② 틴들현상

③ 라만(Raman)효과

④ 브라운운동

> **해설**
> 광전효과 : 금속 등의 물질에 일정 진동수 이상의 빛을 조사하면 광자와 전자가 충돌하게 되고, 이때 충돌한 전자가 금속으로부터 방출되는 것이다.

48 표준수소전극에 대한 설명으로 틀린 것은?

① 수소의 분압은 1기압이다.

② 수소전극의 구성은 구리로 되어 있다.

③ 용액의 이온 평균 활동도는 보통 1에 가깝다.

④ 전위차계의 마이너스단자에 연결된 왼쪽 반쪽 전지를 말한다.

> **해설**
> 표준수소전극은 1몰의 수소이온 용액과 접촉하는 1기압의 수소 기체로 이루어진 반쪽전지로, 백금전극을 사용하며 상대전극에 따라 환원전극 또는 산화전극의 역할을 할 수 있다.

49 약품을 보관하는 방법에 대한 설명으로 틀린 것은?

① 인화성 약품은 자연발화성 약품과 함께 보관한다.

② 인화성 약품은 전기의 스파크로부터 멀고 찬 곳에 보관한다.

③ 흡습성 약품은 완전히 건조시켜 건조한 곳이나 석유 속에 보관한다.

④ 폭발성 약품은 화기를 사용하는 곳에서 멀리 떨어져 있는 창고에 보관한다.

해설
인화성 약품과 자연발화성 약품은 반드시 분리하여 보관한다.

50 전해분석에 대한 설명 중 옳지 않은 것은?

① 석출물은 다른 성분과 함께 전착하거나, 산화물을 함유하도록 한다.

② 이온의 석출이 완결되었으면 비커를 아래로 내리고 전원 스위치를 끈다.

③ 석출물을 세척, 건조 칭량할 때에 전극에서 벗겨지거나 떨어지지 않도록 치밀한 전착이 이루어지게 한다.

④ 한번 사용한 전극을 다시 사용할 때에는 따뜻한 $6N-HNO_3$ 용액에 담가 전착된 금속을 제거한 다음 세척하여 사용한다.

해설
일반적으로 전해분석은 전극반응을 수반하는 정량분석법을 말하며, 석출물이 다른 성분과 함께 결정을 형성할 경우 정확한 분석이 어려워진다.

51 수소이온의 농도(H^+)가 0.01mol/L일 때 수소이온 농도지수(pH)는 얼마인가?

① 1 ② 2
③ 13 ④ 14

해설
$pH = -\log[H^+] = -\log 0.01 = 2$

52 액체크로마토그래피의 분석용 관의 길이로서 가장 적당한 것은?

① 1~3cm
② 10~30cm
③ 100~300cm
④ 300~1,000cm

해설
액체크로마토그래피의 분석용 관은 대부분 선형 스테인리스강관을 사용하며, 분석용 관의 내부 지름은 2.0mm 또는 4.6mm이고 길이는 10~30cm이다.

53 비색 측정을 하기 위한 발색반응이 아닌 것은?

① 염석 생성
② 착이온 생성
③ 콜로이드용액 생성
④ 킬레이트화합물 생성

해설

염석이란 친수기를 포함하고 있어 물과 잘 섞이는 콜로이드에 다량의 전해질을 넣어 서로 전하가 중화되어 엉기어 가라앉는 현상으로, 발색반응과 관계가 없다.

55 가스크로마토그래피(GC)에서 사용되는 검출기가 아닌 것은?

① 불꽃이온화 검출기
② 전자포획 검출기
③ 자외/가시광선 검출기
④ 열전도도 검출기

해설

가스크로마토그래피의 검출기

• FID(Flame Ionization Detector, 불꽃이온화 검출기) : 가장 널리 사용되며, 주로 탄화수소의 검출에 이용한다.
• ECD(Electron Capture Detector, 전자포획 검출기) : 방사선 동위원소의 붕괴를 이용한 검출기로, 주로 할로겐족 분석에 사용한다.
• TCD(Thermal Conductivity Detector, 열전도도 검출기) : 기체가 열을 전도하는 물리적 특성을 이용한 분석으로 벤젠 측정에 이용한다.
• TID(Thermionic Detector, 열이온화 검출기) : 인, 질소화합물에 선택적으로 감응하도록 개발된 검출기이다.

54 분광광도계에서 투과도에 대한 설명으로 옳은 것은?

① 시료 농도에 반비례한다.
② 입사광의 세기에 비례한다.
③ 투과광의 세기에 비례한다.
④ 투과광의 세기에 반비례한다.

해설

투과도(T) = $\dfrac{I}{I_0}$

여기서, I : 투과광의 세기, I_0 : 입사광의 세기

∴ 투과도는 투과광의 세기에 비례하고, 입사광의 세기에 반비례한다.

56 분광광도계에서 광전관, 광전자증배관, 광전도셀 또는 광전지 등을 사용하여 빛의 세기를 측정하는 장치 부분은?

① 광원부
② 파장선택부
③ 시료부
④ 측광부

해설

측광부는 기기에서 설정한 파장의 빛의 세기를 측정하여 전기신호로 바꾸는 장치 부분이다.

57 원자흡수분광계에서 광원으로 속빈음극등에 사용되는 기체가 아닌 것은?

① 네온(Ne)

② 아르곤(Ar)

③ 헬륨(He)

④ 수소(H₂)

해설
원자흡수분광계는 네온, 헬륨, 아르곤을 속빈음극등의 기체로 사용한다.

58 약 8,000 Å 보다 긴 파장의 광선을 무엇이라 하는가?

① 방사선

② 자외선

③ 적외선

④ 가시광선

해설
적외선은 일반적으로 8,000 Å 보다 긴 파장의 영역에 포함된다.
※ 파장의 단위 : Å(10^{-10}m 또는 0.1nm)
※ 적외선 : 장파장, 자외선 : 단파장

59 특정 물질의 전류와 전압의 두 가지 전기적 성질을 동시에 측정하는 방법은 무엇인가?

① 폴라로그래피

② 전위차법

③ 전기전도도법

④ 전기량법

해설
폴라로그래피는 대표적인 전기분석법의 일종으로 적하수은전극을 사용해 전해분석을 하고, 그 전압–전류곡선에 의해 물질을 정량, 정성분석하는 방법이다.
※ 적하(Dropping)수은전극 : 적하전극이라고도 하며, 폴라로그래프에 이용되는 지시전극의 일종이다.

60 가스 크로마토그래피를 이용하여 분석을 할 때, 혼합물을 단일 성분으로 분리하는 원리는?

① 각 성분의 부피 차이

② 각 성분의 온도 차이

③ 각 성분의 이동속도 차이

④ 각 성분의 농도 차이

해설
가스 크로마토그래피는 혼합물에 포함된 단일 성분들의 이동속도 차이를 이용해 물질을 정량, 정성분석한다.

2017년 제 1 회 과년도 기출복원문제

※ 2017년부터는 CBT(컴퓨터 기반 시험)로 진행되어 수험자의 기억에 의해 문제를 복원하였습니다. 실제 시행문제와 일부 상이할 수 있음을 알려드립니다.

01 다음 물질의 공통된 성질을 나타낸 것은?

$$K_2O_2, \ Na_2O_2, \ BaO_2, \ MgO_2$$

① 과산화물이다.
② 수소를 발생시킨다.
③ 물에 잘 녹는다.
④ 양쪽성 산화물이다.

해설
단일공유결합으로 분자 내에 연결된 2개의 산소원자를 가지는 물질을 과산화물(Peroxide)이라 한다.

02 다음 중 비극성인 물질은?

① H_2O
② NH_3
③ HF
④ C_6H_6

해설
극성과 비극성의 구분은 비공유전자쌍의 유무와 전기음성도에 의해 결정된다. 비공유전자쌍이 있으면 극성을 띠며, 결합을 이루고 있는 원소들의 전기음성도값의 차이가 클수록 극성을 띤다.
• 비극성 : 결합원소의 구조가 대칭을 이룬다(F_2, Cl_2, Br_2, CH_4, C_6H_6 등).
• 극성 : 결합원소의 구조가 대칭을 이루지 못해 한쪽에서 다른 한쪽의 결합을 당기게 된다(HF, HCl, HBr, H_2O, NH_3 등).
예 CO_2는 비극성 → $O=C=O$(대칭)
  SO_2는 극성 → $O=S-O$(비대칭)

03 탄소는 4족 원소로 모든 생명체의 가장 기본이 되는 물질이다. 다음 중 탄소의 동소체로 볼 수 없는 것은?

① 원 유
② 흑 연
③ 활성탄
④ 다이아몬드

해설
탄소는 다이아몬드, 흑연, 활성탄, 풀러렌, 탄소 나노 튜브 등의 동소체가 있으나 원유는 탄소 이외의 다양한 성분이 포함되어 있어 동소체로 볼 수 없다.

04 실험실에서 유리기구 등에 묻은 기름을 산화시켜 제거하는 데 쓰이는 클리닝용액(Cleaning Solution)은 다음 중 어느 것인가?

① 크롬산칼륨 + 진한 황산
② 중크롬산칼륨 + 황산제일철
③ 브롬화은 + 하이드로퀴논
④ 질산은 + 폼알데하이드

해설
초자기류의 세척에는 크롬산칼륨과 진한 황산을 조금씩 가해 사용하면 좋다.

05 전자궤도의 d오비탈에 들어갈 수 있는 전자의 총수는?

① 2
② 6
③ 10
④ 14

해설
전자껍질(K, L, M, N 등)에 따라 $1s \rightarrow 2s \rightarrow 2p \rightarrow 3s \rightarrow 3p \rightarrow 4s \rightarrow 3d$의 순서로 전자가 각각 2개씩 배치되며, 오비탈의 종류(s, p, d, f)에 따라 1, 3, 5, 7의 공간을 지닌다.

$1s$	$2s$	$2p$			$3s$	$3p$			$4s$	$3d$				
··	··	··	··	··	··	··	··	··	··	··	··	··	··	··

06 다음 결합 중 결합력이 가장 약한 것은?

① 공유결합

② 이온결합

③ 금속결합

④ 반데르발스 결합

해설
결합력의 비교
이온결합 > 공유결합 > 금속결합 > 수소결합 ≫ 반데르발스 결합
※ 단, 물질에 따라 공유결합 > 이온결합인 경우도 존재한다.

07 나트륨(Na)원자는 11개의 양성자와 12개의 중성자를 가지고 있다. 원자번호와 질량수는 각각 얼마인가?

① 원자번호 : 11, 질량수 : 12

② 원자번호 : 12, 질량수 : 11

③ 원자번호 : 11, 질량수 : 23

④ 원자번호 : 11, 질량수 : 1

해설
• 원자번호 = 전자수 = 양성자수 = 11
• 질량수 = 양성자수 + 중성자수 = 11 + 12 = 23

08 전기전하를 나타내는 Faraday의 식 $q = nF$에서 F의 값은 얼마인가?

① 96,500coulomb

② 9,650coulomb

③ 6,023coulomb

④ 6.023×10^{23}coulomb

해설
패러데이의 식
$q = nF$
여기서, F는 패러데이 상수로 96,500coulomb이다.

09 다음 중 양쪽성 원소가 아닌 것은?

① Al

② Cu

③ Zn

④ Pb

해설
양쪽성 원소
• 조건에 따라 산이나 알칼리에 반응하여 수소를 발생시킨다.
• Al, Zn, Ga, Pb, As, Sn 등이 있다.

10 산의 성질에 대한 설명으로 옳지 않은 것은?

① 양성자를 줄 수 있는 물질

② 비공유 전자쌍을 받을 수 있는 물질

③ 전리 분리해서 +극에서 산소 발생

④ 리트머스 시험지를 청색에서 적색으로 변화

해설
산의 정의
① 브뢴스테드설 : 양성자를 줄 수 있는 물질
② 루이스설 : 비공유 전자쌍을 받을 수 있는 물질
④ 리트머스 시험지를 붉은색으로 변색시킴

11 몰수를 정의하는 아보가드로의 수로 알맞은 것은?

① 6.02×10^{23}

② 6.02×10^{28}

③ 6.02×10^{32}

④ 6.02×10^{35}

해설

아보가드로의 수는 분자 1몰(mol)을 기준으로 하는 물질의 개수이며 6.02×10^{23}개를 뜻한다.

12 압력이 일정할 때 50℃에서 몇 ℃로 올리면 기체의 부피가 2배로 되겠는가?

① 50℃

② 273℃

③ 373℃

④ 383℃

해설

샤를의 법칙에 의해 온도가 2배가 되면 부피가 2배가 되는데, 절대온도로 반응하므로

$50 + 273 = 323$

$323 \times 2 = 646$

$646 - 273 = 373$

∴ 373℃

13 어떤 기체 $x\text{O}_2$와 CH_4의 확산속도의 비는 1 : 2이다. x의 원자량은?(단, C, H, O의 원자량은 12, 1, 16이다)

① 12

② 16

③ 32

④ 64

해설

확산속도는 질량의 제곱근에 반비례한다.

$$\frac{V_1}{V_2} = \sqrt{\frac{M_2}{M_1}}$$

여기서, V_1, V_2 : 각각 기체의 확산속도

M_1, M_2 : 각각 기체의 분자량

CH_4 원자량 = 16이므로 $\dfrac{1}{2} = \sqrt{\dfrac{16}{M_1}}$, $M_1 = x\text{O}_2$의 원자량 = 64

O의 원자량이 16이므로 x의 원자량 = $64 - 16 \times 2 = 32$

14 pH가 8.3 이하에서는 무색이고 10 이상에서는 붉은색으로 변색되는 지시약은?

① PP(페놀프탈레인)

② MO(메틸오렌지)

③ MR(메틸레드)

④ TB(티몰블루)

해설

페놀프탈레인은 약알칼리성을 확인할 수 있는 지시약이다.

15 다음 유리기구 중 종말점 확인을 통한 물질의 적정에 사용하는 것은?

① 메스플라스크

② 뷰 렛

③ 피 펫

④ 분액깔때기

해설

뷰렛은 물질의 적정을 통한 정량분석의 용도로 사용된다.

16 양이온 제2족을 구분하는 데 주로 쓰이는 분족시약은?

① HCl

② H_2S

③ $NH_4Cl + NH_4OH$

④ $(NH_4)_2CO_3$

해설

족	양이온	분족시약	침 전
제1족	Ag^+, Pb^{2+}, Hg_2^{2+}	HCl	염화물
제2족	Bi^{3+}, Cu^{2+}, Cd^{2+}, Hg^{2+}, As^{3+}, As^{5+}, Sb^{3+}, Sn^{2+}, Sn^{4+}	H_2S (0.3M−HCl)	황화물 (산성 조건)
제3족	Fe^{2+}, Fe^{3+}, Cr^{3+}, Al^{3+}	NH_4OH −NH_4Cl	수산화물
제4족	Ni^{2+}, Co^{2+}, Mn^{2+}, Zn^{2+}	$(NH_4)_2S$	황화물 (염기성 조건)
제5족	Ba^{2+}, Sr^{2+}, Ca^{2+}	$(NH_4)_2CO_3$	탄산염
제6족	Mg^{2+}, K^+, Na^+, NH_4^+	−	−

17 황산(H_2SO_4)의 분자량은 얼마인가?(단, 원자량 H = 1, S = 32, O = 16이다)

① 94   ② 95

③ 97   ④ 98

해설
분자량은 분자를 구성하는 원자량의 합이다.
$(1 \times 2) + 32 + (16 \times 4) = 98$

18 다음 중 산성산화물은?

① P_2O_5 ② Na_2O

③ MgO   ④ CaO

해설
산성산화물 : 물과 반응하여 산으로 되거나 염기와 반응해 염과 물을 형성하는 물질의 총칭이다.
예 SiO_2, P_2O_5, SO_3, NO_2, CO_2 등

19 "용해도가 크지 않은 기체의 용해도는 그 기체의 압력에 비례한다"와 관련이 깊은 것은?

① 헨리의 법칙

② 보일의 법칙

③ 보일−샤를의 법칙

④ 질량보존의 법칙

해설
헨리의 법칙은 가장 대표적인 압력과 기체의 용해도 간의 관계를 나타내는 법칙이다.

20 수산화나트륨(NaOH)의 1당량은 얼마인가?(단, 수산화나트륨의 분자량은 40g/mol이다)

① 40g   ② 45g

③ 4.0g   ④ 20g

해설
수산화나트륨은 1가이므로 1당량은 $\dfrac{40}{1} = 40g$이다.

21 물 100g에 NaCl 25g을 녹여서 만든 수용액의 질량백분율 농도는?

① 18% ② 20%

③ 22.5% ④ 25%

해설

$$\text{질량백분율} = \frac{\text{용질무게}}{\text{전체 용액무게}}$$

$$= \frac{25}{100+25} \times 100$$

$$= 0.2 \times 100 = 20\%$$

22 1차 표준물질이 갖추어야 할 조건 중 틀린 것은?

① 분자량이 작아야 한다.
② 조성이 순수하고 일정해야 한다.
③ 습기, CO_2 등의 흡수가 없어야 한다.
④ 건조 중 조성이 변하지 않아야 한다.

해설

1차 표준물질
• 순도가 높은 용액의 제조 시 무게오차가 작아 예상한 농도와 동일한 값의 용액을 만들 수 있는 물질이다.
• 종류 : 프탈산수소칼륨, 아이오딘산수소칼륨, 설파민산, 산화수은 등
• 특징
 – 조성이 순수하고 일정하다.
 – 정제가 쉬워야 한다.
 – 흡수, 풍화, 공기 산화 등의 성질이 없고 오랫동안 변질이 없다.
 – 반응은 정량적으로 진행된다.
 – 분자량이 커서 측량오차를 최소화할 수 있다.

23 10℃에서 염화칼륨의 용해도는 43.1이다. 10℃, 염화칼륨 포화용액의 %농도는?

① 30.1 ② 43.1

③ 76.2 ④ 86.2

해설

$$\text{용해도} = \frac{\text{용질(g)}}{\text{용매(g)}} \times 100, \quad \text{퍼센트농도} = \frac{\text{용질(g)}}{\text{용액(g)}} \times 100\text{이며}$$

전체 용매를 100g으로 가정하면

$$43.1 = \frac{x}{100} \times 100$$

용질은 43.1g, 용액은 100g + 43.1g = 143.1g

$$\text{퍼센트농도} = \frac{43.1}{143.1} \times 100 = 30.1\%$$

24 다음 반응식 중 첨가반응에 해당하는 것은?

① $3C_2H_2 \rightarrow C_6H_6$
② $C_2H_4 + Br_2 \rightarrow C_2H_4Br_2$
③ $C_2H_5OH \rightarrow C_2H_4 + H_2O$
④ $CH_4 + Cl_2 \rightarrow CH_3Cl + HCl$

해설

첨가반응
이중결합이나 삼중결합을 포함한 탄소화합물이 이중결합이나 삼중결합 중 약한 결합이 끊어져, 원자 또는 원자단이 첨가되어 단일결합물로 변하는 것이다. 에틸렌과 브롬의 반응이 가장 대표적인 첨가반응 중의 하나이다.

에틸렌 　 브롬(브로민) 　 1,2-다이브로모에틸
[이중결합] 　 [단일결합]

25 다음 화학반응 중 복분해는 어느 것인가?(단, A, B, C, D는 원자 또는 라디칼을 나타낸다)

① $A + B \rightarrow AB$

② $AB \rightarrow A + B$

③ $AB + C \rightarrow BC + A$

④ $AB + CD \rightarrow AD + BC$

해설
복분해 반응의 일반식
$AB + CD \rightarrow AD + BC$

26 다음 중 은거울반응을 하는 분자는?

① 페 놀

② 에탄올

③ 폼알데하이드

④ 메틸아세테이트

해설
은거울반응은 암모니아성 질산은 용액과 환원성 유기화합물의 반응을 통해 알데하이드류(R–CHO)와 같은 물질의 검출에 사용한다.

27 반감기가 5년인 방사성 원소가 있다. 이 동위원소 2g이 10년이 경과하였을 때 몇 g이 남겠는가?

① 0.125

② 0.25

③ 0.5

④ 1

해설
반감기

$$M = M_0\left(\frac{1}{2}\right)^{\frac{t}{T}} = 2\text{g} \times \left(\frac{1}{2}\right)^2 = 0.5\text{g}$$

여기서, M : t시간 이후의 질량
M_0 : 초기 질량
t : 경과된 시간
T : 반감기

28 기체의 용해도에 대한 설명으로 옳은 것은?

① 질소는 물에 잘 녹는다.

② 무극성인 기체는 물에 잘 녹는다.

③ 기체는 온도가 올라가면 물에 녹기 쉽다.

④ 기체의 용해도는 압력에 비례한다.

해설
기체의 용해도는 압력에 비례하고, 온도에 반비례한다.

29 페놀류의 정색반응에 사용되는 약품은?

① CS_2

② KI

③ $FeCl_3$

④ $(NH_4)_2Ce(NO_3)_6$

해설

정색반응은 두 종류 이상의 화학물질이 반응할 때 물질에서 보이지 않던 색을 나타내는 반응으로 이온, 분자와 같은 물질의 정성분석에 사용한다. 페놀류는 염화철(Ⅲ) 수용액과 보라색 특유의 색을 띠는 정색반응을 한다.

30 용해도의 정의를 가장 바르게 나타낸 것은?

① 용액 100g 중에 녹아 있는 용질의 질량

② 용액 1L 중에 녹아 있는 용질의 몰수

③ 용매 1kg 중에 녹아 있는 용질의 몰수

④ 용매 100g에 녹아서 포화 용액이 되는 데 필요한 용질의 g수

해설

용해도 : 일정한 온도에서 용매 100g에 최대로 녹을 수 있는 용질의 g수이다.

31 0℃, 2atm에서 산소분자수가 2.15×10^{21}개이다. 이때 부피는 약 몇 mL가 되겠는가?

① 40mL ② 80mL

③ 100mL ④ 120mL

해설

이상기체방정식 $PV = nRT$

$$\therefore V = \frac{nRT}{P}$$

$$= \frac{(2.15 \times 10^{21})\left(\dfrac{1\,mol}{6.02 \times 10^{23}}\right) \times (0.082\,atm \cdot L/mol \cdot K)(273K)}{2atm}$$

$$\fallingdotseq 0.04L$$

$$= 40mL$$

32 원자번호 7번인 질소(N)는 $2p$ 궤도에 몇 개의 전자를 갖는가?

① 3 ② 5

③ 7 ④ 14

해설

$1s$	$2s$	$2p$		
··	··	·	·	·

s : 1, p : 3, d : 5, f : 7이며, 각각 2개씩 전자가 순서대로 배치된다.

33 다음 중 식물 세포벽의 기본구조 성분은?

① 셀룰로스　　　② 나프탈렌
③ 아닐린　　　　④ 에틸에테르

해설
식물 세포벽의 기본구조는 셀룰로스(섬유질)로 구성되어 있으며, 1차 세포벽과 2차 세포벽으로 구분할 수 있다.

34 펜탄의 구조이성질체는 몇 개인가?

① 2　　　　② 3
③ 4　　　　④ 5

해설
펜탄의 구조
분자식은 같으나 서로 연결모양이 상이한 화합물을 구조이성질체라고 부르며 펜탄(C_5H_{12})의 경우 3개의 이성질체(노말펜탄, 아이소펜탄, 네오펜탄)가 있다.

35 다음 중 비전해질은 어느 것인가?

① NaOH
② HNO_3
③ CH_3COOH
④ C_2H_5OH

해설
비전해질 물질은 물에 용해되어도 이온화하지 않는 물질로 설탕, 에탄올(C_2H_5OH), 포도당 등이 있다.
※ 전해질 물질 : 염화나트륨, 염화수소, 염화구리, 수산화나트륨 등

36 미지 물질의 분석에서 용액이 강한 산성일 때의 처리방법으로 가장 옳은 것은?

① 암모니아수로 중화한 후 질산으로 약산성이 되게 한다.
② 질산을 넣어 분석한다.
③ 탄산나트륨으로 중화한 후 처리한다.
④ 그대로 분석한다.

해설
미지 물질 수용액이 강산성일 때는 암모니아수로 중화한 후, 질산으로 약산성이 되게 하여 처리한다.

37 다음 반응식에서 브뢴스테드-로우리가 정의한 산으로만 짝지어진 것은?

$$HCl + NH_3 \rightleftharpoons NH_4^+ + Cl^-$$

① HCl, NH_4^+
② HCl, Cl^-
③ NH_3, NH_4^+
④ NH_3, Cl^-

해설
브뢴스테드-로우리의 산, 염기의 정의
• 산 : 양성자(H^+)를 내놓는 분자 또는 이온이다.
　예 $HCl \rightarrow \underline{H^+} + Cl^-$
　　$NH_4^+ \rightarrow NH_3 + \underline{H^+}$
• 염기 : 양성자(H^+)를 받는 분자 또는 이온이다.

38 제4족 양이온 분족 시 최종 확인 시약으로 다이메 틸글리옥심을 사용하는 것은?

① 아 연　　　　② 철
③ 니 켈　　　　④ 코발트

제4족 양이온 니켈 확인 반응에 관한 설명으로, 니켈은 암모니아의 약알칼리성에서 다이메틸글리옥심과 반응하여 착염을 생성한다.

39 pH 4인 용액 농도는 pH 6인 용액 농도의 몇 배인가?

① $\frac{1}{2}$ 배　　　　② $\frac{1}{200}$ 배
③ 2배　　　　④ 100배

pH = $-\log[H^+]$ 이므로, pH가 n의 차이일 때 10^n 배씩 농도 차이가 나타난다. 따라서 pH 4와 pH 6의 차이는 2이므로, $10^2 = 100$배이다.

40 가스크로마토그래피(GC)에서 운반가스로 주로 사용되는 것은?

① O_2, H_2
② O_2, N_2
③ He, Ar
④ CO_2, CO

운반가스는 반응성이 없어야 하므로 주로 수소, 질소, 비활성 기체(헬륨, 아르곤)를 사용한다.

41 이상적인 pH 전극에서 pH가 1단위 변할 때, pH 전극의 전압은 약 얼마나 변하는가?

① 96.5mV　　　　② 59.2mV
③ 96.5V　　　　④ 59.2V

온도 변화에 따른 이상적인 pH 전극의 1pH당 막 기전력은 다음과 같다.

온도(℃)	막의 기전력(mV)
0	54.19
25	59.15
60	66.10

상온(15~25℃)을 기준으로 가장 유사한 값은 59.2mV이다.

42 침전적정에서 Ag^+에 의한 은법적정 중 지시약법이 아닌 것은?

① Mohr법
② Fajans법
③ Volhard법
④ 네펠로법(Nephelometry)

네펠로법은 입자의 혼탁도에 따른 산란도를 측정하는 방법으로, 대표적인 탁도 측정방법이다.

43 액체크로마토그래피법 중 고체정지상에 흡착된 상태와 액체이동상 사이의 평형으로 용질 분자를 분리하는 방법은?

① 친화크로마토그래피
   (Affinity Chromatography)
② 분배크로마토그래피
   (Partition Chromatography)
③ 흡착크로마토그래피
   (Adsorption Chromatography)
④ 이온교환크로마토그래피
   (Ion-exchange Chromatography)

해설
흡착크로마토그래피는 현재 이용되고 있는 모든 크로마토그래피의 원조로, 액체-고체크로마토그래피(LSC)와 기체-고체크로마토그래피(GSC)로 구분할 수 있다.

44 분광분석에 쓰이는 분광계의 검출기 중 광자검출기(Photo Detectors)는?

① 볼로미터(Bolometers)
② 열전기쌍(Thermocouples)
③ 규소 다이오드(Silicon Diodes)
④ 초전기전지(Pyroelectric Cells)

해설
대표적인 광자검출기로 규소 다이오드를 사용하며, 반도체에 복사선을 흡수시켜 전도도를 증가시킬 때 사용한다.

45 분광광도계의 광원으로 사용되는 램프의 종류로만 짝지어진 것은?

① 형광램프, 텅스텐램프
② 형광램프, 나트륨램프
③ 나트륨램프, 중수소램프
④ 텅스텐램프, 중수소램프

해설
분광광도계의 광원 램프별 흡수 파장 영역
• 중수소아크램프 : 자외선(180~380nm)
• 텅스텐램프, 할로겐램프 : 가시광선(380~800nm)

46 다음의 전자기 복사선 중 주파수가 가장 낮은 것은?

① X선
② 자외선
③ 가시광선
④ 적외선

해설
고주파수 순서
감마선 > X선 > 자외선 > 가시광선 > 적외선

47 일반적으로 바닷물은 1,000mL당 27g의 NaCl을 함유하고 있다. 바닷물 중에서 NaCl의 몰농도는 약 얼마인가?(단, NaCl의 분자량은 58.5g/mol이다)

① 0.05 　　　　② 0.5

③ 1 　　　　④ 5

해설

$27g \ NaCl = \dfrac{27}{58.5} = 0.462mol$

바닷물 중의 NaCl $= 0.462mol/L$

$\qquad\qquad\quad \fallingdotseq 0.5M$

48 약산과 강염기 적정 시 사용할 수 있는 지시약은?

① Bromophenol Blue

② Methyl Orange

③ Methyl Red

④ Phenolphthalein

해설

약산과 강염기의 적정 결과는 약알칼리성(pH 8~10)을 유지하게 되며 페놀프탈레인이 적당하다(염기성인 경우 분홍색).

49 종이 크로마토그래피에 의한 분석에서 구리, 비스무트, 카드뮴 이온을 분리할 때 사용하는 전개액으로 가장 적당한 것은?

① 묽은 염산, n-부탄올

② 페놀, 암모니아수

③ 메탄올, n-부탄올

④ 메탄올, 암모니아수

해설

종이 크로마토그래피의 전개액 : 묽은 염산이 가장 많이 사용되며, n-부탄올은 아세트산이나 물과 일정 배율로 혼합하여 사용한다.

50 비어-람베르트(Beer-Lambert)의 법칙에 대한 설명으로 틀린 것은?

① 흡광도는 액층의 두께에 비례한다.

② 투광도는 용액의 농도에 반비례한다.

③ 흡광도는 용액의 농도에 비례한다.

④ 투광도는 액층의 두께에 비례한다.

해설

비어-람베르트의 법칙
• 흡광도는 액층의 두께, 용액의 농도에 비례한다.
• 투광도는 액층의 두께, 용액의 농도에 반비례한다.

51 유기화합물의 전자전이 중에서 가장 작은 에너지의 빛을 필요로 하고, 일반적으로 약 280nm 이상에서 흡수를 일으키는 것은?

① $\sigma \rightarrow \sigma^*$ 　　　② $n \rightarrow \sigma^*$

③ $\pi \rightarrow \pi^*$ 　　　④ $n \rightarrow \pi^*$

해설

유기화합물의 전자전이

종 류	흡수영역	특 징
$\sigma \rightarrow \sigma^*$	진공 자외선, ＜200nm	• 가장 높은 에너지 흡수 • 진공상태만 관찰 가능
$n \rightarrow \sigma^*$	원적외선, 180~250nm	• 높은 에너지 흡수 • O, S, N 등과 같은 비결합성 전자를 가진 치환기가 있는 화합물
$\pi \rightarrow \pi^*$	자외선, ＞180nm	• 중간 에너지 흡수 • 다중결합이 콘주게이션된 폴리머를 포함한 화합물
$n \rightarrow \pi^*$	근자외선, 가시선, 280~800nm	가장 낮은 에너지 흡수

52 화학전지에서 염다리(Salt Bridge)는 무엇으로 만드는가?

① 포화 KCl용액과 젤라틴
② 포화 염산용액과 우뭇가사리
③ 황산알루미늄과 황산칼륨
④ 포화 KCl용액과 황산알루미늄

해설

염다리는 볼타화학전지의 고정적인 문제인 전하의 불균형 상태를 해소하기 위한 장치로 포화 KCl용액과 젤라틴을 혼합하여 제조한다.

53 Fe^{3+}/Fe^{2+} 및 Cu^{2+}/Cu로 구성되어 있는 가상 전지에서 얻을 수 있는 전위는?(단, 표준환원전위는 다음과 같다)

- $Fe^{3+} + e^- \rightarrow Fe^{2+}$ $E^o = 0.771V$
- $Cu^{2+} + 2e^- \rightarrow Cu$ $E^o = 0.337V$

① 0.434V
② 1.018V
③ 1.205V
④ 1.879V

해설

식을 비교하면 철의 반응이 구리의 반응보다 표준환원전위값이 더 크므로 철은 환원반응(양극), 구리는 산화반응(음극)이 된다.
전위차 = 양극 표준환원전위 − 음극 표준환원전위
= 0.771 − 0.337
= 0.434V(> 0이므로 자발적인 반응)

54 종이크로마토그래피에서 우수한 분리도에 대한 이동도의 값은?

① 0.2~0.4
② 0.4~0.8
③ 0.8~1.2
④ 1.2~1.6

해설

이동도(전개율, R_f) : 0.4~0.8의 값을 지니며, 반드시 1보다는 작다.

55 황산구리($CuSO_4$) 수용액에 10A의 전류를 30분 동안 가하였을 때, (−)극에서 석출하는 구리의 양은 약 몇 g인가?(단, Cu 원자량은 64이다)

① 0.01g
② 3.98g
③ 5.97g
④ 8.45g

해설

- 10A의 전류를 30분 동안 가했을 때 전하량(C)
= 전류의 세기(A) × 시간(s) = 10A × 30min × $\frac{60s}{1min}$
= 18,000C
- 1F = 96,500C/mol이므로
전자의 몰수 = $\frac{18,000C}{96,500C/mol}$ = 0.1865mol
$Cu^{2+} + 2e^- \rightarrow Cu$
전자 2mol당 구리 1mol이 석출되므로,
- 전자 0.1865mol이 흐를 때 구리의 몰수
= $\frac{0.1865mol}{2}$ = 0.0933mol
- 구리 원자량 = 64g/mol
∴ (−)극에서 석출하는 구리의 양 = 0.0933mol × 64g/mol
≒ 5.97g

56 1,850cm^{-1}에서 나타나는 벤젠 흡수피크의 몰흡광계수의 값은 4,950M^{-1}·cm^{-1}이다. 0.05mm 용기에서 이 피크의 흡광도가 0.01이 되는 벤젠의 몰농도는?

① 4.04×10^{-2} M

② 4.04×10^{-3} M

③ 4.04×10^{-4} M

④ 4.04×10^{-5} M

해설

$A = \varepsilon dC$

여기서, A : 흡광도, ε : 몰흡광계수

d : 용기의 길이, C : 몰농도

cm단위로 통일하면

$0.01 = 4,950\text{M}^{-1} \cdot \text{cm}^{-1} \times 5 \times 10^{-3}\text{cm} \times x$

$x = 4.04 \times 10^{-4}$ M

57 분광광도계의 부분 장치 중 다음과 관련 있는 것은?

> 광전증배관, 광다이오드, 광다이오드 어레이

① 광원부

② 파장선택부

③ 시료부

④ 검출부

해설

분광광도계의 검출부

시료용기를 통과한 빛에너지를 전기에너지로 변환해 흡광도를 표시하는 장치를 말하며 광전증배관, 광다이오드, 광다이오드 어레이 등 세 종류가 있다.

58 액체-고체 크로마토그래피(LSC)의 분리 메커니즘은?

① 흡 착

② 이온교환

③ 배 제

④ 분 배

해설

액체-고체 크로마토그래피는 흡착을 이용해 물질을 분리하여 측정한다.

59 전위차 적정의 원리식(Nernst식)에서 C는 무엇을 의미하는가?

$$E = E^0 + \frac{0.0591}{n}\log C$$

① 표준전위차

② 단극전위차

③ 이온농도

④ 산화수 변화

해설

$E = E^0 + \frac{0.0591}{n}\log C$

여기서, E : 단극전위차

E^0 : 표준전위차

n : 산화수 변화

C : 이온농도

60 특정 물질의 전류와 전압의 두 가지 전기적 성질을 동시에 측정하는 방법은 무엇인가?

① 폴라로그래피

② 전위차법

③ 전기전도도법

④ 전기량법

해설

폴라로그래피는 대표적인 전기분석법의 일종으로 적하수은전극을 사용해 전해분석을 하고, 그 전압-전류곡선에 의해 물질을 정량, 정성분석하는 방법이다.

※ 적하(Dropping)수은전극 : 적하전극이라고도 하며, 폴라로그래프에 이용되는 지시전극의 일종이다.

01 약산과 강염기 적정 시 사용할 수 있는 지시약은?

① Bromophenol Blue
② Methyl Orange
③ Methyl Red
④ Phenolphthalein

해설
약산과 강염기의 적정 결과는 약알칼리성(pH 8~10)을 유지하게
되며 페놀프탈레인이 적당하다(염기성인 경우 분홍색).

02 질량수가 23인 나트륨의 원자번호가 11이라면 양
성자수는 얼마인가?

① 11　　　② 12
③ 23　　　④ 34

해설
원자번호 = 전자수 = 양성자수 = 11

03 다음 중 가스크로마토그래피의 검출기가 아닌 것은?

① 열전도도 검출기
② 불꽃이온화 검출기
③ 전자포획 검출기
④ 광전증배관 검출기

해설
광전증배관 검출기 : UV-Vis 분광광도계의 검출기
※ UV-Vis 검출기 : 자외선(Ultra Violet)-가시광선(Visible Ray)
검출기로 대부분 흡광분석기를 말한다.

04 다음 설명 중 틀린 것은?

① 물의 이온곱은 25℃에서 $1.0 \times 10^{-14}(mol/L)^2$
이다.
② 순수한 물의 수소이온농도는 $1.0 \times 10^{-7}mol/L$
이다.
③ 산성 용액은 H^+의 농도가 OH^-보다 더 큰 용액
이다.
④ pOH 4는 산성 용액이다.

해설
pOH = 14 - pH
pH = 14 - pOH = 14 - 4 = 10
∴ pOH 4 = pH 10 → 알칼리성 용액

05 순물질에 대한 설명으로 틀린 것은?

① 순수한 하나의 물질로만 구성되어 있는 물질
② 산소, 칼륨, 염화나트륨 등과 같은 물질
③ 물리적 조작을 통하여 두 가지 이상의 물질로
나누어지는 물질
④ 끓는점, 어는점 등 물리적 성질이 일정한 물질

해설
순물질은 하나의 물질로 구성되어 있으며, 물리적 조작을 통해
나누어지지 않는다.

06 아이소프렌, 뷰타다이엔, 클로로프렌은 다음 중 무엇을 제조할 때 사용되는가?

① 유 리
② 합성고무
③ 비 료
④ 설 탕

합성고무는 두 가지 이상의 원료물질과 촉매를 사용해 천연고무와 유사한 성질을 지니게 한 물질로 아이소프렌, 뷰타다이엔, 클로로프렌 등을 이용해 합성하며 타이어, 신발, 골프공 제조 등에 사용된다.

07 47℃, 4기압에서 8L의 부피를 가진 산소를 27℃, 2기압으로 낮추었다. 이때 산소의 부피는 얼마가 되겠는가?

① 7.5L
② 15L
③ 30L
④ 60L

이상기체방정식을 이용하여 부피를 구한다.

$$PV = nRT, \quad V = \frac{nRT}{P}$$

여기서, n(몰수), R(기체상수)이 동일하므로

$$V = \frac{T}{P}$$

$$8L : \frac{273+47}{4} = x : \frac{273+27}{2}$$

$$\therefore \ x = 15L$$

08 다음 중 방향족 탄화수소가 아닌 것은?

① 벤 젠
② 자일렌
③ 톨루엔
④ 아닐린

아닐린은 방향족 아민에 속한다.
방향족 탄화수소
• 벤젠고리를 포함하는 탄화수소이다.
• 벤젠, 페놀, 톨루엔, 자일렌, 나프탈렌, 안트라센 등이 있다.

09 다음 중 침전물이 노란색인 화합물은?

① $BaCO_3$
② $BaCrO_4$
③ $CaCO_3$
④ $SrCO_3$

크롬산바륨($BaCrO_4$)은 노란색이다.

10 다음 중 이온화 경향이 가장 큰 것은?

① Ca
② Al
③ Si
④ Cu

이온화 경향
• 전자를 잃고 양이온이 되려는 경향이다.
• 주기율표에서 왼쪽 아래로 갈수록 커지는 경향이 있다.
• 금속의 이온화 경향 : Li > K > Ca > Na > Mg > Al > Zn > Fe > Ni > Sn > Pb > H > Cu > Ag > Pt > Au

11 가스 크로마토그래피에서 운반기체로 사용할 수 없는 것은?

① N_2 ② He

③ O_2 ④ H_2

12 분광광도계의 검출기 종류가 아닌 것은?

① 광전증배관

② 광다이오드

③ 음극진공관

④ 광다이오드 어레이

13 두 가지 이상의 혼합물질을 단일 성분으로 분리하여 분석하는 기법은?

① 분광광도법

② 전기무게분석법

③ 크로마토그래피

④ 핵자기공명흡수법

14 어떤 용기에 20℃, 2기압의 산소 8g이 들어있을 때 부피는 약 몇 L인가?(단, 산소는 이상기체로 가정하고, 이상기체상수 R의 값은 0.082atm·L/mol·K이다)

① 3 ② 6

③ 9 ④ 12

15 가스 크로마토그래피의 시료 혼합 성분은 운반 기체와 함께 분리관을 따라 이동하게 되는데 분리관의 성능에 영향을 주는 요인으로 가장 거리가 먼 것은?

① 분리관의 길이

② 분리관의 온도

③ 검출기의 기록계

④ 고정상의 충전방법

16 양이온의 계통적인 분리검출법에서는 방해물질을 제거시켜야 한다. 다음 중 방해물질이 아닌 것은?

① 유기물
② 옥살산 이온
③ 규산 이온
④ 암모늄 이온

해설
양이온 계통 분리검출법에 따른 방해물질
• 유기물
• 옥살산 이온
• 규산 이온

17 탄소화합물의 특성에 대한 설명 중 틀린 것은?

① 화합물의 종류가 많다.
② 대부분 무극성이나 극성이 약한 분자로 존재하므로 분자 간 인력이 약해 녹는점, 끓는점이 낮다.
③ 대부분 비전해질이다.
④ 원자 간 결합이 약해 화학 반응을 하기 쉽다.

해설
탄소화합물은 기본적으로 원자 간 결합이 강하며, 이중, 삼중으로 결합되었을 경우만 결합력이 약하다.

18 에탄올에 진한 황산을 넣고 180℃에서 반응시켰을 때 알코올의 제거반응으로 생성되는 물질은?

① CH_3OH
② $CH_2=CH_2$
③ $CH_3CH_2CH_2SO_3$
④ $CH_3CH_2S^-$

해설
에틸렌의 제법은 에탄올의 탈수반응(탈수축합)을 이용하며, 탈수제로 진한 황산을 사용한다.

19 분극성의 미소전극과 비분극성의 대극과의 사이에 연속적으로 변화하는 전압을 가하여 전해에 의해 생긴 전류를 측정하여, 전압과 전류의 관계곡선(전류–전압 곡선)을 그려 이것을 해석하여 목적 성분을 분리하는 방법은?

① 전위차 분석
② 폴라로그래피
③ 전해 중량분석
④ 전기량 분석

해설
폴라로그래피 : 산화성 물질이나 환원성 물질로 이루어진 대상 용액을 전기화학적으로 분석하는 정량, 정성분석방법으로, 전압과 전류의 관계곡선을 통해 목적 성분을 분리하여 분석한다.

20 산화 – 환원반응에서 산화수에 대한 설명으로 틀린 것은?

① 한 원소로만 이루어진 화합물의 산화수는 0이다.
② 단원자 이온의 산화수는 전하량과 같다.
③ 산소의 산화수는 항상 –2이다.
④ 중성인 화합물에서 모든 원자와 이온들의 산화수의 합은 0이다.

해설
산소의 산화수는 일반적으로 –2이지만 과산화물에서는 –1 또는 2를 나타낼 수 있다.

21 다음 반응 중 이산화황이 산화제로 작용한 것은?

① $SO_2 + NaOH \rightleftarrows NaHSO_3$

② $SO_2 + Cl_2 + 2H_2O \rightleftarrows H_2SO_4 + 2HCl$

③ $SO_2 + H_2O \rightleftarrows H_2SO_3$

④ $SO_2 + 2H_2S \rightleftarrows 3S + 2H_2O$

해설

$SO_2 + 2H_2S \rightleftarrows 3S + 2H_2O$
$\quad +4 \qquad\qquad\quad 0$

전자 4개를 얻었으므로 자신은 환원되고 상대 물질을 산화시킨 산화제이다.

22 다음 반응식 중 첨가반응에 해당하는 것은?

① $3C_2H_2 \rightarrow C_6H_6$

② $C_2H_4 + Br_2 \rightarrow C_2H_4Br_2$

③ $C_2H_5OH \rightarrow C_2H_4 + H_2O$

④ $CH_4 + Cl_2 \rightarrow CH_3Cl + HCl$

해설

첨가반응

이중결합이나 삼중결합을 포함한 탄소화합물이 이중결합이나 삼중결합 중 약한 결합이 끊어져, 원자 또는 원자단이 첨가되어 단일결합물로 변하는 것이다. 에틸렌과 브롬의 반응이 가장 대표적인 첨가반응 중의 하나이다.

에틸렌   브롬(브로민)   1.2-다이브로모에틸
[이중결합]   **[단일결합]**

23 염화나트륨 용액을 전기분해할 때 일어나는 반응이 아닌 것은?

① 양극에서 Cl_2 기체가 발생한다.

② 음극에서 O_2 기체가 발생한다.

③ 양극은 산화반응을 한다.

④ 음극은 환원반응을 한다.

해설

염화나트륨 수용액의 전기분해

$2NaCl + 2H_2O \rightarrow 2NaOH(l) + H_2(g) + Cl_2(g)$

• 양극(+) : $2Cl^-(aq) \rightarrow Cl_2(g) + 2e^-$ 산화반응

• 음극(-) : $2H_2O(l) + 2e^- \rightarrow H_2(g) + 2OH^-(aq)$ 환원반응

음극에선 수소기체가 발생한다.

24 얇은 막 크로마토그래피를 제조하는 과정에서 도포용 유리의 표면이 더럽혀져 있으면 균일한 얇은 막을 만들기 어렵다. 이를 방지하기 위하여 유리를 담가두는 용액으로 가장 적당한 것은?

① 증류수

② 크롬산 용액

③ 알코올 용액

④ 암모니아 용액

해설

얇은 막 크로마토그래피를 제조할 때 균일한 얇은 막을 만들기 위해 크롬산 용액을 사용한다.

25 2M-NaCl 용액 0.5L를 만들려면 염화나트륨 몇 g이 필요한가?(단, 각 원소의 원자량은 Na는 23이고, Cl은 35.5이다)

① 24.25   ② 58.5

③ 117   ④ 127

해설

NaCl의 분자량은 58.5이므로 2M - NaCl은 117g/L인데 기준이 0.5L이므로 117g / 2 = 58.5g

26 제2족 양이온 분족 시 염산의 농도가 너무 묽으면 어떠한 현상이 일어나는가?

① 황이온(S^{2-})의 농도가 작아진다.
② H_2S의 용해도가 작아진다.
③ 제2족 양이온의 황화물 침전이 잘 안 된다.
④ 제4족 양이온의 황화물로 침전한다.

해설
제2족 양이온 분족 시 0.3N의 염산을 사용하며, 염산의 농도가 이보다 작으면 Fe^{2+}, Mn^{2+}, Zn^{2+}, Ni^{2+}, Co^{2+}도 황화물로 침전될 우려가 있다.

27 원자나 이온의 반지름은 전자껍질의 수, 핵의 전하량, 전자 수에 따라 달라진다. 핵의 전하량 변화에 따른 반지름의 변화를 살펴보기 위하여 다음 중 어떤 원자 또는 이온들을 서로 비교해 보는 것이 가장 좋겠는가?

① S^{2-}, Cl^-, K^+, Ca^{2+}
② Li, Na, K, Rb
③ F^+, F^-, Cl^+, Cl^-
④ Na, Mg, O, F

해설
핵의 전하량 변화에 따른 반지름의 변화를 확인하기 위해선 최외각 전자의 수가 전자의 이동에 의해 동일하게 된 원자, 이온을 비교하는 것이 적절하다. S^{2-}, Cl^-, K^+, Ca^{2+} 모두 전자의 이동에 의해 최외각전자의 수가 8이 된 원소들이다.

28 다음 기기분석법 중 광학적 방법이 아닌 것은?

① 전위차 적정법
② 분광 분석법
③ 적외선 분광법
④ X선 분석법

해설
전위차 적정법은 빛을 이용하는 방법이 아니라 전기의 발생을 이용하여 물질을 적정하는 방법이다.

29 원자흡광광도계로 시료를 측정하기 위하여 시료를 원자상태로 환원해야 한다. 이때 적합한 방법은?

① 냉 각
② 동 결
③ 불꽃에 의한 가열
④ 급속해동

해설
원자흡광광도계는 불꽃으로 시료를 가열하여 원자상태로 환원한다.

30 다음 탄수화물 중 단당류인 것은?

① 녹 말
② 포도당
③ 글리코겐
④ 셀룰로스

해설
• 단당류 : 포도당, 과당, 갈락토스 등
• 다당류 : 녹말, 글리코겐, 셀룰로스 등

31 다음의 반응을 무엇이라고 하는가?

$$3C_2H_2 \rightleftharpoons C_6H_6$$

① 치환반응　　　② 부가반응
③ 중합반응　　　④ 축합반응

해설
하나의 화합물이 연속으로 동일결합하여 고분자 물질을 이루는
것을 중합반응이라 한다.

32 다음 중 착이온을 형성할 수 없는 이온이나 분자는?

① H_2O　　　　② NH_4^+
③ Br^-　　　　④ NH_3

해설
착이온은 금속이온에 비공유전자쌍을 가진 분자 또는 음이온이
배위결합하는 이온을 말하며, NH_4^+는 비공유전자쌍이 존재하지
않아 착이온을 형성할 수 없다.

33 광원으로부터 들어온 여러 파장의 빛을 각 파장별로
분산하여 한 가지 색에 해당하는 파장의 빛을 얻어내
는 장치는?

① 검출 장치
② 빛 조절관
③ 단색화 장치
④ 색 인식 장치

해설
단색화 장치는 원하는 파장의 빛을 이용하여 물질의 최대 흡광을
유발해 분석으로 활용하는 장치로, 프리즘이나 회절격자가 있다.

34 0.5L의 수용액 중 수산화나트륨이 40g 용해되어 있
으면 몇 노말농도(N)인가?(단, 원자량은 각각 Na =
23, H = 1, O = 16이다)

① 0.5　　　　② 1
③ 2　　　　　④ 5

해설
NaOH 분자량이 40이므로 40g 용해된 경우

$\dfrac{40g}{40g/mol} = 1mol$, $\dfrac{1mol}{0.5L} = 2N(mol/L)$ (NaOH는 1가이므로

M = N이 성립됨)

35 산화·환원 반응을 이용한 부피분석법은?

① 산화·환원 적정법
② 침전 적정법
③ 중화 적정법
④ 중량 적정법

해설
산화·환원 적정법에 대한 설명이다.
※ 부피분석법 : 분석하려는 물질과 화학양론적으로 반응하는 표
　준용액의 부피를 재어 분석물질의 양을 구하는 화학분석의 한
　방법

36 염이 수용액에서 전리할 때 생기는 이온의 일부가 물과 반응하여 수산이온이나 수소이온을 냄으로써, 수용액이 산성이나 염기성을 나타내는 것을 가수분해라 한다. 다음 중 가수분해하여 산성을 나타내는 것은?

① K_2SO_4

② NH_4Cl

③ NH_4NO_3

④ CH_3COONa

해설
NH_4Cl은 강산인 HCl과 약염기인 NH_3가 반응하여 생성된 염이다. 물에서 100% 이온화되고 산성을 나타낸다.
$NH_4Cl(aq) \rightarrow NH_4^+(aq) + Cl^-(aq)$
이후 $NH_4^+(aq)$는 가수분해 반응을 한다.
$NH_4^+(aq) + H_2O(l) \rightleftharpoons NH_3(aq) + H_3O^+(aq)$
옥소늄이온
(산성, 수소와 물의 반응물)

37 공업용 NaOH의 순도를 알고자 4.0g을 물에 용해시켜 1L로 하고 그 중 25mL를 취하여 0.1N H_2SO_4로 중화시키는 데 20mL가 소요되었다. 이 NaOH의 순도는 몇 %인가?(단, 원자량은 Na = 23, S = 32, H = 1, O = 16이다)

① 60

② 70

③ 80

④ 90

해설
NaOH 4g을 물에 용해시켜 1L로 하면 0.1M(NaOH 분자량 = 40g/mol)이 되고, NaOH는 1가로 M = N이므로 0.1N가 된다.
$NV = N'V'$를 활용하면
x(수산화나트륨의 농도) $\times$ 25mL = 0.1N(황산의 농도) $\times$ 20mL
$x = 0.08N$
NaOH 4.0g을 녹인 0.1N 수용액을 물과 희석해 0.08N로 만들었을 때 순도(x')를 구하면 다음과 같다.
$100\% : 0.1N = x' : 0.08N$
$\therefore \ x' = 80\%$

38 펜탄(C_5H_{12})의 구조이성질체 수는 몇 개인가?

① 2

② 3

③ 4

④ 5

해설
펜탄의 구조
분자식은 같으나 서로 연결모양이 상이한 화합물을 구조이성질체라고 부르며 펜탄(C_5H_{12})의 경우 3개의 이성질체(노말펜탄, 아이소펜탄, 네오펜탄)가 있다.

39 제4족 양이온 분족 시 최종 확인 시약으로 다이메틸글라이옥심을 사용하는 것은?

① 아 연

② 철

③ 니 켈

④ 코발트

해설
제4족 양이온 니켈 확인 반응에 관한 설명으로, 니켈은 암모니아의 약알칼리성에서 다이메틸글리옥심과 반응하여 착염을 생성한다.

40 다음 중 명명법이 잘못된 것은?

① $NaClO_3$: 아염소산나트륨

② Na_2SO_3 : 아황산나트륨

③ $(NH_4)_2SO_4$: 황산암모늄

④ $SiCl_4$: 사염화규소

해설
① $NaClO_3$: 염소산나트륨
※ 화합물의 명명법
 • 화학식 AB로 구성된 경우 B를 먼저 읽고 A를 읽는다.
 • B를 읽을 때 대부분 산화물질을 기준으로 명명한다.
  – '과'가 붙을 경우 : 기준산화물질에 비해 산소가 1개 많다.
  – '아'가 붙을 경우 : 기준산화물질에 비해 산소가 1개 적다.
  – '차아'가 붙을 경우 : 기준산화물질에 비해 산소가 2개 적다.

과염소산 나트륨	염소산나트륨	아염소산 나트륨	차아염소산 나트륨
$NaClO_4$	$NaClO_3$	$NaClO_2$	$NaClO$
과황산나트륨	황산나트륨	아황산나트륨	차아황산 나트륨
$Na_2S_2O_8$	Na_2SO_4	Na_2SO_3	$Na_2S_2O_4$

41 폴라로그래피에서 정량분석에 쓰이는 것은?

① 확산전류
② 한계전류
③ 잔여전류
④ 반파전위

42 다음 중 침전적정법에서 표준용액으로 KSCN 용액을 이용하고자 Fe^{3+}을 지시약으로 이용하는 방법을 무엇이라고 하는가?

① Volhard법
② Fajans법
③ Mohr법
④ Gay–Lussac법

43 다음 중 아미노산의 검출반응은 어느 것인가?

① 닌하이드린반응
② 리이베르만반응
③ 아이오딘폼반응
④ 은거울반응

44 $aA + bB \rightleftarrows cC$ 식의 정반응의 평형상수는?

① $\dfrac{[A][B]}{[C]}$

② $\dfrac{[A]^a[B]^b}{[C]^c}$

③ $\dfrac{[C]^c}{[A]^a[B]^b}$

④ $\dfrac{c[C]}{a[A]b[B]}$

45 97wt% H_2SO_4의 비중이 1.836이라면 이 용액의 노말농도는 약 몇 N인가?(단, H_2SO_4의 분자량은 98.08이다)

① 18
② 36
③ 54
④ 72

46 다음 화합물 중 반응성이 가장 큰 것은?

① $CH_3-CH=CH_2$

② $CH_3-CH=CH-CH_3$

③ $CH\equiv C-CH_3$

④ C_4H_8

해설

결합의 개수가 많을수록 결합의 고리가 깨질 수 있어 결합력이 약하며 다른 물질과의 반응성이 커진다.
- 단일결합 : 시그마결합이 1개라서 결합이 강하다.
  예 C_3H_8
- 이중결합 : 시그마 + 파이결합으로, 오히려 결합이 약하다.
  예 $CH_3-CH=CH_2$, $CH_3-CH=CH-CH_3$, C_4H_8
- 삼중결합 : 시그마 + 파이 + 파이결합으로, 결합이 가장 약해 반응성이 크다.
  예 $CH\equiv C-CH_3$

47 제2족 구리족 양이온과 제2족 주석족 양이온을 분리하는 시약은?

① HCl   ② H_2S

③ Na_2S ④ $(NH_4)_2CO_3$

해설

제2족 구리족 양이온과 제2족 주석족 양이온의 분족에는 황화수소(H_2S)가 사용된다.

48 다음 중 포화탄화수소 화합물은?

① 아이오딘값이 큰 것

② 건성유

③ 사이클로헥산

④ 생선 기름

해설

사이클로헥산은 대표적인 사이클로알칸족이며, 탄소원자 사이에 고리를 형성하고 있고 모두 단일결합으로 되어 있다.

49 복사선은 진공 중에서 얼마의 속도로 진행하는가?

① 3×10^{10}cm/s

② 3×10^{8}cm/s

③ 2×10^{10}cm/s

④ 2×10^{8}cm/s

해설

복사선은 매질에 따라 이동속도가 결정되며, 보통 진공상태에서 빛의 속도(300,000,000m/s)로 이동한다.

50 화학실험 시 주의할 사항으로 적절하지 않은 것은?

① 위험성을 지닌 액체의 사용 시 반드시 안면마스크를 사용한다.

② 작업장의 환풍장치를 가동하여 실내의 공기치환을 완료한 후 입실한다.

③ 가스용기는 온도 40℃ 이상에서 보관한다.

④ 시약 사용 후 빈 용기는 여러 번 세척제로 세척한다.

해설

가스용기의 적정 보관 온도는 40℃ 이하이다.

51 어떤 기체의 공기에 대한 비중이 1.10일 때 이 기체에 해당하는 것은?(단, 공기의 평균 분자량은 29이다)

① H_2 ② O_2

③ N_2 ④ CO_2

비중이 1.10이므로 공기보다 무거워야 한다.

공기에 대한 비중 $= \dfrac{\text{대상물질의 분자량}}{\text{공기의 평균 분자량}}$

$1.10 = \dfrac{x}{29}$

$x = 1.10 \times 29 = 31.9 \fallingdotseq 32$

∴ 제시된 보기 중 분자량이 32인 것은 $O_2(= 2 \times 16\text{g/mol} = 32\text{g/mol})$이다.

52 다음 반응식의 표준전위는 얼마인가?

$Cd(s) + 2Ag^+ \rightarrow Cd^{2+} + 2Ag(s)$
이때 반반응의 표준환원전위는 다음과 같다.
$Ag^+ + e^- \rightarrow Ag(s) \qquad E^0 = +0.799\text{V}$
$Cd^{2+} + 2e^- \rightarrow Cd(s) \qquad E^0 = -0.402\text{V}$

① $+1.201\text{V}$ ② $+0.397\text{V}$

③ $+2.000\text{V}$ ④ -1.201V

$Cd(s) + 2Ag^+ \rightarrow Cd^{2+} + 2Ag(s)$
$Cd \rightarrow Cd^{2+} + 2e^- \qquad E^0 = +0.402\text{V}$
$2Ag^+ + 2e^- \rightarrow 2Ag \qquad E^0 = +0.799\text{V}$
∴ 표준전위 $= 0.402\text{V} + 0.799\text{V} = 1.201\text{V}$
※ 표준환원전위는 전자수와 무관하다.

53 Ag^+, Cu^{2+}, Fe^{3+}에서 Fe^{3+}만 선택할 수 있는 시약은?

① 묽은 염산
② 황화수소
③ 암모니아수
④ 탄산암모늄

3족(Fe^{2+}, Fe^{3+}, Cr^{3+}, Al^{3+})의 분족시약으로 암모니아수(NH_4OH–NH_4Cl)를 사용한다.

54 $PbCl_2$의 색깔은?

① 연노란색   ② 보라색
③ 흰 색   ④ 노란색

$PbCl_2$: 흰색, $PbBr_2$: 연노란색, PbI_2 : 노란색

55 유효염소의 정량에 사용되는 것은?

① $NaClO$ ② H_2SO_4
③ $Na_2C_2O_4$ ④ $NaOH$

유효염소의 정량에는 차아염소산나트륨을 사용한다.

56 P형 반도체 제조에 사용되는 원소는?

① Na   ② Si

③ Mg   ④ Ca

해설

P형 반도체는 규소(Si)와 같은 반도체에 최외각전자가 3개인 물질을 도핑시켜 만든 물질이다.

57 물질의 분류에서 설탕은 어떤 물질에 속하는가?

① 단 체   ② 순물질

③ 혼합물   ④ 균일혼합물

해설

물, 소금, 설탕, 알루미늄박 등과 같이 하나의 물질로 구성되어 있는 것을 순물질이라고 한다.

58 비어-람베르트의 법칙에서 몰흡광계수(ε)를 구하는 식으로 옳은 것은?

① $\varepsilon = \dfrac{A}{bc}$ ② $\varepsilon = \dfrac{1}{Ibc}$

③ $\varepsilon = \dfrac{1}{I_0 bc}$ ④ $\varepsilon = Abc$

해설

$A = \log(I_0 / I) = \varepsilon bc$, $\varepsilon = \dfrac{A}{bc}$

59 용매만 있으면 모든 물질을 분리할 수 있고, 비휘발성이거나 고온에 약한 물질 분리에 적합하여 용매 및 칼럼, 검출기의 조합을 선택하여 넓은 범위의 물질을 분석 대상으로 할 수 있는 장점이 있는 분석기기는?

① 기체 크로마토그래피(Gas Chromatography)

② 액체 크로마토그래피(Liquid Chromatography)

③ 종이 크로마토그래피(Paper Chromatography)

④ 분광 광도계(Photoelectric Spectrophotometer)

60 드라이아이스와 같이 고체에서 기체로 상변화가 일어나는 과정을 무엇이라고 하는가?

① 승 화   ② 기 화

③ 융 해   ④ 응 고

해설

상태변화의 종류와 특징

상태변화	특 징
융 해	고체 → 액체
승 화	고체 → 기체
응 고	액체 → 고체
기 화	액체 → 기체
액 화	기체 → 액체

01 주기율표상에서 원자번호 8의 원소와 비슷한 성질을 가진 원소의 원자번호는 다음 중 어느 것인가?

① 2
② 11
③ 15
④ 16

해설
동일족은 최외각전자의 수가 동일해 유사한 화학적 성질을 지닌다.

02 $_{11}Na^{23}$의 옳은 전자배열은 다음 어느 것인가?

① $1s^2 2s^2 2p^6 3s^1$
② $1s^2 2s^2 2p^6 3s^2 3p^6 3d^4 4s^1$
③ $1s^2 2s^2 2p^6 2d^1$
④ $1s^2 2s^2 2p^6 2d^{10} 3s^2 3p^1$

해설
전자배열의 순서는 $1s \rightarrow 2s \rightarrow 2p \rightarrow 3s \rightarrow 3p \rightarrow 4s \rightarrow 3d \rightarrow 4p \rightarrow 5s \rightarrow 4d \rightarrow 5p \rightarrow 6s \rightarrow 4f \rightarrow 5d \cdots$ 등으로 이어지며, 나트륨은 전자수가 11이므로 총전자수 합이 11인 답을 고르면 된다.

03 산이나 알칼리에 반응하여 수소를 발생시키는 것은?

① Mg
② Si
③ Al
④ Fe

해설
양쪽성 원소
• 조건에 따라 산이나 알칼리에 반응하여 수소를 발생시킨다.
• Al, Zn, Ga, Pb, As, Sn 등이 있다.

04 다음 중 상온에서 찬물과 반응하여 심하게 수소를 발생시키는 것은?

① K
② Mg
③ Al
④ Fe

해설
알칼리금속의 특징
Na, K, Li, Cs, Rb 같은 알칼리금속은 상온에서 물과 반응할 경우 수소기체가 발생하기 때문에 석유나 벤젠 등에 넣어서 보관한다.

05 원자번호 20인 Ca의 원자량은 40이다. 원자핵의 중성자수는 얼마인가?

① 19
② 20
③ 39
④ 40

해설
• 원자번호 = 전자수 = 양성자수
• 원자량 = 양성자수 + 중성자수
• 중성자수 = 원자량 − 양성자수 = 40 − 20 = 20

06 다음 화합물 중 염소(Cl)의 산화수가 +3인 것은?

① HClO　　　　② HClO₂

③ HClO₃　　　　④ HClO₄

$HClO_2$에서 산소의 산화수는 $-2 \times 2 = -4$, 수소의 산화수는 $+1$이므로 염소의 산화수를 x라 할 때
$1 + x + (-4) = 0$
$\therefore \ x = +3$

07 다음 중 물리적 상태가 엿과 같이 비결정 상태인 것은?

① 수 정　　　　② 유 리

③ 다이아몬드　　④ 소 금

고체를 구성하는 요소(원자, 분자, 이온 등)가 불규칙적인 배열을 이루고 있는 상태를 비결정이라 하며 유리, 고무, 수지 등이 포함된다.

08 다음 물질 중 정전기적 힘에 의한 결합이 아닌 것은?

① NaCl　　　　② CaBr₂

③ NH₃　　　　④ KBr

정전기적 힘에 의한 결합을 이온결합이라 하며, 암모니아는 비금속과 비금속의 결합이므로 공유결합이다.
• 금속 + 비금속 = 이온결합
• 비금속 + 비금속 = 공유결합

09 중크롬산칼륨($K_2Cr_2O_7$)에서 크롬의 산화수는?

① 2　　　　② 4

③ 6　　　　④ 8

K의 산화수 $= +1$, O의 산화수 $= -2$이므로 크롬의 산화수를 x라 할 때
$2 + 2x + (-14) = 0$
$2x = 12$
$\therefore$ 크롬의 산화수$(x) = 6$

10 아세트산의 이온이 물 분자와 반응하여 다음과 같이 진행되는데, 이 반응을 무엇이라고 하는가?

$$CH_3COO^- + H_2O \rightarrow CH_3COOH + OH^-$$

① 가수분해
② 중화반응
③ 축합반응
④ 첨가반응

염이 물과 반응해 산과 염기로 분해하는 반응을 가수분해라 한다.

11 다음 중 산화-환원반응이 아닌 것은?

① $2Na + 2H_2O \rightarrow 2NaOH + H_2$

② $N_2 + 3H_2 \rightarrow 2NH_3$

③ $2H_2S + SO_2 \rightarrow 3S + 2H_2O$

④ $[Ag(NH_3)_2]Cl + 2HNO_3 \rightarrow AgCl + 2NH_4NO_3$

해설
AgCl이라는 염이 생성되었으므로 화합물과 화합물 간의 결합만 일어나며, 중화반응만 일어났다.

12 $KMnO_4$는 어디에 보관하는 것이 가장 적당한가?

① 에보나이트병

② 폴리에틸렌병

③ 갈색 유리병

④ 투명 유리병

해설
과망간산칼륨은 감광성(햇빛에 취약)을 지니고 있어 반드시 갈색 유리병에 보관한다.

13 황산($H_2SO_4 = 98$) 3노말용액 3L를 2노말용액으로 만들고자 한다. 물은 몇 L가 필요한가?

① 1.5L

② 2.5L

③ 3.5L

④ 4.5L

해설
물질은 노말농도로 반응하므로, $NV = N'V'$를 이용한다.
$3N \times 3L = 2N \times x$
$x = 4.5L$
∴ 필요한 물의 양 = 4.5L − 3L = 1.5L

14 20℃에서 부피 1L를 차지하는 기체가 압력의 변화 없이 부피가 3배로 팽창하였을 때 절대온도는 몇 K가 되는가?(단, 이상기체로 가정한다)

① 859

② 869

③ 879

④ 889

해설
샤를의 법칙을 활용하면
$\dfrac{V_1}{T_1} = \dfrac{V_2}{T_2}$ 에서 $\dfrac{1L}{293K} = \dfrac{3L}{x}$, $x = 879K$

15 전자궤도의 f 오비탈에 들어갈 수 있는 전자의 총 수는?

① 2

② 6

③ 10

④ 14

해설
전자껍질(K, L, M, N 등)에 따라 $1s \rightarrow 2s \rightarrow 2p \rightarrow 3s \rightarrow 3p \rightarrow 4s \rightarrow 3d \rightarrow 4p \rightarrow 5s \rightarrow 4d \rightarrow 5p \rightarrow 6s \rightarrow 4f$의 순서로 전자가 각각 2개씩 배치되며, 오비탈의 종류(s, p, d, f)에 따라 1, 3, 5, 7의 공간을 지닌다. 따라서 f오비탈에 들어갈 수 있는 전자는 총 14개이다.

16 다음 중 융점(녹는점)이 가장 낮은 금속은?

① W
② Pt
③ Hg
④ Na

해설
수은의 녹는점은 모든 금속 중에 가장 낮아(약 −38.9℃) 상온에서 대부분 액체상태로 존재하는 특징이 있다.

17 묽은 염산을 가할 때 기체를 발생시키는 금속은?

① Cu
② Hg
③ Mg
④ Ag

해설
묽은 염산과 마그네슘의 반응식
$2HCl + Mg \rightarrow MgCl_2 + H_2(\uparrow)$

18 다음 중 상온(25℃)에서 물 또는 습기와 접촉하여 발화하여 항상 석유 속에 보관하는 금속은?

① Cu
② Si
③ Na
④ Be

해설
나트륨은 상온에서 물, 습기와 접촉해 발화하므로 항상 석유 속에 보관한다.

19 반감기가 5년인 방사성 원소가 있다. 이 동위원소 2g 이 10년이 경과하였을 때 몇 g이 남겠는가?

① 0.125
② 0.25
③ 0.5
④ 1.5

해설
반감기
$$M = M_0\left(\frac{1}{2}\right)^{\frac{t}{T}} = 2g \times \left(\frac{1}{2}\right)^2 = 0.5g$$
여기서, M : t 시간 이후의 질량
M_0 : 초기 질량
t : 경과된 시간
T : 반감기

20 다음 중 수소결합에 대한 설명으로 틀린 것은?

① 원자와 원자 사이의 결합이다.
② 전기음성도가 큰 F, O, N의 수소화합물에 나타 난다.
③ 수소결합을 하는 물질은 수소결합을 하지 않는 물질에 비해 녹는점과 끓는점이 높다.
④ 대표적인 수소결합 물질로는 HF, H_2O, NH_3 등 이 있다.

해설
수소결합은 분자 간의 결합이다.

21 다음 유기화합물 중 파라핀계 탄화수소는?

① C_5H_{10}　　② C_4H_8

③ C_3H_6　　④ CH_4

해설

파라핀계 탄화수소의 일반식 : C_nH_{2n+2}

22 수산화크롬, 수산화알루미늄은 산과 만나면 염기로 작용하고, 염기와 만나면 산으로 작용한다. 이런 화합물을 무엇이라 하는가?

① 이온성 화합물
② 양쪽성 화합물
③ 혼합물
④ 착화물

23 고체가 액체에 용해되는 경우 용해속도에 영향을 주는 인자로서 가장 거리가 먼 것은?

① 고체 표면적의 크기
② 교반속도
③ 압력의 증감
④ 온도의 변화

해설

고체가 액체에 용해되는 속도는 고체 표면적이 넓을수록(입자가 작을수록), 교반속도가 빠를수록, 온도가 높을수록 빨라진다.

24 40℃에서 어떤 물질은 그 포화용액 84g 속에 24g이 녹아 있다. 이 온도에서 이 물질의 용해도는?

① 30　　② 40

③ 50　　④ 60

해설

$$용해도 = \frac{용질(g)}{용매(g)} \times 100$$
$$= \frac{24}{84-24} \times 100 = 40\%$$

25 알칼리금속에 대한 설명으로 가장 거리가 먼 내용은?

① 공기 중에서 쉽게 산화되어 금속광택을 잃는다.
② 원자가전자가 1개이므로 +1가의 양이온이 되기 쉽다.
③ 할로겐원소와 직접 반응하여 할로겐화합물을 만든다.
④ 염소와 1 : 2 화합물을 형성한다.

해설

알칼리금속은 염소와 1 : 1로 반응해 화합물을 형성한다.
$2M(s) + Cl_2(g) \rightarrow 2MCl(s)$

26 전기음성도가 비슷한 비금속 사이에서 주로 일어나는 결합은?

① 이온결합　　② 공유결합

③ 배위결합　　④ 수소결합

해설

공유결합	이온결합	금속결합
비금속 + 비금속	금속 + 비금속	금속 + 금속

27 다음 금속 중 환원력이 가장 큰 것은?

① 니 켈　　② 철

③ 구 리　　④ 아 연

해설

3주기까지의 원소는 단순한 최외각전자의 수로 이온화 경향을 설명할 수 있으나, 4주기 전이금속의 경우 실험적인 결과값인 표준환원전위를 측정해 이온화 경향을 비교할 수 있다. 표준환원전위가 클 경우 환원반응, 작을 경우 산화반응이 일어난다. 다니엘 전지의 화학반응을 통해 확인해보면 전체 반응은 $Zn(s) + Cu^{2+}(aq) \rightarrow Zn^{2+}(aq) + Cu(s)$이며, 아연은 구리를 환원시키는 환원제의 역할을 수행한다.

28 EDTA 1mol에 대한 금속이온 결합의 비는?

① 1 : 1　　② 1 : 2

③ 1 : 4　　④ 1 : 6

해설

EDTA는 금속이온과 동일한 결합의 비(1 : 1)를 갖는다.

29 할로겐원소의 성질 중 원자번호가 증가할수록 작아지는 것은?

① 금속성

② 반지름

③ 이온화 에너지

④ 녹는점

해설

동일족에서 원자번호가 증가할수록 이온화 에너지는 작아진다.

30 황산구리 용액에 아연을 넣을 경우 구리가 석출되는 것은 아연이 구리보다 무엇의 크기가 크기 때문인가?

① 이온화 경향

② 전기저항

③ 원자가전자

④ 원자번호

해설

이온화 경향이 작은 금속염(Cu)의 수용액에 이온화 경향이 큰 금속(Zn)을 담그면 이온화 경향이 큰 금속은 이온으로, 작은 금속은 석출된다.

31 다음 유기화합물의 화학식이 틀린 것은?

① 메탄 – CH_4

② 프로필렌 – C_3H_6

③ 펜탄 – C_5H_{12}

④ 아세틸렌 – C_2H_6

해설
아세틸렌의 화학식은 C_2H_2이다.

32 분자식이 $C_{18}H_{30}$인 탄화수소 1분자 속에는 이중결합이 최대 몇 개 존재할 수 있는가?(단, 삼중결합은 없다)

① 2   ② 3

③ 4   ④ 5

해설
탄소는 다리(전자)가 4개이며 수소는 1개이다. 이로써 단일결합만을 고려한 탄화수소의 일반식은 C_nH_{2n+2}이 되고 탄소가 18개일 때 수소는 총 $(2 \times 18) + 2 = 38$개의 단일결합을 유지하게 된다. 제시된 문제에서는 탄소가 18개일 때 수소가 30개이므로 $38 - 30 = 8$, 즉 총 8개의 전자는 단일결합이 아닌 이중결합을 하고 있다고 볼 수 있다.

∴ $8 \div 2 = 4$, 총 4개의 이중결합이 가능하다.

33 벤젠고리 구조를 포함하고 있지 않은 것은?

① 톨루엔

② 페 놀

③ 자일렌

④ 사이클로헥산

해설
벤젠고리는 정확한 의미에서 1.5중결합(이중결합과 단일결합을 빠르게 번갈아가며 유지한다)이며, 사이클로헥산은 단일결합의 모양을 지니고 있다.

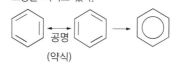

(약식)

34 다음 물질 중에서 무기화합물인 것은?

① 프로판

② 녹 말

③ 염화코발트

④ 아세톤

해설
유기화합물과 무기화합물은 탄소의 포함 여부로 구분하며, 염화코발트($CoCl_2$)는 탄소를 포함하고 있지 않으므로 무기화합물이다.

35 다음 화합물 중 브롬(Br)액을 적가할 때 브롬액의 적갈색을 탈색(무색)시키는 물질은?

① CH_4 ② C_2H_4

③ C_6H_{12} ④ CH_3OH

해설
브롬은 불포화결합의 유무를 확인할 때 사용되며, 혼합했을 때 불포화탄화수소와 첨가반응을 하여 적갈색이 무색으로 변한다.

36 탄소섬유를 만드는 데 사용되는 원료로 가장 적당한 것은?

① 흑 연　　　　② 단사황

③ 실리콘　　　　④ 고무상황

> **해설**
> 탄소섬유는 미세한 흑연 결정구조를 지니는 섬유상태의 탄소물질이다.

37 포화탄화수소에 대한 설명으로 옳은 것은?

① 이중결합으로 되어 있다.

② 치환반응을 한다.

③ 첨가반응을 잘한다.

④ 기하이성질체를 갖는다.

> **해설**
> 주로 포화탄화수소는 치환반응, 불포화탄화수소는 첨가반응을 한다.

38 설탕의 가수분해 생성물로 옳은 것은?

① 포도당

② 포도당 + 과당

③ 포도당 + 포도당

④ 포도당 + 갈락토스

> **해설**

탄수화물 종류		분자식	가수분해 생성물	수용성
단당류	포도당	$C_6H_{12}O_6$	가수분해 X	O
	과 당			
	갈락토스			
이당류	설 탕	$C_{12}H_{22}O_{11}$	포도당 + 과당	O
	맥아당 (엿당)		포도당 + 포도당	
	젖 당		포도당 + 갈락토스	
다당류 (천연 고분자)	녹 말	$(C_6H_{10}O_5)_n$	포도당	X
	셀룰로스			
	글리코겐			

39 다음 중 아염소산칼륨은 어느 것인가?

① $KClO$　　　　② $KClO_2$

③ $KClO_3$　　　　④ $KClO_4$

> **해설**
> ② $KClO_2$: 아염소산칼륨
> ① $KClO$: 차아염소산칼륨
> ③ $KClO_3$: 염소산칼륨
> ④ $KClO_4$: 과염소산칼륨

40 $AgNO_3$ 수용액과 반응하여 흰색 침전을 생성하는 할로겐(Halogen) 이온은?

① F^-　　　　② Cl^-

③ Br^-　　　　④ I^-

> **해설**
> 수질오염공정시험기준에 따르면 물속의 염소이온 분석을 위해 질산은($AgNO_3$)을 이용하며, 반응 시 흰색 침전이 형성된다.

41 Alkyne의 일반식은?

① C_nH_{2n}　　　　② C_nH_{2n+1}

③ C_nH_{2n-2}　　　④ C_nH_{2n+2}

해설
Alkyne : C_nH_{2n-2}, Alkane : C_nH_{2n+2}, Alkene : C_nH_{2n}

42 다음 중 같은 양의 물과 함께 넣어 흔들면 섞이지 않고 상층액으로 분리되는 것은?

① 에탄올　　　　② 에테르

③ 폼 산　　　　④ 아세트산

해설
에테르는 비극성이므로 물(극성)에 쉽게 용해되지 않는다.

43 프로페인(C_3H_8) 4L를 완전연소시키려면 공기는 몇 L 가 필요한가?(단, 표준상태 기준이며, 공기 중의 O_2 는 20%임)

① 11.2　　　　② 22.4

③ 100　　　　④ 140

해설
프로페인(프로판)의 완전연소식은 다음과 같다.
$C_3H_8 + 5O_2 \rightarrow 3CO_2 + 4H_2O$
1 : 5 = 4L(프로페인 연소량) : x
$x = 20L$
즉, 산소 20L가 필요하며, 공기 중의 산소가 20%이므로
1 : 0.2 = x : 20L
∴ $x = \dfrac{20L}{0.2} = 100L$

44 오스트발트 점도계를 사용하여 다음의 값을 얻었다. 이 액체의 점도는 얼마인가?

- 액체의 밀도 : 0.97g/cm³
- 물의 밀도 : 1.00g/cm³
- 액체가 흘러내리는 데 걸린 시간 : 18.6초
- 물이 흘러내리는 데 걸린 시간 : 20초
- 물의 점도 : 1cP

① 0.9021cP　　　② 1.0430cP

③ 0.9021P　　　④ 1.0430P

해설
$$점도 = \frac{액체의\ 밀도}{물의\ 밀도} \times \frac{액체\ 이동시간}{물\ 이동시간} \times 물의\ 점도$$
$$= 0.97 \times \left(\frac{18.6}{20}\right) \times 1 = 0.9021\,cP$$

45 가스크로마토그래피를 이용하여 분석을 할 때, 혼합물을 단일 성분으로 분리하는 원리는?

① 각 성분의 부피 차이

② 각 성분의 온도 차이

③ 각 성분의 이동속도 차이

④ 각 성분의 농도 차이

해설
가스크로마토그래피는 혼합물에 포함된 단일 성분들의 이동속도 차이를 이용해 물질을 정량, 정성분석한다.

46 액체크로마토그래피의 분석용 관의 길이로서 가장 적당한 것은?

① 1~3cm

② 10~30cm

③ 100~300cm

④ 300~1,000cm

해설
액체크로마토그래피의 분석용 관은 대부분 선형 스테인리스강관을 사용하며, 분석용 관의 내부 지름은 2.0mm 또는 4.6mm이고 길이는 10~30cm이다.

47 제1족 양이온 분족시약은?

① 묽은 염산

② 황화수소

③ 암모니아수

④ 염화암모늄

해설
묽은 염산을 사용한다.

족	양이온	분족시약	침 전
제1족	Ag^+, Pb^{2+}, Hg_2^{2+}	HCl	염화물
제2족	Bi^{3+}, Cu^{2+}, Cd^{2+}, Hg^{2+}, As^{3+}, As^{5+}, Sb^{3+}, Sn^{2+}, Sn^{4+}	H_2S (0.3M$-$HCl)	황화물 (산성 조건)
제3족	Fe^{2+}, Fe^{3+}, Cr^{3+}, Al^{3+}	NH_4OH- NH_4Cl	수산화물
제4족	Ni^{2+}, Co^{2+}, Mn^{2+}, Zn^{2+}	$(NH_4)_2S$	황화물 (염기성 조건)
제5족	Ba^{2+}, Sr^{2+}, Ca^{2+}	$(NH_4)_2CO_3$	탄산염
제6족	Mg^{2+}, K^+, Na^+, NH_4^+	–	–

48 전위차 적정으로 중화적정을 할 때 반드시 필요로 하지 않은 것은?

① pH 미터

② 자석 교반기

③ 페놀프탈레인

④ 뷰렛과 피펫

해설
페놀프탈레인, 메틸오렌지는 수동적정에 반드시 필요한 지시약이지만 자동화된 전위차 적정에 꼭 필요하지는 않다.

49 종이크로마토그래피에서 이동도(R_f)를 구하는 식은?(단, C : 기본선과 이온이 나타난 사이의 거리(cm), K : 기본선과 전개 용매가 전개한 곳까지의 거리(cm)이다)

① $R_f = \dfrac{C}{K}$

② $R_f = C \times K$

③ $R_f = \dfrac{K}{C}$

④ $R_f = K + C$

해설
이동도(R_f)
• 전개율이라고도 한다.
• 0.4~0.8의 값을 지니며, 반드시 1보다 작다.
• 이동도(R_f) $= \dfrac{C}{K}$

50 두 가지 이상의 혼합물질을 단일 성분으로 분리하여 분석하는 기법은?

① 분광광도법

② 전기무게분석법

③ 크로마토그래피

④ 핵자기공명흡수법

해설
크로마토그래피는 다양한 분자들이 혼합되어 있을 때 단일 성분으로 분석하는 가장 좋은 방법이다.

51 전기분해반응 $Pb^{2+} + 2H_2O \rightleftharpoons PbO_2(s) + H_2(g) + 2H^+$에서 0.1A의 전류가 20분 동안 흐른다면, 약 몇 g의 PbO_2가 석출되겠는가?(단, PbO_2의 분자량은 239로 한다)

① 0.10g   ② 0.15g

③ 0.20g   ④ 0.30g

해설
전기석출량

$$W = \frac{I \times t \times M}{Z \times F}$$

여기서, I : 전류, t : 시간, M : 원자량,
$\quad\quad\quad Z$: 전자수, F : 1Faraday = 96,500C(A×s)

$$\therefore W = \frac{0.1A \times 20\min \times 60s/\min \times 239g}{2 \times 96,500C} ≒ 0.15g$$

52 비어-람베르트 법칙에 대한 설명이 맞는 것은?

① 흡광도는 용액의 농도에 비례하고 용액의 두께에 반비례한다.
② 흡광도는 용액의 농도에 반비례하고 용액의 두께에 비례한다.
③ 흡광도는 용액의 농도와 용액의 두께에 비례한다.
④ 흡광도는 용액의 농도와 용액의 두께에 반비례한다.

해설
비어-람베르트의 법칙
• 흡광도는 액층의 두께, 용액의 농도에 비례한다.
• 투광도는 액층의 두께, 용액의 농도에 반비례한다.

53 용액 중의 물질이 빛을 흡수하는 성질을 이용하는 분석기기를 무엇이라 하는가?

① 비중계   ② 용액광도계

③ 액성광도계   ④ 분광광도계

해설
빛의 흡수능력을 이용한 정량, 정성분석기기를 분광광도계라고 한다.

54 분광광도계를 이용하여 시료의 투과도를 측정한 결과 투과도가 20% T이었다. 이때 흡광도는 얼마인가?

① 0.7   ② 1

③ 1.5   ④ 2

해설
$A = 2 - \log(\%T)$
$\quad = 2 - \log 20 = 2 - 1.3 = 0.7$
여기서, A : 흡광도, T : 투과도

55 가스 크로마토그래피의 시료 혼합 성분은 운반 기체와 함께 분리관을 따라 이동하게 되는데 분리관의 성능에 영향을 주는 요인으로 가장 거리가 먼 것은?

① 분리관의 길이
② 분리관의 온도
③ 검출기의 기록계
④ 고정상의 충전방법

해설
분리관 성능결정 3인자
분리관의 길이, 분리관의 온도, 고정상의 충전방법

56 가스 크로마토그래프의 주요 구성부가 아닌 것은?

① 운반 기체부　　② 주입부
③ 흡광부　　　　④ 칼 럼

해설
흡광부는 분광광도계의 주요 구성부이다.

57 Ni^{2+}의 확인반응에서 다이메틸글리옥심(Dimethyl-glyoxime)을 넣으면 무슨 색으로 변하는가?

① 붉은색　　　　② 푸른색
③ 검정색　　　　④ 하얀색

해설
3족 양이온인 니켈을 확인하는 반응은 다이메틸글리옥심과의 붉은색 변색반응이다.

58 분광광도계에 사용할 시료용기에 용액을 채울 때 어느 정도가 가장 적당한가?

① 1/2　　　　　② 1/3
③ 2/3　　　　　④ 1/4

해설
일반적으로 시료용기의 약 2/3를 채운다.

59 원자흡광광도법에서 빛의 흡수와 원자 농도와의 관계는?

① 비 례
② 반비례
③ 제곱근에 비례
④ 제곱근에 반비례

해설
빛을 많이 흡수할수록 원자 농도의 값도 커지는 비례관계이다.

60 수은을 바닥에 떨어뜨렸을 때 가장 적절한 조치사항은?

① 빗자루로 쓸어 담아 일반 하수구에 버린다.
② 수은은 인체에 무해하므로 그대로 두어도 무방하다.
③ 흙이나 모래 등을 가하여 수은을 흡착시킨 후 일반 하수구에 버린다.
④ 주위에 아연가루를 골고루 뿌리고 약 5%의 황산 수용액으로 적셔 반죽처럼 되게 한 후 처리한다.

해설
수은은 인체에 유독한 중금속으로 셀레늄, 아연 등과 반응시켜 독성을 낮춘 후 제거한다.

01

22g의 프로판(C_3H_8)을 완전연소시키면 몇 몰(mol)의 이산화탄소(CO_2)가 생성되는가?(C, H, O의 원자량은 각각 12, 1, 16이다)

① 0.75
② 1.0
③ 1.5
④ 3.0

해설

$C_3H_8 + 5O_2 \rightarrow 3CO_2 + 4H_2O$

$1 3$

$\dfrac{22}{44} x$

$1 : 3 = \dfrac{22}{44} : x$

$x = 1.5$

02

다음 물질의 같은 농도의 수용액 중 가장 강한 산성을 나타내는 것은?

① H_2CO_3
② HCl
③ H_3PO_4
④ CH_3COOH

해설

HCl, H_2SO_4, HNO_3는 3대 강산이다.

03

다음 A, B는 어떤 중성 원자의 전자 배치의 두 가지 경우를 표시한 것이다. 이 중 잘못 설명한 것은?

$$A : 1s^2 2s^2 2p^6 3s^1 \qquad B : 1s^2 2s^2 2p^6 5s^1$$

① 전자 1개를 분리시키는 데 A원자가 B원자보다 많은 에너지가 필요하다.
② B의 상태는 A의 상태보다 원자로서 높은 에너지 상태에 있다.
③ B가 A로 변할 때는 빛이 방출된다.
④ A와 B는 서로 다른 원소이다.

해설

총전자의 개수가 동일한 경우 같은 원소이며 오비탈에 다른 형태로 전자가 배치될 수 있다.

04

주로 비금속과 비금속 간의 결합은 어떤 형태를 지니는가?

① 이온결합
② 공유결합
③ 수소결합
④ 금속결합

해설

공유결합	이온결합	금속결합
비금속 + 비금속	금속 + 비금속	금속 + 금속

05

다음 중 균일혼합물이 아닌 것은?

① 우 유
② 설탕물
③ 소금물
④ 암모니아수

해설

우유는 대표적인 불균일 혼합물이다.

06 당량에 대한 정의로서 옳은 것은?

① 분자량의 절반

② 원자가 × 원자량

③ 표준온도와 표준압력에서 22.4L의 무게

④ 어떤 원소가 수소 1과 결합 또는 치환할 수 있는 원소의 양

해설
당량이란 어떤 원소가 수소 1과 결합 또는 치환될 수 있는 원소의 양으로 노르말농도의 기준이 된다.

08 다음 변화 중 물리적 변화에 해당하는 것은?

① 연 소

② 승 화

③ 발 효

④ 금속이 공기 중에서 녹슬 때

해설
승화는 증기압과 온도의 변화에 의해 고체가 액체를 거치지 않고 기화되는 현상으로 대표적인 물리적 변화이다.

09 다음 중 반응성이 가장 큰 원소는?

① F   ② O

③ Ne   ④ Ar

해설
17족은 최외각전자를 하나 받아 8개로 채우려는 성질이 강하다.

07 압력이 일정할 때 50℃에서 몇 ℃로 올리면 기체의 부피가 2배로 되겠는가?

① 50℃   ② 273℃

③ 373℃   ④ 383℃

해설
절대온도로 반응하므로 50 + 273 = 323, 323 × 2 = 646
646 − 273 = 373
∴ 373℃

10 다음 화학반응 중 복분해는 어느 것인가?(단, A, B, C, D는 원자 또는 라디칼을 나타낸다)

① A + B → AB

② AB → A + B

③ AB + C → BC + A

④ AB + CD → AD + BC

해설
복분해 반응의 일반식 : AB + CD → AD + BC

11 비활성 기체에 대한 설명으로 틀린 것은?

① 전자배열이 안정하다.

② 특유의 색깔, 맛, 냄새가 있다.

③ 방전할 때 특유한 색상을 나타내므로 야간광고용으로 사용된다.

④ 다른 원소와 화합하여 반응을 일으키기 어렵다.

해설

비활성 기체는 무색, 무취, 무미의 불연성 기체이다.

12 다음 중 식물 세포벽의 기본구조 성분은?

① 셀룰로스 ② 나프탈렌

③ 아닐린 ④ 에틸에테르

해설

식물 세포벽의 기본구조는 셀룰로스(섬유질)로 구성되어 있으며, 1차 세포벽과 2차 세포벽으로 구분할 수 있다.

13 다음 원소와 이온 중 최외각전자의 개수가 다른 것은?

① Na^+ ② K^+

③ Ne ④ F

해설

할로겐족은 최외각전자가 7개로 반응성이 가장 높다.
① Na^+ → 전자 1개를 잃어 최외각전자 8
② K^+ → 전자 1개를 잃어 최외각전자 8
③ Ne → 비활성 기체로 최외각전자 8

14 다음 중 3차(Tertiary) 알코올로 분류되는 것은?

① $(CH_3)_2CHOH$

② $(CH_3)_3COH$

③ C_2H_5OH

④ C_4H_9OH

해설

하이드록시기($-OH$)가 연결된 탄소에 붙은 알킬기(R)의 수에 따라 1차, 2차, 3차 알코올로 구분할 수 있다.
• 1차 알코올 : 메탄올(CH_3OH), 에탄올(C_2H_5OH)
• 2차 알코올 : 프로판올($CH_3CH_2CH_2OH$)
• 3차 알코올 : 부탄올(C_4H_9OH)

15 0℃, 2atm에서 산소분자수가 2.15×10^{21}개이다. 이때 부피는 약 몇 mL가 되겠는가?

① 40mL ② 80mL

③ 100mL ④ 120mL

해설

이상기체방정식 $PV = nRT$

$$\therefore \ V = \frac{nRT}{P}$$

$$= \frac{(2.15 \times 10^{21}) \left(\frac{1\,mol}{6.02 \times 10^{23}} \right) \times (0.082\,atm \cdot L/mol \cdot K)(273K)}{2atm}$$

$\fallingdotseq 0.04L = 40mL$

16 수소 2g과 산소 24g을 반응시켜 물을 만들 때 반응하지 않고 남아 있는 기체의 무게는?

① 산소 4g   ② 산소 8g

③ 산소 12g   ④ 산소 16g

해설

$$H_2 + \frac{1}{2}O_2 \rightarrow H_2O$$

  1   8

  2   x

$x = 16$에서 $24 - 16 = 8g$

17 양성자 6개, 중성자가 7, 전자가 6개 들어 있는 원자의 무게는 얼마인가?

① 6   ② 7

③ 12   ④ 13

해설

원자의 무게 = 양성자 + 중성자 → 전자의 질량은 거의 나가지 않아 원자의 무게에 기여하지 않는다.

18 현재 사용되는 주기율표는 다음 어느 것에 의해 만들어졌는가?

① 중성자의 수

② 양성자의 수

③ 원자핵의 무게

④ 질량수

해설

주기율표의 원자번호는 양성자수와 같으며, 양성자수를 기준으로 가벼운 순서대로 나열되어 있다.

19 표준상태(0℃, 1atm)에서 H_2 1mol의 부피는 22.4L이다. 표준상태에서 N_2 1mol의 부피는 몇 L인가?

① 11.2   ② 22.4

③ 44.8   ④ 28

해설

표준상태에서 모든 기체 1mol은 22.4L의 부피를 가진다.

20 중크롬산칼륨($K_2Cr_2O_7$)에서 크롬의 산화수는?

① 2   ② 4

③ 6   ④ 8

해설

K의 산화수 = +1, O의 산화수 = −2이므로 크롬의 산화수를 x라 할 때

$2 + 2x + (-14) = 0$

$2x = 12$

∴ 크롬의 산화수(x) = 6

21 어떤 석회석의 분석치는 다음과 같다. 이 석회석 5ton에서 생성되는 CaO의 양은 약 몇 kg인가? (단, Ca의 원자량은 40, Mg의 원자량 24.8이다)

- $CaCO_3$: 92%
- $MgCO_3$: 5.1%
- 불용물 : 2.9%

① 2,576kg ② 2,776kg
③ 2,976kg ④ 3,176kg

해설

$CaCO_3 \rightarrow CaO + CO_2$

100kg : 56kg = 5,000kg : x

$x = \dfrac{5,000 \times 56}{100} = 2,800$kg

$CaCO_3$가 92%이므로 2,800kg $\times$ 0.92 = 2,576kg이다.

22 다음 중 비극성인 물질은?

① H_2O ② NH_3
③ HF ④ C_6H_6

해설

극성과 비극성의 구분은 비공유전자쌍의 유무와 전기음성도에 의해 결정된다. 비공유전자쌍이 있으면 극성을 띠며, 결합을 이루고 있는 원소들의 전기음성도값의 차이가 클수록 극성을 띤다.
- 비극성 : 결합원소의 구조가 대칭을 이룬다(F_2, Cl_2, Br_2, CH_4, C_6H_6 등).
- 극성 : 결합원소의 구조가 대칭을 이루지 못해 한쪽에서 다른 한쪽의 결합을 당기게 된다(HF, HCl, HBr, H_2O, NH_3 등).
예 CO_2는 비극성임 → O=C=O(대칭)
   SO_2는 극성임 → O=S-O(비대칭)

23 분자 간에 작용하는 힘에 대한 설명으로 틀린 것은?

① 반데르발스 힘은 분자 간에 작용하는 힘으로서 분산력, 이중극자 간 인력 등이 있다.
② 분산력은 분자들이 접근할 때 서로 영향을 주어 전하의 분포가 비대칭이 되는 편극현상에 의해 나타나는 힘이다.
③ 분산력은 일반적으로 분자의 분자량이 커질수록 강해지나, 분자의 크기와는 무관하다.
④ 헬륨이나 수소기체도 낮은 온도와 높은 압력에서는 액체나 고체상태로 존재할 수 있는데, 이는 각각의 분자 간에 분산력이 작용하기 때문이다.

해설

분산력은 편극도에 비례하며 편극도는 전자의 수가 많을수록 크므로, 고분자의 물질이 분산력이 크다.
※ 편극도 : 전자가 어느 순간 한쪽으로 쏠리는 현상을 말한다. 순간적으로 전자가 쏠린 쪽은 양극, 다른 한쪽은 음극을 나타내게 되며 이를 유발쌍극자라 한다. 유발쌍극자가 발생할 경우 화합물에 분포하는 다른 전자에 영향을 주고, 순간적이고 약한 힘이 생성된다.

24 순황산 9.8g을 물에 녹여 250mL로 만든 용액은 몇 노말농도인가?(단, 황산의 분자량은 98이다)

① 0.2N ② 0.4N
③ 0.6N ④ 0.8N

해설

순황산 9.8g/L은 0.1M이며 황산은 2가이므로 0.2N이 된다. 그러나 문제에서 제시된 기준액이 250mL이며 250mL $\times$ 4 = 1,000mL 이므로, 0.2N $\times$ 4 = 0.8N이 된다.
※ 순황산 49g = 1g당량이므로 49g : 1g당량 = 9.8g : x, x = 0.2g 당량이며, 0.2g당량/0.25L이므로 분자와 분모에 모두 4를 곱하면 0.8g당량/L = 0.8N이다.

25 0.01M NaOH의 pH는 얼마인가?

① 10 ② 11
③ 12 ④ 13

해설

pH = 14 - pOH = 14 - (-log0.01) = 14 - 2 = 12

26 시료 중의 염화물을 정량하기 위하여 염화물을 질산은($AgNO_3$)으로 침전시켜 염화은($AgCl$) 0.245g을 생성시켰다. 시료 중 염소의 양은?(단, 각 원소의 원자량은 Ag = 107.9, N = 14, O = 16, Cl = 35.45이다)

① 0.02 ② 0.06
③ 0.12 ④ 0.16

해설

시료 중 염소의 양 = 염화은 생성량 × $\dfrac{염소\ 분자량}{염화은\ 분자량}$

$= 0.245g × \dfrac{35.45g/mol}{(107.9+35.45)g/mol}$

$≒ 0.06g$

27 다음 정량분석방법 중 여러 가지 방해작용이 우려될 경우에 사용하는 적당한 분석방법은?

① 검량선법(표준검정곡선법)
② 내부표준법
③ 표준물첨가법
④ 면적백분율법

해설
표준물첨가법은 보통 시료의 조성이 알려져 있지 않거나 복잡해 서로의 간섭이 우려될 경우 사용하는 분석법이다.

28 침전 적정법에서 과잉의 적정시약과 작용하는 지시약을 사용하지 않는 방법은?

① Mohr법
② Volhard법
③ Fajans법
④ Warder법

해설
Warder법은 혼합 알칼리를 정량하는 방법으로 과잉의 적정시약과 작용하는 지시약의 사용과는 관계가 멀다.

29 $CuSO_4 \cdot 5H_2O$ 중의 Cu를 정량하기 위해 시료 0.5012g을 칭량하여 물에 녹여 KOH를 가했을 때 $Cu(OH)_2$의 청백색 침전이 생긴다. 이때 이론상 KOH는 약 몇 g이 필요한가?(단, 원자량은 Cu = 63.54, S = 32, O = 16, K = 39이다)

① 0.1125 ② 0.2250
③ 0.4488 ④ 1.0024

해설
• $CuSO_4 \cdot 5H_2O$의 분자량 = 249.54
• $CuSO_4 \cdot 5H_2O$ 몰수 = $\dfrac{0.5012}{249.54}$ = $2.01 × 10^{-3}$mol

$Cu^{2+} + 2OH^- \rightarrow Cu(OH)_2$이므로
$2mol × 2.01 × 10^{-3}$의 KOH가 필요하며,
KOH의 분자량이 56g/mol이므로
$2mol × 2.01 × 10^{-3} × 56g/mol ≒ 0.225g$의 KOH가 필요하다.

30 암모늄염 중 암모니아 적정에서 암모니아가 완전히 추출되었는지를 확인하는 데 사용되는 것은?

① 황산암모늄
② 네슬러 시약
③ 톨렌스 시약
④ 킬레이트 시약

해설
네슬러 시약은 아이오딘화수은(II)과 아이오딘화칼륨을 수산화칼륨 수용액에 용해한 것으로, 암모니아 가스 또는 암모늄이온의 검출 및 정량분석에 활용된다.

31 침전적정에서 Ag^+에 의한 은법적정 중 지시약법이 아닌 것은?

① Mohr법

② Fajans법

③ Volhard법

④ 네펠로법(Nephelometry)

네펠로법은 입자의 혼탁도에 따른 산란도를 측정하는 방법으로, 대표적인 탁도 측정방법이다.

32 산화–환원 적정법 중의 하나인 과망간산칼륨 적정은 주로 산성용액 상태에서 이루어진다. 이때 분석액을 산성화하기 위하여 주로 사용하는 산은?

① 황산(H_2SO_4)

② 질산(HNO_3)

③ 염산(HCl)

④ 아세트산(CH_3COOH)

과망간산칼륨 적정법에서는 황산을 일정량 넣어 분석액의 산성상태를 유지한다.

33 양이온 정성분석에서 어떤 용액에 황화수소(H_2S) 가스를 통하였을 때 황화물로 침전되는 족은?

① 제1족   ② 제2족

③ 제3족   ④ 제4족

족	양이온	분족시약	침 전
제1족	Ag^+, Pb^{2+}, Hg_2^{2+}	HCl	염화물
제2족	Bi^{3+}, Cu^{2+}, Cd^{2+}, Hg^{2+}, As^{3+}, As^{5+}, Sb^{3+}, Sn^{2+}, Sn^{4+}	H_2S ($0.3M - HCl$)	황화물 (산성 조건)
제3족	Fe^{2+}, Fe^{3+}, Cr^{3+}, Al^{3+}	$NH_4OH - NH_4Cl$	수산화물
제4족	Ni^{2+}, Co^{2+}, Mn^{2+}, Zn^{2+}	$(NH_4)_2S$	황화물 (염기성 조건)
제5족	Ba^{2+}, Sr^{2+}, Ca^{2+}	$(NH_4)_2CO_3$	탄산염
제6족	Mg^{2+}, K^+, Na^+, NH_4^+	–	–

34 공실험(Blank Test)을 하는 가장 주된 목적은?

① 불순물 제거

② 시약의 절약

③ 시간의 단축

④ 오차를 줄이기 위함

공실험
• 수용액 상태의 물질의 정량, 정성분석에 사용된다.
• 대상물질을 제외한 바탕액(주로 물)을 기준으로 영점 보정하여 오차를 줄일 목적으로 사용한다.

35 다음 황화물 중 흑색 침전이 아닌 것은?

① PbS   ② AgS

③ CuS   ④ ZnS

황화아연(ZnS)은 백색 침전이다.

36 Ba^{2+}, Ca^{2+}, Na^+, K^+ 네 가지 이온이 섞여 있는 혼합용액이 있다. 양이온 정성분석 시 이들 이온을 Ba^{2+}, Ca^{2+}(제5족)와 Na^+, K^+(제6족)이온으로 분족하기 위한 시약은?

① $(NH_4)_2CO_3$

② $(NH_4)_2S$

③ H_2S

④ 6M HCl

해설
• 제5족 분족시약을 통해 침전성을 확인하면 제6족과 분리할 수 있다.
• $(NH_4)_2CO_3$가 제5족 분족시약이다.

37 양이온의 분리 검출에서 각종 금속이온의 용해도를 고려하여 제1족~제6족으로 구분하고 있다. 제4족에 해당하는 금속은?

① Pb^{2+}

② Ni^{2+}

③ Cr^{3+}

④ Fe^{3+}

38 양이온의 계통적인 분리검출법에서는 방해물질을 제거시켜야 한다. 다음 중 방해물질이 아닌 것은?

① 유기물

② 옥살산 이온

③ 규산 이온

④ 암모늄 이온

해설
양이온 계통 분리검출법에 따른 방해물질
• 유기물
• 옥살산 이온
• 규산 이온

39 양이온 계통 분리 시 분족시약이 없는 족은?

① 제3족

② 제4족

③ 제5족

④ 제6족

해설
양이온 제6족은 음이온과 반응할 때 침전을 만들지 않기 때문에 분족시약이 없다.

40 다음은 양이온과 수용액에서의 그 색상을 짝지어 놓은 것이다. 틀린 것은?

① Cr^{3+} – 무색

② Co^{2+} – 적색

③ Mn^{2+} – 적색

④ Fe^{2+} – 황색

해설
① Cr^{3+} – 암적색

41 적외선 분광 광도계의 흡수 스펙트럼으로부터 유기물질의 구조를 결정하는 방법 중 카보닐기가 강한 흡수를 일으키는 파장의 영역은?

① $1,300 \sim 1,000 \text{cm}^{-1}$

② $1,820 \sim 1,660 \text{cm}^{-1}$

③ $3,400 \sim 2,400 \text{cm}^{-1}$

④ $3,600 \sim 3,300 \text{cm}^{-1}$

해설
카보닐기는 탄소 하나와 산소 하나가 이중결합을 유지하는 2가의 작용기($-C=O-$)를 말하며 $1,750 \sim 1,700 \text{cm}^{-1}$ 부근에서 강한 흡수 반응을 보인다.

42 원자흡수분광광도계에 사용하는 속빈음극등(Hollow Cathode Lamp)에 대한 설명 중 잘못된 것은?

① 아르곤 기체가 채워져 있다.

② 음극의 재질은 분석 원소의 순수한 금속이다.

③ 양극에는 낮은 전압을 걸어 준다.

④ 양극의 재질은 텅스텐이다.

해설
속빈음극등의 양극에 높은 전압을 걸수록 기체 양이온이 큰 운동에너지를 얻어 보다 정확한 분석이 가능해진다.

43 다음 기기분석법 중 광학적 방법이 아닌 것은?

① 전위차 적정법

② 분광 분석법

③ 적외선 분광법

④ X선 분석법

해설
전위차 적정법은 빛을 이용하는 방법이 아니라 전기의 발생을 이용하여 물질을 적정하는 방법이다.

44 UV/VIS는 빛과 물질의 상호 작용 중에서 어느 작용을 이용한 것인가?

① 흡 수　　　　　② 산 란

③ 형 광　　　　　④ 인 광

해설
자외선/가시광선 흡수분광법은 자외선, 가시광선을 흡수할 때 발생하는 전자전이로 물질을 분석하는 방법이다.

45 분광광도계의 검출기 종류가 아닌 것은?

① 광전증배관

② 광다이오드

③ 음극진공관

④ 광다이오드 어레이

해설
분광광도계의 검출기 : 광전증배관, 광다이오드, 전자결합장치, 자외선-가시광선 검출기, 광다이오드 어레이

46 용매만 있으면 모든 물질을 분리할 수 있고, 비휘발성이거나 고온에 약한 물질 분리에 적합하여 용매 및 칼럼, 검출기의 조합을 선택하여 넓은 범위의 물질을 분석 대상으로 할 수 있는 장점이 있는 분석 기기는?

① 기체 크로마토그래피(Gas Chromatography)
② 액체 크로마토그래피(Liquid Chromatography)
③ 종이 크로마토그래피(Paper Chromatography)
④ 분광광도계(Photoelectric Spectrophotometer)

47 어떤 용액의 흡광도를 측정하기 위해 빛을 입사시켰더니 이때 20%의 빛이 투과되었다면 이 용액의 흡광도는 얼마인가?(단, $A_s = \log(1/T)$, $\log 2 = 0.3010$)

① -0.3010 ② 0.5229
③ 0.6990 ④ 1.3010

해설
$A = -\log T = -\log(2/10) = -0.301 - (-1) = 0.699$

여기서 A : 흡광도, T : 투과도 $\left(= \dfrac{\text{투과량}}{\text{입사량}} \right)$

48 이온의 수와 전하, 전류, 전하의 이동도 등에 영향을 받는 분석법은?

① 비색법
② 전도도 측정법
③ 적외선 흡수분광법
④ 선광도법

해설
전도도 측정법은 물질의 전기전도도를 측정해 분석하는 방법으로 전기전도도에 영향을 주는 이온의 수, 전하, 전류 등에 영향을 받는다.

49 다음 결합 중 적외선 흡수분광법에서 파수가 가장 큰 것은?

① C-H 결합   ② C-N 결합
③ C-O 결합   ④ C-Cl 결합

해설
파수는 탄소와 결합하는 물질의 전기음성도와 연관이 깊으며 전기음성도가 작을수록 탄소전자를 덜 끌어당기며 탄소 주위의 전자밀도가 증가하게 되어 파수가 커진다.
※ 전기음성도 비교 : H < N = Cl < O

50 분광광도계가 광전비색계와 다른 점은?

① Beer-Lambert 법칙을 적용시킨다.
② 검정곡선을 작성하여 정량분석을 한다.
③ 단색화장치로 프리즘이나 회절격자를 사용한다.
④ 시료의 색깔이 없을 때 발색시약을 사용하여 발색시킨다.

해설
광전비색계는 프리즘 대신 단색필터를 사용한다.

51 분광광도계 실험 시 검량선을 작성하기 위하여 1,000 ppm 표준용액을 사용하여 10ppm의 표준용액 100mL을 만들고자 한다. 다음 중 제조방법이 올바른 것은?

① 1,000ppm 표준용액 0.01mL를 100mL 메스플라스크에 넣고 증류수로 표선까지 맞춘다.

② 1,000ppm 표준용액 0.1mL를 100mL 메스플라스크에 넣고 증류수로 표선까지 맞춘다.

③ 1,000ppm 표준용액 1mL를 100mL 메스플라스크에 넣고 증류수로 표선까지 맞춘다.

④ 1,000ppm 표준용액 10mL를 100mL 메스플라스크에 넣고 증류수로 표선까지 맞춘다.

해설
$NV = N'V'$ 를 이용하면
$1,000ppm \times x\,mL = 10ppm \times 100mL$
$x = 1mL$

52 분광광도계에서 흡광도가 0.500, 시료의 몰흡광계수가 0.01L/mol·cm, 광도의 길이가 2cm라면 시료의 농도는 몇 mol/L인가?

① 0.025 ② 0.25
③ 2.5 ④ 25

해설
$A = \varepsilon b C$
여기서, A : 흡광도
$\quad\quad \varepsilon$: 몰흡광계수
$\quad\quad b$: 광도의 길이
$\quad\quad C$: 시료의 농도
$C = \dfrac{A}{\varepsilon \times b} = \dfrac{0.5}{0.01L/mol \cdot cm \times 2cm} = 25mol/L$

53 원자흡수분광계에서 속빈음극램프의 음극 물질로 Li이나 As를 사용할 경우 충전기체로 가장 적당한 것은?

① Ne ② Ar
③ He ④ H_2

해설
충전기체로 아르곤을 주로 사용한다.

54 기기분석법의 장점으로 볼 수 없는 것은?

① 원소들의 선택성이 높다.
② 전처리가 비교적 간단하다.
③ 낮은 오차범위를 나타낸다.
④ 보수, 유지관리가 비교적 간단하다.

해설
기기분석법의 단점
• 기기 구입비가 비싸다.
• 보수, 유지관리가 어렵다.

55 일반적으로 화학실험실에서 발생하는 폭발사고의 유형이 아닌 것은?

① 조절 불가능한 발열반응
② 이산화탄소 누출에 의한 폭발
③ 불안전한 화합물의 가열·건조·증류 등에 의한 폭발
④ 에테르 용액 증류 시 남아 있는 과산화물에 의한 폭발

해설
이산화탄소 누출에 의한 피해는 상당히 드물며, 이산화탄소 중독 시 혈액 내 농도 증가로 인해 의식을 잃거나 경련증의 증가로 이어질 수 있다.

56 다음 중 GC(기체크로마토그래피)에서 사용되는 검출기가 아닌 것은?

① 불꽃이온화 검출기
② 전자포획 검출기
③ 자외・가시광선 검출기
④ 열전도도 검출기

해설
불꽃이온화 검출기, 열전도도 검출기, 전자포획 검출기가 GC에 사용된다.

57 가스크로마토그래피에서 용출크로마토그래프로 고정상이 고체인 경우에 칼럼 내에 흡착제로 충전시킬 수 없는 것은?

① 활성알루미나
② 실리카겔
③ 활성탄소
④ 유 리

해설
GC에서 사용하는 흡착제로는 활성알루미나, 실리카겔, 활성탄소를 이용할 수 있다.

58 기체크로마토그래피에서 주로 사용하는 운반기체는?

① 염 소
② 아세틸렌
③ 암모니아
④ 아르곤

해설
운반기체는 반응성이 없는 기체를 사용한다(주로 수소, 질소 또는 비활성 기체).

59 다음 중 HPLC(고성능 액체크로마토그래피)에 사용하는 검출기가 아닌 것은?

① UV/VIS 검출기
② RI(Refractive Index) 검출기
③ IR(Infrared) 검출기
④ ECD(Electron Capture Detector) 검출기

해설
전자포획 검출기(ECD)는 기체크로마토그래피의 일종이다.

60 원자흡광광도계의 특징으로 가장 거리가 먼 것은?

① 공해물질의 측정에 사용된다.
② 금속의 미량 분석에 편리하다.
③ 조작이나 전처리가 비교적 용이하다.
④ 유기재료의 불순물 측정에 널리 사용된다.

해설
원자흡광광도계는 유기물의 분석이 아닌 미량의 금속 성분 분석에 사용된다.

01 물, 벤젠, 석유의 세 가지 용매가 있다. 이 중 서로 혼합되는 것으로만 짝지어진 것은?

① 물, 벤젠
② 물, 석유
③ 벤젠, 석유
④ 물, 벤젠, 석유

해설
석유, 벤젠, 기름 등과 같은 비극성 물질은 극성 물질인 물과 혼합되지 않는다.

02 탄소는 4족 원소로 모든 생명체의 가장 기본이 되는 물질이다. 다음 중 탄소의 동소체로 볼 수 없는 것은?

① 원 유
② 흑 연
③ 활성탄
④ 다이아몬드

해설
탄소는 다이아몬드, 흑연, 활성탄, 풀러렌, 탄소나노튜브 등의 동소체가 있으나 원유는 탄소 이외의 다양한 성분이 포함되어 있어 동소체로 볼 수 없다.

03 돌턴의 원자설에 대한 설명 중 가장 거리가 먼 내용은?

① 물질은 분자라고 하는 더 이상 쪼갤 수 없는 작은 입자로 구성되어 있다.
② 원소에서 화합물이 생길 때 각 원소의 원자는 간단한 정수비로 결합한다.
③ 원자는 화학변화를 일으킬 때 새로 생성되지도 않고 소멸되지도 않는다.
④ 주어진 원소의 원자들은 질량과 모든 성질에서 동일하다.

해설
돌턴에 의하면 모든 물질은 원자라고 하는 더 이상 쪼개지지 않는 입자로 구성되어 있다.

04 다음 중 양쪽원소가 아닌 것은?

① Ni
② Sn
③ Zn
④ Al

해설
양쪽원소 : 금속과 비금속의 성질을 모두 지닌 원소로 Al, Zn, Sn, Pb가 포함된다.

05 원소의 주기율에 대한 설명으로 틀린 것은?

① 최외각전자는 족을 결정하고, 전자껍질은 주기를 결정한다.
② 금속원자는 최외각에 전자를 방출하여 양이온이 되려는 성질이 있다.
③ 이온화 경향이 큰 금속은 산과 반응하여 산소를 발생한다.
④ 같은 족에서 원자번호가 클수록 금속성이 증가한다.

해설
이온화 경향이 큰 금속은 산과 반응하여 수소를 발생한다.

06 HClO₄에서 할로겐원소가 갖는 산화수는?

① +1　　　　　　② +3

③ +5　　　　　　④ +7

$HClO_4$에서 수소는 1, 산소는 $-2 \times 4 = -8$이므로
$1 + (-8) + x = 0$, $x = 7$

07 황산(H_2SO_4)의 1당량은 얼마인가?(단, 황산의 분자량은 98g/mol이다)

① 4.9g　　　　　② 49g

③ 9.8g　　　　　④ 98g

황산의 분자량은 98g/mol이고, $H_2SO_4 \rightarrow 2H^+ + SO_4^{2-}$로 해리되므로 전자의 이동은 총 2개이다. 즉, 황산은 2가이므로 전자 1개당 할당된 무게(1당량)는 98g/2 = 49g이다.

08 혼합물의 분리방법이 아닌 것은?

① 여 과

② 대 류

③ 증 류

④ 크로마토그래피

대류는 열의 이동현상 중 하나로, 혼합물의 분리와는 관계가 없다.
※ 열의 이동현상 : 대류, 전도, 복사

09 황산($H_2SO_4 = 98$) 1.5노말용액 3L를 1노말용액으로 만들고자 한다. 물은 몇 L가 필요한가?

① 1.5L　　　　　② 2.5L

③ 3.5L　　　　　④ 4.5L

물질은 노말농도로 반응하므로, $NV = N'V'$를 이용한다.
1.5N × 3L = 1N × x
$x = 4.5L$
∴ 필요한 물의 양 = 4.5L − 3L = 1.5L

10 A + 2B → 3C + 4D와 같은 기초 반응에서 A, B의 농도를 각각 3배로 하면 반응속도는 몇 배로 되겠는가?

① 2　　　　　　　② 9

③ 18　　　　　　④ 27

반응속도 $V = [A][B]^2$
A, B의 농도를 각각 3배로 하면
반응속도 $V = [3A][3B]^2 = 27[A][B]^2$
∴ 반응속도는 27배가 된다.

11 22g의 프로판이 연소하면 몇 g의 H_2O가 발생하는가?(단, 반응식은 $C_3H_8 + 5O_2 \rightleftharpoons 3CO_2 + 4H_2O$, 원자량은 C = 12, O = 16, H = 1이다)

① 36
② 53
③ 66
④ 82

해설

$C_3H_8 + 5O_2 \rightarrow 3CO_2 + 4H_2O$

44g : 72g

22g : x

$x = 36g$

12 다음 중 공유결합성 화합물로만 구성되어 있는 것은?

① CO_2, KCl, HNO_3
② SO_2, NaCl, Na_2S
③ NO, NaF, H_2SO_4
④ NO_2, HF, NH_3

해설

공유결합은 원자가 전자를 공유하는 결합을 말하며 KCl, NaCl, NaF 등은 이온결합으로 해당되지 않는다.

13 전기음성도가 비슷한 비금속 사이에서 주로 일어나는 결합은?

① 이온결합
② 공유결합
③ 배위결합
④ 수소결합

해설

공유결합	이온결합	금속결합
비금속 + 비금속	금속 + 비금속	금속 + 금속

14 다음 공유결합 중 이중결합을 이루고 있는 분자는?

① H_2
② O_2
③ HCl
④ F_2

해설

산소는 이중결합을 이루고, 질소는 삼중결합을 이룬다.

15 기체 물질 1mol 표준상태에서의 부피는?

① 12.4L
② 22.4L
③ 44.8L
④ 54.8L

해설

기체 1mol은 표준상태에서 6.02×10^{23}개 만큼의 분자(원자)를 지니고 22.4L의 부피를 나타낸다.

16
0.01M Ca^{2+} 50.0mL와 반응하려면 0.05M EDTA 몇 mL가 필요한가?

① 10   ② 25
③ 50   ④ 75

해설
금속과 EDTA는 1 : 1 반응을 한다.
$MV = M'V'$를 이용하면,
0.01M × 50mL = 0.05M × x
∴ x = 10mL

17
NaCl과 KCl을 구별하는 가장 좋은 방법은?

① $AgNO_3$ 용액을 가한다.
② H_2SO_4를 가한다.
③ 불꽃반응을 실시한다.
④ 페놀프탈레인 용액을 가한다.

해설
알칼리금속은 고유의 불꽃반응을 통해 구별할 수 있다.
불꽃반응색

리튬 (Li)	나트륨 (Na)	칼륨 (K)	구리 (Cu)	칼슘 (Ca)	스트론 튬(Sr)	바륨 (Ba)
빨간색	노란색	보라색	청록색	주황색	짙은 빨간색	황록색

18
다음 금속 중 비중이 제일 큰 금속은?

① Mg   ② Au
③ Fe   ④ Cu

해설
원자량이 클수록 비중이 크다.

19
다음은 무슨 반응인가?

$(C_{15}H_{31}COO)_3C_3H_5 + 3NaOH$
$\rightarrow 3C_{15}H_{31}COONa + C_3H_5(OH)_3$

① 중 화
② 산 화
③ 비누화
④ 에스테르화

해설
에스테르(유지)에 강염기를 넣고 가열하면 지방산염이 생성되는 반응을 비누화반응이라고 한다.

20
탄소 간의 이중, 삼중결합의 검출에 이용되며 불포화화합물에 가하면 적갈색이 무색으로 변하는 할로겐 원소는?

① F_2 ② Br_2
③ Cl_2 ④ I_2

해설
브롬은 불포화결합의 유무를 확인할 때 사용되며, 혼합했을 때 불포화탄화수소와 첨가반응을 하여 적갈색이 무색으로 변한다.

21 평형상태에서 산의 전량을 1이라고 할 때, H^+ 농도를 나타낸 수치를 무엇이라고 하는가?

① 염기도
② 용해도
③ 전리도
④ 반감도

전리도 $\left(= \dfrac{\text{이온화된 몰농도}}{\text{전체 몰농도}}\right)$

물속에 해리되어 있는 분자수와 원래의 전분자수와의 비로 해리도가 높을수록 강산, 강염기이다.

22 미지 농도의 염산용액 100mL를 중화하는 데 0.4N NaOH 용액 200mL가 소모되었다. 염산용액의 농도는?

① 0.2N
② 0.4N
③ 0.6N
④ 0.8N

$NV = N'V'$를 이용한다.
$0.4N \times 200mL = x \times 100mL$
$\therefore x = 0.8N$

23 페놀과 중화반응하여 염을 만드는 것은?

① HCl
② NaOH
③ $Cl_6H_5CO_2H$
④ $C_6H_5CH_3$

페놀은 산성이므로 염기성 물질을 넣어 주면 중화반응을 하여 염을 만든다.

24 산과 염기가 반응하여 염과 물을 생성하는 반응을 무엇이라 하는가?

① 중화반응
② 산화반응
③ 환원반응
④ 연화반응

중화반응 : 산과 염기가 반응하면 수소이온과 수산화이온이 결합해 물을 생성하고, 산의 음이온과 염기의 양이온이 결합해 염을 생성한다.

25 하이드로퀴논(Hydroquinone)을 중크롬산칼륨으로 적정하는 것과 같이 분석물질과 적정액 사이의 산화-환원반응을 이용하여 시료를 정량하는 분석법은?

① 중화 적정법
② 침전 적정법
③ 킬레이트 적정법
④ 산화-환원 적정법

산화-환원 적정법에 대한 설명이며, 종말점을 찾는 방법으로는 지시약법, 전위차법, 분광학적 방법 등이 있다.

26 72℃에서 질산칼륨(KNO₃)의 포화용액 200g을 18℃로 냉각시키면 몇 g의 질산칼륨이 결정으로 석출되는가?(단, 질산칼륨의 용해도(g/100g)는 18℃에서 30, 72℃에서 150이다)

① 48g ② 96g

③ 120g ④ 240g

해설
- 포화용액의 질량(용해도 기준)
  - 72℃ : 용매 100g + 용질 150g = 250g
  - 18℃ : 용매 100g + 용질 30g = 130g
- 72℃에서 용질(질산칼륨)의 질량
  포화용액 : 용질 = 250g : 150g = 200g : x

  $x = \dfrac{150\text{g} \times 200\text{g}}{250\text{g}} = 120\text{g}$

  여기서, 용매의 양 = 200g − 120g = 80g
- 18℃에서 용질(질산칼륨)의 질량
  용매 : 용질 = 100g : 30g = 80g : y

  $y = \dfrac{30\text{g} \times 80\text{g}}{100\text{g}} = 24\text{g}$

  ∴ 결정으로 석출되는 질산칼륨의 질량 = $x - y$ = 120g − 24g
  $= 96\text{g}$

27 전해질이 보통 농도의 수용액 중에서도 거의 완전히 이온화되는 것을 무슨 전해질이라고 하는가?

① 약전해질 ② 초전해질

③ 비전해질 ④ 강전해질

해설
전해질의 종류

종류	정의	특징	대표물질
약전해질	물에 녹을 경우 이온화도가 낮은 것	전류가 잘 흐르지 않는다.	암모니아, 붕산, 탄산 등
비전해질	물에 녹을 경우 이온화되지 않는 것	전류가 전혀 흐르지 않는다.	설탕, 포도당, 에탄올 등
강전해질	물에 녹을 경우 이온화도가 높은 것	전류가 강하게 흐른다.	염화나트륨, 염산 등

28 기체는 어느 경우에 물에 잘 녹지 않는가?

① 압력, 온도가 모두 낮을 때

② 압력, 온도가 모두 높을 때

③ 압력은 낮고, 온도가 높을 때

④ 압력은 높고, 온도가 낮을 때

해설
기체의 용해도는 압력에 비례하고 온도에 반비례한다.

29 고체의 용해도는 온도의 상승에 따라 증가한다. 그러나 이와 반대 현상을 나타내는 고체도 있다. 다음 중 이 고체에 해당되지 않는 것은?

① 황산리튬

② 수산화칼슘

③ 수산화나트륨

④ 황산칼슘

해설
고체의 용해도는 일반적으로 흡열반응으로, 온도의 상승에 따라 증가하며 압력과는 무관하다. 황산리튬, 수산화칼슘, 황산칼슘 등은 용해과정이 발열반응이며 역으로 온도가 낮아질수록 용해도가 증가한다. 그러나 수산화나트륨은 온도와 무관하게 물에 잘 녹으며, 이때 다량의 열이 발생하게 된다.

30 질산나트륨은 20℃ 물 50g에 44g 녹는다. 20℃에서 물에 대한 질산나트륨의 용해도는 얼마인가?

① 22.0 ② 44.0

③ 66.0 ④ 88.0

해설
$$\text{용해도} = \frac{\text{용질}}{\text{용매}} \times 100 = \frac{44\text{g}}{50\text{g}} \times 100 = 88$$

31 pH가 4인 산성용액이 있다. 이 용액의 몰농도(M)는 얼마인가?(단, 용액은 일염기산이며, 100% 이온화한다)

① 0.0001M

② 0.001M

③ 0.01M

④ 0.1M

해설

$pH = -\log[H^+]$

$4 = -\log x$

log를 없애기 위해 10으로 지수화 한다.

$10^{-4} = 10^{\log x} = x$

∴ $x = 0.0001M$

32 pH 1인 물질과 pH 4인 물질 속에 포함된 수소이온 농도의 차이는?

① 4배

② 10배

③ 1,000배

④ 10,000배

해설

pH는 로그함수이며, 10^x 만큼의 농도 차이가 난다.

33 분자식이 $C_{18}H_{30}$인 탄화수소 1분자 속에는 이중결합이 최대 몇 개 존재할 수 있는가?(단, 삼중결합은 없다)

① 2

② 3

③ 4

④ 5

해설

탄소는 다리(전자)가 4개이며 수소는 1개이다. 이로써 단일결합만을 고려한 탄화수소의 일반식은 C_nH_{2n+2}이 되고, 탄소가 18개일 때 수소는 총 $(2 \times 18) + 2 = 38$개의 단일결합을 유지하게 된다. 제시된 문제에서는 탄소가 18개일 때 수소가 30개이므로 $38 - 30 = 8$ 즉, 총 8개의 전자는 단일결합이 아닌 이중결합을 하고 있다고 볼 수 있다.

∴ $8 \div 2 = 4$, 총 4개의 이중결합이 가능하다.

34 알카인(Alkyne)계 탄화수소의 일반식으로 옳은 것은?

① C_nH_{2n}

② C_nH_{2n+2}

③ C_nH_{2n-2}

④ C_nH_n

35 다음 물질 중 가수분해되어 산성이 되는 염은?

① $NaHCO_3$

② $NaHSO_4$

③ $NaCN$

④ NH_4CN

해설

$NaHSO_4 \rightarrow Na^+ + HSO_4^-$ 1단계(중성)

$HSO_4^- \rightleftarrows H^+ + SO_4^{2-}$ 2단계(산성)

2단계에 걸쳐 산성을 나타낸다.

36 펜탄의 구조이성질체는 몇 개인가?

① 2　　　　　　　② 3

③ 4　　　　　　　④ 5

해설
펜탄의 구조
분자식은 같으나 서로 연결모양이 상이한 화합물을 구조이성질체라고 부르며 펜탄(C_5H_{12})의 경우 3개의 이성질체(노말펜탄, 아이소펜탄, 네오펜탄)가 있다.

37 다음 반응에서 반응계에 압력을 증가시켰을 때 평형이 이동하는 방향은?

$$2SO_2 + O_2 \rightleftarrows 2SO_3$$

① SO_3가 많이 생성되는 방향

② SO_3가 감소되는 방향

③ SO_2가 많이 생성되는 방향

④ 이동이 없다.

해설
압력이 증가할 때 몰수가 작은 방향으로 평형이 이동한다.
$$2SO_2 + O_2 \rightleftarrows 2SO_3$$
3몰(2몰 + 1몰)　　2몰

38 과망간산칼륨이온(MnO_4^-)은 진한 보라색을 가지는 대표적 산화제이며, 센 산성용액(pH≤1)에서는 환원제와 반응하여 무색의 Mn^{2+}으로 환원된다. 1몰(mol)의 과망간산 이온이 반응하였을 때, 몇 당량에 해당하는 산화가 일어나게 되는가?

① 1　　　　　　　② 3

③ 5　　　　　　　④ 7

해설
$MnO_4^- \rightarrow Mn^{2+}$
산소의 산화수는 −2이므로 (−2×4) + Mn의 산화수 = −1, Mn의 산화수는 +7이므로 전자 5개를 얻어서 +2가 되었으므로 7 + 5e^- = +2가 성립하여 5당량이 된다.

39 15,000C의 전기량으로 Ag^+를 Ag로 환원하였을 때 약 몇 g의 은(Ag)을 얻을 수 있는가?(단, Ag의 원자량은 107.88이다)

① 7.45　　　　　　② 13.23

③ 16.77　　　　　　④ 23.65

해설
$1F$: 물질 1g당량을 석출하는데 필요한 전기량이다($1F = 96,500$C /mol).

환원된 Ag의 몰수 $= \dfrac{15,000\text{C}}{96,500\text{C/mol}} = 0.1554$mol

∴ 0.1554mol × 107.88g/mol = 16.77g

40 다음 반응식의 표준전위는 얼마인가?(단, 반반응의 표준환원전위는 $Ag^+ + e^- \rightleftarrows Ag(s)$, $E^0 = +0.799$V, $Cd^{2+} + 2e^- \rightleftarrows Cd(s)$, $E^0 = -0.402$V)

$$Cd(s) + 2Ag^+ \rightleftarrows Cd^{2+} + 2Ag(s)$$

① +1.201V

② +0.397V

③ +2.000V

④ −1.201V

해설
$Cd(s) + 2Ag^+ \rightleftarrows Cd^{2+} + 2Ag(s)$
$Cd \rightarrow Cd^{2+} + 2e^-$　　$E^0 = +0.402$V
$2Ag^+ + 2e^- \rightarrow 2Ag$　　$E^0 = +0.799$V
∴ 표준전위 = 0.402V + 0.799V = 1.201V
※ 표준환원전위는 전자수와 무관하다.

41 불꽃 없는 원자화 기기의 특징이 아닌 것은?

① 감도가 매우 좋다.
② 시료를 전처리하지 않고 직접 분석이 가능하다.
③ 산화작용을 방지할 수 있어 원자화 효율이 크다.
④ 상대정밀도가 높고, 측정농도 범위가 아주 넓다.

해설
불꽃 없는 원자화 기기는 계통오차가 자주 발생하는 단점이 있다.

42 이온 곱과 용해도 곱 상수(K_{sp})의 관계 중 침전을 생성시킬 수 있는 것은?

① 이온 곱 > K_{sp}
② 이온 곱 = K_{sp}
③ 이온 곱 < K_{sp}
④ 이온 곱 = $\dfrac{K_{sp}}{\text{해리 상수}}$

해설
이온 곱이 용해도 곱 상수보다 큰 경우 침전이 형성된다.

43 킬레이트 적정에서 EDTA 표준용액 사용 시 완충용액을 가하는 타당한 이유는?

① 적정 시 알맞은 pH를 유지하기 위하여
② 금속지시약 변색을 선명하게 하기 위하여
③ 표준용액의 농도를 일정하게 하기 위하여
④ 적정에 의하여 생기는 착화합물을 억제하기 위하여

해설
킬레이트 적정에서 pH가 13 이상인 경우 마그네슘과 EDTA의 결합물이 생성되지 않고 수산화마그네슘의 침전이 형성되기 때문에 pH를 13 이하로 고정한다.

44 제4족 양이온 분족 시 최종 확인 시약으로 다이메틸글리옥심을 사용하는 것은?

① 아 연
② 철
③ 니 켈
④ 코발트

해설
제4족 양이온 니켈 확인 반응에 관한 설명으로, 니켈은 암모니아의 약알칼리성에서 다이메틸글리옥심과 반응하여 착염을 생성한다.

45 제2족 구리족 양이온과 제2족 주석족 양이온을 분리하는 시약은?

① HCl
② H_2S
③ Na_2S
④ $(NH_4)_2CO_3$

해설
제2족 구리족 양이온과 제2족 주석족 양이온의 분족에는 황화수소(H_2S)가 사용된다.

46 제5족 양이온의 분리검출에 쓰이는 분족시약은?

① $(NH_4)_2CO_3 + NH_4Cl$

② $(NH_4)_2CO_3 + NH_4OH$

③ $ZnCO_3 + NH_4Cl$

④ $ZnCO_3 + NH_4OH$

해설

족	양이온	분족시약	침 전
제1족	Ag^+, Pb^{2+}, Hg_2^{2+}	HCl	염화물
제2족	Bi^{3+}, Cu^{2+}, Cd^{2+}, Hg^{2+}, As^{3+}, As^{5+}, Sb^{3+}, Sn^{2+}, Sn^{4+}	H_2S $(0.3M-HCl)$	황화물 (산성 조건)
제3족	Fe^{2+}, Fe^{3+}, Cr^{3+}, Al^{3+}	NH_4OH- NH_4Cl	수산화물
제4족	Ni^{2+}, Co^{2+}, Mn^{2+}, Zn^{2+}	$(NH_4)_2S$	황화물 (염기성 조건)
제5족	Ba^{2+}, Sr^{2+}, Ca^{2+}	$(NH_4)_2CO_3$	탄산염
제6족	Mg^{2+}, K^+, Na^+, NH_4^+	–	–

47 유리기구의 취급방법에 대한 설명으로 틀린 것은?

① 유리기구를 세척할 때에는 중크롬산칼륨과 황산의 혼합 용액을 사용한다.

② 유리기구와 철제, 스테인리스강 등 금속으로 만들어진 실험실습기구는 같이 보관한다.

③ 메스플라스크, 뷰렛, 메스실린더, 피펫 등 눈금이 표시된 유리기구는 가열하지 않는다.

④ 깨끗이 세척된 유리기구는 유리기구의 벽에 물방울이 없으며, 깨끗이 세척되지 않은 유리기구의 벽은 물방울이 남아 있다.

해설

유리기구는 파손의 우려가 있어 금속으로 만들어진 실험실습기구와 구분하여 보관한다.

48 다음은 한 반응의 평형상수값들이다. 반응물질이 생성물로 가장 많이 변한 것은 어느 것인가?

① 0 　　　② 1.0

③ 10^{-2} 　　　④ 10

해설

평형상수값이 클수록 반응물질이 생성물질로 가장 많이 변화한 것이다.
• 평형상수<0 → 역반응
• 평형상수=0 → 평형상태
• 평형상수>0 → 정반응 진행

49 AgCl의 용해도가 0.0016g/L일 때 AgCl의 용해도 곱은 약 얼마인가?(단, Ag의 원자량은 108, Cl의 원자량은 35.5이다)

① 1.12×10^{-5} 　　　② 1.12×10^{-3}

③ 1.2×10^{-5} 　　　④ 1.2×10^{-10}

해설

용해도곱이란 AgCl이 물에 용해되면서 이온화되었을 때, 각 이온의 몰농도를 평형상수로 표현한 값이다. 즉, Ag^+와 Cl^-가 동일한 농도로 물에 용해되었을 때 몰농도이며, AgCl의 분자량이 143.5g/mol일 때 AgCl의 용해도가 0.0016g/L이므로
1mol : 143.5g = x : 0.0016g/L

$$x = \frac{(0.0016g/L) \times 1mol}{143.5g} = 1.11 \times 10^{-5}M(mol/L)$$

∴ 용해도곱(평형상수) = $[Ag^+][Cl^-]$
　　　　　　　 $= (1.11 \times 10^{-5})(1.11 \times 10^{-5})$
　　　　　　　 $\fallingdotseq 1.2 \times 10^{-10}$

50 전위차 적정에 의한 당량점 측정 실험에서 필요하지 않은 재료는?

① 0.1N−HCl 　　　② 0.1N−NaOH

③ 증류수 　　　④ 황산구리

해설

산과 염기 적정이므로 산과 염기수용액, 증류수가 필요하며 황산구리는 필요하지 않다.

414 ■ PART 02 과년도 + 최근 기출복원문제 　　　46 ② 47 ② 48 ④ 49 ④ 50 ④ **정답**

51 0.49g의 황산을 물 100mL에 녹였다. 이를 0.1N NaOH 수용액으로 적정하려 할 때, 0.1N NaOH 수용액의 예상 소요량은?(단, 황산의 분자량은 98 이다)

① 25mL   ② 50mL

③ 100mL   ④ 200mL

해설

- 황산의 몰수 $= \dfrac{0.49\text{g}}{98\text{g/mol}} = 0.005\text{mol}$

- 황산은 2가이므로 0.005mol × 2 = 0.01g당량이며
  물 100mL에 녹아 있으므로,
  황산의 노말농도 = 0.01g당량/0.1L = 0.1g당량/L = 0.1N
  $NV = N'V'$
  0.1N × 100mL = 0.1N × x (= 수산화나트륨 예상 소요량)
  ∴ $x = 100$mL

52 전해질의 전리도 비교는 주로 무엇을 측정하여 구할 수 있는가?

① 용해도

② 어는점 내림

③ 융 점

④ 중화적정량

해설

전해질의 전리도 비교는 어는점 내림을 측정하여 구할 수 있다.

53 횡파의 빛을 니콜 프리즘에 통과시키면 일정한 방향으로 진동시키는 빛을 얻는데 이것을 무엇이라 하는가?

① 편 광   ② 전 도

③ 굴 절   ④ 분 광

해설

한 방향으로 진동하는 광파(빛)를 편광이라고 한다.

54 유기화합물의 전자전이 중에서 가장 높은 에너지의 빛을 필요로 하고, 진공 자외선인 약 200nm 미만에서 흡수를 일으키는 것은?

① $\sigma \rightarrow \sigma^*$

② $n \rightarrow \sigma^*$

③ $\pi \rightarrow \pi^*$

④ $n \rightarrow \pi^*$

해설

유기화합물의 전자전이

종 류	흡수영역	특 징
$\sigma \rightarrow \sigma^*$	진공 자외선, <200nm	• 가장 높은 에너지 흡수 • 진공상태만 관찰 가능
$n \rightarrow \sigma^*$	원적외선, 180~250nm	• 높은 에너지 흡수 • O, S, N 등과 같은 비결합성 전자를 가진 치환기가 있는 화합물
$\pi \rightarrow \pi^*$	자외선, >180nm	• 중간 에너지 흡수 • 다중결합이 콘주게이션된 폴리머를 포함한 화합물
$n \rightarrow \pi^*$	근자외선, 가시선, 280~800nm	가장 낮은 에너지 흡수

55 pH를 측정하는 전극으로 맨 끝에 얇은 막(0.03~0.01mm)이 있고, 그 얇은 막의 양쪽에 pH가 다른 두 용액이 있으며 그 사이에서 전위차가 생기는 것을 이용한 측정법은?

① 수소전극법

② 유리전극법

③ 퀸하이드론(Quinhydrone) 전극법

④ 칼로멜(Calomel) 전극법

해설

유리전극법은 가장 대표적인 pH의 측정방법으로, 수소이온농도의 전위차에 의존하며 대상영역의 pH가 넓고, 색의 유무, 콜로이드 상태와 상관없이 측정 가능하다는 장점이 있다.

56 다음 중 GC(가스 크로마토그래피)에서 사용되는 검출기가 아닌 것은?

① 불꽃이온화 검출기
② 전자포획 검출기
③ 자외·가시광선 검출기
④ 열전도도 검출기

해설
불꽃이온화 검출기, 전자포획 검출기, 열전도도 검출기가 GC에 사용된다.

57 가시광선의 파장 영역은 어느 것인가?

① 100nm
② 200nm
③ 315nm
④ 650nm

해설

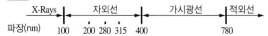

58 제1류 위험물에 대한 설명으로 틀린 것은?

① 분해하여 산소를 방출한다.
② 다른 가연성 물질의 연소를 돕는다.
③ 모두 물에 접촉하면 격렬한 반응을 일으킨다.
④ 불연성 물질로서 환원성 물질 또는 가연성 물질에 대하여 강한 산화성을 가진다.

해설
제1류 위험물은 주수소화(물로 소화)한다.

59 분광광도계에서 빛이 지나가는 순서로 맞는 것은?

① 입구슬릿 → 시료부 → 분산장치 → 출구슬릿 → 검출부
② 입구슬릿 → 분산장치 → 시료부 → 출구슬릿 → 검출부
③ 입구슬릿 → 분산장치 → 출구슬릿 → 시료부 → 검출부
④ 입구슬릿 → 출구슬릿 → 분산장치 → 시료부 → 검출부

해설
빛의 이동순서 : 입구슬릿 → 분산장치 → 출구슬릿 → 시료부 → 검출부

60 가스 크로마토그래피(GC)에서 운반가스로 주로 사용되는 것은?

① O_2, H_2 　　② O_2, N_2
③ He, Ar 　　④ CO_2, CO

해설
운반가스는 반응성이 없어야 하므로 주로 수소, 질소, 비활성 기체(헬륨, 아르곤)를 사용한다.

56 ③ 57 ④ 58 ③ 59 ③ 60 ③ **정답**

01 11g의 프로판(C_3H_8)을 완전연소시키면 몇 몰(mol)의 이산화탄소(CO_2)가 생성되는가?(단, C, H, O의 원자량은 각각 12, 1, 16이다)

① 0.25 ② 0.75
③ 1.0 ④ 3.0

해설
$C_3H_8 + 5O_2 \rightarrow 3CO_2 + 4H_2O$
1 3
$\frac{11}{44}$ x

$1 : 3 = \frac{11}{44} : x$

$x = 0.75$

02 0℃, 1atm하에서 22.4L의 무게가 가장 적은 기체는 어느 것인가?

① 질 소 ② 산 소
③ 아르곤 ④ 이산화탄소

해설
표준상태에서 22.4L의 기체의 양은 1mol이며, 분자량이 가장 작은 것이 무게가 적게 나간다.
① 질소(N_2) : 28g/mol
② 산소(O_2) : 32g/mol
③ 아르곤(Ar) : 40g/mol
④ 이산화탄소(CO_2) : 44g/mol

03 $_{11}Na^{23}$의 옳은 전자배열은 다음 어느 것인가?

① $1s^2 2s^2 2p^6 3s^1$
② $1s^2 2s^2 2p^6 3s^2 3p^6 3d^4 4s^1$
③ $1s^2 2s^2 2p^6 2d^1$
④ $1s^2 2s^2 2p^6 2d^{10} 3s^2 3p^1$

해설
전자배열의 순서는 $1s \rightarrow 2s \rightarrow 2p \rightarrow 3s \rightarrow 3p \rightarrow 4s \rightarrow 3d \rightarrow 4p \rightarrow 5s \rightarrow 4d \rightarrow 5p \rightarrow 6s \rightarrow 4f \rightarrow 5d \cdots$ 등으로 이어지며, 나트륨은 전자수가 11이므로 총전자수 합이 11인 답을 고르면 된다.

04 27℃, 8.2L에 질소를 3기압(atm)까지 채웠다. 이 그릇 속의 질소의 질량은 얼마인가?(단, N의 원자량 : 14, $R = 0.082$L·atm/mol·K)

① 14g ② 24.6g
③ 28g ④ 42g

해설
이상기체 방정식
$$PV = nRT = \left(\frac{W}{M}\right)RT$$
여기서, P : 압력, V : 부피, M : 분자량
R : 기체상수, T : 절대온도, W : 질량
$\therefore W = \frac{PVM}{RT} = \frac{3 \times 8.2 \times 28}{0.082 \times 300} = 28g$

05 다음 원소 중 원자 질량을 위한 표준으로 이용되는 것은?

① ^{12}C ② ^{16}O
③ ^{13}C ④ ^1H

해설
원자량의 기준은 ^{12}C이다.

06 다음 공유결합 중 이중결합을 이루고 있는 분자는?

① H_2
② O_2
③ HCl
④ F_2

해설
산소는 이중결합을, 질소는 삼중결합을 이룬다.

07 다음 중 원소주기율표상 족이 다른 하나는?

① 리튬(Li)
② 나트륨(Na)
③ 마그네슘(Mg)
④ 칼륨(K)

해설
마그네슘은 2족이다.

08 원자의 성질에 대한 설명으로 옳지 않은 것은?

① 원자가 양이온이 되면 크기가 작아진다.
② 0족의 기체는 최외각의 전자껍질에 전자가 채워져서 반응성이 낮다.
③ 전기음성도 차이가 큰 원자끼리의 결합은 공유결합성 비율이 커진다.
④ 염화수소(HCl) 분자에서 염소(Cl)쪽으로 공유된 전자들이 더 많이 분포한다.

해설
전기음성도 차이에 따른 화학결합의 구분
이온결합 > 극성 공유결합 > 무극성 공유결합
전기음성도의 차이가 클수록 이온결합을 형성한다.

09 다음 중 비활성 기체가 아닌 것은?

① He
② Ne
③ Ar
④ Cl

해설
비활성 기체는 안정적이며, 다른 기체와 반응하지 않는다. Cl은 할로겐족 원소로, 전자 하나를 받아 음이온이 되기 쉬운 성질을 지니고 있다.

10 다음 중 이온화 경향이 가장 큰 것은?

① Ca
② Al
③ Si
④ Cu

해설
이온화 경향
• 전자를 잃고 양이온이 되려는 경향이다.
• 주기율표에서 왼쪽 아래로 갈수록 커지는 경향이 있다.
• 금속의 이온화 경향 : Li > K > Ca > Na > Mg > Al > Zn > Fe > Ni > Sn > Pb > H > Cu > Ag > Pt > Au

6 ② 7 ③ 8 ③ 9 ④ 10 ① **정답**

11 다음 중 유리를 부식시킬 수 있는 것은?

① HF
② HNO_3
③ NaOH
④ HCl

해설
유리(SiO_2)는 강산, 강염기에 강한 화학적 성질을 지녔으나, 플루오린화수소에 의해 부식된다.

12 혼합물의 분리방법이 아닌 것은?

① 여 과
② 대 류
③ 증 류
④ 크로마토그래피

해설
대류는 열의 이동현상 중 하나로, 혼합물의 분리와는 관계가 없다.
※ 열의 이동현상 : 대류, 전도, 복사

13 다음 중 모든 화학변화가 일어날 때 항상 따르는 현상으로 가장 옳은 것은?

① 열의 흡수
② 열의 발생
③ 질량의 감소
④ 에너지의 변화

해설
화학변화는 항상 에너지의 변화를 수반한다.

14 공유결합 분자의 기하학적인 모양을 예측할 수 있는 판단의 근거가 되는 것은?

① 원자가전자의 수
② 전자 친화도의 차이
③ 원자량의 크기
④ 전자쌍 반발의 원리

해설
공유결합 분자들은 중심원자를 둘러싸고 있는 전자쌍들이 음의 전하를 띠고 있어 정전기적 반발력이 생성되어 가능한 멀리 떨어지려는 성질이 있으며, 이를 전자쌍 반발 이론이라고 한다.

15 분자들 사이의 분산력을 결정하는 요인으로 가장 중요한 것은?

① 온 도
② 전기음성도
③ 전자수
④ 압 력

해설
분산력은 극성의 유무와 상관없이 존재하는 힘으로, 전자의 수가 가장 중요한 역할을 한다.

16 다음 착이온 $Fe(CN)_6^{4-}$의 중심 금속이온의 전하 수는?

① +2   ② −2

③ +3   ④ −3

해설
$Fe(CN)_6^{4-} \leftrightarrow Fe^{2+} + 6CN^-$

17 전이금속 화합물에 대한 설명으로 옳지 않은 것은?

① 철은 활성이 매우 커서 단원자 상태로 존재한다.
② 황산제일철($FeSO_4$)은 푸른색 결정으로 철을 황산에 녹여 만든다.
③ 철(Fe)은 +2 또는 +3의 산화수를 가지며 +3의 산화수 상태가 가장 안정하다.
④ 사산화삼철(Fe_3O_4)은 자철광의 주성분으로 부식을 방지하는 방식용으로 사용된다.

해설
철은 이온화 경향이 크므로, 대기 중에서 주로 산화철(다원자 상태, 예 이산화철, 삼산화철, 사산화철 등)의 형태로 존재한다.
※ 단원자 분자 : 원자 하나로 분자의 성질을 띠는 분자
　예 He, Ne, Ar(비활성 기체)

18 금속결합 물질에 대한 설명 중 틀린 것은?

① 금속원자끼리의 결합이다.
② 금속결합의 특성은 이온전자 때문에 나타난다.
③ 고체상태나 액체상태에서 전기를 통한다.
④ 모든 파장의 빛을 반사하므로 고유한 금속광택을 가진다.

해설
금속결합의 특성은 원자핵에 구속되어 있지 않고 자유롭게 이동하는 전자(자유전자)에 의해 일어나며, 자유전자는 금속 고유의 특성이다.

19 무색의 액체로 흡습성과 탈수 작용이 강하여 탈수제로 사용되는 것은?

① 염 산   ② 인 산
③ 진한 황산   ④ 진한 질산

해설
진한 황산은 공업적으로 산의 역할보다는 탈수제, 건조제로 많이 사용한다.

20 고체가 액체에 용해되는 경우 용해속도에 영향을 주는 인자로서 가장 거리가 먼 것은?

① 고체 표면적의 크기
② 교반속도
③ 압력의 증감
④ 온도의 변화

해설
고체가 액체에 용해되는 속도는 고체 표면적이 넓을수록(입자가 작을수록), 교반속도가 빠를수록, 온도가 높을수록 빨라진다.

21 고체를 액체에 녹일 때 일정 온도에서 일정량의 용매에 녹을 수 있는 용질의 최대량은?

① 몰농도 ② 용해도
③ 백분율 ④ 천분율

용해도 : 일정한 온도에서 용매 100g에 최대로 녹을 수 있는 용질의 g수이다.

22 알칼리금속에 속하는 원소와 할로겐족에 속하는 원소가 결합하여 화합물을 생성하였다. 이 화합물의 화학결합은 무엇인가?(단, 수소는 제외함)

① 이온결합 ② 공유결합
③ 금속결합 ④ 배위결합

• 금속 + 비금속 = 이온결합
• 비금속 + 비금속 = 공유결합

23 다음 중 양쪽성 원소가 아닌 것은?

① Ni ② Sn
③ Zn ④ Al

양쪽성 원소
• 조건에 따라 산이나 알칼리에 반응하여 수소를 발생시킨다.
• Al, Zn, Ga, Pb, As, Sn 등이 있다.

24 기체는 어느 경우에 물에 잘 녹는가?

① 압력, 온도가 모두 낮을 때
② 압력, 온도가 모두 높을 때
③ 압력은 낮고, 온도가 높을 때
④ 압력은 높고, 온도가 낮을 때

기체의 용해도는 압력에 비례하고 온도에 반비례한다.

25 어떤 기체의 공기에 대한 비중이 약 1.10이었다. 이것은 어떤 기체의 분자량과 같은가?(단, 공기의 평균 분자량은 29이다)

① H_2 ② O_2
③ N_2 ④ CO_2

비중이 1.10이므로 공기보다 무거워야 한다.

공기에 대한 비중 $= \dfrac{\text{대상물질의 분자량}}{\text{공기의 평균 분자량}}$

$1.10 = \dfrac{x}{29}$

$x = 1.10 \times 29 = 31.9 ≒ 32$

∴ 제시된 보기 중 분자량이 32인 것은 O_2(= 2 × 16g/mol = 32g/mol)이다.

26 어떤 기체 $x O_2$와 CH_4의 확산속도의 비는 1 : 2이다. x의 원자량은?(단, C, H, O의 원자량은 12, 1, 16이다)

① 12   ② 16
③ 32   ④ 64

해설
확산속도는 질량의 제곱근에 반비례한다.
$$\frac{V_1}{V_2} = \sqrt{\frac{M_2}{M_1}}$$
여기서, V_1, V_2 : 각각 기체의 확산속도
M_1, M_2 : 각각 기체의 분자량
CH_4 원자량 = 16이므로 $\frac{1}{2} = \sqrt{\frac{16}{M_1}}$, $M_1 = x O_2$ 의 원자량 = 64
O의 원자량이 16이므로 x의 원자량 = 64 − 16 × 2 = 32

27 일정한 온도와 압력에서 20mL의 수소와 10mL의 산소가 반응하면 20mL의 수증기가 발생한다. 이 관계를 설명할 수 있는 법칙은?

① 기체반응의 법칙   ② 일정성분비의 법칙
③ 아보가드로의 법칙   ④ 질량보존의 법칙

해설
화학반응의 관계에서 동일한 온도, 압력하에 반응하는 기체와 생성되는 기체의 부피 사이에 일정한 정수비가 성립하는 법칙을 기체반응의 법칙이라 한다.

28 녹는점에서 고체 1g을 모두 녹이는 데 필요한 열량을 융해열이라 하고 그 물질 1몰의 융해열을 몰 융해열이라 하는데 얼음의 몰 융해열은 몇 kJ/mol인가?

① 0.34   ② 6.03
③ 18   ④ 539

해설
얼음의 몰 융해열 = 물의 융해열 × 물의 분자량
= 335J/g × 18g/mol
= 6,030J/mol = 6.03kJ/mol

29 고체의 용해도는 온도의 상승에 따라 증가한다. 그러나 이와 반대 현상을 나타내는 고체도 있다. 다음 중 이 고체에 해당되지 않는 것은?

① 황산리튬
② 수산화칼슘
③ 수산화나트륨
④ 황산칼슘

해설
고체의 용해도는 일반적으로 흡열반응으로, 온도의 상승에 따라 증가하며 압력과는 무관하다. 황산리튬, 수산화칼슘, 황산칼슘 등은 용해과정이 발열반응이며 역으로 온도가 낮아질수록 용해도가 증가한다. 그러나 수산화나트륨은 온도와 무관하게 물에 잘 녹으며, 이때 다량의 열이 발생하게 된다.

30 어떤 NaOH 수용액 1,000mL를 중화하는 데 2.5N의 HCl 80mL가 소요되었다. 중화한 것을 끓여서 물을 완전히 증발시킨 다음 얻을 수 있는 고체의 양은 약 몇 g인가?(단, 원자량은 Na : 23, O : 16, Cl : 35.45, H : 1이다)

① 1   ② 2
③ 4   ④ 12

해설
소요된 염산의 양이 2.5N 80mL이며, HCl은 1당량이므로 노말농도와 몰농도가 같다.
즉, 2.5N = 2.5M이 되며 두 물질은 $NaOH + HCl \rightarrow NaCl + H_2O$로 반응하여 물을 제거하였을 때 남은 것은 NaCl이 된다.
Cl^-의 양은 2.5mol/L × 0.08L(= 80mL) = 0.2mol이고, Na^+도 같은 양이 되며 생성되는 NaCl도 동일한 양(0.2mol)이 된다.
NaCl 분자량 = 23g/mol + 35.45g/mol = 58.45g/mol
∴ 순수 NaCl의 무게 = 58.45g/mol × 0.2mol = 11.7g ≒ 12g

31 양이온의 계통적인 분리검출법에서는 방해물질을 제거시켜야 한다. 다음 중 방해물질이 아닌 것은?

① 유기물   ② 옥살산 이온
③ 규산 이온   ④ 암모늄 이온

해설
양이온 계통 분리검출법에 따른 방해물질
• 유기물
• 옥살산 이온
• 규산 이온

32 다음의 염들 중 그 수용액의 액성이 중성이 되는 것은?

① 강산과 강염기의 염
② 강산과 약염기의 염
③ 강염기와 약산의 염
④ 강염기와 유기산의 염

해설
• 강산 + 강염기 = 중성
• 강산 + 약염기 = 약산성
• 약산 + 약염기 = 중성
• 약산 + 강염기 = 약염기

33 다음 반응에서 반응계에 압력을 증가시켰을 때 평형이 이동하는 방향은?

$$2SO_2 + O_2 \rightleftarrows 2SO_3$$

① SO_3가 많이 생성되는 방향
② SO_3가 감소되는 방향
③ SO_2가 많이 생성되는 방향
④ 이동이 없다.

해설
압력이 증가할 때 몰수가 작은 방향으로 평형이 이동한다.
$2SO_2 + O_2 \rightleftarrows 2SO_3$
3몰(2몰 + 1몰)   2몰

34 유기화합물은 무기화합물에 비하여 다음과 같은 특성을 가지고 있다. 이에 대한 설명 중 틀린 것은?

① 유기화합물은 일반적으로 탄소화합물이므로 가연성이 있다.
② 유기화합물은 일반적으로 물에 용해되기 어렵고 알코올, 에테르 등의 유기용매에 용해되는 것이 많다.
③ 유기화합물은 일반적으로 녹는점, 끓는점이 무기화합물보다 낮으며, 가열했을 때 열에 약하여 쉽게 분해된다.
④ 유기화합물에는 물에 용해 시 양이온과 음이온으로 해리되는 전해질이 많으나 무기화합물은 이온화되지 않는 비전해질이 많다.

해설
가수분해가 어려운 분자성 무기화합물은 전해질의 특성을 지니고 있다.

35 다음 할로겐 원소 중 다른 원소와의 반응성이 가장 강한 것은?

① I   ② Br
③ Cl   ④ F

해설
• 할로겐 원소의 반응성 : F > Cl > Br > I
• 반응성에 영향을 주는 인자
 - 반지름의 크기(전자껍질)
 - 핵전하
 - 최외각전자수
동일족일 때는 껍질의 수가 적을수록 이온화 경향이 크므로 반응성이 강하다.

36 염화물 침전을 세척할 때 세척액으로 가장 적당한 것은?

① 묽은 NH_4OH ② 묽은 HCl

③ 묽은 KCN   ④ 더운 물

해설
염화물 침전을 세척할 때 세척액으로 묽은 염산(HCl)이나 질산을 사용한다.

37 탄소 간의 이중, 삼중결합의 검출에 이용되며 불포화화합물에 가하면 적갈색이 무색으로 변하는 할로겐 원소는?

① F_2 ② Br_2

③ Cl_2 ④ I_2

해설
브롬은 불포화결합의 유무를 확인할 때 사용되며, 혼합했을 때 불포화탄화수소와 첨가반응을 하여 적갈색이 무색으로 변한다.

38 분자식이 $C_{18}H_{30}$인 탄화수소 1분자 속에는 이중결합이 최대 몇 개 존재할 수 있는가?(단, 삼중결합은 없다)

① 2   ② 3

③ 4   ④ 5

해설
탄소는 다리(전자)가 4개이며 수소는 1개이다. 이로써 단일결합만을 고려한 탄화수소의 일반식은 C_nH_{2n+2}이 되고, 탄소가 18개일 때 수소는 총 $(2 \times 18) + 2 = 38$개의 단일결합을 유지하게 된다. 제시된 문제에서는 탄소가 18개일 때 수소가 30개이므로 $38 - 30 = 8$ 즉, 총 8개의 전자는 단일결합이 아닌 이중결합을 하고 있다고 볼 수 있다.
∴ $8 \div 2 = 4$, 총 4개의 이중결합이 가능하다.

39 알카인(Alkyne)계 탄화수소의 일반식으로 옳은 것은?

① C_nH_{2n} ② C_nH_{2n+2}

③ C_nH_{2n-2} ④ C_nH_n

40 다음 반응식의 표준전위는 얼마인가?

$$Cd(s) + 2Ag^+ \rightarrow Cd^{2+} + 2Ag(s)$$
이때 반반응의 표준환원전위는 다음과 같다.
$$Ag^+ + e^- \rightarrow Ag(s) \qquad E^0 = +0.799V$$
$$Cd^{2+} + 2e^- \rightarrow Cd(s) \qquad E^0 = -0.402V$$

① $+1.201V$ ② $+0.397V$

③ $+2.000V$ ④ $-1.201V$

해설
$Cd(s) + 2Ag^+ \rightleftarrows Cd^{2+} + 2Ag(s)$
$Cd \rightarrow Cd^{2+} + 2e^- \qquad E^0 = +0.402V$
$2Ag^+ + 2e^- \rightarrow 2Ag \qquad E^0 = +0.799V$
∴ 표준전위 $= 0.402V + 0.799V = 1.201V$
※ 표준환원전위는 전자수와 무관하다.

36 ② 37 ② 38 ③ 39 ③ 40 ① **정답**

41 제5족 양이온의 분리검출에 쓰이는 분족시약은?

① $(NH_4)_2CO_3$ + NH_4Cl

② $(NH_4)_2CO_3$ + NH_4OH

③ $ZnCO_3$ + NH_4Cl

④ $ZnCO_3$ + NH_4OH

해설

족	양이온	분족시약	침 전
제1족	Ag^+, Pb^{2+}, Hg_2^{2+}	HCl	염화물
제2족	Bi^{3+}, Cu^{2+}, Cd^{2+} Hg^{2+}, As^{3+}, As^{5+}, Sb^{3+}, Sn^{2+}, Sn^{4+}	H_2S (0.3M − HCl)	황화물 (산성 조건)
제3족	Fe^{2+}, Fe^{3+} Cr^{3+}, Al^{3+}	NH_4OH- NH_4Cl	수산화물
제4족	Ni^{2+}, Co^{2+}, Mn^{2+}, Zn^{2+}	$(NH_4)_2S$	황화물 (염기성 조건)
제5족	Ba^{2+}, Sr^{2+}, Ca^{2+}	$(NH_4)_2CO_3$	탄산염
제6족	Mg^{2+}, K^+, Na^+, NH_4^+	−	−

42 과망간산칼륨이온(MnO_4^-)은 진한 보라색을 가지는 대표적 산화제이며, 센 산성용액(pH≤1)에서는 환원제와 반응하여 무색의 Mn^{2+}으로 환원된다. 1몰 (mol)의 과망간산이온이 반응하였을 때, 몇 당량에 해당하는 산화가 일어나게 되는가?

① 1 ② 3

③ 5 ④ 7

해설

MnO_4^- → Mn^{2+}

산소의 산화수는 −2이므로 (−2 × 4) + Mn의 산화수 = −1, Mn의 산화수는 +7이므로 전자 5개를 얻어서 +2가 되었으므로 $7 + 5e^-$ = +2가 성립하여 5당량이 된다.

43 다음 중 산화−환원 지시약이 아닌 것은?

① 다이페닐아민

② 다이클로로메테인

③ 페노사프라닌

④ 메틸렌블루

해설

다이클로로메테인은 지시약이 아니라 유기화합물의 추출이나 반응 용제 및 냉매로 이용되는 물질이다.

44 산화−환원 적정법 중의 하나인 과망간산칼륨 적정은 주로 산성용액 상태에서 이루어진다. 이때 분석액을 산성화하기 위하여 주로 사용하는 산은?

① 황산(H_2SO_4)

② 질산(HNO_3)

③ 염산(HCl)

④ 아세트산(CH_3COOH)

해설

과망간산칼륨 적정법에서는 황산을 일정량 넣어 분석액의 산성상태를 유지한다.

45 다음 화합물 중 염소(Cl)의 산화수가 +3인 것은?

① HClO ② $HClO_2$

③ $HClO_3$ ④ $HClO_4$

해설

$HClO_2$에서 산소의 산화수는 −2 × 2 = −4, 수소의 산화수는 +1이므로 염소의 산화수를 x라 할 때

$1 + x + (-4) = 0$

∴ $x = +3$

46 산화-환원 적정법 중의 하나인 아이오딘 적정법에서는 산화제인 아이오딘(I_2) 자체만의 색으로 종말점을 확인하기가 어려우므로 지시약을 사용한다. 이때 사용하는 지시약은 어느 것인가?

① 전분(Starch)
② 과망간산칼륨($KMnO_4$)
③ EBT(에리오크롬 블랙 T)
④ 페놀프탈레인(Phenolphthalein)

해설
전분은 아이오딘과 반응하여 강한 청색으로 발색되므로 지시약으로 사용한다.

47 25℃에서 오스트발트 점도계를 사용하여 흘러내리는 시간을 측정하니 물은 20초, 에틸알코올 수용액은 56초였다. 에탄올의 물에 대한 비점도는 얼마인가?(단, 이 온도에서 밀도는 물이 $0.999g/cm^3$, 에탄올이 $0.887g/cm^3$이다)

① 2.49
② 3.45
③ 4.16
④ 5.87

해설
비점도 = dt
여기서, d : 밀도, t : 시간
∴ $\dfrac{에탄올\ 비점도}{물\ 비점도} = \dfrac{0.887 \times 56}{0.999 \times 20} = 2.49$

48 pH 측정기에 사용하는 유리전극의 내부에는 보통 어떤 용액이 들어 있는가?

① 0.1N-HCl의 표준용액
② pH 7의 KCl 포화용액
③ pH 9의 KCl 포화용액
④ pH 7의 NaCl 포화용액

해설
유리전극은 일반적으로 중성(pH 7)의 KCl로 포화되어 있다.

49 칼륨이 불꽃반응을 하면 어떤 색깔의 불꽃으로 나타나는가?

① 백 색
② 빨간색
③ 노란색
④ 보라색

해설
불꽃반응색

리튬 (Li)	나트륨 (Na)	칼륨 (K)	구리 (Cu)	칼슘 (Ca)	스트론튬(Sr)	바륨 (Ba)
빨간색	노란색	보라색	청록색	주황색	짙은 빨간색	황록색

50 원소는 색깔이 없는 일원자 분자기체이며, 반응성이 거의 없어 비활성 기체라고도 하는 것은?

① Li, Na
② Mg, Al
③ F, Cl
④ Ne, Ar

해설
비활성 기체(0족 원소) : He(헬륨), Ne(네온), Ar(아르곤), Kr(크립톤), Xe(제논), Rn(라돈) 등 총 6개로 활성도가 낮아 비활성 기체라 하며 이상기체에 가장 근접한 성질을 지닌다.

51 양이온 제1족을 구분하는 데 주로 쓰이는 분족시약은?

① HCl

② H₂S

③ NH₄Cl + NH₄OH

④ (NH₄)₂CO₃

해설

족	양이온	분족시약	침 전
제1족	Ag^+, Pb^{2+}, Hg_2^{2+}	HCl	염화물
제2족	Bi^{3+}, Cu^{2+}, Cd^{2+}, Hg^{2+}, As^{3+}, As^{5+}, Sb^{3+}, Sn^{2+}, Sn^{4+}	H_2S (0.3M−HCl)	황화물 (산성 조건)
제3족	Fe^{2+}, Fe^{3+}, Cr^{3+}, Al^{3+}	NH_4OH- NH_4Cl	수산화물
제4족	Ni^{2+}, Co^{2+}, Mn^{2+}, Zn^{2+}	$(NH_4)_2S$	황화물 (염기성 조건)
제5족	Ba^{2+}, Sr^{2+}, Ca^{2+}	$(NH_4)_2CO_3$	탄산염
제6족	Mg^{2+}, K^+, Na^+, NH_4^+	−	−

52 분광광도계에서 빛의 파장을 선택하기 위한 단색화장치로 사용되는 것만으로 짝지어진 것은?

① 프리즘, 회절격자

② 프리즘, 반사거울

③ 반사거울, 회절격자

④ 볼록거울, 오목거울

해설

단색화장치는 원하는 빛의 파장을 선택하기 위한 장치로 프리즘, 회절격자 등을 사용한다.

53 원자흡광광도계에 사용할 표준용액을 조제하려고 한다. 이때 정확히 100mL를 조제하고자 할 때 가장 적합한 실험기구는?

① 메스피펫

② 용량플라스크

③ 비 커

④ 뷰 렛

해설

원자흡광광도계에서는 용량플라스크를 이용해 표준용액을 제조한다.

54 고분자 유기화합물의 분리방법 중 흔히 많이 사용하는 방법은?

① 이온교환 크로마토그래피

② 겔여과 크로마토그래피

③ 박막 크로마토그래피

④ 기체 크로마토그래피

해설

겔여과 크로마토그래피는 액체 크로마토그래피의 일종으로 고분자 유기화합물의 분리에 주로 사용되며, 생명과학 분야에 이용된다.

55 가스 크로마토그래피의 운반기체(Carrier Gas)의 유속이 40mL/min이고 기록지의 속도가 5cm/min이며 꼭짓점까지의 길이가 20cm일 때 머무름 부피(Rentention Volume)는 얼마인가?

① 160mL   ② 240mL

③ 320mL   ④ 400mL

해설

머무름 부피 = 머무름 시간 × 운반기체의 유량

$$= \frac{20cm}{5cm/min} \times 40mL/min = 160mL$$

56 적외선 분광기의 광원으로 사용되는 램프는?

① 텅스텐 램프
② 네른스트 램프
③ 음극방전관(측정하고자 하는 원소로 만든 것)
④ 모노크로미터

해설
적외선 분광기 전용 광원으로 네른스트 램프를 사용하며, 400℃ 정도로 가열한 후 전기를 흘려 사용한다.

57 종이 크로마토그래피 조작에서 R_f(Rate of Flow)의 정의를 올바르게 표현한 것은?

① $R_f = \dfrac{\text{기본선과 물질 사이의 거리(cm)}}{\text{기본선과 용매가 스며든 앞 끝까지의 거리(cm)}}$

② $R_f = \dfrac{\text{용매가 스며든 거리(cm)} - \text{물질이 스며든 거리(cm)}}{\text{기본선과 용매가 스며든 앞 끝까지의 거리(cm)}}$

③ $R_f = \dfrac{\text{시료의 농도}}{\text{전개액의 농도}}$

④ $R_f = \dfrac{\text{기본선과 용매가 스며든 앞 끝까지의 거리(cm)}}{\text{기본선과 물질 사이의 거리(cm)}}$

해설
종이 크로마토그래피에서 보통 R_f라고 칭하며, 이 값이 의미하는 바는 $\dfrac{\text{시료이동거리}}{\text{용매이동거리}}$ 를 말한다. 용매에서 일정한 값을 가지고 있어 어떠한 물질의 확인용으로 사용한다.

58 다음 정량분석방법 중 여러 가지 방해작용이 우려될 경우에 사용하는 적당한 분석방법은?

① 검량선법(표준검정곡선법)
② 내부표준법
③ 표준물첨가법
④ 면적백분율법

해설
표준물첨가법은 보통 시료의 조성이 알려져 있지 않거나 복잡해 서로의 간섭이 우려될 경우 사용하는 분석법이다.

59 급격한 가열·충격 등으로 단독으로 분해·폭발할 수 있기 때문에 강한 충격이나 마찰을 주지 않아야 하는 산화성 고체 위험물은?

① 질산암모늄   ② 과염소산
③ 질 산   ④ 과산화벤조일

해설
질산암모늄(NH_4NO_3)은 제1류 위험물 중 위험등급 Ⅱ로 분류되면 지정수량 300kg으로 제한하고 있다. 가열·충격으로 분해·폭발할 우려가 있으며, 황 분말과 혼합하면 가열 또는 충격에 의한 폭발위험이 높아진다. 보통 물을 사용해 폭발을 제어하는 것이 효과적이다(주수소화).

60 유리기구의 취급에 대한 설명으로 틀린 것은?

① 두꺼운 유리용기를 급격히 가열하면 파손되므로 불에 서서히 가열한다.
② 유리기구는 철제, 스테인리스강 등 금속으로 만든 실험실습기구와 따로 보관한다.
③ 메스플라스크, 뷰렛, 메스실린더, 피펫 등 눈금이 표시된 유리기구는 가열하여 건조시킨다.
④ 밀봉한 관이나 마개를 개봉할 때에는 내압이 걸려 있으면 내용물이 분출한다든가 폭발하는 경우가 있으므로 주의한다.

해설
유리기구는 녹을 위험이 있어 가열보다는 자연건조시켜 보관한다.

01 다음 중 전해질에 속하는 것은?

① 설 탕
② 에탄올
③ 포도당
④ 아세트산

해설
전해질은 수용액상태에서 이온을 배출할 수 있어야 한다.
$CH_3COOH \rightarrow CH_3COO^- + H^+$

02 물, 벤젠, 석유의 세 가지 용매가 있다. 이 중 서로 혼합되는 것으로만 짝지어진 것은?

① 물, 벤젠
② 물, 석유
③ 벤젠, 석유
④ 물, 벤젠, 석유

해설
석유, 벤젠, 기름 등과 같은 비극성 물질은 극성 물질인 물과 혼합되지 않는다.

03 다음 물질 중 물에 가장 잘 녹는 기체는?

① NO
② C_2H_2
③ NH_3
④ CH_4

해설
물은 산소의 전기음성도가 강하여 극성을 띠며, 같은 극성물질을 잘 녹인다.
극성결합
• 결합한 두 원자의 전기음성도 차이가 대략 0.5~2.0 사이에 있을 때 발생한다.
  ※ 이보다 더 큰 전기음성도 차이를 보이면(2.0 이상) 이온결합, 더 작은 차이를 보이면(0.5 이하) 비극성결합이 이루어진다.
  예 에탄올, 암모니아, 이산화황, 황화수소, 아세트산 등

04 다음 중 용해도의 정의를 가장 바르게 나타낸 것은?

① 용액 100g 중에 녹아 있는 용질의 질량
② 용액 1L 중에 녹아 있는 용질의 몰수
③ 용매 1kg 중에 녹아 있는 용질의 몰수
④ 용매 100g에 녹아서 포화용액이 되는 데 필요한 용질의 g수

해설
용해도 : 일정한 온도에서 용매 100g에 최대한 녹을 수 있는 용질의 g수이다.

05 다음 원소 중 양쪽성 원소에 해당되는 것은?

① Be
② Na
③ Li
④ Zn

해설
양쪽성 원소
• 조건에 따라 산이나 알칼리에 반응하여 수소를 발생시킨다.
• Al, Zn, Ga, Pb, As, Sn 등이 있다.

06 현재 사용되는 주기율표는 다음 어느 것에 의해 만들어졌는가?

① 중성자의 수
② 양성자의 수
③ 원자핵의 무게
④ 질량수

해설
주기율표의 원자번호는 양성자수와 같으며, 양성자수를 기준으로 가벼운 순서대로 나열되어 있다.

07 주기율표에 대한 설명으로 가장 거리가 먼 내용은?

① 같은 주기에 있는 원자들은 모두 전자껍질수가 같다.
② 0족 원소(비활성 기체)는 주기율표의 가장 오른쪽 줄에 있다.
③ 제2주기에는 10종류의 원소가 들어 있다.
④ 같은 족에 있는 원자들은 모두 원자가전자수가 같다.

해설
2주기에는 총 8종류의 원소가 들어 있다.

08 원자번호 7번인 질소(N)는 $2p$ 궤도에 몇 개의 전자를 갖는가?

① 3
② 5
③ 7
④ 14

해설

$1s$	$2s$	$2p$		
. .	. .	.	.	.

s : 1, p : 3, d : 5, f : 7이며, 각각 2개씩 전자가 순서대로 배치된다.

09 원자번호 3번 Li의 화학적 성질과 비슷한 원소의 원자번호는?

① 8
② 10
③ 11
④ 18

해설
같은 족 원소들은 유사한 화학적 성질을 지니며, Li은 1족 원소(알칼리금속)이다.
1족 원소 : Li(3번), Na(11번), K(19번), Rb(37번) 등

10 다음 원소 중 원자의 반지름이 가장 큰 원소는?

① Li
② Be
③ B
④ C

해설
원자반지름의 크기
• 동일 족 : 원자번호가 커질수록 전자껍질이 증가하여 반지름이 커진다.
• 동일 주기 : 원자번호가 커질수록 유효핵전하가 증가하여 반지름이 작아진다(Li > Be > B > C).

정답 6 ② 7 ③ 8 ① 9 ③ 10 ①

11 다음 물질의 공통된 성질을 나타낸 것은?

$$K_2O_2, \ Na_2O_2, \ BaO_2, \ MgO_2$$

① 과산화물이다.
② 수소를 발생시킨다.
③ 물에 잘 녹는다.
④ 양쪽성 산화물이다.

해설
단일공유결합으로 분자 내에 연결된 2개의 산소원자를 가지는
물질을 과산화물(Peroxide)이라 한다.

12 전기음성도가 비슷한 비금속 사이에서 주로 일어
나는 결합은?

① 이온결합
② 공유결합
③ 배위결합
④ 수소결합

해설

공유결합	이온결합	금속결합
비금속 + 비금속	금속 + 비금속	금속 + 금속

13 공유결합(Covalent Bond)에 대한 설명으로 틀린
것은?

① 두 원자가 전자쌍을 공유함으로써 형성되는 결합
이다.
② 공유되지 않고 원자에 남아 있는 전자쌍을 비결
합 전자쌍 또는 고립 전자쌍이라고 한다.
③ 수소 분자나 염소 분자의 경우 분자 내 두 원자는
2개의 결합 전자쌍을 가지는 이중결합을 한다.
④ 분자 내에서 두 원자가 2개 또는 3개의 전자쌍을
공유할 수 있는데, 이것을 다중 공유결합이라고
한다.

해설
수소 분자(H_2, H-H)와 염소 분자(Cl_2, Cl-Cl)는 대표적인 단일결합
물질이다.

14 다음 화합물 중 순수한 이온결합을 하고 있는 물
질은?

① CO_2
② NH_3
③ KCl
④ NH_4Cl

해설
③ KCl : 이온결합(K : 금속, Cl : 비금속)
① CO_2 : 극성 공유결합
② NH_3 : 극성 공유결합
④ NH_4Cl : 이온공유배위결합

공유결합	이온결합	금속결합
비금속 + 비금속	금속 + 비금속	금속 + 금속

15 다음 중 산성의 세기가 가장 큰 것은?

① HF
② HCl
③ HBr
④ HI

해설
할로겐화수소의 산 세기 : HF(약산성) ≪ HCl < HBr < HI
※ 두 원소의 결합길이는 원소의 주기에 따라 결정되며 결합길이가
짧을수록 결합력이 강해 수소가 이온화(H^+)되지 않기 때문에
약산이 된다.

16 다음의 원자 및 분자 간 결합 중 물에 가장 잘 녹을 수 있는 결합성 물질은?

① 쌍극자 – 쌍극자 상호결합
② 금속결합
③ Van der Waals결합
④ 수소결합

> **해설**
> 물은 극성으로 극성결합을 지닌 물질이 잘 녹는다(수소결합은 극성을 지닌다).

17 금속결합의 특징에 대한 설명으로 틀린 것은?

① 양이온과 자유전자 사이의 결합이다.
② 열과 전기의 부도체이다.
③ 연성과 전성이 크다.
④ 광택을 가진다.

> **해설**
> 금속결합은 금속원자 간 결합으로, 자유전자와 양이온의 인력에 의해 형성되어 전기가 잘 통하는 도체의 성격을 지닌다.

18 보기 중 공유결합성 화합물로만 구성되어 있는 것은?

① CO_2, KCl, HNO_3
② SO_2, NaCl, Na_2S
③ NO, NaF, H_2SO_4
④ NO_2, HF, NH_3

> **해설**
> 공유결합은 원자가전자를 공유하는 결합을 말하며 KCl, NaCl, NaF 등은 이온결합으로 해당되지 않는다.

19 다음 중 비극성인 물질은?

① H_2O
② NH_3
③ HF
④ C_6H_6

> **해설**
> 극성과 비극성의 구분은 비공유전자쌍의 유무와 전기음성도에 의해 결정된다. 비공유전자쌍이 있으면 극성을 띠며, 결합을 이루고 있는 원소들의 전기음성도값의 차이가 클수록 극성을 띤다.
> • 비극성 : 결합원소의 구조가 대칭을 이룬다(F_2, Cl_2, Br_2. CH_4, C_6H_6 등).
> • 극성 : 결합원소의 구조가 대칭을 이루지 못해 한쪽에서 다른 한쪽의 결합을 당기게 된다(HF, HCl, HBr, H_2O, NH_3 등).
> 예 CO_2는 비극성임 → O=C=O(대칭)
> SO_2는 극성임 → O=S-O(비대칭)

20 다음 중 분자 1개의 질량이 가장 작은 것은?

① H_2
② NO_2
③ HCl
④ SO_2

> **해설**
> 분자량 계산
> • H_2 → 2g/mol
> • NO_2 → $14 + (16 \times 2) = 46$g/mol
> • HCl → $1 + 35.5 = 36.5$g/mol
> • SO_2 → $32 + (2 \times 16) = 64$g/mol

21 식물에서 클로로필은 어떤 금속이온과 포르피린의 착화합물이다. 이 금속이온은?

① Zn^{2+}
② Mg^{2+}
③ Fe^{2+}
④ Co^{2+}

해설
식물에서 클로로필(엽록소)은 Mg^{2+} 금속이온과 포르피린의 착화합물이며, 마그네슘이 부족할 경우 녹색이 옅어진다.

22 EDTA 적정에서 사용하는 금속이온 지시약이 아닌 것은?

① Murexide(MX)
② PAN
③ Thymol Blue
④ EBT

해설
EDTA 적정은 EDTA가 대부분 금속이온과 강한 배위결합을 형성하는 원리를 이용하는 방법으로, 지시약으로 Murexide(MX), PAN, EBT 등을 사용한다.

23 결정의 구성단위가 양이온과 전자로 이루어진 결정 형태는?

① 금속결정
② 이온결정
③ 분자결정
④ 공유결합결정

해설
금속결정(결합)은 양이온과 수많은 자유전자의 인력으로 구성되어 있다.

24 뮤렉사이드(MX) 금속 지시약은 다음 중 어떤 금속 이온의 검출에 사용되는가?

① Ca, Ba, Mg
② Co, Cu, Ni
③ Zn, Cd, Pb
④ Ca, Ba, Sr

해설
뮤렉사이드(Murexide) 금속 지시약

화학식	$C_8H_8N_6O_6 \cdot H_2O$
상 태	적자색 결정
검출 대상 물질	Co, Cu, Ni

25 다음 중 금속 지시약이 아닌 것은?

① EBT(Eriochrome Black T)
② MX(Murexide)
③ 플루오레세인(Fluorescein)
④ PV(Pyrocatechol Violet)

해설
플루오레세인은 침전적정에 사용되는 지시약이다.

26 침전적정에서 Ag$^+$에 의한 은법적정 중 지시약법이 아닌 것은?

① Mohr법

② Fajans법

③ Volhard법

④ 네펠로법(Nephelometry)

네펠로법은 입자의 혼탁도에 따른 산란도를 측정하는 방법으로, 대표적인 탁도 측정방법이다.

27 지시약의 변색은 흡착에 의하여 일어나는 것인데 다음 음 이온 중 흡착력의 세기가 가장 큰 것은?

① I$^-$ ② NO$_3^-$

③ F$^-$ ④ Br$^-$

흡착력 세기 비교
Br$^-$ > F$^-$ > NO$_3^-$ > I$^-$

28 다음 염소산 화합물의 세기 순서가 옳게 나열된 것은?

① HClO > HClO$_2$ > HClO$_3$ > HClO$_4$

② HClO$_4$ > HClO > HClO$_3$ > HClO$_2$

③ HClO$_4$ > HClO$_3$ > HClO$_2$ > HClO

④ HClO > HClO$_3$ > HClO$_2$ > HClO$_4$

염소산 화합물의 세기 순서
HClO$_4$(과염소산) > HClO$_3$(염소산) > HClO$_2$(아염소산) > HClO(차아염소산)

29 다음 반응식 중 첨가반응에 해당하는 것은?

① 3C$_2$H$_2$ → C$_6$H$_6$

② C$_2$H$_4$ + Br$_2$ → C$_2$H$_4$Br$_2$

③ C$_2$H$_5$OH → C$_2$H$_4$ + H$_2$O

④ CH$_4$ + Cl$_2$ → CH$_3$Cl + HCl

첨가반응
이중결합이나 삼중결합을 포함한 탄소화합물이 이중결합이나 삼중결합 중 약한 결합이 끊어져, 원자 또는 원자단이 첨가되어 단일결합물로 변하는 것이다. 에틸렌과 브롬의 반응이 가장 대표적인 첨가반응 중의 하나이다.

에틸렌   브롬(브로민)   1,2-다이브로모에틸

[이중결합]   [단일결합]

30 다음 화합물 중 반응성이 가장 큰 것은?

① CH$_3$-CH=CH$_2$

② CH$_3$-CH=CH-CH$_3$

③ CH≡C-CH$_3$

④ C$_4$H$_8$

결합의 개수가 많을수록 결합의 고리가 깨질 수 있어 결합력이 약하며 다른 물질과의 반응성이 커진다.
- 단일결합 : 시그마결합이 1개라서 결합이 강하다.
  예 C$_3$H$_8$
- 이중결합 : 시그마＋파이결합으로, 오히려 결합이 약하다.
  예 CH$_3$-CH=CH$_2$, CH$_3$-CH=CH-CH$_3$, C$_4$H$_8$
- 삼중결합 : 시그마＋파이＋파이결합으로, 결합이 가장 약해 반응성이 크다.
  예 CH≡C-CH$_3$

31 산화–환원반응에서 산화수에 대한 설명으로 틀린 것은?

① 한 원소로만 이루어진 화합물의 산화수는 0이다.
② 단원자 이온의 산화수는 전하량과 같다.
③ 산소의 산화수는 항상 –2이다.
④ 중성인 화합물에서 모든 원자와 이온들의 산화수의 합은 0이다.

해설
산소의 산화수는 일반적으로 –2이지만 과산화물에서는 –1 또는 2를 나타낼 수 있다.

32 $A + 2B \rightarrow 3C + 4D$와 같은 기초 반응에서 A, B의 농도를 각각 2배로 하면 반응속도는 몇 배로 되겠는가?

① 2   ② 4
③ 8   ④ 16

해설
반응속도 $V = [A][B]^2$
A, B의 농도를 각각 2배로 하면
반응속도 $V = [2A][2B]^2 = 8[A][B]^2$
∴ 반응속도는 8배가 된다.

33 유기화합물의 전자전이 중에서 가장 작은 에너지의 빛을 필요로 하고, 일반적으로 약 280nm 이상에서 흡수를 일으키는 것은?

① $\sigma \rightarrow \sigma^*$ ② $n \rightarrow \sigma^*$
③ $\pi \rightarrow \pi^*$ ④ $n \rightarrow \pi^*$

해설
유기화합물의 전자전이

종류	흡수영역	특징
$\sigma \rightarrow \sigma^*$	진공 자외선, <200nm	• 가장 높은 에너지 흡수 • 진공상태만 관찰 가능
$n \rightarrow \sigma^*$	원적외선, 180~250nm	• 높은 에너지 흡수 • O, S, N 등과 같은 비결합성 전자를 가진 치환기가 있는 화합물
$\pi \rightarrow \pi^*$	자외선, >180nm	• 중간 에너지 흡수 • 다중결합이 콘주게이션된 폴리머를 포함한 화합물
$n \rightarrow \pi^*$	근자외선, 가시선, 280~800nm	가장 낮은 에너지 흡수

34 유리의 원료이며 조미료, 비누, 의약품 등 화학공업의 원료로 사용되는 무기화합물로 분자량이 약 106인 것은?

① 탄산칼슘   ② 황산칼슘
③ 탄산나트륨   ④ 염화칼륨

해설
탄산나트륨의 화학식은 Na_2CO_3로,
분자량은 $(2 \times 23g/mol) + (1 \times 12g/mol) + (3 \times 16g/mol) =$ 106g/mol이다.

35 0.01M Ca^{2+} 50.0mL와 반응하려면 0.05M EDTA 몇 mL가 필요한가?

① 10   ② 25
③ 50   ④ 75

해설
금속과 EDTA는 1:1 반응을 한다.
$MV = M'V'$를 이용하면,
0.01M $\times$ 50.0mL = 0.05M $\times x$
∴ $x = 10$mL

36 전위차 적정의 원리식(Nernst식)에서 n은 무엇을 의미하는가?

$$E = E^0 + \frac{0.0591}{n} \log C$$

① 표준전위차
② 단극전위차
③ 이온의 농도
④ 금속의 산화수 변화

해설

$E = E^0 + \dfrac{0.0591}{n} \log C$

여기서, E : 단극전위차
　　　　E^0 : 표준전위차
　　　　n : 산화수 변화
　　　　C : 이온농도

37 전해질의 전리도 비교는 주로 무엇을 측정하여 구할 수 있는가?

① 용해도
② 어는점 내림
③ 융 점
④ 중화적정량

해설

전해질의 전리도 비교는 어는점 내림을 측정하여 구할 수 있다.

38 NaCl과 KCl을 구별하는 가장 좋은 방법은?

① $AgNO_3$ 용액을 가한다.
② H_2SO_4를 가한다.
③ 불꽃반응을 실시한다.
④ 페놀프탈레인 용액을 가한다.

해설

알칼리금속은 고유의 불꽃반응을 통해 구별할 수 있다.

불꽃반응색

리튬 (Li)	나트륨 (Na)	칼륨 (K)	구리 (Cu)	칼슘 (Ca)	스트론튬(Sr)	바륨 (Ba)
빨간색	노란색	보라색	청록색	주황색	짙은 빨간색	황록색

39 킬레이트 적정에서 EDTA 표준용액 사용 시 완충용액을 가하는 타당한 이유는?

① 적정 시 알맞은 pH를 유지하기 위하여
② 금속지시약 변색을 선명하게 하기 위하여
③ 표준용액의 농도를 일정하게 하기 위하여
④ 적정에 의하여 생기는 착화합물을 억제하기 위하여

해설

킬레이트 적정에서 pH가 13 이상인 경우 마그네슘과 EDTA의 결합물이 생성되지 않고 수산화마그네슘의 침전이 형성되기 때문에 pH를 13 이하로 고정한다.

40 금속나트륨(Na)을 보관하려면 어느 물질 속에 저장하여야 하는가?

① 물
② 파라핀
③ 알코올
④ 이산화탄소

해설

금속나트륨은 공기와의 반응성이 크므로 반드시 석유(파라핀) 속에 보관한다.

41 $CoCl_2 \cdot x\,H_2O$ 0.403g을 포함한 용액이 완전히 전기분해되어 백금 환원전극 표면에 코발트 금속 0.100g이 석출되었다. 이 시약의 조성은?(단, Co 원자량은 59.0, $CoCl_2$ 화학식량은 130, H_2O의 분자량은 18.0이다)

$$Co^{2+} + 2e^- \rightarrow Co(s)$$

① $CoCl_2 \cdot 2H_2O$　　② $CoCl_2 \cdot 4H_2O$
③ $CoCl_2 \cdot 6H_2O$　　④ $CoCl_2 \cdot 8H_2O$

해설
$CoCl_2 \cdot x\,H_2O$가 환원되어 Co^{2+}, Co가 되었고,
석출된 코발트의 몰농도 = $CoCl_2 \cdot x\,H_2O$의 몰농도이므로 다음을 계산하면 조성을 구할 수 있다.
코발트 금속이 0.100g 석출되었으므로
$$\frac{0.100\text{g}}{59.0\text{g/mol}} = 0.0016949\text{mol}$$
$$\frac{0.403\text{g}}{(130 + 18.0x)\text{g/mol}} = 0.0016949\text{mol}$$
$x = 5.987 \fallingdotseq 6$
$\therefore CoCl_2 \cdot 6H_2O$

42 분석하려는 시료용액에 음극과 양극을 담근 후, 음극의 금속을 전기화학적으로 도금하여 전해 전후의 음극무게 차이로부터 시료에 있는 금속의 양을 계산하는 분석법은?

① 전위차법(Potentiometry)
② 전해무게분석법(Electrogravimetry)
③ 전기량법(Coulometry)
④ 전압전류법(Voltammetry)

해설
전해무게분석법에 관한 설명으로 전기무게분석법이라고 하며, 최근에는 석영결정미세저울을 활용해 결과값을 직접 질량 변화로 측정하는 방법을 활용하고 있다.

43 다음 금속이온 중 수용액 상태에서 파란색을 띠는 이온은?

① Rb^{2+}　　② Co^{2+}
③ Mn^{2+}　　④ Cu^{2+}

해설
구리는 붉은색을 띠지만 구리이온은 수용액 상태에서 파란색을 띤다.
※ 산화구리는 검은색이다.

44 불꽃 없는 원자흡수분광법 중 차가운 증기 생성법 (Cold Vapor Generation Method)을 이용하는 금속 원소는?

① Na　　② Hg
③ As　　④ Sn

해설
수은과 같이 휘발성이 강한 금속은 차가운 증기 생성법을 이용해 분석해야 한다.

45 액체크로마토그래피에서 이동상으로 사용하는 용매의 구비조건이 아닌 것은?

① 점도가 커야 한다.
② 적당한 가격으로 쉽게 구입할 수 있어야 한다.
③ 관 온도보다 $20 \sim 50\,^\circ\text{C}$ 정도 끓는점이 높아야 한다.
④ 분석물의 봉우리와 겹치지 않는 고순도이어야 한다.

해설
점도가 클 경우 분석물질의 이동에 보다 많은 에너지가 소요되므로 경제적이지 못하다.
이동상 용매의 구비조건
• 분석시료를 녹일 수 있어야 한다.
• 분리 Peak와 이동상 Peak의 겹침현상이 발생하지 않아야 한다.
• 낮은 점도를 유지한다.
• 충전물, 용질과의 화학적 반응성이 낮아야 한다.
• 정지상을 용해하지 않는다.

46 다음 크로마토그래피 구성 중 기체크로마토그래피에는 없고 액체크로마토그래피에는 있는 것은?

① 펌 프　　　　② 검출기
③ 주입구　　　　④ 기록계

해설
GC와 HPLC의 차이점은 이동상의 형태이다(GC : 기체, HPLC : 액체). GC는 일정한 압력을 부여해 이동상과 주입된 시료의 이동을 유도하므로, 펌프가 필요 없다.

47 혼합물로부터 각 성분들을 순수하게 분리하거나 확인, 정량하는 데 사용하는 편리한 방법으로 물질의 분리는 혼합물이 정지상이나 이동상에 대한 친화성이 서로 다른 점을 이용하는 분석법은?

① 분광광도법
② 크로마토그래피
③ 적외선흡수분광법
④ 자외선흡수분광법

해설
크로마토그래피는 혼합 성분을 각각의 개별 성분으로 분리하여 확인, 정량하는 대표적인 방법이다.

48 $Cd(NO_3)_2 2KCN \rightarrow Cd(CN)_2 + 2KNO_3$에서 침전 생성물의 색깔은?

① 흰 색　　　　② 붉은색
③ 파란색　　　　④ 검은색

해설
질산칼륨(KNO_3)은 흰색의 결정성 분말이다.

49 기체크로마토그래피에 대한 설명 중 틀린 것은?

① 운반가스는 일정한 유량으로 흘러야 한다.
② 일반적으로 유기화합물의 정성 및 정량분석에 이용한다.
③ 시료도입부, 분리관, 검출기 등은 적정한 온도로 유지해 주어야 한다.
④ 충진물로 흡착성 고체분말을 사용한 것을 기체-액체크로마토그래피라고 한다.

해설
충진물로 흡착성 고체분말을 사용하는 것을 기체-고체크로마토그래피라고 한다.

50 기체크로마토그래피에서 정성분석의 기초가 되는 것은?

① 검정곡선
② 머무름 시간
③ 크로마토그램의 봉우리 높이
④ 크로마토그램의 봉우리 넓이

해설
머무름 시간은 시료를 투입한 후 해당 성분이 검출되어 그래프상으로 봉우리가 형성되기까지의 시간을 의미하며, 대상물질의 정성분석(성분분석)에 활용된다.

51 양이온 정성분석에서 다이메틸글리옥심을 넣었을 때 빨간색 침전이 되는 것은?

① Fe^{3+}　　　　② Cr^{3+}

③ Ni^{2+}　　　　④ Al^{3+}

해설
제4족 양이온 니켈 확인 반응에 관한 설명으로, 니켈은 암모니아의 약알칼리성에서 다이메틸글리옥심과 반응하여 착염을 생성한다.

52 양이온 정성분석에서 어떤 용액에 황화수소(H_2S) 가스를 통하였을 때 황화물로 침전되는 족은?

① 제1족　　　　② 제2족

③ 제3족　　　　④ 제4족

해설

족	양이온	분족시약	침 전
제1족	Ag^+, Pb^{2+}, Hg_2^{2+}	HCl	염화물
제2족	Bi^{3+}, Cu^{2+}, Cd^{2+}, Hg^{2+}, As^{3+}, As^{5+}, Sb^{3+}, Sn^{2+}, Sn^{4+}	H_2S (0.3M−HCl)	황화물 (산성 조건)
제3족	Fe^{2+}, Fe^{3+}, Cr^{3+}, Al^{3+}	$NH_4OH−$ NH_4Cl	수산화물
제4족	Ni^{2+}, Co^{2+}, Mn^{2+}, Zn^{2+}	$(NH_4)_2S$	황화물 (염기성 조건)
제5족	Ba^{2+}, Sr^{2+}, Ca^{2+}	$(NH_4)_2CO_3$	탄산염
제6족	Mg^{2+}, K^+, Na^+, NH_4^+	−	−

53 전위차 적정에 의한 당량점 측정 실험에서 필요하지 않은 재료는?

① 0.1N−HCl　　　　② 0.1N−NaOH

③ 증류수　　　　④ 황산구리

해설
산과 염기 적정이므로 산과 염기수용액, 증류수가 필요하며 황산구리는 필요하지 않다.

54 pH를 측정하는 전극으로 맨 끝에 얇은 막(0.01~0.03mm)이 있고, 그 얇은 막의 양쪽에 pH가 다른 두 용액이 있으며 그 사이에서 전위차가 생기는 것을 이용한 측정법은?

① 수소전극법

② 유리전극법

③ 퀸하이드론(Quinhydrone) 전극법

④ 칼로멜(Calomel) 전극법

해설
유리전극법은 가장 대표적인 pH의 측정방법으로, 수소이온농도의 전위차에 의존하며 대상영역의 pH가 넓고, 색의 유무, 콜로이드 상태와 상관없이 측정 가능하다는 장점이 있다.

55 다음 중 자외선 파장에 해당하는 것은?

① 300nm　　　　② 500nm

③ 800nm　　　　④ 900nm

해설

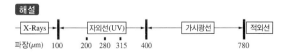

56 초임계 유체 크로마토그래피법에서 이동상으로 가장 널리 사용되는 기체는?

① 이산화탄소　　② 일산화질소
③ 암모니아　　　④ 메 탄

해설
초임계 유체 크로마토그래피법에서 이동상으로 이산화탄소, 암모니아, Hexane 등의 탄화수소를 사용하며, 특히 이산화탄소는 임계온도와 임계값이 낮아 비교적 저온조작이 가능하며 안정성이 우수하여 가장 많이 사용된다.

57 분극성의 미소전극과 비분극성의 대극과의 사이에 연속적으로 변화하는 전압을 가하여 전해에 의해 생긴 전류를 측정하여, 전압과 전류의 관계곡선(전류–전압 곡선)을 그려 이것을 해석하여 목적 성분을 분리하는 방법은?

① 전위차 분석　　② 폴라로그래피
③ 전해 중량분석　④ 전기량 분석

해설
폴라로그래피 : 산화성 물질이나 환원성 물질로 이루어진 대상 용액을 전기화학적으로 분석하는 정량, 정성분석방법으로, 전압과 전류의 관계곡선을 통해 목적 성분을 분리하여 분석한다.

58 일반적으로 화학실험실에서 발생하는 폭발사고의 유형이 아닌 것은?

① 조절 불가능한 발열반응
② 이산화탄소 누출에 의한 폭발
③ 불안전한 화합물의 가열 · 건조 · 증류 등에 의한 폭발
④ 에테르 용액 증류 시 남아 있는 과산화물에 의한 폭발

해설
이산화탄소 누출에 의한 피해는 상당히 드물며, 이산화탄소 중독 시 혈액 내 농도 증가로 인해 의식을 잃거나 경련증의 증가로 이어질 수 있다.

59 실험실 안전수칙에 대한 설명으로 틀린 것은?

① 시약병 마개를 실습대 바닥에 놓지 않도록 한다.
② 실험 실습실에 음식물을 가지고 올 때에는 한쪽에서 먹는다.
③ 시약병에 꽂혀 있는 피펫을 다른 시약병에 넣지 않도록 한다.
④ 화학약품의 냄새는 직접 맡지 않도록 하며 부득이 냄새를 맡아야 할 경우에는 손으로 코가 있는 방향으로 증기를 날려서 맡는다.

해설
실험 실습실은 취식을 위한 공간이 아니다.

60 유기정성의 위험에 대한 주의사항 중 가장 올바른 것은?

① 인화성 액체는 보통 1~2L 정도 채취하여 실습에 임한다.
② 인화성 물질은 1회 적정 시 3g 정도 채취하여 실습한다.
③ 염소나 브롬 등 독가스를 마셨을 때는 에틸알코올을 마신다.
④ 다이아조염이나 나이트로화합물은 경제적으로 이득이 있게 다량 채취하여 실습한다.

해설
인화성 물질은 발화의 위험이 있으므로 1회 적정 시 3g 정도의 적은 양을 채취해 실습한다.
① 인화성 액체는 발화의 위험이 있으므로 가능한 한 적은 양으로 실험한다.
③ 염소나 브롬 등 독가스를 마셨을 때는 즉시 우유, 물을 마신다.
④ 다이아조염이나 나이트로화합물은 폭발의 위험성이 대단히 높으므로 소량 채취하여 실습한다.

01 다음 중 이온화 경향이 가장 큰 것은?

① Ca ② Al
③ Si ④ Cu

해설

이온화 경향

- 전자를 잃고 양이온이 되려는 경향이다.
- 주기율표에서 왼쪽 아래로 갈수록 커지는 경향이 있다.
- 금속의 이온화 경향 : Li > K > Ca > Na > Mg > Al > Zn > Fe > Ni > Sn > Pb > H > Cu > Ag > Pt > Au

02 건조 공기 속에 헬륨은 0.00052%를 차지한다. 이는 몇 ppm인가?

① 0.052 ② 0.52
③ 5.2 ④ 52

해설

$1\% : 10,000ppm = 0.00052\% : x$

$\therefore x = 5.2ppm$

※ %와 ppm은 작은 농도를 표현하기 위한 가상의 단위이다. %는 10^{-2}, ppm은 10^{-6}이므로 %가 ppm보다 $10^4(=10,000)$배 더 크다.

03 다음 물질 중 혼합물인 것은?

① 염화수소
② 암모니아
③ 공 기
④ 이산화탄소

해설

- 혼합물 : 두 종류 이상의 단체, 화합물이 섞여 이루어진 물질
- 화합물 : 두 종류 이상의 원소로 이루어진 순물질

04 탄소족 원소로서 반도체 산업의 핵심 재료로 사용되며 최근 친환경 농업에도 활용되고 있는 원소는?

① C ② Ge
③ Se ④ Sn

해설

Ge(게르마늄) : 탄소족 원소로 반도체 산업의 핵심 재료로 사용되며, 토질을 개량하는 친환경 농업에도 활용한다.

05 원자번호 18번인 아르곤(Ar)의 질량수가 25일 때 중성자의 개수는?

① 7 ② 8
③ 42 ④ 43

해설

질량수 = 양성자수 + 중성자수 = 원자번호 + 중성자수

25 = 18 + 중성자수

∴ 중성자수 = 25 - 18 = 7

06 다음 중 반응성이 가장 작은 원소의 족은?

① 0족
② 1족
③ 2족
④ 3족

해설
0족은 최외각전자가 가득 차 있어 다른 원소들과 반응하려 들지 않는다.

07 분자식이 $C_{18}H_{30}$인 탄화수소 1분자 속에는 이중결합이 최대 몇 개 존재할 수 있는가?(단, 삼중결합은 없다)

① 2
② 3
③ 4
④ 5

해설
탄소는 다리(전자)가 4개이며 수소는 1개이다. 이로써 단일결합만을 고려한 탄화수소의 일반식은 C_nH_{2n+2}이 되고, 탄소가 18개일 때 수소는 총 $(2 \times 18) + 2 = 38$개의 단일결합을 유지하게 된다. 제시된 문제에서는 탄소가 18개일 때 수소가 30개이므로 $38 - 30 = 8$, 즉 총 8개의 전자는 단일결합이 아닌 이중결합을 하고 있다고 볼 수 있다.

∴ $8 \div 2 = 4$, 총 4개의 이중결합이 가능하다.

08 0.001M의 HCl 용액의 pH는 얼마인가?

① 2
② 3
③ 4
④ 5

해설
$pH = -\log[H^+] = -\log 0.001 = 3$

09 주기율표에서 전형원소에 대한 설명으로 틀린 것은?

① 전형원소는 1족, 2족, 12~18족이다.
② 전형원소는 대부분 밀도가 큰 금속이다.
③ 전형원소는 금속원소와 비금속원소가 있다.
④ 전형원소는 원자가전자수가 족의 끝 번호와 일치한다.

해설
전형원소는 밀도가 작은 금속원소와 비금속원소가 있으며, 원자번호 1~20, 31~38, 49~56, 81~88 구간에 위치한 원소들이다.

10 어떤 석회석의 분석치는 다음과 같다. 이 석회석 5ton에서 생성되는 CaO의 양은 약 몇 kg인가? (단, Ca의 원자량은 40, Mg의 원자량은 24.8이다)

- $CaCO_3$: 92%
- $MgCO_3$: 5.1%
- 불용물 : 2.9%

① 2,576kg
② 2,776kg
③ 2,976kg
④ 3,176kg

해설
$CaCO_3 \rightarrow CaO + CO_2$
100kg : 56kg = 5,000kg : x
$x = \dfrac{5,000 \times 56}{100} = 2,800$kg

$CaCO_3$가 92%이므로 $2,800$kg $\times 0.92 = 2,576$kg이다.

11 화학평형의 이동에 영향을 주지 않는 것은?

① 온 도
② 농 도
③ 압 력
④ 촉 매

해설
촉매는 화학평형에 더 빨리 도달하게 하며, 평형이동에는 영향을 끼치지 않는다.
화학평형 이동의 3대 결정인자 : 온도, 농도, 압력

12 화학평형에 대한 설명으로 틀린 것은?

① 화학반응에서 반응물질(왼쪽)로부터 생성물질(오른쪽)로 가는 반응을 정반응이라고 한다.
② 화학반응에서 생성물질(오른쪽)로부터 반응물질(왼쪽)로 가는 반응을 비가역반응이라고 한다.
③ 온도, 압력, 농도 등 반응 조건에 따라 정반응과 역반응이 모두 일어날 수 있는 반응을 가역반응이라고 한다.
④ 가역반응에서 정반응속도와 역반응속도가 같아져서 겉보기에는 반응이 정지된 것처럼 보이는 상태를 화학평형상태라고 한다.

해설
화학반응에서 생성물질(오른쪽)로부터 반응물질(왼쪽)로 가는 반응을 가역반응(역반응)이라고 한다.

13 다음 반응은 물(H_2O)의 변화를 반응식으로 나타낸 것이다. 이 반응에 대한 설명으로 옳지 않은 것은?

$$H_2O(l) \rightleftharpoons H_2O(g)$$

① 가역반응이다.
② 반응의 속도는 온도에 따라 변한다.
③ 정반응속도는 압력의 변화와 관계없이 일정하다.
④ 반응의 평형은 정반응속도와 역반응속도가 같을 때 이루어진다.

해설
물의 상태변화는 압력이 증가할수록 빠르게 진행된다.

14 다음 반응에서 반응계에 압력을 증가시켰을 때 평형이 이동하는 방향은?

$$2SO_2 + O_2 \rightleftharpoons 2SO_3$$

① SO_3가 많이 생성되는 방향
② SO_3가 감소되는 방향
③ SO_2가 많이 생성되는 방향
④ 이동이 없다.

해설
압력이 증가할 때 몰수가 작은 방향으로 평형이 이동한다.
$2SO_2 + O_2 \rightleftharpoons 2SO_3$
3몰(2몰+1몰)   2몰

15 어떤 기체의 공기에 대한 비중이 약 1.10이었다. 이것은 어떤 기체의 분자량과 같은가?(단, 공기의 평균 분자량은 29이다)

① H_2
② O_2
③ N_2
④ CO_2

해설
비중이 1.10이므로 공기보다 무거워야 한다.
공기에 대한 비중 $= \dfrac{\text{대상물질의 분자량}}{\text{공기의 평균 분자량}}$
$1.10 = \dfrac{x}{29}$
$x = 1.10 \times 29 = 31.9 ≒ 32$
∴ 제시된 보기 중 분자량이 32인 것은 O_2(= $2 \times 16g/mol$ = 32g/mol)이다.

16 기체는 다음 어느 경우에 가장 잘 용해하는가?

① 온도가 높고 압력이 낮을 때
② 온도가 높고 압력이 높을 때
③ 온도가 낮고 압력이 높을 때
④ 온도가 낮고 압력이 낮을 때

해설

기체의 용해도 $\propto$ 압력, $\dfrac{1}{온도}$

17 알칼리금속에 대한 설명으로 틀린 것은?

① 공기 중에서 쉽게 산화되어 금속 광택을 잃는다.
② 원자가전자가 1개이므로 +1가의 양이온이 되기 쉽다.
③ 할로겐원소와 직접 반응하여 할로겐화합물을 만든다.
④ 원자번호가 증가함에 따라 금속결합력이 강해지므로 융점과 끓는점이 높아진다.

해설

알칼리금속은 원자번호가 증가할수록 원자반지름이 커져 녹는점과 끓는점이 낮아진다.

18 금속지시약의 설명으로 옳지 않은 것은?

① 금속염이 주성분이다.
② 킬레이트 시약이다.
③ 킬레이트 화합물을 만든다.
④ 자신의 고유색을 갖는다.

해설

금속지시약은 EDTA나 유사한 화합물을 의미하며, 킬레이트 적정에서 당량점의 판정에 사용되는 지시약으로 금속염과는 관련이 없다.

19 다음 중 금속과 비금속의 경계에 위치하는 원소로 금속성과 비금속성을 동시에 지니고 있는 양쪽성 원소에 해당되지 않는 것은?

① Al   ② Zn
③ Sn   ④ Cu

해설

양쪽성 원소
• 조건에 따라 산이나 알칼리에 반응하여 수소를 발생시킨다.
• Al, Zn, Ga, Pb, As, Sn 등이 있다.

20 전기음성도가 비슷한 비금속 사이에서 주로 일어나는 결합은?

① 이온결합   ② 공유결합
③ 배위결합   ④ 수소결합

해설

공유결합	이온결합	금속결합
비금속 + 비금속	금속 + 비금속	금속 + 금속

21 1g의 라듐으로부터 1m 떨어진 거리에서 1시간 동안 받는 방사선의 영향을 무엇이라 하는가?

① 1뢴트겐　　　　② 1큐리

③ 1렘　　　　　　④ 1베크렐

해설
① 1뢴트겐 : 표준상태의 1cm³의 공기에서 1정전단위와 같은 양의 양이온, 음이온을 만들 수 있는 X선의 양이다.
② 1큐리 : 매초 370억 개의 원자붕괴가 되고 있는 방사성 물질의 양이다.
④ 1베크렐 : 1초당 자연방사성붕괴수가 1개일 때의 방사선의 양이다.

22 다음 유기화합물 중 파라핀계 탄화수소는?

① C_5H_{10}　　　　② C_4H_8

③ C_3H_6　　　　　④ CH_4

해설
파라핀계 탄화수소의 일반식 : C_nH_{2n+2}

23 다음 물질 중에서 유기화합물이 아닌 것은?

① 프로판　　　　② 녹 말

③ 염화코발트　　④ 아세톤

해설
유기화합물과 무기화합물은 탄소의 포함 여부로 구분하며, 염화코발트($CoCl_2$)는 탄소를 포함하고 있지 않으므로 무기화합물이다.

24 다음 유기화합물의 IUPAC명이 맞는 것은?

① $CHCl_3$, 트라이클로로메테인

② $CH_3CH_2CH_2OH$, 2-프로판올

③ $CH\equiv C-CH_3$, 2-프로핀

④ $Cl-CH_2-CH_2-Cl$, 1,2-트라이클로로메테인

해설
• IUPAC 명명법은 국제순수 및 응용화학연합에서 규정한 것으로 오늘날의 화합물 명명법의 기준을 이루고 있다.
• $CHCl_3$을 트라이클로로메테인(구 트리클로로메탄)이라고 한다.

25 R-O-R의 일반식을 가지는 지방족 탄화수소의 명칭은?

① 알데하이드

② 카복실산

③ 에스테르

④ 에테르

해설
R-O-R의 일반식을 가지는 지방족 탄화수소를 에테르(Ether)라고 하며, 에틸렌을 이용해 제조한다.

정답 21 ③　22 ④　23 ③　24 ①　25 ④

26 다음의 반응을 무엇이라고 하는가?

$$3C_2H_2 \rightleftharpoons C_6H_6$$

① 치환반응　　　② 부가반응
③ 중합반응　　　④ 축합반응

해설
하나의 화합물이 연속으로 동일결합하여 고분자 물질을 이루는 것을 중합반응이라 한다.

27 o-(ortho), m-(meta), p-(para)의 세 가지 이성질체를 가지는 방향족 탄화수소의 유도체는?

① 벤 젠　　　② 알데하이드
③ 자일렌　　　④ 톨루엔

해설
자일렌은 오쏘(ortho)자일렌, 메타(meta)자일렌, 파라(para)자일렌 3종의 이성질체가 있다.

28 지방족 탄화수소가 아닌 것은?

① 아릴(Aryl)　　　② 알켄(Alkene)
③ 알카인(Alkyne)　　④ 알케인(Alkane)

해설
지방족 탄화수소는 지방족 화합물에 속하는 탄화수소로 알케인, 알켄, 알카인, 사이클로알케인이 포함되며 벤젠고리를 포함하고 있지 않다. 아릴은 방향족 탄화수소에서 수소원자 1개를 제외한 나머지 원자단을 말한다.

29 양이온 정성분석에서 제3족에 해당하는 이온이 아닌 것은?

① Fe^{3+}　　　② Ni^{2+}
③ Cr^{3+}　　　④ Al^{3+}

해설

족	양이온	분족시약	침 전
제1족	Ag^+, Pb^{2+}, Hg_2^{2+}	HCl	염화물
제2족	Bi^{3+}, Cu^{2+}, Cd^{2+}, Hg^{2+}, As^{3+}, As^{5+}, Sb^{3+}, Sn^{2+}, Sn^{4+}	H_2S $(0.3M-HCl)$	황화물 (산성 조건)
제3족	Fe^{2+}, Fe^{3+}, Cr^{3+}, Al^{3+}	NH_4OH- NH_4Cl	수산화물
제4족	Ni^{2+}, Co^{2+}, Mn^{2+}, Zn^{2+}	$(NH_4)_2S$	황화물 (염기성 조건)
제5족	Ba^{2+}, Sr^{2+}, Ca^{2+}	$(NH_4)_2CO_3$	탄산염
제6족	Mg^{2+}, K^+, Na^+, NH_4^+	−	−

30 다음 중 아이오딘적정법에 가장 적합한 액성의 pH는?

① pH 3~6　　　② pH 5~8
③ pH 8~10　　　④ pH 9~13

해설
아이오딘적정법이란 아이오딘이 관여된 산화–환원적정법을 말하며, pH 5~8인 액성의 측정에 적합하다.

31 다음 중 산화-환원반응이 아닌 것은?

① $2Na + 2H_2O \rightarrow 2NaOH + H_2$

② $N_2 + 3H_2 \rightarrow 2NH_3$

③ $2H_2S + SO_2 \rightarrow 3S + 2H_2O$

④ $[Ag(NH_3)_2]Cl + 2HNO_3 \rightarrow AgCl + 2NH_4NO_3$

해설

AgCl이라는 염이 생성되었으므로 화합물과 화합물 간의 결합만 일어나며, 중화반응만 일어났다.

32 다음 반응에서 침전물의 색깔은?

$$Pb(NO_3)_2 + K_2CrO_4 \rightarrow 2KNO_3 + PbCrO_4\downarrow$$

① 검은색 ② 빨간색
③ 흰 색 ④ 노란색

해설

침전물인 크롬산납($PbCrO_4$)은 노란색이다.

※ 양이온 1족의 각개반응 실험이며, 침전물을 통해 어떤 물질이 포함되어 있는지 확인하는 실험이다.

33 다음 할로겐화은(Agx) 중 침전되지 않고 물에 잘 녹는 물질은?(단, x는 할로겐족 원소이다)

① AgI ② AgBr
③ AgF ④ AgCl

해설

할로겐화은 용해성 : AgF > AgCl > AgBr > AgI

34 다음 킬레이트제 중 물에 녹지 않고 에탄올에 녹는 흰색 결정성의 가루로서 NH_3 염기성 용액에서 Cu^{2+}와 반응하여 초록색 침전을 만드는 것은?

① 쿠프론
② 다이페닐카바자이드
③ 디티존
④ 알루미논

해설

쿠프론은 α-벤조인옥심이라고도 하며, 평소 백색 결정을 띠고 있고 빛과 반응해 흑색으로 변색되는 물질이다. 에탄올, 암모니아수에 잘 녹지만 물에는 잘 녹지 않는 물질로 구리, 몰리브덴 검출 및 정량시약으로 사용된다.

35 실험실에서 유리기구 등에 묻은 기름을 산화시켜 제거하는 데 쓰이는 클리닝용액(Cleaning Solution)은?

① 크롬산칼륨 + 진한 황산
② 중크롬산칼륨 + 황산제일철
③ 브롬화은 + 하이드로퀴논
④ 질산은 + 폼알데하이드

해설

초자기류의 세척에는 크롬산칼륨과 진한 황산을 조금씩 가해 사용하면 좋다.

36 다음 유리기구 중 액체물질의 용량을 측정하는 용도로 주로 쓰이지 않는 것은?

① 메스플라스크
② 뷰렛
③ 피펫
④ 분액깔때기

해설
분액깔때기는 대상물질을 비중 차이에 의해 분리하는 용도로 사용된다.

37 다음 중 용액의 전리도(α)를 바르게 나타낸 것은?

① 전리된 몰농도/분자량
② 분자량/전리된 몰농도
③ 전체 몰농도/전리된 몰농도
④ 전리된 몰농도/전체 몰농도

해설
$$전리도\left(=\frac{이온화된\ 몰농도}{전체\ 몰농도}\right)$$
물속에 해리되어 있는 분자수와 원래의 전분자수와의 비로 해리도가 높을수록 강산, 강염기이다.

38 전해질이 보통 농도의 수용액 중에서도 거의 완전히 이온화되는 것을 무슨 전해질이라고 하는가?

① 약전해질
② 초전해질
③ 비전해질
④ 강전해질

해설
전해질의 종류

종류	정의	특징	대표물질
약전해질	물에 녹을 경우 이온화도가 낮은 것	전류가 잘 흐르지 않는다.	암모니아, 붕산, 탄산 등
비전해질	물에 녹을 경우 이온화되지 않는 것	전류가 전혀 흐르지 않는다.	설탕, 포도당, 에탄올 등
강전해질	물에 녹을 경우 이온화도가 높은 것	전류가 강하게 흐른다.	염화나트륨, 염산 등

39 다음 중 수용액에서 이온화도가 5% 이하인 산은?

① HNO_3
② H_2CO_3
③ H_2SO_4
④ HCl

해설
탄산은 대표적인 약산으로, 이온화도가 상당히 낮다.

40 초산은의 포화수용액은 1L 속에 0.059몰을 함유하고 있다. 전리도가 50%라 하면 이 물질의 용해도곱은 얼마인가?

① 2.95×10^{-2}
② 5.9×10^{-2}
③ 5.9×10^{-4}
④ 8.7×10^{-4}

해설
전리도가 50%이므로 0.059mol의 절반인 0.0295mol이 이온화되며, 초산은이 이온화할 경우 초산이온 1개, 은이온 1개가 생성된다.
즉, $AgNO_3 \rightarrow Ag^+ + NO_3^-$에서 용해도곱을 구하면
$0.0295 \times 0.0295 = 8.7 \times 10^{-4}$
$\therefore$ 용해도곱 $= 8.7 \times 10^{-4}$

41 AgCl의 용해도가 0.0016g/L일 때 AgCl의 용해도 곱은 약 얼마인가?(단, Ag의 원자량은 108, Cl의 원자량은 35.5이다)

① 1.12×10^{-5}

② 1.12×10^{-3}

③ 1.2×10^{-5}

④ 1.2×10^{-10}

해설
용해도곱이란 AgCl이 물에 용해되면서 이온화되었을 때, 각 이온의 몰농도를 평형상수로 표현한 값이다. 즉, Ag^+와 Cl^-가 동일한 농도로 물에 용해되었을 때 몰농도이며, AgCl의 분자량이 143.5g/mol일 때 AgCl의 용해도가 0.0016g/L이므로
$1mol : 143.5g = x : 0.0016g/L$

$$x = \frac{(0.0016g/L) \times 1mol}{143.5g} = 1.11 \times 10^{-5}M(mol/L)$$

∴ 용해도곱(평형상수) $= [Ag^+][Cl^-]$
$= (1.11 \times 10^{-5})(1.11 \times 10^{-5})$
$≒ 1.2 \times 10^{-10}$

42 아세트산의 이온이 물분자와 반응하여 다음과 같이 진행되는 반응을 무엇이라고 하는가?

$$CH_3COO^- + H_2O \rightarrow CH_3COOH + OH^-$$

① 가수분해

② 중화반응

③ 축합반응

④ 첨가반응

해설
염이 물과 반응해 산과 염기로 분해하는 반응을 가수분해라 한다.

43 다음 중 염기성이 가장 강한 것은?

① 0.1M HCl

② $[H^+] = 10^{-3}$

③ pH = 4

④ $[OH^-] = 10^{-1}$

해설
④ $[OH^-] = 10^{-1}$ → pH = 14 - pOH = 14 - $(-\log 10^{-1})$ = 13으로 염기성이 가장 강하다.
① 0.1M HCl → pH 1
② $[H^+] = 10^{-3}$ → pH 3
③ pH = 4

44 브뢴스테드-로우리의 산, 염기 정의에 의하면 H_2O가 산으로도 염기로도 작용한다. 다음 화학반응식 중 반응이 오른쪽으로 진행될 때 H_2O가 산으로 작용하는 것은?

① $HCO_3^- + H_2O \rightarrow CO_3^{2-} + H_3O^+$

② $HCO_3^- + H_2O \rightarrow H_2CO_3 + OH^-$

③ $HCO_3^- + OH^- \rightarrow H_2CO_3 + O^{2-}$

④ $HCO_3^- + H_3O^+ \rightarrow CO_2 + 2H_2O$

해설
브뢴스테드-로우리(Brønsted-Lowry)는 산과 염기를 다음과 같이 정의한다.
• 산 : 양성자(H^+)를 내놓는 물질이다.
• 염기 : 양성자(H^+)를 받는 물질이다.
• 짝산과 짝염기 : 양성자(H^+)의 이동에 의하여 산과 염기로 되는 한 쌍의 물질이다.

45 분광광도계에서 광전관, 광전자증배관, 광전도셀 또는 광전지 등을 사용하여 빛의 세기를 측정하여 전기신호로 바꾸는 장치 부분은?

① 광원부

② 파장선택부

③ 시료부

④ 측광부

해설
측광부는 기기에서 설정한 파장의 빛의 세기를 측정하여 전기신호로 바꾸는 장치 부분이다.

46 원자를 증기화하여 생긴 기저상태의 원자가 그 원자층을 투과하는 특유 파장의 빛을 흡수하는 성질을 이용한 것으로 극소량의 금속 성분의 분석에 많이 사용되는 분석법은?

① 자외선/가시광선 흡수분광법
② 원자흡수분광광도법
③ 적외선분광법
④ 기체크로마토그래피

해설
원자흡수분광광도법은 주로 미량의 금속 분석에 많이 활용된다.

47 금속에 빛을 조사하면 빛의 에너지를 흡수하여 금속 중의 자유전자가 금속 표면에 방출되는 성질은?

① 광전효과
② 틴들현상
③ 라만(Raman)효과
④ 브라운운동

해설
광전효과 : 금속 등의 물질에 일정 진동수 이상의 빛을 조사하면 광자와 전자가 충돌하게 되고, 이때 충돌한 전자가 금속으로부터 방출되는 것이다.

48 약 8,000 Å 보다 긴 파장의 광선은?

① 방사선
② 자외선
③ 적외선
④ 가시광선

해설
적외선은 일반적으로 8,000 Å 보다 긴 파장의 영역에 포함된다.
※ 파장의 단위 : Å(10^{-10}m 또는 0.1nm)
※ 적외선 : 장파장, 자외선 : 단파장

49 전자기 복사선 중 파장이 가장 긴 것은?

① 적외선   ② 자외선
③ X선   ④ 가시광선

해설
전자기 복사선의 파장 비교

50 액체 흡착제를 기체크로마토그래피에서 사용할 때 분리의 원리가 되는 것은?

① 흡착계수의 차
② 분배계수의 차
③ 확산전류의 차
④ 운반기체(Carrier Gas) 용적의 차

해설
기체크로마토그래피는 분배계수에 따라 이동하는 물질의 정도의 차이를 이용해 혼합물을 분리해 측정한다.

46 ② 47 ① 48 ③ 49 ① 50 ② **정답**

51 기체크로마토그래피에서 정성분석의 기초가 되는 것은?

① 검정곡선
② 머무름 시간
③ 크로마토그램의 봉우리 높이
④ 크로마토그램의 봉우리 넓이

해설
머무름 시간은 시료를 투입한 후 해당 성분이 검출되어 그래프상으로 봉우리가 형성되기까지의 시간을 의미하며, 대상물질의 정성분석(성분분석)에 활용된다.

52 다음 중 전기전류의 분석신호를 이용하여 분석하는 방법은?

① 비탁법
② 방출분광법
③ 폴라로그래피
④ 분광광도법

해설
폴라로그래피는 대표적인 전기분석법의 일종으로 적하수은전극을 사용해 전해분석을 하고, 그 전압–전류곡선에 의해 물질을 정량, 정성 분석하는 방법이다.

53 광전비색계의 구조 중 관련이 없는 사항은?

① 지시전극   ② 광전지
③ 필 터   ④ 정전압장치

해설
지시전극은 전기분석법에서 사용된다.

54 pH를 측정하는 전극으로 맨 끝에 얇은 막(0.01~0.03mm)이 있고, 그 얇은 막의 양쪽에 pH가 다른 두 용액이 있으며 그 사이에서 전위차가 생기는 것을 이용한 측정법은?

① 수소전극법
② 유리전극법
③ 퀸하이드론(Quinhydrone) 전극법
④ 칼로멜(Calomel) 전극법

해설
유리전극법은 가장 대표적인 pH의 측정방법으로, 수소이온농도의 전위차에 의존하며 대상영역의 pH가 넓고, 색의 유무, 콜로이드 상태와 상관없이 측정 가능하다는 장점이 있다.

55 HCl의 표준용액 25.00mL를 채취하여 농도를 분석하기 위해 0.1M NaOH 표준용액을 이용하여 전위차 적정하였다. pH 7에서 소비량이 25.40mL라면 HCl의 농도는 약 몇 M인가?(단, 0.1M NaOH 표준용액의 역가(f)는 1.092이다)

① 0.01   ② 0.11
③ 1.11   ④ 2.11

해설
0.1M NaOH 표준용액의 농도 = 0.1 × 1.092 = 0.1092M
$MV = M'V'$를 이용하면
$M \times 25mL = 0.1092M \times 25.4mL$
$\therefore M \fallingdotseq 0.11095$

56 실험실 안전수칙에 대한 설명으로 틀린 것은?

① 시약병 마개를 실습대 바닥에 놓지 않는다.

② 실험 실습실에 음식물을 가지고 올 때에는 한쪽에서 먹는다.

③ 시약병에 꽂혀 있는 피펫을 다른 시약병에 넣지 않는다.

④ 화학약품의 냄새는 직접 맡지 않으며, 부득이 냄새를 맡아야 할 경우에는 손으로 코가 있는 방향으로 증기를 날려서 맡는다.

해설
실험 실습실은 취식을 위한 공간이 아니다.

57 실험실에서 일어나는 사고의 원인과 그 요소를 연결한 것으로 옳지 않은 것은?

① 정신적 원인 – 성격적 결함

② 신체적 결함 – 피로

③ 기술적 원인 – 기계장치의 설계 불량

④ 교육적 원인 – 지각적 결함

해설
교육적 원인은 지식의 부족, 수칙의 오해에서 비롯된다.

58 일반적으로 화학실험실에서 발생하는 폭발사고의 유형이 아닌 것은?

① 조절 불가능한 발열반응

② 이산화탄소 누출에 의한 폭발

③ 불안전한 화합물의 가열·건조·증류 등에 의한 폭발

④ 에테르 용액 증류 시 남아 있는 과산화물에 의한 폭발

해설
이산화탄소 누출에 의한 피해는 상당히 드물며, 이산화탄소 중독 시 혈액 내 농도 증가로 인해 의식을 잃거나 경련증의 증가로 이어질 수 있다.

59 유리기구의 취급방법에 대한 설명으로 틀린 것은?

① 유리기구를 세척할 때에는 중크롬산칼륨과 황산의 혼합 용액을 사용한다.

② 유리기구와 철제, 스테인리스강 등 금속으로 만들어진 실험실습기구는 같이 보관한다.

③ 메스플라스크, 뷰렛, 메스실린더, 피펫 등 눈금이 표시된 유리기구는 가열하지 않는다.

④ 깨끗이 세척된 유리기구는 유리기구의 벽에 물방울이 없으며, 깨끗이 세척되지 않은 유리기구의 벽은 물방울이 남아 있다.

해설
유리기구는 파손의 우려가 있어 금속으로 만들어진 실험실습기구와 구분하여 보관한다.

60 화학실험 시 사용하는 약품의 보관에 대한 설명으로 틀린 것은?

① 폭발성 또는 자연발화성의 약품은 화기를 멀리한다.

② 흡습성 약품은 완전히 건조시켜 건조한 곳이나 석유 속에 보관한다.

③ 모든 화합물은 될 수 있는 대로 같은 장소에 보관하고 정리정돈을 잘한다.

④ 직사광선을 피하고, 약품에 따라 유색병에 보관한다.

해설
화학약품은 종류와 반응성에 따라 철저히 분리하여 보관한다.

01 다음 중 용해도의 정의를 가장 바르게 나타낸 것은?

① 용액 100g 중에 녹아 있는 용질의 질량

② 용액 1L 중에 녹아 있는 용질의 몰수

③ 용매 1kg 중에 녹아 있는 용질의 몰수

④ 용매 100g에 녹아서 포화용액이 되는 데 필요한 용질의 g수

해설
용해도 : 일정한 온도에서 용매 100g에 최대한 녹을 수 있는 용질의 g수이다.

02 수소 분자 6.02×10^{23}개의 질량은 몇 g인가?

① 2

② 16

③ 18

④ 20

해설
6.02×10^{23}개를 아보가드로수라고 하며, 표준상태에서 1mol의 기체가 가지는 수이다. 수소는 2개가 한 쌍(H_2)으로 존재하므로, 수소 분자(H_2) 1몰은 $2 \times 1g = 2g$이다.

03 pH의 값이 5일 때 pOH의 값은 얼마인가?

① 3

② 5

③ 7

④ 9

해설
$pOH = 14 - pH = 14 - 5 = 9$

04 전기음성도의 크기 순서로 옳은 것은?

① Cl > Br > N > F

② Br > Cl > O > F

③ Br > F > Cl > N

④ F > O > Cl > Br

해설
전기음성도는 원자들이 공유결합할 때 공유전자쌍을 잡아당기는 힘을 말한다. 동일 주기에서 원자번호가 커질수록 증가하며, 동일 족에서는 원자번호가 작아질수록 증가한다.

05 질량수가 23인 나트륨의 원자번호가 11이라면 양성자수는 얼마인가?

① 11

② 12

③ 23

④ 34

해설
원자번호 = 전자수 = 양성자수 = 11

06 다음 물질 중 승화와 가장 거리가 먼 것은?

① 드라이아이스
② 나프탈렌
③ 알코올
④ 아이오딘

해설
승화란 고체가 액체를 거치지 않고 바로 기체가 되는 현상이며, 승화성 물질로는 드라이아이스, 나프탈렌, 아이오딘 등이 있다.

07 원자의 K껍질에 들어 있는 오비탈은?

① s
② p
③ d
④ f

해설

전자껍질	오비탈			
K	$1s$			
L	$2s$	$2p$		
M	$3s$	$3p$	$3d$	
N	$4s$	$4p$	$4d$	$4f$

08 용액의 끓는점 오름은 어느 농도에 비례하는가?

① 백분율농도
② 몰농도
③ 몰랄농도
④ 노말농도

해설
끓는점 오름은 몰랄농도에 비례한다. 그 이유는 몰랄농도가 높다는 것은 결국 고농도를 의미하며, 농도가 높아질수록 다른 분자들이 물에 많이 용해되고 물분자가 끊어져 끓어오르는 것을 방해하기 때문이다.
끓는점 오름 : 비휘발성 물질이 녹아 있는 경우 순수한 용매보다 끓는점이 올라가는 현상이다.
예 소금물, 설탕물의 끓는점 상승

09 반응속도에 영향을 주는 인자로서 가장 거리가 먼 것은?

① 반응온도
② 반응식
③ 반응물의 농도
④ 촉 매

해설
일반적으로 반응속도는 반응농도, 압력, 표면적(고체인 경우), 온도가 커질수록 빨라지며, 반응식은 반응속도와 아무런 관계가 없다.

10 pH가 3인 산성용액의 몰농도(M)는 얼마인가?(단, 용액은 일염기산이며 100% 이온화한다)

① 0.0001M
② 0.001M
③ 0.01M
④ 0.1M

해설
$pH = -\log[H^+]$
$3 = -\log x$
log를 없애기 위해 10으로 지수화 한다.
$10^{-3} = 10^{\log x} = x$
∴ $x = 0.001M$

11 다음 중 비극성인 물질은?

① H_2O
② NH_3
③ HF
④ C_6H_6

해설

극성과 비극성의 구분은 비공유전자쌍의 유무와 전기음성도에 의해 결정된다. 비공유전자쌍이 있으면 극성을 띠며, 결합을 이루고 있는 원소들의 전기음성도값의 차이가 클수록 극성을 띤다.
• 비극성 : 결합원소의 구조가 대칭을 이룬다(F_2, Cl_2, Br_2, CH_4, C_6H_6 등).
• 극성 : 결합원소의 구조가 대칭을 이루지 못해 한쪽에서 다른 한쪽의 결합을 당기게 된다(HF, HCl, HBr, H_2O, NH_3 등).
예 CO_2는 비극성임 → O=C=O(대칭)
  SO_2는 극성임 → O=S-O(비대칭)

12 화학평형의 이동에 영향을 주지 않는 것은?

① 온 도
② 농 도
③ 압 력
④ 촉 매

해설

촉매는 화학평형에 더 빨리 도달하게 하며, 평형이동에는 영향을 끼치지 않는다.
화학평형 이동의 3대 결정인자 : 온도, 농도, 압력

13 다음 반응은 물(H_2O)의 변화를 반응식으로 나타낸 것이다. 이 반응에 대한 설명으로 옳지 않은 것은?

$$H_2O(l) \rightleftharpoons H_2O(g)$$

① 가역반응이다.
② 반응의 속도는 온도에 따라 변한다.
③ 정반응속도는 압력의 변화와 관계없이 일정하다.
④ 반응의 평형은 정반응속도와 역반응속도가 같을 때 이루어진다.

해설

물의 상태변화는 압력이 증가할수록 빠르게 진행된다.

14 산화-환원 적정에 주로 사용되는 산화제는?

① $FeSO_4$
② $KMnO_4$
③ $Na_2C_2O_4$
④ $Na_2S_2O_3$

해설

$KMnO_4$는 Mn의 산화수가 +7인 강력한 산화제로, 산화-환원 적정 시 산화제로 많이 사용된다.

15 다음 중 산화-환원 지시약이 아닌 것은?

① 다이페닐아민
② 다이클로로메테인
③ 페노사프라닌
④ 메틸렌블루

해설

다이클로로메테인은 지시약이 아니라 유기화합물의 추출이나 반응 용제 및 냉매로 이용되는 물질이다.

16 묽은 염산을 가할 때 기체를 발생시키는 금속은?

① Cu   ② Hg

③ Mg   ④ Ag

해설
묽은 염산과 마그네슘의 반응식
$2HCl + Mg \rightarrow MgCl_2 + H_2(\uparrow)$

17 다음 중 비중이 제일 작은 금속은?

① Mg   ② Au

③ Fe   ④ Cu

해설
원자량이 작을수록 비중이 작다.

18 다음 등전자이온 중 이온반지름이 가장 큰 것은?

① $_{12}Mg^{2+}$ ② $_{11}Na^{+}$

③ $_{10}Ne$ ④ $_{9}F^{-}$

해설
이온반지름의 주기적 성질
• 금속 : 원자반지름 > 이온반지름(전자껍질수의 감소)
• 비금속 : 원자반지름 < 이온반지름(전자 간 반발력)
• 등전자이온 : 원자번호가 클수록 이온반지름이 작아진다(핵전하량이 증가하여 유효핵전하 증가).

19 다음 물질 중 정전기적 힘에 의한 결합이 아닌 것은?

① NaCl   ② $CaBr_2$

③ NH_3 ④ KBr

해설
정전기적 힘에 의한 결합을 이온결합이라 하며, 암모니아는 비금속과 비금속의 결합이므로 공유결합이다.
• 금속 + 비금속 = 이온결합
• 비금속 + 비금속 = 공유결합

20 반감기가 5년인 방사성 원소가 있다. 이 동위원소 2g이 10년이 경과하였을 때 몇 g이 남는가?

① 0.125   ② 0.25

③ 0.5   ④ 1.5

해설
반감기
$$M = M_0 \left(\frac{1}{2}\right)^{\frac{t}{T}} = 2g \times \left(\frac{1}{2}\right)^2 = 0.5g$$
여기서, M : t시간 이후의 질량
       M_0 : 초기 질량
       t : 경과된 시간
       T : 반감기

21 증기압에 대한 설명으로 틀린 것은?

① 증기압이 크면 증발이 어렵다.

② 증기압이 크면 끓는점이 낮아진다.

③ 증기압은 온도가 높아짐에 따라 커진다.

④ 증기압이 크면 분자 간 인력이 작아진다.

해설

증기압이란 증기가 고체, 액체와 동적평형상태에 있을 때의 증기 압력을 말하며, 증기압이 클수록 증발이 쉬워 휘발성 물질이라 표현하기도 한다.

22 산소분자의 확산속도는 수소분자의 확산속도의 얼마 정도인가?

① 4배

② $\dfrac{1}{4}$배

③ 16배

④ $\dfrac{1}{16}$배

해설

그레이엄의 기체확산속도 법칙 : 일정한 온도, 압력에서 기체의 확산속도는 그 기체 분자량의 제곱근에 반비례한다.

$\sqrt{1} : \sqrt{16} = V_{산소} : V_{수소}$

$4V_{산소} = V_{수소}$

∴ 산소분자의 확산속도는 수소분자의 확산속도의 1/4이다.

23 다음 유기화합물의 화학식이 틀린 것은?

① 메테인 – CH_4

② 프로필렌 – C_3H_8

③ 펜테인 – C_5H_{12}

④ 아세틸렌 – C_2H_2

해설

프로필렌의 화학식은 C_3H_6이며, C_3H_8은 프로페인(프로판)이다.

24 벤젠고리 구조를 포함하고 있지 않은 것은?

① 톨루엔

② 페 놀

③ 자일렌

④ 사이클로헥세인

해설

벤젠고리는 정확한 의미에서 1.5중결합(이중결합과 단일결합을 빠르게 번갈아가며 유지한다)이며, 사이클로헥세인은 단일결합의 모양을 지니고 있다.

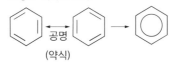

25 유기화합물은 무기화합물에 비하여 다음과 같은 특성을 가지고 있다. 이에 대한 설명 중 틀린 것은?

① 유기화합물은 일반적으로 탄소화합물이므로 가연성이 있다.

② 유기화합물은 일반적으로 물에 용해되기 어렵고 알코올, 에테르 등의 유기용매에 용해되는 것이 많다.

③ 유기화합물은 일반적으로 녹는점, 끓는점이 무기화합물보다 낮으며, 가열했을 때 열에 약하여 쉽게 분해된다.

④ 유기화합물에는 물에 용해 시 양이온과 음이온으로 해리되는 전해질이 많으나 무기화합물은 이온화되지 않는 비전해질이 많다.

해설

가수분해가 어려운 분자성 무기화합물은 전해질의 특성을 지니고 있다.

26 다음 화학식의 올바른 명명법은?

$$CH_3CH_2C{\equiv}CH$$

① 2-에틸-3뷰텐
② 2,3-메틸에틸프로페인
③ 1-뷰틴
④ 2-메틸-3에틸뷰텐

해설
뷰틴 : 하나의 삼중결합을 지닌 4개의 탄소사슬로 된 탄화수소이다.

27 다음 중 방향족 탄화수소가 아닌 것은?

① 벤 젠
② 자일렌
③ 톨루엔
④ 아닐린

해설
아닐린은 방향족 아민에 속한다.
방향족 탄화수소
• 벤젠고리를 포함하는 탄화수소이다.
• 벤젠, 페놀, 톨루엔, 자일렌, 나프탈렌, 안트라센 등이 있다.

28 헥사메틸렌다이아민($H_2N(CH_2)_6NH_2$)과 아디프산($HOOC(CH_2)_4COOH$)이 반응하여 고분자가 생성되는 반응은?

① Addition
② Synthetic Resin
③ Reduction
④ Condensation

해설
축합반응(Condensation) : 유기화학반응의 한 종류로, 2개 이상의 분자 또는 동일한 분자 내에 2개 이상의 관능기가 원자 또는 원자단을 간단한 화합물의 형태로 분리하여 결합하는 반응이다.
① Addition : 첨가반응
② Synthetic Resin : 합성수지
③ Reduction : 환원

29 포도당의 분자식은?

① $C_6H_{12}O_6$
② $C_{12}H_{22}O_{11}$
③ $(C_6H_{10}O_5)_n$
④ $C_{12}H_{20}O_{10}$

해설
포도당(단당류)의 분자식 : $C_6H_{12}O_6$(실험식 : CH_2O)

30 분자량이 큰(100,000 정도) 화합물 100g을 물 1,000g에 용해시켰을 때 이것의 분자량 측정에 가장 적당한 방법은?

① 증기압 내림
② 끓는점 오름
③ 어는점 내림
④ 삼투압

해설
고분자 화합물의 분자량 측정에는 삼투압법이 적당하다.

31 양이온 제1족부터 제5족까지의 혼합액으로부터 양이온 제2족을 분리시키려고 할 때의 액성은 무엇인가?

① 중 성
② 알칼리성
③ 산 성
④ 액성과는 관계가 없다.

해설
양이온 제2족은 산성 용액에서 황화물 침전을 이루므로, 혼합액으로부터 산성의 액성으로 분리를 진행한다.

32 제2족 양이온 분족 시 염산의 농도가 너무 묽은 경우 나타나는 현상은?

① 황이온(S^{2-})의 농도가 작아진다.
② H_2S의 용해도가 작아진다.
③ 제2족 양이온의 황화물 침전이 잘 안 된다.
④ 제4족 양이온의 황화물로 침전한다.

해설
제2족 양이온 분족 시 0.3N의 염산을 사용하며, 염산의 농도가 이보다 작으면 Fe^{2+}, Mn^{2+}, Zn^{2+}, Ni^{2+}, Co^{2+}도 황화물로 침전될 우려가 있다.

33 칭량병 + $BaCl_2 \cdot 2H_2O$의 무게가 17.994g이고, 이 중 $BaCl_2 \cdot 2H_2O$의 무게가 1.1318g이었다. 칭량병 + 염화바륨의 무게가 17.8272g일 때를 함량으로 간주하여 실험을 중단했다면 결정수의 백분율은?

① 16.12%   ② 14.74%
③ 16.52%   ④ 14.25%

해설
• 순수 칭량병의 무게 = 17.994g − 1.1318g = 16.8622g
• $BaCl_2 \cdot 2H_2O$의 무게 = 1.1318g
• 염화바륨의 무게 = 17.8272g − 16.8622g = 0.965g

∴ 결정수 백분율 = $\dfrac{\text{염화바륨수화물} - \text{염화바륨}}{\text{염화바륨수화물}}$

$= \dfrac{1.1318 - 0.965}{1.1318} ≒ 0.1474 ≒ 14.74\%$

34 킬레이트 적정에서 EDTA 표준용액 사용 시 완충용액을 가하는 타당한 이유는?

① 적정 시 알맞은 pH를 유지하기 위하여
② 금속지시약 변색을 선명하게 하기 위하여
③ 표준용액의 농도를 일정하게 하기 위하여
④ 적정에 의하여 생기는 착화합물을 억제하기 위하여

해설
킬레이트 적정에서 pH가 13 이상인 경우 마그네슘과 EDTA의 결합물이 생성되지 않고 수산화마그네슘의 침전이 형성되기 때문에 pH를 13 이하로 고정한다.

35 산(Acid)에 대한 설명으로 틀린 것은?

① 물에 용해되어 수소이온(H^+)을 내는 물질이다.
② 양성자(H^+)를 받아들이는 분자 또는 이온이다.
③ 푸른색 리트머스 종이를 붉게 변화시킨다.
④ 비공유전자쌍을 받는 물질이다.

해설
양성자를 받아들이는 분자 또는 이온을 염기(Base)라고 한다.

36 다음 실험기구 중 적정실험을 할 때 직접적으로 쓰이지 않는 것은?

① 분석천칭
② 뷰 렛
③ 데시케이터
④ 메스플라스크

해설
데시케이터는 적정과 상관없다.
데시케이터 : 실리카겔, 염화칼슘 등의 흡습성을 이용해 물질을 건조한 상태로 보존하기 위한 장치이다.

37 강산이나 강알칼리 등과 같은 유독한 액체를 취할 때 실험자가 입으로 빨아올리지 않기 위하여 사용하는 기구는?

① 피펫필러
② 자동뷰렛
③ 홀피펫
④ 스포이트

해설
피펫필러는 피펫에 부착하여 대상 액체를 이동시키는 기구이다.

38 다음 중 가장 정확하게 시료를 채취할 수 있는 실험기구는?

① 비 커 　　　② 미터글래스
③ 피 펫 　　　④ 플라스크

해설
피펫은 mL 단위의 눈금이 있어 정밀한 시료채취에 사용된다.

39 $A(g) + B(g) \rightleftarrows C(g) + D(g)$의 반응에서 A와 B가 각각 2mol씩 주입된 후 고온에서 평형을 이루었다. 평형상수값이 1.5이면 평형에서의 C의 농도는 몇 mol인가?

① 0.799 　　　② 0.899
③ 1.101 　　　④ 1.202

해설
$$A(g) + B(g) \rightleftarrows C(g) + D(g)$$

초기몰수	2	2	0	0
반응몰수	$-x$	$-x$	x	x
최종몰수	$2-x$	$2-x$	x	x

평형상수 $= 1.5 = \dfrac{x^2}{(2-x)^2}$

$0.5x^2 - 6x + 6 = 0$

$x = 10.899$ 또는 1.101

A, B의 초기몰수가 2이므로 x가 10.899이면 반응이 성립하지 않는다($2 - 10.899 < 0$, 역반응).

$\therefore x = 1.101$

40 산과 염기가 반응하여 염과 물을 생성하는 반응을 무엇이라 하는가?

① 중화반응
② 산화반응
③ 환원반응
④ 연화반응

해설
중화반응 : 산과 염기가 반응하면 수소이온과 수산화이온이 결합해 물을 생성하고, 산의 음이온과 염기의 양이온이 결합해 염을 생성한다.

41 AgCl의 용해도가 0.0016g/L일 때 AgCl의 용해도 곱은 약 얼마인가?(단, Ag의 원자량은 108, Cl의 원자량은 35.5이다)

① 1.12×10^{-5}

② 1.12×10^{-3}

③ 1.2×10^{-5}

④ 1.2×10^{-10}

해설

용해도곱이란 AgCl이 물에 용해되면서 이온화되었을 때, 각 이온의 몰농도를 평형상수로 표현한 값이다. 즉, Ag^+와 Cl^-가 동일한 농도로 물에 용해되었을 때 몰농도이며, AgCl의 분자량이 143.5g/mol일 때 AgCl의 용해도가 0.0016g/L이므로

$1mol : 143.5g = x : 0.0016g/L$

$x = \dfrac{(0.0016g/L) \times 1mol}{143.5g} = 1.11 \times 10^{-5}M(mol/L)$

$\therefore$ 용해도곱(평형상수) $= [Ag^+][Cl^-]$
$= (1.11 \times 10^{-5})(1.11 \times 10^{-5})$
$\fallingdotseq 1.2 \times 10^{-10}$

42 Hg_2Cl_2는 물 1L에 $3.8 \times 10^{-4}g$이 녹는다. Hg_2Cl_2의 용해도곱은 얼마인가?(단, Hg_2Cl_2의 분자량은 472 이다)

① 8.05×10^{-7}

② 8.05×10^{-8}

③ 6.48×10^{-13}

④ 5.21×10^{-19}

해설

$Hg_2Cl_2 \rightarrow Hg_2^{2+} + 2Cl^-$

$\therefore$ 용해도곱(평형상수)

$= [Hg_2^{2+}][Cl^-]^2 = \dfrac{3.8 \times 10^{-4}g/L}{472g/mol} \times \left(\dfrac{3.8 \times 10^{-4}g/L}{472g/mol}\right)^2$

$\fallingdotseq 5.21 \times 10^{-19}$

43 다음 반응식에서 브뢴스테드–로우리가 정의한 산으로만 짝지어진 것은?

$$HCl + NH_3 \rightleftarrows NH_4^+ + Cl^-$$

① HCl, NH_4^+

② HCl, Cl^-

③ NH_3, NH_4^+

④ NH_3, Cl^-

해설

브뢴스테드–로우리의 산, 염기의 정의

• 산 : 양성자(H^+)를 내놓는 분자 또는 이온이다.

예 $HCl \rightarrow \underline{H}^+ + Cl^-$
$NH_4^+ \rightarrow NH_3 + \underline{H}^+$

• 염기 : 양성자(H^+)를 받는 분자 또는 이온이다.

44 페놀과 중화반응하여 염을 만드는 것은?

① HCl

② $NaOH$

③ $Cl_6H_5CO_2H$

④ $C_6H_5CH_3$

해설

페놀은 산성이므로 염기성 물질을 넣어 주면 중화반응을 하여 염을 만든다.

45 다음 중 산의 성질이 아닌 것은?

① 신맛이 있다.

② 붉은 리트머스 종이를 푸르게 변색시킨다.

③ 금속과 반응하여 수소를 발생한다.

④ 염기와 중화반응한다.

해설

산은 푸른 리트머스 종이를 붉게 만든다.

46 산화–환원 적정법 중의 하나인 과망간산칼륨 적정은 주로 산성용액 상태에서 이루어진다. 이때 분석액을 산성화하기 위하여 주로 사용하는 산은?

① 황산(H_2SO_4)

② 질산(HNO_3)

③ 염산(HCl)

④ 아세트산(CH_3COOH)

해설

과망간산칼륨 적정법에서는 황산을 일정량 넣어 분석액의 산성상태를 유지한다.

47 하이드로퀴논(Hydroquinone)을 중크롬산칼륨으로 적정하는 것과 같이 분석물질과 적정액 사이의 산화–환원반응을 이용하여 시료를 정량하는 분석법은?

① 중화 적정법

② 침전 적정법

③ 킬레이트 적정법

④ 산화–환원 적정법

해설

산화–환원 적정법에 대한 설명이며, 종말점을 찾는 방법으로는 지시약법, 전위차법, 분광학적 방법 등이 있다.

48 다음 중 가장 강한 산화제는?

① $KMnO_4$ ② MnO_2

③ Mn_2O_3 ④ $MnCl_2$

해설

각 물질에서 망간(Mn)의 산화수를 비교하면 다음과 같다.

① $KMnO_4$: +7

② MnO_2 : +4

③ Mn_2O_3 : +3

④ $MnCl_2$: +2

∴ 산화수가 가장 큰 $KMnO_4$이 가장 강력한 산화제이다.

49 다음 중 전자전이를 유발하는 데 가장 큰 에너지를 요하는 것은?

① $n \rightarrow \sigma^*$ ② $n \rightarrow \pi^*$

③ $\sigma \rightarrow \sigma^*$ ④ $\pi \rightarrow \pi^*$

해설

유기화합물의 전자전이

종류	흡수영역	특징
$\sigma \rightarrow \sigma^*$	진공 자외선, <200nm	• 가장 높은 에너지 흡수 • 진공상태만 관찰 가능
$n \rightarrow \sigma^*$	원적외선, 180~250nm	• 높은 에너지 흡수 • O, S, N 등과 같은 비결합성 전자를 가진 치환기가 있는 화합물
$\pi \rightarrow \pi^*$	자외선, >180nm	• 중간 에너지 흡수 • 다중결합이 콘주게이션(Conjugation)된 폴리머를 포함한 화합물
$n \rightarrow \pi^*$	근자외선, 가시선, 280~800nm	가장 낮은 에너지 흡수

50 다음은 굴절계 취급에 따른 주의사항이다. 틀린 것은?

① 광원은 인공광원 또는 햇빛 중 어느 것이든지 편리한 것을 쓰도록 한다.

② 경계선이 파형으로 나타날 때에는 프리즘의 온도가 일정하다는 증거이다.

③ 시료용액의 측정에서 눈금을 읽을 때에는 읽기 전과 읽은 다음의 비커의 온도를 측정하는 것이 좋다.

④ 알코올의 경우에는 입구가 넓은 비커보다는 휘발성 액체용 그릇을 쓰는 것이 좋다.

해설

굴절계에서는 프리즘의 온도가 측정값에 많은 영향을 미친다. 경계선이 파형으로 나타날 때에는 프리즘의 온도가 일정하지 않다는 의미로, 주기적인 온도보정을 통해 정확한 굴절률을 측정해야 한다.

51 빛은 음파처럼 여러 가지 빛이 합쳐져 빛의 세기를 증가하거나 서로 상쇄하여 없앨 수 있다. 예를 들면 여러 개의 종이에 같은 물감을 그린 다음 한 장만 보면 연하게 보이지만 여러 장을 겹쳐 보면 진하게 보인다. 이처럼 여러 가지 물감을 섞으면 본래의 색이 다르게 나타나는 현상을 무엇이라 하는가?

① 빛의 상쇄
② 빛의 간섭
③ 빛의 이중성
④ 빛의 회절

해설
빛의 간섭에 관한 설명이며, 빛은 파동, 입자의 성격을 모두 지니고 있다(빛의 이중성).

52 다음 중 가장 에너지가 큰 것은?

① 적외선   ② 자외선
③ X선   ④ 가시광선

해설
에너지 준위의 비교
X선 > 자외선(UV) > 가시광선 > 적외선(IR) > 마이크로파(MW)

53 기체크로마토그래피는 두 가지 이상의 성분을 단일 성분으로 분리하는데, 혼합물의 각 성분은 어떤 차이에 의해 분리되는가?

① 반응속도
② 흡수속도
③ 주입속도
④ 이동속도

해설
기체크로마토그래피는 운반기체(Carrier Gas)로 분석대상물질을 운반하여 이동속도의 차이에 따라 시료 성분의 분리가 일어나며 이것을 측정하는 대표적인 정량, 정성분석장치이다.

54 원자흡수분광광도법(AAS)에서 주로 사용하는 광원은?

① X선(X-ray)
② 적외선(Infrared)
③ 마이크로파(Microwave)
④ 자외-가시광선(Ultraviolet-Visible)

해설
원자흡수분광광도법 : 자외-가시광선을 이용해 중성원자의 복사선 흡수성질을 통하여 원소의 미량 성분에 대한 정량분석을 하는 방법이다.

55 전위차법에서 사용되는 기준전극의 구비조건이 아닌 것은?

① 반전지 전위값이 알려져 있어야 한다.
② 비가역적이고 편극전극으로 작동하여야 한다.
③ 일정한 전위를 유지하여야 한다.
④ 온도변화에 히스테리시스 현상이 없어야 한다.

해설
전위차법에서 사용되는 기준전극의 구비조건
• 반전지 전위값이 알려져 있어야 한다.
• 가역적이고, 이상적인 비편극전극으로 작동해야 한다.
• 일정한 전위를 유지해야 한다.
• 온도변화에 히스테리시스 현상이 없어야 한다.
  ※ 히스테리시스 현상 : 반응이 지연되는 현상

56 약품을 보관하는 방법에 대한 설명으로 틀린 것은?

① 인화성 약품은 자연발화성 약품과 함께 보관한다.

② 인화성 약품은 전기의 스파크로부터 멀고 찬 곳에 보관한다.

③ 흡습성 약품은 완전히 건조시켜 건조한 곳이나 석유 속에 보관한다.

④ 폭발성 약품은 화기를 사용하는 곳에서 멀리 떨어져 있는 창고에 보관한다.

해설
인화성 약품과 자연발화성 약품은 반드시 분리하여 보관한다.

57 유기정성의 위험에 대한 주의사항 중 가장 올바른 것은?

① 인화성 액체는 보통 1~2L 정도 채취하여 실습에 임한다.

② 인화성 물질은 1회 적정 시 3g 정도 채취하여 실습한다.

③ 염소나 브롬 등 독가스를 마셨을 때는 에틸알코올을 마신다.

④ 다이아조염이나 나이트로화합물은 경제적으로 이득이 있게 다량 채취하여 실습한다.

해설
인화성 물질은 발화의 위험이 있으므로 1회 적정 시 3g 정도의 적은 양을 채취해 실습한다.
① 인화성 액체는 발화의 위험이 있으므로 가능한 한 적은 양으로 실험한다.
③ 염소나 브롬 등 독가스를 마셨을 때는 즉시 우유, 물을 마신다.
④ 다이아조염이나 나이트로화합물은 폭발의 위험성이 대단히 높으므로 소량 채취하여 실습한다.

58 금속나트륨(Na)을 보관하려면 어느 물질 속에 저장하여야 하는가?

① 물　　　　　　　② 파라핀
③ 알코올　　　　　④ 이산화탄소

해설
금속나트륨은 공기와의 반응성이 크므로 반드시 석유(파라핀) 속에 보관한다.

59 일반적으로 화학실험실에서 발생하는 실험폭발사고의 유형이 아닌 것은?

① 조절 불가능한 발열반응

② 이산화탄소 누설에 의한 폭발

③ 불안전한 화합물의 가열, 건조, 증류 등에 의한 폭발

④ 에테르 용액 증류 시 남아 있는 과산화물에 의한 폭발

해설
일반적으로 이산화탄소는 폭발의 위험은 없으며, 간혹 드라이아이스가 상태변화로 폭발의 위험이 있으나 이산화탄소 단독에 의한 폭발의 위험은 아니다.

60 시약의 취급방법에 대한 설명으로 틀린 것은?

① 나트륨과 칼륨 등 알칼리금속은 물속에 보관한다.

② 브롬산, 플루오린화수소산은 피부에 닿지 않게 한다.

③ 알코올, 아세톤, 에테르 등은 가연성이므로 취급에 주의한다.

④ 농축 및 가열 등의 조작 시 끓임쪽을 넣는다.

해설
알칼리금속은 반응성이 커서 대기 중의 산소와 반응할 수 있으므로 석유(등유)에 넣어 보관한다.

56 ① 57 ② 58 ② 59 ② 60 ① **정답**

01 하나의 물질로만 구성되어 있는 것으로 물, 소금, 산소 등이 예이고, 끓는점, 어는점, 밀도, 용해도 등의 물리적 성질이 일정한 것을 가리키는 말은?

① 단 체
② 순물질
③ 화합물
④ 균일혼합물

해설
단체는 단일원소로 구성된 물질이고, 화합물은 두 종류 이상의 원소로 구성된 물질이며, 순물질은 이 두 가지를 포함한다(순물질 = 단체 + 화합물).

02 다음 결합 중 결합력이 가장 약한 것은?

① 공유결합
② 이온결합
③ 금속결합
④ 반데르발스 결합

해설
결합력의 비교
이온결합 > 공유결합 > 금속결합 > 수소결합 ≫ 반데르발스 결합
※ 단, 물질에 따라 공유결합 > 이온결합인 경우도 존재한다.

03 27℃인 수소 4L를 압력을 일정하게 유지하면서, 부피를 2L로 줄이려면 온도를 얼마로 하여야 하는가?

① −273℃
② −123℃
③ 157℃
④ 327℃

해설
$$\frac{V}{T} = \frac{V'}{T'}$$

$$\frac{4L}{(273+27)K} = \frac{2L}{T'}$$

$T' = 150K$

∴ 150 − 273 = −123℃

04 다음 두 용액을 혼합했을 때 완충용액이 되지 않는 것은?

① NH_4Cl과 NH_4OH
② CH_3COOH와 CH_3COONa
③ $NaCl$과 HCl
④ CH_3COOH와 $Pb(CH_3COO)_2$

해설
HCl은 강산으로 완충용액을 형성하지 않는다.
완충용액의 조건
• 약산 + 짝염기 또는 약염기 + 짝산
• 약산과 짝염기 또는 약염기와 짝산의 비율 = 1 : 1

05 증기압에 대한 설명으로 틀린 것은?

① 증기압이 크면 증발이 어렵다.
② 증기압이 크면 끓는점이 낮아진다.
③ 증기압은 온도가 높아짐에 따라 커진다.
④ 증기압이 크면 분자 간 인력이 작아진다.

해설
증기압이란 증기가 고체, 액체와 동적평형상태에 있을 때의 증기압력을 말하며, 증기압이 클수록 증발이 쉬워 휘발성 물질이라 표현하기도 한다.

정답 1 ② 2 ④ 3 ② 4 ③ 5 ①

06 다음 중 제1차 이온화 에너지가 가장 큰 원소는?

① 나트륨   ② 헬 륨
③ 마그네슘   ④ 타이타늄

해설
헬륨은 비활성 기체로, 전자 하나를 떼어내는 데(이온화 에너지)
막대한 에너지가 소요된다.

07 소금 200g을 물 600g에 녹였을 때 소금 용액의
wt%농도는?

① 25%   ② 33.3%
③ 50%   ④ 60%

해설
$$\text{퍼센트농도} = \frac{\text{용질}}{\text{용액}(=\text{용질} + \text{용매})} \times 100$$
$$= \frac{200}{200 + 600} \times 100 = 25\%$$

08 수소이온의 농도(H^+)가 0.01mol/L일 때 수소이온
농도지수(pH)는 얼마인가?

① 1   ② 2
③ 13   ④ 14

해설
$pH = -\log[H^+] = -\log 0.01 = 2$

09 다음 중 동소체끼리 짝지어진 것이 아닌 것은?

① 흰인 – 붉은 인
② 일산화질소 – 이산화질소
③ 사방황 – 단사황
④ 산소 – 오존

해설
일산화질소(NO)와 이산화질소(NO_2)는 원소의 구성 자체가 다른
화합물질이다.
※ 동소체 : 동일한 원소로 구성되어 있으나 형태가 다른 경우

10 0.01M NaOH의 pH는 얼마인가?

① 10   ② 11
③ 12   ④ 13

해설
$pH = 14 - pOH = 14 - (-\log 0.01) = 14 - 2 = 12$

11 결정수를 가지는 화합물을 무엇이라고 하는가?

① 이온화

② 수화물

③ 승화물

④ 포화용액

해설

수화물 : 물이 다른 화합물과 결합해 생긴 화합물이다.
예 $Fe(OH)_3 \cdot H_2O$

12 30% 수산화나트륨 용액 200g에 물 20g을 가하면 약 몇 %의 수산화나트륨 용액이 되겠는가?

① 27.3%

② 25.3%

③ 23.3%

④ 20.3%

해설

%농도 $= \dfrac{\text{용질의 질량}}{\text{용액의 질량}} \times 100 = \dfrac{200\text{g} \times 0.3}{200\text{g} + 20\text{g}} \times 100 \fallingdotseq 27.3\%$

13 반응속도에 영향을 주는 인자로서 가장 거리가 먼 것은?

① 반응온도

② 반응식

③ 반응물의 농도

④ 촉 매

해설

일반적으로 반응속도는 반응농도, 압력, 표면적(고체인 경우), 온도가 커질수록 빨라지며, 반응식은 반응속도와 아무런 관계가 없다.

14 Na_2CO_3 0.1N 용액을 제조하기 위해 몇 g의 Na_2CO_3를 용해시켜 1L로 만들면 되는가?

① 2.7g

② 5.3g

③ 10.6g

④ 15.9g

해설

Na_2CO_3의 분자량 = 106g/mol

$Na_2CO_3 \rightarrow 2Na^+ + CO_3^{2-}$

   1mol   2mol

즉, 2당량이므로 1M = 2N이 성립하며,

1N = 0.5M이므로

1M : 106g/L = 0.5M(= 1N) : x

x = 53g/L

∴ 1N 용액인 경우 Na_2CO_3가 53g이 녹아야 하므로,

0.1N 용액인 경우 $\dfrac{53\text{g}}{10} = 5.3$g의 Na_2CO_3를 녹여 1L로 만든다.

15 질량수가 23인 나트륨의 원자번호가 11이라면 양성자수는 얼마인가?

① 11

② 12

③ 23

④ 34

해설

원자번호 = 전자수 = 양성자수 = 11

16 R–O–R의 일반식을 가지는 지방족 탄화수소의 명칭은?

① 알데하이드
② 카복실산
③ 에스테르
④ 에테르

해설
R–O–R의 일반식을 가지는 지방족 탄화수소를 에테르(Ether)라고 하며, 에틸렌을 이용해 제조한다.

17 1g의 라듐으로부터 1m 떨어진 거리에서 1시간 동안 받는 방사선의 영향을 무엇이라 하는가?

① 1뢴트겐
② 1큐리
③ 1렘
④ 1베크렐

해설
① 1뢴트겐 : 표준상태의 $1cm^3$의 공기에서 1정전단위와 같은 양의 양이온, 음이온을 만들 수 있는 X선의 양이다.
② 1큐리 : 매초 370억 개의 원자붕괴가 되고 있는 방사성 물질의 양이다.
④ 1베크렐 : 1초당 자연방사성붕괴수가 1개일 때의 방사선의 양이다.

18 다음 중 알코올의 시성식은?

① C_2H_5OH
② CH_3OH
③ C_3H_7OH
④ C_6H_5Cl

해설
② 메틸알코올
③ 프로필알코올
④ 클로로벤젠

19 다음 중 약염기 BOH의 이온화상수(K_b)는?

$$BOH \rightleftharpoons B^+ + OH^-$$

① $\dfrac{[BOH]}{[B^+][OH^-]}$

② $\dfrac{[BOH][B^+]}{[OH^-]}$

③ $\dfrac{[B^+][OH^-]}{[BOH]}$

④ $\dfrac{[B^+]}{[BOH][OH^-]}$

해설
이온화상수 $= \dfrac{[\text{생성물}]}{[\text{반응물}]}$

20 양이온 정성분석에서 어떤 용액에 황화수소(H_2S) 가스를 통하였을 때 황화물로 침전되는 족은?

① 제1족
② 제2족
③ 제3족
④ 제4족

해설

족	양이온	분족시약	침 전
제1족	Ag^+, Pb^{2+}, Hg_2^{2+}	HCl	염화물
제2족	Bi^{3+}, Cu^{2+}, Cd^{2+}, Hg^{2+}, As^{3+}, As^{5+}, Sb^{3+}, Sn^{2+}, Sn^{4+}	H_2S $(0.3M-HCl)$	황화물 (산성 조건)
제3족	Fe^{2+}, Fe^{3+}, Cr^{3+}, Al^{3+}	NH_4OH- NH_4Cl	수산화물
제4족	Ni^{2+}, Co^{2+}, Mn^{2+}, Zn^{2+}	$(NH_4)_2S$	황화물 (염기성 조건)
제5족	Ba^{2+}, Sr^{2+}, Ca^{2+}	$(NH_4)_2CO_3$	탄산염
제6족	Mg^{2+}, K^+, Na^+, NH_4^+	–	–

21 화학평형 이동에 영향을 주는 인자가 아닌 것은?

① 농 도

② 촉 매

③ 온 도

④ 압 력

22 다음 반응식의 표준전위는 얼마인가?

$Cd(s) + 2Ag^+ \rightarrow Cd^{2+} + 2Ag(s)$
이때 반반응의 표준환원전위는 다음과 같다.
$Ag^+ + e^- \rightarrow Ag(s)$ $E^0 = +0.799V$
$Cd^{2+} + 2e^- \rightarrow Cd(s)$ $E^0 = -0.402V$

① +1.201V

② +0.397V

③ +2.000V

④ -1.201V

23 Fe^{2+}를 황산 산성에서 MnO_4^-로 적정할 때 $E^0 = 0.78V$이고 Fe^{2+}의 80%가 Fe^{3+}로 산화되었을 때 전위차(V)는?(단, $E = E^0 + 0.0591\log C$)

① 2.7210

② 0.8156

③ 0.7210

④ 2.8156

24 어느 산 HA의 0.1M 수용액을 만든 다음, pH를 측정하였더니 25℃에서 3.0이었다. 이 온도에서 산 HA의 이온화상수 K_a는?

① 1.01×10^{-3}

② 1.01×10^{-4}

③ 1.01×10^{-5}

④ 1.01×10^{-6}

25 폴라로그래피에서 정량분석에 쓰이는 것은?

① 확산전류

② 한계전류

③ 잔여전류

④ 반파전위

26 다음 용액에 대한 설명으로 옳은 것은?

① 물에 대한 고체의 용해도는 일반적으로 물 1,000g에 녹아 있는 용질의 최대 질량을 말한다.
② 몰분율은 용액 중 어느 한 성분의 몰수를 용액 전체의 몰수로 나눈 값이다.
③ 질량 백분율은 용질의 질량을 용액의 부피로 나눈 값을 말한다.
④ 몰농도는 용액 1L 중에 들어 있는 용질의 질량을 말한다.

해설
① 물에 대한 고체의 용해도는 일반적으로 물 100g에 녹아 있는 용질의 최대 질량을 말한다.
③ 질량 백분율은 용질의 질량을 용액의 질량으로 나눈 값을 말한다.
④ 몰농도는 용액 1L 중에 들어 있는 용질의 몰수를 말한다.

27 중크롬산칼륨 표준용액 1,000ppm으로 10ppm의 시료용액 100mL를 제조하고자 한다. 필요한 표준용액의 양은 몇 mL인가?

① 1   ② 10
③ 100   ④ 1,000

해설
$NV = N'V'$
$1,000\text{ppm} \times x = 10\text{ppm} \times 100\text{mL}$
$\therefore\ x = 1\text{mL}$

28 순황산 9.8g을 물에 녹여 250mL로 만든 용액은 몇 노말농도인가?(단, 황산의 분자량은 98이다)

① 0.2N   ② 0.4N
③ 0.6N   ④ 0.8N

해설
순황산 9.8g/L은 0.1M이며 황산은 2가이므로 0.2N이 된다. 그러나 문제에서 제시된 기준액이 250mL이며 250mL × 4 = 1,000mL이므로, 0.2N × 4 = 0.8N이 된다.
※ 순황산 49g = 1g당량이므로 49g : 1g당량 = 9.8g : x, x = 0.2g당량이며, 0.2g당량/0.25L이므로 분자와 분모에 모두 4를 곱하면 0.8g당량/L = 0.8N이다.

29 AgCl의 용해도가 0.0016g/L일 때 AgCl의 용해도 곱은 약 얼마인가?(단, Ag의 원자량은 108, Cl의 원자량은 35.5이다)

① 1.12×10^{-5} ② 1.12×10^{-3}
③ 1.2×10^{-5} ④ 1.2×10^{-10}

해설
용해도곱이란 AgCl이 물에 용해되면서 이온화되었을 때, 각 이온의 몰농도를 평형상수로 표현한 값이다. 즉, Ag^+와 Cl^-가 동일한 농도로 물에 용해되었을 때 몰농도이며, AgCl의 분자량이 143.5g/mol일 때 AgCl의 용해도가 0.0016g/L이므로
$1\text{mol} : 143.5\text{g} = x : 0.0016\text{g/L}$
$x = \dfrac{(0.0016\text{g/L}) \times 1\text{mol}}{143.5\text{g}} = 1.11 \times 10^{-5}\text{M(mol/L)}$
$\therefore$ 용해도곱(평형상수) $= [Ag^+][Cl^-]$
$\qquad\qquad\qquad\qquad = (1.11 \times 10^{-5})(1.11 \times 10^{-5})$
$\qquad\qquad\qquad\qquad \fallingdotseq 1.2 \times 10^{-10}$

30 그래프의 적정 곡선은 다음 중 어떻게 적정하는 경우인가?

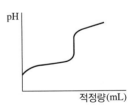

① 다가산을 적정하는 경우
② 약산을 약염기로 적정하는 경우
③ 약산을 강염기로 적정하는 경우
④ 강산을 약산으로 적정하는 경우

해설
약산을 강염기로 적정할 경우, 약산을 중화한 후 남은 염기 성분의 세기가 강해 당량점 이후 pH의 증가폭이 커져 염기성으로 변하게 된다.

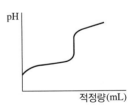

31 pH의 값이 5일 때 pOH의 값은 얼마인가?

① 3
② 5
③ 7
④ 9

해설
pOH = 14 − pH = 14 − 5 = 9

32 제2족 구리족 양이온과 제2족 주석족 양이온을 분리하는 시약은?

① HCl
② H_2S
③ Na_2S
④ $(NH_4)_2CO_3$

해설
제2족 구리족 양이온과 제2족 주석족 양이온의 분족에는 황화수소(H_2S)가 사용된다.

33 양이온 제1족에 속하는 Ag^+, Hg_2^{2+}, Pb^{2+}의 염화물에 따라 용해도곱 상수(K_{sp})를 큰 순서로 바르게 나타낸 것은?

① $AgCl > PbCl_2 > Hg_2Cl_2$
② $PbCl_2 > AgCl > Hg_2Cl_2$
③ $Hg_2Cl_2 > AgCl > PbCl_2$
④ $PbCl_2 > Hg_2Cl_2 > AgCl$

해설
용해도곱 상수(K_{sp})는 반응물의 몰수와 관계가 있다. 즉, 몰수의 비를 통해 상대적인 용해도곱 상수값을 유추할 수 있다. 몰수의 비는 생성물($PbCl_2$, AgCl, Hg_2Cl_2)이 각각 1몰이라 가정했을 때 다음과 같다.
- $PbCl_2$의 $K_{sp} = [Pb^{2+}][Cl^-]^2$ → 1몰과 1몰의 제곱의 곱으로 가장 크다.
- AgCl의 $K_{sp} = [Ag^+][Cl^-]$ → 1몰과 1몰의 곱으로 중간 크기이다.
- Hg_2Cl_2의 $K_{sp} = [Hg_2^{2+}][Cl^-]^2$ → 수은은 1가 수은이 Hg_2^{2+}, 2가 수은이 Hg^{2+}로 존재하는데 Hg_2Cl_2의 경우 2가 수은의 몰수의 절반에 해당해 0.5몰이 반응하게 되므로 0.5몰과 1몰의 제곱의 곱으로 가장 작은 값을 가지게 된다.
∴ $PbCl_2$ > AgCl > Hg_2Cl_2
※ 각 물질의 용해도곱 상수 비교
- $PbCl_2$: 1.7×10^{-5}
- AgCl : 1.8×10^{-10}
- Hg_2Cl_2 : 1.3×10^{-18}

34 다음 중 양이온 분족시약이 아닌 것은?

① 제1족 – 묽은 염산
② 제2족 – 황화수소
③ 제3족 – 암모니아수
④ 제5족 – 염화암모늄

해설
제5족은 탄산암모늄이다.

족	양이온	분족시약	침 전
제1족	Ag^+, Pb^{2+}, Hg_2^{2+}	HCl	염화물
제2족	Bi^{3+}, Cu^{2+}, Cd^{2+}, Hg^{2+}, As^{3+}, As^{5+}, Sb^{3+}, Sn^{2+}, Sn^{4+}	H_2S (0.3M − HCl)	황화물 (산성 조건)
제3족	Fe^{2+}, Fe^{3+}, Cr^{3+}, Al^{3+}	NH_4OH − NH_4Cl	수산화물
제4족	Ni^{2+}, Co^{2+}, Mn^{2+}, Zn^{2+}	$(NH_4)_2S$	황화물 (염기성 조건)
제5족	Ba^{2+}, Sr^{2+}, Ca^{2+}	$(NH_4)_2CO_3$	탄산염
제6족	Mg^{2+}, K^+, Na^+, NH_4^+	–	–

35 염소이온이 포함된 물에 질산은(AgNO₃) 용액 몇 방울을 적가한 결과 침전이 생성되었다. 이 침전의 색깔은?

① 노란색
② 흰 색
③ 적 색
④ 흑 색

해설
염소이온과 질산은의 반응으로 흰색의 염화은(AgCl)이 생성된다.

36 기체크로마토그래피에서 사용되는 운반기체로서 가장 부적당한 것은?

① He
② N_2
③ H_2
④ C_2H_2

> **해설**
> 운반기체는 반응성이 없는 기체를 사용한다(주로 수소, 질소 또는 비활성 기체).

37 분자량이 292.16인 화합물을 5mL 메스플라스크에 녹였다. 이 중 1mL를 분취하여 10mL 메스플라스크에 묽힌 후, 340nm에서 1.00cm 셀로 측정한 흡광도가 0.613이었다면, 5mL 플라스크 중에 있는 시료의 몰농도는?(단, 몰흡광계수 $\varepsilon = 6,130M^{-1} \cdot cm^{-1}$)

① $1.0 \times 10^{-4}M$
② $5.0 \times 10^{-4}M$
③ $1.0 \times 10^{-3}M$
④ $5.0 \times 10^{-3}M$

> **해설**
> 비어의 법칙을 활용한다.
> $A = \varepsilon bC$
> 여기서, A : 흡광도
> ε : 몰흡광계수
> b : 셀의 길이
> C : 몰농도
> $0.613 = 6,130M^{-1} \cdot cm^{-1} \times 1.00cm \times C$
> $C = 1.0 \times 10^{-4}M$
> $MV = M'V'$ 이므로
> $a \times 1mL = 1.0 \times 10^{-4}M \times 10mL$
> $\therefore a = 1.0 \times 10^{-3}M$

38 다음의 얇은 막 크로마토그래피(TLC) 작동법 중 틀린 것은?

① 점적의 직경은 2~5mm 정도가 좋다.
② 시약량은 분석용 TLC법에서 점적당 10~100µg 정도이다.
③ 상승전개나 하강전개법 그리고 일차원 혹은 다차원 방법을 사용할 수 있다.
④ 전개시간이 보통 종이크로마토그래피보다 얇은 막 크로마토그래피가 더 느리다.

> **해설**
> 얇은 막 크로마토그래피(박층 크로마토그래피)는 전개시간(분리시간)이 종이크로마토그래피보다 빠르다(30~60분).

39 AAS(원자흡수분광광도법)을 화학분석에 이용하는 특성이 아닌 것은?

① 선택성이 좋고 감도가 좋다.
② 방해물질의 영향이 비교적 작다.
③ 반복하는 유사분석을 단시간에 할 수 있다.
④ 대부분의 원소를 동시에 검출할 수 있다.

> **해설**
> 원자흡수분광광도법(AAS)은 단일 원소의 정량에 가장 많이 사용된다.

40 분광광도계에서 빛이 지나가는 순서로 맞는 것은?

① 입구슬릿 → 시료부 → 분산장치 → 출구슬릿 → 검출부
② 입구슬릿 → 분산장치 → 시료부 → 출구슬릿 → 검출부
③ 입구슬릿 → 분산장치 → 출구슬릿 → 시료부 → 검출부
④ 입구슬릿 → 출구슬릿 → 분산장치 → 시료부 → 검출부

> **해설**
> **빛의 이동순서** : 입구슬릿 → 분산장치 → 출구슬릿 → 시료부 → 검출부

41 굴절계를 사용하여 액체시료의 굴절을 측정할 때 액체 경계면의 빛의 분산을 없애기 위하여 사용하는 것은?

① Amici 프리즘
② 확대경
③ 임계광선 조절기
④ 조사용 프리즘

42 액체크로마토그래피에서 이동상으로 사용하는 용매의 구비조건이 아닌 것은?

① 점도가 커야 한다.
② 적당한 가격으로 쉽게 구입할 수 있어야 한다.
③ 관 온도보다 20~50℃ 정도 끓는점이 높아야 한다.
④ 분석물의 봉우리와 겹치지 않는 고순도이어야 한다.

> **해설**
> 점도가 클 경우 분석물질의 이동에 보다 많은 에너지가 소요되므로 경제적이지 못하다.
> **이동상 용매의 구비조건**
> • 분석시료를 녹일 수 있어야 한다.
> • 분리 Peak와 이동상 Peak의 겹침현상이 발생하지 않아야 한다.
> • 낮은 점도를 유지한다.
> • 충전물, 용질과의 화학적 반응성이 낮아야 한다.
> • 정지상을 용해하지 않는다.

43 자외선/가시광선 분광광도계의 기본적인 구성요소의 순서로서 가장 올바른 것은?

① 광원 – 단색화장치 – 검출기 – 흡수용기 – 기록계
② 광원 – 단색화장치 – 흡수용기 – 검출기 – 기록계
③ 광원 – 흡수용기 – 검출기 – 단색화장치 – 기록계
④ 광원 – 흡수용기 – 단색화장치 – 검출기 – 기록계

> **해설**
> **분광광도계의 기본 구성**
> 광원 – 단색화장치 – 흡수용기 – 검출기 – 기록계

44 분광광도계의 구조 중 일반적으로 단색화장치나 필터가 사용되는 곳은?

① 광원부
② 파장선택부
③ 시료부
④ 검출부

> **해설**
> 파장선택부는 광원에서 나오는 넓은 파장의 빛을 단색 복사선으로 바꾸어 원하는 파장의 빛만 선택하여 사용하는 장치로, 단색화장치 또는 필터(예 프리즘)를 이용하는 장치이다.

45 분광광도계가 광전비색계와 다른 점은?

① Beer–Lambert 법칙을 적용시킨다.
② 검정곡선을 작성하여 정량분석을 한다.
③ 단색화장치로 프리즘이나 회절격자를 사용한다.
④ 시료의 색깔이 없을 때 발색시약을 사용하여 발색시킨다.

> **해설**
> 광전비색계는 프리즘 대신 단색필터를 사용한다.

46 바닥상태에 있는 원자나 분자는 자외선 및 가시광선을 흡수하면 어떤 변화가 생기는가?

① 원자전이
② 전자전이
③ 분자전이
④ 흡수전이

해설
바닥상태에 있는 원자나 분자가 자외선 및 가시광선을 흡수하면 전자전이가 일어나며, 전자전이 현상을 이용한 기기분석법을 분광광도법이라고 한다.

47 다음 중 전자전이를 유발하는 데 가장 낮은 에너지를 요하는 것은?

① $n \rightarrow \sigma^*$
② $n \rightarrow \pi^*$
③ $\sigma \rightarrow \sigma^*$
④ $\pi \rightarrow \pi^*$

해설
유기화합물의 전자전이

종 류	흡수영역	특 징
$\sigma \rightarrow \sigma^*$	진공 자외선, <200nm	• 가장 높은 에너지 흡수 • 진공상태만 관찰 가능
$n \rightarrow \sigma^*$	원적외선, 180~250nm	• 높은 에너지 흡수 • O, S, N 등과 같은 비결합성 전자를 가진 치환기가 있는 화합물
$\pi \rightarrow \pi^*$	자외선, >180nm	• 중간 에너지 흡수 • 다중결합이 콘주게이션 된 폴리머를 포함한 화합물
$n \rightarrow \pi^*$	근자외선, 가시선, 280~800nm	가장 낮은 에너지 흡수

48 광전비색계의 구조 중 관련이 없는 사항은?

① 지시전극
② 광전지
③ 필 터
④ 정전압장치

해설
지시전극은 전기분석법에서 사용된다.

49 원자흡광광도계로 시료를 측정하기 위하여 시료를 원자상태로 환원해야 한다. 이때 적합한 방법은?

① 냉 각
② 동 결
③ 불꽃에 의한 가열
④ 급속해동

해설
원자흡광광도계는 불꽃으로 시료를 가열하여 원자상태로 환원한다.

50 기체크로마토그래피의 검출기 중 기체의 전기전도도가 기체 중의 전하를 띤 입자의 농도에 직접 비례한다는 원리를 이용한 것은?

① FID
② TCD
③ ECD
④ TID

해설
불꽃이온 검출기(FID ; Flame Ionization Detector)에 관한 설명으로 기체크로마토그래피에 가장 일반적으로 사용되며 운반기체로 질소, 수소, 헬륨을 사용한다.

46 ② 47 ② 48 ① 49 ③ 50 ① **정답**

51 불꽃 없는 원자화 기기의 특징이 아닌 것은?

① 감도가 매우 좋다.
② 시료를 전처리하지 않고 직접 분석이 가능하다.
③ 산화작용을 방지할 수 있어 원자화 효율이 크다.
④ 상대정밀도가 높고, 측정농도 범위가 아주 넓다.

해설
불꽃 없는 원자화 기기는 계통오차가 자주 발생하는 단점이 있다.

52 비휘발성 또는 열에 불안정한 시료의 분석에 가장 적합한 크로마토그래피는?

① GC(기체크로마토그래피)
② GSC(기체-고체크로마토그래피)
③ GLC(기체-액체크로마토그래피)
④ HPLC(고성능 액체크로마토그래피)

해설
고성능 액체크로마토그래피의 특징
• 분석 가능한 분자량의 제한이 없다.
• 비휘발성인 시료를 분석할 수 있다.
• 분석한 시료의 회수가 가능하다.
• pH의 안정성이 뛰어나다.

53 기체크로마토그래피(Gas Chromatography)로 가능한 분석은?

① 정성분석만 가능
② 정량분석만 가능
③ 반응속도분석만 가능
④ 정량분석과 정성분석이 가능

해설
GC는 그래프의 면적을 통해 정량분석, 머무름시간을 통해 정성분석을 할 수 있다.

54 적외선 분광기의 광원으로 사용되는 램프는?

① 텅스텐 램프
② 네른스트 램프
③ 음극방전관(측정하고자 하는 원소로 만든 것)
④ 모노크로미터

해설
적외선 분광기 전용 광원으로 네른스트 램프를 사용하며, 400℃ 정도로 가열한 후 전기를 흘려 사용한다.

55 종이크로마토그래피에서 이동도(R_f)를 구하는 식은?(단, C : 기본선과 이온이 나타난 사이의 거리(cm), K : 기본선과 전개 용매가 전개한 곳까지의 거리(cm)이다)

① $R_f = \dfrac{C}{K}$ ② $R_f = C \times K$

③ $R_f = \dfrac{K}{C}$ ④ $R_f = K + C$

해설
이동도(R_f)
• 전개율이라고도 한다.
• 0.4~0.8의 값을 지니며, 반드시 1보다 작다.
• 이동도(R_f) = $\dfrac{C}{K}$

56 실험실 안전수칙에 대한 설명으로 틀린 것은?

① 시약병 마개를 실습대 바닥에 놓지 않는다.
② 실험 실습실에 음식물을 가지고 올 때에는 한쪽에서 먹는다.
③ 시약병에 꽂혀 있는 피펫을 다른 시약병에 넣지 않는다.
④ 화학약품의 냄새는 직접 맡지 않으며, 부득이 냄새를 맡아야 할 경우에는 손으로 코가 있는 방향으로 증기를 날려서 맡는다.

> **해설**
> 실험 실습실은 취식을 위한 공간이 아니다.

57 강산이 피부나 의복에 묻었을 경우 중화시키기 위해 가장 적당한 것은?

① 묽은 암모니아수
② 묽은 아세트산
③ 묽은 황산
④ 글리세린

> **해설**
> 강산은 약염기로 중화한다.

58 소화기의 구분 가운데 B급 소화기는 어떤 대상을 기준으로 사용할 수 있는가?

① 일반화재   ② 충격화재
③ 유류화재   ④ 전기화재

> **해설**
> B급 소화기는 유류화재 전문 소화기이다.
>
> **화재의 종류**
>
> | 구 분 | A급 | B급 | C급 | D급 |
> |---|---|---|---|---|
> | 명 칭 | 일반화재 | 유류·가스화재 | 전기화재 | 금속화재 |

59 화학실험 시 사용하는 약품의 보관에 대한 설명으로 틀린 것은?

① 폭발성 또는 자연발화성의 약품은 화기를 멀리한다.
② 흡습성 약품은 완전히 건조시켜 건조한 곳이나 석유 속에 보관한다.
③ 모든 화합물은 될 수 있는 대로 같은 장소에 보관하고 정리정돈을 잘한다.
④ 직사광선을 피하고, 약품에 따라 유색병에 보관한다.

> **해설**
> 화학약품은 종류와 반응성에 따라 철저히 분리하여 보관한다.

60 MSDS 그림 문자 가운데 다음의 그림이 뜻하는 것은?

① 호흡기 과민성
② 고압가스
③ 생물독성
④ 수생 환경 유해성

01 다음 중 균일 혼합물에 포함되는 것은?

① 설탕물
② 우 유
③ 과일주스
④ 흙탕물

해설
균일 혼합물은 일정한 비율로 성분이 고르게 섞인 혼합물이다.
예 설탕물, 소금물 등

02 분자는 극성 공유결합이지만 그 구조가 대칭이어서 비극성으로 되는 물질은?

① CO_2
② CH_3Cl
③ H_2O
④ NH_3

해설
보통 극성결합을 가진 분자는 극성을 띠지만, 쌍극자 모멘트는 크기와 방향을 가진 벡터량이므로 극성결합을 가져도 결합의 쌍극자 모멘트가 서로 상쇄되는 구조를 지녀 비극성 분자가 될 수 있다. 이산화탄소(CO_2)와 사염화탄소(CCl_4)의 경우가 이에 해당된다.

03 다음 중 단당류 탄수화물은?

① 과 당
② 설 탕
③ 젖 당
④ 녹 말

해설
탄수화물 종류에 따른 구분

탄수화물 종류		분자식	가수분해 생성물	수용성
단당류	포도당	$C_6H_{12}O_6$	가수분해 X	O
	과 당			
	갈락토스			
이당류	설 탕	$C_{12}H_{22}O_{11}$	포도당 + 과당	O
	맥아당(엿당)		포도당 + 포도당	
	젖 당		포도당 + 갈락토스	
다당류 (천연 고분자)	녹 말	$(C_6H_{10}O_5)_n$	포도당	X
	셀룰로스			
	글리코겐			

04 Cr_2O_3, CrO_3에서 Cr의 산화수 차이는 얼마인가?

① +1
② +2
③ +3
④ +4

해설
산소의 산화수가 -2이고 총 분자의 산화수는 0이므로,
Cr의 산화수를 x라 하면
• Cr_2O_3 : $2x+(3\times-2)=0$, $x=+3$
• CrO_3 : $x+(3\times-2)=0$, $x=+6$
∴ Cr의 산화수 차이 = +3

05 주로 비금속과 비금속 간의 결합을 무엇이라 하는가?

① 이온결합
② 공유결합
③ 금속결합
④ 분자결합

해설

공유결합	이온결합	금속결합
비금속 + 비금속	금속 + 비금속	금속 + 금속

06 질량수가 23인 나트륨의 원자번호가 11이라면 양성자수는 얼마인가?

① 11
② 12
③ 23
④ 34

해설
원자번호 = 전자수 = 양성자수 = 11

07 다음 중 가장 정확하게 시료를 채취할 수 있는 실험기구는?

① 비 커
② 미터글래스
③ 피 펫
④ 플라스크

해설
피펫은 mL 단위의 눈금이 있어 정밀한 시료채취에 사용된다.

08 20℃에서 포화 소금물 60g 속에 소금 10g이 녹아 있다면 이 용액의 용해도는?

① 10
② 14
③ 17
④ 20

해설

$$용해도 = \frac{용질(g)}{용매(g)} \times 100 = \frac{10}{60-10} \times 100 = 20$$

09 주기율표상에서 원자번호 7의 원소와 비슷한 성질을 가진 원소의 원자번호는?

① 2
② 11
③ 15
④ 17

해설
질소족 원소(V족) : 질소(7), 인(15), 비소(33)
※ 같은 족 원소는 유사한 성질을 지닌다.

10 다음 물질과 그 분류가 바르게 연결된 것은?

① 물 – 홑원소 물질
② 소금물 – 균일 혼합물
③ 산소 – 화합물
④ 염화수소 – 불균일 혼합물

해설
혼합물의 조성이 용액 전체에 걸쳐 일정하게 되는 것을 균일 혼합물이라 하며 대표적으로 설탕물, 소금물 등이 있다.
① 물 – 화합물(두 가지 이상의 일정한 성분으로 구성된 물질)
③ 산소 – 단체(하나의 더 이상 분해될 수 없는 성분으로 구성된 물질)
④ 염화수소 – 화합물(두 가지 이상의 일정한 성분으로 구성된 물질)

5 ② 6 ① 7 ③ 8 ④ 9 ③ 10 ② **정답**

11 다음 물질 중 물에 가장 잘 녹는 기체는?

① NO
② C_2H_2
③ NH_3
④ CH_4

해설
물은 산소의 전기음성도가 강하여 극성을 띠며, 같은 극성물질을 잘 녹인다.

극성결합
• 결합한 두 원자의 전기음성도 차이가 대략 0.5~2.0 사이에 있을 때 발생한다.
  ※ 이보다 더 큰 전기음성도 차이를 보이면(2.0 이상) 이온결합, 더 작은 차이를 보이면(0.5 이하) 비극성결합이 이루어진다.
  예 에탄올, 암모니아, 이산화황, 황화수소, 아세트산 등

12 1ppm은 몇 %인가?

① 10^{-2}
② 10^{-3}
③ 10^{-4}
④ 10^{-5}

해설
$1ppm = 1 \times 10^{-6}$
$1 \times 10^{-6} \times 100\% = 10^{-4}\%$

13 다음 중 반데르발스 결합이 가장 강한 것은?

① H_2-Ne
② Cl_2-Xe
③ O_2-Ar
④ N_2-Ar

해설
반데르발스 결합력(분산력)은 무극성 분자 간의 결합력을 의미한다. 분자량이 클수록 결합력이 증가하며, 분자량이 비슷한 경우에는 표면적이 클수록 결합력이 증가한다.

14 탄산음료수의 병마개를 열었을 때 거품(기포)이 솟아오르는 이유는?

① 수증기가 생기기 때문이다.
② 이산화탄소가 분해하기 때문이다.
③ 온도가 올라가게 되어 용해도가 증가하기 때문이다.
④ 병 속의 압력이 줄어들어 용해도가 줄어들기 때문이다.

해설
고압상태에서 높은 용해도로 병 속에 들어 있던 이산화탄소가 병마개를 열었을 때 낮아진 용해도만큼 기화되어 용액 밖으로 나오는 것이다.

15 양성자 6개, 중성자 7개가 들어 있는 원자의 원자번호는 얼마인가?

① 6
② 7
③ 10
④ 13

해설
원자번호 = 양성자수 = 전자수 = 6

16 다음 중 극성 분자는?

① H_2

② O_2

③ H_2O

④ CH_4

해설

③ 극성 분자(극성 공유결합)

①·② 비극성 분자(비극성 공유결합) → 동종 이원자 물질

④ 비극성 분자(극성 공유결합)

17 은법 적정 중 하나인 모르(Mohr) 적정법은 염소이온 (Cl^-)을 질산은($AgNO_3$) 용액으로 적정하면 은이온과 반응하여 적색 침전을 형성하는 반응이다. 이때 사용하는 지시약은?

① K_2CrO_4

② Cr_2O_7

③ $KMnO_4$

④ $Na_2C_2O_4$

해설

모르법은 염소이온 또는 브롬이온을 적정할 때 사용하며, 크롬산 칼륨(K_2CrO_4)을 지시약으로 사용한다.

※ 종말점 반응 : $2Ag^+ + CrO_4^{2-} \rightarrow Ag_2CrO_4(s)$, 붉은색

18 폴라로그래피에서 사용하는 기준전극과 작업전극은 각각 무엇인가?

① 유리전극과 포화칼로멜전극

② 포화칼로멜전극과 수은적하전극

③ 포화칼로멜전극과 산소전극

④ 염화칼륨전극과 포화칼로멜전극

해설

폴라로그래피의 전극

종 류	사용 전극
기준전극	포화칼로멜
작업전극	수은적하

19 화합물의 명명법으로 옳지 않은 것은?

① $NaClO_3$: 염소산나트륨

② Na_2SO_3 : 아황산나트륨

③ $SiCl_4$: 사염화규소

④ $(NH_4)_2SO_4$: 황산암모니아

해설

④ $(NH_4)_2SO_4$: 황산암모늄

※ 화합물의 명명법

- 화학식 AB로 구성된 경우 B를 먼저 읽고 A를 읽는다.
- B를 읽을 때 대부분 산화물질을 기준으로 명명한다.
  - '과'가 붙을 경우 : 기준산화물질에 비해 산소가 1개 많다.
  - '아'가 붙을 경우 : 기준산화물질에 비해 산소가 1개 적다.
  - '차아'가 붙을 경우 : 기준산화물질에 비해 산소가 2개 적다.

과염소산나트륨	염소산나트륨	아염소산나트륨	차아염소산나트륨
$NaClO_4$	$NaClO_3$	$NaClO_2$	$NaClO$
과황산나트륨	황산나트륨	아황산나트륨	차아황산나트륨
$Na_2S_2O_8$	Na_2SO_4	Na_2SO_3	$Na_2S_2O_4$

20 20% NaOH 용액 10g을 중화하는 데 0.5N HCl 몇 mL가 필요한가?

① 50mL

② 100mL

③ 150mL

④ 200mL

해설

- 20% NaOH 용액 10g 중 NaOH의 질량 = $10g \times 0.2 = 2g$
- 2g NaOH의 몰수 = $\dfrac{2g}{40g/mol}$ = 0.05mol

NaOH와 HCl은 각각 1가이며,

1 : 1로 반응하므로 M = N이 된다.

$NV = N'V'$를 적용하면

1,000mL : 0.5mol = a : 0.05mol

$a = 100mL$

∴ 0.5N HCl 100mL가 필요하다.

21 양이온 제1족을 구분하는 데 주로 쓰이는 분족시약은?

① HCl

② H$_2$S

③ NH$_4$Cl + NH$_4$OH

④ (NH$_4$)$_2$CO$_3$

해설

족	양이온	분족시약	침 전
제1족	Ag$^+$, Pb^{2+}, Hg$_2^{2+}$	HCl	염화물
제2족	Bi^{3+}, Cu^{2+}, Cd^{2+}, Hg^{2+}, As^{3+}, As^{5+}, Sb^{3+}, Sn^{2+}, Sn^{4+}	H$_2$S (0.3M − HCl)	황화물 (산성 조건)
제3족	Fe^{2+}, Fe^{3+}, Cr^{3+}, Al^{3+}	NH$_4$OH− NH$_4$Cl	수산화물
제4족	Ni^{2+}, Co^{2+}, Mn^{2+}, Zn^{2+}	(NH$_4$)$_2$S	황화물 (염기성 조건)
제5족	Ba^{2+}, Sr^{2+}, Ca^{2+}	(NH$_4$)$_2$CO$_3$	탄산염
제6족	Mg^{2+}, K$^+$, Na$^+$, NH$_4^+$	−	−

22 제4족 양이온 분족 시 최종 확인 시약으로 다이메 틸글리옥심을 사용하는 것은?

① 아 연

② 철

③ 니 켈

④ 코발트

해설

제4족 양이온 니켈 확인 반응에 관한 설명으로, 니켈은 암모니아의 약알칼리성에서 다이메틸글리옥심과 반응하여 착염을 생성한다.

23 다음 중 P형 반도체 제조에 소량 첨가하는 원소는?

① 인

② 비 소

③ 붕 소

④ 안티모니

해설

P형 반도체는 P−type의 순수한 반도체에 특정 불순물(붕소, 알루 미늄) 등을 첨가하여 만든다.

24 어떤 용액의 전도도를 측정하였더니 0.5℧ 이었다. 이 용액의 저항은?

① 0.5 Ω

② 1 Ω

③ 1.5 Ω

④ 2 Ω

해설

$$저항 = \frac{1}{전도도} = \frac{1}{0.5} = 2\,\Omega$$

25 동일한 온도하에서 740mmHg, 320mL의 기체가 640 mmHg의 압력으로 변했을 때 부피는 어떻게 되는가?

① 250mL

② 300mL

③ 370mL

④ 400mL

해설

$$PV = P'V'$$

$$\frac{740}{760} \times 320 = \frac{640}{760} \times V'$$

$$\therefore\ V' = 370mL$$

26 어떤 금속 1g에 묽은 황산을 넣었더니 560mL의 수소가 발생하였다. 이 금속의 원자량을 40으로 가정할 때 원자가는 얼마인가?

① 4

② 3

③ 2

④ 1

해설

어떤 금속을 M이라 가정하고, 해당 금속의 원자가를 a라고 할 때 화학반응식은 다음과 같다.

$2M^{a+} + aH_2SO_4 \rightarrow M_2(SO_4)_a + aH_2$

위 화학반응식을 기준으로 금속 M의 몰수와 수소의 몰수를 구하면 다음과 같다.

• 금속 M의 몰수 : $1g \times \dfrac{1mol}{40g} = 0.025mol$

• 수소의 몰수 : $0.56L \times \dfrac{1mol}{22.4L} = 0.025mol$

즉, 금속 M과 수소는 1 : 1의 비율로 반응하고 생성된다.

위 화학반응식에서 금속이 2몰일 때 생성되는 수소는 a몰이므로

$0.025mol : 0.025mol = 2mol : a$

$a = 2mol$

∴ 금속 M의 원자가는 2이다.

27 P형 반도체의 원료인 것은?

① C

② Ge

③ Se

④ Sn

해설

Ge(게르마늄) : 탄소족 원소로 반도체 산업 핵심 재료로 사용되며, 토질을 개량하는 친환경 농업에도 활용한다.

28 다음 중에서 Na와 반응하여 H_2를 생성시키고, 은거울반응을 하는 것은?

① CH_3COOH

② CH_3CH_3

③ $HCHO$

④ $HCOOH$

해설

은거울반응은 암모니아성 질산은 용액과 환원성 유기화합물의 반응을 통해 알데하이드류(R–CHO)와 같은 물질의 검출에 사용한다.

29 다음 이온곱과 용해도곱 상수(K_{sp})의 관계 중에서 침전을 생성시킬 수 있는 관계는 어느 것인가?

① 이온곱 $>$ K_{sp}

② 이온곱 $=$ K_{sp}

③ 이온곱 $<$ K_{sp}

④ 이온곱 $=$ $K_{sp} \times$ 해리상수

해설

이온곱이 용해도곱상수보다 큰 경우 침전이 형성된다.

30 전자궤도의 d오비탈에 들어갈 수 있는 전자의 총 수는?

① 2

② 6

③ 10

④ 14

해설

전자껍질(K, L, M, N 등)에 따라 $1s \rightarrow 2s \rightarrow 2p \rightarrow 3s \rightarrow 3p \rightarrow 4s \rightarrow 3d$의 순서로 전자가 각각 2개씩 배치되며, 오비탈의 종류(s, p, d, f)에 따라 1, 3, 5, 7의 공간을 지닌다.

$1s$	$2s$	$2p$			$3s$	$3p$			$4s$	$3d$				
··	··	··	··	··	··	··	··	··	··	··	··	··	··	··

31 다음 중 포화탄화수소 화합물은?

① 아이오딘값이 큰 것

② 건성유

③ 사이클로헥세인

④ 생선 기름

해설

사이클로헥세인은 대표적인 사이클로알케인족이며, 탄소원자 사이에 고리를 형성하고 있고 모두 단일결합으로 되어 있다.

32 에탄올에 진한 황산을 촉매로 사용하여 160~170℃의 온도를 가해 반응시켰을 때 만들어지는 물질은?

① 에틸렌

② 메테인

③ 황 산

④ 아세트산

해설

에틸렌의 제법은 에탄올의 탈수반응(탈수축합)을 이용하며, 탈수제로 진한 황산을 사용한다.

33 볼타전지의 음극에서 일어나는 반응은?

① 환 원　　② 산 화

③ 응 집　　④ 킬레이트

해설

$Zn(s) \mid H_2SO_4(aq) \mid Cu(s)$, $E° = 0.76V$

• 산화반응(−극) : $Zn \rightarrow Zn^{2+} + 2e^-$, 질량 감소

• 환원반응(+극) : $2H^+ + 2e^- \rightarrow H_2 \uparrow$, 질량 불변

• 알짜반응 : $Zn + 2H^+ \rightarrow Zn^{2+} + H_2$, 전체 양이온수 감소, 분극현상 발생

34 다음 중 1패러데이(F)의 전기량은?

① 1mol의 물질이 갖는 전기량

② 1개의 전자가 갖는 전기량

③ 96,500개의 전자가 갖는 전기량

④ 1g당량 물질이 생성될 때 필요한 전기량

35 양이온의 계통적인 분리검출법에서는 방해물질을 제거시켜야 한다. 다음 중 방해물질이 아닌 것은?

① 유기물

② 옥살산 이온

③ 규산 이온

④ 암모늄 이온

해설

양이온 계통 분리검출법에 따른 방해물질

• 유기물

• 옥살산 이온

• 규산 이온

36 다음 화학식의 올바른 명명법은?

$$CH_3CH_2C \equiv CH$$

① 2-에틸-3뷰텐
② 2,3-메틸에틸프로페인
③ 1-뷰틴
④ 2-메틸-3에틸뷰텐

해설
뷰틴 : 하나의 삼중결합을 지닌 4개의 탄소사슬로 된 탄화수소이다.

37 중량분석에 이용되는 조작방법이 아닌 것은?

① 침전중량법
② 휘발중량법
③ 전해중량법
④ 건조중량법

해설
중량분석법은 어떤 물질을 구성하는 성분 가운데 원하는 성분을 홑원소물질, 화합물의 무게로 측정해 원하는 성분의 양을 결정하는 방법을 말하며, 종류로는 침전법, 휘발법, 용매추출법, 전해법 등이 있다.

38 자외선/가시광선 분광광도계의 기본적인 구성요소의 순서로서 가장 올바른 것은?

① 광원 – 단색화장치 – 검출기 – 흡수용기 – 기록계
② 광원 – 단색화장치 – 흡수용기 – 검출기 – 기록계
③ 광원 – 흡수용기 – 검출기 – 단색화장치 – 기록계
④ 광원 – 흡수용기 – 단색화장치 – 검출기 – 기록계

해설
분광광도계의 기본 구성
광원 – 단색화장치 – 흡수용기 – 검출기 – 기록계

39 분광광도계의 시료 셀에 이물질이 없는 증류수를 넣고 영점조절을 할 때 목표투과도를 얼마로 하는가?

① 0%
② 30%
③ 50%
④ 100%

해설
영점조절 시 투과도 100%(모든 빛 투과)를 목표로 설정한다.

40 GC의 구성요소 가운데 기화된 혼합 성분이 단일 성분으로 분리되는 곳은?

① 컨트롤러
② 샘플 인젝터
③ 칼 럼
④ 디텍터

해설
칼럼은 오븐에 들어 있으며, 기화된 혼합 성분을 단일 성분으로 분리하는 GC의 가장 중요한 부분이다.

41 HPLC의 이동상 용매의 보관용기로 옳은 것은?

① 구 리

② 철

③ 납

④ 유 리

> **해설**
> HPLC의 이동상 용매의 보관용기는 주로 화학적 상호작용이 없는 유리나 스테인리스 재질을 사용한다.

42 적외선분광광도계를 취급할 때 주의사항 중 옳지 않은 것은?

① 온도는 10~30℃가 적당하다.

② 습도는 크게 문제가 되지 않는다.

③ 먼지와 부식성 가스가 없어야 한다.

④ 강한 전기장, 자기장에서 떨어져 설치한다.

> **해설**
> 적외선분광광도계는 단색화장치로 이온결정성 물질(염화나트륨, 브롬화세슘 등)이 사용되는데 물에 잘 녹기 때문에 습도를 낮게 유지하는 것이 중요하다.

43 혼합물로부터 각 성분들을 순수하게 분리하거나 확인, 정량하는 데 사용하는 편리한 방법으로 물질의 분리는 혼합물이 정지상이나 이동상에 대한 친화성이 서로 다른 점을 이용하는 분석법은?

① 분광광도법

② 크로마토그래피

③ 적외선흡수분광법

④ 자외선흡수분광법

> **해설**
> 크로마토그래피는 혼합 성분을 각각의 개별 성분으로 분리하여 확인, 정량하는 대표적인 방법이다.

44 기기분석법의 장점이 아닌 것은?

① 원소들의 선택성이 높다.

② 전처리가 비교적 간단하다.

③ 낮은 오차범위를 나타낸다.

④ 보수, 유지관리가 비교적 간단하다.

> **해설**
> **기기분석법의 단점**
> • 기기 구입비가 비싸다.
> • 보수, 유지관리가 어렵다.

45 원자흡수분광광도법(AAS)을 화학분석에 이용하는 특성이 아닌 것은?

① 선택성이 좋고 감도가 좋다.

② 방해물질의 영향이 비교적 작다.

③ 반복하는 유사분석을 단시간에 할 수 있다.

④ 대부분의 원소를 동시에 검출할 수 있다.

> **해설**
> 원자흡수분광광도법(AAS)은 단일 원소의 정량에 가장 많이 사용된다.

46 기체크로마토그래피에서 이상적인 검출기가 갖추어야 할 특성이 아닌 것은?

① 적당한 감도를 가져야 한다.
② 안정성과 재현성이 좋아야 한다.
③ 실온에서 약 600℃까지의 온도영역을 꼭 지녀야 한다.
④ 유속과 무관하게 짧은 시간에 감응을 보여야 한다.

해설
GC에는 다양한 검출기가 있으며, 반드시 고온의 영역을 지킬 필요는 없다.

47 다음 중 기체크로마토그래피의 검출기가 아닌 것은?

① 열전도도 검출기
② 불꽃이온화 검출기
③ 전자포획 검출기
④ 광전증배관 검출기

해설
광전증배관 검출기 : UV-Vis 분광광도계의 검출기
※ UV-Vis 검출기 : 자외선(Ultra Violet)-가시광선(Visible Ray) 검출기로 대부분 흡광분석기를 말한다.

48 공실험(Blank Test)을 하는 가장 주된 목적은?

① 불순물 제거
② 시약의 절약
③ 시간의 단축
④ 오차를 줄이기 위함

해설
공실험
• 수용액 상태의 물질의 정량, 정성분석에 사용된다.
• 대상물질을 제외한 바탕액(주로 물)을 기준으로 영점 보정하여 오차를 줄일 목적으로 사용한다.

49 액체크로마토그래피 중 고체정지상에 흡착된 상태와 액체이동상 사이의 평형으로 용질 분자를 분리하는 방법은?

① 친화크로마토그래피
  (Affinity Chromatography)
② 분배크로마토그래피
  (Partition Chromatography)
③ 흡착크로마토그래피
  (Adsorption Chromatography)
④ 이온교환크로마토그래피
  (Ion-exchange Chromatography)

해설
흡착크로마토그래피는 현재 이용되고 있는 모든 크로마토그래피의 원조로, 액체-고체크로마토그래피(LSC)와 기체-고체크로마토그래피(GSC)로 구분할 수 있다.

50 분광분석에 쓰이는 분광계의 검출기 중 광자검출기(Photo Detectors)는?

① 볼로미터(Bolometers)
② 열전기쌍(Thermocouples)
③ 규소 다이오드(Silicon Diodes)
④ 초전기전지(Pyroelectric Cells)

해설
대표적인 광자검출기로 규소 다이오드를 사용하며, 반도체에 복사선을 흡수시켜 전도도를 증가시킬 때 사용한다.

51 충분히 큰 에너지의 복사선을 금속 표면에 쪼이면 금속의 자유전자가 방출되는 현상을 무엇이라 하는가?

① 광전효과
② 굴절효과
③ 산란효과
④ 반사효과

해설
광전효과 : 금속 등의 물질에 일정 진동수 이상의 빛을 조사하면 광자와 전자가 충돌하게 되고, 이때 충돌한 전자가 금속으로부터 방출되는 것이다.

52 분자가 자외선과 가시광선 영역의 광에너지를 흡수할 때 진자가 낮은 에너지 상태에서 높은 에너지 상태로 변화하게 된다. 이때 흡수된 에너지를 무엇이라 하는가?

① 전기에너지
② 광에너지
③ 여기에너지
④ 파 장

해설
여기에너지 : 기준상태에 있는 원자, 분자가 들뜬상태로 변화할 때 흡수하는 에너지이다.

53 기체크로마토그래피는 두 가지 이상의 성분을 단일 성분으로 분리하는데, 혼합물의 각 성분은 어떤 차이에 의해 분리되는가?

① 반응속도
② 흡수속도
③ 주입속도
④ 이동속도

해설
기체크로마토그래피는 운반기체(Carrier Gas)로 분석대상물질을 운반하여 이동속도의 차이에 따라 시료 성분의 분리가 일어나며 이것을 측정하는 대표적인 정량, 정성분석장치이다.

54 분광광도법에서 정량분석의 검정곡선 그래프에는 X축은 농도를 나타내고 Y축에는 무엇을 나타내는가?

① 흡광도   ② 투광도
③ 파 장   ④ 여기에너지

해설
X축은 농도, Y축은 흡광도를 나타낸다.

55 얇은 막 크로마토그래피를 제조하는 과정에서 도포용 유리의 표면이 더럽혀져 있으면 균일한 얇은 막을 만들기 어렵다. 이를 방지하기 위하여 유리를 담가두는 용액으로 가장 적당한 것은?

① 증류수
② 크롬산 용액
③ 알코올 용액
④ 암모니아 용액

해설
얇은 막 크로마토그래피를 제조할 때 균일한 얇은 막을 만들기 위해 크롬산 용액을 사용한다.

56 금속칼륨과 금속나트륨은 어떻게 보관하여야 하는가?

① 공기 중에 노출하여 보관
② 물속에 넣어서 밀봉하여 보관
③ 석유 속에 넣어서 밀봉하여 보관
④ 그늘지고 통풍이 잘되는 곳에 산소 분위기에서 보관

해설
금속칼륨과 금속나트륨은 상온(25℃)에서 물 또는 습기와 접촉하여 발화하므로 항상 석유 속에 보관한다.

57 과산화칼륨의 저장창고에서 화재가 발생하였다. 다음 중 가장 적합한 소화약제는?

① 물
② 이산화탄소
③ 마른 모래
④ 염 산

해설
과산화칼륨과 같은 알칼리금속의 과산화물은 물과 반응하여 발열하므로 소화 시 주수소화해서는 안 되며, 마른 모래 등을 이용해 피복소화한다.

58 가스를 분류할 때 독성가스에 해당하지 않는 것은?

① 황화수소
② 시안화수소
③ 이산화탄소
④ 산화에틸렌

해설
이산화탄소는 독성가스에 포함되지 않는다.
※ 고압가스 안전관리법 시행규칙 참고

59 눈에 산이 들어갔을 때 가장 적절한 조치는?

① 메틸알코올로 씻는다.
② 즉시 물로 씻고, 묽은 나트륨 용액으로 씻는다.
③ 즉시 물로 씻고, 묽은 수산화나트륨 용액으로 씻는다.
④ 즉시 물로 씻고, 묽은 탄산수소나트륨 용액으로 씻는다.

해설
산에 의한 화상 치료 : 즉시 다량의 물로 씻고, 묽은 탄산수소나트륨 용액으로 씻어낸다.

60 수은을 바닥에 떨어뜨렸을 때 가장 적절한 조치사항은?

① 빗자루로 쓸어 담아 일반 하수구에 버린다.
② 수은은 인체에 무해하므로 그대로 두어도 무방하다.
③ 흙이나 모래 등을 가하여 수은을 흡착시킨 후 일반 하수구에 버린다.
④ 주위에 아연가루를 골고루 뿌리고 약 5%의 황산 수용액으로 적셔 반죽처럼 되게 한 후 처리한다.

해설
수은은 인체에 유독한 중금속으로 셀레늄, 아연 등과 반응시켜 독성을 낮춘 후 제거한다.

01
탄소는 4족 원소로 모든 생명체의 가장 기본이 되는 물질이다. 다음 중 탄소의 동소체로 볼 수 없는 것은?

① 원 유
② 흑 연
③ 활성탄
④ 다이아몬드

해설

탄소는 다이아몬드, 흑연, 활성탄, 풀러렌, 탄소나노튜브 등의 동소체가 있으나 원유는 탄소 이외의 다양한 성분이 포함되어 있어 동소체로 볼 수 없다.

02
전기음성도가 비슷한 비금속 사이에서 주로 일어나는 결합은?

① 이온결합
② 공유결합
③ 배위결합
④ 수소결합

해설

공유결합	이온결합	금속결합
비금속 + 비금속	금속 + 비금속	금속 + 금속

03
다음 용액에 대한 설명으로 옳은 것은?

① 물에 대한 고체의 용해도는 일반적으로 물 1,000g에 녹아 있는 용질의 최대 질량을 말한다.
② 몰분율은 용액 중 어느 한 성분의 몰수를 용액 전체의 몰수로 나눈 값이다.
③ 질량 백분율은 용질의 질량을 용액의 부피로 나눈 값을 말한다.
④ 몰농도는 용액 1L 중에 들어 있는 용질의 질량을 말한다.

해설

② 몰분율 $= \dfrac{\text{대상물질의 몰수}}{\text{용액 전체 몰수}}$

① 물에 대한 고체의 용해도는 일반적으로 물 100g에 녹아 있는 용질의 최대 질량을 말한다.
③ 질량 백분율은 용질의 질량을 용액의 질량으로 나눈 값을 말한다.
④ 몰농도는 용액 1L 중에 들어 있는 용질의 몰수를 말한다.

04
다음은 물(H_2O)의 변화를 반응식으로 나타낸 것이다. 이 반응에 대한 설명으로 옳지 않은 것은?

$$H_2O(l) \rightleftharpoons H_2O(g)$$

① 가역반응이다.
② 반응의 속도는 온도에 따라 변한다.
③ 정반응속도는 압력의 변화와 관계없이 일정하다.
④ 반응의 평형은 정반응속도와 역반응속도가 같을 때 이루어진다.

해설

물의 상태변화는 압력이 증가할수록 빠르게 진행된다.

05 유효 숫자 규칙에 맞게 계산한 결과는?

$$2.1 + 123.21 + 20.126$$

① 145.136

② 145.43

③ 145.44

④ 145.4

해설

유효 숫자의 덧셈에서는 끝자리가 가장 큰 값(반올림 고려)을 따른다.
2.1 + 123.21 + 20.126 = 145.436 = 145.4

06 다음 중 알칼리금속에 속하지 않는 것은?

① Li   ② Na

③ K   ④ Si

해설

Si(규소)는 탄소족 원소로 알칼리금속(1족)이 아니다.

07 알칼리금속에 속하는 원소와 할로겐족에 속하는 원소가 결합하여 화합물을 생성하였다. 이 화합물의 화학결합은?(단, 수소는 제외함)

① 이온결합

② 공유결합

③ 금속결합

④ 배위결합

해설

• 금속 + 비금속 = 이온결합
• 비금속 + 비금속 = 공유결합

08 반감기가 5년인 방사성 원소가 있다. 이 동위원소 2g이 10년이 경과하였을 때 몇 g이 남는가?

① 0.125   ② 0.25

③ 0.5   ④ 1.5

해설

반감기

$$M = M_0 \left(\frac{1}{2}\right)^{\frac{t}{T}} = 2\text{g} \times \left(\frac{1}{2}\right)^2 = 0.5\text{g}$$

여기서, M : t시간 이후의 질량
M_0 : 초기 질량
t : 경과된 시간
T : 반감기

09 다음 중 비활성 기체가 아닌 것은?

① He   ② Ne

③ Ar   ④ Cl

해설

비활성 기체는 안정적이며, 다른 기체와 반응하지 않는다. Cl은 할로겐족 원소로, 전자 하나를 받아 음이온이 되기 쉬운 성질을 지니고 있다.

10 고체의 용해도에 대한 설명으로 옳지 않은 것은?

① NaCl의 용해도는 온도에 따라 큰 변화가 없다.

② 일반적으로 고체는 온도가 상승하면 용해도가 커진다.

③ 일반적으로 고체는 압력이 높아지면 용해도가 커진다.

④ KNO_3은 용해도가 온도에 따라 큰 차이가 있다.

해설

고체의 용해도는 온도 상승에 따라 증가하며 압력과는 무관하다.

11 다음 중 반응성이 가장 큰 화합물은?

① $CH_3-CH=CH_2$

② $CH_3-CH=CH-CH_3$

③ $CH\equiv C-CH_3$

④ C_4H_8

해설

결합의 개수가 많을수록 결합의 고리가 깨질 수 있어 결합력이 약하며 다른 물질과의 반응성이 커진다.

• 단일결합 : 시그마결합이 1개라서 결합이 강하다.

　예 C_3H_8

• 이중결합 : 시그마＋파이결합으로, 결합이 약하다.

　예 $CH_3-CH=CH_2$, $CH_3-CH=CH-CH_3$, C_4H_8

• 삼중결합 : 시그마＋파이＋파이결합으로, 결합이 가장 약해 반응성이 크다.

　예 $CH\equiv C-CH_3$

12 다음 중 산화-환원 지시약이 아닌 것은?

① 다이페닐아민

② 다이클로로메탄

③ 페노사프라닌

④ 메틸렌블루

해설

다이클로로메탄은 유기화합물의 추출이나 반응 용제 및 냉매로 이용되는 물질이다.

13 다음 중 명명법이 잘못된 것은?

① $NaClO_3$: 아염소산나트륨

② Na_2SO_3 : 아황산나트륨

③ $(NH_4)_2SO_4$: 황산암모늄

④ $SiCl_4$: 사염화규소

해설

화합물의 명명법

• 화학식 AB로 구성된 경우 B를 먼저 읽고 A를 읽는다.

• B를 읽을 때 대부분 산화물질을 기준으로 명명한다.

　– '과'가 붙을 경우 : 기준산화물질에 비해 산소가 1개 많다.

　– '아'가 붙을 경우 : 기준산화물질에 비해 산소가 1개 적다.

　– '차아'가 붙을 경우 : 기준산화물질에 비해 산소가 2개 적다.

과염소산 나트륨	염소산나트륨	아염소산 나트륨	차아염소산 나트륨
$NaClO_4$	$NaClO_3$	$NaClO_2$	$NaClO$
과황산나트륨	황산나트륨	아황산나트륨	차아황산 나트륨
$Na_2S_2O_8$	Na_2SO_4	Na_2SO_3	$Na_2S_2O_4$

14 다음 화학식의 올바른 명명법은?

$$CH_3CH_2C\equiv CH$$

① 2-에틸-3뷰텐

② 2,3-메틸에틸프로페인

③ 1-뷰틴

④ 2-메틸-3에틸뷰텐

해설

뷰틴 : 하나의 삼중결합을 지닌 4개의 탄소사슬로 된 탄화수소이다.

15 다음 중 방향족 탄화수소가 아닌 것은?

① 벤 젠　　　　　② 자일렌
③ 톨루엔　　　　　④ 아닐린

해설
아닐린은 방향족 아민에 속한다.
방향족 탄화수소
• 벤젠고리를 포함하는 탄화수소이다.
• 벤젠, 페놀, 톨루엔, 자일렌, 나프탈렌, 안트라센 등이 있다.

16 다음 중 촉매에 의하여 변화되지 않는 것은?

① 정반응의 활성화 에너지
② 역반응의 활성화 에너지
③ 반응열
④ 반응속도

해설
촉매는 반응 메커니즘에 영향을 주며 반응열과는 무관하다.

17 AgCl의 용해도가 0.0016g/L일 때 AgCl의 용해도곱은 약 얼마인가?(단, Ag의 원자량은 108, Cl의 원자량은 35.5이다)

① 1.12×10^{-5}　　② 1.12×10^{-3}
③ 1.2×10^{-5}　　④ 1.2×10^{-10}

해설
용해도곱이란 AgCl이 물에 용해되면서 이온화되었을 때, 각 이온의 몰농도를 평형상수로 표현한 값이다. 즉, Ag^+와 Cl^-가 동일한 농도로 물에 용해되었을 때 몰농도이며, AgCl의 분자량이 143.5g/mol일 때 AgCl의 용해도가 0.0016g/L이므로
1mol : 143.5g = x : 0.0016g/L
$$x = \frac{(0.0016g/L) \times 1mol}{143.5g} = 1.11 \times 10^{-5}M(mol/L)$$
∴ 용해도곱(평형상수) = $[Ag^+][Cl^-]$
$$= (1.11 \times 10^{-5})(1.11 \times 10^{-5})$$
$$≒ 1.2 \times 10^{-10}$$

18 다음 반응식에서 평형이 왼쪽으로 이동하는 경우는?

$$N_2 + 3H_2 \rightleftarrows 2NH_3 + 92kJ$$

① 온도를 높이고 압력을 낮춘다.
② 온도를 낮추고 압력을 올린다.
③ 온도와 압력을 높인다.
④ 온도와 압력을 낮춘다.

해설
르샤틀리에의 법칙에 따라 몰수비로 보면 반응식의 왼쪽(1 + 3)보다 오른쪽(2)이 작으므로, 암모니아가 생성될수록 압력이 감소한다. 즉, 정반응(오른쪽 방향)은 압력을 높이고 온도를 낮추면 진행되고, 역반응(왼쪽 방향)은 압력을 낮추고 온도를 높이면 진행된다.
※ 압력과 온도는 반비례한다.

19 브뢴스테드-로우리의 산, 염기 정의에 의하면 H_2O가 산으로도 염기로도 작용한다. 다음 화학반응식 중 반응이 오른쪽으로 진행될 때 H_2O가 산으로 작용하는 것은?

① $HCO_3^- + H_2O \rightarrow CO_3^{2-} + H_3O^+$
② $HCO_3^- + H_2O \rightarrow H_2CO_3 + OH^-$
③ $HCO_3^- + OH^- \rightarrow H_2CO_3 + O^{2-}$
④ $HCO_3^- + H_3O^+ \rightarrow CO_2 + 2H_2O$

해설
브뢴스테드-로우리(Brønsted-Lowry)는 산과 염기를 다음과 같이 정의한다.
• 산 : 양성자(H^+)를 내놓는 물질이다.
• 염기 : 양성자(H^+)를 받는 물질이다.
• 짝산과 짝염기 : 양성자(H^+)의 이동에 의하여 산과 염기로 되는 한 쌍의 물질이다.

20 다음의 산화 환원 반응에서 $Cr_2O_7^{2-}$ 1mol은 몇 mol의 Fe^{2+}와 반응하는가?

$$Fe^{2+} + Cr_2O_7^{2-} + 14H^+ \rightarrow Fe_2^{3+} + 2Cr^{3+} + 7H_2O$$

① 2mol   ② 4mol

③ 6mol   ④ 12mol

해설

• 산화반반응 : $Fe^{2+} + e^- \leftrightarrow Fe_2^{3+}$
• 환원반응 : $Cr_2O_7^{2-} + 14H^+ + 6e^- \leftrightarrow 2Cr^{3+} + 7H_2O$
산화와 환원반응에서 주고받은 총전자의 수는 같으므로 $Cr_2O_7^{2-}$ 1mol당 6mol의 Fe^{2+}가 반응한다.

21 다음 중 액체 물질의 용량을 측정하는 용도로 쓰이지 않는 것은?

① 메스플라스크
② 뷰 렛
③ 피 펫
④ 분액깔때기

해설

분액깔때기는 대상 물질을 비중 차이에 의해 분리하는 용도로 사용한다.

22 pH가 3인 산성용액의 몰농도(M)는 얼마인가?(단, 용액은 일염기산이며 100% 이온화한다)

① 0.0001M   ② 0.001M

③ 0.01M   ④ 0.1M

해설

$pH = -\log[H^+]$
$3 = -\log x$
log를 없애기 위해 10으로 지수화한다.
$10^{-3} = 10^{\log x} = x$
$\therefore x = 0.001M$

23 초산은의 포화수용액은 1L 속에 0.059mol을 함유하고 있다. 전리도가 50%이면 이 물질의 용해도곱은 얼마인가?

① 2.95×10^{-2}

② 5.9×10^{-2}

③ 5.9×10^{-4}

④ 8.7×10^{-4}

해설

전리도가 50%이므로 0.059mol의 절반인 0.0295mol이 이온화되며, 초산은이 이온화할 경우 초산이온 1개, 은이온 1개가 생성된다.
즉, $AgNO_3 \rightarrow Ag^+ + NO_3^-$에서 용해도곱을 구하면
$0.0295 \times 0.0295 = 8.7 \times 10^{-4}$
$\therefore$ 용해도곱 $= 8.7 \times 10^{-4}$

24 다음 중 Arrhenius 산, 염기 이론에 대하여 설명한 것은?

① 산은 물에서 이온화될 때 수소이온을 내는 물질이다.
② 산은 전자쌍을 받을 수 있는 물질이고, 염기는 전자쌍을 줄 수 있는 물질이다.
③ 산은 진공에서 양성자를 줄 수 있는 물질이고, 염기는 진공에서 양성자를 받을 수 있는 물질이다.
④ 산은 용매에 양이온을 방출하는 용질이고, 염기는 용질에 음이온을 방출하는 용매이다.

해설

Arrhenius는 수중에서 산은 수소이온을, 염기는 수산화이온을 낸다고 가정했다.

25 아세트산의 이온이 물 분자와 반응하여 다음과 같이 진행되는데, 이 반응을 무엇이라고 하는가?

$$CH_3COO^- + H_2O \rightarrow CH_3COOH + OH^-$$

① 가수분해
② 중화반응
③ 축합반응
④ 첨가반응

해설
염이 물과 반응해 산과 염기로 분해하는 반응을 가수분해라 한다.

26 Hg_2Cl_2는 물 1L에 3.8×10^{-4}g이 녹는다. Hg_2Cl_2의 용해도곱은 얼마인가?(단, Hg_2Cl_2의 분자량은 472 이다)

① 8.05×10^{-7}
② 8.05×10^{-8}
③ 6.48×10^{-13}
④ 5.21×10^{-19}

해설
$Hg_2Cl_2 \rightarrow Hg_2^{2+} + 2Cl^-$
∴ 용해도곱(평형상수)

$$= [Hg_2^{2+}][Cl^-]^2 = \frac{3.8 \times 10^{-4}g/L}{472g/mol} \times \left(\frac{3.8 \times 10^{-4}g/L}{472g/mol}\right)^2$$

$$\fallingdotseq 5.21 \times 10^{-19}$$

27 양이온 정성분석에서 어떤 용액에 황화수소(H_2S) 가스를 통하였을 때 황화물로 침전되는 족은?

① 제1족
② 제2족
③ 제3족
④ 제4족

해설

족	양이온	분족시약	침 전
제1족	Ag^+, Pb^{2+}, Hg_2^{2+}	HCl	염화물
제2족	Bi^{3+}, Cu^{2+}, Cd^{2+}, Hg^{2+}, As^{3+}, As^{5+}, Sb^{3+}, Sn^{2+}, Sn^{4+}	H_2S (0.3M−HCl)	황화물 (산성 조건)
제3족	Fe^{2+}, Fe^{3+}, Cr^{3+}, Al^{3+}	NH_4OH− NH_4Cl	수산화물
제4족	Ni^{2+}, Co^{2+}, Mn^{2+}, Zn^{2+}	$(NH_4)_2S$	황화물 (염기성 조건)
제5족	Ba^{2+}, Sr^{2+}, Ca^{2+}	$(NH_4)_2CO_3$	탄산염
제6족	Mg^{2+}, K^+, Na^+, NH_4^+	−	−

28 공실험(Blank Test)을 하는 가장 주된 목적은?

① 불순물 제거
② 시약의 절약
③ 시간의 단축
④ 오차를 줄이기 위함

해설
공실험
• 수용액 상태의 물질의 정량, 정성분석에 사용한다.
• 대상물질을 제외한 바탕액(주로 물)을 기준으로 영점 보정하여 오차를 줄일 목적으로 사용한다.

25 ① 26 ④ 27 ② 28 ④ **정답**

29 양이온 제5족의 정성분석 이온 중 Ba^{2+}가 K_2CrO_4와 반응하여 침전을 생성시킨다. 이때 침전의 색깔은?

① 노란색
② 빨간색
③ 검은색
④ 연두색

해설

크롬산칼륨과 바륨이 반응하면 노란색의 침전물($BaCrO_4$)이 생성된다.

30 분광광도법에서 정량분석의 검량선 그래프의 X축은 농도를 나타내는데, Y축은 무엇을 나타내는가?

① 흡광도
② 투광도
③ 파 장
④ 여기에너지

해설

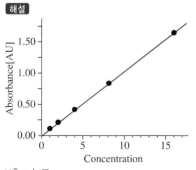

X축 : 농도
Y축 : 흡광도[AU]

31 킬레이트 적정에서 EDTA를 사용할 때 부반응이 생기지 않으려면 금속 이온이 포함된 시료액의 pH를 어떻게 해야 하는가?

① $NH_4OH + NH_4Cl$ 완충액을 써서 pH를 10 이상으로 해야 한다.
② EBT 지시약을 써서 은폐제 KCN 을 넣고 pH를 6~7로 해야 한다.
③ MX 지시약과 KCN을 넣고 pH를 12로 고정한다.
④ $MH_3 + NH_4AC$ 완충액을 넣고 pH를 7로 고정한다.

해설

킬레이트 적정에서 부반응(역반응)을 억제하려면 $NH_4OH + NH_4Cl$ 완충액을 써서 pH를 10 이상으로 해야 한다.

32 전위차 적정에 의한 당량점 측정 실험에서 필요하지 않은 재료는?

① 0.1N-HCl
② 0.1N-NaOH
③ 증류수
④ 황산구리

해설

전위차 적정에 의한 당량점 측정 시 묽은 염산(0.1N-HCl), 묽은 수산화나트륨(0.1N-NaOH)을 1:1 반응하여 측정한다.

33 KMnO₄ 표준용액으로 적정할 때 HCl 산성으로 하지 않는 이유는?

① MnO_2가 생성하므로

② Cl_2가 발생하므로

③ 높은 온도로 가열해야 하므로

④ 종말점 판정이 어려우므로

해설
과망간산칼륨의 적정에서 황산을 사용하는 이유는 수소를 원활하게 공급하기 위해서, 염산 사용 시 발생하는 염소이온으로 인한 부작용을 방지하기 위해서이다.

34 전지를 구성할 때, 양극에서 일어나는 반응은?

① 환원반응

② 산화반응

③ 중화반응

④ 침전반응

해설
양극에서 환원반응, 음극에서 산화반응이 일어난다.

35 평형상태에서 산의 전량을 1이라고 할 때, H^+ 농도를 나타낸 수치는?

① 염기도

② 용해도

③ 전리도

④ 반감도

해설
전리도 : 물속에 해리되어 있는 분자수와 원래의 전분자수와의 비로, 해리도가 높을수록 강산, 강염기이다.

36 티오시안산 적정법(볼하드법)에서 사용하는 지시약은?

① 메틸오렌지

② 페놀프탈렌

③ 철명반

④ 메틸레드

해설
티오시안산 적정법에서는 지시약으로 철(Ⅲ)염 용액(철명반)을 사용한다.

37 굴절계를 사용하여 액체 시료의 굴절을 측정할 때, 액체 경계면의 빛의 분산을 없애기 위하여 사용하는 것은?

① Amici 프리즘

② 확대경

③ 임계광선 조절기

④ 조사용 프리즘

38 선광도 측정에 대한 설명으로 틀린 것은?

① 선광성은 관측자가 보았을 때 시계 방향으로 회전하는 것을 좌선성이라 하고, 선광도에 [−]를 붙인다.

② 선광계의 기본 구성은 단색 광원, 편광을 만드는 편광 프리즘, 시료 용기, 원형 눈금을 가진 분석용 프리즘과 검출기로 되어 있다.

③ 유기화합물에서는 액체나 용액상으로 편광하고 그 진행 방향을 회전시키는 성질을 가진 것이 있다. 이러한 성질을 선광성이라 한다.

④ 빛은 그 진행 방향과 직각인 방향으로 진행하고 있는 횡파이지만, 니콜 프리즘을 통해 일정 방향으로 파동하는 빛이 되는데 이를 편광이라 한다.

해설
좌선성 : 관측자를 기준으로 반시계 방향으로 회전하는 것

39 분광광도계에 이용되는 빛의 성질은?

① 굴 절　　　　② 흡 수
③ 산 란　　　　④ 전 도

해설
빛을 얼마나 흡수하는지(흡광도)를 이용해 정량, 정성분석에 사용한다.

40 원자흡수분광계에서 광원으로 속빈음극등에 사용되는 기체가 아닌 것은?

① 네온(Ne)　　　　② 아르곤(Ar)
③ 헬륨(He)　　　　④ 수소(H_2)

해설
원자흡수분광계(AAS ; Atomic Absorption Spectrometry)는 네온, 헬륨, 아르곤을 속빈음극등의 기체로 사용한다.

41 가스크로마토그래피를 이용하여 분석할 때, 혼합물을 단일 성분으로 분리하는 원리는?

① 각 성분의 부피 차이
② 각 성분의 온도 차이
③ 각 성분의 이동속도 차이
④ 각 성분의 농도 차이

해설
가스크로마토그래피는 혼합물에 포함된 단일 성분의 이동속도 차이를 이용해 물질을 정량, 정성분석한다.

42 고분자 유기화합물의 분리방법 중 많이 사용하는 방법은?

① 이온교환 크로마토그래피
② 겔여과 크로마토그래피
③ 박막 크로마토그래피
④ 기체 크로마토그래피

해설
겔여과 크로마토그래피는 액체 크로마토그래피의 일종으로 주로 고분자유기화합물의 분리에 사용되며, 생명과학 분야에 이용된다.

43 가스크로마토그래피의 검출기 중에서 유기할로겐화합물, 나이트로화합물, 유기금속화합물을 선택적으로 검출할 수 있는 검출기는?

① 열전도도검출기(TCD)
② 수소염이온화검출기(FID)
③ 전자포획형 검출기(ECD)
④ 염광광도형 검출기(FPD)

ECD는 방사성 동위원소로부터 방출되는 베타선이 운반가스를 전리해 미소전류를 흘려보낼 때 시료 중의 할로겐, 산소와 같이 전자포획력이 강한 화합물에 의해 전자가 포획되어 전류가 감소하는 것을 이용하는 방법으로 유기화합물, 나이트로화합물 및 유기금속화합물의 선택적 검출에 이용된다.

44 HPLC(고성능 액체크로마토그래피)가 갖추어야 할 조건으로 가장 거리가 먼 것은?

① 펌프 내부는 용매와 화학적 상호반응이 없어야 한다.
② 최소한 5,000psi의 고압에 견디어야 한다.
③ 펌프에서 나오는 용매는 펄스가 일정해야 한다.
④ 기울기 용리가 가능해야 한다.

펌프에서 배출되는 용매는 펄스가 없어야 한다.

45 종이 크로마토그래피에 의한 분석에서 구리, 비스무트, 카드뮴 이온을 분리할 때 사용하는 전개액으로 가장 적당한 것은?

① 묽은 염산, n-부탄올
② 페놀, 암모니아수
③ 메탄올, n-부탄올
④ 메탄올, 암모니아수

종이 크로마토그래피의 전개액 : 묽은 염산이 가장 많이 사용되며, n-부탄올은 아세트산이나 물과 일정 배율로 혼합하여 사용한다.

46 pH를 측정하는 전극으로 맨 끝에 얇은 막(0.01~0.03mm)이 있고, 그 얇은 막의 양쪽에 pH가 다른 두 용액이 있으며, 그 사이에서 전위차가 생기는 것을 이용한 측정법은?

① 수소전극법
② 유리전극법
③ 퀸하이드론(Quinhydrone) 전극법
④ 칼로멜(Calomel) 전극법

유리전극법은 가장 대표적인 pH의 측정방법으로, 수소이온농도의 전위차에 의존하며 대상영역의 pH가 넓고, 색의 유무, 콜로이드 상태와 상관없이 측정 가능하다는 장점이 있다.

47 전위차 적정의 원리식(Nernst식)에서 n이 의미하는 것은?

$$E = E^0 + \frac{0.0591}{n} \log C$$

① 표준전위차
② 단극전위차
③ 이온농도
④ 산화수 변화

$$E = E^0 + \frac{0.0591}{n} \log C$$
여기서, E : 단극전위차
E^0 : 표준전위차
n : 산화수 변화
C : 이온농도

48 pH 미터를 조작할 때 Adjustment 꼭지나 Correction 꼭지를 조정하는 근본적인 목적은?

① 증폭으로 기전력을 높이기 위하여
② pH 미터의 정확도를 높이기 위하여
③ 일정한 전위차를 눈금에 맞추기 위하여
④ 수소이온농도에 의한 발생기 전력을 낮추기 위하여

해설

pH 미터 조작 시 Adjustment 꼭지나 Correction 꼭지를 조정하여 0점을 조절한다. pH 미터는 주기적으로 0점 보정을 해서 측정값의 신뢰도를 확보해야 한다.

49 전해분석방법 중 폴라로그래피(Polarography)에서 작업전극으로 주로 사용하는 전극은?

① 포화칼로멜전극
② 적하수은전극
③ 백금전극
④ 유리막전극

해설

폴라로그래피에서 기준전극은 포화칼로멜전극, 작업전극은 적하수은전극을 사용한다.

50 산·염기 적정에 전위차 적정을 이용할 수 있다. 다음 설명 중 틀린 것은?

① 지시 전극으로는 유리 전극을 사용한다.
② 측정되는 전위는 용액의 수소이온농도에 비례한다.
③ 종말점 부근에는 염기 첨가에 대한 전위변화가 매우 작다.
④ pH가 한 단위 변화함에 따라 측정 전위는 59.1mV씩 변한다.

해설

종말점 부근의 염기 첨가에 대한 전위변화가 매우 크다.

51 실험실에서 유리기구 등에 묻은 기름을 산화시켜 제거하는 데 쓰이는 클리닝용액(Cleaning Solution)은?

① 크롬산칼륨 + 진한 황산
② 중크롬산칼륨 + 황산제일철
③ 브롬화은 + 하이드로퀴논
④ 질산은 + 폼알데하이드

해설

초자기류의 세척 시 크롬산칼륨과 진한 황산을 조금씩 가해 사용한다.

52 유리기구의 취급방법에 대한 설명으로 틀린 것은?

① 유리기구를 세척할 때에는 중크롬산칼륨과 황산의 혼합용액을 사용한다.

② 유리기구와 철제, 스테인리스강 등 금속으로 만들어진 실험실습기구는 같이 보관한다.

③ 메스플라스크, 뷰렛, 메스실린더, 피펫 등 눈금이 표시된 유리기구는 가열하지 않는다.

④ 깨끗이 세척된 유리기구는 유리기구의 벽에 물방울이 없으며, 깨끗이 세척되지 않은 유리기구의 벽에는 물방울이 남아 있다.

해설

유리기구는 파손의 우려가 있어 금속기구와 구분하여 보관한다.

53 시약의 취급방법에 대한 설명으로 틀린 것은?

① 나트륨과 칼륨의 알칼리금속은 물속에 보관한다.

② 브롬산, 플루오르화수소산은 피부에 닿지 않게 한다.

③ 알코올, 아세톤, 에테르 등은 가연성이므로 취급에 주의한다.

④ 농축 및 가열 등의 조작 시 끓임쪽을 넣는다.

해설

알칼리금속은 반응성이 커서 대기 중의 산소와 반응할 수 있으므로 석유(등유)에 넣어 보관한다.

54 적외선 분광광도계를 취급할 때 주의사항 중 옳지 않은 것은?

① 온도는 10~30℃가 적당하다.

② 습도는 크게 문제가 되지 않는다.

③ 먼지와 부식성 가스가 없어야 한다.

④ 강한 전기장, 자기장에서 떨어져 설치한다.

해설

적외선 분광광도계에는 단색화장치로 이온결정성 물질(염화나트륨, 브롬화세슘 등)이 사용되는데, 이는 물에 잘 녹으므로 습도를 낮게 유지하는 것이 중요하다.

55 적외선흡수분광법(IR)에서 고체 시료를 제조하는 가장 일반적인 방법은?

① 순수한 결정을 얻어 측정한다.

② 수용성 용매에 녹여서 측정한다.

③ 순수한 분말로 만들어 측정한다.

④ KBr 펠렛(Pellet)을 만들어 측정한다.

해설

적외선흡수분광법(IR)에서는 고체 시료를 KBr 펠렛(Pellet)을 만들어 측정한다.

52 ② 53 ① 54 ② 55 ④ **정답**

56 적외선 흡수분광법에서 액체 시료는 어떤 시료판에 떨어뜨리거나 발라서 측정하는가?

① K_2CrO_4
② KBr
③ CrO_3
④ $KMnO_4$

해설
적외선분광법(IR)에서 고체 시료는 전처리가 필요하며, 유리나 플라스틱은 적외선을 강하게 흡수하여 적합하지 않다. NaCl이나 KBr 등의 이온성 물질로 만든 펠릿으로 만들어 측정한다.
※ KBr 펠릿 제조방법
  • 고체 시료를 건조하여 KBr과 혼합한다.
  • 고압으로 박막을 형성하여 준비한다.

57 약품을 보관하는 방법에 대한 설명으로 틀린 것은?

① 인화성 약품은 자연발화성 약품과 함께 보관한다.
② 인화성 약품은 전기의 스파크로부터 멀고 찬 곳에 보관한다.
③ 흡습성 약품은 완전히 건조시켜 건조한 곳이나 석유 속에 보관한다.
④ 폭발성 약품은 화기를 사용하는 곳에서 멀리 떨어져 있는 창고에 보관한다.

해설
인화성 약품과 자연발화성 약품을 함께 보관할 경우 폭발의 위험이 있어 각각 다른 장소에 보관한다.

58 일반적으로 화학 실험실에서 발생하는 실험 폭발 사고의 유형이 아닌 것은?

① 조절 불가능한 발열반응
② 이산화탄소 누설에 의한 폭발
③ 불안전한 화합물의 가열, 건조, 증류 등에 의한 폭발
④ 에테르 용액 증류 시 남아 있는 과산화물에 의한 폭발

해설
이산화탄소는 일반적으로 폭발에 의한 위험은 없다. 간혹 드라이아이스가 상태변화로 폭발위험이 있으나 이산화탄소 단독에 의한 위험은 아니다.

59 다음 중 인화성 물질이 아닌 것은?

① 질 소
② 벤 젠
③ 메탄올
④ 에틸에테르

해설
인화성 물질은 보통 탄소를 포함하고 있는 경우가 많으며, 질소는 탄소나 수소가 없어 인화성 물질에 포함되지 않는다.

60 기기분석법의 장점이 아닌 것은?

① 원소들의 선택성이 높다.
② 전처리가 비교적 간단하다.
③ 낮은 오차 범위를 나타낸다.
④ 보수, 유지관리가 비교적 간단하다.

해설
기기분석법의 가장 큰 단점은 구입 비용이 고가이며, 유지와 보수 관리가 어렵다는 점이다.

01 이온결합 물질의 특성에 관한 설명 중 맞는 것은?

① 극성용매에 녹는다.
② 연성 전성이 있으며 광택이 있다.
③ 결정일 때는 전기전도성이 없다.
④ 결정격자로 이루어져 있으며, 녹는점과 끓는점이 높은 액체이다.

해설
이온결합은 결합력이 강해 용해가 잘 안 되지만 이온결합 자체도 극성결합이어서 극성용질에 넣을 경우 분자 간의 결합력이 끊어지며, 용매의 양성 부분과 용질의 음성 부분 간에 인력이 발생하여 결합해 쉽게 용해된다.

02 다음 중 전해질에 속하는 것은?

① 설 탕
② 에탄올
③ 포도당
④ 아세트산

해설
전해질은 수용액상태에서 이온을 배출할 수 있어야 한다.
$CH_3COOH \rightarrow CH_3COO^- + H^+$

03 다음 중 용액의 전리도(α)를 옳게 나타낸 것은?

① 전리된 몰농도/분자량
② 분자량/전리된 몰농도
③ 전체 몰농도/전리된 몰농도
④ 전리된 몰농도/전체 몰농도

해설
전리도$\left(\dfrac{\text{이온화된 몰농도}}{\text{전체 몰농도}}\right)$
물속에 해리되어 있는 분자수와 원래 전분자수의 비로 해리도가 높을수록 강산, 강염기이다.

04 원소의 주기율에 대한 설명으로 틀린 것은?

① 최외각 전자는 족을 결정하고, 전자껍질은 주기를 결정한다.
② 금속원자는 최외각에 전자를 받아들여 음이온이 되려는 성질이 있다.
③ 이온화 경향이 큰 금속은 산과 반응하여 수소를 발생한다.
④ 같은 족에서 원자 번호가 클수록 금속성이 증가한다.

해설
금속원자는 최외각 전자를 방출하여 양이온이 되어 안정된 상태를 유지하려고 한다.

05 분자 간에 작용하는 힘에 대한 설명으로 틀린 것은?

① 반데르발스 힘은 분자 간에 작용하는 힘으로서 분산력, 이중극자 간 인력 등이 있다.
② 분산력은 분자들이 접근할 때 서로 영향을 주어 전하의 분포가 비대칭되는 편극현상에 의해 나타나는 힘이다.
③ 분산력은 일반적으로 분자의 분자량이 커질수록 강해지나, 분자의 크기와는 무관하다.
④ 헬륨이나 수소기체는 낮은 온도와 높은 압력에서 액체나 고체 상태로 존재할 수 있는데, 이는 각각의 분자 간에 분산력이 작용하기 때문이다.

해설
분산력은 원자나 분자 내부의 전자가 한쪽에 쏠렸을 때 발생하며, 물질의 크기가 더 클수록 한쪽으로 쏠리기가 쉬워 분자의 크기가 클수록 분산력이 커지는 경향이 있다.

1 ① 2 ④ 3 ④ 4 ② 5 ③ **정답**

06 다음 중 환원력이 가장 큰 금속은?

① 니 켈　　　　② 철
③ 구 리　　　　④ 아 연

해설
3주기까지의 원소는 단순한 최외각 전자의 수로 이온화 경향을 설명할 수 있으나, 4주기 전이금속의 경우 실험적인 결과값인 표준환원전위를 측정해 이온화 경향을 비교할 수 있다. 표준환원전위가 클 경우 환원반응, 작을 경우 산화반응이 일어난다. 다니엘 전지의 화학반응을 통해 확인해 보면 전체 반응은 $Zn(s) + Cu^{2+}(aq) \rightarrow Zn^{2+}(aq) + Cu(s)$이며, 아연은 구리를 환원시키는 환원제의 역할을 수행한다.

08 기체의 용해도에 대한 설명으로 옳은 것은?

① 질소는 물에 잘 녹는다.
② 무극성인 기체는 물에 잘 녹는다.
③ 기체는 온도가 올라가면 물에 녹기 쉽다.
④ 기체의 용해도는 압력에 비례한다.

해설
용해도 $\propto \dfrac{1}{온도}$, 용해도 $\propto$ 압력

09 표준 상태(0℃, 101.3kPa)에서 22.4L의 무게가 가장 적은 기체는?

① 질 소　　　　② 산 소
③ 아르곤　　　　④ 이산화탄소

해설
분자량이 가장 적은 것이 무게가 조금 나간다.

07 다음 중 양쪽원소가 아닌 것은?

① Ni　　　　② Sn
③ Zn　　　　④ Al

해설
양쪽원소 : 금속과 비금속의 성질을 모두 지닌 원소로 Al, Zn, Sn, Pb가 포함된다.

10 다음 중 융점(녹는점)이 가장 낮은 금속은?

① W　　　　② Pt
③ Hg　　　　④ Na

해설
수은의 녹는점은 모든 금속 중에 가장 낮아(약 -38.9℃) 상온에서 대부분 액체상태로 존재한다.

11 다음 중 탄소와 탄소 사이에 π 결합이 없는 물질은?

① 벤 젠   ② 페 놀
③ 톨루엔   ④ 아이소뷰테인

해설
π 결합은 파이전자에 의해 형성되는 공유결합으로 이중, 삼중결합을 의미하며, 벤젠고리를 지닌 물질은 모두 π 결합을 형성하고 있다. 아이소뷰테인은 모두 단일결합으로 구성된다.

12 벤젠고리 구조를 포함하고 있지 않은 것은?

① 톨루엔   ② 페 놀
③ 자일렌   ④ 사이클로헥산

해설
벤젠고리는 정확한 의미에서 1.5중결합(이중결합과 단일결합을 빠르게 번갈아가며 유지한다)이며, 사이클로헥산은 단일결합의 모양을 지니고 있다.

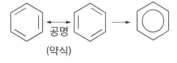

13 포화탄화수소 중 알케인(Alkane) 계열의 일반식은?

① C_nH_{2n} ② C_nH_{2n+2}
③ C_nH_{2n-2} ④ C_nH_{2n-1}

14 다음 유기화합물의 화학식이 틀린 것은?

① 메탄 − CH_4
② 프로필렌 − C_3H_8
③ 펜탄 − C_5H_{12}
④ 아세틸렌 − C_2H_2

해설
프로필렌의 화학식은 C_3H_6이다.

15 헥사메틸렌다이아민($H_2N(CH_2)_6NH_2$)과 아디프산($HOOC(CH_2)_4COOH$)이 반응하여 고분자가 생성되는 반응은?

① Addition
② Synthetic Resin
③ Reduction
④ Condensation

해설
축합반응(Condensation) : 유기화학반응의 한 종류로, 2개 이상의 분자 또는 동일한 분자 내에 2개 이상의 관능기가 원자 또는 원자단을 간단한 화합물의 형태로 분리하여 결합하는 반응이다.
① Addition : 첨가반응
② Synthetic Resin : 합성수지
③ Reduction : 환원

16 '어떠한 화학반응이라도 반응물 전체의 질량과 생성물 전체의 질량은 서로 차이가 없고 완전히 같다.'고 설명할 수 있는 법칙은?

① 일정성분비의 법칙
② 배수비례의 법칙
③ 질량보존의 법칙
④ 기체반응의 법칙

해설
반응물의 질량에 관한 법칙을 질량보존의 법칙이라고 한다.

17 증기압에 대한 설명으로 틀린 것은?

① 증기압이 크면 증발이 어렵다.
② 증기압이 크면 끓는점이 낮아진다.
③ 증기압은 온도가 높아짐에 따라 커진다.
④ 증기압이 크면 분자 간 인력이 작아진다.

해설
증기압이란 증기가 고체, 액체와 동적 평형상태에 있을 때의 증기 압력으로, 증기압이 클수록 증발이 쉬워 휘발성 물질이라고도 한다.

18 중화 적정에 사용되는 지시약으로서, pH 8.3~10.0 정도의 변색범위를 가지며 약산과 강염기의 적정에 사용되는 것은?

① 메틸옐로
② 페놀프탈레인
③ 메틸오렌지
④ 브로모티몰블루

해설
페놀프탈레인은 약알칼리성의 산, 염기 지시약이며, 염기성인 경우 분홍색을 띤다.

19 다음 중 산성이 가장 강한 수용액은?

① pH = 5인 용액
② $[H^+] = 10^{-8}M$인 용액
③ $[OH^-] = 10^{-4}M$인 용액
④ pOH = 7인 용액

해설
$pH = -\log[H^+] = 14 - pOH$이므로
① pH = 5인 용액 → pH 5
② $[H^+] = 10^{-8}M$인 용액 → pH 8
③ $[OH^-] = 10^{-4}M$인 용액 → pH 10
④ pOH = 7인 용액 → pH 7

20 중크롬산칼륨($K_2Cr_2O_7$)에서 크롬의 산화수는?

① 2
② 4
③ 6
④ 8

해설
K의 산화수 = +1, O의 산화수 = -2이므로 크롬의 산화수를 x라 할 때
$2 + 2x + (-14) = 0$
$2x = 12$
∴ 크롬의 산화수$(x) = 6$

21 강산이나 강알칼리 등과 같은 유독한 액체를 취할 때 실험자가 입으로 빨아올리지 않기 위하여 사용하는 기구는?

① 피펫필러   ② 자동뷰렛

③ 홀피펫   ④ 스포이트

해설

피펫필러는 유독성 시약을 이동시킬 때 사용하는 대표적인 실험기구이다.

22 보통 농도의 수용액 중에서 거의 완전히 이온화되는 전해질은?

① 약전해질   ② 초전해질

③ 비전해질   ④ 강전해질

해설

전해질의 종류

종 류	정 의	특 징	대표물질
약전해질	물에 녹을 경우 이온화도가 낮은 것	전류가 잘 흐르지 않는다.	암모니아, 붕산, 탄산 등
비전해질	물에 녹을 경우 이온화되지 않는 것	전류가 전혀 흐르지 않는다.	설탕, 포도당, 에탄올 등
강전해질	물에 녹을 경우 이온화도가 높은 것	전류가 강하게 흐른다.	염화나트륨, 염산 등

23 $A(g) + B(g) \rightleftarrows C(g) + D(g)$의 반응에서 A와 B가 각각 2mol씩 주입된 후 고온에서 평형을 이루었다. 평형상수값이 1.5이면 평형에서의 C의 농도는 몇 mol인가?

① 0.799   ② 0.899

③ 1.101   ④ 1.202

해설

$$A(g) + B(g) \rightleftarrows C(g) + D(g)$$

초기몰수   2   2   0   0

반응몰수 $-x$ $-x$ x x

최종몰수 $2-x$ $2-x$ x x

평형상수 $= 1.5 = \dfrac{x^2}{(2-x)^2}$

$0.5x^2 - 6x + 6 = 0$

$x = 10.899$ 또는 1.101

A, B의 초기몰수가 2이므로 x가 10.899이면 반응이 성립하지 않는다($2 - 10.899 < 0$, 역반응).

$\therefore x = 1.101$

24 이온곱과 용해도곱 상수(K_{sp})의 관계 중 침전을 생성시킬 수 있는 것은?

① 이온곱 $> K_{sp}$

② 이온곱 $= K_{sp}$

③ 이온곱 $< K_{sp}$

④ 이온곱 $= \dfrac{K_{sp}}{\text{해리상수}}$

해설

이온곱이 용해도곱 상수보다 큰 경우 침전이 형성된다.

25 산화 – 환원 적정에 주로 사용되는 산화제는?

① $FeSO_4$

② $KMnO_4$

③ $Na_2C_2O_4$

④ $Na_2S_2O_3$

해설
$KMnO_4$에서 Mn의 산화수는 +7인 강력한 산화제로 산화 – 환원 적정 시 산화제로 많이 사용된다.

26 양이온 계통 분리 시 분족시약이 없는 족은?

① 제3족

② 제4족

③ 제5족

④ 제6족

해설
양이온 제6족은 음이온과 반응할 때 침전을 만들지 않기 때문에 분족시약이 없다.

27 제4족 양이온 분족 시 최종 확인 시약으로 다이메틸글리옥심을 사용하는 것은?

① 아 연

② 철

③ 니 켈

④ 코발트

해설
제4족 양이온 니켈 확인 반응에 관한 설명으로, 니켈은 암모니아의 약알칼리성에서 다이메틸글리옥심과 반응하여 착염을 생성한다.

28 음이온 정성분석에서 Cl^-, Br^-, I^-, NCS^- 이온의 침전을 생성하기 위하여 주로 사용하는 시약은?

① $AgNO_3$

② $NaNO_3$

③ KNO_3

④ HNO_3

해설
음이온 제3족 이온(Cl^-, Br^-, I^-, NCS^-, $S_2O_3^{2-}$)의 분류시약은 $AgNO_3$이다.

29 CH_3COOH 용액에 지시약으로 페놀프탈레인 몇 방울을 넣고 NaOH 용액으로 적정하였더니 당량점에서 변색되었다. 이때의 색깔 변화를 바르게 나타낸 것은?

① 적색에서 청색으로 변한다.

② 적색에서 무색으로 변한다.

③ 청색에서 적색으로 변한다.

④ 무색에서 적색으로 변한다.

해설
CH_3COOH(아세트산) + 페놀프탈레인 → 산성(무색)
CH_3COOH(아세트산) + NaOH + 페놀프탈레인 → 산성(무색) → 중성(무색) → 알칼리성(적색)

30 킬레이트 적정에서 EDTA 표준용액 사용 시 완충용액을 가하는 주된 이유는?

① 적정 시 알맞은 pH를 유지하기 위하여

② 금속지시약 변색을 선명하게 하기 위하여

③ 표준용액의 농도를 일정하게 하기 위하여

④ 적정에 의하여 생기는 착화합물을 억제하기 위하여

해설
킬레이트 적정에서 pH를 고정시키지 않으면(13 이상인 경우) 마그네슘과 EDTA의 결합물이 생성되지 않고 수산화마그네슘의 침전이 형성되기 때문에 pH를 13 이하로 고정한다.

31 분자가 자외선 광에너지를 받으면 낮은 에너지 상태에서 높은 에너지 상태로 된다. 이때 흡수된 에너지는?

① 투광 에너지

② 자외선 에너지

③ 여기 에너지

④ 복사 에너지

해설
분자가 바닥상태에서 에너지를 받아 들뜬상태로 될 때 흡수된 에너지를 여기 에너지라고 한다.

32 금속에 빛을 조사하면 빛의 에너지를 흡수하여 금속 중의 자유전자가 금속 표면에 방출되는 성질은?

① 광전효과

② 틴들현상

③ 라만(Raman)효과

④ 브라운운동

해설
광전효과 : 금속 등의 물질에 일정 진동수 이상의 빛을 조사하면 광자와 전자가 충돌하고, 이때 충돌한 전자가 금속으로부터 방출되는 현상이다.

33 분광분석에 쓰이는 분광계의 검출기 중 광자검출기(Photo Detectors)는?

① 볼로미터(Bolometers)

② 열전기쌍(Thermocouples)

③ 규소 다이오드(Silicon Diodes)

④ 초전기전지(Pyroelectric Cells)

해설
규소 다이오드는 대표적인 광자검출기로, 반도체에 복사선을 흡수시켜 전도도를 증가시킬 때 사용한다.

34 다음 중 주파수가 가장 높은 전자기 복사선은?

① X선   ② 자외선

③ 가시광선   ④ 적외선

해설
고주파수 순서
감마선 > X선 > 자외선 > 가시광선 > 적외선

35 다음 중 적외선을 나타내는 기호는?

① VIS   ② UV

③ IR   ④ X-ray

해설
① VIS : 가시광선
② UV : 자외선
④ X-ray : X선

36 두 가지 이상의 혼합물질을 단일 성분으로 분리하여 분석하는 기법은?

① 분광광도법
② 전기무게분석법
③ 크로마토그래피법
④ 핵자기공명흡수법

해설
크로마토그래피법은 두 가지 이상의 혼합물질을 흡착한 후 용해성의 차이를 이용해 분리하여 단일 성분으로 분석하는 가장 좋은 방법이다.

37 가스 크로마토그래프로 정성 및 정량 분석하고자 할 때 가장 먼저 해야 할 것은?

① 본체의 준비
② 기록계의 준비
③ 표준용액의 조제
④ 가스 크로마토그래프에 의한 정성 및 정량 분석

해설
GC 분석 순서 : 표준용액 조제 → 본체 준비 → 기록계 준비 → 정성, 정량 분석 시작

38 크로마토그래피 구성 중 가스 크로마토그래피에는 없고, 액체 크로마토그래피에는 있는 것은?

① 펌 프
② 검출기
③ 주입구
④ 기록계

해설
GC에 사용하는 가스는 무게가 가벼워 이동 시에 펌프가 필요 없다.

39 용매만 있으면 모든 물질을 분리할 수 있고, 비휘발성이거나 고온에 약한 물질 분리에 적합하여 용매 및 칼럼, 검출기의 조합을 선택하여 넓은 범위의 물질을 분석 대상으로 할 수 있는 장점이 있는 분석 기기는?

① 기체 크로마토그래피(Gas Chromatography)
② 액체 크로마토그래피(Liquid Chromatography)
③ 종이 크로마토그래피(Paper Chromatography)
④ 분광 광도계(Photoelectric Spectrophotometer)

해설
액체 크로마토그래피법은 주로 비휘발성, 고온에 약한 물질의 분석에 적합하며, 대상물질의 범위가 넓다.

40 폴라로그래피에서 확산전류는 조성, 온도, 전극의 특성을 일정하게 하면 무엇에 비례하는가?

① 전해액의 부피
② 전해조의 크기
③ 금속 이온의 농도
④ 대기압

해설
폴라로그래피에서 확산전류는 이온농도에 비례해서 빠르게 증가한다.

42 황산 표준용액을 메스플라스크에 정확히 맞추어 놓고 밀봉하였다. 다음날 오전에 자세히 보니 용액의 높이가 표선 아래로 줄어들었다. 다음 중 어떤 요인 때문인가?

① 실내온도가 내려갔다.
② 황산과 물이 반응하였다.
③ 용액이 증발하였다.
④ 처음에 정확히 맞추지 못했기 때문이다.

해설
표준용액 제조 시 온도의 유지가 아주 중요하다. 제조 시의 온도와 사용 시의 온도가 다를 경우 부피가 달라지므로 주로 냉장 보관하여 일정한 온도를 유지한다.

41 다음 중 여러 가지 방해작용이 우려될 경우에 사용하는 정량 분석방법은?

① 검량선법(표준검정곡선법)
② 내부표준법
③ 표준물첨가법
④ 면적백분율법

해설
표준물첨가법은 보통 시료의 조성이 알려져 있지 않거나 복잡해 서로의 간섭이 우려될 경우 사용하는 분석법이다.

43 다음 중 가장 정확하게 시료를 채취할 수 있는 실험기구는?

① 비 커
② 미터글라스
③ 피 펫
④ 플라스크

해설
피펫은 mL 단위의 눈금이 있어 정밀한 시료 채취에 사용한다.

44 다음 중 알데하이드 검출에 주로 쓰이는 시약은?

① 밀론용액

② 비토용액

③ 펠링용액

④ 리베르만용액

해설

펠링용액 : 알데하이드와 펠링용액을 함께 혼합하여 가열하면 펠링용액을 환원하여 붉은색 침전(Cu_2O)을 만들고, 은거울 반응을 한다.

45 $KMnO_4$을 보관하기 가장 적당한 용기는?

① 에보나이트병

② 폴리에틸렌병

③ 갈색 유리병

④ 투명 유리병

해설

과망간산칼륨은 햇빛에 취약하므로 반드시 갈색 유리병에 보관한다.

46 분광광도계 실험에서 과망간산칼륨 시료 1,000ppm을 40ppm으로 희석시키려면, 100mL 플라스크에 시료 몇 mL를 넣고 표선까지 물을 채워야 하는가?

① 2

② 4

③ 20

④ 40

해설

1,000ppm : 40ppm = 100mL : x

∴ $x = 4mL$

47 원자흡수분광법의 시료 전처리에서 착화제를 가하여 착화합물을 형성한 후, 유기용매로 추출하여 분석하는 용매추출법을 이용하는 주된 이유는?

① 분석 재현성이 증가하기 때문에

② 감도가 증가하기 때문에

③ pH의 영향이 적어지기 때문에

④ 조작이 간편하기 때문에

해설

방해물질의 간섭을 줄이고 감도를 증가시키기 위해 용매추출법을 활용한다.

48 1차 표준물질이 갖추어야 할 조건 중 옳지 않은 것은?

① 분자량이 작아야 한다.

② 조성이 순수하고 일정해야 한다.

③ 습기, CO_2 등의 흡수가 없어야 한다.

④ 건조 중 조성이 변하지 않아야 한다.

해설

1차 표준물질의 분자량이 작을 경우 오차의 발생이 많을 수 있으므로, 칭량 오차의 최소화를 위해 가급적 큰 분자량의 물질을 사용한다.

49 pH 측정기에 사용하는 유리전극의 내부에 들어 있는 용액은?

① 0.1N-HCl의 표준용액

② pH 7의 KCl 포화용액

③ pH 9의 KCl 포화용액

④ pH 7의 NaCl 포화용액

해설
유리전극은 일반적으로 중성(pH 7)의 KCl로 포화되어 있다.

50 Cu^{2+} 시료용액에 깨끗한 쇠못을 담가 두고 5분간 방치한 후 못의 표면을 관찰하면 쇠못 표면에 붉은색 구리가 석출된다. 그 이유는?

① 철이 구리보다 이온화 경향이 크기 때문에

② 침전물이 분해하기 때문에

③ 용해도의 차이 때문에

④ Cu^{2+} 시료용액의 농도가 진하기 때문에

해설
철이 구리보다 강한 이온화 경향을 지니고 있어 쇠못의 표면으로 구리 성분을 끌어와 석출시킨다.

51 분광광도계를 이용하여 측정한 결과, 투과도가 10% 이었다. 흡광도는 얼마인가?

① 0   ② 0.5

③ 1   ④ 2

해설
$A = -\log T = -\log 10^{-1} = 1$
여기서, A : 흡광도, T : %투과도

52 원자흡광광도계에 사용할 표준용액을 조제하려고 한다. 이때 정확히 100mL를 조제하고자 할 때 가장 적합한 실험기구는?

① 메스피펫

② 용량플라스크

③ 비 커

④ 뷰 렛

해설
원자흡광광도계에서는 용량플라스크를 이용해 표준용액을 제조한다.

53 기체 크로마토그래피에서 정지상에 사용하는 흡착제의 조건이 아닌 것은?

① 점성이 높아야 한다.
② 성분이 일정해야 한다.
③ 화학적으로 안정해야 한다.
④ 낮은 증기압을 가져야 한다.

해설
흡착제 조건
점성이 높을수록 처리속도가 느려지고 비용이 많이 들기 때문에 점성이 낮아야 한다.

54 가스 크로마토그래프의 주요 구성부가 아닌 것은?

① 운반 기체부
② 주입부
③ 흡광부
④ 칼 럼

해설
흡광부는 분광광도계의 주요 구성부이다.

55 기체를 이동상으로 주로 사용하는 크로마토그래피는?

① 겔 크로마토그래피
② 분배 크로마토그래피
③ 기체 – 액체 크로마토그래피
④ 이온교환 크로마토그래피

해설
기체 – 액체 크로마토그래피에서는 이동상으로 비활성 기체를, 정지상으로 흡착성 물질을 사용한다.

56 실험 중에 지켜야 할 유의사항이 아닌 것은?

① 반드시 실험복을 착용한다.
② 실험과정은 반드시 노트에 기록한다.
③ 실험대 위는 항상 깨끗하게 정돈되어 있어야 한다.
④ 실험을 빨리하기 위해서 두 가지 이상의 실험을 동시에 한다.

해설
한 가지 실험에만 집중하여 실험에 임한다.

57 다음 중 실험실에서 일어나는 사고의 원인과 그 요소를 연결한 것으로 옳지 않은 것은?

① 정신적 원인 – 성격적 결함
② 신체적 결함 – 피로
③ 기술적 원인 – 기계 장치의 설계 불량
④ 교육적 원인 – 지각적 결함

해설
교육적 원인은 지식의 부족, 수칙의 오해에서 비롯된다.

58 약품을 보관하는 방법에 대한 설명으로 틀린 것은?

① 인화성 약품은 자연발화성 약품과 함께 보관한다.
② 인화성 약품은 전기의 스파크로부터 멀고 찬 곳에 보관한다.
③ 흡습성 약품은 완전히 건조시켜 건조한 곳이나 석유 속에 보관한다.
④ 폭발성 약품은 화기를 사용하는 곳에서 멀리 떨어져 있는 창고에 보관한다.

해설
인화성 약품과 자연발화성 약품을 함께 보관할 경우 폭발의 위험이 있어 각각 다른 장소에 보관한다.

59 눈에 산이 들어갔을 때의 조치로 옳은 것은?

① 메틸알코올로 씻는다.
② 즉시 물로 씻고, 묽은 나트륨 용액으로 씻는다.
③ 즉시 물로 씻고, 묽은 수산화나트륨 용액으로 씻는다.
④ 즉시 물로 씻고, 묽은 탄산수소나트륨 용액으로 씻는다.

해설
산에 의한 화상 치료 : 즉시 다량의 물로 씻고, 묽은 탄산수소나트륨 용액으로 씻어낸다.

60 다음 중 기기 분석의 장점이 아닌 것은?

① 분석시료의 전처리가 불필요하다.
② 높은 감도의 결과를 얻을 수 있다.
③ 분석결과를 신속하게 얻을 수 있다.
④ 소량 또는 극소량의 시료도 분석 가능하다.

해설
기기 분석은 분석시료의 전처리를 통해 보다 정확한 결과값을 낼 수 있다.

2024년 제1회 최근 기출복원문제

01 다음 중 식물 세포벽의 기본구조 성분은?

① 셀룰로스
② 나프탈렌
③ 아닐린
④ 에틸에테르

세포벽
식물 세포벽의 기본구조는 셀룰로스(섬유질)로 구성되어 있으며, 1차 세포벽과 2차 세포벽으로 구분할 수 있다.

02 0℃의 얼음 1g을 100℃의 수증기로 변화시키는 데 필요한 열량은?

① 539cal
② 639cal
③ 719cal
④ 839cal

해설
다음의 과정을 거치며 변화시켜야 한다.
• 상태변화(얼음 → 물)
$Q_1 = 80cal/g(얼음 융해열) \times 1g = 80cal$
• 온도변화(0℃ → 100℃)
$Q_2 = 1g \times 1cal/g \cdot ℃(물의 비열) \times (100℃ - 0℃) = 100cal$
• 상태변화(물 → 수증기)
$Q_3 = 539cal/g(물 기화열) \times 1g = 539cal$
∴ $Q = Q_1 + Q_2 + Q_3$ 이므로,
$Q = 80 + 100 + 539 = 719cal$

03 유효 숫자 규칙에 맞게 계산한 결과는?

$$2.1 + 123.21 + 20.126$$

① 145.136
② 145.43
③ 145.44
④ 145.4

해설
유효숫자의 덧셈에서는 끝자리가 가장 큰값(반올림 고려)을 따른다.
$2.1 + 123.21 + 20.126 = 145.436 ≒ 145.4$

04 다음 중 이온화 경향이 가장 큰 것은?

① Ca
② Al
③ Si
④ Cu

해설
이온화 경향의 크기는 Li > K > Ca > Na > Mg > Al > Zn > Fe > Ni > Sn > Pb > H > Cu > Ag > Pt > Au 등의 순서이며 주기율표에서는 왼쪽 아래로 갈수록 커지는 경향이 있다.

05 이온결합 물질의 특성에 관한 설명 중 맞는 것은?

① 극성용매에 녹는다.
② 연성 전성이 있으며 광택이 있다.
③ 결정일 때는 전기전도성이 없다.
④ 결정격자로 이루어져 있으며, 녹는점과 끓는점이 높은 액체이다.

해설
이온결합은 결합력이 강해 용해가 잘 안 되지만 이온결합 자체도 극성결합이어서 극성용질에 넣을 경우 분자 간의 결합력이 끊어지며 용매의 양성 부분과 용질의 음성 부분 간에 인력이 발생하여 결합해 쉽게 용해된다.

정답 1 ① 2 ③ 3 ④ 4 ① 5 ① | 2024년 제1회 최근 기출복원문제 ■ 515

06 공유결합 분자의 기하학적인 모양을 예측할 수 있는 판단의 근거가 되는 것은?

① 원자가 전자의 수
② 전자 친화도의 차이
③ 원자량의 크기
④ 전자쌍 반발의 원리

해설
공유결합 분자들은 중심원자를 둘러싸고 있는 전자쌍들이 음의 전하를 띠고 있어 정전기적 반발력이 생성되어 가능한 멀리 떨어지려는 성질이 있으며 이를 전자쌍 반발 이론이라고 한다.

07 분자 간에 작용하는 힘에 대한 설명으로 틀린 것은?

① 반데르발스 힘은 분자 간에 작용하는 힘으로서 분산력, 이중극자간 인력 등이 있다.
② 분산력은 분자들이 접근할 때 서로 영향을 주어 전하의 분포가 비대칭이 되는 편극현상에 의해 나타나는 힘이다.
③ 분산력은 일반적으로 분자의 분자량이 커질수록 강해지나, 분자의 크기와는 무관하다.
④ 헬륨이나 수소기체도 낮은 온도와 높은 압력에서는 액체나 고체 상태로 존재할 수 있는데, 이는 각각의 분자 간에 분산력이 작용하기 때문이다.

해설
분산력은 분자의 크기에 비례한다.

08 다음 중 알칼리금속에 속하지 않는 것은?

① Li
② Na
③ K
④ Si

해설
Si(규소)는 탄소족원소로 알칼리금속(1족)이 아니다.

09 다음 물질 중 정전기적 힘에 의한 결합이 아닌 것은?

① NaCl
② $CaBr_2$
③ NH_3
④ KBr

해설
정전기적 힘에 의한 결합을 이온결합이라 하며 암모니아는 비금속과 비금속의 결합이므로 공유결합이다.
• 금속 + 비금속 = 이온결합
• 비금속 + 비금속 = 공유결합

10 기체의 용해도에 대한 설명으로 옳은 것은?

① 질소는 물에 잘 녹는다.
② 무극성인 기체는 물에 잘 녹는다.
③ 기체는 온도가 올라가면 물에 녹기 쉽다.
④ 기체의 용해도는 압력에 비례한다.

해설
용해도 $\propto \dfrac{1}{온도}$, 용해도 $\propto$ 압력

11 다음 탄화수소 중 알켄족화합물에 속하는 것은?

① 벤 젠 　　② 사이클로헥세인

③ 아세틸렌 　② 프로필렌

해설
알켄족 화합물은 탄소원자의 수에 따라 에틸렌, 프로필렌, 뷰틸렌 등으로 나뉜다.

12 알카인(Alkyne)계 탄화수소의 일반식으로 옳은 것은?

① CnH_{2n} 　　② C_nH_{2n+2}

③ C_nH_{2n-2} 　② C_nH_n

해설
알카인(alkyne) : C_nH_{2n-2}

13 수소 2g과 산소 24g을 반응시켜 물을 만들 때 반응하지 않고 남아있는 기체의 무게는?

① 산소 4g 　　② 산소 8g

③ 산소 12g 　② 산소 16g

해설
$$H_2 + \frac{1}{2}O_2 \rightarrow H_2O$$

| 1 | 8 |
| 2 | x |

$x = 16$에서 $24 - 16 = 8g$

14 0.1M NaOH 0.5L와 0.2M HCl 0.5L를 혼합한 용액의 몰농도(M)값은?

① 0.05M 　　② 0.1M

③ 0.3M 　　② 1M

해설
$NaOH + HCl \rightleftharpoons H_2O + NaCl$(중화반응)
부피는 동일하나 염산의 농도가 2배 높으므로 반응 후 HCl이 0.25L 남는다.
총 부피 = 0.5L + 0.5L = 1L
남은 HCl의 mol = 0.2M × 0.25L = 0.05mol
0.05mol/L = 0.05M

15 0.1M의 아세트산 용액 25mL와 0.4M의 NaOH 용액 25mL를 섞은 혼합용액의 NaOH 농도는?

① 0.15M 　　② 0.25M

③ 0.5M 　　② 0.3M

해설
$CH_3COOH + NaOH \leftrightarrow H_2O + CH_3COONa$(중화반응)
부피는 동일하나 수산화나트륨의 농도가 4배 높으므로 반응 후 NaOH이 0.3M 남는다.
총 부피 = 0.25mL + 0.25mL = 0.5L
남은 NaOH의 mol = 0.3M × 0.25L = 0.075mol
$$\frac{0.075 \times 2}{0.5L \times 2} = 0.15mol/L = 0.15M$$

16 다음 유리기구 중 액체물질의 용량을 측정하는 용도로 주로 쓰이지 않는 것은?

① 메스플라스크   ② 뷰 렛
③ 피 펫   ④ 분액깔대기

해설
분액깔대기는 대상물질을 비중 차이에 의해 분리하는 용도로 사용된다.

17 전해질이 보통 농도의 수용액 중에서도 거의 완전히 이온화되는 것을 무슨 전해질이라고 하는가?

① 약전해질   ② 초전해질
③ 비전해질   ④ 강전해질

해설
전해질의 종류

종 류	정 의	특 징	대표물질
약전해질	물에 녹을 경우 이온화도가 낮은 것	전류가 잘 흐르지 않는다.	암모니아, 붕산, 탄산 등
비전해질	물에 녹을 경우 이온화되지 않는 것	전류가 전혀 흐르지 않는다.	아세트산 등
강전해질	물에 녹을 경우 이온화도가 높은 것	전류가 강하게 흐른다.	염화나트륨, 염산 등

18 AgCl의 용해도가 0.0016g/L일 때 AgCl의 용해도곱은 얼마인가?(단, Ag의 원자량은 108, Cl의 원자량은 35.5이다)

① 1.12×10^{-5} ② 1.12×10^{-3}
③ 1.2×10^{-5} ④ 1.2×10^{-10}

해설
AgCl의 용해도 0.0016g/L, 분자량이 143.5g이므로,

$$0.0016 \text{g/L} \times \frac{1\text{mol}}{143.5\text{g}} = 1.11 \times 10^{-5} \text{M(mol/L)}$$

$$\text{용해도곱(평형상수)} = [Ag^+][Cl^-] = (1.11 \times 10^{-5})(1.11 \times 10^{-5})$$
$$\doteqdot 1.2 \times 10^{-10}$$

19 25℃에서 0.01M의 NaOH 수용액에서 pH 값은? (단, 이온화도는 1이다)

① 0.01   ② 2
③ 10   ④ 12

해설
$$pH = 14 - pOH = 14 - (-\log(10^{-2})) = 14 - 2 = 12$$

20 양이온 제1족부터 제5족까지의 혼합 연습액으로부터 양이온 제2족을 분리시키려고 한다. 이때의 액성은 어느 것인가?

① 중 성
② 알칼리성
③ 산 성
④ 액성과는 관계가 없다.

해설
양이온 혼합액에서 제2족을 분리하기 위해서 약산성(0.3M HCl) 상태를 유지해야 한다.

21 다음 이온 중 제5족 양이온이 아닌 것은?

① Mn^{2+}　　　　② Ba^{2+}

③ Sr^{2+}　　　　④ Ca^{2+}

족	양이온	분족시약	침전
제1족	Ag^+, Pb^{2+}, Hg_2^{2+}	HCl	염화물
제2족	Bi^{3+}, Cu^{2+}, Cd^{2+}, Hg^{2+}, As^{3+}, As^{5+}, Sb^{3+}, Sn^{2+}, Sn^{4+}	H_2S(0.3M–HCl)	황화물 (산성조건)
제3족	Fe^{2+}, Fe^{3+}, Cr^{3+}, Al^{3+}	NH_4OH–NH_4Cl	수산화물
제4족	Ni^{2+}, Co^{2+}, Mn^{2+}, Zn^{2+}	$(NH_4)_2S$	황화물 (염기성 조건)
제5족	Ba^{2+}, Sr^{2+}, Ca^{2+}	$(NH_4)_2CO_3$	탄산염
제6족	Mg^{2+}, K^+, Na^+, NH_4^+	–	–

22 중화적정에 사용할 표준산으로 0.1N의 옥살산을 만들려고 한다. 다음 방법 중 옳은 것은?(단, 옥살산 결정의 분자식은 $C_2H_2O_4 \cdot 2H_2O$이다)

① 이 결정 4.5g을 물에 녹여 1,000mL의 용액으로 만든다.

② 이 결정 4.5g을 물 500mL에 녹인다.

③ 이 결정 6.3g을 물에 녹여 1,000mL의 용액으로 만든다.

④ 이 결정 6.3g을 물 1,000mL에 녹인다.

M × 당량수 = N에서 옥살산은 2가 산이므로 0.1N/2 = 0.05M
0.05M 옥살산 1,000mL에 포함된 옥살산의 몰수
= 0.05mol/L × 1L = 0.05mol
∴ 0.05mol × 126.07g/mol ≒ 6.304g

23 다음의 산화 환원 반응에서 $Cr_2O_7^{2-}$ 1mol은 몇 mol의 Fe^{2+}와 반응하는가?

$$Fe^{2+} + Cr_2O_7^{2-} + 14H^+ \rightarrow Fe^{3+} + 2Cr^{3+} + 7H_2O$$

① 2mol　　　　② 4mol

③ 6mol　　　　④ 12mol

• 산화반응 : $Fe^{2+} + e^- \leftrightarrow Fe_2^{3+}$
• 환원반응 : $Cr_2O_7^{2-} + 14H^+ + 6e^- \leftrightarrow 2Cr^{3+} + 7H_2O$
산화와 환원반응에서 주고받은 총 전자의 수는 같으므로 $Cr_2O_7^{2-}$ 1mol당 6mol의 Fe^{2+}가 반응한다.

24 다음 A, B는 어떤 중성원자의 전자 배치의 두 가지 경우를 표시한 것이다. 이중 잘못 설명한 것은?

$$A : 1s^2 2s^2 2p^3 3s^1 \qquad B : 1s^2 2s^2 2p^6 5s^1$$

① 전자 1개를 분리시키는 데 A원자가 B원자보다 많은 에너지가 필요하다.

② B의 상태는 A의 상태보다 원자로서 높은 에너지 상태에 있다.

③ B가 A로 변할 때는 빛이 방출된다.

④ A와 B는 서로 다른 원소이다.

총 전자의 개수가 동일한 경우 같은 원소이며 오비탈에 다른 형태로 전자가 배치될 수 있다.

25 금속에 빛을 조사하면 빛의 에너지를 흡수하여 금속 중의 자유전자가 금속표면에 방출되는 성질은?

① 광전효과　　　　② 틴들현상

③ 라만(Raman)효과　　　　④ 브라운운동

광전효과란 바닥상태에 있는 원자가 빛 에너지를 흡수하여 들뜬상태가 되는 현상을 말하여 이 들뜬 현상의 개념이 금속 중의 자유전자가 표면에 방출되는 것을 의미하며 이것을 이용하여 물질의 정량, 정성을 분석하는 방법을 분광광도법이라고 한다.

26 아베굴절계를 사용한 굴절률 측정에 관한 설명으로 틀린 것은?

① 굴절률과 농도의 상관관계로 검량선을 그려 시료의 농도를 구한다.

② 굴절률은 온도와는 무관하므로 항온장치는 사용하지 않는다.

③ 프리즘 사이에 시료용액을 떨어뜨려 빛을 굴절시킨다.

④ 사용하는 빛은 Na 증기램프의 D-선이다.

> **해설**
> ② 굴절률은 온도의 영향을 받으므로 아베굴절계 사용 시 반드시 일정한 온도를 유지할 수 있는 장치가 필요하다.

27 적외선 분광광도계의 광원으로 많이 사용되는 것은?

① 나트륨램프

② 텅스텐램프

③ 네른스트램프

④ 할로겐램프

> **해설**
> 네른스트램프는 적외선용 광원이다.

28 종이크로마토그래피에 의한 분석에서 구리, 비스무트, 카드뮴 이온을 분리할 때 사용하는 전개액으로 가장 적당한 것은?

① 묽은 염산, n-부탄올

② 페놀, 암모니아수

③ 메탄올, n-부탄올

④ 메탄올, 암모니아수

> **해설**
> **종이크로마토그래피의 전개액** : 묽은 염산이 가장 많이 사용되며, n-부탄올은 아세트산이나 물과 일정 배율로 혼합하여 사용한다.

29 HPLC에서 Y축을 높이로 하여 파형의 축을 밑변으로 한 넓이로 알 수 있는 것은?

① 성 분

② 신호의 세기

③ 머무른 시간

④ 성분의 양

> **해설**
> 파형의 축을 기준으로 넓이를 계산하여 물질의 양을 측정(정량분석)할 수 있다.

30 가스크로마토그래피(GC)의 칼럼(분리관)에서 시료가 분리되는 원리는 무엇인가?

① 성분의 양

② 이동속도의 차

③ 예열 정도

④ 압력의 차

> **해설**
> GC의 시료분리의 원리는 각 시료가 지니는 이동속도의 차이다.

31 LC(액체크로마토그래피) 중 하나인 이온크로마토그래피(IC)에서 가장 널리 사용되는 검출기는?

① UV검출기   ② 형광검출기
③ 전기전도도검출기   ④ 굴절률검출기

해설
이온크로마토그래피에서는 전기전도도검출기, 펄스형 전기화학검출기, 형광검출기 등이 이용되며 가장 대표적인 검출기는 전기화학적 검출이 가능한 전기전도도검출기이다.

32 다음 중 전기 전류의 분석신호를 이용하여 분석하는 방법은?

① 비탁법   ② 방출분광법
③ 폴라로그래피법   ④ 분광광도법

해설
폴라로그래피는 대표적인 전기분석법의 일종으로 적하수은전극을 사용해 전해분석을 하고, 그 전압–전류곡선에 의해 물질을 정량, 정성분석하는 방법이다.

33 Fe^{3+}/Fe^{2+} 및 Cu^{2+}/Cu로 구성되어 있는 가상 전지에서 얻을 수 있는 전위는?(단, 표준환원전위는 다음과 같다)

• $Fe^{3+} + e^- \rightarrow Fe^{2+}$ $E^0 = 0.771V$
• $Cu^{2+} + 2e^- \rightarrow Cu$ $E^0 = 0.337V$

① 0.434V   ② 1.018V
③ 1.205V   ④ 1.879V

해설
식을 비교하면 철의 반응이 구리의 반응보다 표준환원전위 값이 더 크므로 철은 환원반응(양극), 구리는 산화반응(음극)이 된다.
전위차 = 양극 표준 환원전위 – 음극 표준환원 전위
= 0.771 – 0.337
= 0.434V(> 0이므로 자발적인 반응)

34 전위차법 분석용 전지에서 용액 중의 분석물질 농도나 다른 이온 농도와 무관하게 일정 값의 전극전위를 갖는 것은?

① 기준전극   ② 지시전극
③ 이온전극   ④ 경계전위전극

해설
기준전극(Reference Electrode) : 일정한 전위를 지니고 있으며 지시전극의 발생전위를 바르게 얻기 위한 기준이 되는 전극으로 참고전극, 비교전극이라고도 한다.

35 볼타전지의 처음 기전력은 1V인데, 1분도 되지 않아 전압이 0.4V로 된다. 이 현상을 무엇이라고 하는가?

① 소 극   ② 감 극
③ 분 극   ④ 전압강하

해설
분극현상
(+)극에서 발생한 수소기체가 구리판에 붙어 수소의 환원반응을 방해하여 시간이 지날수록 전지의 효율이 떨어지는 현상으로, 이것을 극복하기 위해서 염다리를 사용한 다니엘전지가 고안되었다.

36 분석장비 가운데 빛의 특성을 이용해 물질의 정량, 정성분석 하는 기기는?

① 근적외선 분광법

② 기체크로마토그래피

③ GC/MASS

④ X선 광전자 분광법

해설
분광학적 분석법 : 자외선/가시광선 분광법, 근적외선분광법, 적외선 분광법, 원자흡수분광광도법 등

37 흡광광도 분석장치의 구성이 맞는 것은?

① 광원부 – 시료부 – 파장선택부 – 측광부

② 광원부 – 파장선택부 – 시료부 – 측광부

③ 광원부 – 시료부 – 측광부 – 파장선택부

④ 광원부 – 파장선택부 – 측광부 – 시료부

해설
흡광광도계 분석장치 : 광원부 – 파장선택부 – 시료부 – 측광부

38 적외선 분광광도계를 취급할 때 주의사항 중 옳지 않은 것은?

① 온도는 10~30℃가 적당하다.

② 습도는 크게 문제가 되지 않는다.

③ 먼지와 부식성 가스가 없어야 한다.

④ 강한 전기장, 자기장에서 떨어져 설치한다.

해설
적외선 분광광도계는 단색화장치로 이온결정성 물질(염화나트륨, 브롬화세슘 등)이 사용되는데, 물에 잘 녹으므로 습도를 낮게 유지하는 것이 중요하다.

39 시료의 정량을 위한 것이 아니라 초기교정에 대한 점검을 위해 사용하는 방법은?

① 기본교정　　　　② 정기교정

③ 정기검정　　　　④ 수시교정

해설
수시교정은 초기교정에 대한 점검을 위해 사용하며, 허용기준을 만족하지 않는다면 연속교정표준용액을 다시 분석하거나 초기교정을 재수행한다.

40 유리 기구의 취급 방법에 대한 설명으로 틀린 것은?

① 유리 기구를 세척할 때에는 중크롬산칼륨과 황산의 혼합용액을 사용한다.

② 유리 기구와 철제, 스테인리스강 등 금속으로 만들어진 실험 실습 기구는 같이 보관한다.

③ 메스플라스크, 뷰렛, 메스실린더, 피펫 등 눈금이 표시된 유리 기구는 가열하지 않는다.

④ 깨끗이 세척된 유리 기구는 유리 기구의 벽에 물방울이 없으며, 깨끗이 세척되지 않은 유리 기구의 벽은 물방울이 남아 있다.

해설
유리기구는 파손의 우려가 있어 금속기구와 구분하여 보관한다.

41 공실험(Blank Test)을 하는 가장 주된 목적은?

① 불순물 제거

② 시약의 절약

③ 시간의 단축

④ 오차를 줄이기 위함

해설

공실험

• 수용액 상태의 물질의 정량, 정성분석에 사용된다.

• 대상물질을 제외한 바탕액(주로 물)을 기준으로 영점보정하여 오차를 줄일 목적으로 사용한다.

42 독극물의 분류 가운데 공기 중의 습기를 흡수하기 쉽거나 습기를 흡수해 변질되기 쉬운 물질을 무엇이라고 하는가?

① 독 약

② 극 약

③ 흡습 및 조해성 물질

④ 휘발 및 승화성 물질

해설

흡습 및 조해성 물질에 대한 설명으로 붉은색 표를 라벨 좌측에 표시하여 보관한다.

43 고체 시료의 특성 가운데 물질이 외부 자기장을 받아내는 성질을 뜻하는 것은?

① 밀 도

② 자 성

③ 경 도

④ 조흔색

해설

자성은 대표적인 물리적 특성에 포함된다.

44 분쇄에 작용하는 힘이 아닌 것은?

① 압 착

② 충 격

③ 마 찰

④ 열

해설

분쇄작용 힘 : 압착, 충격, 마찰, 절단

45 다음 중 용해도의 정의를 가장 바르게 나타낸 것은?

① 용액 100g 중에 녹아 있는 용질의 질량

② 용액 1L 중에 녹아 있는 용질의 몰수

③ 용매 1kg 중에 녹아 있는 용질의 몰수

④ 용매 100g에 녹아서 포화용액이 되는 데 필요한 용질의 g수

해설
용해도 : 용매 100g에 최대한 녹을 수 있는 용질의 g수

46 액체시료의 물리적 특성 가운데 물의 수소결합에 의해 발생하는 장력을 의미하는 것은?

① 부 피　　　　② 압 력
③ 부 력　　　　④ 표면장력

해설
표면장력은 대표적인 물리적 특성이며, 주로 물이 지니고 있는 특성으로 설명할 수 있다.

47 pH 측정기에 사용하는 유리전극의 내부에는 보통 어떤 용액이 들어있는가?

① 0.1N-HCl의 표준용액

② pH 7의 KCl 포화용액

③ pH 9의 KCl 포화용액

④ pH 7의 NaCl 포화용액

해설
유리전극은 일반적으로 중성(pH 7)의 KCl로 포화되어 있다.

48 기체시료의 채취순서에 대한 설명으로 옳지 않은 것은?

① 시료채취장치를 유량계 → 흡인펌프 → 흡착관 순으로 연결하여 설치한다.

② 펌프를 작동시킨 후 안정화시킨다.

③ 유량계를 활용해 시료량을 점검한다.

④ 흡인관의 마개를 닫고 밀폐용기에 넣은 후 깨끗한 환경에서 4℃ 이하로 보관하며, 일주일 이내로 분석한다.

해설
흡착관 → 유량계 → 흡인펌프 순

49 기체시료 보관조건으로 옳지 않은 설명은?

① 시료는 깨끗한 환경에서 4℃ 이하로 보관한다.

② 시료는 채취한 후 3일 이내로 분석한다.

③ 시료를 채취한 흡착관을 불활성의 테프론 마개로 양쪽 모두 밀봉한다.

④ 흡착관을 깨끗한 재질의 유리병이나 금속병에 넣고 밀봉한 후, 4℃ 이하의 아이스박스에 넣어서 보관하고 운송한다.

해설

시료는 채취한 후 7일(1주) 이내로 분석한다.

51 pH미터의 사용법과 관리법에 대한 설명으로 옳지 않은 것은?

① 스위치를 켠 후, 전극을 증류수로 세정하고, 흡수성이 강한 종이로 물기를 가볍게 제거하여 준비한다.

② 첫 번째 보정은 pH 7에서 한다.

③ 전극계 접속부 건조에 유의한다.

④ 비교적 견고하므로 사용 시 작은 진동이나 충격은 무시할 수 있다.

해설

pH미터의 전극은 매우 민감하고 섬세한 장치이므로, 작은 진동이나 충격에도 손상될 수 있다.

50 이화학분석기구 및 장비 가운데 실험실에서 약을 빻거나 가루로 만들 때 사용하는 것은?

① 피펫

② 막자와 막자사발

③ 깔때기

④ 플라스크

해설

막자와 막자사발이라고 하며 또 다른 말로 유발이라고도 한다.

52 분광분석에서 표준용액의 농도를 설정하기 위해 필요한 조건으로 옳은 것은?

① 시료의 농도를 최대한 높게 설정한다.

② 표준용액을 1개만 준비하여 검정곡선을 만든다.

③ 3개 이상의 정확한 농도로 표준용액을 제조하여 검정곡선을 만든다.

④ 시료는 준비하지 않고, 표준용액만을 사용하여 분석한다.

해설

검정곡선은 반드시 3개 이상의 정확한 농도로 표준용액을 제조하여 만들어야 한다.

53 다음 중 분광광도계에서 흡수 셀 사용 시 주의사항으로 옳지 않은 것은?

① 셀의 방향을 일관성 있게 유지하며 사용한다.
② 시료 셀에 시험용액을 넣고 대조 셀에는 증류수를 넣는다.
③ 흡수 셀 길이가 지정되지 않은 경우 10mm 셀을 사용한다.
④ 셀의 외부가 깨끗하지 않아도 측정에는 큰 영향을 주지 않는다.

해설
셀은 작은 먼지 입자 하나라도 측정결과에 큰 영향을 줄 수 있으므로 항상 청결해야 한다.

55 어느 시료의 평균분자들이 칼럼의 이동상에 머무르는 시간의 분율을 무엇이라 하는가?

① 분배계수
② 머무름비
③ 용량인자
④ 머무름 부피

해설
② 머무름비 : 칼럼의 이동상에 시료가 머무르는 시간의 분율
① 분배계수 : 2개의 서로 섞이지 않는 액체 A, B가 특정 온도, 압력하에서 평형을 이룰 때 각 용액 중의 농도(C_A, C_B)를 비율로 나타낸 값(K = $\frac{C_A}{C_B}$)
③ 용량인자 : 분석 중에 시료가 이동상과 고정상에 분배되는 비율로, 값이 커질수록 고정상에 더 많이 분배됨을 의미한다.
④ 머무름 부피 : 머무름시간 × 운반기체의 유량

54 분광광도계에서 흡광도가 0.300, 시료의 몰 흡광계수가 0.02L/mol · cm, 광도의 길이가 1.2cm라면 시료의 농도는 몇 mol/L인가?

① 0.125
② 1.25
③ 12.5
④ 125

해설
$A = \varepsilon b C$
여기서, A : 흡광도
  ε : 몰 흡광계수
  b : 광도의 길이
  C : 시료의 농도
$C = \dfrac{A}{\varepsilon \times b} = \dfrac{0.3}{0.02\text{L/mol} \cdot \text{cm} \times 1.2\text{cm}} = 12.5\text{mol/L}$

56 일반적으로 화학 실험실에서 발생하는 폭발 사고의 유형이 아닌 것은?

① 조절 불가능한 발열반응
② 이산화탄소 누출에 의한 폭발
③ 불안전한 화합물의 가열, 건조, 증류 등에 의한 폭발
④ 에테르 용액 증류 시 남아 있는 과산화물에 의한 폭발

해설
이산화탄소 누출에 의한 폭발은 일반적이지 않다.

57 다음 중 실험실에서 일어나는 사고의 원인과 그 요소를 연결한 것으로 옳지 않은 것은?

① 정신적 원인 – 성격적 결함
② 신체적 결함 – 피로
③ 기술적 원인 – 기계 장치의 설계 불량
④ 교육적 원인 – 지각적 결함

해설
교육적 원인은 지식의 부족, 수칙의 오해에서 비롯된다.

58 황산표준 용액을 메스플라스크에 정확히 맞추어 놓고 밀봉하였다. 다음날 오전에 자세히 보니 용액의 높이가 표선 아래로 줄어들었다. 다음 중 어떤 요인 때문인가?

① 실내온도가 내려갔다.
② 황산과 물이 반응한 이유이다.
③ 용액이 증발한 이유이다.
④ 처음에 정확히 맞추지 못했기 때문이다.

해설
표준용액 제조 시 온도의 유지가 아주 중요하며 제조 시의 온도와 사용 시의 온도가 다를 경우 부피가 달라지므로 주로 냉장보관해 일정한 온도를 유지하게 한다.

59 아래의 GHS 그림문자가 의미하는 것은?

① 고압가스　　　② 산화성
③ 급성독성　　　④ 금속부식성

해설
해골 모양은 급성독성에 관한 그림문자이다.

60 미국화학회에서 화합물 및 화학 관련 논문 등 화학과 관련된 일체의 정보를 수집, 정리해 놓은 데이터베이스를 무엇이라 하는가?

① MSDS
② GHS 그림문자
③ CAS No.
④ 물질안전보건자료

해설
CAS No.는 'Chemical Abstract Service register Number'의 머리글자를 딴 것으로 화학물질에 부여된 고유번호이다.

01

25.0g의 물속에 2.85g의 설탕(분자량 : 342)이 녹아 있는 용액의 끓는점은 약 몇 ℃인가?[단, 물의 분자 상승(몰 오름)은 0.513]

① 102.2
② 101.2
③ 100.2
④ 103.2

해설

비휘발성 물질(설탕)을 녹일 경우 끓는점은 상승하게 되며 관계식은 다음과 같다.

$$\Delta t = \frac{(k \times w)}{M}$$

여기서, Δt : 상승한 온도
　　　　 k : 물 분자 상승
　　　　 w : 물 1,000g 속에 녹아 있는 용질량
　　　　 M : 용질의 분자량

25g : 2.85g = 1,000g : x, x = 114g이므로 w = 114g

$$\Delta t = \frac{(0.513 \times 114)}{342} = 0.171℃,$$

$100 + 0.171 = 100.171 ≒ 100.2℃$

02

다음 중 물에 대한 용해도가 가장 작은 것은?

① HCl
② NH_3
③ CO_2
④ HF

해설

물은 극성물질이므로 극성인 HCl, NH_3, HF 등은 잘 녹는다.
※ 비극성 물질들 사이의 용해도는 물질의 분산력을 기준으로 낮은 분산력을 지닌 물질(분산력 ∝ 몰질량)이 용해도가 낮다.

03

다음 물질 중 수용액에서 전해질은 어느 것인가?

① 염 산
② 포도당
③ 설 탕
④ 에탄올

해설

물, 설탕, 알코올은 대표적인 비전해질이다.

04

원소의 주기율에 대한 설명으로 틀린 것은?

① 최외각전자는 족을 결정하고, 전자껍질은 주기를 결정한다.
② 금속원자는 최외각에 전자를 받아들여 음이온이 되려는 성질이 있다.
③ 이온화 경향이 큰 금속은 산과 반응하여 수소를 발생한다.
④ 같은 족에서 원자 번호가 클수록 금속성이 증가한다.

해설

금속원자는 최외각 전자를 방출하여 양이온이 되어 안정된 상태를 유지하려 한다.

05

K_2CrO_4에서 Cr의 산화상태(원자가)는?

① +3
② +4
③ +5
④ +6

해설

원자가	I 족	II 족	III 족	IV족	V족	VI족	VI족
양성원자가	+1	+2	+3	+4 +2	+5 +3	+6 +4	+7 +5
음성원자가				-4	-3	-2	-1

K는 1이므로 1×2 = 2, O는 -2이므로 -2×4 = -80다.
전체적으로 중성이므로 2 + x + (-8) = 0
∴ x = +6

06 다음 화합물 중 순수한 이온결합을 하고 있는 물질은?

① CO_2 ② NH_3

③ KCl ④ NH_4Cl

07 HF의 끓는점이 HCl의 끓는점보다 높은 이유와 가장 관계가 깊은 것은?

① 분산력
② 반발력
③ 수소결합
④ 반데르발스 결합

08 다음 중 양쪽원소가 아닌 것은?

① Ni   ② Sn

③ Zn   ④ Al

09 다음 등전자 이온 중 이온반지름이 가장 큰 것은?

① $_{12}Mg^{2+}$ ② $_{11}Na^+$

③ $_{10}Ne$ ④ $_9F^-$

10 반감기가 5년인 방사성원소가 있다. 이 동위원소 2g이 10년이 경과하였을 때 몇 g이 남겠는가?

① 0.125   ② 0.25

③ 0.5   ④ 1.5

11 다음 유기화합물 중 반응성이 가장 큰 것은?

① CH_4 ② C_2H_6

③ C_2H_4 ④ C_2H_2

해설
유기화합물의 경우 다중결합을 지닐수록 결합력이 약해 반응성이 커진다.

12 다음 중 명명법이 잘못된 것은?

① $NaClO_3$: 아염소산나트륨

② Na_2SO_3 : 아황산나트륨

③ $(NH_4)_2SO_4$: 황산암모늄

④ $SiCl_4$: 사염화규소

해설
• $NaClO_3$: 염소산나트륨
• $NaClO_2$: 아염소산나트륨

13 분자식이 $C_{18}H_{30}$인 탄화수소 한 분자 속에는 2중 결합이 몇 개 존재할 수 있는가?(단, 3중 결합은 없음)

① 2   ② 3

③ 4   ④ 5

해설
탄소는 다리(전자)가 4개이며 수소는 1개이다. 이로써 단일결합만을 고려한 탄화수소의 일반식 : C_nH_{2n+2}이 되고 탄소가 18개일 때 수소는 총 $(2 \times 18) + 2 = 38$개의 단일결합을 유지하게 된다. 문제에서는 탄소가 18개일 때 수소가 30개이므로 $38 - 30 = 8$, 즉 총 8개의 전자는 단일결합이 아닌 이중결합을 하고 있다고 볼 수 있다.
∴ $8 \div 2 = 4$, 총 4개의 단일결합 가능

14 어떤 기체 xO_2와 CH_4의 확산속도의 비는 1 : 2이다. x의 원자량은?(단, C, H, O의 원자량은 12, 1, 16이다)

① 12   ② 16

③ 32   ④ 64

해설
확산속도는 질량비의 제곱근에 반비례한다.
$$\frac{V_1}{V_2} = \sqrt{\frac{M_1}{M_2}}$$
여기서, V_1, V_2 : 각 기체의 확산속도
M_1, M_2 : 각 기체의 분자량
CH_4의 원자량 = 16, xO_2의 원자량 = 64, O_2의 원자량 = 32, x의 원자량 = 32

15 AgCl의 용해도가 0.0016g/L일 때 AgCl의 용해도곱은 얼마인가?(단, Ag의 원자량은 108, Cl의 원자량은 35.5이다)

① 1.12×10^{-5}

② 1.12×10^{-3}

③ 1.2×10^{-5}

④ 1.2×10^{-10}

해설
AgCl의 용해도 0.0016g/L, 분자량이 143.5g이므로
$$0.0016g/L \times \frac{1mol}{143.5g} = 1.115 \times 10^{-5}M(mol/L)$$
용해도곱(평형상수) $= [Ag^+][Cl^-] = (1.115 \times 10^{-5})(1.115 \times 10^{-5})$
$= 1.2 \times 10^{-10}$

16 산과 염기가 반응하여 염과 물을 생성하는 반응을 무엇이라 하는가?

① 중화반응　　　　② 산화반응

③ 환원반응　　　　④ 연화반응

> **해설**
> **중화반응** : 산과 염기가 반응하면 수소이온과 수산화이온이 결합해 물을 생성하고, 산의 음이온과 염기의 양이온이 결합해 염을 생성한다.

17 산의 전리상수 값이 다음과 같을 때 가장 강한 산은?

① 5.8×10^{-2}

② 2.4×10^{-4}

③ 8.9×10^{-2}

④ 9.3×10^{-5}

> **해설**
> 산의 전리상수(이온화상수, 해리상수)는 산이 해리되는 반응의 평형상수로 값이 클수록 강산을 의미한다.
> $K_a = \dfrac{[H^+][A^-]}{[HA]}$, 산의 전리 : $HA \rightleftharpoons H^+ + A^-$

18 어떤 용기에 20℃, 2기압의 산소 8g이 들어있을 때 부피는 약 몇 L인가?(단, 산소는 이상기체로 가정하고, 이상기체상수 R의 값은 0.082atm · L/mol · K 이다)

① 3　　　　② 6

③ 9　　　　④ 12

> **해설**
> 이상기체방정식을 이용하여 부피를 구한다.
> $PV = nRT$
> 여기서, 산소 8g의 몰수$(n) = \dfrac{8}{32} = 0.25$mol이다.
> $\therefore V = \dfrac{nRT}{P}$
> $\quad = \dfrac{0.25\text{mol} \times 0.082\text{atm · L/mol · K} \times 293\text{K}}{2\text{atm}}$
> $\quad = 3.00325 \fallingdotseq 3\text{L}$

19 1.64g의 산화구리(CuO)를 수소로 환원하였더니 1.31g의 구리가 생겼다. 구리의 당량은 얼마인가?

① 11.76　　　　② 21.76

③ 31.76　　　　④ 41.76

> **해설**
> 1.64g의 산화구리 속 산소의 양은 $1.64 - 1.31 = 0.33$g이며 산소의 당량은 8이므로(당량 $= \dfrac{원자량}{원자가} = \dfrac{16}{2}$)
> $1.31 : 0.33 = x : 8$
> $x \fallingdotseq 31.76$

20 다음은 양이온과 수용액에서의 그 색상을 짝지어 놓은 것이다. 틀린 것은?

① Cr^{3+} － 무색

② CO^{2+} － 적색

③ Mn^{2+} － 적색

④ Fe^{2+} － 황색

> **해설**
> ① Cr^{3+} － 암적색

21 양이온 제1족부터 제5족까지의 혼합액으로부터 양이온 제2족을 분리시키려고 할 때의 액성은 무엇인가?

① 중 성
② 알칼리성
③ 산 성
④ 액성과는 관계가 없다.

양이온 제2족을 분리할 때는 황화수소(H_2S)를 포함시켜 산성상태를 유지하면 황산화물로 침전하여 제2족 양이온으로 분리되어진다. 또한 그 황화물의 용해도적이 다르기 때문에 제2족 이온의 황산화물을 분리하기 위해 산성도를 바꾸어 수소이온농도를 조절하기도 한다.

22 중화적정법에서 당량점(Equivalence Point)에 대한 설명으로 가장 거리가 먼 것은?

① 실질적으로 적정이 끝난 점을 말한다.
② 적정에서 얻고자 하는 이상적인 결과이다.
③ 분석물질과 가해준 적정액의 화학양론적 양이 정확하게 동일한 점을 말한다.
④ 당량점을 정하는 데는 지시약 등을 이용한다.

당량점 : 산-염기 중화반응에서의 중화점(= 종말점)
종말점은 반응이 끝나는 점을 말한다.

23 10g의 어떤 산을 물에 녹여 200mL의 용액을 만들었을 때 그 농도가 0.5M이었다면, 이 산 1몰은 몇 g인가?

① 40g
② 80g
③ 100g
④ 160g

몰농도 = mol/L이므로

$$\frac{10g}{분자량}/200mL \times \frac{1,000mL}{1L} = \frac{10g}{분자량} \times 5 = 0.5,$$

분자량 = 100g
∴ 1몰의 무게 = 100g

24 금속에 빛을 조사하면 빛의 에너지를 흡수하여 금속 중의 자유전자가 금속표면에 방출되는 성질을 무엇이라 하는가?

① 광전효과
② 틴들현상
③ 라만(Raman)효과
④ 브라운운동

광전효과 : 금속 등의 물질에 일정 진동수 이상의 빛을 조사하면 광자와 전자가 충돌하게 되고, 이때 충돌한 전자가 금속으로부터 방출되는 것이다.

25 적외선흡수스펙트럼에서 흡수띠가 주파수 1,690~1,760cm^{-1} 영역에서 강하게 나타났을 때 예측되는 화합물은?

① 알케인류
② 아민류
③ 케톤류
④ 아마이드류

케톤류의 흡수띠 주파수 영역 : 1,725~1,705cm^{-1}

26 분광광도계에서 빛의 파장을 선택하기 위한 단색화장치로 사용되는 것만으로 짝지어진 것은?

① 프리즘, 회절격자

② 프리즘, 반사거울

③ 반사거울, 회절격자

④ 볼록거울, 오목거울

해설
단색화장치는 원하는 빛의 파장을 선택하기 위한 장치로 프리즘, 회절격자 등을 사용한다.

27 원자흡광광도법에서 빛의 흡수와 원자 농도와의 관계는?

① 비 례

② 반비례

③ 제곱근에 비례

④ 제곱근에 반비례

해설
빛을 많이 흡수할수록 원자 농도의 값도 커지는 비례 관계이다.

28 가스크로마토그래프의 주요 구성부가 아닌 것은?

① 운반 기체부

② 주입부

③ 흡광부

④ 칼 럼

해설
흡광부는 분광광도계의 주요 구성부이다.

29 가스크로마토그래피의 검출기 중 불꽃이온화 검출기에 사용되는 불꽃을 위해 필요한 기체는?

① 헬 륨   ② 질 소

③ 수 소   ④ 산 소

해설
GC에서는 대부분의 유기화합물을 수소–공기 불꽃으로 연소시켜 발생된 이온을 통해 분석한다.

30 가스크로마토그래피에서 정성 분석은 무엇을 이용해서 하는가?

① 크로마토그램의 무게

② 크로마토그램의 면적

③ 크로마토그램의 높이

④ 크로마토그램의 머무름 시간

해설
크로마토그램에서 정성분석의 가장 기초는 머무름 시간이며, 미지 시료의 절대 머무름 시간과 순물질의 절대 머무름 시간을 비교해 어떤 성분이 포함되어 있는지를 알 수 있다.

31 다음 반반응의 Nernst식을 바르게 표현한 것은? (단, Ox = 산화형, Red = 환원형, E = 전극전위, E^0 = 표준전극전위이다)

$$aOx + ne^- \leftrightarrow bRed$$

① $E = E^0 - \dfrac{0.0591}{n}\log\dfrac{[\text{Red}]^b}{[\text{Ox}]^a}$

② $E = E^0 - \dfrac{0.0591}{n}\log\dfrac{[\text{Ox}]^a}{[\text{Red}]^b}$

③ $E = 2E^0 + \dfrac{0.0591}{n}\log\dfrac{[\text{Red}]^b}{[\text{Ox}]^a}$

④ $E = 2E^0 - \dfrac{0.0591}{n}\log\dfrac{[\text{Red}]^b}{[\text{Ox}]^a}$

해설
산화제 aOx와 bRed 간의 평형반응이 다음과 같을 때

$$aOx + ne^- \rightleftharpoons bRed$$

25℃ 상온에서의 반쪽반응(반반응)에 대한 네른스트식은 다음과 같다.

$$E = E^0 - \frac{0.0591}{n}\log\frac{[\text{Red}]^b}{[\text{Ox}]^a} = E^0 - \frac{RT}{nF}\ln\frac{[\text{Red}]^b}{[\text{Ox}]^a}$$

32 Fe^{2+}를 황산 산성에서 MnO_4^-로 적정할 때 $E^0 = 0.78V$이고 Fe^{2+}의 80%가 Fe^{3+}로 산화되었을 때 전위차(V)는?(단, $E = E^0 + 0.0591\log C$)

① 2.7210
② 0.8156
③ 0.7210
④ 2.8156

해설
$$E = E^0 + 0.0591\log C = 0.78 + 0.0591 \times \log\left(\frac{80}{20}\right) \fallingdotseq 0.8156$$

33 어느 산 HA의 0.1M 수용액을 만든 다음, pH를 측정하였더니 25℃에서 3.0이었다. 이 온도에서 산 HA의 이온화상수 K_a는?

① 1.01×10^{-3}
② 1.01×10^{-4}
③ 1.01×10^{-5}
④ 1.01×10^{-6}

해설
$pH = -\log[\text{H}^+] = 3$, $[\text{H}^+] = 10^{-3}$
$HA \rightleftharpoons H^+ + A^-$
$$\therefore K_a = \frac{[\text{H}^+][\text{A}^-]}{[\text{HA}]} = \frac{(10^{-3})^2}{0.1 - 0.001} \fallingdotseq 1.01 \times 10^{-5}$$

34 pH의 값이 5일 때 pOH의 값은 얼마인가?

① 3
② 5
③ 7
④ 9

해설
$pH = 14 - pOH$, $pOH = 14 - pH$
$14 - 5 = 9$

35 pH가 8.3 이하에서는 무색이고 10 이상에서는 붉은색으로 변색되는 지시약은?

① PP(페놀프탈레인)
② MO(메틸오렌지)
③ MR(메틸레드)
④ TB(티몰블루)

해설
페놀프탈레인은 약알칼리성을 확인할 수 있는 지시약이다.

36 고체 표면 또는 고체 표면에 흡착한 화학종에 관한 여러 현상을 해석하거나 정성, 정량분석하는 방법으로 충격 시 발생한 입자 표면의 상호작용을 이용해 측정에 활용하는 분석법은?

① 표면분석법 ② 분광학적 분석법
③ 질량분석법 ④ 크로마토그래피법

해설
표면분석법에 대한 설명으로 X선 광전자 분광법, 오제전자분광법(AES), 이차이온질량분석법, 주사전자현미경 X선 분석법, 투과전자현미경 X선 분석법 등이 해당된다.

37 HPLC(고성능 액체 크로마토그래피)의 기기 구성요소 중에서 실질적인 시료의 분리가 일어나는 곳은?

① 펌프(Pump) ② 칼럼(Column)
③ 오븐(Oven) ④ 검출기(Detector)

해설
시료의 분리 및 분석은 칼럼에서 일어난다.

38 검정곡선에 대한 설명으로 옳지 않은 것은?

① 지시값과 이에 상응하는 측정값 사이의 관계를 나타내는 표현이다.
② 검정곡선은 일대일 관계를 나타내며, 측정불확도에 관한 정보는 포함하지 않는다.
③ 최소한 바탕시료와 표준물질 1개 이상을 사용하여 단계별 농도로 작성하고, 특정 유기화합물질 분석에서는 표준물질을 7개의 단계별 농도로 작성한다.
④ 검정곡선의 상관계수는 0.5 이하를 권장하며, 0에 가까울수록 좋다.

해설
④ 검정곡선의 상관계수는 0.9998 이상을 권장하며, 1에 가까울수록 좋다.

39 유리기구 준비 또는 조작 시 지켜야 하는 안전 및 유의사항에 해당하지 않는 것은?

① 분석초자는 전용세제를 사용해 깨끗이 세척해 사용하며 손으로 직접 다루지 않는다.
② 유리기구의 파손에 주의하여 충격을 가하지 않는다.
③ 부피측정용 유리기구는 상온에서 자연건조하여 팽창 및 수축에 의한 변형에 유의한다.
④ 유리기구는 다른 기구에 비해 내구성이 높으므로 다양한 물질과 같이 보관할 수 있다.

해설
유리기구는 파손의 우려가 있으므로 반드시 독립적으로 보관하도록 한다.

40 다음 중 적정실험을 위해 사용하는 실험기구는?

① 메스실린더
② 메스플라스크
③ 뷰렛
④ 데시케이터

해설
뷰렛이나 테프론뷰렛을 사용해 다양한 적정실험을 행할 수 있다.

41 일정한 온도 및 압력하에서 용질이 용매에 용해도 이하로 용해된 용액을 무엇이라고 하는가?

① 포화용액

② 불포화용액

③ 과포화용액

④ 일반용액

해설

용액의 종류

불포화용액	용질이 용매에 용해도 이하로 녹아 있는 상태
포화용액	용질이 용매에 용해도에 맞게 녹아 있는 상태
과포화용액	용질이 용매에 용해도 이상 녹아 있는 상태

42 독극물의 라벨 표시방법으로 옳지 않은 것은?

① 보통물질 – 푸른 테, 푸른 글씨 또는 검은 글씨

② 독약 – 검은 테, 붉은 글씨

③ 극약 – 붉은 테, 붉은 글씨

④ 발화 및 인화성 물질 – 붉은색 표를 라벨 좌측에 표시

해설

④ 발화 및 인화성 물질 – 노란 테, 푸른 글씨 또는 검은 글씨로 표시

43 고체시료의 화학적 특성에 해당하는 것은?

① 가연성　　　② 밀 도

③ 비 중　　　④ 방사성

해설

• 물리적 특성 : 끓는점, 녹는점, 질량, 색, 압력, 경도, 굴절률, 밀도, 비중, 온도, 길이, 부피 등

• 화학적 특성 : 연소열, 표준 생성엔탈피, 독성 정도, 가연성, 산화수 등

44 시약의 취급방법에 대한 설명으로 틀린 것은?

① 나트륨과 칼륨의 알칼리금속은 물속에 보관한다.

② 브롬산, 플루오린화수소산은 피부에 닿지 않게 한다.

③ 알코올, 아세톤, 에테르 등은 가연성이므로 취급에 주의한다.

④ 농축 및 가열 등의 조작 시 끓임쪽을 넣는다.

해설

알칼리금속은 반응성이 커서 대기 중의 산소와 반응할 수 있으므로 석유(등유)에 넣어 보관한다.

45 시료 채취 장비와 시료 용기의 준비과정이 잘못된 것은?

① 스테인리스 혹은 금속으로 된 장비는 산으로 헹군다.

② 장비 세척 후 저장이나 이송을 위해서는 알루미늄 포일로 싼다.

③ 금속류 분석을 위한 시료 채취 용기로는 뚜껑이 있는 플라스틱병을 사용한다.

④ VOCs, THMs의 분석을 위한 시료 채취 용기 세척 시 플라스틱 통에 든 세제를 사용하면 안 된다.

해설

금속장비는 산으로 헹구는 경우 반응으로 인한 장비 및 용기의 손상이 발생할 수 있다.

46 채취한 시료의 표준시료 제조에 대한 설명으로 틀린 것은?

① 고체시료의 경우 입자 크기를 줄이기 위하여 시료 덩어리를 분쇄하고, 균일성을 확보하기 위하여 분쇄된 입자를 혼합한다.

② 고체시료의 경우 분석 작업 직전에 시료를 건조하여 수분의 함량이 일정한 상태로 만드는 것이 바람직하다.

③ 액체시료의 경우 용기를 개봉하여 용매를 최대한 증발시키는 것이 바람직하다.

④ 분석물이 액체에 녹아 있는 기체인 경우 시료 용기는 대부분의 경우 분석의 모든 과정에서 대기에 의한 오염을 방지하기 위하여 제2의 밀폐용기 내에 보관되어야 한다.

> **해설**
> 액체시료는 보관 후 밀폐상태로 보관하여 증발을 최대한 방지해야 한다.

47 pH 미터를 보정에 사용하는 완충용액의 종류가 아닌 것은?

① 옥살산염 표준용액
② 프탈산염 표준용액
③ 중성 염산 표준용액
④ 중성 인산염 표준용액

> **해설**
> 일반적인 pH 미터의 경우 측정 때마다 전극의 전위가 미세하게 변하여 측정에 이상이 발생할 수 있으므로 주기적으로 완충용액을 이용해 pH를 보정하는 것이 필요하다. pH의 범위에 따라 옥살산염, 프탈산염, 중성 인산염 등을 완충용액으로 사용한다.

48 기체크로마토그래피의 기체와 장치 중 시료를 분석하는 과정에서 기체상만을 주입하여 분석하고자 할 때 사용하는 방법은?

① 헤드 스페이스 샘플러
② 퍼지 앤 트랩 샘플러
③ 다이내믹 헤드 스페이스 샘플러
④ 열탈착 샘플러

> **해설**
> 헤드 스페이스 샘플러는 주로 휘발성 성분의 분석에 사용되며 시료의 기체상만을 주입해 분석한다.

49 원자흡수 분광광도계(AAS)의 기체화 방법으로 옳지 않은 것은?

① 결과값의 신뢰도를 위해 시료는 최대한 적게 준비한다.

② 가급적 고른 방울로 시료를 분사시킨다.

③ 적당한 온도의 불꽃으로 용매를 증발, 화합물을 열분해한다.

④ 증기 상태의 중성원자로 만든다.

> **해설**
> 신뢰성 있는 결과를 얻기 위해서는 충분한 양의 시료를 준비하는 것이 중요하다.

50 기초 이화학분석기구 가운데 질량을 측정하는 용도로 다양한 분석과정에서 이용되는 것은?

① 전자저울
② 원심분리기
③ 교반기
④ 초순수 제조기

> **해설**
> 전자저울은 대표적인 이화학 분석기기로 매우 다양한 분석과정에서 활용된다.

51 원심분리기 사용법에 대한 설명으로 옳지 않은 것은?

① 원심분리기 컵을 용매로 세척하여 내부에 오염물질이 없는지 확인한다.

② 상·하층의 정량이 필요한 경우 원심분리기 컵을 계량한다.

③ 원심분리기 컵에 시료를 가득 채워 균형을 맞춘다.

④ 원심분리기 rpm을 설정한 후 뚜껑을 닫고 가동한다.

> **해설**
> 원심분리기 컵에 시료를 가득 채우지 않고 2/3 이하로 채워야 안전하고 균형 잡힌 원심분리가 가능하다.

52 자외선/가시광선 분광광도법에 대한 설명으로 옳지 않은 것은?

① 시료의 흡수파장이 370nm 이상일 때는 석영 또는 경질유리 셀을 사용한다.

② 시료의 흡수파장이 370nm 이하일 때는 석영셀을 사용한다.

③ 정량분석은 검정곡선법, 표준물첨가법으로 진행한다.

④ 정성분석 검체의 흡수 스펙트럼은 흡수 극소파장으로 확인하는 방법을 사용한다.

> **해설**
> 극소파장 → 극대파장

53 원자흡수분광광도법의 정량시험방법이 아닌 것은?

① 검정곡선법　　② 외부표준법
③ 표준첨가법　　④ 내부표준법

> **해설**
> **원자흡수분광광도법 정량시험방법** : 검정곡선법, 표준물첨가법, 내부표준법

54 다음 중 불활성인 고체 지지체에 액체상인 정지상을 얇은 막으로 입히거나 화학결합 시킨 것을 이용하며, 기체-액체평형이 분리 과정의 기본이 되는 크로마토그래피법은?

① GSC(기체-고체 크로마토그래피)

② LSC(액체-고체 크로마토그래피)

③ GLC(기체-액체 크로마토그래피)

④ LLC(액체-액체 크로마토그래피)

> **해설**
> 기체-액체 크로마토그래피는 기체상태의 이동상이 정지상을 입힌 얇고 가는 칼럼을 통과하도록 기체상태의 용질을 운반해 측정하는 방법으로 기체-액체평형이 분리과정의 기본이다.

55 기체-액체 크로마토그래피(GLC)에서 정지상과 이동상을 올바르게 표현한 것은?

① 정지상 - 고체, 이동상 - 기체

② 정지상 - 고체, 이동상 - 액체

③ 정지상 - 액체, 이동상 - 기체

④ 정지상 - 액체, 이동상 - 고체

> **해설**
> GLC는 분배 크로마토그래피라고도 하며, 액체정지상과 기체이동상을 이용한다.

56 일반적으로 화학 실험실에서 발생하는 실험 폭발 사고의 유형이 아닌 것은?

① 조절 불가능한 발열반응
② 이산화탄소 누설에 의한 폭발
③ 불안전한 화합물의 가열, 건조, 증류 등에 의한 폭발
④ 에테르 용액 증류 시 남아 있는 과산화물에 의한 폭발

해설
이산화탄소는 일반적으로 폭발에 의한 위험은 없으며 간혹 드라이아이스가 상태변화로 폭발위험이 있으나 이산화탄소 단독에 의한 위험은 아니다.

57 KMnO₄는 어디에 보관하는 것이 가장 적당한가?

① 에보나이트병
② 폴리에틸렌병
③ 갈색 유리병
④ 투명 유리병

해설
과망간산칼륨은 햇빛에 취약하므로 반드시 갈색 유리병에 보관한다.

58 실험 중에 지켜야 할 유의사항이 아닌 것은?

① 반드시 실험복을 착용한다.
② 실험과정은 반드시 노트에 기록한다.
③ 실험대 위에는 항상 깨끗하게 정돈되어 있어야 한다.
④ 실험을 빨리하기 위해서는 두 가지 이상의 실험을 동시에 한다.

해설
한 가지 실험에만 집중하여 실험에 임한다.

59 측정결과를 분석하는 과정에서 2~3개의 항목을 여러 변수에 따라 서로 비교할 때 많이 사용되며, 수평으로 표현하거나 수직으로 표현하는 다양한 방법이 있는 그래프 법은?

① 꺾은선그래프　　② 막대그래프
③ 원그래프　　　　④ 도넛그래프

해설
여러 개의 항목 비교에 적절한 방법은 막대그래프이다.

60 폐기물관리법령상 실험실 폐액의 보관에 대한 설명으로 옳지 않은 것은?

① 폐유기용제는 휘발되지 아니하도록 밀폐된 용기에 보관한다.
② 시성폐기물과 지성폐기물이 아닌 것을 구분하여 보관한다.
③ 부득이한 사유로 장기 보관할 필요성이 있다고 인정될 경우 및 지정폐기물의 총량이 3톤 미만일 경우 1년까지 보관할 수 있다.
④ 폐유기용제, 폐촉매는 보관이 시작한 날부터 60일을 초과하여 보관하지 않는다.

해설
폐기물관리법령 기준 폐유기용제, 폐촉매는 기본적으로 45일 이상 보관이 불가능하지만, 필요의 경우 1년까지도 보관이 가능하다.

교육이란 사람이 학교에서 배운 것을 잊어버린 후에 남은 것을 말한다.

– 알버트 아인슈타인 –

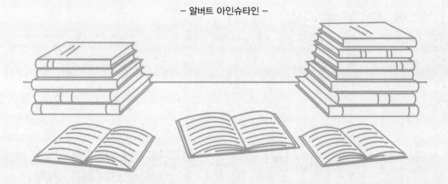

우리 인생의 가장 큰 영광은 결코 넘어지지 않는 데 있는 것이 아니라

넘어질 때마다 일어서는 데 있다.

– 넬슨 만델라 –

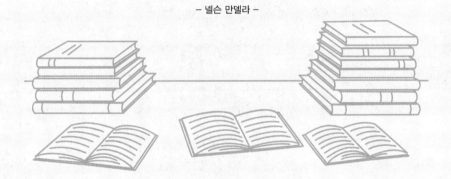

Win-Q

PART 03

실 기
(필답형 + 작업형)

01 실기 필답형

필답형 출제경향

화학분석기능사 필답형은 크게 다음과 같은 범주로 출제된다. 기본적으로 화학분석에 대한 전반적인 기초지식을 묻는 문제가 출제되며, 최근 문제은행식 출제구조를 벗어나 화학 전반에 대해 묻는 문제도 많아지고 있다. 총 10문제(각 4점) 가운데 50%는 보통 난이도, 30%는 조금 높은 난이도, 20%(1~2문항) 정도는 매우 높은 난이도를 보이고 있다.

1 화학분석 기초

(1) 농도, 단위 등의 환산

(2) 기초 이화학분석기구명 및 사용법

(3) 산업안전 관련 문제

2 분광광도계 관련 법칙

(1) 기본 원리(자외선/가시광선 분광광도계 구성, 분광학)

(2) 관련 법칙 문제(비어–람베르트의 법칙, 적용)

3 기체크로마토그래피(GC)

(1) 정 의

(2) 운반기체(Carrier Gas, 이동상)의 종류

(3) 검출기

1 화학분석 기초

(1) 농도, 단위 등의 환산

① 백분율 농도

　㉠ 질량백분율 농도 : 용액 100g 속에 녹아 있는 용질의 g수이다(g/g). → wt%

$$질량백분율(\%) = \frac{용질의 \ 질량}{용액의 \ 질량} \times 100 = \frac{용질의 \ 질량(g)}{용매의 \ 질량(g) + 용질의 \ 질량(g)} \times 100$$

　　예 물 100g에 소금 20g을 녹였을 때의 질량백분율은?

$$질량백분율(\%) = \frac{20g}{100g + 20g} \times 100 ≒ 16.7\%$$

　㉡ 부피백분율 농도 : 용액 1,000mL 속에 녹아 있는 용질의 mL수이다(mL/L). → vol%

$$부피백분율(\%) = \frac{용질의 \ 질량}{용액의 \ 질량} \times 100 = \frac{용질의 \ 질량(mL)}{용매의 \ 질량(mL) + 용질의 \ 질량(mL)} \times 100$$

　★ 필수 암기사항
- 용매 : 녹이는 물질이다(주로 물).
- 용질 : 녹는 물질이다(녹는 대상물질, 소금, 설탕 등).
- 용액 : 용질과 용매의 합이다.

　　예 소금물(용액) → 물(용매) + 소금(용질)

　　　소주(용액) → 물(용매) + 에탄올(용질)

　　※ 액체 + 액체 혼합물인 경우 성분이 많은 쪽을 용매, 적은 쪽을 용질로 규정한다.

② ppm, ppb 농도

　㉠ $ppm = 10^{-6} = \dfrac{1}{10^6} = \dfrac{1}{1,000,000}$

　㉡ $ppb = 10^{-9} = \dfrac{1}{10^9} = \dfrac{1}{1,000,000,000}$

　㉢ %와의 관계 : 1% = 10,000ppm　★ 무조건 암기

③ 농도 표시

　㉠ 몰수(n) : 물질을 몰단위로 표시하는 방법이다.

　　예 CH_4의 분자량은 16g/mol이므로 메테인 32g의 몰수는 2이다(32g/16g).

　㉡ 몰농도(M, mol/L) : 용액 1L 속에 녹아 있는 용질의 몰수이다.

　　예 CH_4 32g이 물 500mL 속에 녹아 있을 때 몰농도는?

　　　2mol/0.5L이므로 분자와 분모에 각각 2를 곱하면 4mol/L = 4M이다.

　㉢ 몰랄농도(m, mol/kg) : 용액 1kg 속에 녹아있는 용질의 몰수이다.

ⓐ 당량 : 전자 1개를 기준으로 정의된 질량이다.

  • 원소의 당량

   예 O → 2당량

  • 산, 염기의 당량

   예 H_2SO_4 → 2당량

  • 산화·환원의 당량

   예 $KMnO_4$ → 5당량

ⓜ 노말농도(N, eq/L, 1당량/L) : 용액 1L 속에 녹아 있는 1당량의 용질이다.

  • 1당량 = $\dfrac{물질의\ 양}{무게당량(g당량)}$

  • 무게당량(g당량) = $\dfrac{화학식량}{1mol\ 당량수}$

  • 1mol 당량수 = $\dfrac{분자량}{이동전자수}$

  ※ 농도 계산식 : $NV = N'V'$

ⓑ pH, pOH 농도 표시 : 물속에 녹아 있는 H^+이온, OH^-이온의 농도값을 log값으로 표시한다.

  • pH = $-\log[H^+]$, pOH = $-\log[OH^-]$

  • pH + pOH = 14

④ 헷갈리기 쉬운 단위의 기준 : $1m = 10^3 mm = 10^6 \mu m = 10^9 nm$

⑤ 희석배수 구하기

  희석배수 = $\dfrac{희석\ 후\ 양}{희석\ 전\ 양} = \dfrac{희석\ 후\ 부피}{희석\ 전\ 부피}$

  예 A 용액 10mL에 증류수를 가해 B 용액 100mL를 만들었다. 희석배수는?

   100/10 → 10배, 즉 물 90과 용매 10을 넣으면 희석배수가 10배가 된다.

   ※ 용액 = 용질(양이 적은 것) + 용매(대부분 물)

⑥ 물의 밀도(4℃일 때) : $1g/cm^3 = 1g/mL$

  ※ 단위 정리 : $1mL = 1cm^3 = 1cc = 1g$

  예 물의 밀도(4℃)가 1g/mL일 때 물 5kg은 몇 mL인가?

   $5kg \times 1,000g/kg \times 1mL/g = 5,000mL$

⑦ 산화와 환원

구 분	산 화	환 원
산 소	산소를 얻음	산소를 잃음
수 소	수소를 잃음	수소를 얻음
전 자	전자를 잃음	전자를 얻음
산화수	산화수가 증가함	산화수가 감소함

⑧ 산화수 계산 : 다음의 규칙에 따라 계산한다.

　　㉠ 원소의 산화수는 0이다.

　　㉡ 일반적으로 수소의 산화수는 +1, 산소의 산화수는 −2를 가진다.

　　㉢ 단원자이온의 산화수는 이온전하와 같다.

　　㉣ 알칼리금속(K, Na)의 산화수는 항상 +1이다.

　　㉤ 알칼리토금속(Ca, Mg)의 산화수는 항상 +2이다.

　　㉥ 할로겐족인 F의 산화수는 항상 −1이다.

　　㉦ 다원자이온의 경우 각 원자의 산화수의 총합은 이온전하와 같다.

　　㉧ 중성분자에서 모든 원자의 산화수 총합은 항상 0이다.

　　예 • SO_2에서 S의 산화수 : $a + (2 \times -2) = 0 \rightarrow a = +4$

　　　 • CO_2에서 C의 산화수 : $a + (2 \times -2) = 0 \rightarrow a = +4$

　　　 • CH_4에서 C의 산화수 : $a + (4 \times 1) = 0 \rightarrow a = -4$

　　　 • $KMnO_4$에서 Mn의 산화수 : $(+1) + a + (4 \times -2) = 0 \rightarrow a = +7$

　　　 • MnO_2^-에서 Mn의 산화수 : $a + (2 \times -2) = -1 \rightarrow a = +3$

(2) 기초 이화학분석기구명 및 사용법

① 이화학분석기구 및 장비

　　㉠ 유리 및 도기류 : 비커, 플라스크, 시계접시, 시험관, 깔때기, 뷰렛, 피펫, 메스실린더, 유리관, 막자사발 등이 있다.

　　㉡ 분석장비 : 전자저울, pH미터, 원심분리기, 교반기, 진공건조기, 수분측정기, 초순수 제조기 등이 있다.

② 유리 및 도기류 명칭과 용도

명 칭	용 도
비 커	시료 및 부피 용기
플라스크	시료 및 부피 용기
시계접시	시료의 건조 시
깔때기	용액의 유실을 방지하며 이동할 때
뷰 렛	실험의 적정에 이용, 액체의 부피를 측정할 때
피 펫	일정 부피의 시료를 옮길 때, 액체의 부피를 측정할 때
막자사발과 막자	실험실에서 약을 빻거나 가루로 만들 때(유발이라고도 함)
메스실린더	액체의 부피를 측정할 때
메스플라스크	액체의 부피를 측정할 때

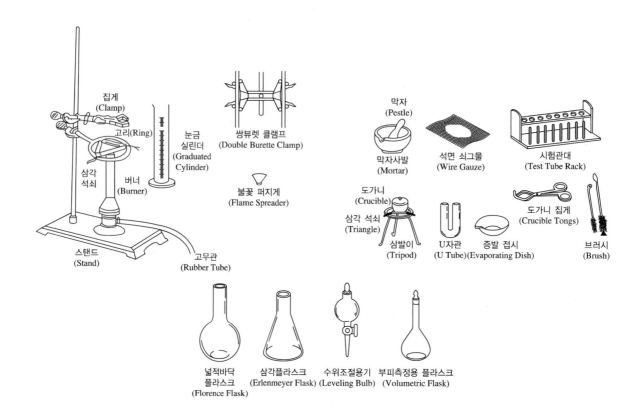

넓적바닥
플라스크
(Florence Flask)

삼각플라스크
(Erlenmeyer Flask)

수위조절용기
(Leveling Bulb)

부피측정용 플라스크
(Volumetric Flask)

(3) 산업안전 관련 문제

① 안전보건표지 : 안전보건표지의 내용을 보고 금지, 경고, 지시, 안내표지 등을 찾고 명칭 작성하기

1. 금지표지	101 출입금지	102 보행금지	103 차량통행금지	104 사용금지	105 탑승금지	106 금연
107 화기금지	108 물체이동금지	2. 경고표지	201 인화성물질 경고	202 산화성물질 경고	203 폭발성물질 경고	204 급성독성물질 경고
205 부식성물질 경고	206 방사성물질 경고	207 고압전기 경고	208 매달린 물체 경고	209 낙하물 경고	210 고온 경고	211 저온 경고
212 몸균형 상실 경고	213 레이저광선 경고	214 발암성 · 변이원성 · 생식독성 · 전신독성 · 호흡기 과민성 물질 경고	215 위험장소 경고	3. 지시표지	301 보안경 착용	302 방독마스크 착용
303 방진마스크 착용	304 보안면 착용	305 안전모 착용	306 귀마개 착용	307 안전화 착용	308 안전장갑 착용	309 안전복 착용
4. 안내표지	401 녹십자표지	402 응급구호표지	403 들것	404 세안장치	405 비상용기구	406 비상구
407 좌측비상구	408 우측비상구	5. 관계자외 출입금지	501 허가대상물질 작업장 관계자외 출입금지 (허가물질 명칭)제조/사용/보관 중 보호구/보호복 착용 흡연 및 음식물 섭취 금지	502 석면취급/해체 작업장 관계자외 출입금지 석면 취급/해체 중 보호구/보호복 착용 흡연 및 음식물 섭취 금지	503 금지대상물질의 취급 실험실 등 관계자외 출입금지 발암물질 취급 중 보호구/보호복 착용 흡연 및 음식물 섭취 금지	
6. 문자추가시 예시문	휘발유화기엄금	▶ 내 자신의 건강과 복지를 위하여 안전을 늘 생각한다. ▶ 내 가정의 행복과 화목을 위하여 안전을 늘 생각한다. ▶ 내 자신의 실수로써 동료를 해치지 않도록 안전을 늘 생각한다. ▶ 내 자신이 일으킨 사고로 인한 회사의 재산과 손실을 방지하기 위하여 안전을 늘 생각한다. ▶ 내 자신의 방심과 불안전한 행동이 조국의 번영에 장애가 되지 않도록 하기 위하여 안전을 늘 생각한다.				

② GHS–MSDS 그림 문자

	폭발성, 자기 반응성, 유기과산화물		인화성, 물 반응성, 자연 발화성
	산화성		고압가스
	금속 부식성, 피부 부식성, 심한 눈 손상성		급성 독성
	경 고		호흡기 과민성, 발암성, 표적 장기 독성
	수생 환경 유해성		

③ 소화등급 및 범위

소화등급	소화의 범위
A급	나무, 종이 등 연소 후 재가 발생하는 가연물 중심의 화재를 말하며, 물을 포함한 용액을 사용해 냉각·질식소화를 한다.
B급	가스, 유류 등 연소 후 재가 발생하지 않는 기체 또는 가연성 액체의 화재를 말하며, 주로 산소를 차단하는 질식소화를 한다.
C급	수변전, 전선로 화재와 같이 전기와 관련 있는 화재를 말하며, 이산화탄소(CO_2), 할론, 분말 등 전기적 절연성을 지닌 성분을 통해 질식·냉각·억제소화를 한다.
D급	금속분에 의한 분진 폭발, 단체 금속의 자연발화 등 금속 성분에 관련되어 발생하는 화재를 말하며, 화재의 난이도가 매우 높아 냉각소화를 한다.
K급	주로 음식조리용 기름에서 발생하는 주방화재를 말하며, 절대 물을 사용해서는 안 되고 반드시 K급 소화기를 통해 2차 피해를 예방해야 한다.

01 용액 1L 중의 용질의 몰수를 무엇이라고 하는지 쓰시오.

정답

몰농도(M)

02 과망간산칼륨 2,000ppm 용액은 몇 %인지 구하시오.

정답

0.2%

해설

1%는 10,000ppm이므로 $2,000\text{ppm} \times \dfrac{1\%}{10,000\text{ppm}} = 0.2\%$

03 중크롬산칼륨 2,000ppm 용액은 몇 g/L인지 구하시오(단, 비중은 1이다).

정답

2g/L

해설

1ppm = 1mg/L이므로 $2,000\text{ppm} \times \dfrac{1\text{mg/L}}{1\text{ppm}} \times \dfrac{1\text{g}}{1,000\text{mg}} = 2\text{g/L}$

04 과망간산칼륨 1,000ppm 용액은 몇 g/L인지 구하시오(단, 비중은 1이다).

정답

1g/L

해설

1ppm = 1mg/L이므로 $1,000\text{ppm} \times \dfrac{1\text{mg/L}}{1\text{ppm}} \times \dfrac{1\text{g}}{1,000\text{mg}} = 1\text{g/L}$

05 100ppm은 몇 mg/mL인지 구하시오.

정답

0.1mg/mL

해설

1ppm = 1mg/L이므로 $100\text{ppm} \times \dfrac{1\text{mg/L}}{1\text{ppm}} \times \dfrac{1\text{L}}{1,000\text{mL}} = 0.1\text{mg/mL}$

06 희박한 시료 농도의 단위로 ppm 단위를 쓰는데 이것을 분수로 나타내시오.

정답

$$\frac{1}{1,000,000}$$

07 10ppm 용액 10mL를 만들려면 1,000ppm 원액 몇 mL를 채취해야 하는지 구하시오.

정답

0.1mL

해설

$10ppm \times 10mL = 1,000ppm \times x$

$x = 0.1mL$

08 순도 100%인 $KMnO_4$ 4g을 녹여서 용액 500g을 제조하였다. 이 용액의 농도는 몇 ppm인지 구하시오.

정답

8,000ppm

해설

$$\frac{4g}{500g} \times 1,000,000 = 8,000ppm$$

※ 만약 %농도를 구하는 문제라면 100을 곱한다.

09 0.05M $Cr(NO_3)_3$ 용액을 10mL 채취하여 100mL를 만들었다. 이 용액의 농도는 몇 M인지 구하시오(단, 소수점 셋째자리까지 계산하시오).

정답

0.005M

해설

$0.05M \times 10mL = x \times 100mL$

$x = 0.005M$

10 만약 미지시료의 농도값이 50ppm으로 측정되었다면, 원액 1,000ppm으로부터 몇 배가 희석되었는지 구하시오.

정답

20배

해설

$$희석배율 = \frac{원액의\ 농도}{미지시료의\ 농도} = \frac{1,000ppm}{50ppm} = 20$$

11 4ppm 용액 100mL를 만들려면 10ppm 용액 몇 mL를 채취해야 하는지 구하시오.

[정답]

40mL

[해설]

$4\text{ppm} \times 100\text{mL} = 10\text{ppm} \times x$

$x = 40\text{mL}$

12 0.53N-KOH를 물에 희석시켜 0.1N-KOH를 만들려고 한다. 이때 필요한 0.53N-KOH의 양은 몇 mL인지 구하시오.

[정답]

188.7mL

[해설]

$NV = N'V'$

$0.53\text{N} \times x = 0.1\text{N} \times 1,000\text{mL}$

$x = 188.7\text{mL}$

13 40% 용액을 가지고 20% 용액 100mL를 제조하려고 한다. 50% 용액 몇 mL를 채취해야 하는지 구하시오.

[정답]

50mL

[해설]

$40\% \times x = 20\% \times 100\text{mL}$

$x = 50\text{mL}$

14 물의 밀도(4℃)는 1g/cm^{3}이다. 물 2kg은 몇 L인지 구하시오.

[정답]

2L

[해설]

$2\text{kg} \times \dfrac{1,000\text{g}}{1\text{kg}} \times \dfrac{1\text{cm}^3}{1\text{g}} \times \dfrac{1\text{L}}{1,000\text{cm}^3} = 2\text{L}$

15 고체시료를 분쇄하거나 혼합할 때 사용하는 도구로 마노, 자기, 유리 등으로 만든 것이 많으며, 유발이라고도 하는 실험기구의 명칭을 쓰시오.

정답

막자와 막자사발

16 일정 부피의 시료를 옮길 때 사용하는 기구의 명칭을 쓰시오.

정답

피 펫

17 안전보건표지의 내용을 보고 201, 202, 203, 204, 301, 305, 306번의 명칭을 쓰시오.

107 화기금지	108 물체이동금지	2. 경 고 표 지	201	202	203	204
205 부식성물질 경고	206 방사성물질 경고	207 고압전기 경고	208 매달린 물체 경고	209 낙하물 경고	210 고온 경고	211 저온 경고
212 몸균형 상실 경고	213 레이저광선 경고	214 발암성 · 변이원성 · 생식 독성 · 전신독성 · 호흡기 과민성 물질 경고	215 위험장소 경고	3. 지 시 표 지	301	302 방독마스크 착용
303 방진마스크 착용	304 보안면 착용	305	306	307 안전화 착용	308 안전장갑 착용	309 안전복 착용

정답

- 201 : 인화성물질 경고
- 202 : 산화성물질 경고
- 203 : 폭발성물질 경고
- 204 : 급성독성물질 경고
- 301 : 보안경 착용
- 305 : 안전모 착용
- 306 : 귀마개 착용

2 분광광도계 관련 법칙

(1) 기본 개념(자외선/가시광선 분광광도계 구성, 분광학)

① 분광광도계

　㉠ 시료에 적당한 시약을 넣어 발색시킨 용액의 흡광도를 측정하여 목적 성분을 정량하는 장치이다.

　㉡ 구성 : 광원부 - 파장선택부 - 시료부 - 측광부

　　• 광원부 : 텅스텐, 중수소 방전관으로 빛을 발생시킨다.

　　• 파장선택부 : 단색화장치(프리즘)로 원하는 파장을 선택한다.

　　• 시료부 : 시료액을 넣은 셀로 측정한다.

　　　- 유리 : 가시광선 및 근적외선 파장(370nm 이상)

　　　- 석영 : 자외선 파장(370nm 이하)

　　　- 플라스틱 : 근적외선 파장

　　※ 따로 흡수 셀의 길이를 지정하지 않을 때는 10nm 셀을 사용한다.

② 분광학 용어 정리

　㉠ 바닥상태 : 분자가 가장 낮은 에너지를 가진 상태이다(초기 상태).

　㉡ 들뜬상태 : 분자가 자외선과 가시광선 영역의 광에너지를 흡수하여 에너지 준위가 상승한 상태이다.

　㉢ 양자도약 : 들뜬상태가 지속되면 전자가 다른 공간으로 이동(궤도)하는 현상이다.

　㉣ 여기에너지 : 전자가 낮은 에너지 상태에서 높은 에너지 상태로 변화할 때 흡수된 에너지이다.

③ 빛

　㉠ 빛은 파동이자 입자이다.

　㉡ 빛 관련 공식

　　• 빛의 속도(c) = 파장(λ) × 진동수(v)

　　• 에너지(E) = 플랑크상수(h) × 진동수(v) = 플랑크상수(h) × $\dfrac{\text{빛의 속도}(c)}{\text{파장}(\lambda)}$

　　• 파수(v) = $\dfrac{1}{\text{파장}(\lambda)}$

　　여기서, 플랑크상수(h) - $6.62 \times 10^{-34} J \cdot s$, 빛의 속도$(c)$ = $3 \times 10^8 m/s$, 피징의 단위 : m

　㉢ 스펙트럼

　　• 가시광선의 파장범위 : 400~800nm

　　• 자외선의 파장범위 : 280~400nm

④ 유기화합물에 의한 흡수(에너지 전이)

　㉠ UV/VIS 분광광도계 측정 시 대부분 n 또는 π 전자가 π^* 의 들뜬상태로 전이하는 것을 이용한다.

　㉡ $n \rightarrow \pi^*$, $\pi \rightarrow \pi^*$ 의 전이 에너지는 실험하기 편리한 200~700nm에서 최대의 흡수 봉우리를 보인다.

ⓒ 알케인족 화합물(포화 유기화합물)은 흡광범위가 150nm이므로 자외선 분광기로는 분석이 어렵다.
- 200nm : 할로겐, O, S, N 등과 같은 비결합성 전자를 가진 치환기가 있는 화합물
- 200~400nm : 다중결합이 콘주게이션된 폴리머를 포함한 화합물
- 200~800nm : 불포화 발색단을 포함하는 화합물

ⓔ 네 가지 형태의 에너지 전이

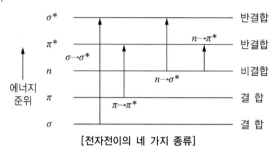

[전자전이의 네 가지 종류]

- $\sigma \rightarrow \sigma^*$ 전이
  - 포화 결합화합물
  - 흡수영역 : 진공자외선, <200nm
  예 메테인, 프로페인

- $\pi \rightarrow \pi^*$
  - 다중결합이 콘주게이션된 폴리머를 포함한 화합물
  - 완전히 허용된 전이($\varepsilon_{\max} \geq 10,000$)
  - 흡수영역 : 자외선, >180nm
  예 에틸렌, 뷰타다이엔, 헥사트리엔

- $n \rightarrow \sigma^*$ 전이
  - 할로겐, O, S, N 등과 같은 비결합성 전자를 가진 치환기가 있는 화합물
  - 흡수영역 : 원적외선, 180~250nm
  예 아세톤, 메틸알코올, 에틸아민

- $n \rightarrow \pi^*$
  - π궤도함수를 갖는 불포화 발색단을 포함하는 화합물
  - 금지된 전이($\varepsilon_{\max}$ <100)
  - 흡수영역 : 근자외선 또는 가시선, 280~800nm
  예 나이트로뷰테인, 아세트알데하이드

(2) 관련 법칙 문제(비어-람베르트의 법칙, 적용)

① 투광도

    ㉠ 투광도(T) $= \dfrac{I}{I_0}$

    ㉡ 투광도와 농도의 관계

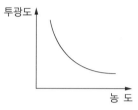

② 흡광도

    ㉠ 흡광도(A) $= -\log T = \log\left(\dfrac{I_0}{I}\right)$

    ㉡ 흡광도와 농도의 관계

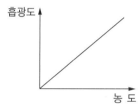

※ 투광도와 흡광도는 반대의 개념으로 이해한다.

③ 비어-람베르트 법칙

    ㉠ 흡광도(A) $= -\log T = \varepsilon b C$

    여기서, ε : 몰흡광계수($M^{-1}cm^{-1}$), b : 빛이 통과하는 거리(cm), C : 시료의 농도(mol/L)

    ㉡ 흡광도(A)는 빛이 통과하는 거리(b)와 시료의 농도(C)에 비례한다.

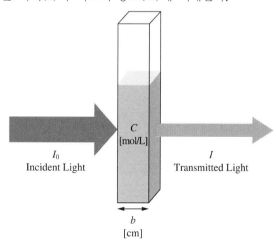

[예상문제]

01 자외선 영역의 분광광도법에서 일반적으로 사용하는 셀의 재질을 쓰시오.

정답
석 영

02 분광광도계로 미지시료의 농도를 분석할 때 시료를 넣는 도구의 명칭을 쓰시오.

정답
셀

03 분광광도계의 광원 가운데 중수소램프는 어느 광선 범위에서 사용하는 광원인지 쓰시오.

정답
자외선

04 분광광도법으로 분석할 수 있는 빛의 종류 두 가지를 쓰시오.

정답
자외선, 가시광선

05 분광광도계에서 단색광을 만드는 장치의 명칭을 쓰시오.

정답
프리즘

06 분광광도계의 파장 단위는 nm를 사용하고 있다. 100nm는 몇 m에 해당하는지 쓰시오.

정답
$10^{-7}m$

해설
$1m = 10^9 nm$이므로 $100nm \times \dfrac{1m}{10^9 nm} = 10^{-7}m$

07 분광광도법으로 시료의 농도를 분석할 때 가시광선 영역에서 주로 사용하는 시료용기의 재질을 쓰시오.

정답

유 리

08 분광광도법으로 어떤 시료의 흡광도를 측정할 때 사용하는 흡수스펙트럼에서 x축이 표시하는 것은 무엇인지 쓰시오.

정답

파 장

09 가시광선의 파장범위(nm)를 쓰시오.

정답

400~800nm

10 분자가 자외선과 가시광선 영역의 광에너지를 흡수하게 되면 전자는 바닥상태에서 어느 상태로 변하게 되는지 쓰시오.

정답

들뜬상태

11 파장이 3×10^5cm인 빛의 진동수(s^{-1})는 얼마인지 구하시오.

정답

$1.0 \times 10^5 \text{s}^{-1}$

해설

$$v = \frac{c}{\lambda} = \frac{3.0 \times 10^{10} \text{cm/s}}{3 \times 10^5 \text{cm}} = 1.0 \times 10^5 \text{s}^{-1}$$

12 분자가 자외선과 가시광선의 광에너지를 흡수하여 전자가 낮은 에너지 상태에서 높은 에너지 상태로 변화할 때 흡수된 에너지를 무엇이라고 하는지 쓰시오.

정답

여기에너지

13 580~590nm 파장의 색깔을 쓰시오.

정답

황 색

14 물질의 양 또는 농도와 그 물질의 흡광도와의 관계를 그래프로 나타낸 선을 무엇이라고 하는지 쓰시오.

정답

검정곡선

15 검정곡선에서 시료의 농도와 흡광도는 어떤 관계인지 쓰시오.

정답

비례 관계

16 분광학에서 비결합인 n전자가 전이되는 두 가지 형태를 쓰시오.

정답

σ^*와 π^*

17 $\pi \rightarrow \pi^*$ 에너지 전이가 일어날 수 없는 유기화합물 계열을 쓰시오.

정답

알케인(Alkane)화합물

18 아세트알데하이드는 160nm, 180nm 및 290nm에서 흡수띠를 가지는데 이 중 290nm의 흡수는 어떤 전이를 하는지 쓰시오.

정답

$n \rightarrow \pi^*$

19 농도와 투광도의 관계를 그래프로 그리시오.

정답

20 비어-람베르트 법칙에서 입사광의 농도를 I_0, 투사광의 농도를 I 라고 할 때, 흡광도 A 를 나타내시오.

정답

$A = \log \dfrac{I_0}{I}$

21 $A = 2 - \log(\% T) = \varepsilon b C$ 에서 b 는 무엇을 나타내는지 쓰시오.

정답

광도의 길이

22 비어-람베르트의 법칙은 $A = \varepsilon b C$ 로 나타낼 수 있다. 여기서, C 는 무엇을 나타내는지 쓰시오.

정답

농 도

해설

$A = \varepsilon b C$

여기서, A : 흡광도, ε : 몰흡광계수, b : 광도의 통과길이(셀의 두께), C : 농도

23 두께 2cm, 농도 5mol/L인 시료를 UV/VIS 분광광도계로 측정했을 때 흡광도가 0.3이다. 이때 몰흡광계수를 구하시오.

정답

$0.03L/mol \cdot cm$

해설

$A = \varepsilon bC$

여기서, A : 흡광도, ε : 몰흡광계수, b : 두께, C : 농도

$\varepsilon = \dfrac{A}{bC} = \dfrac{0.3}{2cm \times 5mol/L} = 0.03L/mol \cdot cm$

24 354nm에서 용액의 %투광도가 10%일 때 이 파장에서의 흡광도를 구하시오.

정답

1

해설

$A = 2 - \log(\% T) = 2 - \log 10 = 1$

25 어떤 물질의 몰흡광계수가 $500M^{-1}cm^{-1}$이다. 흡수용기의 길이가 2.0cm일 때 0.0012M 용액의 투광도(%)를 구하시오.

정답

6.3%

해설

$A = \varepsilon bC = 500M^{-1}cm^{-1} \times 2.0cm \times 0.0012M = 1.20$

$\log T = -A, \ T = 10^{-A} = 10^{-1.20} = 0.063 = 6.3\%$

3 기체크로마토그래피(GC)

(1) 정 의
이동상으로 기체를 사용하는 크로마토그래피로, 두 가지 이상의 성분으로 된 물질을 단일물질로 분리시키는 방법이다.

(2) 운반기체(Carrier Gas, 이동상)의 종류
수분 또는 고순도의 헬륨, 수소, 질소, 아르곤 등 비활성 기체를 이용한다.

(3) 검출기

① 열전도도검출기(TCD) : 간단한 유기화합물 및 무기화합물의 검출에 이용된다.

② 불꽃이온화검출기(FID) : 수소와 공기의 불꽃이 연소될 때 유입된 유기물질이 양이온과 전자로 생성되는 원리를 이용한다.

③ 불꽃광도검출기(FPD) : 수소염에 의해 시료성분을 연소시키고, 이때 발생하는 불꽃의 광도를 측정하는 방법이다.

④ 열이온화검출기(TID) : 인 또는 질소화합물에 선택적으로 감응하도록 개발된 검출기이다.

필답형 **출제예상문제**

1 2019년 출제예상문제

01 과망간산칼륨의 분자식을 쓰시오.

정답

$KMnO_4$

02 물질의 성질 중 철이 녹스는 것, 물질이 타는 것 등과 같이 물질이 변하거나 다른 물질을 생성하는 성질을 무엇이라고 하는지 쓰시오.

정답

반 응

03 화재 발생 시 가장 먼저 취해야 할 행동을 쓰시오.

정답

신속하게 화재를 신고하고, 화재사실을 "불이야"라고 소리치거나 비상벨로 알린 후 안전한 장소로 대피한다.

04 용매 1,000g 속에 녹아있는 용질의 몰수를 무엇이라고 하는지 쓰시오.

정답

몰랄농도(m)

05 유체가 흐름에 저항하는 성질을 점도라고 한다. 점도의 관습단위인 1푸아즈(P : poise)를 CGS 단위로 나타내시오.

정답

$1g/cm \cdot s$

06 27℃에서 2L 플라스크 안에 이산화탄소를 채워 2기압이 되도록 하려고 한다. 이때 필요한 이산화탄소 기체의 양(g)을 구하시오(단, 이산화탄소의 분자량은 44이다).

정답

7.13g

해설

$PV = nRT$

$n = \dfrac{PV}{RT} = \dfrac{2\text{atm} \times 2\text{L}}{(0.082\text{atm} \cdot \text{L/mol} \cdot \text{K}) \times 300\text{K}}$

$1\text{mol} : 44\text{g} = 0.162\text{mol} : x$

$x = 7.13\text{g}$

07 시료의 추출, 혼합, 배양을 목적으로 용기를 운동시킴으로써 용기 내의 시료를 섞는 조작(방법)을 무엇이라고 하는지 쓰시오.

정답

교 반

08 고체를 미세한 분말로 가는 데 사용되는 도자기로 된 실험도구의 명칭을 쓰시오.

정답

막자와 막자사발

09 비어–람베르트의 법칙에서 물질에 대한 입사광의 세기, 투과광의 세기를 표현한 흡광도(A)와 용액층의 두께(b)의 관계를 쓰시오.

정답

$A = \varepsilon bC$

10 물 100g에 NaCl 25g을 녹여서 만든 수용액의 질량백분율 농도(%)를 구하시오.

정답

20%

해설

$$\frac{25\text{g}}{100\text{g} + 25\text{g}} \times 100 = 20\%$$

11 일정한 온도에서 물질이 용매 100g에 최대로 녹을 수 있는 용질의 양(g)을 무엇이라고 하는지 쓰시오.

정답

용해도

12 유효숫자 계산방법에 의거해 2.0cm × 11.1cm를 계산하시오.

정답

22cm^2

해설

$2.0\text{cm} \times 11.1\text{cm} = 22.2\text{cm}^2$

여기서, 2.0cm는 유효숫자가 2개, 11.1cm는 유효숫자가 3개이며,

유효숫자의 곱셈은 유효숫자의 개수가 가장 작은 측정값을 기준으로 하므로 22cm^2이다.

13 물질의 정량분석에서 액체의 양을 측정하며, 주로 중화적정에 사용되는 기구의 명칭을 쓰시오.

정답

뷰 렛

14 다음 GHS 그림 문자의 의미를 쓰시오.

정답

수생 환경 유해성

15 분광광도법에서 자외선 파장영역에 사용되는 램프를 쓰시오.

[정답]

중수소램프

16 투광도가 20%일 때 흡광도를 구하시오.

[정답]

0.7

[해설]

흡광도(A) = $-\log T$ = $-\log 0.2$ ≒ 0.7

17 황산을 물에 녹일 때 주의해야 할 점을 쓰시오.

[정답]

황산이 물과 반응하여 열이 발생하므로, 많은 양의 물에 황산을 조금씩 넣어서 녹여야 한다.

18 0.01M NaOH의 pH를 구하시오.

[정답]

12

[해설]

pOH = $-\log[OH^-]$ = $-\log(10^{-2})$ = 2 = 14 $-$ pH

pH = 12

19 용해도 차이를 이용해 혼합용액에 녹아있는 특정 물질을 분리하는 방법을 무엇이라고 하는지 쓰시오.

[정답]

추 출

20 20g의 NaOH를 물에 용해시켜 1L를 만들었을 때 노말농도(N)를 구하시오.

[정답]

0.5N

[해설]

NaOH는 1가이므로 몰농도(M)와 노말농도(N)가 같다.

NaOH의 분자량은 40g/mol이므로, 20g은 0.5eq/1L = 0.5N = 0.5M이다.

01 실험실에서 자주 사용되는 부피 측정 기구 네 가지를 쓰시오.

정답

피펫, 뷰렛, 메스실린더, 메스플라스크

02 분자 간 상호작용이 없고, 보일-샤를의 법칙이 완전히 적용된다고 가정한 가상의 기체를 무엇이라고 하는지 쓰시오.

정답

이상기체(Ideal Gas)

03 다음 ( ) 안에 들어갈 알맞은 내용을 쓰시오.

흡수스펙트럼은 흡광 또는 파장에 대한 (   )의 그래프이다.

정답

빛 흡수율

해설

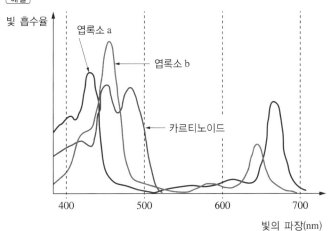

04 은 도금 공정에서 질산은 수용액 4mol 중 0.2mol이 전리되었을 때 전리도를 구하시오.

정답

0.05

해설

$$전리도 = \frac{전리된\ 몰농도}{전체\ 몰농도} = \frac{0.2mol}{4mol} = 0.05$$

05 용액 1L 속에 녹아있는 용질의 몰수를 무엇이라고 하는지 쓰시오.

정답

몰농도(M)

06 분광광도계에서 빛이 시료용기를 통과할 때 빛의 60%가 흡수되었다. 이때 흡광도를 구하시오.

정답

0.4

해설

흡광도$(A) = -\log T = \log \dfrac{I_0}{I} = \log \dfrac{100}{40} ≒ 0.4$

여기서, T : 투광도, I_0 : 매질 통과 전 빛의 세기, I : 매질 통과 후 빛의 세기

07 피펫 위에 씌우는 고무로 된 기구의 명칭을 쓰시오.

정답

피펫필러

08 화학물질이나 유리 파편으로부터 눈을 보호하는 개인보호구를 쓰시오.

정답

보안경

09 일정한 온도에서 용매 100g에 최대로 녹을 수 있는 용질의 용해량(g)을 무엇이라고 하는지 쓰시오.

정답

용해도

10 다음 그림은 나프탈렌의 GHS 그림 문자이다.

위의 그림 문자에 해당하는 유해성 경고 내용을 제외한 나머지 유해성 경고 내용을 보기에서 골라 쓰시오.

〈보 기〉
폭발성, 인화성, 산화성, 고압가스, 금속 부식성,
피부 부식성, 급성 독성, 경고, 수생 환경 유해성, 호흡기 과민성

정답

폭발성, 산화성, 고압가스, 금속 부식성, 피부 부식성, 급성 독성

③ 2021년 출제예상문제

01 화학물질을 안전하게 사용하고 관리하기 위해 화학물질의 유해성·위험성, 응급조치요령 등 16개 항목을 기재한
자료를 무엇이라고 하는지 쓰시오.

정답

물질안전보건자료 또는 MSDS

02 0.04M KOH 75mL와 0.1M HBr 15mL 두 물질을 혼합했을 때 다음을 구하시오.

2-1. pH를 구하시오.

[정답]

12.2

[해설]

KOH, HBr 모두 1가이므로 동일하게 반응하며, 중화적정 공식을 활용한다.

$NV - N'V' = N''V''$

$(0.04 \times 75) - (0.1 \times 15) = N'' \times (75 + 15)$

$N'' = 0.0167$, 즉 $[OH^-] = 0.0167$

$pOH = -\log[OH^-] = -\log 0.0167 ≒ 1.777$

$pH + pOH = 14$이므로 $pH = 14 - pOH = 14 - 1.777 = 12.2$

2-2. 중화시키기 위해서 HBr, KOH 중 첨가할 것 하나를 쓰시오.

[정답]

HBr

[해설]

알칼리의 양이 2배 더 많으므로 산을 2배 첨가하면 중화된다.

2-3. 중화시키기 위해 추가로 첨가할 양(mL)을 구하시오.

[정답]

15mL

[해설]

$NV = N'V'$

$0.04 \times 75 = 0.1 \times x$, $x = 30$

이미 HBr 15mL를 넣었으므로 추가로 첨가할 양은 15mL이다.

03 6M 50mL HCl과 6N 150mL를 섞었을 때 혼합용액의 노말농도(N)를 구하시오.

[정답]

6N

[해설]

염산은 1가이므로 N농도와 M농도가 같다.

즉, 6M = 6N이며 같은 용액의 농도를 혼합했으므로 혼합용액의 노말농도는 6N이다.

04 황산 98g이 물 500mL에 녹아 있을 때 몰농도(M)를 구하시오(S의 원자량 = 32amu).

[정답]

2M

[해설]

황산의 분자량이 98g/mol이므로

98g/0.5L = 196g/L = 2mol/L = 2M

05 물(4℃) 200mL 속에 수산화나트륨(NaOH) 20g이 녹아있을 때 질량백분율 농도(wt%)를 구하시오.

[정답]

9.1%

[해설]

물(4℃)의 밀도는 1g/mL이므로, 물의 질량은 1g/mL × 200mL = 200g이다.

즉, 물 200g 속에 수산화나트륨 20g이 녹아있을 때 질량백분율 농도 = $\dfrac{20g}{200g + 20g} \times 100 = 9.1\%$

06 시료를 적절한 방법으로 해리시킨 후 중성원자로 증기화하여 발생한 바닥상태의 원자가 이 원자의 증기층을 투과하는 특정 파장의 빛을 흡수하는 원리를 이용해 원소를 분석하는 방법을 무엇이라고 하는지 쓰시오.

[정답]

원자흡수분광광도법

07 두께 1cm, 농도 5mol/L인 시료를 UV/VIS 분광광도계로 측정했을 때 흡광도가 0.30이다. 이때 몰흡광계수(L/mol·cm)를 구하시오.

[정답]

0.06L/mol·cm

[해설]

$A = \varepsilon bC$

여기서, A : 흡광도, ε : 몰흡광계수, b : 두께, C : 농도

$\varepsilon = \dfrac{A}{bC} = \dfrac{0.3}{1cm \times 5mol/L} = 0.06L/mol \cdot cm$

08 중화적정에 필요한 실험기구 5가지를 쓰시오.

정답

피펫, 뷰렛, 뷰렛대, 삼각플라스크, 칭량병

09 물질의 화학식 표시방법 종류 네 가지 쓰고, 자일렌을 화학식 표시방법의 종류별로 나타내시오.

정답

- 물질의 화학식 표시방법 종류 : 분자식, 실험식, 시성식, 구조식
- 자일렌
  - 분자식 : C_8H_{10}
  - 실험식 : C_4H_5
  - 시성식 : $C_6H_4(CH_3)_2$
  - 구조식

ortho-Xylene   meta-Xylene   para-Xylene

10 0.1N 표준용액 1L를 제조할 때 필요한 염산의 양(mL)을 구하시오(단, 염산의 농도는 35%, 분자량은 36.5, 밀도는 1.18g/mL이다).

정답

8.84mL

해설

염산(HCl)은 1가이므로 몰농도와 노말농도가 같다.

0.1M HCl = 0.1N HCl

$0.1mol \times \dfrac{36.5g}{1mol}$ = 3.65g HCl

염산의 농도는 35%이므로, 3.65g HCl을 포함하는 시약의 질량은 $3.65g \times \dfrac{1}{0.35}$ = 10.43g이다.

이 질량값에 밀도를 곱해 환산하면 $10.43g \times \dfrac{mL}{1.18g}$ = 8.84mL이다.

11 물 100g에 분자량이 50g/mol인 분자 10g이 들어 있을 때 몰랄농도(m)를 구하시오.

정답

2m

해설

$$몰랄농도 = \frac{용질의\ 몰수(mol)}{용매의\ 질량(kg)}$$

50g/mol = 100g/2mol = 10g/0.2mol이고, 물 100g은 0.1kg이므로

$$몰랄농도 = \frac{0.2mol}{0.1kg} = 2m$$

12 기구 아랫 부분에 있는 스톱 콕(Stop Cock)을 조절해 원하는 양만큼의 액체를 흘러 내리게 할 수 있으며, 액체를 옮기는 동시에 부피를 측정할 수 있도록 눈금이 새겨져 있는 유리관을 무엇이라고 하는지 쓰시오.

정답

뷰렛

13 불순물과 분석대상물질이 포함된 혼합용액을 끓는점의 차이를 이용해 성분을 분리하는 방법으로, 물질의 정제기술로 분석시료의 전처리 시 매우 중요한 물리적 전처리 방법인 이 방법을 무엇이라고 하는지 쓰시오.

정답

증류법

14 이황화탄소(CS_2)가 완전연소할 때 발생하는 기체의 이름을 쓰고, 이때 발생하는 생성물의 총부피(L)를 구하시오.

정답

• 발생하는 기체 : 이산화탄소, 아황산가스
• 생성물의 총부피 : 67.2L

해설

연소반응식은 $CS_2 + 3O_2 \rightarrow CO_2 + 2SO_2$이며,

이산화탄소 22.4L, 아황산가스(이산화황) 44.8L가 발생하므로 생성물의 총부피는 67.2L이다.

15 온도가 4℃인 물의 밀도를 쓰시오(단위 포함).

> 정답

$1g/cm^3 = 1g/mL = 1kg/L$

16 보기에서 비극성 분자를 찾아 구조식을 그리시오.

〈보 기〉

HCl   H₂O   BF₃   CH₃F

> 정답

17 산화성 고체(제1류 위험물)가 연소할 때 발생하는 조연성 가스를 쓰시오.

> 정답

산 소

18 비어-람베르트의 법칙에서 흡광도 $A = \varepsilon b C = 2 - \log(\% T)$일 때, ε의 단위를 쓰시오.

> 정답

$L/mol \cdot cm$

19 1,000ppm K₂Cr₂O₇(중크롬산칼륨) 표준용액을 이용하여 40ppm의 시료 100mL를 제조하고자 한다. 이때 필요한 표준용액의 부피(mL)를 구하시오.

> 정답

4mL

> 해설

$NV = N' V'$

$1,000ppm \times x = 40ppm \times 100mL$

$x = 4mL$

20 다음 보기에 주어진 문제 ㉠~㉣의 답에 해당하는 숫자의 합계를 구하시오.

〈보 기〉
- ㉠ : 대기 중 질소가 79%, 산소가 21% 존재할 때 대기의 평균 분자량은?
- ㉡ : 기체성분이 표준상태에서 6.02×10^{23}개 있을 때 몰수는?
- ㉢ : 수소 분자 1몰을 연소할 때 필요한 산소 분자의 몰수는?
- ㉣ : 벤젠의 분자량은 몇 g/mol인가?

정답
108.34

해설
- ㉠ : $(28g/mol \times 0.79) + (32g/mol \times 0.21) = 28.84g/mol \rightarrow 28.84$
- ㉡ : 표준상태에서 6.02×10^{23}개를 아보가드로수라고 하며, 1몰이라고 한다. $\rightarrow 1$
- ㉢ : 연소반응식은 $H_2 + \frac{1}{2}O_2 \rightarrow H_2O$이므로, 산소 분자 0.5몰이 필요하다. $\rightarrow 0.5$
- ㉣ : 벤젠의 화학식은 C_6H_6이므로, $(12g/mol \times 6) + (1g/mol \times 6) = 78g/mol \rightarrow 78$

㉠ + ㉡ + ㉢ + ㉣ = 28.84 + 1 + 0.5 + 78 = 108.34

4 **2022년 출제예상문제**

01 수돗물 1L에 0.002g의 염소가 함유되어 있을 때, 수돗물에 포함된 염소의 농도(ppm)를 구하시오.

정답
2ppm

해설
0.002g/L = 2mg/L = 2ppm

02 미지 농도의 HCl 25mL를 0.1N NaOH 20mL를 이용하여 중화하였다. 이때 HCl의 N농도를 구하시오.

정답
0.08N

해설
HCl과 NaOH 모두 1가이다.
$NV = N'V'$
$x \times 25mL = 0.1N \times 20mL$
$x = 0.08N$

03 TCD에 쓰이는 이동상(운반기체) 세 가지를 쓰시오.

정답

질소, 수소, 헬륨

04 비금속 원자들의 결합으로 전자쌍을 공유하여 안정한 화합물이 되는 결합을 쓰시오.

정답

공유결합

05 보기의 기호를 모두 이용해 비어-람베르트의 법칙을 흡광도에 관한 식으로 나타내시오.

〈보 기〉
A, ε, b, c, $\% T$

정답

$A = \varepsilon bc = 2 - \log(\% T)$

해설

- A : 흡광도
- ε : 몰흡광계수
- b : 용액의 두께
- c : 농도
- $\% T$: 퍼센트 투광도

06 표준용액 제조에 많이 쓰이는 다이크로뮴산나트륨($Na_2Cr_2O_7$), 과망간산칼륨($KMnO_4$)은 감광성을 갖는다. 감광성에 대해 설명하고, 감광성을 갖는 화합물의 보관방법을 쓰시오.

정답

감광성이란 직사광선을 받아서 분해되는 성질을 말하며, 감광성을 갖는 화합물은 갈색 유리병에 넣어 보관한다.

07 유독가스를 취급할 때 호흡기를 보호하기 위해 착용해야 하는 개인보호구를 보기에서 골라 쓰시오.

〈보 기〉
방독면, 보안면, 실험복, 보호장갑

정답
방독면

08 용액의 농도를 나타내는 방법 중 하나로, 용액 1L에 포함된 용질의 g당량수를 나타내는 이 용어와 기호를 쓰시오.

정답
• 용어 : 노말농도
• 기호 : N

09 분광광도법에서 어떤 시료가 자외선/가시광선 영역에서 거의 흡수되지 않을 때, 적당한 시약을 넣어 흡수되는 화합물로 변화시켜 준다. 이때 넣어 주는 시약이 무엇인지 쓰시오.

정답
발색시약

10 과산화수소는 제6류 위험물로 폭발성이 강한 물질이다. 위험물을 실험실에 보관하고자 할 때 소화기의 개수는 소요단위를 통해 산출한다. 과산화수소 60kg을 저장 중일 때 소요단위를 계산하시오(단, 1소요단위는 지정수량의 10배이며, 과산화수소의 지정수량은 300kg이다).

정답
0.02단위

해설
위험물은 지정수량의 10배를 1소요단위로 정하므로,

$$소요단위 = \frac{저장량}{지정수량 \times 10} = \frac{60kg}{300kg \times 10} = 0.02단위$$

11 수산화나트륨 20g을 물에 녹여 500mL로 만든 수용액의 몰농도(M)를 구하시오(단, Na의 원자량은 23amu이다).

정답

1M

해설

수산화나트륨의 분자량은 40g/mol이므로 수산화나트륨 20g의 몰수는 0.5mol이다.

$$\text{몰농도} = \frac{\text{용질의 몰수(mol)}}{\text{용액의 부피(L)}} = \frac{0.5 \text{mol}}{0.5 \text{L}} = 1\text{M}$$

12 20℃의 물 200g에 포도당 2mol을 첨가했을 때 용액 중 포도당의 함량(%)을 구하시오(단, 포도당의 용해율은 50g/100g Water이고, 용해 중의 온도는 20℃(고정)이다).

정답

33.33%

해설

$$\text{포도당의 용해량} = \frac{50\text{g}}{100\text{g}} \times 200\text{g} = 100\text{g}$$

100g의 물에 포도당이 50g씩 녹을 수 있으므로, 물 200g에는 총 100g까지 용해될 수 있다.

$$\text{용액 중 포도당의 함량} = \frac{100\text{g}}{200\text{g} + 100\text{g}} \times 100 ≒ 33.33\%$$

※ 포도당의 분자식은 $C_6H_{12}O_6$이므로 분자량은 (12g/mol × 6) + (1g/mol × 12) + (16g/mol × 6) = 180g/mol이며, 포도당 2몰은 360g이다. 따라서 포도당의 용해율을 고려하면 이 중 100g만 용해되고 나머지는 침전된다.

13 용매에 녹는 성질과 녹지 않는 성질을 이용해 물질을 걸러내는 방법으로, 주로 고체와 액체가 혼합되어 있을 때 분리하는 방법을 무엇이라고 하는지 쓰시오.

정답

분별결정

14 고체의 물질을 가루로 만들 때 사용하는 도자기로 된 실험기구의 명칭을 쓰시오.

정답

막자사발과 막자

15 플루오린화수소에 대한 다음의 물음에 답하시오.

15-1. 형석과 황산을 혼합했을 때 반응식을 쓰시오.

정답

$CaF_2 + H_2SO_4 \rightarrow CaSO_4 + 2HF$

해설

$CaF_2 + H_2SO_4 \rightarrow CaSO_4 + 2HF$

형석 + 황산 → 황산칼슘(석고) + 플루오린화수소

15-2. 공장에서 플루오린화수소가 유출된 경우 대피 시 건물 위로 가야 하는가, 아래로 가야 하는가?

정답

대피 시 건물 아래로 가야 한다.

해설

플루오린화수소는 공기보다 가벼워 위로 확산되므로, 유출된 경우 대피 시 건물 아래로 가야 한다.

16 빛과 에너지에 대한 다음의 물음에 답하시오.

16-1. 바닥상태에서 들뜬상태로 될 때 흡수된 에너지를 무엇이라고 하는지 쓰시오.

정답

여기에너지

16-2. $\sigma \rightarrow \sigma^*$, $\pi \rightarrow \pi^*$, $n \rightarrow \pi^*$를 결합에너지가 낮은 것에서 높은 것 순으로 나열하시오.

정답

$n \rightarrow \pi^*$, $\pi \rightarrow \pi^*$, $\sigma \rightarrow \sigma^*$

해설

$n \rightarrow \pi^* < n \rightarrow \sigma^* < \pi \rightarrow \pi^* < \sigma \rightarrow \pi^* < \sigma \rightarrow \sigma^*$

17 고농도(36wt%) 과산화수소에 대한 다음의 물음에 답하시오.

17-1. 과산화수소가 분해하여 산소가 생성되는 반응식을 쓰시오.

정답

$2H_2O_2 \rightarrow 2H_2O + O_2$

17-2. 과산화수소와 같이 반응성이 큰 물질이 열, 충격, 마찰 등과 접촉했을 때 다량의 산소를 발생시켜 연소하는 성질을 무엇이라고 하는지 쓰시오.

정답

산화성

18 유류화재를 어떤 유형의 화재라고 하는지 쓰고, 진압방법에 대해 설명하시오.

정답

유류화재는 B급 화재이며, 소화수를 이용한 냉각보다 질식을 이용한 소화방법으로 진압해야 한다.

19 UV/VIS 크로마토그래피 농도분석 방법 중 시료에 특성이 잘 알려진 표준물질을 가하여 목적 물질의 농도를 정량하는 분석법을 무엇이라고 하는지 쓰시오.

정답

내부표준법

20 보기에 제시된 시료를 불꽃반응색의 파장이 짧은 것에서 긴 것 순으로 나열하시오.

〈보 기〉
리튬, 나트륨, 황, 칼륨, 구리

정답

칼륨, 황, 구리, 나트륨, 리튬

해설

불꽃반응색

리튬(Li)	나트륨(Na)	구리(Cu)	황(S)	칼륨(K)
빨간색	노란색	청록색	파란색	보라색

← 장파장   단파장 →

01 다음 괄호 안에 알맞은 용어를 써넣으시오.

〈보 기〉

(㉠) : 분석물 또는 이것과 화학적으로 관련이 있는 화합물의 질량을 측정하는 것이다.
(㉡) : 분석물과 완전히 반응하는 데 필요한 시약 용액의 부피를 측정한다.
(㉢) : 전위 전류 저항 및 전기량과 같은 전기적 성질을 측정하는 것과 관련이 있다.
(㉣) : 전자기 복사선이 분석물 원자나 분자와 상호작용하는 것을 측정하거나 분석물에 의해 생긴 복사선을 측정하는 것에 기초를 두고 있다.

정답

㉠ 무게법
㉡ 부피법
㉢ 전기분석법
㉣ 분광 광도법

02 S/N을 좋게 만드는 하드웨어적 방법 네 가지를 적으시오.

정답

• 접지와 가로막기
• 시차 및 기기 증폭장치
• 아날로그 필터
• 변 조

03 5.714mg의 화합물을 완전연소하여 14.414mg CO_2와 2.529mg의 H_2O를 얻었다. C와 H의 무게 백분율을 구하시오

정답

• C : $(3.931/5.714) \times 100 = 68.8\%$
• H : $(0.281/5.714) \times 100 = 4.92\%$

해설

• C : $(1mmol/0.044mg) \times 14.414mg \times 0.012mg/mmol = 3.931mg$
• H : $(1mmol/0.018mg) \times 2.529mg \times 0.002mg/mmol = 0.281mg$

04 0.02M NaOH 용액 50mL에 0.1M HCl 용액 5mL를 첨가하였을 때의 pH는 얼마인가?

정답

11.96

해설

$0.02M \times 50mL = 1mmol\ OH^-$

$0.1M \times 5mL = 0.5mmol\ H^+$ 반응 후 0.5mmol OH^- 남음

$[OH^-] = 0.5mmol/55mL = 9.091 \times 10^{-3}M$

$pOH = -\log[OH^-] = 2.04$

$\therefore\ pH = 14 - 2.04 = 11.96$

05 기체크로마토그래피를 사용하여 운동선수의 스테로이드 검사를 진행할 결과 아래 A, B, C 세 종류의 스테로이드가 검출되었을 경우 B 스테로이드의 질량백분율은 얼마인가?

스테로이드 종류	면적비율	상대적 검출기 감응
A	25.4	80%
B	28.6	60%
C	53.1	50%

정답

26.8%

해설

면적비율에 상대적 검출기 감응을 곱한 값으로 정량분석이 가능하다.

$(25.4 \times 0.8) + (28.6 \times 0.6) + (53.1 \times 0.5) = 20.32 + 17.16 + 26.55 = 64.03$

$17.16/64.03 = 0.268 \times 100 ≒ 26.8\%$

06 O_2, H_2O, H_2O_2, CO_2의 각 산소의 산화수를 계산하여 모두 더한 값을 구하시오.

정답

−5

해설

각 물질의 산화수 계산

• O_2의 경우 단일원소로 이루어진 분자의 산화수는 0으로 간주되는 규칙에 의해 0이다.

• H_2O의 경우 수소 2개와 결합한 산소의 산화수는 −2이다.

• H_2O_2의 경우 일반적으로 산소는 −2의 산화수이나 분자 내 산화수 합이 0인 규칙에 의해 수소 +2(1×2)에 대응하는 산화수는 −1이 되어야 한다. −2(−1×2)

• CO_2는 탄소가 +4이므로 산소는 −2이다.

$\therefore\ 0 + (-2) + (-1) + (-2) = -5$

07 금속나트륨과 물을 반응시켰을 때 발생하는 현상에 대해 답하시오

7-1. 화학반응에 대한 균형반응식을 반응식에 반응물, 생성물의 상태를 나타내시오.

정답

균형반응식 : $2Na(s) + 2H_2O(l) \rightarrow H_2(g) + 2NaOH(aq)$

7-2. 생성물에서 발생하는 기체를 고압가스의 형태로 저장 시, 표시해야 하는 GHS 그림 문자의 경고표지를 아래에서 고르시오.

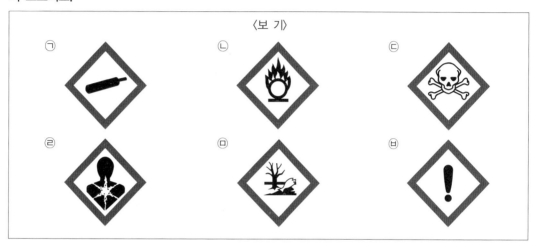

정답

㉠

해설

문제에서 발생기체를 고압가스 형태로 저장한다고 하였으므로 관련 그림문자는 ㉠이다.

7-3. 생성물에서 발생하는 기체를 표준상태에 연소시킬 경우 생성되는 균형방정식을 작성하시오.

정답

발생기체는 수소(분자)이므로 $H_2 + 1/2O_2 = H_2O$(또는 $2H_2 + O_2 = 2H_2O$)

08 다음 수식을 유효숫자 계산법에 따라서 계산하시오.

$$3.8 + 0.080 + 6.55$$

정답

10.4

해설

유효숫자 계산법에서 덧셈/뺄셈의 경우 가장 작은 소수자릿수를 기준으로 정한다. 3.8이 소수자리가 가장 작으므로, $3.8 + 0.080 + 6.55 = 10.43 = 10.4$(10.43에서 반올림함)

09 분광광도계에서 일반적으로 사용되는 단색화 장치 두 가지를 쓰시오.

정답

회절격자(회절발), 프리즘

10 580nm에서 최대 흡수 파장인 물질의 몰 흡광계수 $7.00 \times 10^3 \text{Lcm}^{-1}\text{mol}^{-1}$이고, 셀의 길이가 12.5mm이고, 농도는 2.22×10^{-4}M일때 흡광도(A)는 얼마인가?

정답

1.94

해설

$A = \varepsilon bc$

$= (7.00 \times 10^3 \text{Lcm}^{-1}\text{mol}^{-1}) \times (1.25\text{cm}) \times (2.22 \times 10^{-4}\text{M}) = 1.94$

---

6 **2024년 출제예상문제**

01 용액 1L 중의 용질의 몰수를 무엇이라 하는가?

정답

몰농도(M)

02 자외선, 가시광선의 파장을 적으시오

정답

• 자외선 : 280~400nm

• 가시광선 : 400~800nm

03 황산 98g이 물 1,000g에 녹아 있을 경우 몰농도는?

[정답]

1M

[해설]

황산 98g이 1mol이며, 물의 밀도는 1이므로 1,000g은 1,000mL(1L)이므로,

1mol/L = 1M

04 투과도가 10%일 때 흡광도는 얼마인가?

[정답]

1

[해설]

$$흡광도(A) = -\log(투과도(T))$$
$$= -\log(0.1)$$
$$= -(-1)$$
$$= 1$$

05 어떤 화학약품 표면에 다음과 같은 이미지가 표시되어 있다. 해당하는 약품의 특성을 모두 쓰시오.

5-1.

[정답]

고압가스

5-2.

[정답]

• 금속 부식성
• 피부 부식성
• 심한 눈 손상성

5-3.

[정답]

급성 독성

06 다음은 분광광도계를 사용하는 과정입니다. 각 과정에 해당하는 순서를 올바르게 배열하시오.

> ㉠ 측정할 시료를 큐벳에 넣고 흡광도를 측정한다.
> ㉡ 측정할 파장을 설정한다.
> ㉢ 큐벳에 용매나 버퍼를 넣고 블랭크 값을 측정한다.
> ㉣ 분광광도계를 예열하고 준비한다.
> ㉤ 측정이 끝난 후 큐벳을 세척하고 기기를 정리한다.
> ㉥ 흡광도 값을 기록한다.

정답
㉣ → ㉢ → ㉡ → ㉠ → ㉥ → ㉤

07 '에너지는 생성되거나 소멸되지 않고, 단지 한 형태에서 다른 형태로 변환될 뿐이다.'라는 법칙을 무엇이라 하는가?

정답
열역학 제1법칙

08 두께 1cm 농도 5mol/L를 UV-VIS로 측정했을 때의 흡광도는 0.3이다 이때의 몰 흡광계수는?

정답
$0.06L/mol \cdot cm$

해설
$c = 5mol/L, \ b = 1cm, \ A = 0.3$

$A = \varepsilon bc$에서 $\varepsilon = \dfrac{A}{bc}$ 이므로, $\dfrac{0.3}{5mol/L \times 1cm} = 0.06L/mol \cdot cm$

09 비중이 1.2인 35%의 순수한 황산으로 0.1N H₂SO₄를 1,000mL 제조하려 한다. 황산 몇 mL를 물과 함께 1,000mL로 채워야 하는가?

정답
황산 11.66mL

해설
황산의 분자량 = 98이고 2당량이므로,

0.1N H_2SO_4 = 49g × 0.1 = 4.9g을 넣으면 된다(비중 1, 100% 기준).

그러나 순도가 35%이므로 $\dfrac{4.9}{0.35}$ = 14g, 비중이 1.2이므로 $\dfrac{14g}{1.2g/mL}$ = 11.66mL

∴ 11.66mL의 황산을 넣고 물을 1,000mL로 채운다.

10 **과망간산칼륨의 화학식은?**

정답
$KMnO_4$

1 일반적인 분광광도계의 모습

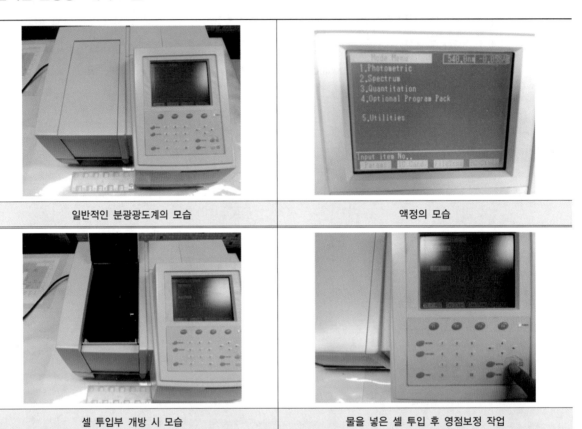

일반적인 분광광도계의 모습	액정의 모습
셀 투입부 개방 시 모습	물을 넣은 셀 투입 후 영점보정 작업

※ 일반적인 분광광도계의 모습은 위와 같으며, 분광광도계의 1번 Photometric을 통해 흡광도를 측정한다.
※ 고사장에 설치된 분광광도계의 형태 및 작동방법은 다를 수 있다.

2 실기 작업형 진행 과정

(1) KMnO₄ 표준용액 1,000ppm 배부 이후 5, 10, 15ppm의 표준용액 제조

분석 기구 확인

5, 10, 15(ppm) 표준용액 제조
표준용액 0.5mL, 1mL, 1.5mL를 넣은 후 물을 100mL 눈금까
지 채운다.

조제된 표준용액을 흡광도 측정
표준용액을 셀에 넣어 흡광도를 측정한다.

각 구간의 흡광도를 측정
측정과 동시에 감독관의 날인을 받는다.

(2) 표준용액 흡광도값을 기준으로 검량선 작성

농도(ppm)	Blank	5	10	15	미지시료(최종값)
흡광도값	0.000	0.075	0.150	0.225	
감독위원 날인	(인)	(인)	(인)	(인)	(인)

미지시료의 흡광도값이 표준용액의 범위를 벗어난 경우 다음 공란에 감독관 입회하에 수험자가 직접 흡광도값을
기재하고 최종값은 위 표에 쓰시오.

미지시료 흡광도값	감독위원 날인
	(인)

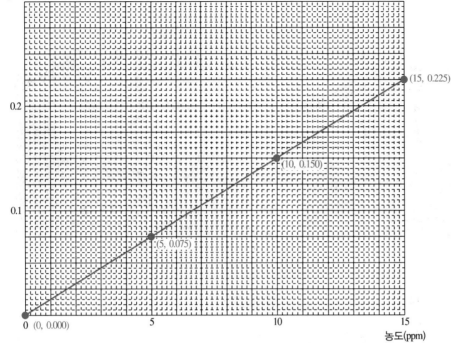

흡광도(A)

0.2 ····· (15, 0.225)

(10, 0.150)

0.1

(5, 0.075)

0 (0, 0.000)   5   10   15

농도(ppm)

① 각각 5, 10, 15 구간의 흡광도값을 측정하여 점을 찍고 **반드시 0을 시작으로 하나의 일직선으로 긋는다.**

② 밑의 0, 5, 10, 15라는 숫자 이외에는 반드시 수기로 위 그림처럼 모두 입력한다.

③ x축은 작은 눈금 한 칸이 0.2, y축은 작은 눈금 한 칸이 0.005임을 명심해야 한다.

(3) 부여된 비번에 해당하는 미지시료 수령 및 흡광도 측정

(4) 미지시료의 흡광도가 표준용액 구간을 넘는 경우(대부분 넘게 준다), 희석배수를 결정하여 희석

(5) 희석배수는 대부분 5배 아니면 10배로 희석한다(10배 희석한 값으로 진행).

　① 5배 희석법 : 미지시료(20mL) + 물(80mL) = 100mL 조제

　② 10배 희석법 : 미지시료(10mL) + 물(90mL) = 100mL 조제

농도 (ppm)	Blank	5	10	15	미지시료 (최종값)
흡광도값	0.000	0.075	0.150	0.225	**0.105**
감독위원 날인	(인)	(인)	(인)	(인)	(인)

미지시료의 흡광도값이 표준용액의 범위를 벗어난 경우 다음 공란에 감독관 입회하에 수험자가 직접 흡광도값을 기재하고 최종값은 위 표에 쓰시오.

미지시료 흡광도값	감독위원 날인
1.050	(인)

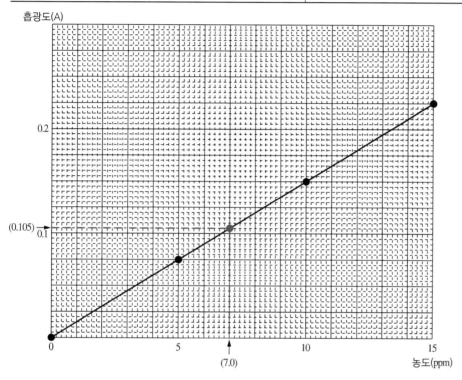

(6) 희석된 미지시료의 흡광도값을 측정하여 검량선상의 미지시료 농도값 계산

미지시료 흡광도값	미지시료 농도(소수점 둘째자리까지)
0.105	7.00ppm

(7) 지급된 미지시료를 표준용액(1,000ppm) 기준으로 몇 배 희석되었는지 계산과정을 동반하여 희석배수 결정

계산과정 : $7.00 \times 10 = 70.00ppm$

$$\frac{1,000ppm}{70ppm} = 14.285 ≒ 14.29$$

답 : 14.29배

국가기술자격 실기 답안지(예시)

종 목	화학분석기능사	비번호		감독확인	

1 흡광도 측정

농도 (ppm)	Blank	5	10	15	미지시료 (최종값)
흡광도값					
감독위원 날인	(인)	(인)	(인)	(인)	(인)

미지시료의 흡광도값이 표준용액의 범위를 벗어난 경우 다음 공란에 감독관 입회하에 수험자가 직접 흡광도값을 기재하고 최종값은 위 표에 쓰시오.

미지시료 흡광도값	감독위원 날인	
	(인)	–

2 검량선 작성

이 부분은 모눈종이가 지급되거나 답안지 자체에 모눈종이 처리가 되어 있다.

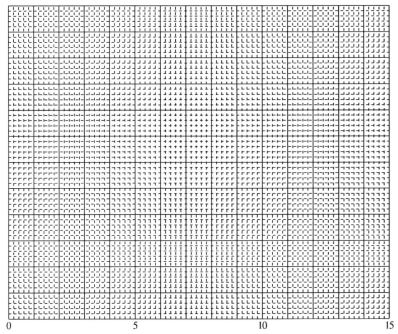

수치가 없는 경우 위의 답안 기재 요령을 확인하여 모두 작성하여 검량선을 그리면 된다.

3 측정한 미지시료의 흡광도값과 그래프에 대응하는 미지시료 농도를 적으시오.

미지시료 흡광도값	미지시료 농도(소수점 둘째자리까지)

4 지급된 미지시료를 표준용액을 기준으로 몇 배 희석되어 있는지 계산과정을 통해 희석배수를 결정하시오(단, 계산과정은 소수점 둘째자리까지 적용하시오).

계산과정 :

답 :   배

얼마나 많은 사람들이 책 한권을 읽음으로써

인생에 새로운 전기를 맞이했던가.

– 헨리 데이비드 소로 –

실패하는 게 두려운 게 아니라 노력하지 않는 게 두렵다.

– 마이클 조던 –

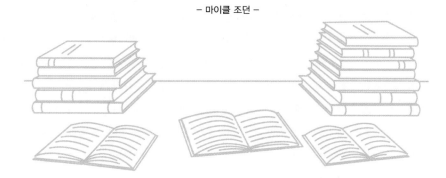

지식에 대한 투자가 가장 이윤이 많이 남는 법이다.

– 벤자민 프랭클린 –

Win-Q 화학분석기능사 필기 + 실기

개정7판1쇄	**발행**	2025년 01월 10일 (인쇄 2024년 11월 08일)
초 판 발 행		2018년 03월 05일 (인쇄 2017년 12월 29일)
발 행 인		박영일
책 임 편 집		이해욱
편 저		김 민
편 집 진 행		윤진영 · 김지은
표 지 디 자 인		권은경 · 길전홍선
편 집 디 자 인		정경일
발 행 처		(주)시대고시기획
출 판 등 록		제10-1521호
주 소		서울시 마포구 큰우물로 75 [도화동 538 성지 B/D] 9F
전 화		1600-3600
팩 스		02-701-8823
홈 페 이 지		www.sdedu.co.kr

I S B N		979-11-383-8234-2(13570)
정 가		27,000원

한눈에 이해할 수 있도록
체계적으로 정리한 핵심이론

철저한 시험유형 파악으로
만든 필수확인문제

국가직 · 지방직 등
최신 기출문제와 상세 해설

기술직 공무원 건축계획
별판 | 30,000원

기술직 공무원 전기이론
별판 | 23,000원

기술직 공무원 전기기기
별판 | 23,000원

기술직 공무원 생물
별판 | 20,000원

기술직 공무원 임업경영
별판 | 20,000원

기술직 공무원 조림
별판 | 20,000원

※도서의 이미지와 가격은 변경될 수 있습니다.

시대에듀가 준비한   합격 콘텐츠

화학분석기사 필기/실기

동영상 강의   유료

합격을 위한 동반자,
시대에듀 동영상 강의와 함께하세요!

수강회원을 위한 **특별한 혜택**

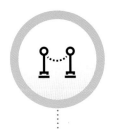

| 필기+필답형+작업형 최적의 커리큘럼 | 합격 시 100% 환급 불합격 시 수강 연장 | 화학 기초특강 및 교안 제공 | 과년도+최근 기출특강 제공 |

※ 강의 커리큘럼 및 혜택은 변동될 수 있습니다.